EUL VERLAG

Goodwill-Bilanzierung nach IFRS und Implikationen für das Controlling

Dissertationsschrift zur Erlangung des akademischen Grades

Doctor rerum politicarum

der Wirtschaftswissenschaften

an der

Justus-Liebig-Universität Gießen

vorgelegt von

Dipl.-Kffr. Cornelia A. J. Haas

Defreggerstr. 2, 03042 Cottbus

Abu Dhabi, den 19.2.2009

Zugl.: Dissertation, Justus-Liebig-Universität Gießen, Fachbereich Wirtschaftswissenschaften, 2008

Tag der mündlichen Prüfung: 3. Dezember 2008

Referentin: Prof. Dr. Barbara E. Weißenberger

Koreferent: Prof. Dr. Martin Glaum

Cornelia A. J. Haas

Goodwill-Bilanzierung nach IFRS und Implikationen für das Controlling

Mit einem Geleitwort von Prof. Dr. Barbara E. Weißenberger, Justus-Liebig-Universität Gießen

EUL VERLAG

Bibliographische Information der Deutschen Bibliothek

Die Deutsche Bibliothek verzeichnet diese Publikation in der Deutschen Nationalbibliothek; detaillierte bibliographische Daten sind im Internet über <http://dnb.ddb.de> abrufbar.

Dissertation, Justus-Liebig-Universität Gießen, Fachbereich Wirtschaftswissenschaften, 2008

ISBN 978-3-89936-785-0
1. Auflage März 2009

JOSEF EUL VERLAG GmbH
Brandsberg 6
D-53797 Lohmar
Tel.: +49 (0) 22 05 / 90 10 6-6
Fax: +49 (0) 22 05 / 90 10 6-88
http://www.eul-verlag.de
info@eul-verlag.de

Bei der Herstellung unserer Bücher möchten wir die Umwelt schonen. Dieses Buch ist daher auf säurefreiem, 100% chlorfrei gebleichtem, alterungsbeständigem Papier nach DIN 6738 gedruckt.

Geleitwort

Mit der Entscheidung der EU-Kommission aus dem Jahre 2002, für kapitalmarktorientierte Unternehmen in der EU die IFRS-Rechnungslegung im Konzernabschluss ab 2005/2007 zwingend vorzuschreiben und zudem den Mitgliedstaaten die Möglichkeit zu geben, auch den Einzelabschluss für internationale Standards zu öffnen, haben die IFRS für die externe Finanzberichterstattung deutscher Unternehmen eine fundamentale Bedeutung erlangt.

Diese Entwicklung hat einen gleichermaßen bedeutsamen Einfluss auf das Unternehmenscontrolling. Zum einen werden Controller durch die IFRS zunehmend zum internen Informationsdienstleister für Zwecke der externen Rechnungslegung. Eine Vielzahl von Standards schreiben nämlich die Anbindung von Bilanzierungs-, Bewertungs- und Ausweisvorschriften an die internen Planungs-, Berichts- und Steuerungssysteme vor, die im deutschsprachigen Raum in den Aufgabenbereich des Controllings fallen (Management Approach). Zum anderen wird sowohl zur Erleichterung einer kapitalmarktorientierten Investorenkommunikation, aber auch zur Vereinfachung der Controllingsysteme vielfach die interne Finanzsprache aus der Datenbasis der externen Rechnungslegung abgeleitet und damit vereinheitlicht (Integration der Rechnungslegung). In diesem Rahmen spielt oft ebenfalls der Wunsch nach einer gesamten Verschlankung des Finanz- und Rechnungswesens verbunden mit Kostenvorteilen sowie nach einer besseren Transparenz interner Finanzkennzahlen eine Rolle.

Beide Aspekte besitzen eine besondere Relevanz im Kontext der Goodwill-Bilanzierung nach IFRS. Zum einen können die Vorschriften der IFRS 3 und IAS 36 zur Erst- bzw. Folgebilanzierung von Goodwill aus Unternehmenserwerb ohne Rückgriff auf die Controllingsysteme faktisch nicht umgesetzt werden. Gleichzeitig stellen die bei extern wachsenden Unternehmen teilweise sehr umfangreich anfallenden Goodwill-Positionen einen bedeutsamen Teil des mit Kapitalkosten zu belegenden Betriebsvermögens dar. Überdies besitzen die gemäß dem Impairment-Only-Approach ggf. erforderlich werdenden außerplanmäßigen Abschreibungen des Goodwills einen entsprechend starken Einfluss auf die Unternehmens- und Bereichs-Performance.

Cornelia A. J. Haas greift die Problematik einer Verzahnung von Goodwill-Bilanzierung und Controlling auf und führt sie einer umfassenden Analyse zu. Dabei adressiert sie die folgenden Forschungsfragen: Welche informationelle Unterstützung muss das Controlling für die Goodwill-Bilanzierung nach IFRS leisten? Und welche Implikationen erwachsen im Kontext einer integrierten Rechnungslegung aus der Goodwill-Bilanzierung für Planung und Kontrolle? Die vorliegende Dissertationsschrift deckt durch die Beantwortung dieser Fragen eine wichtige Lücke in der Controllingforschung. Einen besonderen Stellenwert besitzt die Arbeit außerdem dadurch, dass es Cornelia A. J. Haas gelingt, in ihren mit beeindruckender Sorgfalt und Tiefe präsentierten Überlegungen Erkenntnisse aus einer Vielzahl wirtschaftswissenschaftlicher Fachdisziplinen wie Controlling, Rechnungslegung, Prüfung und Organisationstheorie miteinander zu verknüpfen. Die Ergebnisse sind inhaltlich, methodisch und formal überzeugend und deshalb sowohl für Praktiker als auch für Wissenschaftler von erheblicher Relevanz. Ich wünsche der vorliegenden Arbeit deshalb die verdiente Aufnahme in der Science Community.

Univ.-Prof. Dr. Barbara E. Weißenberger

Danksagung

Die vorliegende Arbeit entstand während und nach meiner Tätigkeit als wissenschaftliche Mitarbeiterin an der Professur für Industrielles Management und Controlling der Justus-Liebig-Universität Gießen. Eine Reihe von Personen hat zum Gelingen dieser Arbeit beigetragen.

Mein Dank gilt zunächst Frau Professor Dr. Barbara E. Weißenberger für die fachliche Betreuung der Arbeit sowie für die lehrreiche und prägende Lehr- und Forschungstätigkeit, insbesondere während der Aufbauphase des Lehrstuhls. Herrn Professor Dr. Martin Glaum, Inhaber der Professur für Internationales Management, Rechnungslegung und Wirtschaftsprüfung, bin ich für die Übernahme des Zweitgutachtens sehr verbunden.

Bei allen meinen ehemaligen Kollegen, den externen Doktoranden und Silvia Vogel vom Lehrstuhl von Professor Dr. Glaum bedanke ich mich für ihre stete Bereitschaft zu fachlicher Diskussion und für die schöne gemeinsam verbrachte Zeit. Spezieller Dank gilt weiterhin Florian Storek und Joachim Loewe sowie meinen ehemaligen Kollegen Anneke Behrendt und Sebastian Wolf, die meine Arbeit Korrektur gelesen und mir inhaltliche Denkanstöße gegeben haben. Überdies unterstützten mich Anneke Behrendt und Nina Franzen vielfältig und spontan in der Schlussphase der Promotion, da ich zu dieser Zeit im Ausland war.

Außerdem bin ich Menschen verpflichtet, die mich auf meinem Ausbildungsweg vor der Promotion forderten und förderten. Deshalb möchte ich mich für äußerst interessante Praktika bei Michael Sinß (avantum consult) und Hans-Jörg Kreft (König und Kreft) sowie für eine exzellente theoretische Ausbildung bei den Lehrkräften des Max-Steenbeck-Gymnasiums und der WHU – Otto Beisheim School of Management bedanken.

Während meines bisherigen Lebensweges waren meine Eltern Elisabeth und Werner Haas sowie mein Bruder Gregor immer für mich da und haben mir – auch aus der Ferne – den nötigen Rückhalt gegeben. Hierfür danke ich ihnen von Herzen.

Schließlich stehe ich in der Schuld meines Verlobten Ricardo de Almeida Abrahamsohn für den fachlichen Austausch, seine immer währende Unterstützung und sein offenes Ohr für die Probleme einer Doktorandin. Ich danke zudem seinen Eltern Ises und Paulo für ihren steten Zuspruch für meine wissenschaftliche Tätigkeit.

Cornelia A. J. Haas

Abstract

This dissertation examines the implications of goodwill accounting under IFRS for management accounting and controlling. In this context, goodwill is defined as the excess of the cost of a business combination over the acquirer's interest in the net assets. In 2004 the accounting of goodwill under IFRS changed fundamentally when systematic amortisation was replaced by an impairment-only-approach. The change has meant that goodwill must be tested for impairment at least annually at the level of defined company units – so called cash-generating units. The value in use of the cash-generating unit, i. e. the net present value of its future cash flows has to be compared with its book value. Further changes in the accounting rules include that from 2009, companies are allowed to recognise the non-controlling interest of goodwill in addition to the goodwill of the acquirer.

The implications of goodwill accounting under IFRS for management accounting and controlling are twofold. On the one hand, goodwill accounting under IFRS requires detailed information from the management accounting and controlling systems. On the other hand, corporate controlling utilises the financial accounting information in the context of integration, i. e. the harmonisation of management accounting and controlling with financial accounting. This trend emerged in the 90s when German companies started to derive internal performance measures directly from reported earnings as opposed to the internal cost and income accounting.

Therefore, this dissertation consists of three parts. Firstly, the different dimensions of the integration within the accounting functions are analysed in general. Empirical evidence and theoretical arguments show that only a partial integration should be implemented. Thus, a model of organisational delegation costs is developed that explains the efficiency of the partial integration compared to both the separation and the complete integration.

Secondly, the informational support of management accounting and controlling for goodwill accounting are examined. This dissertation explains how the accounting rules IFRS 3 "Business Combinations" and IAS 36 "Impairment of Assets" can be applied with the support of the corporate planning and control processes. For example, the internal adjustments of the financial budgets and forecasts that are required for calculating the value in use are explored in detail. Reasons are given for a reassessment of this financial information where an impairment is likely. Moreover, the manner in which the opportunistic use of financial accounting discretion and the auditing of the financial statements can affect the quality of corporate management accounting and controlling is analysed.

Thirdly, the planning and monitoring of business activities as well as performance measurement are studied with respect to goodwill accounting. Initially, the purchased goodwill is characterised from an economic view by differentiating its components, after which ratios on the basis of the impairment test are developed that assist the anticipation of future value loss.

Furthermore, the dissertation argues that managerial decisions in a corporate group should not directly be based on the financial accounting information. For instance, acquiring companies show a higher goodwill volume than companies that grow internally, since the recognition of self-created goodwill is generally not allowed. Management ratios in relation to the capital basis are therefore distorted and require internal adjustments. Since the calculation of the value in use differs from the discounted cash flow method for company valuation, it should generally not be used for acquisition control.

Finally, the assessment of goodwill impairments in the manager's performance is examined. In case of impairment the operating profit of the company is substantially reduced. Contrary to the scientific literature, the view is taken that impairments should normally not be corrected for performance measurement. However, goodwill write-offs that are not caused by an economic reason but solely triggered by the calculation method of the impairment test should not be included for the purposes of incentive-setting and compensation.

This dissertation concludes that the importance of management accounting and controlling for goodwill accounting will continue to increase in the future. This conclusion is based on the findings that the revised versions of IFRS 3 and IAS 36 require even more planning and valuation know-how and that the change towards the new regulations will also affect internal management ratios and could create dysfunctional incentives.

Inhaltsverzeichnis

Abbildungsverzeichnis

Abkürzungsverzeichnis

a. A.	anderer Auffassung
AAA	American Accounting Association
Abs.	Absatz
AER	American Economic Review
AG	Die Aktiengesellschaft
AH	Accounting Horizons
AICPA	American Institute of Certified Public Accountants
AinE	Accounting in Europe
AK-SG	Arbeitskreis der Schmalenbach-Gesellschaft
AktG	Aktiengesetz
AR	The Accounting Review
ARB	Accounting Research Bulletin
Art.	Artikel
BAF	Bank Accounting & Finance
BB	Betriebs-Berater
BC(Z)	*basis for conclusions*
BfuP	Betriebswirtschaftliche Forschung und Praxis
BilMoG	Bilanzrechtsmodernisierungsgesetz
BilReg	Bilanzrechtsreformgesetz
BörsG	Börsengesetz
BuW	Betrieb und Wirtschaft
bzw.	beziehungsweise
c. p.	ceteris paribus
ca.	circa
cf	Corporate Finance
CAPM	Capital Asset Pricing Model
CFO	Chief Financial Officer
CGU	Cash-generating Unit
d. h.	das heißt
d. V.	der Verfasser
DAX	Deutscher Aktienindex
DB	Der Betrieb
DBW	Die Betriebswirtschaft
DCF	Discounted Cashflow

DP	Discussion Paper
DPR	Deutsche Prüfstelle für Rechnungslegung
DSR	Deutscher Standardisierungsrat
DRS	Deutscher Rechnungslegungs Standard
DRSC	Deutsches Rechnungslegungs Standards Committee
DStR	Deutsches Steuerrecht
DU	Die Unternehmung
DVFA/SG	Deutsche Vereinigung für Finanzanalyse und Asset Management und der Schmalenbach-Gesellschaft
EA	Einzelabschluss
EAA	European Accounting Association
EAR	European Accounting Review
ED	Exposure Draft
EG	Europäische Gemeinschaft
EHUG	Gesetz über elektronische Handelsregister und Genossenschaftsregister sowie das Unternehmensregister
ERS	Entwurf für eine Stellungnahme zur Rechnungslegung
EstG	Einkommensteuergesetz
et al.	et alii
etc.	et cetera
EU	Europäische Union
EVA	Economic Value Added
exkl.	exklusive
f.	folgende
F	Framework
F&E	Forschung und Entwicklung
FAJ	Financial Analysts Journal
FASB	Financial Accounting Standards Board
FB	Finanz-Betrieb
ff.	fortfolgende
Fn.	Fußnote
GAAP	Generally Accepted Accounting Principles
GE	Geldeinheiten
gem.	gemäß
ggf.	gegebenenfalls
GL	Geschäftsbereichsleitung

Gl.	Gleichung
GmbHG	Gesetz betreffend die Gesellschaften mit beschränkter Haftung
GuV	Gewinn-und-Verlustrechnung
HBM	Harvard Business Manager
HBR	Harvard Business Review
HFA	Hauptfachausschuss
HGB	Handelsgesetzbuch
Hrsg.	Herausgeber
i. d. R.	in der Regel
i. V. m.	in Verbindung mit
i. w. S.	im weiteren Sinne
IAASB	International Auditing and Assurance Standards Board
IAS	International Accounting Standard(s)
IASB	International Accounting Standards Board
IASC	International Accounting Standards Committee
IDW	Institut der Wirtschaftsprüfer
IE	Illustrative Examples
IFAC	International Federation of Accountants
IFRIC	International Financial Reporting Interpretations Committee
IFRS	International Financial Reporting Standard(s)
inkl.	inklusive
insb.	insbesondere
IRZ	Zeitschrift für Internationale Rechnungslegung
ISA	International Standard on Auditing
ISAE	International Standard on Assurance Engagements
IT	Informationstechnologie
IVSC	International Valuation Standards Committee
JABS	The Journal of Applied Behavioral Science
JACF	Journal of Applied Corporate Finance
JAE	Journal of Accounting & Economics
JAR	Journal of Accounting Research
JB	The Journal of Business
JBFA	Journal of Business Finance & Accouting
JEL	Journal of Economic Literature

JFQA	Journal of Financial and Quantitative Analysis
Jg.	Jahrgang
JIC	Journal of Intellectual Capital
JIFMA	Journal of International Financial Management and Accounting
JoF	The Journal of Finance
JofA	Journal of Accountancy
JoFE	Journal of Financial Economics
JPE	Journal of Political Economy
k. A.	keine Angabe
KoR	Zeitschrift für internationale und kapitalmarktorientierte Rechnungslegung
krp	Kostenrechnungspraxis
lat.	latente
LIFO	*last in first out*
M&A (D)	Mergers and Acquisitions (deutsche Zeitschrift)
MAJ	Managerial Auditing Journal
MAR	Management Accounting Research
Mio.	Millionen
Mrd.	Milliarden
MVA	Market Value Added
NCI	Minderheitenanteile (*non-controlling interest*)
ND	Nutzungsdauer
NFD	Near Final Draft
NOPAT	Operatives Ergebnis nach Steuern (*net operating profit after taxes*)
Nr.	Nummer
PiR	Praxis der internationalen Rechnungslegung
PR	Preisrecht
PS	Prüfungsstandard
r	überarbeitet (*revised*)
RAS	Review of Accounting Studies
RegE	Regierungsentwurf
REVA	Refined Economic Value Added
ROI	Return on Investment
RQFA	Review of Quantitative Finance and Accounting

RS	Stellungnahme zur Rechnungslegung
RWZ	Österreichische Zeitschrift für Recht und Rechnungswesen
Rz.	Randziffer
S.	Seite
SAB	Staff Accounting Bulletin
Sbr	Schmalenbachs Business Review
SEC	Securities and Exchange Commission
SFAC	Statement of Financial Accounting Concepts
SFAS	Statement of Financial Accounting Standards
SIC	Standing Interpretations Committee
SME	kleine und mittelgroße Unternehmen (*small and medium-sized entities*)
sog.	so genannte
Sp.	Spalte
ST	Der Schweizer Treuhänder
StuW	Steuer und Wirtschaft
TUG	Transparenzrichtline-Umsetzungsgesetz
u. a.	unter anderem
u. U.	unter Umständen
UL	Unternehmensleitung
UM	Unternehmensbewertung & Management
US	United States
vgl.	vergleiche
VW	Vermögenswerte
WACC	gewichtete durchschnittliche Kapitalkosten (*weighted average cost of capital*)
WertV	Wertermittlungsverordnung
WiSt	Wirtschaftswissenschaftliches Studium
WISU	Das Wirtschaftsstudium
WPg	Die Wirtschaftsprüfung
WpHG	Wertpapierhandelsgesetz
XBRL	eXtensible Business Reporting Language
Z	Zeile
z. B.	zum Beispiel
ZfB	Zeitschrift für Betriebswirtschaft

zfbf	Schmalenbachs Zeitschrift für betriebswirtschaftliche Forschung
ZfCM	Zeitschrift für Controlling & Management
ZfhF, n. F.	Zeitschrift für handelswissenschaftliche Forschung, neue Folge
ZGE	zahlungsmittelgenerierende Einheit
ZGR	Zeitschrift für Unternehmens- und Gesellschaftsrecht
ZP	Zeitschrift für Planung & Unternehmenssteuerung
zzgl.	zuzüglich

Symbolverzeichnis

β	Betafaktor des verschuldeten Unternehmens
β_u	Betafaktor des unverschuldeten Unternehmens
$\beta_{u,vSt}$	Betafaktor des unverschuldeten Unternehmens vor Steuern
CFH	allgemeine Cashflow-Hürde
$CFH_{extrapol.}$	Cashflow-Hürde der Extrapolationsphase
$CFH_{extrapol.,ND<50Jahre}$	Cashflow-Hürde der Extrapolationsphase unter der Prämisse einer Nutzungsdauer der Cash-generating Unit unter 50 Jahren
$CFH_{ND<50Jahre}$	allgemeine Cashflow-Hürde unter der Prämisse einer Nutzungsdauer der Cash-generating Unit unter 50 Jahren
CF_t	Cashflow eines Jahres *t* der spezifizierten Planungsphase
CF_{T+1}	Basis-Cashflow der Extrapolationsphase
DIV_t	Cashflow der Periode *t* an die Eigenkapitalgeber (Dividenden)
EK	Marktwert des Eigenkapitals
$EK_{t-1,BW}$	Eigenkapital zu Buchwerten zu Beginn der Periode *t*
EVA_t	Economic Value Added der Periode *t*
€	Euro
FCF_t	Free Cashflow der Periode *t*
$fin.VW_{BW}$	Buchwert der berücksichtigten finanziellen Vermögenswerte
FK	Marktwert des Fremdkapitals
FK_{BW}	Buchwert des berücksichtigten Fremdkapitals
$FK_{t-1,FV}$	Fremdkapital zu Fair Values zu Beginn der Periode *t*
G	Buchwert des bilanzierten Goodwills
$G_{originär\ i.w.S.}$	Wert des originären Goodwills im weiteren Sinne (inklusive der Wertdifferenzen zwischen dem Fair Value und dem Buchwert einzelner Vermögenswerte)
$G_{originär\ i.w.S,MC}$	Wert des originären Goodwills im weiteren Sinne, abgeleitet aus der Börsenkapitalisierung (*market capitalisation*)
GA	Abschreibung des bilanzierten Goodwills
GK	Marktwert des Gesamtkapitals
$GK_{IAS36,BW}$	Buchwert des Gesamtkapitals nach IAS 36
$GK_{t-1,BW}$	Buchwert des Gesamtkapitals zu Beginn der Periode *t*

GKR_t	Rendite des Gesamtkapitals zu Buchwerten der Periode t
i	bewertungsspezifischer Diskontierungszinssatz
$IK_{t-1,BW}$	investiertes Kapital zu Buchwerten zu Beginn der Periode t
$IK_{t-1,FV}$	investiertes Kapital zu Fair Values zu Beginn der Periode t
KP	Kaufpreis
MC_{t-1}	Börsenkapitalisierung (*market capitalisation*) zu Beginn der Periode t
MVA_{t-1}	Market Value Added zu Beginn der Periode t, abgeleitet aus einem Unternehmensbewertungsverfahren
$MVA_{t-1,KP}$	Market Value Added zu Beginn der Periode t, abgeleitet aus dem Kaufpreis
$MVA_{t-1,MC}$	Market Value Added zu Beginn der Periode t, abgeleitet aus der Börsenkapitalisierung (*market capitalisation*)
NE_{NW}	Aufwendungen für den Niveauerhalt des Nutzungswertes
NOP_t	operatives Ergebnis (*net operating profit*) der Periode t
$NOPAT_t$	operatives Ergebnis nach Steuern (*net operating profit after taxes*) der Periode t
NVW	Nettoveräußerungswert (*fair value less costs to sell*)
NW	Nutzungswert (*value in use*)
$ÖG_t$	ökonomischer Gewinn der Periode t
$\tilde{r}$	Verteilung möglicher Renditen
r_{EK}	Eigenkapitalkostensatz eines verschuldeten Unternehmens
$r_{EK,vSt}$	Eigenkapitalkostensatz eines verschuldeten Unternehmens vor Steuern
r_f	risikoloser Zinssatz
$r_{f,vSt}$	risikoloser Zinssatz vor Steuern
r_{FK}	Fremdkapitalkostensatz
r_M	erwartete Rendite des Marktportfolios riskanter Kapitalanlagen
$r_{M,vSt}$	erwartete Rendite des Marktportfolios vor Steuern
R	Länge der Extrapolationsphase
relativer RG_G	relativer residualer Goodwill in Bezug auf den Buchwert des Goodwills
relativer RG_{GK}	relativer residualer Goodwill in Bezug auf den Buchwert der Cash-generating Unit
$REVA_t$	Refined Economic Value Added der Periode t

RG	residualer Goodwill
RI_t	Residualgewinn (*residual income*) der Periode t
$RÖG_t$	(cashflow-basierter) residualer ökonomischer Gewinn der Periode t
$RÖG_{t,\ aufwandsbasiert}$	aufwandsbasierter residualer ökonomischer Gewinn der Periode t
$\rho_{EK,M}$	Korrelationskoeffizient der Eigenkapitalrendite des Unternehmens und der Rendite des Marktportfolios
s	Ertragsteuersatz
SK	Sicherheitskoeffizient
σ_{EK}	Standardabweichung der Eigenkapitalrendite des Unternehmens
σ_M	Standardabweichung der Rendite des Marktportfolios
t	betrachtetes Jahr der spezifizierten Planungsphase
T	Länge der spezifizierten Planungsphase
UW_{t-1}	Unternehmenswert zu Beginn der Periode t
$UW_{t-1,EVA}$	Unternehmenswert zu Beginn der Periode t auf Basis des Economic Value Added (Entity-Wert)
$UW_{t,FCF}$	Unternehmenswert zum Ende der Periode t auf Basis von Free Cashflows und dem WACC-Konzept (Entity-Wert)
$UW_{t,FTE}$	Unternehmenswert zum Ende der Periode t auf Basis des *flow to equity*, Ertragswert (Equity-Wert)
w	Wachstumsrate des Basis-Cashflows
ZKW	Zielkapitalwert für die Extrapolationsphase
$ZKW_{ND<50Jahre}$	Zielkapitalwert für die Extrapolationsphase unter der Annahme einer Nutzungsdauer der Cash-generating Unit unter 50 Jahren

A Einführung

1 Ausgangssituation

Die vorliegende Arbeit nimmt Bezug auf zwei neue Entwicklungen in der Rechnungslegung:

* die Integration der internen und externen Rechnungslegung sowie
* die Einführung des Impairment-only-Approach für Goodwill nach den International Financial Reporting Standards (IFRS).

Der Vorreiter des Praxistrends zur **integrierten Rechnungslegung** ist das Unternehmen Siemens. Es implementierte zu Beginn der neunziger Jahre eine interne Steuerung, die auf adjustierten Rechengrößen der bilanziellen Gewinn-und-Verlustrechnung basierte. Auf den Ansatz von kalkulatorischen Größen wurde bis auf die Verwendung von Zinsen auf die Kapitalbasis grundsätzlich verzichtet.[1] Weitere Unternehmen folgten diesem Vorbild, so z. B. Bayer, Veba, Daimler-Benz und Bosch.[2] Der gemeinsame Kern dieser Integrationsanstrengungen ist die Abkehr von der traditionellen Zweiteilung der Rechnungslegung in die Finanzberichterstattung innerhalb der externen Rechnungslegung und in die Kostenrechnung innerhalb der internen Rechnungslegung.[3] Für eine verstärkte Investorenorientierung wurde die Unternehmenssteuerung an die Erfolgsgröße der Gewinn-und-Verlustrechnung geknüpft.[4] Da Siemens zum Zeitpunkt der Integration nach dem Handelsrecht bilan-

---

1 Vgl. *Ziegler* (1994) S. 177ff.

2 Vgl. *Menn* (1995), *Menn* (1999), *Lauk* (1994), *Bruns* (1999), *Kümmel/Watterott* (2005). Für eine Gegenüberstellung unterschiedlicher Praxisbeispiele siehe *Klein* (1999a) S. 45ff., *Hoke* (2001) S. 45ff.

3 Die interne Rechnungslegung kann als ein instrumenteller, vorwiegend monetär geprägter Teilbereich des Controllings verstanden werden, da der Begriff „Controlling“ aus dem Stillstand der Diskussion um die Kostenrechnungstheorie hervorging. Vgl. *Weißenberger* (2002) S. 397ff., *Weber* (1993a) S. 4ff. Dennoch wird nachfolgend die „interne Rechnungslegung“ in einem weiten Begriffsverständnis mit „Controlling“ gleichgesetzt. Weiterhin werden die Termini „externe Rechnungslegung“, „Bilanzierung“ und „Finanzberichterstattung“ als allgemein inhaltsgleich angenommen. Der Begriff „Rechnungswesen“ betont insbesondere die Erstellungsprozesse der Rechnungslegung und die dafür verantwortlichen Mitarbeiter; vgl. *Weißenberger* (2003) S. 87.

4 Vgl. *Ziegler* (1994) S. 178f.

zierte, wurde für interne Steuerungsanforderungen das operative Ergebnis um Aufwendungen und Erträge, die aus der Verlustantizipation resultieren, korrigiert.[5]

Seit 2005 sind europäische kapitalmarktorientierte Unternehmen verpflichtet, für die Konzernberichterstattung die internationalen Bilanzierungsregelungen IFRS anzuwenden.[6] Die IFRS streben die Bereitstellung von entscheidungsnützlichen Informationen für die Rechnungslegungsadressaten an (*decision usefulness*).[7] Das Unternehmensgeschehen soll demzufolge ein den tatsächlichen Verhältnissen entsprechendes Bild der Unternehmenslage vermitteln (*true and fair view*).[8] Im Unterschied zum Handelsrecht ist das Vorsichtsprinzip nachrangig bedeutsam.[9] Daher sind z. B. die bei Siemens noch vorgenommenen Korrekturen des operativen Ergebnisses unter der IFRS-Rechnungslegung tendenziell nicht mehr erforderlich. Durch eine ökonomische, im Vergleich zum Handelsrecht eher unverzerrte Abbildung des Unternehmensgeschehens verstärken die IFRS den Trend zur integrierten Rechnungslegung.[10] Obwohl bei Siemens ein vollständiger Verzicht auf die Kostenrechnung postuliert wurde,[11] erfolgt die Integration in der Praxis allgemein lediglich auf den oberen Konzernebenen. Die Existenz der Kostenrechnung in nachgelagerten Konzernebenen wird demnach nicht infrage gestellt.[12]

Durch die Integration der Rechnungslegung wirken sich Veränderungen in den Bilanzierungsregeln auch auf das Controlling aus. Im Jahr 2004 wurde durch das International Accounting Standards Board[13] speziell die **Bilanzierung des Goodwills** wesentlich verändert. Mit dem Abschluss der Phase I des Projektes „*Business Combinations*" wich die planmäßige Abschreibung nach IAS 22 dem Impairment-only-Approach nach IFRS 3. Der Goodwill muss seither jährlich und, sofern Indizien ei-

---

5 So wurden Korrekturen für Abschreibungen auf das Vorratsvermögen und den Forderungsbestand sowie für die Bildung bzw. Auflösung von Rückstellungen für ungewisse Verbindlichkeiten und Drohverluste vorgenommen; vgl. *Ziegler* (1994) S. 179.

6 Vgl. Verordnung (EG) Nr. 1606/2002 Art. 4.

7 Vgl. F.2, IAS 1.7: aus 2003, IAS 1.9 (r): revidierte Fassung aus 2007, gültig ab 2009.

8 Vgl. IAS 1.13ff., IAS 1.15ff. (r), IAS 8.10ff., F.46.

9 Vgl. *Pellens/Fülbier/Gassen/Sellhorn* (2008) S. 134.

10 Vgl. *Weißenberger* (2007a) S. 322ff.

11 Vgl. *Ziegler* (1994) S. 179f.

12 Vgl. *Weißenberger* (2006) S. 72ff.

13 Das International Accounting Standards Board (IASB) ist eine privatrechtliche Institution mit Sitz in London, die die IFRS erarbeitet und erlässt. Der Begriff „IFRS" beschreibt die Gesamtheit oder eine Auswahl von Standards des IASB. Sie wurden bis zum Jahr 2000 als International Accounting Standards (IAS) bezeichnet. Ebenfalls bis zu diesem Zeitpunkt wurde der Standardsetter IASC (International Accounting Standards Committee) genannt. Zur Entwicklung des IASB siehe *Weber/Weißenberger/Haas* (2006) S. 11ff.

ne potenzielle Wertminderung anzeigen, unterjährig auf der Ebene zugeordneter Unternehmenseinheiten (Cash-generating Units, CGUs) auf Werthaltigkeit überprüft werden.[14] Innerhalb des Werthaltigkeitstests (Impairment-Test) wird der Buchwert der CGU mit dem erzielbaren Betrag der CGU, der maßgeblich auf Daten der Mittelfristplanung des Unternehmens aufbaut, verglichen.[15] In Höhe der Wertminderung sind zunächst der Goodwill und nachfolgend die sonstigen Vermögenswerte der CGU abzuschreiben.[16] Durch den Impairment-only-Approach bleibt der Goodwill tendenziell in der Bilanz stehen. Dadurch steigt langfristig die Gefahr, dass im Vergleich zu den planmäßigen Abschreibungen erhöhte außerplanmäßige Wertminderungen (Impairments) auftreten.[17]

Zum Jahresanfang 2008 wurde die Phase II des Projektes „*Business Combinations*" mit einer erneuten Änderung der Goodwill-Bilanzierung beendet. In der Entwurfsfassung des neuen Standards (Exposure Draft, ED) wurde der Ausweis des Full Goodwills vorgeschlagen. Er bezeichnete den Unterschiedsbetrag zwischen dem hypothetischen Marktwert des Akquisitionsobjektes und dem zum beizulegenden Zeitwert (Fair Value) neubewerteten erworbenen Nettovermögen.[18] Somit sollte der bilanzierte Goodwill neben dem Anteil der Mehrheitsgesellschafter auch die Anteile der Minderheitsgesellschafter am Goodwill umfassen.[19] Über die Entwurfsfassung hinaus bietet der überarbeitete (*revised*) Standard IFRS 3 (r) das Wahlrecht, den Goodwill weiterhin vergleichbar zu den gegenwärtig gültigen Regelungen zu ermitteln.[20] Der Goodwill kann somit ebenfalls als Unterschiedsbetrag zwischen den Anschaffungskosten des Unternehmenserwerbes und dem Erwerberanteil am neubewerteten erworbenen Nettovermögen aktiviert werden.[21]

Die beschriebenen bilanziellen Veränderungen betreffen eine der **bedeutendsten Bilanzpositionen**. *Glaum/Street/Vogel/PwC* (2007) erheben empirisch, dass der bilanzierte Goodwill in europäischen börsennotierten Unternehmen im Durchschnitt ein Volumen von 2,5 Mrd. € aufweist.[22] Dieses Volumen entspricht etwa 41% des

---

14 Vgl. IFRS 3.55 mit Verweis auf IAS 36.9ff. Der Begriff „Goodwill" wird nachfolgend im Singular und Plural verwendet.

15 Vgl. IAS 36.59.

16 Vgl. IAS 36.104.

17 Vgl. *Glaum/Street/Vogel/PwC* (2007) S. 46.

18 Vgl. ED-IFRS 3.49.

19 Vgl. ED-IFRS 3.58.

20 Vgl. IFRS 3.32(a)(ii) (r), IFRS 3.19 (r).

21 Vgl. IFRS 3.51(b).

22 Die Standardabweichung beträgt 6,2 Mrd. €. Vgl. *Glaum/Street/Vogel/PwC* (2007) S. 39.

Eigenkapitals, d. h. dem größten Anteil des von den Investoren eingesetzten Kapitals.[23] Gemäß der Studie von *Küting* (2007) zeigen DAX-Unternehmen in 2006 einen durchschnittlichen Goodwill von 1,2 Mrd. €. Im Vergleich zum Vorjahr stieg das Goodwill-Volumen dieser Unternehmen um 15%.[24]

2 Forschungsmodell und Aufbau der Arbeit

Unter Berücksichtigung der zwei skizzierten Entwicklungen in der Rechnungslegung stellt sich aus betriebswirtschaftlicher Sicht die zentrale Frage, wie sich die veränderte Goodwill-Bilanzierung auf das Controlling auswirkt. Sie wird in der wissenschaftlichen Literatur nur ansatzweise diskutiert.[25]

Zwischen der Goodwill-Bilanzierung nach IFRS und dem Controlling können **zwei Informationsbeziehungen** unterschieden werden. Einerseits erfordert die Bilanzierung eine Informationsbereitstellung durch das Controlling. So werden für die Ermittlung des erzielbaren Betrages i. d. R. Informationen aus der Mittelfristplanung des Unternehmens benötigt.[26] Andererseits können die bilanzorientierten Wertansätze für Planungs- und Kontrollzwecke im Controlling verwendet werden. In der wissenschaftlichen Literatur wird beispielsweise argumentiert, dass die für den Impairment-Test für einzelne Unternehmenseinheiten abgeleiteten erwarteten Zahlungsströme die Unternehmenssteuerung und die Umsetzung der Wertorientierung (Shareholder-Value-Orientierung) unterstützen.[27]

Für die weitere Analyse wurden deshalb folgende **Forschungsfragen** formuliert:

(1) Wie ist die Integration der Rechnungslegung zu charakterisieren und theoretisch zu fundieren?

(2) Welche informationelle Unterstützung muss das Controlling für die Goodwill-Bilanzierung nach IFRS leisten?

---

[23] Die Standardabweichung beträgt 69%. Vgl. *Glaum/Street/Vogel/PwC* (2007) S. 41. Die Untersuchung umfasst eine Stichprobe von 357 Unternehmen, die nach IFRS bilanzieren und in 2005 eine Akquisition oder Goodwill aufweisen; vgl. *Glaum/Street/Vogel/PwC* (2007) S. 22f.

[24] Vgl. *Küting* (2007) S. 2026f. Die Untersuchung umfasst die Finanzberichterstattung von 124 DAX-Unternehmen aus Industrie, Handel und dem Dienstleistungssektor.

[25] Vgl. Abschnitt A.3.

[26] Vgl. *Weißenberger/Maier* (2006) S. 2077ff., *Wagenhofer* (2006) S. 7ff.

[27] Vgl. *Alvarez/Biberacher* (2002) S. 352, *Haaker* (2005a).

(3) Welche Implikationen erwachsen im Kontext einer integrierten Rechnungslegung aus der Goodwill-Bilanzierung für die Planung und die Kontrolle?

Für die Beantwortung der Forschungsfragen wird der in Abbildung A-1 vereinfacht dargestellte inhaltliche Aufbau gewählt.

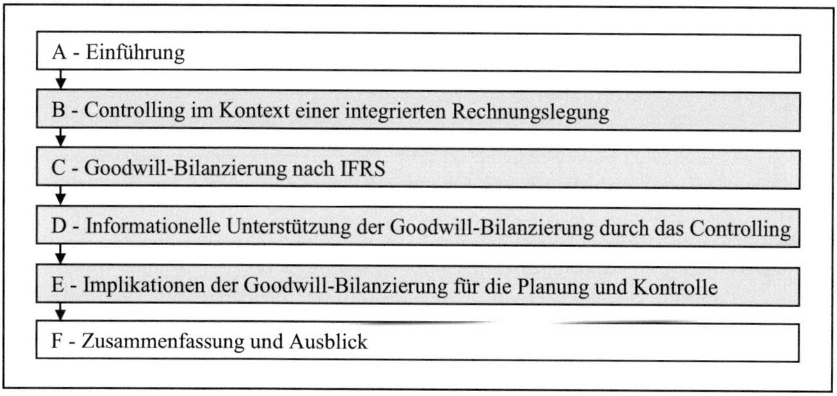

Abbildung A-1: Inhaltlicher Aufbau der Arbeit

Im Anschluss an die **Einführung** wird in **Kapitel B** das Controlling im Kontext einer integrierten Rechnungslegung unter IFRS beschrieben. Controlling wird dabei als Messung güterwirtschaftlicher Sachverhalte zur Entscheidungsfundierung der Unternehmensführung definiert. Die Planung, die Kontrolle und die Informationsversorgung als Aufgabenbereiche des Controllings werden inhaltlich dargestellt. Die IFRS bezwecken eine Entscheidungsfundierung für die Adressaten der Finanzberichterstattung. Deshalb bietet es sich im Sinne der Investorenorientierung an, die bilanzorientierten Wertansätze auch unternehmensintern zu verwenden. Diese Integration der Rechnungslegung wird vor dem Hintergrund der traditionellen Zweiteilung der Erfolgsmessung analysiert. Zunächst werden die mit einer Integration verbundenen Chancen und Risiken aus der Sicht der Unternehmenspraxis erläutert. Nachfolgend wird aus theoretischer Perspektive der mögliche Integrationsbereich anhand von einzelnen Dimensionen, so z. B. anhand der Rechenwerke und der Rechengrößen, eingegrenzt. Abschließend wird ein Konzept für die Delegationskosten in Unternehmen präsentiert, das es ermöglicht, die Effizienz einer lediglich partiell integrierten Rechnungslegung zu begründen.

Das **Kapitel C** umfasst die bilanziellen Regelungen für die Goodwill-Bilanzierung nach IFRS (Stand: 1. Oktober 2008). Zunächst wird die gegenwärtige Bilanzierung nach IFRS 3 in Verbindung mit den Standards IAS 38 und IAS 36 detailliert beschrieben. Im Rahmen der Erstbilanzierung sind die erworbenen materiellen und insbesondere immateriellen Vermögenswerte sowie die übernommenen Schulden zu identifizieren und zum Fair Value zu bewerten. Der Goodwill ist auf die CGUs des neuen Unternehmensverbundes aufzuteilen. Im Rahmen der Folgebilanzierung muss der Goodwill Werthaltigkeitstests unterzogen werden. Die umfangreichen Regelungen zur Testdurchführung – so die Ermittlung des erzielbaren Betrages und des Buchwertes der CGU sowie die Verteilung des Wertberichtigungsbedarfs – werden dargestellt. Im Anschluss werden die zukünftigen Änderungen in der Goodwill-Bilanzierung gemäß den Standardentwürfen und den revidierten Fassungen für IFRS 3 und IAS 27 detailliert erläutert.

In **Kapitel D** werden die Implikationen der Goodwill-Bilanzierung für die Informationsbereitstellung durch das Controlling untersucht. Die Erst- und Folgebilanzierung des Goodwills erfordern umfangreiche Informationen aus der Akquisitions- und der laufenden Konzernplanung. Dem bilanziellen Vorgehen strukturell folgend werden die aus dem Controlling benötigten Daten identifiziert und die informationelle Unterstützung der Bilanzierung diskutiert. Abschließend werden die erforderliche Prüfung der bereitgestellten Informationen und der Beitrag des Controllings zur Reduktion der bilanziellen Ermessensspielräume thematisiert.

In **Kapitel E** wird analysiert, inwieweit die Wertansätze der Goodwill-Bilanzierung innerhalb der Planung und Kontrolle der Unternehmensaktivitäten verwendet werden können. Hierzu wird eingangs das Wesen des Goodwills aus einer betriebswirtschaftlichen Perspektive erläutert, die die bilanzielle Darstellung erweitert. Insbesondere werden einzelne Komponenten des Goodwills abgeleitet. Nachfolgend werden detailliert die Planungs- und Kontrollaufgaben in Bezug auf die Goodwill-Bilanzierung und die für Steuerungszwecke vorhandene Informationsbasis diskutiert. So z. B. obliegt es dem Controlling, eine zukünftige Goodwill-Wertminderung zu antizipieren, die Vergleichbarkeit von intern wachsenden und extern akquirierenden Unternehmenseinheiten herzustellen und sachgerecht die Goodwill-Impairments in der Performance-Messung, d. h. in der Erfolgsmessung für Verhaltenssteuerungszwecke, zu berücksichtigen.

Das **Kapitel F** fasst die Arbeit zusammen, gibt einen Ausblick und zeigt weiteren Forschungsbedarf auf.

Im Vordergrund der Analyse stehen **große Industrieunternehmen**. Von der spezifischen Betrachtung von Banken und Versicherungsunternehmen wird generell, von der Analyse von kleinen und mittelgroßen Unternehmen wird in Bezug auf die Goodwill-Bilanzierung und die Controlling-Implikationen abgesehen.[28]

Aus **wissenschaftstheoretischer Perspektive** ist die vorliegende Arbeit sowohl der Wirtschaftstheorie als auch der Wirtschaftspolitik zuzuordnen. Die Wirtschaftstheorie bezweckt die Entdeckung von Ursache-Wirkungs-Zusammenhängen, die in Form von theoretischen Aussagen erklärt werden. Die Wirtschaftspolitik verwendet dagegen einen logisch umgekehrten Zusammenhang: Spezifische Wirkungen werden als gegeben bzw. als Ziele definiert. Die Ursachen werden als gestaltbare Mittel aufgefasst, die zu der gewünschten Wirkung führen können.[29] Zur Ableitung neuer Forschungserkenntnisse wird in der vorliegenden Arbeit primär eine sachlich-analytische Vorgehensweise verwendet. Dementsprechend werden die Auseinandersetzung mit komplexen Beziehungen und die Ableitung von Handlungsgrundlagen angestrebt.[30]

3 Stand der Literatur

Zum vorliegenden Thema existieren keine umfassenden wissenschaftlichen Arbeiten. Deshalb wird nachfolgend ein Überblick gegeben, der zwischen der Literatur zur Integration der Rechnungslegung, zur internationalen Goodwill-Bilanzierung und zu den Implikationen für das Controlling unterscheidet. Die Ausführungen orientieren sich vorrangig an der chronologischen Veröffentlichung der Monographien bzw. wissenschaftlichen Beiträge.

Zur **Integration der Rechnungslegung** sind zunächst die analytischen Dissertationen von *Klein* (1999b) und *Wussow* (2004) hervorzuheben. Die Autoren untersuchen die Integration der Rechnungslegung unter IAS bzw. IFRS. In Anlehnung an einen Anforderungskatalog an Steuerungsrechnungen werden die bilanziellen Regelungen auf konzeptioneller Ebene und auf Ebene der Einzelstandards analy-

---

28 Zum Regelungsentwurf für die Goodwill-Bilanzierung nach IFRS in kleinen und mittelgroßen Unternehmen (*small and medium-sized entities*, SME) siehe ED-SME Section 18 „*Business Combinations and Goodwill*" und Section 26 „*Impairment of Non-financial Assets*" sowie *Berger/Fink* (2007) S. 252ff.

29 Vgl. *Chmielewicz* (1979) S. 11.

30 Vgl. dazu und zu den weiteren unterschiedenen Forschungsstrategien – der formal-analytischen und der empirischen Forschungsstrategie – *Grochla* (1976) S. 634ff.

siert.[31] *Wussow* (2004) behandelt daneben Anforderungen an eine wertorientierte Steuerungsrechnung und ihre Erfüllung durch die IFRS.[32] Die Dissertation von *Hoke* (2001) enthält über theoretische Grundüberlegungen hinaus eine empirische Studie, die auf Interviews in 41 DAX-100-Unternehmen aufbaut.[33] Auf den empirischen Ergebnissen basierend wird die Ausgestaltung der integrierten Rechnungslegung anhand der Periodenerfolgsrechnung beschrieben.[34]

Neben den Dissertationen zur Integration der Rechnungslegung sind die Veröffentlichungen von *Küting/Lorson* und *Weißenberger* herauszustellen. In einem zweiteiligen Beitrag begründen *Küting/Lorson*, warum eine integrierte Rechnungslegung auf den bilanziellen, und nicht auf den unternehmensinternen Daten beruhen sollte. Anhand von 35 Thesen werden Leitlinien für die Ausgestaltung einer integrierten Rechnungslegung formuliert.[35] *Küting/Lorson* (1999a) zeigen darüber hinaus Implikationen für das Controlling auf. Die Autoren empfehlen, die periodenbezogene Steuerungsrechnung für die Unternehmenseinheiten in die Verantwortung des externen Rechnungswesens zu stellen. Im internen Rechnungswesen soll auf Produkt- und Prozessebene die entscheidungsorientierte Kostenrechnung bestehen bleiben.[36]

Weißenberger (2005) zeigt, dass aus der integrierten Rechnungslegung unter IFRS insbesondere divergierende Implikationen für die Verhaltenssteuerung resultieren.[37] Deshalb sollen die einzelnen Rechnungslegungsstandards unter Berücksichtigung ihrer Auswirkungen auf die Entscheidungsfundierung und die Verhaltenssteuerung im Unternehmen analysiert und die bilanzorientierte Steuerungsrechnung korrespondierend adjustiert werden.[38] *Weißenberger* (2006) belegt, dass die Periodenerfolgsrechnung nach IFRS nur eingeschränkt für die Unternehmenssteuerung verwendbar ist.[39] Als Lösungsansatz wird eine partielle Integration der Rechnungslegung vorgestellt, die lediglich auf den oberen Konzernebenen eine intern und extern einheitliche Steuerungsrechnung umfasst.[40] Weiterhin begründen *Simons/ Weißenberger* (2008) auf spieltheoretischer Basis, dass ein Integrationsverzicht in

---

[31] Vgl. *Klein* (1999a) S. 63ff., *Wussow* (2004) S. 68ff.
[32] Vgl. *Wussow* (2004) S. 77ff. und S. 170ff.
[33] Vgl. *Hoke* (2001) S. 147.
[34] Vgl. *Hoke* (2001) S. 141 und S. 153ff.
[35] Vgl. *Küting/Lorson* (1998a), *Küting/Lorson* (1998b).
[36] Vgl. *Küting/Lorson* (1999a) S. 219.
[37] Vgl. *Weißenberger* (2005) S. 199ff. zur Fair-Value- und Goodwill-Bilanzierung.
[38] Vgl. *Weißenberger* (2005) S. 209.
[39] Vgl. *Weißenberger* (2006) S. 51ff.
[40] Vgl. *Weißenberger* (2006) S. 67ff.

nachgelagerten Hierarchieebenen ein individuell rationales, konsequentes Verhalten sein kann.[41]

Die vorliegende Arbeit strebt an, diese wissenschaftliche Literatur zu ergänzen. Die Integration der Rechnungslegung wird hierfür multidimensional analysiert. Darüber hinaus wird der Frage nachgegangen, ob die Effizienz einer partiellen Integration durch ein theoretisches Modell fundierbar ist.

Zur gegenwärtigen **Goodwill-Bilanzierung nach IFRS** sind folgende bedeutsame Monographien und Kommentierungen zu nennen:

* die Dissertation von *Beyhs* (2002) zur Anwendung und Analyse des IAS 36 (1998) bezüglich der Informationsfunktion für Investoren,[42]
* die Arbeit von *Wirth* (2005) zur Darstellung der bilanziellen Regelungen der Erst-, Folge- und Endkonsolidierung des Goodwills nach IFRS, sowie
* die Abschnitte *Lüdenbach* (2008) und *Hoffmann* (2008a) des Haufe IFRS-Kommentars.

Als wissenschaftliche Beiträge sind aus der Vielzahl der Literatur vorrangig die Veröffentlichungen von *Frowein/Lüdenbach* (2003a) zum Impairment-Test für Goodwill, *Freiberg/Lüdenbach* (2005) zur Ermittlung des Diskontierungszinssatzes gemäß IAS 36 sowie von *Schmusch/Laas* (2006) und *Castedello/Klingbeil/Schröder* (2006) zum korrespondierenden Standard des Instituts für Wirtschaftsprüfer anzuführen. Die zukünftige Goodwill-Bilanzierung behandeln *Pellens/Sellhorn/Amshoff* (2005) bezüglich des Standardentwurfes, *Küting/Wirth* (2007) bezüglich des Near Final Draft und *Beyhs/Wagner* (2008) sowie *Küting/Weber/Wirth* (2008) den finalen Standard IFRS 3 (r) betreffend.

In Bezug auf diese Literatur bezweckt die vorliegende Arbeit, die gegenwärtigen Regelungen der Goodwill-Bilanzierung wie auch ihre Weiterentwicklung durch das IASB strukturiert und umfassend darzustellen.

---

41 Vgl. *Simons/Weißenberger* (2008) S. 151ff.

42 IAS 36 (1998) ähnelt dem gegenwärtig gültigen IAS 36 aus dem Jahr 2004.

Zu den **Implikationen der Goodwill-Bilanzierung für das Controlling** existieren wissenschaftliche Beiträge, die die Thematik ansatzweise erörtern. In Bezug auf die US-amerikanische Bilanzierung sind folgende Beiträge zu nennen:

* *Alvarez/Biberacher* (2002) zur Beurteilung der bilanziellen Regelungen im Hinblick auf das Akquisitionsmanagement sowie zu den Anforderungen an die interne und externe Rechnungslegung,
* *Pellens/Crasselt/Schremper* (2002) sowie *Pellens/Crasselt/Sellhorn* (2002) zu den Auswirkungen auf die bilanzorientierten Kennzahlen, zum Vergleich intern wachsender und akquirierender Unternehmenseinheiten in der Erfolgsmessung sowie zur Akquisitionskontrolle,
* *Hütten/Lorson* (2002) zur Durchführung des Impairment-Tests, den Auswirkungen auf die bilanzorientierten Kennzahlen und den Anreizwirkungen in der Investitionssteuerung, sowie
* *Schultze* (2005) zu den ökonomischen und rechentechnischen Ursachen eines Goodwill-Impairments.

Die Rechnungslegung nach IFRS betreffend sind hervorzuheben:

* *Trützschler/David/Strauch/Tomaszewski* (2005) zum Vergleich der betriebswirtschaftlichen Bewertung bei Unternehmenserwerb und der Akquisitionskontrolle mit den Regelungen für den Impairment-Test,
* *Haaker* (2008) insbesondere zur Möglichkeit der wertorientierten Steuerung auf Basis der Informationen des Impairment-Tests,[43]
* *Pfaff/Schultze* (2006) zur Performance-Messung von Unternehmenseinheiten unter Berücksichtigung der Ursachen eines Goodwill-Impairments sowie zum Akquisitions- und Desinvestitions-Controlling,
* *Hachmeister* (2006) zu den allgemeinen Implikationen der Goodwill-Bilanzierung für das Controlling, sowie

[43] Zu diesem Thema zu beachten ist die kritische Diskussion des grundlegenden Beitrages von *Haaker* (2005a) und folgender Repliken in *Olbrich* (2006a), *Haaker* (2006a), *Klingelhöfer* (2006), *Olbrich* (2006b), *Haaker* (2006b) sowie *Haaker* (2007).

* *Weißenberger/Haas/Wolf* (2007) zu den Möglichkeiten, durch eine kennzahlenbasierte Analyse des Impairment-Tests eine zukünftige Wertminderung des Goodwills zu antizipieren.

Die genannte Literatur diskutiert einzelne Controlling-Implikationen, die aus der Goodwill-Bilanzierung nach IFRS resultieren. Die zuvor angeführten Forschungsfragen (2) und (3) werden in ihr jedoch nicht umfassend beantwortet. Offene Fragen bestehen hinsichtlich der Informationsbereitstellung des Controllings für die Goodwill-Bilanzierung. Sie soll in der vorliegenden Arbeit detailliert abgeleitet und ausführlich erörtert werden. Insbesondere die Wechselwirkung der bilanziellen Anforderungen mit der Ausgestaltung der Unternehmensplanung ist zu untersuchen.

Darüber hinaus sind die Möglichkeiten und Grenzen der Verwendung der bilanziellen Wertansätze in der Planung und Kontrolle der Unternehmensaktivitäten zu analysieren. Es soll beantwortet werden, inwieweit die Informationen des Impairment-Tests für die Erfolgsmessung von Unternehmenseinheiten, für die Performance-Messung des dezentralen Managements sowie für die Planung und Kontrolle von Akquisitionsprojekten verwendet werden können. Hierfür werden eine kritische Auseinandersetzung mit und eine Weiterführung der existierenden Forschungsansätze angestrebt.

B Controlling im Kontext einer integrierten Rechnungslegung unter IFRS

1 Konzeption und Gegenstand des Controllings

1.1 Controlling als Unterstützung der internen Entscheidungsfundierung

In der deutschsprachigen wissenschaftlichen Literatur hat sich bisher **keine einheitliche Controlling-Konzeption** herausgebildet. Bereits 1990 strebten *Küpper/Weber/Zünd* durch die Veröffentlichung von zwölf Thesen eine Konsensbildung zur Controllingfundierung an. Die wissenschaftliche Diskussion um das Controlling wird jedoch weiterhin geführt.[1] Das „Controlling [ist immer noch] auf der anhaltenden Suche nach sich selbst"[2]. Ergebnis der regen Diskussion sind der gegenwärtig in Forschung und Lehre dominierende koordinationsorientierte[3] sowie neuer der rationalitätssicherungsorientierte[4] und der informationsökonomische[5] Ansatz des Controllings. Der koordinationsorientierte Ansatz des Controllings ist jedoch trotz seiner weiten Verbreitung auch der Kritik unterworfen.[6]

Anhand der Kernaussagen dieser Ansätze entwickelte *Weißenberger* (2002) eine **integrative Konzeption des Controllings**, auf der auch die vorliegende Arbeit basiert. Die Konzeption verbindet wesentliche Bestandteile des koordinationsorientierten und des informationsökonomischen Ansatzes. Daneben weist sie Schnittstel-

---

1 Vgl. den Herausgeberband von *Weber/Hirsch* (2002).

2 *Bramsemann/Heineke/Kunz* (2004) S. 550.

3 Vgl. *Hirsch* (2003) S. 266ff. Die Vielfalt der Koordinationsorientierung zeigen z. B. die Werke von *Schmidt* (1986), *Horváth* (2006) und *Küpper* (2005). Siehe weiterhin in der Übersicht *Horváth* (2002).

4 Vgl. *Weber/Schäffer* (2006), *Weber/Schäffer* (1999).

5 Vgl. *Ewert/Wagenhofer* (2005). Der informationsökonomische Ansatz fundiert im Gegensatz zu den anderen Konzeptionen das Controlling nicht als eine eigenständige Disziplin; vgl. *Ewert* (2002) S. 21.

6 Vgl. *Weber/Schäffer* (2000), *Franz* (2004) S. 275f., *Wall* (2004) S. 393ff.

len zu den verhaltensorientierten Ansätzen auf, so insbesondere zur Sicht des Controllings als Rationalitätssicherung der Führung.[7] Controlling wird demnach als „Messung güterwirtschaftlicher Sachverhalte für betriebliche Entscheidungen"[8] definiert. Nachfolgend werden die definitorischen Bestandteile erläutert.

Den Ausgangspunkt bildet der **Betrieb**, d. h. ein Ort, in dem mittels Faktorkombination materielle Güter (Sachgüter) oder immaterielle Güter (Dienstleistungen) produziert werden.[9] Der Betrieb wird als Oberbegriff für Produktionswirtschaften verstanden. Steht er unter der Leitung der Kapitalgeber, wird er als Unternehmen bezeichnet.[10] Faktoren, die im Rahmen des Leistungserstellungsprozesses miteinander verknüpft werden, werden in Betriebsmittel, Werkstoffe sowie objektbezogene und dispositive menschliche Arbeit differenziert.[11] Betriebsmittel, wie z. B. Maschinen, sind sog. Potenzialfaktoren, da sie im Produktionsprozess über mehrere Perioden verwendet werden können. Dagegen werden Werkstoffe, wie z. B. Nägel, Repetierfaktoren genannt, da sie materiell in die produzierten Güter eingehen.[12] Die objektbezogene Arbeit beschreibt ausführende Tätigkeiten im Produktionsprozess. Die dispositive Arbeit repräsentiert dagegen die Führung, im Sinne einer zielgerichteten Strukturierung der Betriebsabläufe.[13] Führung kann als eine Handlung und als die Gesamtheit der Personen, die diese Handlungen vornehmen, verstanden werden. Der Begriff wird im Folgenden gleichbedeutend mit „Management", „Leitung" und „Steuerung" verwendet.[14]

Die **Abbildung der güterwirtschaftlichen Sachverhalte** informiert die Führung des Betriebes oder der übergeordneten organisatorischen Einheiten darüber, ob die Wirtschaftlichkeits- und nachgelagert die Solvenzziele sichergestellt sind. Hierzu werden hauptsächlich monetäre Messgrößen verwendet. Daneben dienen nicht monetäre Messgrößen zunehmend als zeitlich vorlaufende Indikatoren.[15] Durch die Messtätigkeiten des Controllings wird das Management in seinem Arbeitsvolumen

---

7 Vgl. *Weißenberger* (2004a) S. 291ff., *Weißenberger* (2002) S. 394ff.

8 *Weißenberger* (2002) S. 398.

9 Vgl. *Gutenberg* (1983) S. 1f.

10 Vgl. *Albach/Albach* (1989) S. 13f.

11 Vgl. *Gutenberg* (1983) S. 2f.

12 Vgl. *Heinen* (1983) S. 215f. und S. 247.

13 Vgl. *Gutenberg* (1983) S. 3.

14 Vgl. *Hahn/Hungenberg* (2001) S. 28ff., *Becker/Fallgatter* (2005) S. 13f.

15 Vgl. zur sog. Balanced Scorecard *Kaplan/Norton* (1996) S. 63ff.

entlastet. Das Controlling verkörpert eine ergebnisorientierte Führungsunterstützung und agiert insbesondere als Methoden- und Knowhow-Dienstleister.[16]

Die Führungsaufgabe kann als **institutioneller Entscheidungsprozess** mit idealisiertem Phasenablauf interpretiert werden.[17] In den Prozessphasen übernimmt das Controlling im Zusammenspiel mit dem Management spezifische Messaktivitäten. Im Detail werden die Teilprozesse Willensbildung, -durchsetzung und Kontrolle differenziert.[18] Die wesentliche Form der **Willensbildung** ist die Planung.[19] Sie umfasst zunächst die Ermittlung der Problemstellung: Das Management erkennt ein Problem im güterwirtschaftlichen Prozess, analysiert die Ursachen und formuliert die mit der Entscheidung verbundenen Ziele. Auf Basis der Problemstellung werden nachfolgend verschiedene Handlungsalternativen generiert. Das Controlling bewertet sie im Hinblick auf die formulierten Ziele. Die Auswahl der zu implementierenden Handlung durch das Management schließt den Teilprozess ab.[20] In der **Willensdurchsetzung** wird die ausgewählte Entscheidung durch das Management veranlasst und durch i. d. R. hierarchisch nachgelagerte Unternehmensebenen innerhalb definierter Handlungsspielräume ausgeführt.[21] In der anschließenden **Kontrolle** werden die realisierten Handlungen bewertet und mit dem zuvor festgesetzten Zielwert verglichen. Die Kontrolle initiiert ggf. Korrekturen in der Willensdurchsetzung oder leitet einen neuen Entscheidungsprozess ein.[22] Abbildung B-1 veranschaulicht die Aufgaben des Managements und des Controllings in den Phasen des Führungsprozesses.

---

16 Vgl. *Weißenberger* (2004a) S. 296, *Weißenberger* (2007b) S. 31ff., ähnlich *Pietsch/Scherm* (2002) S. 200, *Ossadnik* (1998) S. 34ff.

17 Vgl. *Laux/Liermann* (2005) S. 32ff.

18 Vgl. *Weber/Schäffer* (2006) S. 51ff.

19 Daneben kann der Führungswille auch durch Intuition entstehen. Vgl. *Weber/Schäffer* (2006) S. 232.

20 Vgl. *Hahn/Hungenberg* (2001) S. 32f.

21 Die Willensdurchsetzung kann auch als Steuerung bezeichnet werden. Zum Teil umfasst dieser Begriff jedoch den gesamten Entscheidungsprozess der Führung. Vgl. *Hahn/Hungenberg* (2001) S. 47. Dieser umfassenden Begriffsdefinition wird in der vorliegenden Arbeit gefolgt.

22 Vgl. *Weber/Schäffer* (2006) S. 54f. Das Management verwendet die durch das Controlling bereitgestellten Informationen unterschiedlich intensiv. So zeigen *Schäffer/Steiners* (2005) empirisch, dass Controlling-Informationen weniger zur Willensbildung als zur Kontrolle verwendet werden.

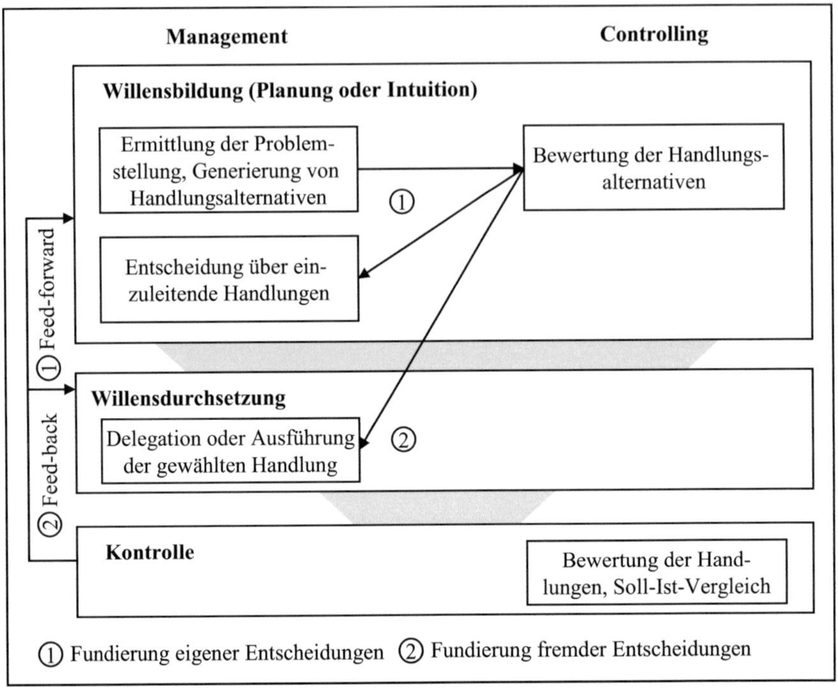

Abbildung B-1: Aufgaben des Managements und des Controllings im Führungsprozess[23]

Die Messaufgaben des Controllings unterscheiden sich darin, ob es sich um die Fundierung eigener oder fremder Entscheidungen handelt (vgl. die Beziehungen 1 und 2 in Abbildung B-1):[24] Bei der **Fundierung eigener Entscheidungen** wird von Interessenkonflikten und asymmetrisch verteilter Information zwischen den Akteuren abstrahiert. Dieser Kontext trifft annahmegemäß für ein Individuum, z. B. einen Einzelunternehmer, und für die Zusammenarbeit in einer zentralen Instanz, z. B. für die Kooperation des Controllings mit dem Management, zu. Es wird dabei implizit vorausgesetzt, dass die Strukturen der zentralen Instanz eine Ziel- und Informa-

---

[23] In Anlehnung an *Weißenberger* (2004a) S. 295.

[24] Vgl. im Folgenden ausführlich *Weißenberger* (2004a) S. 295ff., *Ewert/Wagenhofer* (2005) S. 7ff. Die Fundierung eigener Entscheidungen wird auch als Entscheidungsfunktion, die Fundierung fremder Entscheidungen als Verhaltenssteuerungsfunktion bezeichnet; vgl. *Ewert/Wagenhofer* (2005) S. 7.

tionskongruenz sicherstellen.[25] Unter diesen Bedingungen wählt der Entscheider die durchzuführende Handlungsalternative aus, setzt sie selbst um und erhält direkt, d. h. ohne eine Mittlerperson, das realwirtschaftliche Ergebnis. Einzelne Handlungsalternativen können z. B. die Annahme eines Zusatzauftrages, der Verzicht auf eine Produktvariante oder die Reorganisation des Vertriebs sein.

In der Fundierung eigener Entscheidungen wird das Management primär in der Willensbildung und in der Kontrolle entlastet. Das Controlling unterstützt es durch die Bereitstellung von Informationen, die für eine spezifische Entscheidung relevant sind. Der Vergleich des Handlungsergebnisses mit dem zuvor festgelegten Zielwert verbessert die Informationsbasis für zukünftige Bewertungen. Die Kontrolle übernimmt somit eine Feed-forward-Funktion.

Die **Fundierung fremder Entscheidungen** berücksichtigt weiterführend explizit unterschiedliche Ziele und Informationsstände der Akteure. Sie wird insbesondere mithilfe von Prinzipal-Agent-Modellen analysiert. Die Modelle beschreiben als Teilgebiet der Neuen Institutionenökonomie vertragliche Beziehungen zwischen einem Delegierenden und dem ausführenden Akteur, der sich gegen eine Entlohnung verpflichtet, eine Aufgabe zu erfüllen.[26] Es werden somit Situationen betrachtet, in denen mehrere Akteure interagieren. Nicht der Entscheider als zentrale Instanz, sondern eine hierarchisch nachgelagerte Unternehmenseinheit führt die gewählte Handlungsalternative aus. Die dezentrale Einheit verfolgt annahmegemäß eigene, von den Zielen der zentralen Instanz abweichende Interessen. Sie verfügt weiterhin über mehr für die Ausführung relevantes Wissen. So z. B. kann ein Vertriebsmitarbeiter den Erfolg einer spezifischen Werbemaßnahme in seiner betreuten Region besser einschätzen als der Bereichsleiter des Vertriebs. Diese Wissensvorsprünge begünstigten eine Delegation. Sie verhindern jedoch eine vollständige Kontrolle über die korrekte Ausführung der delegierten Aufgabe.

Während der Realisierung der Handlungsalternative initiiert die dezentrale Einheit eigene Entscheidungsprozesse, die die Teilprozesse der Ausführung betreffen.[27] Da die für die Durchführung notwendigen Ressourcen von der zentralen Instanz zur Verfügung gestellt werden, fließt ihr das gesamte realwirtschaftliche Ergebnis aus der Handlung zu, so z. B. der aus einer Marketingmaßnahme resultierende Gewinn.

---

25 Spezialfälle von Zielkonflikten und differierenden Informationsständen zwischen dem Management und dem Controlling analysieren *Weißenberger* (1997) und *Chwolka* (1996).

26 Vgl. *Meinhövel* (2004) S. 471, *Weißenberger* (2003) S. 11f.

27 Vgl. *Hahn/Hungenberg* (2001) S. 35f.

Die dezentrale Einheit erhält je nach vorheriger Vereinbarung einen fixen oder variablen Anteil des erzielten Ergebnisses.

Bei der Fundierung fremder Entscheidungen entlastet das Controlling das Management nicht nur in der Willensbildung, sondern unterstützt zusätzlich die Durchsetzung des Führungswillens. So hat das Controlling die Aufgabe, Bewertungsmaßstäbe zu entwerfen, die die dezentralen Einheiten ohne direkte Weisungen im Sinne der zentralen Instanz handeln lassen (Anreizkompatibilität). Das Kontrollergebnis wird hierzu vorab so mit der Entlohnung verknüpft, dass sich die dezentrale Einheit für diejenigen Ausführungshandlungen entscheidet, die die eigene Entlohnung und gleichzeitig den Unternehmenserfolg maximieren. Die Kontrolle dient hier der Feed-back-Funktion: Der Ausführende antizipiert seine Entlohnungsfunktion vor der Handlungsauswahl und erhält nach der Handlungsrealisierung den korrespondierenden Erfolgsanteil.

1.2 Aufgabenbereiche des Controllings

Die Entscheidungsunterstützung des Controllings bezieht sich auf spezifische **Aufgaben der Führung**. Das Controlling entlastet das Management, indem es die Führungsaufgaben strukturell gestaltet und miteinander abstimmt. In der koordinationsorientierten Controlling-Literatur werden dementsprechend die Koordination innerhalb der Führungsteilsysteme (Systembildung) und zwischen ihnen (Systemkopplung) differenziert.[28]

Im Rahmen dieses Ansatzes obliegt es dem Controlling, sämtliche Führungsteilsysteme ergebnisorientiert zu koordinieren.[29] *Küpper* (2005) unterscheidet die Systeme der Planung und der Kontrolle, der Information, der Personalführung sowie der Organisation.[30] Gegen diesen allumfassenden Controlling-Ansatz wird in der wissenschaftlichen Literatur jedoch angeführt, dass diese Koordination eine wesentliche Aufgabe des Managements darstellt und daher nicht vollständig an das Controlling delegierbar ist.[31] Auch die empirische Forschung zu den Aufgaben des Controllings

---

28 Vgl. *Horváth* (2002) S. 124ff., *Küpper* (2005) S. 21ff.

29 Vgl. *Küpper* (2005) S. 12f., *Horváth* (2006) S. 107.

30 Vgl. *Küpper* (2005) S. 15.

31 Vgl. *Schneider* (1991) S. 765ff., *Ewert* (1992) S. 277ff., *Müller* (1966) S. 107. Zur Problematik der damit verbundenen Abgrenzung von Management und Controlling siehe *Franz* (2004) S. 276ff.

stellt nur drei der angeführten Führungsaufgaben als maßgeblich controlling-relevant heraus: die Planung, die Kontrolle und die Informationsversorgung.[32]

Eine detaillierte Darstellung der empirischen Ergebnisse zu diesen Kernaufgaben des Controllings erfordert vorab eine Erläuterung der drei Begriffe in funktionaler Perspektive. In Bezug auf die **Planung** enthält die wissenschaftliche Literatur viele unterschiedliche Definitionen.[33] Sie schreiben ihr jedoch gemeinsam folgende Charakteristiken zu:[34]

(1) *Zukunftsbezug*: Planung bezieht sich auf prospektive Aktivitäten. Sie basiert auf prognostischen Informationen, die mit Unsicherheit behaftet sind.

(2) *Zielbezug*: Planung dient der Festsetzung von Zielen und der Formulierung derjenigen Handlungsalternativen, die auf das vorgegebene Ziel hin optimal wirken.

(3) *Rationalität*: Planung erfolgt bewusst, und zwar aktiv, unter Verwendung eines methodisch-systematischen Vorgehens.

(4) *Handlungsbezug*: Planung schätzt zukünftige Entwicklungen ab und entwickelt auf Basis der Zukunftserwartungen adäquate Handlungen. Diese Handlungen können reaktiver Natur sein oder die Zukunft direkt gestalten.

(5) *Prozesscharakter*: Planung ist ein sich ständig wiederholender, sich an die realisierten Handlungen und deren Ergebnisse anpassender Prozess, der in mehreren Stufen abläuft. Die Abfolge der Teilprozesse ist nicht starr, sondern enthält Vor- und Rückkopplungen.[35]

(6) *Informationeller Charakter*: Planung benötigt Informationsinput, verarbeitet ihn und schafft durch die Wahl zukünftiger Handlungsalternativen, die sich als Plan konstituieren, neue Informationen.[36]

Im Folgenden wird Planung mit explizitem Bezug auf die Charakteristiken (1) bis (4) als systematisches Durchdenken, Formulieren sowie Auswählen von Zielen und

---

32 Vgl. *Sahl/Schmidt* (1991), *Amshoff* (1993), *Weber/Schäffer* (1998), *Weber et al.* (2006) S. 32ff.

33 Vgl. z. B. *Herrmann* (1992) S. 21ff. und S. 138ff.

34 Vgl. *Wild* (1975) S. 10ff., *Rüth* (1989) S. 122ff., *Hentze/Brose/Kammel* (1993) S. 19f., *Mag* (1995) S. 4.

35 Vgl. *Witte* (1968) S. 631ff.

36 Vgl. *Wall* (1999) S. 13, *Adam* (1996) S. 35ff.

zukünftigen Handlungsalternativen definiert.[37] Im Gegensatz zur Planung ist die Prognose durch einen geringeren Ziel- und Handlungsbezug gekennzeichnet. Aktuelle Informationen werden reflektiert und in die Zukunft extrapoliert. Das Ergebnis einer Prognose sind daher methodisch fundierte Aussagen über die Zukunft (sog. Wird-Werte).[38] Die Festlegung der geplanten Ziele in finanziellen Wertmaßstäben wird als Budgetierung bezeichnet.[39] In einer weiten Begriffsauffassung werden in der vorliegenden Arbeit die Prognose wie auch die Budgetierung unter dem Planungsbegriff subsumiert.

Planung und Kontrolle sind komplementär und voneinander abhängig. Die Zielorientierung der Planung erfordert die Durchführung von Kontrollen, die wiederum auf den gewählten Zielen und daraus abgeleiteten Plänen basieren.[40] Auch der **Kontrollbegriff** ist in der wissenschaftlichen Literatur nicht eindeutig definiert. Der Kern der Kontrolle wird durch die klassische Begriffsfassung beschrieben. Sie beinhaltet die Festlegung der Kontrollobjekte, der zu messenden Merkmale und der normativen Kenngröße (Soll-Wert). Die korrespondierende empirische Kenngröße (Ist-Wert) wird gemessen und mit dem Soll-Wert verglichen.[41] Ein bedeutsamer Vergleich ist z. B. die Gegenüberstellung des geplanten mit dem realisierten Unternehmensergebnis. Das im Folgenden verwendete Kontrollverständnis schließt sich neueren Begriffsdefinitionen an, die das klassische Verständnis in zwei Richtungen erweitern:[42]

(1) *Art der Kenngrößen*: Neben Soll-Ist-Vergleichen werden Vergleiche innerhalb realisierter, geplanter oder prognostizierter Kenngrößen durchgeführt. Darüber hinaus können der Planfortschritt anhand von Soll-Wird-Vergleichen und die gesetzten Prämissen durch Wird-Ist-Vergleiche überprüft werden.

(2) *Umfang der Kontrollaufgaben*: Neben dem Vergleichen von Kenngrößen wird die Analyse der Abweichungsursachen und das Erarbeiten von Korrekturvorschlägen in den Kontrollbegriff einbezogen.

---

37 Vgl. ähnlich *Zangemeister* (1971) S. 20.

38 Vgl. *Veil* (2006) S. 690, *Hahn/Hungenberg* (2001) S. 324.

39 Vgl. *Hahn/Hungenberg* (2001) S. 505.

40 Vgl. *Schmidt* (1986) S. 133.

41 Vgl. *Matschke/Kolf* (1980) S. 602f. Die Messung der empirischen Kenngröße umfasst auch die Überprüfung der Verlässlichkeit insbesondere hinsichtlich der Genauigkeit und der Aktualität; vgl. *Weber/Schäffer* (2006) S. 232.

42 Vgl. *Schäffer* (2001) S. 11ff., *Matschke/Kolf* (1980) S. 602f., *Weber/Schäffer* (2006) S. 232f.

Planende und kontrollierende Aufgaben benötigen, verarbeiten und verändern entscheidungsorientierte Daten, die allgemein auch als Informationen bezeichnet werden.[43] Die **Informationsversorgung** im Unternehmen ist deshalb als Basisaufgabe für die anderen Führungsaufgaben zu interpretieren.[44] Sie umfasst die Teilprozesse der „Beschaffung, Speicherung, Verarbeitung und Übermittlung von Informationen"[45]. Im Fokus stehen dabei die unterschiedlichen Rechnungssysteme des Unternehmens als Informationserzeuger und das Berichtswesen als die auf die Entscheidungsträger ausgerichtete Informationsaufbereitung und -übermittlung.[46]

Die theoriegeleitete Definition und Präzisierung der Kernaufgaben des Controllings werden im Folgenden **empirisch untermauert**. Hierfür werden die metaempirische Studie von *Sahl/Schmidt* (1991) sowie die neueren, großzahligen Untersuchungen von *Amshoff* (1993) und *Weber/Schäffer* (1998)[47] dargestellt.

***Sahl/Schmidt* (1991)** analysieren 33 empirische Studien zu den Aufgabenbereichen des Controllings aus den Jahren 1974 bis 1988. Sie identifizieren folgende Kernaufgaben:[48]

(1) *Planungsaufgaben*:

Das Controlling ist an der operativen, kurzfristigen Planung und der Budgetierung, d. h. der Bestimmung der Kosten- und Erlösvorgaben, beteiligt. Es legt Richtlinien und Termine fest, koordiniert sowie beurteilt Teilpläne und Prognosen. In der Zusammenarbeit mit dem Management erstellt es Pläne und Budgets. Innerhalb der strategischen Planung übernimmt das Controlling primär Funktionen der Diskussionsvorbereitung, der Moderierung und der Ergebnisdokumentation von Managementbesprechungen.

(2) *Kontrollaufgaben*:

Das Controlling überwacht wichtige Unternehmenskennzahlen, führt Soll-Ist-Vergleiche durch, analysiert die Abweichungen und diskutiert sie mit dem Management.

---

43 *Wittmann* (1959) S. 14 definiert Informationen als zweckorientiertes Wissen. In der vorliegenden Arbeit wird die Entscheidungsfundierung als Zweck angenommen.

44 Vgl. *Küpper* (2005) S. 109.

45 *Küpper* (2005) S. 109, vgl. auch *Wall* (1999) S. 36ff.

46 Vgl. *Küpper* (2005) S. 110ff.

47 Die Studie ergänzt *Weber/Kosmider* (1991).

48 Vgl. *Sahl/Schmidt* (1991) S. 32f. Siehe weiterführend die theoretische Diskussion in *Schmidt* (1995).

(3) *Informationelle Aufgaben*:

Das Controlling ist betraut mit dem Aufbau eines Berichts- und Informationswesens, das alle entscheidungsrelevanten Informationen für die Führungsprozesse liefert. Informationen für Planungs- und Kontrollzwecke werden ermittelt, adressatengerecht bereitgestellt, interpretiert und kommentiert.[49]

Neuere empirische Studien identifizieren ähnliche Aufgabenschwerpunkte: ***Amshoff* (1993)** entwirft eine theoriegeleitete Controlling-Konzeption und testet sie auf Basis von 320 Antwortbögen.[50] Die jeweils sieben ranghöchsten Teilaufgaben nach der wahrgenommenen Bedeutung aus Controller-Sicht zeigt Abbildung B-2.

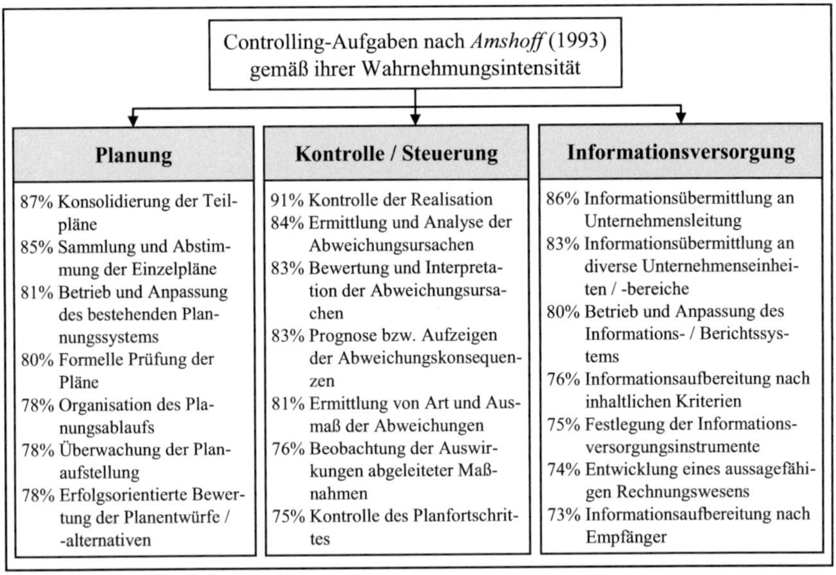

Abbildung B-2: Empirische Aufgabenfelder des Controllings nach *Amshoff* (1993)

***Weber/Schäffer* (1998)** zeigen in einer Längsschnittstudie auf Basis von Stellenanzeigen, wie sich die Bedeutung unterschiedlicher Controlling-Aufgaben entwickelte. Die Studie ergänzt die großzahlige Untersuchung von *Weber/Kosmider* (1991),

---

[49] Die Überwachung wichtiger Unternehmenskennzahlen wird von *Sahl/Schmidt* (1991) S. 33 den informationellen Aufgaben zugeordnet. In der vorliegenden Arbeit wird dies dagegen als eine Kontrollaufgabe interpretiert.

[50] Vgl. *Amshoff* (1993) S. 303ff.

die Stellenanzeigen der Jahre 1949 bis 1989 analysiert. Insgesamt wurden in beiden Studien 83.699 Stellenanzeigen ausgewertet. Für den jüngsten Zeitabschnitt von 1990 bis 1994 beträgt die Anzahl 9.798. Innerhalb dieses Zeitraumes bilden das Berichtswesen zur Informationsversorgung des Managements, die operative Planung und Soll-Ist-Vergleiche in Verbindung mit Abweichungsanalysen die am häufigsten genannten Aufgabenfelder des Controllings (siehe Abbildung B-3).

Betrachtungszeitraum **Aufgabenfelder**	**1985 - 1989**	**1990 - 1994**
Berichtswesen	11,4%	13,2%
Sonstige Aufgabenfelder	14,0%	12,1%
Kurz- / jahresbezogene / operative Planung	9,2%	11,6%
Soll-Ist-Vergleiche / Abweichungsanalyse	12,4%	10,7%
Budgetierung und Budgetkontrolle	10,1%	7,9%
Investitions- / Wirtschaftlichkeitsrechnungen	4,4%	6,5%
Kostenrechnung / Kalkulation	7,7%	6,4%
Projektkoordination / Sonderuntersuchungen	3,4%	5,1%
Betriebswirtschaftliche Beratung und Betreuung	4,8%	4,7%
Bilanzierung / Konzernbilanzierung	2,7%	4,2%
Strategische Planung	3,6%	3,6%
Finanzplanung, Beobachtung der Liquidität	4,2%	3,4%
IT-Organisation	5,5%	3,3%
Steuerung / Führungsaufgaben	1,6%	3,1%
Buchhaltung	2,1%	2,5%
Steuerwesen	1,2%	0,9%
Mitgestaltung der Unternehmenspolitik und -ziele	1,7%	0,8%

Abbildung B-3: Empirische Aufgabenfelder des Controllings nach *Weber/Kosmider* (1991) und *Weber/Schäffer* (1998)[51]

Nachfolgend wird das **Verständnis des Controllings** bezüglich der unterschiedenen Controlling-Aufgaben auf konzeptioneller Ebene strukturiert: Die Planung und die Kontrolle sind so eng mit der Informationsversorgung verknüpft, dass keine Abgrenzung voneinander unabhängiger Aufgaben erfolgen kann. Wie die Abbildung B-4 zeigt, wird deshalb für das Controlling eine Würfeldarstellung verwendet.

---

[51] In Anlehnung an *Weber/Schäffer* (1998) S. 229.

Gemäß dem abgeleiteten Begriffsverständnis für die Controlling-Aufgaben umfasst die Planung auch die Budgetierung und die Prognose. Die Kontrolle fokussiert auf den Vergleich des Ergebnisziels mit seiner Realisierung. Im Rahmen der Informationsversorgung wird ein Teilbereich der im Unternehmen vorhandenen Daten durch das Controlling aufbereitet und dem Management insbesondere in Berichtsform mitgeteilt.

Je nach der Art der Entscheidungsfundierung verändert sich der Schwerpunkt der theoretischen Betrachtung: Bei der Untersuchung der Controlling-Aufgaben zur Fundierung eigener Entscheidungen stehen prozessbezogene und instrumentelle Sachverhalte im Vordergrund. Es werden allgemeine Vorgehensweisen und Methoden des Controllings analysiert, da das Controlling unter Abstraktion von Verhaltensaspekten ausschließlich die Entscheidungsfundierung unterstützt. Zur Fundierung fremder Entscheidungen werden dagegen anreizproblematische Strukturen berücksichtigt, die vorrangig die institutionelle Gestaltung des Unternehmens betreffen. In einer personellen Sichtweise wird untersucht, wie sich der Handlungsspielraum eines Akteurs, seine Entlohnungsfunktion und die ausgewählte Handlung beeinflussen.[52]

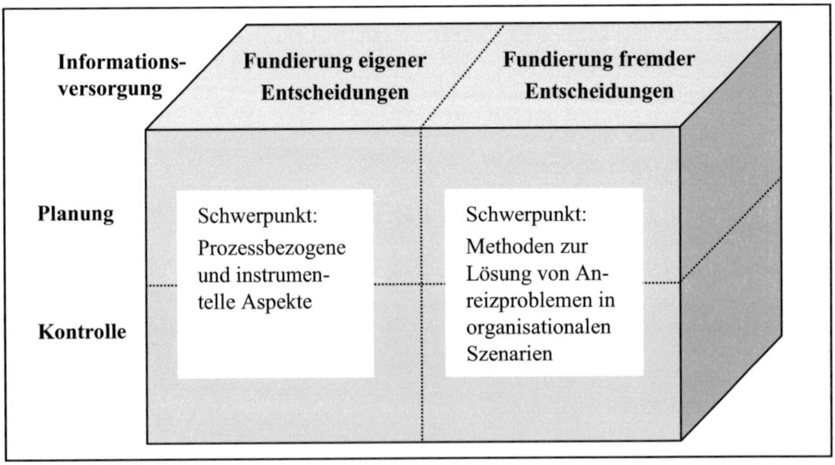

Abbildung B-4: Konzeptionelle Strukturierung der Aufgabenbereiche des Controllings

---

[52] Vgl. *Ewert* (2002) S. 21f., *Weißenberger* (2004a) S. 296f.

1.3 Besonderheiten des Konzern-Controllings

Das Controlling ist in Abhängigkeit von der Unternehmensform unterschiedlich ausgestaltet. Da etwa 90% der deutschen Aktiengesellschaften und mehr als 50% der Personengesellschaften einem Konzern oder konzernähnlichen Verbund angehören,[53] werden im Folgenden der Begriff des Konzerns und daraus abgeleitet die spezifischen Controlling-Aufgaben beschrieben.

Rechtlich ist der **Konzernbegriff** im Aktiengesetz verankert. Ein Konzern oder Konzernunternehmen wird nach § 18 Aktiengesetz (AktG) durch „ein herrschendes und ein oder mehrere abhängige Unternehmen unter der einheitlichen Leitung des herrschenden Unternehmens"[54] (sog. Unterordnungskonzern) oder durch rechtlich selbstständige, unter einheitlicher Leitung zusammengefasste Unternehmen (sog. Gleichordnungskonzern) gebildet.[55] Das Handelsrecht nimmt Bezug auf das Aktiengesetz und erweitert den Begriff um Unternehmen, die eine Beherrschung potenziell erwirken können. Eine einheitliche Leitung muss demzufolge faktisch nicht ausgeübt werden.[56]

In Abhängigkeit von der **Führungsart des Konzerns** werden der Stammhauskonzern und die Holdinggesellschaft unterschieden.[57] Stellt die Muttergesellschaft das bedeutendste Unternehmen im Konzern dar und agiert selbst am Markt, handelt es sich um einen Stammhauskonzern. Der Konzern entsteht aus dem Stammhausunternehmen und entwickelt sich insbesondere aufgrund vertikaler oder horizontaler Diversifikation durch Zukauf weiter. Die erworbenen Geschäftsbetriebe werden nach der Eingliederung in den Verbund durch die Muttergesellschaft gesteuert.

Holdinggesellschaften bezeichnen Konzerne, in denen die Muttergesellschaft lediglich leitende Funktionen ausübt. Sie können als eine Finanz- oder Management-

---

53 Vgl. *Theisen* (2000) S. 21.

54 § 18 Abs. 1 AktG.

55 Vgl. § 18 Abs. 1 und 2 AktG. Darüber hinaus ist bei Existenz eines Beherrschungsvertrages und bei Eingliederung eines Unternehmens in ein anderes eine einheitliche Leitung anzunehmen; vgl. § 18 Abs. 1 Satz 2 AktG.

56 Vgl. *Hoffmann* (1993) S. 27. Das Unternehmen muss für eine potenzielle Beherrschung über die Mehrheit der Stimmrechte verfügen oder über das Recht, die Mehrheit der Mitglieder eines Gesellschaftsorgans des Tochterunternehmens zu bestellen, oder es muss ein Beherrschungsvertrag vorliegen; vgl. § 290 Abs. 2 HGB. Diese aus dem angelsächsischen Bilanzierungskreis stammenden Bedingungen werden als Control-Konzept bezeichnet. Es ergänzt in Umsetzung der 7. EG-Richtlinie das deutsche Konzept der einheitlichen Leitung. Vgl. *Schmid* (1990) S. 477, IAS 27.4, IAS 27.13.

57 Vgl. im Folgenden zu den Führungsarten des Konzerns ausführlich *Bendak* (1992) S. 30ff., *Scheffler* (2005) S. 59ff., *Mellewigt* (1995) S. 30ff.

Holding ausgestaltet sein. Die Finanz-Holding verfolgt im Gegensatz zum Stammhauskonzern ausschließlich die Verwaltung und Finanzierung von Beteiligungen. Die Konzernführung strebt dabei die Optimierung des Beteiligungsportfolios unter Risiko-Rendite-Gesichtspunkten an. Hierzu werden die Gewinnabführung, die Verteilung von Investitionsmitteln und der Zu- oder Verkauf von Unternehmen festgelegt. Darüber hinaus handeln die Tochterunternehmen autonom.

In der Muttergesellschaft der Management-Holding werden strategische Leitungsfunktionen ausgeübt. Sie wirkt auf die Geschäftspolitik der Tochterunternehmen ein, nimmt selbst jedoch nicht am operativen Geschäft teil. Es wird bezweckt, die wirtschaftlichen Entscheidungsstrukturen im Wesentlichen übereinstimmend zu den verwendeten rechtlichen Konzernstrukturen zu gestalten.[58]

Die Charakteristiken von Konzernen erfordern eine Arbeitsteilung zwischen dem zentralen Konzern-Controlling und den dezentralen Controlling-Abteilungen. Die Aufgabenbereiche sind im Detail an den Erfordernissen der jeweiligen Führungsebene ausgerichtet. Das **dezentrale Controlling** unterstützt die Unternehmensführung in der Umsetzung der Konzernziele. Es ist im Wesentlichen operativ gestaltet, d. h., es dient einer zumeist unterjährigen, ergebnisorientierten Führung in den juristischen Konzerneinheiten. Das dezentrale Controlling zeigt daneben in Abhängigkeit von der Führungsintensität der Muttergesellschaft strategische Züge.

Das **Konzern-Controlling** fokussiert auf den Unternehmensverbund als eine wirtschaftliche Einheit, wobei es von der tatsächlichen rechtlichen Struktur abstrahiert.[59] Es übernimmt – unter der Prämisse einer Management-Holding – die Unterstützungsfunktion für die folgenden Führungsaufgaben:[60]

* die Festlegung der Strategien des Konzerns,
* die Ableitung der Ziele für die einzelnen Konzernunternehmen,
* die Festlegung der Konzernstruktur,
* die Zuteilung finanzieller Ressourcen und
* die Überwachung der Erfolgsentwicklung der Konzernunternehmen.

---

[58] Vgl. *Theisen* (2000) S. 185.

[59] Vgl. *Theisen* (2000) S. 249.

[60] Vgl. *Scheffler* (1987) S. 473f., *Kreikebaum* (2002) S. 137ff., *Menn* (1999) S. 636f.

Weiterhin muss das Konzern-Controlling spezifische, zusätzliche Anforderungen erfüllen, die aus der strategischen Führungsfunktion, der finanziellen Gesamtverantwortung und den informationellen Bedürfnissen der Muttergesellschaft resultieren.[61] So ist hinsichtlich der **Konzernplanung** zu beachten, dass sich die dezentralen Planungen der Unternehmen innerhalb der durch die Konzernleitung festgesetzten Ziele, so z. B. der Zielkapitalstruktur, bewegen und miteinander vereinbar sind. Der Umfang der Planung über alle Konzernebenen ist unter Effizienz- und Autonomiegesichtspunkten zu gestalten. Die Planung erfordert insbesondere für strategische Fragestellungen, dass qualitative Daten aus der Konzernumwelt und aus den einzelnen Konzernunternehmen zusammengetragen werden.

Die **Kontrollaufgaben** sind im Vergleich zum dezentralen Controlling in höherem Maße gegenwarts- und zukunftsorientiert. Abweichungen operativer Erfolgsgrößen sind auf ihre langfristige Wirkung, vor allem auf die Entwicklung des Unternehmenswertes und die Beeinträchtigung der gesetzten strategischen Ziele, zu überprüfen. Indikatoren für mögliche operative und strategische Bedrohungen sind strukturiert abzuleiten und in ein Frühaufklärungssystem einzubetten.

Die Entscheidungsfundierung der Konzernleitung bedarf einer geregelten **Informationsübermittlung** zwischen dem Konzern- und dem dezentralen Controlling.[62] Je heterogener die Konzernbereiche hinsichtlich der technischen Infrastruktur, der Organisation und der rechtlichen Struktur sind, desto komplexer und problematischer wird die Informationsverdichtung in Richtung der Konzernzentrale.[63] Zentral bereitgestellte, auf den Konzern zugeschnittene Controlling-Instrumente können die Kommunikation im Unternehmensverbund unterstützen. Ferner muss das Konzern-Controlling den Umfang der laufenden Berichterstattung der dezentralen Einheiten an die Zentrale festlegen. Zudem ist die Informationspolitik für Entscheidungssituationen, die eine vorherige Genehmigung oder Abstimmung mit der obersten Führungsebene erfordern, zu bestimmen.

---

61 Vgl. im Folgenden zu den spezifischen Aufgaben des Konzern-Controllings *Schmidt* (1993a) S. 146ff. und *Scheffler* (2005) S. 185ff., weiterführend *Schmidt* (1993b).

62 Die Bedeutung der Informationsversorgung steigt empirisch mit zunehmender Autonomie der Tochtergesellschaften und mit zunehmender Unternehmensgröße; vgl. *Schmidt* (1993a) S. 150.

63 Vgl. *Theisen* (2000) S. 193ff.

2 Charakterisierung der externen Rechnungslegung nach IFRS

2.1 Regelungen zur Anwendung der IFRS in Deutschland

Das Controlling dient der Entscheidungsfundierung für unternehmensinterne Adressaten. Ihm steht die Finanzberichterstattung für unternehmensexterne Adressaten gegenüber. Nach der sog. **IAS-Verordnung** (EU-Verordnung Nr. 1606/2002) sind europäische kapitalmarktorientierte Unternehmen grundsätzlich ab 2005 verpflichtet, den **Konzernabschluss** nach den Vorschriften der IFRS[64] zu erstellen. Die Verordnung ist eine von 42 EU-Maßnahmen des Aktionsplans für Finanzdienstleistungen, der die Integration der europäischen Kapitalmärkte vorantreiben soll.[65] Als kapitalmarktorientiert gelten Unternehmen, deren Eigen- oder Fremdkapitaltitel zum Handel auf einem geregelten europäischen Kapitalmarkt zugelassen sind.[66] Für Unternehmen, die aufgrund einer Börsennotierung in den USA nach den US-amerikanischen Bilanzierungsregeln US-GAAP bilanzieren oder eine EU-Börse lediglich für die Aufnahme von Fremdkapital in Anspruch nehmen, bestand eine Fristverlängerung bis 2007.[67]

Die IAS-Verordnung gilt in den EU-Staaten unmittelbar als Rechtsvorschrift. Zu ihrer Umsetzung durchlaufen die vom IASB erlassenen Standards jedoch ein Komitologieverfahren (*endorsement*). Darin entscheidet die EU-Kommission mit Unterstützung von Regelungs- und Fachausschüssen und in Abstimmung mit dem Rat der Europäischen Union über die Anerkennung der Einzelregelungen.[68] Bisher wurden sämtliche Regelungen der IFRS unverändert in das EU-Recht übernom-

---

64 Die IFRS als Regelwerk umfassen Einzelstandards (gegenwärtig: IAS 1 mit Unterbrechungen bis IAS 41, IFRS 1 bis IFRS 8), Interpretationen des International Financial Reporting Interpretations Committee (IFRIC) bzw. früher des Standing Interpretations Committee (SIC) sowie ein Framework (F). Das Framework bildet das Rahmenkonzept für die Aufstellung und die Darstellung von Abschlüssen. Darüber hinaus existieren Anwendungshilfen, die eine gestufte Verbindlichkeit aufweisen; vgl. *Zülch* (2005) S. 3.

65 Vgl. *d'Arcy* (2004), *Kleekämper/Kuhlewind/Alvarez* (2002) Rz. 118.

66 Vgl. Verordnung (EG) Nr. 1606/2002 Art. 4.

67 Vgl. Verordnung (EG) Nr. 1606/2002 Art. 9.

68 Vgl. *Buchheim/Gröner/Kühne* (2004).

men. Die einzige, mittlerweile aufgehobene Ausnahme bildete IAS 39 „*Financial Instruments: Recognition and Measurement*".[69]

Für die Ausgestaltung der externen Konzernrechnungslegung in nicht kapitalmarktorientierten Unternehmen und im Einzelabschluss enthält die IAS-Verordnung ein Wahlrecht für die einzelnen Mitgliedstaaten der EU. Es wurde in Deutschland mit der Verabschiedung des **Bilanzrechtsreformgesetzes** (BilReG) am 4. Dezember 2004 ausgeübt. Einer verpflichtenden IFRS-Bilanzierung unterliegen demnach – über die Vorschriften der IAS-Verordnung und des korrespondierenden § 315a Abs. 1 HGB hinaus – Unternehmen, die eine Zulassung zum Kapitalmarkt beantragt haben.[70] Daneben besteht für nicht kapitalmarktorientierte Unternehmen ein Wahlrecht zur befreienden Aufstellung eines IFRS-Konzernabschlusses.[71] Große Kapitalgesellschaften können auch den Einzelabschluss nach IFRS veröffentlichen. Dies gilt allerdings ausschließlich zu Informationszwecken.[72] Unabhängig von der Kapitalmarktorientierung müssen alle deutschen Unternehmen für die Steuer- und Ausschüttungsbemessung weiterhin handelsrechtliche Einzelabschlüsse erstellen. Sie sind beim seit dem 1. Januar 2007 in elektronischer Form geführten Handelsregister bzw. Bundesanzeiger einzureichen.[73]

Durch das **Transparenzrichtlinie-Umsetzungsgesetz** (TUG), verabschiedet am 20. Januar 2007, wird die Rechnungslegung nach IFRS konkretisiert. Sie wird insbesondere für reine Fremdkapitalemittenten ausgeweitet.[74] Neben Inlandsemittenten, die Eigenkapitaltitel ausgeben, müssen Fremdkapitalemittenten grundsätzlich

---

69 Vgl. *Coenenberg* (2005) S. 23f. Der Standard IAS 39 wurde zunächst nur unter Ausklammerung der Vorschriften zur Fair-Value-Option, d. h. der Möglichkeit zur erfolgswirksamen Bilanzierung von aktivischen und passivischen Finanzinstrumenten, und der Vorschriften zur Bilanzierung von Sicherungsgeschäften anerkannt. In Reaktion auf diese Begrenzungen überarbeitete das IASB den Standard. Er wurde inzwischen ohne Änderungen in das EU-Recht übernommen. Vgl. *Löw/Blaschke* (2005), *Kuhn* (2005).

70 Diese Regelung enthielt eine Fristverlängerung für die Rechnungslegungsumstellung bis 2007.

71 Vgl. § 315a Abs. 2 und 3 HGB.

72 Vgl. § 325 Abs. 2a HGB, § 267 Abs. 3 HGB.

73 Vgl. § 325 HGB i. V. m. § 5 Abs. 1 Satz 1 EStG (Einkommensteuergesetz), § 58 AktG bzw. § 29 GmbHG (Gesetz betreffend die Gesellschaften mit beschränkter Haftung), § 8 Abs. 1 EHUG (Gesetz über elektronische Handelsregister und Genossenschaftsregister sowie das Unternehmensregister), § 8b Abs. 2 EHUG. Alle offenzulegenden Unternehmensdaten nach HGB und IFRS sind unter http://www.unternehmensregister.de zugänglich; vgl. auch *Bosse* (2007) S. 40.

74 Vgl. *d'Arcy* (2006) S. 3, *Bosse* (2007) S. 43ff.

einen Halbjahresfinanzbericht veröffentlichen.[75] Er schließt mindestens einen verkürzten Abschluss gemäß den Rechnungslegungsvorschriften des Jahresabschlusses, einen Zwischenlagebericht und den Bilanzeid ein.[76] Für Unternehmen, die nach IFRS bilanzieren, muss somit die Zwischenberichterstattung IAS 34 *„Interim Financial Reporting“* entsprechen.[77] Der verkürzte Abschluss enthält die Bilanz, die Gewinn-und-Verlustrechnung und den Anhang. Der Zwischenlagebericht muss über die wichtigsten Ereignisse des Berichtszeitraumes und ihre Auswirkungen auf den verkürzten Abschluss sowie über die wesentlichen Chancen und Risiken des nächsten Halbjahres informieren.[78] Der Halbjahresfinanzbericht kann einer prüferischen Durchsicht unterzogen werden.[79]

Inlandsemittenten, die Eigenkapitaltitel ausgeben, müssen darüber hinaus mit einer Zwischenmitteilung der Geschäftsführung über das erste und dritte Quartal des Geschäftsjahres berichten.[80] Die eingeschränkten Berichtspflichten umfassen die Beschreibung der Finanzlage und des Geschäftsergebnisses sowie die Darstellung der wesentlichen Ereignisse und Geschäftsvorfälle im Berichtszeitraum und ihre Auswirkungen auf die Finanzlage. Wird beispielsweise aufgrund von Börsenvorschriften ein Quartalsbericht[81] nach den Regelungen des Halbjahresfinanzberichtes erstellt,[82] entfällt die Pflicht zur Zwischenmitteilung.[83] Die Zwischenmitteilung bzw. der Quartalsbericht können ebenfalls von Prüfern durchgesehen werden.[84]

Im Rahmen der Zwischenberichterstattung nach IAS 34 sind dieselben Ansatz- und Bewertungsmethoden wie im Jahresabschluss zu verwenden.[85] **IFRIC 10 *„Interim Financial Reporting and Impairment“*** regelt allein für den Goodwill und spezifi-

---

75 Vgl. § 37w Abs. 1 WpHG (Wertpapierhandelsgesetz) in Art. 1 TUG.

76 Vgl. § 37w Abs. 2ff. WpHG in Art. 1 TUG.

77 Vgl. *d'Arcy* (2006) S. 3, *Bosse* (2007) S. 44. Zuvor bestand nach § 40 Börsengesetz (BörsG) keine explizite Pflicht zur Aufstellung von IFRS-Zwischenberichten; vgl. *Beck* (2005) S. 1479.

78 Eigenkapitalemittenten müssen im Zwischenlagebericht oder im Anhang die wesentlichen Geschäfte mit nahe stehenden Personen offenlegen; vgl. § 37w Abs. 4 WpHG in Art. 1 TUG.

79 Vgl. § 37w Abs. 5 WpHG in Art. 1 TUG.

80 Vgl. § 37x Abs. 1 WpHG in Art. 1 TUG.

81 Vgl. § 63 Abs. 1 Börsenordnung für die Frankfurter Wertpapierbörse für die Unternehmen des Prime Standard, *Bosse* (2007) S. 45.

82 Vgl. § 37x Abs. 2 WpHG in Art. 1 TUG, kritisch *d'Arcy* (2006) S. 4 mit dem Hinweis, dass die konkrete Ausgestaltung der Zwischenmitteilungen unbestimmt ist.

83 Vgl. § 37x Abs. 3 WpHG in Art. 1 TUG.

84 Vgl. § 37x Abs. 3 WpHG in Art. 1 TUG, § 63 Abs. 7 Börsenordnung für die Frankfurter Wertpapierbörse für die Unternehmen des Prime Standard.

85 Vgl. IAS 34.28.

sche Finanzinstrumente, dass eine im Rahmen der Zwischenberichterstattung vorgenommene Buchwertkorrektur aufgrund einer Wertminderung nachträglich nicht zurückgenommen werden darf. Diese Vorgehensweise entspricht den Regelungen des IAS 36 „*Impairment of Assets*" und IAS 39, die eine Wertaufholung verbieten.[86] Trotz des Wahlrechts zur prüferischen Durchsicht der Zwischenberichterstattung gemäß TUG kann somit eine Prüfung erforderlich sein, um spätere Fehler im Jahresabschluss zu vermeiden.[87]

Zur Weiterentwicklung des deutschen Bilanzrechts wird eine verstärkte **Informationsfunktion des Einzelabschlusses** diskutiert.[88] Sie kann über die Ausweitung der IFRS-Bilanzierung auf den Einzelabschluss oder über eine Annäherung der handelsrechtlichen an die internationalen Regelungen erzielt werden. Vorschläge des Deutschen Standardisierungsrates (DSR) für den Entwurf eines Bilanzmodernisierungsgesetzes (BilMoG) sehen zur vorübergehenden Annäherung des HGB an die IFRS insbesondere die Abschaffung zahlreicher Wahlrechte und die eingeschränkte Möglichkeit der Fair-Value-Bewertung vor.[89] Aufbauend auf diesen Vorschlägen wurde am 21. Mai 2008 der Regierungsentwurf für das BilMoG verabschiedet.[90] Auch aufgrund der Bemühungen des IASB zur Vereinheitlichung der Rechnungslegung kleiner und mittelgroßer Unternehmen sowie der Erarbeitung eines spezifischen Standardsets für diese Unternehmen ist eine weitere Zunahme der Bedeutung der IFRS zu erwarten.[91]

Dagegen wird eine Maßgeblichkeit der IFRS im Einzel- oder Konzernabschluss für die **Steuerbemessung** weitgehend abgelehnt. Die wissenschaftliche Literatur begründet dies vor allem mit den Zieldivergenzen der Regelwerke und einer möglichen Verflechtung der privatrechtlichen Standardsetzung des IASB mit nationalen Interessen.[92] In der Literatur diskutierte Lösungsansätze sind z. B. die Erstellung

---

86 Vgl. IAS 36.124, IAS 39.66, IAS 39.69, IFRIC 10.8f. Die Regelung des IFRIC 10 verstößt jedoch gegen den in IAS 34.28 formulierten Grundsatz, dass die Häufigkeit der Berichterstattung die Höhe des Jahresergebnisses nicht beeinflussen soll; vgl. *Kopatschek* (2006) S. 1505f.

87 Vgl. *Kopatschek* (2006) S. 1506.

88 Vgl. *AK-SG Externe Unternehmensrechnung* (2003).

89 Vgl. die News des Deutschen Rechnungslegungs Standards Committee (DRSC) vom 8. November 2007 unter http://www.drsc.de. Zur Einschätzung dieser Vorschläge durch die Unternehmenspraxis siehe *Köhler/Marten/Schlereth* (2006) S. 2302ff.

90 Vgl. die News des DRSC vom 21. Mai 2008 unter http://www.drsc.de.

91 Vgl. zum Arbeitsentwurf der IFRS für kleine und mittelgroße Unternehmen *Beiersdorf* (2006) S. 1898ff., *Bieker* (2007a).

92 Vgl. *Pellens/Fülbier/Gassen/Sellhorn* (2008) S. 977f., *Herzig* (2004) S. 33ff., *Schneider* (2003).

einer Einheitsbilanz für Zwecke der Steuerbemessung und für gesellschaftsrechtliche Fragestellungen[93] sowie die Anknüpfung der Steuerbemessung an modifizierte Bilanzinformationen, so z. B. an die Veränderung des Eigenkapitals.[94]

2.2 Entscheidungsfundierung für Unternehmensexterne als Zielsetzung

Nachfolgend ist die Rechnungslegung nach IFRS anhand ihrer Zwecke und Grundsätze näher zu charakterisieren. Ihr zentrales Ziel ist die **Bereitstellung von entscheidungsnützlichen Informationen**, d. h. von Informationen über die Vermögens-, Finanz- und Ertragslage des Unternehmens (*decision usefulness*).[95] Diese Informationen werden innerhalb des Jahresabschlusses und der Zwischenberichterstattung in der Bilanz, der Gewinn-und-Verlustrechnung, der Kapitalflussrechnung, der Eigenkapitalveränderungsrechnung und im Anhang dargestellt.[96] Sie dienen generell einem weiten Anwenderkreis zur Fundierung ökonomischer Entscheidungen. Das Framework nennt explizit folgende Anwender: Investoren, Arbeitnehmer, Kreditgeber, Lieferanten, Kunden, staatliche Institutionen und die Öffentlichkeit.[97] Die Investoren stehen jedoch im Fokus der Informationsbereitstellung der IFRS. Als Begründung wird angeführt, dass die für sie veröffentlichten Daten im Wesentlichen den Informationsbedürfnissen der nicht kapitalinvestierenden Anwender des Jahresabschlusses entsprechen.[98]

Grundsätze der Rechnungslegung nach IFRS enthalten das Framework sowie die Standards IAS 1 „*Presentation of Financial Statements*" und IAS 8 „*Accounting Policies, Changes in Accounting Estimates and Errors*".[99] Die grundlegenden Prämissen der Rechnungslegung nach IFRS sind die Unternehmensfortführung (*going concern*) und die periodengerechte Erfolgsermittlung (*accrual basis*).[100] Beide

93 Vgl. *AK-SG Externe Unternehmensrechnung* (2003) sowie die sog. Saarbrücker Thesen zur Fortentwicklung des deutschen Bilanzrechts in *Küting* (2004), die eine Einheitsbilanz ausschließlich für eigentümerorientierte Unternehmen in Abkopplung zur Rechnungslegung kapitalmarktorientierter Unternehmen nach IFRS vorschlagen.

94 Vgl. *Herzig/Hausen* (2004), *Knirsch* (2006).

95 Vgl. F.12, IAS 1.7, IAS 1.9 (r).

96 Vgl. IAS 1.8, IAS 1.10 (r).

97 Vgl. F.9.

98 Vgl. F.10.

99 Das Framework der IFRS unterliegt der langfristigen Überarbeitung des IASB mit dem Ziel der Angleichung an die US-amerikanischen Regelungen; vgl. *Barckow* (2006) S. 5.

100 Vgl. F.22f., IAS 1.23ff., IAS 1.25ff. (r).

Anforderungen sind analog im deutschen Bilanzrecht relevant. Die IFRS zeichnen sich indes durch eine geringere Betonung des Vorsichtsprinzips und somit ein erweitertes Realisationsprinzip (*realisation principle*) aus. Bereits eine bestimmte Wahrscheinlichkeit der Gewinnrealisierung führt zu einem Erfolgsausweis, so z. B. bei der Langfristfertigung nach IAS 11 „*Construction Contracts*" und der Fair-Value-Bilanzierung von Wertpapieren nach IAS 39. Daneben erfolgt gemäß dem Grundsatz der sachlichen Zuordnung von Aufwendungen und Erträgen (*matching principle*) eine Aktivierung und nachfolgende Abschreibung spezifischer Aufwendungen, so z. B. verpflichtend für Entwicklungsaufwendungen nach IAS 38 „*Intangible Assets*".[101]

Weiterhin regelt das Framework der IFRS, dass die Unternehmensberichterstattung qualitative Zusatzanforderungen erfüllen muss: Relevanz und Verlässlichkeit sowie Verständlichkeit und Vergleichbarkeit.[102] Außerdem sind Nebenbedingungen der Jahresabschlusserstellung zu berücksichtigen. Sie umfassen die zeitnahe Berichterstattung, die Balance zwischen Kosten und Nutzen der Informationsbereitstellung sowie die Balance zwischen den genannten qualitativen Zusatzanforderungen.[103]

In der Praxis sind über die Prinzipien der Unternehmensfortführung und der periodengerechten Erfolgsermittlung insbesondere folgende Grundsätze aus IAS 1 bzw. IAS 1 (r) und IAS 8 relevant:[104]

* *Grundsatz der fair presentation*: Das Ziel des Jahresabschlusses gemäß eines *true and fair view* ist, ein den tatsächlichen Verhältnissen

---

101 Vgl. *Weißenberger* (2007a) S. 323, *Coenenberg* (2005) S. 59f. und S. 63f., *Lüdenbach/Hoffmann* (2008) Rz. 16. Das Gebot zur Aktivierung von Entwicklungsaufwendungen verdeutlicht den weiten *asset*-Begriff der IFRS. Vermögenswerte werden nicht anhand ihrer Einzelverwertbarkeit, sondern umfassender als künftiger ökonomischer Nutzen, der mit einem Zahlungsmittelzufluss verbunden ist, definiert; vgl. F.89f.

102 Vgl. F.24ff.

103 Vgl. F.43ff.

104 Die Überlegungen des Frameworks dienen als Richtlinie zur Erarbeitung neuer Standards durch das IASB, zur Interpretation bestehender Standards und zur Schließung von Regelungslücken. Die Einzelstandards und Interpretationen konkretisieren das Framework im Sinne eines lex specialis und sind deshalb mit Vorrang anzuwenden; vgl. F.2. Inhalte des Frameworks sind mit gleichem oder ähnlichem Wortlaut in Einzelstandards, insbesondere in IAS 1 bzw. IAS 1 (r) und IAS 8, übernommen worden und unterliegen deshalb einer erhöhten Bedeutung und praktischen Relevanz; vgl. *Baetge/Kirsch/Wollmert/Brüggemann* (2002) Rz. 18, *Lüdenbach/Hoffmann* (2008) Rz. 55. Seit der letzten Überarbeitung in 2003 verweist IAS 8.11(b) direkt – allerdings nachrangig zu den Einzelstandards und Interpretationen (vgl. IAS 8.11[a]) – auf die Definitionen, Ansatz- und Bewertungsvorschriften des Frameworks. Dieser Verweis erhöht die generelle Bedeutung des Frameworks.

entsprechendes Bild der Unternehmenslage zu vermitteln. Die Anwendung der Einzelregelungen der IFRS und des Frameworks führt annahmegemäß zu einer sachgerechten, angemessenen Darstellung.[105]

* *Grundsatz der materiality*: Informationen, die von ihrem Charakter und der Auswirkung auf zentrale Unternehmenskennzahlen unwesentlich sind, müssen nicht einzeln im Jahresabschluss ausgewiesen werden. Komplexe Vorschriften der IFRS können für diese Informationen außer Acht gelassen werden.[106]
* *Grundsatz der Stetigkeit:* Zum Zweck der zeitlichen und unternehmensübergreifenden Vergleichbarkeit von Jahresabschlussinformationen sind die Regelungen der IFRS konsistent anzuwenden.[107]

Das Ziel und die Grundsätze der Rechnungslegung nach IFRS begründen, dass sie konzeptionell durch eine an **ökonomischen Entscheidungskriterien ausgerichtete Informationsbereitstellung** gekennzeichnet ist. Das Unternehmensgeschehen wird im Vergleich zum Handelsrecht z. B. durch eine geringere Betonung des Vorsichtsprinzips weniger verzerrt abgebildet.[108] Die Informationsfunktion der IFRS wird durch weniger explizite Wahlrechte und umfangreichere Offenlegungspflichten unterstützt.[109] Diese Charakteristiken führen zu der Überlegung, die originär für die Investoren bereitgestellten Informationen ebenfalls für die Unternehmenssteuerung zu verwenden. Im folgenden Abschnitt werden daher die traditionelle Erfolgsmessung dargestellt und der Trend zur Integration der Rechnungslegung analysiert.

---

[105] Vgl. IAS 1.13ff., IAS 1.15ff. (r), IAS 8.10ff., F.46.

[106] Vgl. *Pellens/Fülbier/Gassen/Sellhorn* (2008) S. 115, *Lüdenbach/Hoffmann* (2008) Rz. 67, IAS 1.29ff., IAS 1.29ff. (r), IAS 8.8, F.29f. Die IFRS weisen keine quantitative Abgrenzung wesentlicher von unwesentlichen Abschlussinformationen vor, obwohl in F.30 der Begriff des „*cut-off point*" verwendet wird; vgl. *Lüdenbach/Hoffmann* (2008) Rz. 68.

[107] Vgl. IAS 1.27, IAS 1.45 (r), IAS 8.14ff., F.41.

[108] Vgl. *Weißenberger* (2007a) S. 322ff., *Franz/Winkler* (2006) S. 73ff., *Klein* (1999b) S. 70f., *Küting/Lorson* (1998b) S. 2303f., *Wagenhofer* (2005) S. 12, *Menn* (1999) S. 638f.

[109] Vgl. *Wagenhofer* (2005) S. 554ff., *Lüdenbach* (2005) S. 63. Die Anwendung der IFRS unterliegt jedoch auch impliziten Wahlrechten und Ermessensspielräumen, die die Qualität der veröffentlichten Informationen beeinflussen können; vgl. *Fischer/Klöpfer* (2006) S. 719, *Lüdenbach/Hoffmann* (2008) Rz. 36ff.

3 Erfolgsmessung auf Basis einer integrierten Rechnungslegung

3.1 Traditionelle Konzepte der Erfolgsmessung

Das primäre Ziel der Unternehmenseigner besteht darin, den monetären Erfolg des Unternehmens zu maximieren.[110] Die interne und die externe Rechnungslegung bilden diesen Erfolg anhand unterschiedlicher Rechengrößen ab. Klassisch werden die finanzwirtschaftliche, die darauf aufbauende realwirtschaftliche und in theoriegeleiteter Erweiterung die kapitaltheoretische Messebene unterschieden.[111]

Die **finanzwirtschaftliche Messung des Erfolges** bestimmt die Veränderung der liquiden Mittel auf Basis der Ein- und Auszahlungen des Unternehmens.[112] Sie ist durch eine hohe Objektivität gekennzeichnet, da das Ergebnis des wirtschaftlichen Handelns auf Basis der Zahlungsbewegungen aus dem Zu- und Abgang von Gütern ermittelt wird.[113] Innerhalb der Kapitalflussrechnung (*statement of cash flows*) wird die Veränderung der liquiden Mittel zahlungsmittelgenerierenden und -absorbierenden Unternehmenstätigkeiten zugeordnet. Folgende Arten von Zahlungsströmen werden unterschieden:[114]

* *Cashflow aus der Investitionstätigkeit*: Er repräsentiert die Zahlungsströme im Zusammenhang mit Potenzialfaktoren, die langfristig, d. h. länger als ein Jahr, dem Unternehmen zur Verfügung stehen.[115]
* *Cashflow aus der Finanzierungstätigkeit*: Er beinhaltet die Zahlungsvorgänge, die zu einer Veränderung des Eigenkapitals, z. B. durch Di-

110 Die Sicherstellung der Liquidität, d. h. die Fähigkeit des Unternehmens, jederzeit die Zahlungsverpflichtungen erfüllen zu können, gilt als Nebenbedingung der Gewinnmaximierung.

111 Vgl. *Weißenberger* (2003) S. 103ff., *Scherrer* (1993) Sp. 738ff., *Bea* (1993) Sp. 3705ff.

112 Der Bestand an liquiden Mitteln umfasst grundsätzlich den Kassenbestand, Schecks sowie Guthaben bei der Bundesbank und bei Kreditinstituten; vgl. *Coenenberg* (2003) S. 230. Darüber hinaus können Forderungen bzw. Verbindlichkeiten aus Lieferungen und Leistungen sowie Geldanlagen in kurzfristige Wertpapiere erfasst werden; vgl. *Dellmann* (1993) Sp. 2084f.

113 Vgl. *Weißenberger* (2003) S. 103f.

114 Vgl. *Coenenberg* (2005) S. 809ff., *Wysocki* (1998). Zur Bedeutung der Kapitalflussrechnung für die Abschätzung der Dividendenausschüttungen an die Kapitalgeber siehe *Gebhardt/Daske* (2003).

115 Die gewöhnlich dem Cashflow aus laufender Geschäftstätigkeit zugerechneten erhaltenen Zinsen und erhaltenen Dividenden können unter Beachtung des Stetigkeitsgrundsatzes ebenso dem Cashflow aus Investitionstätigkeit zugeordnet werden; vgl. IAS 7.33.

videndenzahlungen, oder die zu einer Veränderung der Finanzschulden, z. B. durch die Aufnahme von Krediten, führen.[116]

* *Cashflow aus der laufenden Geschäftstätigkeit*: Er umfasst die Zahlungsströme der Produktions- und Absatztätigkeit. Dies sind hauptsächlich die Einzahlungen aus dem Umsatzgeschäft und die Auszahlungen für Repetierfaktoren, wie z. B. Material und menschliche Arbeit. Grundsätzlich schließt der Cashflow aus laufender Geschäftstätigkeit alle Zahlungsströme ein, die nicht unmittelbar der Investitions- oder Finanzierungstätigkeit zugerechnet werden können. Er ist ein in der Praxis häufig verwendeter Ausgangspunkt der Erfolgsmessung, da er die operative Leistungserstellung und die finanziellen Fähigkeiten des Unternehmens abbildet.[117]

Den Ausgangspunkt der **unternehmensexternen realwirtschaftlichen Erfolgsmessung** bildet die zeitraumbezogene Gewinn-und-Verlustrechnung (*income statement*) auf Basis von Aufwendungen und Erträgen. Der Aufwand bezeichnet den bewerteten Güterverbrauch einer Periode. Der Ertrag beschreibt als Gegenbegriff die bewertete Güterentstehung.[118] Unter Beachtung des Realisationsprinzips und des Grundsatzes der sachlichen Zuordnung werden erfolgswirksame Ein- und Auszahlungen der Periode des Leistungsvollzuges zugerechnet.[119] Die Gewinn-und-Verlustrechnung weist als Saldo das Jahresergebnis (*profit or loss*) und neben den Steueraufwendungen oft folgende ggf. disaggregierte Ergebnisbestandteile aus:[120]

* *das operative Ergebnis (net operating profit)*: Es enthält die Ergebnisse der satzungsmäßig bestimmten Leistungserstellung. Bei Anwendung des Gesamtkostenverfahrens werden den erbrachten Leistungen, d. h. den Umsatzerlösen, Bestandsmehrungen und Eigenleistungen, die gesamten Aufwendungen der Periode gegenübergestellt, und zwar nach Produktionsfaktoren gegliedert. Das Umsatzkostenverfahren be-

---

116 Ebenfalls existiert ein Wahlrecht, die gezahlten Zinsen, die i. d. R. der laufenden Geschäftstätigkeit zugewiesen werden, im Finanzierungsbereich zu berücksichtigen; vgl. IAS 7.33.

117 Die typischerweise in die Finanzierungstätigkeit einbezogenen gezahlten Dividenden können auch in die laufende Geschäftstätigkeit eingehen; vgl. IAS 7.34.

118 Vgl. *Bea* (1993) Sp. 3706.

119 Vgl. *Coenenberg* (2005) S. 70. Darüber hinaus enthalten die deutschen Rechnungslegungsgrundsätze eine zeitanteilige Abgrenzung für explizit zeitraumbezogene Aufwendungen; vgl. *Coenenberg* (2005) S. 43.

120 Vgl. die detaillierten Vorschriften in § 275 HGB im Gegensatz zu den eingeschränkten Regelungen in IAS 1.78ff., IAS 1.82ff. (r).

rücksichtigt dagegen lediglich die Umsatzerlöse der Periode und die zu ihrer Erzielung angefallenen Aufwendungen. Die Aufwendungen werden dabei nach Unternehmensfunktionen, wie z. B. der Produktion und dem Vertrieb, aufgeteilt.

* *das Finanzergebnis*: Es entspricht dem Saldo der Aufwendungen und Erträge aus Finanzierungs- und Kapitalanlagegeschäften, die i. d. R. Nebenleistungen der gewöhnlichen Unternehmenstätigkeit bilden.[121]
* *das Ergebnis der gewöhnlichen Geschäftstätigkeit (profit or loss before tax)* als Summe des operativen und finanziellen Ergebnisses,[122]
* *gemäß HGB weiterhin das außerordentliche Ergebnis* zur Abbildung ungewöhnlicher und seltener Geschäftsvorfälle.[123]

Zusätzlich zur Gewinn-und-Verlustrechnung verlangt IAS 1.81 (r) in einer separaten oder gemeinsamen Darstellung die Ableitung des *total comprehensive income*. Es erfasst neben den erfolgswirksamen auch die erfolgsneutralen Transaktionen, mit Ausnahme der Transaktionen mit Eigenkapitalgebern.[124] Demzufolge ist über das Ergebnis der gewöhnlichen Geschäftstätigkeit hinaus das *other comprehensive income* auszuweisen.[125]

Ein direkter Bezug zwischen der finanzwirtschaftlichen und der realwirtschaftlichen Abbildung des Unternehmens kann über das **Kongruenzprinzip** (*clean surplus principle*) hergestellt werden.[126] Es erfordert, dass alle bilanziellen Wertände-

---

121 IAS 1.81 und IAS 1.82 (r) verlangen einen disaggregierten Ausweis des Finanzergebnisses.

122 Die Erfolgsmessung auf Basis von Aufwendungen und Erträgen entspricht der dynamischen Bilanztheorie nach *Schmalenbach*. Das Ergebnis der gewöhnlichen Geschäftstätigkeit zeigt im Zeitverlauf die wirtschaftliche Entwicklung des Unternehmens. Die Bilanz bildet im Sinne eines Abgrenzungskontos zur Gewinn-und-Verlustrechnung die nicht erfolgswirksamen Zahlungsströme bzw. die Potenziale zur Generierung der Zahlungsströme ab. Vgl. *Scherrer* (1993) Sp. 741f., *Kloock* (1993) Sp. 389f.

123 Der getrennte Ausweis des außerordentlichen Ergebnisses im Jahresabschluss ist gemäß IAS 1.85 und IAS 1.87 (r) untersagt. Weiterhin verlangt die Rechnungslegung nach IFRS den expliziten Ausweis des Jahresergebnisses einzustellender Bereiche nach Steuern und des Anteils des Jahresergebnisses der Minderheitsgesellschafter; vgl. IAS 1.81(e), IAS 1.82(a), IAS 1.82(e) (r), IAS 1.83(a) (r).

124 Vgl. IAS 1.106 (r).

125 Vgl. IAS 1.88 (r), IAS 1.90 (r).

126 Zum Teil wird synonym der Begriff „pagatorisches Prinzip“ verwendet; vgl. *Busse von Colbe/Ordelheide/Gebhardt/Pellens* (2003) S. 155. „Pagatorisch“ bedeutet die Anknüpfung von Aufwendungen und Erträgen an Zahlungsvorgänge. Der Begriff wird oft in Abgrenzung zu den kalkulatorischen Elementen der internen Rechnungslegung verwendet; vgl. *Küpper* (1995) S. 20.

rungen mit Ausnahme von reinen Eigenkapitaltransaktionen ebenfalls in der Gewinn-und-Verlustrechnung verbucht werden. Über die Totalperiode, d. h. die gesamte Existenz eines Unternehmens, stimmt in diesem Fall der Saldo der Aufwendungen und Erträge mit dem Saldo der Ein- und Auszahlungen mit Unternehmensexternen überein. Die Summe der Jahresergebnisse entspricht dem Zahlungsmittelüberschuss der Unternehmenseigner.[127] Sofern *other comprehensive income* aus erfolgsneutral zu behandelnden Geschäftsvorfällen auftritt, wird jedoch das Kongruenzprinzip verletzt. Dies ist z. B. der Fall, wenn bei Unternehmenserwerb die erworbenen Vermögenswerte erfolgsneutral zum Fair Value bewertet werden oder wenn der Goodwill handelsrechtlich mit den Rücklagen verrechnet wird.[128]

Das Kongruenzprinzip ist eine notwendige Voraussetzung für das ***Preinreich/Lücke*-Theorem**, das einen Zusammenhang zwischen der Unternehmensbewertung auf Basis diskontierter Zahlungsströme an die Eigenkapitalgeber und der Bewertung auf Basis diskontierter Residualgewinne herstellt. Beide Kapitalwerte sind identisch, wenn eine Vollausschüttung der Dividenden angenommen wird. Zudem muss die Ermittlung des Residualgewinns kalkulatorische Zinsen auf das investierte Vermögen zu Periodenbeginn berücksichtigen.[129]

Die **unternehmensinterne realwirtschaftliche Erfolgsmessung** basiert auf Kosten- und Erlösgrößen, die betragsmäßig oft den Aufwands- und Ertragsgrößen entsprechen. Die Kosten- und Erlösrechnung[130] umfasst vielfältige Rechnungsarten, die unternehmensindividuell ausgestaltet werden. Unterschieden werden

* nach dem Rechnungsobjekt: die Kostenarten-, die Kostenstellen- und die Kostenträgerrechnung,

---

127 Vgl. *Kloock* (1993) Sp. 389, *Busse von Colbe/Ordelheide/Gebhardt/Pellens* (2003) S. 208.

128 Vgl. § 309 Abs. 1 HGB, IFRS 3.36. Zu einer Übersicht zu den IFRS, die erfolgsneutrale Bewertungen erfordern, siehe *Weißenberger* (2007b) S. 103f.

129 Vgl. *Lücke* (1955), *Preinreich* (1938), *Weißenberger* (2003) S. 147f. Sofern das Kongruenzprinzip erfüllt ist, periodisiert die realwirtschaftliche Erfolgsmessung auf Basis von Aufwendungen und Erträgen die Zahlungsströme des Unternehmens lediglich anders als die finanzwirtschaftliche Erfolgsmessung. Da kalkulatorische Ansätze auf Basis von Kosten und Erlösen auch die Höhe der pagatorischen Rechengrößen verändern, besteht für sie keine generelle Gültigkeit des *Preinreich/Lücke*-Theorems; vgl. *Koch* (1999) S. 202. Die Beiträge von *Lücke* (1955) S. 312ff. und *Kloock* (1981) S. 874ff. verwenden den Kostenbegriff eingeschränkt für die veränderte Periodisierung einer Auszahlung oder einer Ausgabe mit fester Höhe.

130 Zum Teil spricht die wissenschaftliche Literatur von der Kosten- und Leistungsrechnung. Der Begriff „Leistung" wird in der vorliegenden Arbeit jedoch grundsätzlich mengenmäßig als Pendant zum monetären Erlösbegriff verwendet; vgl. ebenso *Weber/Weißenberger* (2006) S. 47f., *Schweitzer/Küpper* (2003) S. 20f.

* nach dem Zeitbezug: die Ist- und die Plankostenrechnung,
* sowie nach der Kostenberücksichtigung: die Voll- und die Teilkostenrechnung.

Den ermittelten Kosten werden die Erlöse gegenübergestellt. Eine stark ausdifferenzierte Erlösrechnung ist in der Unternehmenspraxis jedoch oft nicht vorhanden.

Kosten und Erlöse als bewerteter betriebszweckbezogener Güterverzehr bzw. bewertete betriebszweckbezogene Leistungserstellung können aus Aufwendungen und Erträgen abgeleitet werden. Hierzu sind neutrale Bestandteile zu bereinigen, kalkulatorische Bewertungen vorzunehmen und kalkulatorische Positionen hinzuzufügen. Neutrale Bestandteile umfassen außerordentliche, betriebsfremde und periodenfremde Aufwendungen.[131] In der Praxis werden primär Zinsen und Abschreibungen kalkulatorisch behandelt.[132] Abbildung B-5 zeigt, wie das Jahresergebnis der externen Gewinn-und-Verlustrechnung in das auf Basis von Kosten und Erlösen ermittelte kalkulatorische Ergebnis (Betriebsergebnis) übergeleitet wird.

Jahresergebnis / *profit or loss for the period*
+ Ertragsteuern
profit or loss before tax
- ggf. unterschiedenes außerordentliches Ergebnis
Ergebnis der gewöhnlichen Geschäftstätigkeit
- betriebsfremdes Ergebnis (i. d. R. Finanzergebnis)
- kalkulatorische Zinsen
+ Differenz bilanzieller und kalkulatorischer Abschreibungen
Betriebsergebnis

Abbildung B-5: Überleitung vom Jahresergebnis zum Betriebsergebnis

Die zukunftsorientierte **kapitaltheoretische Erfolgsmessung** entstand in der betriebswirtschaftlichen Theorie aus der Kritik an den zuvor beschriebenen einperiodigen Erfolgsgrößen. Sie basiert auf dem ökonomischen Gewinn, der den Betrag darstellt, der in jeder Periode ohne Minderung der Leistungsfähigkeit des Unternehmens ausgeschüttet werden kann. Die Leistungsfähigkeit bemisst sich anhand des Ertragswertes des Unternehmens, d. h. dem Kapitalwert aller zukünftigen Ein-

---

131 Vgl. *Weber/Weißenberger* (2006) S. 47ff., *Bea* (1993) Sp. 3710ff.

132 Vgl. *Währisch* (1998) S. 28.

und Auszahlungen an die Eigentümer.[133] Der ökonomische Gewinn einer Periode entspricht der Änderung des Ertragswertes des Unternehmens im Vergleich zur Vorperiode zuzüglich der in der Periode erzielten Zahlungsmittelüberschüsse.[134] Die Interpretation des Ertragswertes als Wert des Eigenkapitals bzw. des Unternehmens[135] zeigt die enge Verknüpfung dieses in der Praxis bisher nur eingeschränkt verwendeten Erfolgsmaßes mit der Unternehmensbewertung. Im Kontext der Wertorientierung gewinnt der ökonomische Gewinn jedoch an Relevanz.

3.2 Integration der Rechnungslegung als neuer Praxistrend

3.2.1 Begriff der Integration der Rechnungslegung

Die Integration der Rechnungslegung bezeichnet den ab Mitte der neunziger Jahre einsetzenden **Trend aus der Unternehmenspraxis**, pagatorische Erfolgsgrößen der externen Rechnungslegung für die konzerninterne Steuerung zu verwenden.[136] Die Steuerung umfasst dabei annahmegemäß den gesamten Führungsprozess: die Willensbildung, die Willensdurchsetzung und die Kontrolle.

Unter dem Begriff „Integration der Rechnungslegung" werden in der wissenschaftlichen Literatur **unterschiedliche Inhalte** diskutiert, die sich vom hier verwendeten Verständnis unterscheiden. Folgende Begriffsinhalte sind nicht Gegenstand der nachfolgenden Analyse:

* *die Harmonisierung innerhalb der externen Rechnungslegung*: Diese bezieht sich z. B. auf die Vereinheitlichung der externen Rechenwerke Konzernbilanz, Bilanz der Teilkonzerne und Abschluss auf der Ebene der Einzelunternehmen oder auf die Annäherung der internationalen Rechnungslegungsstandards US-GAAP und IFRS.[137]
* *die Verzahnung der Wertorientierung mit der internen Rechnungslegung*: Wissenschaftliche Literatur zu diesem Thema behandelt die de-

[133] Vgl. die Diskussion einer kapitaltheoretischen Bilanzauffassung von *Schneider* (1963) S. 466.

[134] Vgl. *Diedrich* (2002) Sp. 406.

[135] Vgl. *Siegel* (2002) Sp. 201f.

[136] Zu den unterschiedlichen für diesen Trend verwendeten Begriffen, wie z. B. weiterhin „Harmonisierung" und „Konvergenz", siehe *Küting/Lorson* (1999b) S. 47f., *Weißenberger* (2003) S. 175f.

[137] Vgl. zu diesen Themen z. B. *Küting/Lorson* (1998c) S. 484ff., *Glaum/Mandler* (1996) S. 215ff., *Lorson* (1996) S. 2507f., *Hayn* (2005) S. 425f.

taillierte Implementierung einer wertorientierten Unternehmensführung in die Planungs- und Kontrollrechnungen, in die interne Berichterstattung sowie die Entlohnung.[138]

* *die Kopplung von Instrumenten innerhalb der internen Rechnungslegung*: Hier stehen Überlegungen zur Ausweitung dezentraler Kostenrechnungssysteme auf den gesamten Konzern und zur direkten Verknüpfung von internen zahlungsbasierten mit kalkulatorischen Rechnungen im Vordergrund.[139]

3.2.2 Chancen und Risiken aus praktischer Perspektive

In der wissenschaftlichen Literatur werden in zahlreichen theoretischen Beiträgen die Ursachen der Integration diskutiert.[140] Es befassen sich jedoch nur wenige Arbeiten mit den Argumenten, die in der Praxis diese Entwicklung real begründen und aufzeigen, weshalb der traditionellen wissenschaftlichen Auffassung widersprochen wurde. Im Sinne von *Schmalenbach* (1963) sollte nämlich aufgrund unterschiedlicher Rechnungszwecke stets zwischen Kosten- und Aufwandspositionen sowie Erlös- und Ertragspositionen unterschieden werden.[141] Risiken und Chancen der Integration in Deutschland erheben die Studien von *Horváth/Arnaout* (1997), *Hoke* (2001), *Haring/Prantner* (2005) und *Müller* (2006).[142] Abbildung B-6 zeigt ihre Charakteristiken und Ergebnisse in der Übersicht.[143]

---

138 Vgl. zu diesen Themen z. B. *Zehetner* (2001), *Dierkes/Kloock* (1999).

139 Vgl. zu diesen Themen z. B. *Dusemond* (1999), *Küpper* (1999) S. 9f., *AK-SG Internes Rechnungswesen* (1999) S. 132ff., *Schweitzer* (2001) S. 163ff., kritisch *Küting/Lorson* (1999b) S. 54f., *Coenenberg* (1995) S. 2080.

140 Vgl. z. B. *Klein* (1999a) S. 34ff., *Wussow* (2004) S. 29ff., *Franz/Winkler* (2006) S. 50ff.

141 Vgl. *Schmalenbach* (1963) S. 6ff. *Weißenberger* (2004b) S. 72 spricht in diesem Zusammenhang von einem „Theorie-Praxis-Paradoxon".

142 Zur Integration der Rechnungslegung in Österreich siehe *Weißenberger/Angelkort/Österreichisches Controller-Institut* (2007) S. 16ff.

143 Vgl. *Horváth/Arnaout* (1997) S. 262f., *Hoke* (2001) S. 155ff., *Haring/Prantner* (2005) S. 152f., *Müller* (2006) S. 119ff. und S. 168ff.

	Horváth/Arnaout (1997)	*Hoke* (2001)	*Haring/Prantner* (2005)		*Müller* (2006)
Umfang der Stichprobe	56 der 500 umsatzstärksten Unternehmen	41 Unternehmen des DAX-100	83 der 1.000 umsatzstärksten Unternehmen		81 Unternehmen des DAX
Art der Erhebung	Fragebogen	Interviews	Fragebogen		Fragebogen
Land der Erhebung	Deutschland	Deutschland	Deutschland, Österreich		Deutschland
Unternehmensanteil mit abgeschlossener Integration	22%	36%	40%		65%
Unternehmensanteil mit geplanter Integration oder in Umsetzung	78%	37%	34%		27%
Art der Einschätzung	Erwartet oder realisiert	Erwartet oder realisiert	Erwartet	Realisiert	Erwartet oder realisiert
Chancen der Integration* und Anteil der zustimmenden Unternehmen (Mehrfachantworten möglich)	82% - Konzernweit einheitliche Kennzahlen 67% - Vereinfachung des Controllings 61% - Eindeutigkeit (internationale Verständlichkeit) 59% - Kosteneinsparung 45% - Verbesserung der internationalen Steuerung	61% - Beseitigung interner Kommunikationsschwierigkeiten 41% - Komplexitätsreduktion, Transparenz im Rechnungswesen 37% - Effizienz, Kostenersparnis im Rechnungswesen 27% - bessere Steuerungsgrößen (zutreffendere Abbildung des Unternehmensgeschehens)	90% - Reduktion der Kommunikationsschwierigkeiten 77% - Gemeinsame Datenbasis 70% - Einheitliche Kennzahlen 63% - Vereinfachung des Controllings 53% - Bessere Abbildung der realen Unternehmenssituation 45% - Internationale Verständlichkeit 38% - Kosteneinsparung	70% (-20%) 73% (-4%) 25% (-45%) 57% (-6%) 48% (-5%) 72% (+27%) 35% (-3%)	96% - Verwendung einheitlicher Kennzahlen 89% - Erhöhung der Transparenz im 85% - Erhöhung der Verständlichkeit, Akzeptanz des Rechnungswesens 77% - Erhöhung der Glaubwürdigkeit gegenüber Investoren 70% - Vereinfachung des Controllings 68% - Verbesserung der internationalen Steuerung 66% - Objektivierung der Steuerungsgrößen
Risiken der Integration* und Anteil der zustimmenden Unternehmen (Mehrfachantworten möglich)	45% - Schlechtere Erfüllung von Controllinganforderungen 29% - Kurzfristigkeit des Betrachtungszeitraumes 29% - Keine Risiken 26% - Verlust der Aussagekraft der Kennzahlen	keine maßgeblichen Risiken	58% - Abhängigkeit von der externen Normensetzung 27% - Verlust der Vorteile des kalkulatorischen Ansatzes 25% - Keine Risiken	37% (-21%) 8% (-19%) 47% (+22%)	54% - Abhängigkeit der internen Steuerung von Bilanzpolitik 51% - Abhängigkeit der internen Steuerung vom Standardsetter 40% - Unterschiedliche Anforderungen an den Detaillierungsgrad im externen und internen Rechnungswesen

*jeweils Angabe größer oder gleich 25% der antwortenden Unternehmen (in *Müller* (2006) in Bezug auf die Chancen der Integration: 65%)

Abbildung B-6: Chancen und Risiken der integrierten Rechnungslegung in Deutschland

Zusammenfassend können aus den empirischen Ergebnissen als primäre **Chancen der integrierten Rechnungslegung** extrahiert werden:

* die Reduktion unternehmensinterner Kommunikationsschwierigkeiten durch vereinheitlichte Kennzahlen und
* die Reduktion der Rechnungslegungskomplexität.

Besonders die Formulierung der interviewbasierten Ergebnisse von *Hoke* (2001) lassen den Schluss zu, dass die Integration in der Praxis vorgenommen wurde, da die Verwendung von mehreren inhaltlich ähnlichen Begriffen zu internen Kommunikationsschwierigkeiten führte. Die komplexe Unterscheidung von Kosten- und Aufwandspositionen sowie von Erlös- und Ertragsgrößen behinderte eine gezielte Unternehmenssteuerung. Je größer die Unzulänglichkeiten dieses Zweikreissystems waren, desto positiver wurde in der Studie die integrierte Rechnungslegung eingeschätzt. Eine bruchstückhafte oder positionsreiche Überleitung zwischen internem und externem Ergebnis führte zu unternehmensinternen Transparenz- und Akzeptanzproblemen.[144] Die Interviews zeigen, dass in der Unternehmenspraxis der Integrationstrend eher eine Beseitigung der Mängel des Zweikreissystems als eine reine Verbesserung der Rechnungslegung darstellt. Es ist somit anzunehmen, dass insbesondere kleinere Unternehmen, die wenig Komplexität und Kommunikationsschwierigkeiten im Rechnungswesen aufweisen, von einer Integration in geringerem Maße profitieren.[145]

Die Untersuchung von *Haring/Prantner* (2005) zeigt den Unterschied zwischen den Erwartungen an eine integrierte Rechnungslegung und dem Ergebnis nach der Implementierung. Obwohl 70% der Unternehmen als Konsequenz einheitliche Kennzahlen erwarten, wird dies lediglich in einem Viertel der Unternehmen realisiert.[146] Insofern führt die Integration nicht zu einem Satz an gleichartigen pagatorischen Rechengrößen, sondern es erfolgt eine Vereinheitlichung im Sinne einer Annäherung der in Controlling und Bilanzierung verwendeten Kennzahlen.[147]

---

144 Vgl. *Hoke* (2001) S. 155f.

145 Es ist zu bemerken, dass in kleineren Unternehmen oft bereits eine integrierte Rechnungslegung existiert, wenn das Unternehmen auf Basis der Finanzbuchhaltung zuzüglich notwendiger kalkulatorischer Nebenrechnungen geführt wird. – Unternehmen des Mittelstandes, die ein Zweikreissystem aufweisen, sind tendenziell durch veraltete IT-Strukturen mit mangelnden Anpassungsmöglichkeiten gekennzeichnet. Vgl. *Währisch* (2000) S. 688. Die Nutzen-Kosten-Betrachtung einer Integration muss in diesen Unternehmen die Kosten für eine IT-Neuanschaffung und Implementierung berücksichtigen.

146 Vgl. *Haring/Prantner* (2005) S. 152.

147 Vgl. *Küting/Lorson* (1999b) S. 54, *Bruns* (1999) S. 595f.

Weitere Chancen der Integration bestehen in der Einsparung laufender Kosten für die Rechnungslegung und in der Effizienzsteigerung der Arbeitsabläufe.[148] Werden die für die externe Rechnungslegung verpflichtend zu erstellenden und zu prüfenden Berichte ebenfalls für interne Zwecke verwendet, so kann grundsätzlich auf eine gesonderte Ermittlung von Kosten- und Erlösgrößen verzichtet werden. Eine gemeinsame Datenbasis für pagatorische Größen und daraus eindeutig abgeleitete kalkulatorische Größen unterstützt weiterhin Anstrengungen für einen beschleunigten bilanziellen Abschluss (Fast Close).[149]

Wird die Integration mit der Einführung eines internationalen Bilanzierungsstandards verbunden, wird zudem die Abbildung des Unternehmensgeschehens und folglich die Unternehmenssteuerung verbessert. In Auslandsgesellschaften führt die Fokussierung des oberen Managements auf pagatorische Steuerungsgrößen zu einem besseren Verständnis der internen und externen Rechnungslegungsanforderungen der deutschen Konzernmutter.[150]

Die Studien von *Horváth/Arnaout* (1997) und *Haring/Prantner* (2005) dokumentieren ebenfalls zwei maßgebliche **Risiken der Integration**:

* die schlechtere Erfüllung von Controlling-Anforderungen und
* die Abhängigkeit von der externen Normensetzung.[151]

Aus Sicht der Unternehmenspraxis kann eine integrierte Rechnungslegung insbesondere durch den Wegfall kalkulatorischer Elemente zu einer verringerten Aussagekraft der Unternehmenskennzahlen führen. Die Güte der internen Steuerung wird daneben durch die Bilanzpolitik beeinflusst. Zusätzlich führt die integrierte Rechnungslegung zu einer Abhängigkeit von den Vorschriften der Standardsetter. In Bezug auf das IASB sind besonders die Veränderungsgeschwindigkeit und -inten-

---

[148] Die Implementierung der Integration kann umfangreiche Anpassungen in der IT- und Berichtsstruktur erfordern. In der Literatur gibt es kaum Angaben über die Höhe dieser Anpassungskosten. Häufig erfolgt die Integration jedoch zusammen mit der Umstellung der externen Rechnungslegung auf IFRS, für die Schätzungen der Gesamtkosten vorliegen; siehe *Stahl* (2004) S. 221ff., *Cebul/Amann/Leibfried* (2003) S. 314f., *Köhler/Marten/Schlereth* (2003) S. 2619.

[149] Vgl. *Hoke* (2001) S. 156, *Kahle* (2003) S. 784.

[150] Vgl. *Haller* (1997a) S. 124f., *AK-SG Internes Rechnungswesen* (1999) S. 4, *Heintges* (2006) S. 1575, *Hebeler* (2006) S. 124.

[151] Die Abhängigkeit der internen Berichtsgrößen von den Standardsettern ist ebenso in *Hoke* (2001) S. 158 der mit fünf Nennungen in 41 Interviews am häufigsten genannte Nachteil der Integration.

sität sowie die oft zeitnah verpflichtende Anwendung neu erlassener oder überarbeiteter IFRS problematisch.[152]

Bemerkenswert hoch ist jedoch der Unternehmensanteil, der mit einer integrierten Rechnungslegung keine Risiken verbindet. So weist die Untersuchung von *Hoke* (2001) keine maßgeblichen Risiken der Integration auf. Gemäß *Horváth/Arnaout* (1997) erwarten 29% der Unternehmen und gemäß *Haring/Prantner* (2005) 25% der Unternehmen keine Risiken.[153] Der Anteil dieser Unternehmen verdoppelt sich nahezu nach der Umsetzung; er erreicht 47%. Die Einschätzungen hinsichtlich der Abhängigkeit von den Standardsettern und des Informationsverlustes durch den Wegfall kalkulatorischer Ansätze vermindern sich ebenfalls, jeweils um ca. 20%.[154] Somit erweist sich die Integration der Rechnungslegung als grundsätzlich vorteilhaft. Zunächst befürchtete Risiken bewahrheiten sich tendenziell nicht.

3.2.3 Notwendigkeit der Kostenrechnung aus theoretischer Perspektive

Die Umstrukturierung der internen Rechnungslegung führte in der Wissenschaft zu einem Diskurs über die grundsätzliche Notwendigkeit und Eignung einer eigenständigen Kostenrechnung für die Unternehmenssteuerung.[155]

Die wissenschaftliche Literatur setzt sich in diesem Zusammenhang mit den Mängeln der Kostenrechnung und mit dem Argument der Entscheidungsfundierung als ihrem dominanten Zweck auseinander. Ein genereller Verzicht der laufenden Kostenrechnung wird jedoch aus theoretischer Sicht verneint.[156]

---

[152] Vgl. *Kley* (2002) S. 280, *Haller* (1997a) S. 126. Zu einer Übersicht der laufenden Projekte des IASB siehe http://www.iasb.org. Eine Erleichterung stellt die Regelung des IASB dar, ab Juli 2006 zwischen dem Zeitpunkt der Veröffentlichung eines neuen oder maßgeblich veränderten Standards und der verpflichtenden Anwendung mindestens ein Jahr verstreichen zu lassen sowie keine Anwendung vor dem 1. Januar 2009 zu verlangen; vgl. die News des IASB vom 24. Juli 2006 unter http://www.iasb.org.

[153] Der von *Müller* (2006) verwendete Fragebogen enthielt die Antwortoption „keine Risiken“ nicht; vgl. *Müller* (2006) S. 275.

[154] Vgl. Abbildung B-6.

[155] Vgl. *Pfaff* (1994a) als direkte Reaktion auf *Ziegler* (1994), weiterhin *Pfaff* (1995), *Wagenhofer* (1995), *Schildbach* (1995), *Coenenberg* (1995), *Schneider* (1997) S. 490ff.

[156] Vgl. *Pfaff/Weber* (1998) S. 157ff., *Küpper* (1995).

Folgende **Kritikpunkte zur Kostenrechnung** werden geäußert:[157]

* die starke Orientierung an finanziellen und vergangenheitsorientierten Größen,
* die mangelnde Aktualität und der hohe Abstraktionsgrad,
* die fehlende Abbildung immaterieller Vermögenswerte,
* die pauschale Zurechnung von Fix- und Gemeinkosten,
* die Kosten des Kostenrechnungssystems selbst und
* die praktische Umsetzung, vor allem von kalkulatorischen Abschreibungen.

Theoretische Arbeiten weisen der Kostenrechnung meist primär den **Zweck der Entscheidungsfundierung**[158] zu. Dieser Zweck wird durch die Interdependenz von Entscheidungsfeldern erschwert.[159] So besteht z. B. eine wechselseitige Abhängigkeit des Beschlusses über das Produktionsprogramm und der Festlegung der Beschäftigung. Die Fundierung von i. d. R. zukunftsbezogenen Einzelentscheidungen erfordert darüber hinaus die Ermittlung der relevanten Zahlungsströme und die Kenntnis der Opportunitätskosten. Beide Informationen sind indes keine Kernbestandteile der laufenden Kostenrechnung.[160] Aufgrund dieser Probleme stellen *Pfaff/Weber* (1998) die Entscheidungsfundierung als nachrangigen Zweck heraus. Im Allgemeinen wird in der wissenschaftlichen Literatur der Kostenrechnung dagegen zumindest die Funktion der Entscheidungsunterstützung beigemessen.[161]

Traditionell wird die Kostenrechnung vielfältig verwendet, so insbesondere zur Preiskalkulation, zur Willensdurchsetzung und zur Koordination dezentraler Ent-

---

[157] Vgl. *Pfaff/Weber* (1998) S. 151, zu ausgewählten Kritikpunkten *Männel* (1999a). Die Unternehmenspraxis bewertete im Jahr 1993 die realisierte Kostenrechnung lediglich als gut (52%) bzw. befriedigend (42% von 31 befragten Unternehmen); vgl. *Weber* (1993b) S. 265.

[158] Dies entspricht dem hier verwendeten Begriff „Fundierung eigener Entscheidungen".

[159] Vgl. *Küpper* (1995) S. 29, *Weber/Weißenberger* (2006) S. 533f. Eine Definition von Bedingungen, die bei einer von anderen Entscheidungsfeldern separierten Entscheidung auf Basis von Kosten- und Erlösinformationen stets zur Marktwertmaximierung des Unternehmens führen, ist eine der ungeklärten Grundfragen der Kosten- und Erlösrechnung (Separationsproblem der Kosten- und Erlösrechnung); vgl. *Hax* (2002) Sp. 761ff.

[160] Vgl. *Pfaff/Weber* (1998) S. 157f.

[161] Vgl. *Schildbach* (1995) S. 14f., der entgegen der Auffassung von *Pfaff/Weber* (1998) S. 162 der Kostenrechnung überdies die Fundierung von Programm- und Prozessentscheidungen zuweist. *Weber/Weißenberger* (2006) S. 533 verwenden in Abgrenzung zur Entscheidungsfundierung den Begriff „Entscheidungsorientierung".

scheidungsträger.[162] Mit zunehmender Kundenorientierung der Unternehmen und der Determinierung des Preises über den Markt erfährt der Zweck der Preiskalkulation – im Sinne der Deckung der anfallenden Kosten – jedoch geringere Bedeutung.[163] Im Rahmen der Delegation und der Koordination der dezentralen Akteure sind Interessenkonflikte und asymmetrische Informationsverteilungen zu beachten. Bei der Implementierung eines bestimmten Kostenrechnungssystems verknüpft sich demzufolge der Zweck der Entscheidungsfundierung bzw. -unterstützung mit dem Zweck der Verhaltenssteuerung. Beide Funktionen sind in dieser Rechnung nicht voneinander separierbar.[164]

Deshalb leiten *Pfaff/Weber* (1998) die Notwendigkeit der Kostenrechnung aus der **Funktion der Verhaltenssteuerung**[165] und der Funktion als Sprache ab.[166] Die Kostenrechnung ist demnach für die Kommunikation zwischen den Controllern und geringer betriebswirtschaftlich geprägten Mitarbeitern, wie z. B. Technikern, im Hinblick auf den Ressourcenverbrauch und die Kosten der Ressourceninanspruchnahme unverzichtbar. Sie bildet die Informationsbasis für die operative Planung und Kontrolle.[167] Der primäre Zweck der Kostenrechnung ist somit nicht die umfassende Fundierung aus dem Entscheidungsverbund losgelöster Einzelentscheidungen, sondern die Kostenrechnung soll die gegenwärtige Kosten- und Erlössituation transparent darstellen und dadurch vor allem der Verhaltenssteuerung im Unternehmen dienen.[168]

---

162 Vgl. *Pfaff/Weber* (1998) S. 152ff.

163 Vgl. *Ziegler* (1994) S. 180f. Dieses Argument gilt nicht im Zusammenhang mit öffentlichen Ausschreibungen, die i. d. R. eine Offenlegung der Preiskalkulation erfordern.

164 Vgl. *Pfaff* (1996) S. 154ff.

165 Begrifflich entspricht dies der Fundierung fremder Entscheidungen.

166 Die Funktion als Sprache kann unter der Verhaltenssteuerung subsumiert werden, da Kommunikationsaspekte im Mehrpersonenkontext unter Delegation bedeutsam sind.

167 Vgl. *Pfaff/Weber* (1998) S. 161f.

168 Vgl. *Weber/Weißenberger* (2006) S. 358ff. und S. 533f.

3.3 Partiell integrierte Rechnungslegung als effizientes Steuerungsmuster?

3.3.1 Definition einer vollständig integrierten Rechnungslegung

Oft geben Unternehmen an, eine vollständige Integration realisiert zu haben, sie bereits aufzuweisen oder anzustreben. So bezwecken 80% der Unternehmen der Studie von *Haring/Prantner* (2005) eine vollständige Integration. Ein deutsches Unternehmen erklärt z. B.: „Bei [..] [uns] besteht wie bei vielen anderen Großunternehmen Identität zwischen internem und externem Rechnungswesen."[169] Nur 11% der in der Studie untersuchten Unternehmen wünschen lediglich eine partielle Angleichung der Rechnungslegung.[170]

Zur Einschätzung des Integrationsgrades der Rechnungslegung wird eine vollständige Integration wie folgt **definiert**: Die externen Wertansätze der Handelsbilanz II werden ohne Berücksichtigung von neutralen oder kalkulatorischen Bestandteilen objektbezogen disaggregiert in der internen Rechnungslegung verwendet.[171] Die Unternehmenssteuerung, d. h. die Vorgabe von Zielen, ihre Kontrolle und die Entlohnung, erfolgt auf Basis der unmodifizierten pagatorischen Größen. Eine vollständige Integration umfasst zudem eine einheitliche technische Basis, innerhalb der auf Belegebene nach IFRS gebucht wird, und eine organisatorisch zusammengefasste Abteilung für Bilanzierung und Controlling. Es wird angenommen, dass jede Unternehmensebene die angeführten Charakteristiken aufweist.

Die wertorientierte Unternehmenssteuerung wird an dieser Stelle nicht betrachtet. Da sie auf den publizierten bilanziellen Unternehmensdaten fußt, jedoch regelmäßig unternehmensspezifische Anpassungen in der Erfolgs- und Kapitalgröße erfordert, wird sie als eine modifizierte pagatorisch-orientierte Rechnung verstanden.[172]

Eine vollständig integrierte Rechnungslegung ist aus theoretischer Sicht nicht anzustreben. Zur Begründung dieser These werden nachfolgend auf Basis einzelner Dimensionen die Möglichkeiten und Grenzen der Integration im Detail diskutiert. Es

---

169 *Hasselmeyer/Reichertz/Dohrn* (2005) S. 450.

170 Vgl. *Haring/Prantner* (2005) S. 151.

171 Die Ausnahme bilden kalkulatorische Zinsen für Zwecke der Wertorientierung.

172 So werden im Economic-Value-Added-Konzept von *Stern/Stewart* mehr als 160 Anpassungen vorgeschlagen; vgl. *Stewart* in *Stern/Stewart* (1994) S. 65. In der Praxis werden davon jedoch nur ca. zwölf verwendet; vgl. *Aders/Hebertinger* (2003) S. 19.

wird aufgezeigt, dass nur eine partielle Integration theoretisch sinnvoll und praktisch möglich ist.

3.3.2 Analyse der Integrationsdimensionen

3.3.2.1 Rechenwerke und -zwecke

Zunächst kann der Integrationsbereich negativ abgegrenzt werden. Die Steuer- und die Handelsbilanz I, die auf der Ebene der rechtlichen Einheit eine **Zahlungsbemessungsfunktion** ausüben, bieten keinen Ausgangspunkt für die Integration mit der internen Rechnungslegung. Beide Rechenwerke bilden das Unternehmensgeschehen verzerrt ab, da sie im Rahmen der gesetzlichen Vorschriften die Steuerzahlungen bzw. als Bezugspunkt der Dividendenausschüttungen den Ergebnisausweis optimieren. Sie zeigen Charakteristiken, die den Zwecken der internen Rechnungslegung entgegenstehen. Insbesondere ermittelt die Handelsbilanz I das ausschüttungsfähige Jahresergebnis unter Erhaltung des Nominalkapitals, d. h. unter Berücksichtigung der historischen Anschaffungs- oder Herstellungskosten. Die Kostenrechnung bestimmt dagegen den Perioden- oder Stückerfolg unter Substanz- bzw. Sachkapitalerhaltung, d. h. hinsichtlich der Wiederbeschaffungskosten.[173]

Eine Zweckkongruenz zur internen Rechnungslegung existiert zur Handelsbilanz II, zum Konzernabschluss und zu freiwillig nach IFRS erstellten Einzelabschlüssen (EA), da diese Rechenwerke explizit der **Informationsfunktion** dienen. Da die Handelsbilanz II gemäß § 308 HGB Abs. 1 und 2 nach einheitlichen Ansatz- und Bewertungsvorschriften des Konzerns und unter Aufhebung steuerlicher Wertansätze erstellt wird, kann sie als eine ökonomischere Abbildung des Unternehmens gelten.[174] Der Konzernabschluss stellt die dem Konzern zuzurechnenden Unternehmen als wirtschaftliche Einheit dar, d. h. unter Konsolidierung von konzerninternen Kapital- und Schuldverflechtungen sowie Zwischenerfolgen. Die IFRS-Abschlüsse auf der Ebene von Einzelunternehmen oder Konzernen streben im Gegensatz zum Handelsrecht eine unverzerrte Abbildung der tatsächlichen Unternehmenslage an.

---

[173] Vgl. *Küting/Lorson* (1999b) S. 49, *Küpper* (1999) S. 7. Zu den Kapitalerhaltungskonzeptionen siehe *Jacobi* (2003) S. 7ff.

[174] Vgl. *Coenenberg* (2005) S. 580f.

Zur Eingrenzung des Integrationsbereichs in der internen Rechnungslegung wird eine Zweiteilung vorgenommen. Unterschieden werden die **Fundierung eigener Entscheidungen** auf der obersten Konzernebene und die Fundierung fremder Entscheidungen bezüglich untergeordneter Konzernebenen. Zur Reduktion von Kommunikationsschwierigkeiten und zur Hebung von Effizienzpotenzialen ist zumindest auf der obersten Konzernebene eine annähernd vollständige Integration zu befürworten. Die externen Wertansätze sollten gering modifiziert in die interne Rechnungslegung übernommen werden. Aufgrund der Kapitalmarktorientierung wird dort eine interne Steuerung, die auf konzeptionell anderen als den im Jahresabschluss berichteten Erfolgsgrößen basiert, von den Investoren nicht akzeptiert.[175] Auch bestätigen Praxisberichte, dass die oberste Konzernebene den Ausgangspunkt der Integrationsbestrebungen bildet und die Integration nur zum Teil auf untergeordnete Einheiten ausstrahlt.[176]

Für die Ebene dezentraler Einheiten ist dagegen im Sinne der **Fundierung fremder Entscheidungen** unternehmensindividuell zu prüfen, inwieweit die externen Wertansätze den internen Steuerungsanforderungen entsprechen. Traditionell werden in Fallentscheidungen auf Produkt-, Prozess- und Investitionsebene kalkulatorische Bestandteile verwendet, die zur Approximation der spezifischen Opportunitätskosten unerlässlich sind.[177] Aus der Perspektive der Verhaltenssteuerung, so z. B. gegen die Überanspruchung von zentralen Ressourcen, kann überdies eine bewusste interne Verzerrung von Verrechnungspreisen, Erfolgsgrößen oder Entlohnungsmaßstäben erforderlich sein.[178] Die beschriebene Identifizierung des Integrationsbereichs bezüglich der Rechenwerke stellt Abbildung B-7 im Überblick dar.

---

175 Vgl. *Ordelheide/Stubenrath* (2000) S. 397, die umfassender als hier vertreten eine pagatorische Steuerung bis auf die Ebene der operativen Einheiten fordern: „Es dürfte dem Kapitalmarkt aber nur schwer zu vermitteln sein, daß die operativen Einheiten des Unternehmens nach konzeptionell anderen Ergebniszielen geführt werden, als jenen, für die das Management des Gesamtunternehmens den Aktionären verantwortlich ist."

176 Vgl. *Bruns* (1999) S. 595f., *Beißel/Steinke* (2004) S. 64f. und die empirische Studie von *KPMG* (2002) S. 16: Von 254 europäischen Großunternehmen geben ca. 80% an, dass die Verknüpfung der Berichtsinhalte zwischen der Einzelgesellschafts- und der Geschäftsbereichsebene sowie die Verknüpfung zwischen der Geschäftsbereichs- und der Konzernebene nur schwach sind.

177 Vgl. *Klein* (1999a) S. 20f., *Männel* (1999a) S. 11ff.

178 Vgl. *Pfaff* (1994a) S. 1079f., *Wagenhofer* (1995), *Hofmann/Pfeiffer* (2003) S. 393. So unterscheidet die Lufthansa z. B. eine Ausprägung ihrer maßgeblichen Steuerungskennzahl für die externe Kommunikation und eine Ausprägung für die interne Erfolgsmessung; vgl. *Beißel/Steinke* (2004) S. 69.

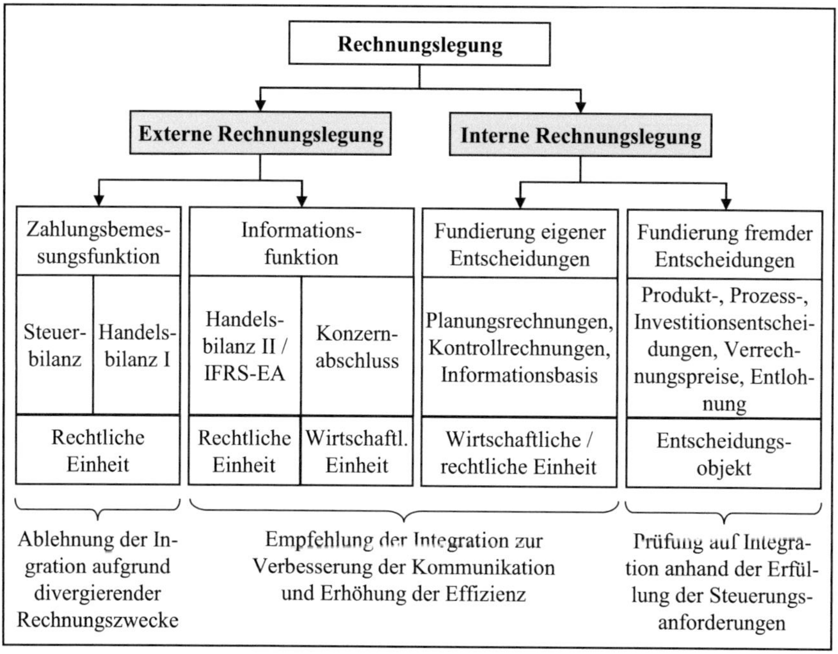

Abbildung B-7: Integrationsbereich interner und externer Rechenwerke[179]

3.3.2.2 Rechengrößen

Zur Untersuchung der Integrationsmöglichkeiten auf Ebene der Rechengrößen wird die inhaltliche Annäherung der Begriffe „Aufwand" und „Kosten" analysiert. Sie weisen in der praktischen Anwendung im Gegensatz zum Begriffspaar „Erträge/ Erlöse" eine Vielzahl von Unterschiedspositionen auf. Wesentliche **Unterschiedspositionen** sind kalkulatorische Abschreibungen, Zinsen und Wagnisse sowie außerordentliche Aufwendungen.

Abbildung B-8 zeigt auf Basis empirischer Studien, welcher Anteil der Unternehmen kalkulatorische Unterschiedspositionen verwenden. Es ist ersichtlich, dass die Bedeutung des kalkulatorischen Unternehmerlohnes und der kalkulatorischen Miete, die beide i. d. R. nur in Personengesellschaften eine sinnvolle Anwendung fin-

---

[179] Entfernt ähnliche Strukturierungen siehe *Klein* (1999a) S. 20, *Melcher* (2002) S. 70f., *Hebeler* (2003) S. 282, *Jonen/Lingnau* (2004) S. 11.

den, vergleichsweise gering ist.[180] Seit den ersten Integrationsanstrengungen in 1994 ist empirisch ein Rückgang der kalkulatorischen Ansätze zu verzeichnen.[181] Die Ausnahme bilden jedoch kalkulatorische Zinsen, die im Rahmen der Wertorientierung weiter an Bedeutung gewinnen.[182]

Studie / Unterschiedspositionen	*Frost/ Meyer* (1981)	*Becker* (1984)	*Kind* (1986)	*Hauer* (1994)	*Lange/ Schauer* (1996)	*Währisch* (1998)
Kalkulatorische Abschreibungen	74%	72%	72%	83%	79%	46%
Kalkulatorische Zinsen	68%	51%	51%	76%	65%	88%
Kalkulatorische Wagnisse		32%	28%	39%	33%	20%
Kalkulatorischer Unternehmerlohn	1%	45%	28%	19%	25%	11%
Kalkulatorische Eigenmiete	25%	-	-	30%	31%	13%
Keine Unterschiedsposition	16%	25%	23%	12%	16%	k. A.

Abbildung B-8: Bedeutung kalkulatorischer Wertansätze[183]

Die empirischen Ergebnisse zeigen weiterhin, dass der primäre Ansatzpunkt für eine Integration in der Abbildung von **Abschreibungen** liegt.[184] Die Ausdifferenzierung der Rechnungslegung entwickelte sich im Kontext der handelsrechtlichen Bilanzierung. Sie weist dort aufgrund des verstärkten Vorsichtsprinzips und der Gläubigerorientierung erhöhte Relevanz auf.[185] Da die IFRS das Integrationspotenzial steigern, werden nachfolgend die Integrationsmöglichkeiten bei Abschreibungen unter IAS 16 „*Property, Plant and Equipment*“ diskutiert.

---

180 Vgl. *Währisch* (2000) S. 687, *Männel* (1999b) S. 18.

181 Insbesondere der Rückgang kalkulatorischer Abschreibungen kann auch durch Veränderungen im öffentlichen Preisrecht (PR) hervorgerufen worden sein. Es erlaubt ab 1989 entgegen der vorherigen Praxis eine Kalkulation öffentlicher Angebotspreise ausschließlich auf Basis der Anschaffungs- oder Herstellungskosten; vgl. die Streichung des Artikels 40 „Berücksichtigung abweichender Kosten“ in den Leitsätzen für die Preisermittlung auf Grund von Selbstkosten (Anlage zur Verordnung PR 1/89), *Männel* (1999b) S. 20.

182 Zum Ansatz kalkulatorischer Zinsen und zur Diskussion über ihren Charakter als eine zu verrechnende Kostenposition versus als ein innerhalb der Gewinnverwendung auf Unternehmensebene zu berücksichtigender Abzug siehe *Währisch* (2000) S. 684ff., *AK-SG Internes Rechnungswesen* (1999) S. 57f., *Männel* (1999b) S. 19.

183 In Anlehnung an die Übersicht in *Weißenberger* (2003) S. 115 bzw. die Studie von *Währisch* (1998) S. 99ff. und S. 32: Es wurden Unternehmen mit über 100 Mitarbeitern aus einer Stichprobe von 153 deutschen Industrieunternehmen analysiert; vgl. *Währisch* (1998) S. 63.

184 Vgl. *Küpper* (1993) S. 610.

185 Zur Diskussion kalkulatorischer Ansätze bei HGB-Bilanzierung siehe *Männel* (1999b), *Männel* (1999a), *AK-SG Internes Rechnungswesen* (1999).

Nach IAS 16 ist die **Erst- und Folgebewertung von Sachanlagevermögen** auf Basis fortgeführter Anschaffungs- oder Herstellungskosten über die wirtschaftliche unternehmensspezifische Nutzungsdauer vorzunehmen.[186] Alternativ können die Sachanlagen einer Vermögensgruppe nach dem Erstansatz jährlich zum Fair Value abzüglich der vorzunehmenden Abschreibungen und erfolgten Wertminderungen neubewertet werden.[187] Übertrifft der Neubewertungsbetrag den Ansatz fortgeführter Anschaffungs- oder Herstellungskosten, ist die Differenz erfolgsneutral in eine sog. Neubewertungsrücklage (*revaluation surplus*) einzustellen.[188] Die Höhe der planmäßigen Abschreibungen wird durch die historischen Anschaffungs- oder Herstellungskosten und einen möglichen Restwert zum Nutzungsende determiniert.[189]

Die konkrete Ermittlung der Abschreibungshöhe nach einer Neubewertung ist innerhalb der IFRS unbestimmt.[190] Allerdings tendiert die wissenschaftliche Literatur zu einer Ableitung ausgehend vom Neubewertungsbetrag im Gegensatz zur Beibehaltung der ursprünglichen, aus den Anschaffungs- oder Herstellungskosten errechneten Abschreibung.[191] Die Art der Abschreibung – linear, degressiv oder leistungsbezogen – wird durch den erwarteten wirtschaftlichen Nutzenverlauf im Unternehmen definiert.[192] Darüber hinaus ist eine getrennte Behandlung bedeutsamer Bestandteile einer Sachanlage möglich (Komponentenansatz).[193]

---

186 Vgl. IAS 16.15ff., IAS 16.30, IAS 16.57.

187 Vgl. IAS 16.29, IAS 16.31, IAS 16.36, *Mujkanovic* (2002) S. 136ff. Voraussetzung für die Anwendung der Neubewertungsmethode ist die verlässliche Ermittlung des Fair Value; vgl. IAS 16.31.

188 Vgl. IAS 16.39.

189 Vgl. IAS 16.50f.

190 Vgl. explizit IAS 12.64, weiterhin *Mujkanovic* (2002) S. 142ff., *Hoffmann/Lüdenbach* (2003) S. 566ff.

191 Vgl. *Schmidt/Seidel* (2006) S. 598, *Mujkanovic* (2002) S. 143 mit weiteren Nennungen in Fn. 462. Darüber hinaus wird in der wissenschaftlichen Literatur über die Erfolgswirkung der Abschreibung nach einer Neubewertung diskutiert. Analog zur Regelung des IAS 36.61 plädiert *Mujkanovic* (2002) S. 143ff. für eine zunächst erfolgsneutrale Reduktion einer vorhandenen Neubewertungsrücklage mit nachfolgender erfolgswirksamer Buchung der Abschreibung; vgl. auch IAS 16.40. Im Gegensatz dazu verweisen *Schmidt/Seidel* (2006) S. 598 auf die explizite Norm des IAS 16.48, wonach Abschreibungen erfolgswirksam vorzunehmen sind, und folgern die Unzulässigkeit der Aufteilung der Abschreibung in einen erfolgswirksamen und einen erfolgsneutralen Anteil. Auch *Hoffmann/Lüdenbach* (2003) S. 567 empfehlen eine vollständig erfolgswirksame Behandlung, jedoch aus Gründen der Praktikabilität.

192 Vgl. IAS 16.60ff.

193 Vgl. IAS 16.43ff. Zur Anwendung siehe z. B. *Focken/Schaefer* (2004), *Hoffmann/Lüdenbach* (2004a).

Da die Neubewertungsrücklage das Eigenkapital erhöht und die Eigenkapitalrendite senkt, wird in der Unternehmenspraxis die Abschreibung auf Basis der Anschaffungs- oder Herstellungskosten und damit eine Behandlung gemäß der Nominalkapitalerhaltung bevorzugt.[194]

Dagegen bilden innerhalb der **Kostenrechnung** oft die Wiederbeschaffungskosten oder Tageswerte (Fair Values) die zugrunde liegende Abschreibungsbasis.[195] Im Sinne der Sachkapitalerhaltung werden dadurch die steigenden Marktpreise der Anlagegüter berücksichtigt.[196] Intern wird zumeist die lineare Abschreibung verwendet, da sie eine gleichmäßige, verursachungsgerechte Kostenverteilung gewährleistet.[197]

Die Abschreibungsdauer orientiert sich an der geplanten Nutzungsdauer der Sachanlage.[198] Dieser Zeitraum wird überschritten, wenn der Vermögenswert entgegen den Erwartungen weiterhin genutzt wird. Damit Ergebnisvergleiche erleichtert werden oder sich die Kostenverrechnung und Preiskalkulation nicht maßgeblich ändern, wird dann die Abschreibung möglicherweise weitergeführt. In diesen Fällen können sog. Abschreibungen unter null entstehen.[199] Da sie eine Doppelverrechnung von Kosten bedeuten, kalkuliert sich das Unternehmen aufgrund überhöhter kostenbezogener Preise ggf. aus dem Markt heraus.[200]

Eine **Angleichung der internen an die bilanzielle Abbildung** zu fortgeführten Anschaffungs- oder Herstellungskosten erfordert, dass die Wiederbeschaffungskosten unbeachtet bleiben.[201] In Anbetracht der geringen durchschnittlichen Inflationsrate, die in Deutschland von 1994 bis 2004 nur ca. 1,5% betrug,[202] ist unterneh-

---

194 Laut einer Studie auf Basis von 100 deutschen börsennotierten Industrieunternehmen, die nach IFRS bilanzieren, wendete in 2003 nur ein Unternehmen die Neubewertungsmethode an; vgl. *Keitz* (2005) S. 59.

195 So setzen ca. 41% der Unternehmen Sachanlagen zu Tageswerten an; vgl. *Währisch* (2000) S. 681.

196 Vgl. *Männel* (1999b) S. 20f., *Männel* (1999a) S. 12f., *AK-SG Internes Rechnungswesen* (1999) S. 49f.

197 Ca. 65% der Unternehmen verwenden lineare Abschreibungen; vgl. *Währisch* (2000) S. 683.

198 In ca. 56% der Unternehmen werden intern längere Nutzungsdauern festgesetzt als in der HGB-Bilanzierung. Die Einzelbilanz ist aufgrund der umgekehrten Maßgeblichkeit zur Steuerbilanz durch die i. d. R. kürzeren Afa-Sätze der öffentlichen Finanzverwaltung gekennzeichnet. Vgl. *Währisch* (2000) S. 682.

199 Vgl. *AK-SG Internes Rechnungswesen* (1999) S. 37. Laut *Währisch* (2000) S. 683 weisen ca. 52% der Unternehmen Abschreibungen unter null auf.

200 Vgl. *Männel* (1999b) S. 20f.

201 Vgl. *Barth/Barth* (2004) S. 76.

202 Vgl. *Statistisches Bundesamt* (2004) S. 344.

mensintern der zusätzliche Nutzen der Berücksichtigung der Substanzerhaltung zu überdenken.[203] Einen Mittelweg kann ihre kalkulatorische Erfassung in der Erlösrechnung darstellen.[204] Alternativ können die Wiederbeschaffungskosten pauschal auf Ebene von Anlagegruppen ermittelt werden.

Da IAS 16 – wie regelmäßig auch in der Kostenrechnung angestrebt – auf die wirtschaftliche Nutzungsdauer rekurriert und in der Unternehmenspraxis intern wie extern lineare Abschreibungen dominieren, bieten die Nutzungsdauer und die Abschreibungsmethode kein weiteres Integrationspotenzial.

3.3.2.3 Steuerungskennzahlen

Da die Integration der Rechnungslegung zu einer Anwendung der bilanziellen Erfolgsgrößen in der internen Steuerung führt, wird nachfolgend die Annäherung der operativen Steuerungskennzahl an das operative Ergebnis der externen Gewinn-und-Verlustrechnung untersucht. Im Vordergrund steht dabei wiederum das Integrationspotenzial unter IFRS.

Um die verwendeten Begriffe zu verdeutlichen, zeigt Abbildung B-9 eine **Gliederungsmöglichkeit der Gewinn-und-Verlustrechnung** nach IFRS und Handelsrecht gemäß dem Umsatzkostenverfahren. Oft wird das operative Ergebnis als *net operating profit* und erst zuzüglich des finanziellen Ergebnisses als *operating profit* bezeichnet.[205] Das Jahresergebnis vor Zinsaufwand und Steuern entspricht sowohl dem *operating profit* als auch den *earnings before interest and tax* (EBIT). In diesem Begriffsverständnis umfasst das EBIT auch das finanzielle Ergebnis des Unternehmens.[206] Zum Teil wird in der wissenschaftlichen Literatur jedoch nur auf die operativen Erfolge Bezug genommen.[207] Mit dem Begriff „Betriebsergebnis" wird in Abgrenzung zum operativen Ergebnis der bilanziellen Gewinn-und-Verlustrechnung stets das interne, kalkulatorisch ermittelte Ergebnis bezeichnet.[208]

---

203 Vgl. ähnlich *Währisch* (2000) S. 692.
204 Vgl. *Männel/Distler* (1997) S. 50.
205 Das finanzielle Ergebnis gilt in Industrieunternehmen meist als nicht operativ erzielt.
206 Vgl. *Coenenberg* (2005) S. 967f.
207 Vgl. *Weißenberger* (2006) S. 55.
208 Vgl. Abbildung B-5.

IFRS	Handelsrecht
revenue	Umsatzerlöse
- *cost of sales*	- Herstellungskosten
- *distribution costs*	- Vertriebsaufwand
- *administrative expenses*	- Verwaltungsaufwand
+ *other operating income*	+ sonstige betriebliche Erträge
- *other operating expenses*	- sonstige betriebliche Aufwendungen
*net operating profit**	operatives / betriebliches Ergebnis*
+ *income from associates and joint ventures**	+ Ergebnisbeiträge aus Equity-Gesellschaften*
+ *other finance income**	+ sonstige finanzielle Erträge*
- *finance costs***	- Finanzaufwendungen**
profit or loss before tax	Ergebnis der gewöhnlichen Geschäftstätigkeit
	+ außerordentliches Ergebnis
- *income tax expense*	- Ertragsteuern
profit or loss for the period	Jahresergebnis
- *profit or loss attributable to minority interest*	- Ergebnisanteil der Minderheitsgesellschafter
profit or loss attributable to equity holders	Jahresergebnis der Mehrheitsgesellschafter

* in Summe *operating profit* oder EBIT bzw. Jahresergebnis vor Zinsen und Ertragsteuern
** i. d. R. Zinsaufwand

Abbildung B-9: Gliederung der Gewinn-und-Verlustrechnung gemäß dem Umsatzkostenverfahren

Die bilanzielle Verwendung des **Umsatzkostenverfahrens** unterstützt die Integration der Rechnungslegung. Die funktionsorientierte Aufwandsaufspaltung ermöglicht eine strukturelle Annäherung an die intern verwendeten Erfolgsrechnungen. So werden beispielsweise im Rahmen mehrstufiger Deckungsbeitragsrechnungen allgemeine Verwaltungskosten als bereichsspezifische Gemeinkosten angesetzt. Unter Beibehaltung der funktionalen Gliederung ermöglicht das Umsatzkostenverfahren eine horizontale Aufgliederung der Kosten nach den Konzerneinheiten. Für Controlling-Zwecke können darüber hinaus Einzelpositionen vertikal differenziert werden.[209]

[209] Vgl. die Praxisbeispiele in *Ziegler* (1994) S. 182ff., *Melching* (1997) S. 248ff., *Dais/Watterott* (2006) S. 470f.

Die bedeutende Charakteristik der integrierten Rechnungslegung ist die Orientierung der Unternehmenssteuerung am operativen Ergebnis der Gewinn-und-Verlustrechnung. Entgegen einer vollständigen Integration, in der das nach außen berichtete Ergebnis exakt der internen Steuerungsgröße entspricht, dominieren in der Unternehmenspraxis **modifizierte Erfolgsgrößen**. In der Studie von *Hoke* (2001) verwenden 76% der Unternehmen eine modifizierte operative Steuerungsgröße. Nur 10% der Unternehmen publizieren diese in der Finanzberichterstattung.[210] Wird die interne Steuerungskennzahl ausgewiesen, so zeigt die Offenlegung Mängel auf: Zumeist wird auf die Definition, eine Überleitung zum Konzernergebnis oder die nähere Erläuterung der Modifikationen verzichtet.[211]

Generell ist festzustellen, dass die publizierten Jahresabschlüsse und die wissenschaftliche Literatur nur in geringem Maße Informationen zur internen operativen Konzernführung enthalten. Neben einzelnen Praxisberichten[212] zeigen ausschließlich die Studien von *Aders/Hebertinger* (2003), *Hoke* (2001) und *Währisch* (1998) konkrete Modifikationen einer bilanziellen Ergebnisgröße für die interne Steuerung auf.[213] Abbildung B-10 fasst die empirischen Resultate zusammen. Die Prozentangaben beschreiben den Anteil der Unternehmen, die die betrachtete Ergebnismodifikation vornehmen. Oberbegriffe sind kursiv dargestellt.[214]

---

210 Vgl. *Hoke* (2001) S. 163f. In 15% der 41 interviewten Unternehmen werden nur außerordentliche Positionen separiert; vgl. *Hoke* (2001) S. 173 Fn. 435.

211 Vgl. *Hoke* (2001) S. 165. Gemäß der empirischen Studie von *Währisch* (1998) S. 195 überführen auch intern lediglich 57% der Unternehmen das kalkulatorische in das bilanzielle Ergebnis.

212 Siehe *Beißel/Steinke* (2004), *Melching* (1997), *Bruns* (1999), *Ziegler* (1994).

213 Darüber hinaus ist die Untersuchung von *Wagenhofer* (2008) zu nennen, die jedoch durch eine geringere Stichprobe gekennzeichnet ist. Auf Basis von zehn gelisteten deutschen und US-amerikanischen Unternehmen werden die Modifikationen des bilanziellen Segmentergebnisses nach US-GAAP analysiert.

214 Vgl. *Aders/Hebertinger* (2003) S. 18f., *Hoke* (2001) S. 174ff., *Währisch* (1998) S. 119f. *Hoke* (2001) untersucht spezifisch die Unterschiede zwischen der internen Steuerungskennzahl und dem operativen Ergebnis. *Währisch* (1998) spezifiziert nicht, auf welches bilanzielle Ergebnis Bezug genommen wird. *Aders/Hebertinger* (2003) analysieren 38 Unternehmen des DAX-100 hinsichtlich ihrer wertorientierten Steuerung. Die zu dieser Studie aufgeführten Resultate repräsentieren die Modifikationen der ergebnis- oder cashflow-basierten wertorientierten Steuerungsgröße. Sie werden hier unter der Prämisse, dass interne operative Erfolgsgrößen analog adjustiert werden, verwendet.

Modifikationen für Steuerungszwecke / Studie	*Aders/Hebertinger* (2003)	*Hoke* (2001)	*Währisch* (1998)
Korrektur neutraler Ergebnisbestandteile:	-	37%	19%
Restrukturierungsaufwand	37%		
Veräußerung von nicht betriebsnotwendigem Vermögen	34%		
Veräußerung von Tochtergesellschaften	-		
Periodenfremde Aufwendungen	-		
Ansatz kalkulatorischer Abschreibungen / Sonderabschreibungen	26%	17%	20%
Abgrenzung der finanziellen versus operativen Erfolge:	-	22%	-
Zinserträge	45%		-
Beteiligungsergebnis	26%		3%
Zuführung zu Pensionsrückstellungen	18%		-
Zinsen auf erhaltene Anzahlungen	16%		-
Aktivierte Fremdkapitalzinsen	-		-
Rückstellungen für Entsorgung	-		-
Ergebnis aus Hedging	-		-
Goodwill	34%	k. %-A.	-
Bewertungsdifferenzen	-	20%	9%
Leasing	21%	-	-
Ansatz kalkulatorischer Zinsen	-	-	19%
Zinsen auf das Nettoumlaufvermögen	-	17%	-
Latente Steuern	13%	-	-
Miete (*und Unternehmerlohn)	11%	-	1%*
Ansatz kalkulatorischer Kosten	-	-	7%
Aktivierung investiver Aufwendungen (z. B. F&E, Marketing)	0%	5%	-
Sonstige Modifikationen (unter 4% Nennung): Verkehrswerte von Immobilien, Ertragsteuern, Differenz der Ist- zu Plan- bzw. Normalkosten, Abschreibungen auf Finanzanlagen, Korrekturen für die Vergleichbarkeit der Konzerneinheiten			

Abbildung B-10: Modifizierungen des bilanziellen Ergebnisses für Steuerungszwecke

Aus den Resultaten der empirischen Studien können im Wesentlichen folgende maßgeblich auf der obersten Konzernebene vorgenommene **Modifikationen** des bilanziellen Ergebnisses identifiziert werden: Restrukturierung, Veräußerung von nicht betriebsnotwendigem Vermögen, Zinserträge, Abschreibung von Sachanlagen, Beteiligungsergebnis, Zuführungen zu Pensionsrückstellungen und Goodwill-Abschreibungen.

Verallgemeinernd werden für Steuerungszwecke folgende Positionen adjustiert:

* *neutrale Bestandteile*: insbesondere außerordentliche und betriebsfremde (i. d. R. finanzielle) Aufwendungen und Erträge,
* *traditionell kalkulatorische Bestandteile*: insbesondere die Differenz zu kalkulatorischen Abschreibungen auf das Sachanlagevermögen,
* *sowie bilanzielle Dispositionen*: insbesondere bilanzpolitische Maßnahmen und aus Unternehmenssicht nicht hinreichend ökonomisch abgebildete Geschäftsvorfälle.

Die internen Modifikationen orientieren sich häufig an den **Empfehlungen der DVFA/SG**, der „Deutschen Vereinigung für Finanzanalyse und Asset Management" und der „Schmalenbach-Gesellschaft".[215] Diese Empfehlungen zur Angabe eines standardisierten Ergebnisses je Aktie in der Finanzberichterstattung, das von Sondereinflüssen und bilanzpolitischen Maßnahmen bereinigt ist, knüpfen bewusst an unternehmensinternen Daten an. Eine Offenlegung der vorgenommenen Modifikationen wird jedoch nicht gefordert.[216] In den Fällen, in denen die Modifikationen des Ergebnisses je Aktie trotzdem publiziert werden, sind die berichteten Daten zumeist uneinheitlich und scheinbar in der Ermittlung fehlerhaft.[217] Da sich die Empfehlungen an die praktische Rechnungslegung anlehnen,[218] ist anzunehmen, dass das Ermittlungsschema nach DVFA/SG einen Katalog möglicher interner Erfolgsmodifikationen für Steuerungszwecke umfasst. Inwieweit es diesen Anpassungen real entspricht, ist in der wissenschaftlichen Literatur jedoch bisher nicht untersucht.

Aus theoretischer Sicht muss die interne operative Steuerungskennzahl spezifische **Anforderungen** erfüllen:[219]

* Entscheidungsnützlichkeit,
* Anreizkompatibilität,
* Wirtschaftlichkeit und Kommunikationsfähigkeit.

---

215 Vgl. *Hoke* (2001) S. 174. Siehe die Empfehlungen der DVFA/SG in *Busse von Colbe et al.* (2000).

216 Vgl. *Küting/Bender* (1998) S. 285f.

217 Vgl. *Mertens* (1995) S. 75.

218 Vgl. *Küting/Bender* (1998) S. 285f., *Bender* (1996) S. 177f.

219 Vgl. die Anforderungen an Steuerungsrechnungen in *Coenenberg* (1995) S. 2080f., *Klein* (1999a) S. 63ff., *Wussow* (2004) S. 68ff., *Franz/Winkler* (2006) S. 64ff., weiterhin *Pfaff* (1996) S. 153ff., *Siefke* (1999) S. 53ff., *Küpper* (1995) S. 42ff. Ein allgemein anerkanntes Anforderungsset an Steuerungskennzahlen existiert nicht.

Das Kriterium der **Entscheidungsnützlichkeit** setzt zunächst die Analysefähigkeit der Kennzahl voraus: Die Modifikationen der bilanziellen Ergebnisgröße erhöhen grundsätzlich ihre Aussagekraft. Die Kennzahl bildet dadurch den Erfolg des Betrachtungsobjektes ökonomischer ab. Wenn sie die durch den Adressaten wahrgenommene Wirklichkeit darstellt, kann sie als Basis zur Entscheidungsvorbereitung dienen. Zudem muss die Kennzahl für den Adressaten relevant und aktuell sein sowie Vergleiche zwischen mehreren Objekten und zu unterschiedlichen Zeitpunkten ermöglichen.[220] So z. B. werden operative Ergebnisse speziell durch die Korrektur ungewöhnlicher Sachverhalte miteinander vergleichbar. Neben der Analysefähigkeit erfordert die Steuerung eine enge zeitliche Verknüpfung der Entscheidung mit der korrespondierenden Kennzahlauswirkung und mit der verursachungsgerechten Erfolgszuordnung auf die verantwortlichen Akteure. Diese beiden Anforderungen werden als zeitliche und sachliche Entscheidungsverbundenheit bezeichnet.[221]

Die bilanzielle Abbildung des Unternehmens variiert bei gegebenem Rechnungslegungsstandard mit der Inanspruchnahme von Wahlrechten, der Nutzung von Ermessensspielräumen und den Möglichkeiten der Sachverhaltsgestaltung.[222] Explizit in den Bilanzierungsregelungen vorhandene Wahlrechte können unternehmensintern durch Konzernrichtlinien festgeschrieben und dadurch eingeschränkt werden.[223] Dagegen können bilanzielle Ermessensspielräume und vorgelagert die Möglichkeiten der Sachverhaltsgestaltung speziell auf der Ebene der dezentralen Einheiten zu Manipulationen der Finanzberichterstattung führen. Ebenso entsteht Manipulationsspielraum, wenn bilanzielle Ergebnisgrößen für die interne Verwendung heterogen modifiziert werden. Wird die operative Ergebniskennzahl als Entlohnungsmaßstab verwendet, muss sie demzufolge möglichst anreizkompatibel gestaltet werden. **Anreizkompatibilität** bedeutet, dass die Kennzahl eine Kongruenz zwischen den Zielen der Unternehmenseigner bzw. dem Management und den dezentralen Einheiten herstellt sowie Informationsverzerrungen verhindert.[224]

Unter Beachtung der Motive, die in der Unternehmenspraxis zur Integration führen, sind überdies eine hohe **Kommunikationsfähigkeit** und **Wirtschaftlichkeit** der

---

220 Vgl. *Wussow* (2004) S. 70ff., *Klein* (1999a) S. 64ff.

221 Vgl. *Siefke* (1999) S. 55ff., *Hax* (1989) S. 162. Die sachliche Entscheidungsverbundenheit wird in der englischsprachigen Literatur unter den Begriffen „*controllability principle*" und „*responsibility reporting*" behandelt; vgl. *Ferrara* (1967) S. 43, *Merchant* (1987) S. 316ff., *Solomons* (1965) S. 81ff.

222 Vgl. *Weißenberger* (2003) S. 222ff.

223 Vgl. *Hahn* (1999) S. 83.

224 Vgl. *Schneider* (1997) S. 490ff., *Coenenberg* (1995) S. 2080, *Klein* (1999a) S. 66ff.

Steuerungsgröße zu fordern. Die Kennzahl ist daher für alle Unternehmenseinheiten inhaltlich und sprachlich verständlich aufzubereiten. Vertrauen in die Richtigkeit und eine Begrenzung der zur Ermittlung notwendigen Informationen fördern die unternehmensweite Akzeptanz. So sind z. B. die interne und die externe Ergebnisgröße transparent ineinander zu überführen. Die Modifikationen der bilanziellen Ergebnisgröße für die interne Steuerung sollten in der Anzahl begrenzt, für die Mitarbeiter inhaltlich begründet sowie explizit und leicht verständlich definiert werden. Ein Nebeneinander ähnlicher Erfolgsbegriffe ist insbesondere im internationalen Kontext zu vermeiden.[225] Die Erfolgsrechnung ist weiterhin unter Effizienzaspekten zu gestalten und durchzuführen.[226]

Die Umstellung der Konzernrechnungslegung von handelsrechtlichen auf internationale Bilanzierungsstandards reduziert in der Praxis tendenziell die Anzahl der für Steuerungszwecke vorgenommenen Anpassungen.[227] Auch aus theoretischer Sicht wird die Steuerungsrelevanz der IFRS konzeptionell grundsätzlich höher als die des Handelsrechts eingeschätzt. Die Integration der Rechnungslegung wird deshalb durch internationale Rechnungslegungsstandards verstärkt.[228] Dennoch werden einzelne Regelungen der IFRS bezüglich der zuvor genannten Anforderungskriterien als **steuerungsproblematisch** eingeschätzt:[229]

* *IFRS zur Fair-Value-Bilanzierung*: Die Regelungen der IFRS, die eine Bewertung zum Fair Value fordern,[230] erschweren eine bilanzorientierte Unternehmenssteuerung, da sie in ihrer Erfolgswirkung differieren und umfangreiche Ermessensspielräume aufweisen. Die resultierende Volatilität bei erfolgswirksamer Behandlung und Verständnisprobleme der fachlich anspruchsvollen Bewertungen führen zu einer geringeren Akzeptanz des bilanziellen Ergebnisses. Die erfolgs-

---

225 Zu Informations- und Kommunikationsproblemen im internationalen Kontext siehe *Pausenberger/Glaum* (1993) S. 612ff.

226 Vgl. *Wussow* (2004) S. 75ff., *Klein* (1999a) S. 69ff., *Siefke* (1999) S. 63f.

227 Vgl. *Hoke* (2001) S. 181f.

228 Vgl. *Hoke* (2001) S. 173, *Haring/Prantner* (2005) S. 149, *Pellens/Tomaszewski/Weber* (2000) S. 1830.

229 Vgl. für die bis 2003 erlassenen IFRS *Klein* (1999a) S. 113ff., *Wussow* (2004) S. 87ff., mit einem Vergleich zu den handelsrechtlichen Regelungen *Siefke* (1999) S. 209ff., in Bezug auf die Controlling-Relevanz einzelner IFRS *Weißenberger* (2007b) S. 84ff.

230 Dies sind für Industrieunternehmen insbesondere IAS 16, IAS 17, IAS 19, IAS 21, IAS 38 bis IAS 41, IFRS 2 und IFRS 3. Siehe im Überblick *Cairns* (2006) S. 11ff., *Küting/Dawo* (2003), *Ballwieser/Küting/Schildbach* (2004) S. 532f., *Hitz* (2005a) S. 1018ff., *Mujkanovic* (2002) S. 136ff.

neutrale Behandlung von Fair-Value-Bewertungen verletzt das Kongruenzprinzip. Die zur Steuerung verwendeten bilanziellen Ergebnisgrößen korrespondieren in diesem Fall nicht mehr mit der für die Ergebnisgenerierung verwendeten Vermögensbasis. Die oft mangels Marktwerten durchzuführenden Schätzungen des Fair Value weisen eine geringere Objektivität auf. Zudem erfordern sie eine aufwendige Datengenerierung und -verdichtung.

* *IAS 36 „Impairment of Assets"*: Die Anwendung des Standards erfordert generell und im Zusammenhang mit Unternehmenserwerben umfangreiches Fachwissen. Die Ermittlung des erzielbaren Betrages ist typischerweise schwer kommunizierbar, zeit- und kostenintensiv sowie durch umfangreiche Ermessensspielräume gekennzeichnet.
* *IAS 38 „Intangible Assets"*: Die Abgrenzung der Entwicklungsphase von der Forschungsphase, die die Aktivierungspflicht von Entwicklungsaufwendungen voraussetzt, kann praktisch schwer vermittel- und umsetzbar sein.[231]

Im Grundsatz unterstützen jedoch auch diese als steuerungsproblematisch angeführten Standards die Integration der Rechnungslegung.[232] Da die Fair-Value-Regelungen aufgrund ihrer Orientierung am Marktwert die Bildung stiller Reserven verhindern, erhöht sich generell die Entscheidungsrelevanz der bilanzorientierten Informationen gegenüber dem Ansatz auf Basis von Anschaffungs- oder Herstellungskosten.[233] Dies ist insbesondere gegeben, wenn Vermögenswerte bilanziell abgebildet werden, die auf organisierten, liquiden Märkten gehandelt werden.[234] Zur Ermittlung des Wertberichtigungsbedarfs wird gemäß IAS 36 der Nettoveräußerungswert dem internen Nutzungswert eines oder mehrerer zusammengefasster Vermögenswerte gegenübergestellt. Diese Vorgehensweise entspricht klassischen

---

231 Tendenziell verneinen Unternehmen, dass eine Abgrenzung der Entwicklungs- von der Forschungsphase möglich ist, und wandeln die Regelungen in ein faktisches Wahlrecht zur Aktivierung um; vgl. *Pellens/Fülbier* (2000) S. 133. So zeigen auch *Hager/Hitz* (2007) S. 209, dass von 93 DAX-Unternehmen, die nach IFRS bilanzieren, nur ca. 8% selbst erstellte immaterielle Vermögenswerte ansetzen.

232 Vgl. im Folgenden ausführlich *Wussow* (2004) S. 165ff., *Ordelheide* (2000) S. 512ff., *International Group of Controlling* (2006) S. 27f., weiterhin *Klein* (1999a) S. 206, *Siefke* (1999) S. 231.

233 Vgl. *Streim/Bieker/Esser* (2003) S. 472, *Lüßmann* (2004) S. 255ff., *Weißenberger* (2007a) S. 323.

234 Vgl. *Hitz* (2005a) S. 1021f., *Glaum/Vogel* (2004) S. 51f.

Managementüberlegungen, ob eine Aktivität im Unternehmen belassen oder verkauft werden sollte.[235] Weiterhin bedingt die erweiterte Definition des Vermögenswertes in F.49(a) unter spezifischen Voraussetzungen eine Aktivierung und nachfolgende Abschreibung investiver Aufwendungen in immaterielles Vermögen. Folglich werden der Unternehmenserfolg periodengerechter dargestellt und dezentrale Unternehmenseinheiten motiviert, in immaterielle Vermögenswerte zu investieren.[236]

Weitere von den handelsrechtlichen Vorschriften abweichende IFRS **erfüllen in hohem Maße** die Anforderungen an Steuerungsrechnungen: Langfristige Fertigungsaufträge werden nach IAS 11 derart bilanziert, dass der Erfolg periodenanteilig entsprechend dem Leistungsfortschritt ausgewiesen wird.[237] Die Behandlung von Leasinggeschäften nach IAS 17 „*Leases*" abstrahiert von der rechtlichen Ausgestaltung der Verträge und orientiert sich an der wirtschaftlichen Realität.[238] Weiterhin unterliegen nach IAS 37 „*Provisions, Contingent Liabilities and Contingent Assets*" Aufwandsrückstellungen einem Ansatzverbot, da sie keine Unternehmensverpflichtungen gegenüber Dritten darstellen.[239] Die mit Aufwandsrückstellungen verbundenen Möglichkeiten, das Unternehmensergebnis zu beeinflussen, werden dadurch eingeschränkt. Abschließend sind die Regelungen des IAS 14 „*Segment Reporting*" und IFRS 8 „*Operating Segments*" zur Segmentberichterstattung hervorzuheben, die eine umfangreiche Offenlegung disaggregierter Führungsinformationen gemäß der internen Organisations- und Führungsstruktur erfordern.[240]

---

235 Vgl. IAS 36.BCZ9.

236 Vgl. *Weber/Weißenberger/Haas* (2006) S. 50f., *Hahn* (1999) S. 83.

237 Vgl. IAS 11.22, *Kümpel* (2002) S. 906. Die Steuerungsqualität hängt jedoch von der Verlässlichkeit des ermittelten Fertigstellungsgrades ab; vgl. kritisch *Bischof* (1998) S. 10. Eine Umsetzung der neuen Vorschläge des IASB zur Ertragsrealisierung in den Regelungen des IAS 11 könnte die bilanzpolitischen Spielräume, z. B. in der Vertragsgestaltung oder in der Auswahl und Anwendung von Schätzverfahren, ausweiten; vgl. *Pottgießer/Velte/Weber* (2005a) S. 317f., *Dobler* (2006) S. 168.

238 Vgl. IAS 17.10, *Götz/Spanheimer* (2005) S. 259, *Fülbier/Pferdehirt* (2005) S. 276f.

239 Vgl. IAS 37.20, F.62.

240 Vgl. *Himmel* (2004) S. 39, *Melcher* (2002) S. 49ff., *Küting/Lorson* (1999b) S. 52f. Im Gegensatz zum gegenwärtigen Standard IAS 14, der eine Segmentabgrenzung nach Risiko-Rendite-Gesichtspunkten (*risk and reward approach*) fordert, übernimmt der ihn zum 1. Januar 2009 ersetzende IFRS 8 maßgeblich die Regelungen des US-amerikanischen Standards SFAS 131. Demnach wird nicht nur die Segmentabgrenzung, sondern werden auch die Wertansätze durch die interne Rechnungslegung determiniert (Management Approach); vgl. *Fink/Ulbrich* (2006) S. 236ff., *Kajüter/Barth* (2007) S. 432ff.

Diesen Abschnitt **zusammenfassend** ist festzustellen, dass die Unternehmenssteuerung in der Praxis nur auf modifizierten Erfolgsgrößen und folglich auf einer partiellen Integration basiert. Aus theoretischer Sicht ist dies mit den zu erfüllenden Anforderungen an Steuerungsrechnungen begründbar. Die einzelnen Standards der IFRS erfüllen in hohem Maße die Anforderungen an Steuerungsrechnungen. Dies gilt, obwohl einige Fair-Value-Regelungen zu Schwierigkeiten in der Unternehmenssteuerung führen können und ggf. einer internen Anpassung bedürfen.[241]

3.3.2.4 Datenbestände

Die Integration der Rechnungslegung ist eng mit der Verknüpfung der internen und externen Datenbestände verbunden.[242] In der traditionellen Zweiteilung der Rechnungslegung wurden gemäß den Verantwortlichkeiten für die Informationsbereitstellung für interne versus externe Adressaten typischerweise auch getrennte Datenbestände vorgehalten. Sollen im Rahmen der Integration die für bilanzielle Zwecke erstellten Daten im Controlling bzw. in der laufenden Unternehmenssteuerung verwendet werden, treten **informationstechnische Schwierigkeiten** auf:

* *Problem der zeitnahen Konsolidierung*: Eine monatliche Konsolidierung bzw. Abschlusserstellung ist derzeit in der Unternehmenspraxis nur schwer durchführbar.[243]
* *Rechtliche versus ökonomische Strukturen*: Unterschiede zwischen der rechtlichen und organisatorischen Ausgestaltung von Konzernen erschweren eine informationstechnische Abbildung.[244]

---

[241] Vgl. zur Problematik der Fair-Value-Regelungen in der Unternehmenssteuerung aus praktischer Sicht *Kley* (2002) S. 280f., *Troßmann/Baumeister* (2005) S. 641ff., *Haeger* (2006) S. 255ff.

[242] Vgl. die empirische Untersuchung von *Haring/Prantner* (2005) S. 151: 82% der 83 analysierten Unternehmen stimmen der Aussage zu, dass eine Anpassung der IT-Systeme die Voraussetzung für die Integration der Rechnungslegung bildet. Daneben ist zu bemerken, dass die Umstellung auf IFRS oder neue Anforderungen an ein konzernweites Controlling, beispielsweise aufgrund von Akquisitionen, ebenso eine Neukonzeption des IT-Konzepts anstoßen können; vgl. *Hirschberger/Karl* (2002a) S. 2191, *Hirschberger/Karl* (2002b) S. 2238, *Köhler/Marten/Schlereth* (2003) S. 2619f., *Samtleben/Stadlbauer/Hess* (2006) S. 87f., *Oehler/Simon* (2003) S. 251f.

[243] Vgl. *Hoke* (2001) S. 183 Fn. 451. Im Jahr 2001 benötigten 68% von 254 untersuchten Unternehmen mehr als zehn Arbeitstage zur Erstellung der Quartalsabschlüsse auf Konzernebene. Es benötigten jedoch auch 43% der Unternehmen mehr als zehn Arbeitstage für die Ausarbeitung der internen monatlichen Berichterstattung; vgl. *KPMG* (2002) S. 13.

[244] Vgl. *Hoke* (2001) S. 183 Fn. 451.

* *Pflicht zur Konzernbilanzierung nach IFRS*: Die Verpflichtung zur Konzernbilanzierung nach IFRS, während weiterhin ein handelsrechtlicher Einzelabschluss zu erstellen ist, führt insbesondere auf höheren Konzernebenen zu einem Nebeneinander von internationalen und handelsrechtlichen Wertansätzen. Teilweise erfolgt eine IFRS-konforme Umbuchung erst in der Muttergesellschaft oder in den Teilkonzernen. Nur in geringem Maße wird bereits zum Zeitpunkt der originären Erfassung der Geschäftsvorfälle in den Einzelgesellschaften gemäß IFRS gebucht.[245]

Folglich liegen auf den einzelnen Konzernebenen bzw. in den Unternehmenseinheiten **unterschiedliche bilanzorientierte Datenbestände** vor, die sich im Hinblick auf die Konsolidierung, das Abbildungsobjekt und den verwendeten Rechnungslegungsstandard unterscheiden.

Darüber hinaus differieren die generierten Berichte, die durch das Controlling anforderungsspezifisch für die jeweilige Führungsebene erstellt werden. In der empirischen Studie von *KPMG* (2002) wird die Verknüpfung der Berichtsinhalte anhand der Verwendung identischer Kennzahlen untersucht. Eine geringe Verbindung der Berichtsinhalte zwischen der Konzern- und der Geschäftsbereichsebene sowie zwischen der Geschäftsbereichsebene und der Ebene der Einzelgesellschaften existiert in jeweils ca. 80% der Unternehmen.[246]

Ein niedriger Grad der informationstechnischen Standardisierung zeigt sich in der Studie ebenfalls an der Anzahl unterschiedlicher Buchhaltungs- und Enterprise-Resource-Planning-Systeme.[247] 53% der Unternehmen verwenden mehr als fünf, 18% der Unternehmen mehr als 15 verschiedene Systeme.[248] Ebenso zeigt die Untersuchung von *Accenture* (2003), dass nur ca. die Hälfte der Geschäftseinheiten und Konzernunternehmen zumindest intern gleiche Softwaresysteme für die Rechnungslegung nutzen und ein zentrales System zur Datenspeicherung vorhalten.[249]

---

245 Vgl. *Hoke* (2001) S. 183f.

246 Vgl. *KPMG* (2002) S. 16.

247 Beispiele für Enterprise-Resource-Planning-Systeme sind SAP und Oracle; vgl. *Raschke/Vogel* (2002) S. 282.

248 Vgl. *KPMG* (2002) S. 23.

249 Vgl. *Accenture* (2003) S. 46f. Die Ergebnisse stützen sich auf 104 deutsche Unternehmen des DAX-100 und des gehobenen Mittelstandes.

Uneinheitliche informationstechnische Strukturen erwachsen aus der organisatorischen Komplexität und der fortwährenden Umgestaltung von Konzernen, insbesondere aufgrund von Akquisitionen.[250] So erwarten 24% der von *KPMG* befragten Unternehmen, dass sich innerhalb der nächsten fünf Jahre ihre Konzernstruktur grundlegend ändern wird.[251]

Unter Berücksichtigung der dargestellten unterschiedlichen Datenbestände, Controllingberichte, IT-Systeme, der steten Umgestaltung und der Komplexität von Konzernen sowie überdies aufgrund der hohen Kosten für konzernweite informationstechnische Strukturen ist hinsichtlich der datentechnischen Dimension ebenfalls nur eine partielle Integration möglich und sinnvoll.[252] Überdies können dezentral differierende Informationssysteme aus organisatorischer Perspektive mit Vorteilen verbunden sein, so z. B. mit einem erhöhten Verantwortungsbewusstsein, einer erhöhten Anpassungsfähigkeit oder einer verringerten Komplexität für den Anwender.[253]

Jedoch können durch integrative Anstrengungen in einer langfristigen Perspektive Kosten eingespart werden.[254] Folgende Ansätze für eine **Verstärkung der datentechnischen Integration** in der Rechnungslegung sind zu empfehlen: Anzustreben ist die Einrichtung eines für die Bilanzierung und das Controlling gemeinsamen Datenpools.[255] Neben der Zusammenführung der Informationen sollte die Anwendungssoftware vereinheitlicht werden.[256] Ähnlich strukturierte Berichtsoberflächen und -inhalte können die funktions- und konzernübergreifende Kommunikation erleichtern. Neue Entwicklungen in der Informationstechnologie ermöglichen insbe-

---

250 Vgl. *Ernst/Vater* (2006) S. 231, *Oehler/Simon* (2003) S. 251, weiterhin die Ergebnisse von 889 CFOs und Finanzentscheidern aus 74 Ländern weltweit in *IBM Business Consulting Services* (2005) S. 9f. Diese Studie zeigt eine allgemein mangelnde Festlegung konzernweiter Standards und unterstreicht die Bedeutung eines automatisierten Informationsaustausches.

251 Vgl. *KPMG* (2002) S. 22.

252 Auch die Umsetzung von theoretischen Vorschlägen einer konzernweiten Kostenrechnung so z. B. von *Wullenkord* (1995) S. 207ff., *Müller* (2000) S. 394ff. und *Dusemond* (1999) erscheinen problematisch; vgl. ähnlich *Franz* (2003) S. 148. Dennoch existieren Praxisbeispiele, allerdings unter Verwendung der Standardsoftware SAP R/3; vgl. *Wurm* (2005), *Nuppeney* (2002).

253 Vgl. *Bleicher* (1991) S. 325.

254 Vgl. *Accenture* (2003) S. 6.

255 Vgl. *Schmitz* (2006) S. 14, *International Group of Controlling* (2006) S. 42, *Klein* (1999a) S. 38, *Haller* (1997a) S. 127, *Müller/Ordemann/Pampel* (2005) S. 2122 sowie speziell zur Umsetzung mit SAP *Karl* (2006) S. 456ff.

256 Vgl. *Accenture* (2003) S. 59, *Hebeler* (2006) S. 119ff., *Stahl* (1999) S. 32f.

sondere für international agierende Konzerne webbasierte Berichtsanwendungen.[257] Fehleranfällige Datenübertragungen, beispielsweise durch händische Eingabe in Excel-Spreadsheets, können durch das standardisierte Datenaustauschformat eXtensible Business Reporting Language (XBRL) vermindert werden.[258] Weiterhin wird die Integration durch eine weitgehende Annäherung der verwendeten Kontenrahmen unterstützt.[259] Aufgrund der höheren Steuerungsrelevanz der IFRS und zur Vermeidung einer Führung auf Basis unterschiedlicher Rechnungslegungsstandards sollte eine Primärbuchung nach IFRS mit ggf. lediglich jährlicher Überleitung auf die handelsrechtlichen Werte erfolgen.[260] Neben den genannten primär technischen Aspekten sind die Verantwortlichkeiten für die Technologie, die Datenbestände, die Ein- und Ausgabeprozesse, die Datenweitergabe sowie die Berichtserstellung festzulegen.

Die genannten Integrationsanstrengungen unterstützen nicht nur eine bilanzorientierte Unternehmenssteuerung, sondern dienen auch den Anforderungen an die Gestaltung und Dokumentation eines internen Überwachungssystems. Insbesondere Unternehmen in Deutschland, die an US-amerikanischen Börsen notiert sind, sowie deren deutsche Tochtergesellschaften unterliegen der Section 404 des **Sarbanes-Oxley Act**.[261] Demnach müssen sie ein internes Überwachungssystem einrichten und umfassend u. a. über die implementierten Kontrollprozesse, die Risikoidentifizierung und -beurteilung sowie über die verwendeten IT-Systeme berichten. Das oberste Ziel stellt die Qualitätssicherung der externen Rechnungslegung dar, weshalb die Dokumentation des Überwachungsprozesses auch der Prüfung bedarf.[262]

Ähnliche Anforderungen an ein Überwachungssystem werden zukünftig an in der EU börsennotierte Unternehmen gestellt. Die EU-Richtlinie 2006/46/EG vom 14. Juni 2006, die bis zum September 2008 in nationales Recht überführt werden soll-

---

257 Vgl. allgemein *Haller* (1997a) S. 128, *KPMG* (2002) S. 27, *Accenture* (2003) S. 55 sowie die Praxisbeispiele in *Leßweng* (2004) S. 43ff., *Erdmann/Bourhis/Pascaud* (2005).

258 Vgl. *Ramin/Kesselmeyer/Ott* (2006) S. 189. Empirische Studien zeigen eine weite Verbreitung händischer Datenübertragung (in 39% der Unternehmen in *Accenture* (2003) S. 48) und der Anwendung von Microsoft Excel für die Erfassung und Verteilung von Führungsinformationen (in 67% der Unternehmen der Studie in *KPMG* (2002) S. 25). Zur hohen Fehleranfälligkeit von Excel-Spreadsheets siehe *PwC* (2004) S. 1f.

259 Vgl. *Accenture* (2003) S. 35f., *Hirschberger/Karl* (2002b) S. 2238f., *Oehler* (2004) S. 2.

260 Vgl. *Heintges* (2003) S. 623, *Hoke* (2001) S. 184f.

261 Vgl. *Glaum/Thomaschewski/Weber* (2006) S. 206f. und *Schoberth/Servatius/Thees* (2006) S. 2572.

262 Vgl. *Glaum/Thomaschewski/Weber* (2006) S. 208f. Zur Prüfung des internen Überwachungssystems in einer SAP R/3-Umgebung siehe *tom Dieck/Swart* (2003) S. 230ff.

te,[263] fordert analog innerhalb des Lageberichtes „eine Beschreibung der wichtigsten Merkmale des internen Kontroll- und des Risikomanagementsystems der Gesellschaft im Hinblick auf den Rechnungslegungsprozess"[264]. Die Integration der Datenbestände der internen und externen Rechnungslegung gewinnt damit zukünftig weiter an Bedeutung.

3.3.2.5 Abteilungsorganisation

Nicht nur die datentechnischen Strukturen, sondern auch die organisatorische Gestaltung der Rechnungslegung unterliegt integrativen Anstrengungen. In diesem Zusammenhang wurde bezüglich des Beitrages von *Ziegler* (1994) der Begriff des „Biltrolling", d. h. ein an bilanziellen Größen orientiertes Controlling, geprägt.[265] Nachfolgend wird untersucht, welche Konsequenzen die inhaltliche Annäherung des Controllings an die externe Rechnungslegung für die organisatorische Gestaltung hat.

Es werden folgende durch einen zunehmenden Integrationsgrad gekennzeichnete **organisatorische Strukturen** unterschieden:

* vollständige Differenzierung der Abteilungen Controlling und Bilanzierung,
* Abteilungsdifferenzierung unter Zuordnung zum gleichen Vorstandsressort,
* Abteilungsdifferenzierung unter einheitlicher Leitung und
* vollständige Verschmelzung der Abteilungen.

Die Bindung der externen Rechnungslegung an rechtsverbindliche Normen begründet die traditionelle organisatorische Abgrenzung zum Controlling.[266] Die Abteilungen Controlling und Bilanzierung waren daher in der Vergangenheit oft vollständig separiert. Neben der inhaltlichen Aufteilung beider Funktionen existierte jeweils eine eigene Leitungsposition. Möglicherweise wurden die Abteilungen unterschiedlichen Vorstandsbereichen zugeordnet.

---

263 Vgl. EU-Richtlinie 2006/46/EG vom 14. Juni 2006 Art. 5 Abs. 1, *Schoberth/Servatius/Thees* (2006) S. 2573 Fn. 19.

264 EU-Richtlinie 2006/46/EG vom 14. Juni 2006 Art. 1 Nr. 7 bzw. der neue Art. 46a Abs. 1(c) der EU-Richtlinie 78/660/EG.

265 Vgl. *Haller* (1997a) S. 116.

266 Vgl. *Henselmann* (2002) Sp. 1359.

Die langfristige Ausrichtung am Unternehmenswert führt unternehmensintern zur Ableitung wertorientierter Steuerungsgrößen, die an zukünftigen Zahlungsströmen oder Erträgen anknüpfen. Diese Entwicklung verstärkt die Finanz- und Bilanzorientierung der Controlling-Instrumente.[267] Der zunehmenden Bedeutung des Kapitalmarktes und der Investor Relations kann organisatorisch durch die Zuordnung des Controllings, d. h. des Konzern-Controllings bzw. der Bereichsleiter für Controlling, und der Bilanzierung zum „Vorstand für Finanzen (und Rechnungslegung)" entsprochen werden. Diese Einordnung erleichtert durch verkürzte Kommunikationswege die Zusammenarbeit zwischen der internen und externen Rechnungslegung sowie dem Finanzbereich.[268] Die inhaltliche Verknüpfung von Controlling und Bilanzierung kann überdies durch die Einrichtung einer einheitlichen Leitung unterstützt werden. Besonders auf der obersten Konzernebene ist eine „Teamarbeit zwischen den Abteilungen"[269] anzustreben.

Eine vollständige Verschmelzung der Aufgabenbereiche von Controllern und Bilanzierern zu betriebswirtschaftlichen Beratern, wie von *Bruns* (1999) prognostiziert,[270] ist kritisch einzuschätzen. Wie die vorangegangenen Abschnitte zeigen, bieten sich die Rechnungslegungsgrundsätze der IFRS grundsätzlich zur internen Steuerung an. Es verbleiben jedoch weiterhin die unterschiedlichen Adressatenbezüge und Grade der Gesetzesbefolgung, die eine zumindest aufgabenbezogene Trennung erfordern.[271] Daneben erschwert eine vollständige Zusammenführung der Abteilungen die strukturierte Kommunikation zwischen den vormals dem Controlling bzw. der Bilanzierung angehörenden Mitarbeitern.[272] Die Verantwortungsbereiche der einzelnen Personengruppen sind in diesem Fall weniger klar abgegrenzt.[273]

---

267 Vgl. ähnlich *Weber/Weißenberger* (2001) S. 542.

268 Vgl. *Henselmann* (2002) Sp. 1361, die Praxisbeispiele in *Ernst* (2004) S. 343, *Steinke* (2005) S. 204. Nach der empirischen Studie von *Weber et al.* (2006) S. 24 wird der Controlling-Leiter in ca. 38% der Unternehmen dem Vorstand bzw. der Geschäftsführung und in ca. 25% der Unternehmen fachlich dem Finanzvorstand unterstellt. Die Studie umfasst eine Stichprobe von 618 Unternehmen.

269 Vgl. *Küting/Lorson* (1998b) S. 2307.

270 Vgl. *Bruns* (1999) S. 601.

271 Vgl. *Kley* (2002) S. 280, weiterhin *Hoke* (2001) S. 189 und *Accenture* (2003) S. 32, wonach die Unternehmensmehrheit im Zuge der Integration keine Reorganisation der Abteilungsstrukturen vornahm.

272 Vgl. zur Bedeutung formalisierter Kommunikationswege *Haeger* (2006) S. 264.

273 Siehe das Praxisbeispiel von *Ernst/Vater* (2006) S. 236f., in dem allerdings auf dezentraler Ebene Controlling und Bilanzierung explizit getrennt wurden.

Diesen Abschnitt **resümierend** sind im Rahmen einer integrierten Rechnungslegung besonders auf der obersten Konzernebene die Abteilungen Controlling und Bilanzierung miteinander abzustimmen und die Zusammenarbeit eng zu koordinieren.[274] Das Konzern-Controlling sollte eine Unterstützungsleistung für die Erstellung der Finanzberichterstattung übernehmen.[275] Ausgehend von der Bilanzierungsabteilung ist hierfür IFRS-Wissen zum Controlling zu übermitteln.[276] In Abhängigkeit des IFRS-Knowhows der Abteilungen kann ein Ausgleich unterschiedlicher Arbeitsbelastungen erfolgen.[277] Eine allgemeingültige Lösung zur Organisation des Controllings unter IFRS gibt es jedoch aufgrund seiner stets kontextabhängigen Ausprägung nicht. Weitere unternehmensspezifische Faktoren wirken auf die Ausgestaltung ein, wie z. B. die Unternehmensgröße, die Führungsart und das Controlling-Verständnis.

3.3.3 Begründung der Überlegenheit der partiell integrierten Rechnungslegung

3.3.3.1 Empirische Ergebnisse

Wie bereits in den vorangegangenen Abschnitten angedeutet, ist der Integrationsgrad von der jeweiligen Hierarchieebene im Konzern abhängig. Es wurde gezeigt, dass eine vollständige Integration insbesondere auf der obersten Konzernebene zu empfehlen ist. Nachgelagerte Hierarchieebenen sollten aufgrund der Anforderungen der Unternehmenssteuerung tendenziell einen schrittweise abnehmenden Integrationsgrad aufweisen. In den dort verwendeten Steuerungsgrößen werden somit zunehmend neutrale Bestandteile eliminiert, kalkulatorische Positionen eingeführt und bilanzpolitische Dispositionen bereinigt.

---

274 *Accenture* (2003) S. 32 verwendet in diesem Zusammenhang den Begriff „virtuelle Integration“, im Sinne einer Verknüpfung der datentechnischen Systeme und einer Angleichung der Prozesse.

275 Vgl. *Küting/Lorson* (1998b) S. 2307.

276 Vgl. *International Group of Controlling* (2006) S. 43.

277 Vgl. das Praxisbeispiel von *Ohlms/Tomaszewski/Trützschler* (2002) S. 193f: „Eigene (Teil-) Konzernbilanzierungsabteilungen gibt es demnach nicht, sondern lediglich spezialisierte Konzernbilanzierer, die in Spitzenbelastungszeiten von Controllern unterstützt werden. Durch diesen ‚Lastenausgleich‘ lässt sich der gesamte Abschlussprozess mit einer sehr schlanken Rechnungswesenorganisation bewerkstelligen.“

Weiterhin wurden empirische Untersuchungen angeführt, die zeigen, dass der Informationszusammenhang über die einzelnen Unternehmensebenen bisher nur schwach ausgeprägt ist. Das bedeutet, dass für Steuerungszwecke auf jeder Ebene des Konzerns spezifische Kennzahlen bzw. Kennzahlensysteme verwendet werden und somit in der Praxis keine konzernweit stringente Ableitung von Steuerungskennzahlen erfolgt.[278]

In der wissenschaftlichen Literatur finden sich kaum Studien zur Abhängigkeit der Art der Steuerungskennzahl von der Hierarchieebene des Konzerns. Lediglich ***Schweitzer* (2003)** untersucht diese ebenenabhängige Kennzahlenverwendung näher.[279] Seine Analyse differenziert zwischen mengen- und wertbezogenen sowie zwischen intern- und externorientierten Kennzahlen. Sie basiert auf folgender Arbeitshypothese: „Die Leitungsebene bestimmt maßgeblich die Art der benötigten entscheidungsrelevanten Kennzahlen. Es wird vermutet, daß auf der Ebene der Unternehmensleitung vorwiegend außenorientierte wertmäßige Kennzahlen (Finanz-, Bilanz- bzw. Aufwands- und Ertragskennzahlen), auf der Ebene der Geschäftsbereichsleitung primär innenorientierte wertmäßige Kennzahlen (Kosten- und Erlöskennzahlen) und auf der Prozeßebene hauptsächlich Mengenkennzahlen verwendet werden."[280]

Auf Basis von Experteninterviews in den Hierarchieebenen von drei Großunternehmen wurden unterschiedliche Gestaltungsmuster der verwendeten Kennzahlen erhoben. Abbildung B-11 zeigt die Gestaltungsmuster und das der Arbeitshypothese entsprechende Modell. Die grafische Auswertung zeigt, dass die Hypothese grundsätzlich bestätigt werden kann. Allerdings ist festzustellen, dass die Kennzahlenstruktur des Unternehmens C wesentlich von den anderen Unternehmen dahingehend abweicht, dass Kosten- und auch Mengenkennzahlen bis in die höchste Hierarchieebene nachgefragt werden.

---

278 Dies gilt empirisch auch für wertorientierte Steuerungskennzahlen. Die zentrale Steuerungskennzahl wird von 92% der Unternehmen auf Konzernebene, jedoch nur von 58% bzw. 47% der Unternehmen auf Ebene der strategischen Geschäftsfelder bzw. von Management Units implementiert; vgl. *Aders/Hebertinger* (2003) S. 27.

279 Vgl. *Schweitzer* (2003), *AK-SG Internes Rechnungswesen* (1999) S. 116ff.

280 *AK-SG Internes Rechnungswesen* (1999) S. 116, vgl. *Schweitzer* (2003) S. 440.

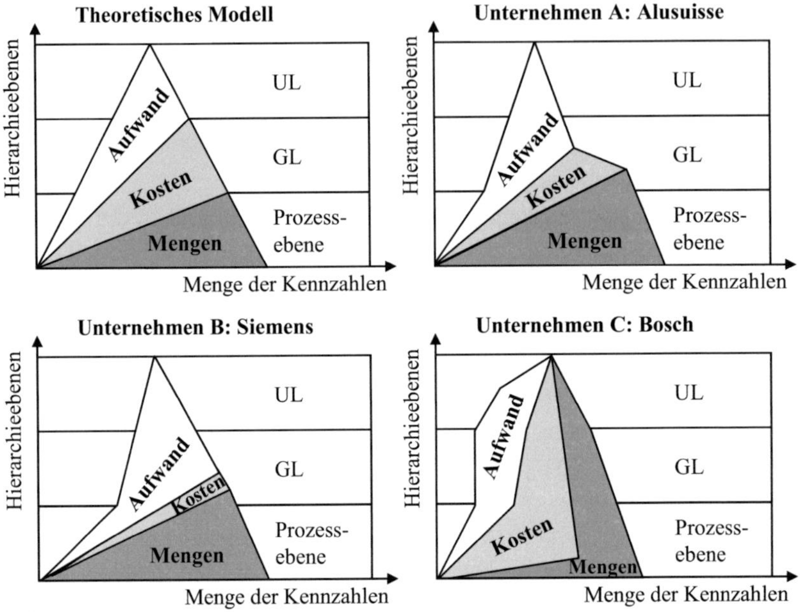

mit:

UL	Unternehmensleitung
GL	Geschäftsbereichsleitung
Aufwand	Finanz-, Bilanz- bzw. Aufwands- und Ertragskennzahlen
Kosten	Kosten- und Erlöskennzahlen
Mengen	Mengenkennzahlen

Abbildung B-11: Unternehmensebenenspezifische Verwendung von Steuerungsgrößen[281]

Diese Diskrepanz in der Kennzahlenstruktur wird durch die **Zentralisierung der Entscheidungskompetenzen** erklärt, da im Unternehmen C über das investierte Kapital sowie über die Produktion und den Vertrieb i. d. R. zentral bestimmt wird.[282] Diese Entscheidungsfindung kann aus strategischen Erwägungen der Muttergesellschaft resultieren. So geben nach der empirischen Studie von *Kenter* (1985) internationale Konzerne, die die Strategie einer weltweiten Verknüpfung ihrer Geschäftsaktivitäten anstreben, häufiger direkte Weisungen im Investitions- und

[281] Zusammenfassung der Abbildungen in *Schweitzer* (2003) S. 441f.

[282] Vgl. *Schweitzer* (2003) S. 443ff.

Finanzbereich.[283] Dementsprechend gibt *Schweitzer* (2001) die Empfehlung, dass bei Wahl einer kostenorientierten Strategie aggregierte Kosteninformationen bis in das Steuerungssystem der obersten Hierarchieebene einfließen sollten.[284]

Die Überlegungen verdeutlichen, dass mit zunehmender Konzerntiefe bilanzorientierte Kennzahlen durch Kosten- und Erlösgrößen bzw. später – maßgeblich auf der Prozessebene – durch Mengengrößen ergänzt oder abgelöst werden. Streng genommen bedeutet dieses Gestaltungsmuster ein **inkonsistentes Herunterbrechen von Steuerungsgrößen**. *Weißenberger* (2006) spricht in diesem Zusammenhang von einer „Bruchstelle" der intern- zu den externorientierten Kennzahlen.[285] „Die entscheidende Frage, [...] mit welcher Konsequenz und bis in welche Tiefe des Konzerns, d. h. bis zu welcher Ebene in der Organisationsstruktur, eine [..] Konvergenz des Rechnungswesens angestrebt werden sollte"[286], kann jedoch nicht allgemeingültig beantwortet werden. Gleiches gilt für die Thematik, wo sich die Bruchstelle in den verwendeten Steuerungskennzahlen befinden sollte, da der Übergang von der annähernd vollständig integrierten Rechnungslegung auf der obersten Konzernebene zu einer tendenziell zweigeteilten Rechnungslegung fließend ist. Er wird u. a. von der Führungsart des Konzerns, der Konzernebene der IFRS-Anwendung und der Übereinstimmung von rechtlichen und organisatorischen Einheiten beeinflusst.[287]

3.3.3.2 Theoretische Begründung

Im Folgenden wird auf konzeptioneller Ebene begründet, warum eine Inkonsistenz der Steuerungskennzahlen über die einzelnen Hierarchieebenen hinweg für die Organisation als Ganzes effizient sein kann. *Simons/Weißenberger* (2008) zeigen bereits mithilfe der Spieltheorie, dass ein Festhalten an getrennten Rechnungskreisen in nachgelagerten Hierarchieebenen aus individueller Sicht rational sein kann. In der vorliegenden Arbeit werden in einem alternativen Begründungsansatz **Überlegungen zur Organisationseffizienz** auf die Problemstellung der integrierten Rechnungslegung übertragen. Hierfür wird zunächst das Effizienzkonzept von *Fre-*

---

283 Vgl. die Analyse von 22 der 31 größten deutschen multinationalen Unternehmen in *Kenter* (1985) S. 265ff.

284 Vgl. *Schweitzer* (2001) S. 172f.

285 Vgl. *Weißenberger* (2006) S. 73.

286 *Haller* (1997a) S. 127, vgl. *Hahn* (1999) S. 80.

287 Vgl. *Weißenberger* (2003) S. 203ff., *Hoke* (2001) S. 183f., *Siefke* (1999) S. 148f.

se/Werder (1993), das „eine Grundstruktur der Organisationsbewertung“[288] bildet,[289] gemäß dem verwendeten Controlling-Verständnis modifiziert.

Den Ausgangspunkt bildet das Modell der **Arbeitsteilung**. Aufgrund der Begrenzung der menschlichen Kapazität zur Informationsgewinnung und -verarbeitung ist mit Zunahme des Aufgabenvolumens eine Arbeitsteilung auf verschiedene Akteure erforderlich. In einer optimalen Delegationsstruktur erfolgt eine Zuweisung handhabbarer Aufgabenpakete auf dezentrale Akteure, die über die entsprechenden fachlichen Kompetenzen verfügen.[290]

Bei im Folgenden als gegeben angenommener Struktur und Qualität der Delegation können zur Beurteilung der Organisationseffizienz die **mit der Delegation verbundenen Kosten** analysiert werden. Da die einzelnen dezentral getroffenen Entscheidungen i. d. R. von der optimalen Gesamtlösung aus Konzernsicht abweichen, entstehen sog. **Autonomiekosten**. Diese Kosten resultieren aus der verringerten Entscheidungsgüte der dezentralen Akteure, so z. B. aufgrund von Defiziten in den Fähigkeiten oder Defiziten in der Informationsbasis. Da das Effizienzkonzept auf die Strukturen in Konzernen angewendet wird, unterliegt es im Gegensatz zu *Frese/Werder* (1993) nicht der Prämisse, dass der dezentrale Akteur grundsätzlich über eine geringere Informationsbasis verfügt.[291] So z. B. hat eine operative Konzerneinheit zumeist mehr detaillierte Marktinformationen als die Konzernzentrale. In Anlehnung an das hier verfolgte Controlling-Verständnis umfassen die Autonomiekosten daneben die Kosten der Verhaltenssteuerung. Sie entstehen, wenn dezentrale Einheiten eine verringerte Leistungsbereitschaft hinsichtlich der Unternehmensziele zeigen und deshalb motiviert werden müssen. Möglicherweise nutzen die dezentralen Einheiten im Rahmen ihrer unternehmerischen Entscheidungen Informationsvorteile aus, um eigene, abweichende Ziele zu verfolgen.[292]

---

[288] *Frese* (2000) S. 259.

[289] Vgl. *Frese/Werder* (1993) S. 24ff. Das hier rekurrierte Konzept entstammt der situativen Organisationstheorie, die die organisatorische Effizienz in Abhängigkeit von unterschiedlichen Konstellationen in der Organisationsstruktur und in Verhaltensweisen untersucht; vgl. *Ebers* (1992) Sp. 1818f.

[290] Vgl. *Frese* (2005) S. 4.

[291] Vgl. *Frese/Werder* (1993) S. 25f.

[292] An dieser Stelle wird im Gegensatz zu *Frese/Werder* (1993) S. 28ff. aufgrund der inhaltlichen Zugehörigkeit bewusst keine Unterscheidung einer Koordination und einer Motivation, sondern eine Zusammenfassung von entscheidungsorientierten und verhaltensorientierten Kosten zu den Autonomiekosten vorgenommen. Ähnliche Ansätze finden sich in der verhaltensorientierten Organisationstheorie, so z. B. in *Lawrence/Lorsch* (1969) S. 9ff.

Die Unterteilung der Gesamtaufgabe des Unternehmens erfordert ausgleichend, dass die einzelnen Akteure **koordiniert** werden. Für die Abstimmung der interdependenten Entscheidungen, der Informationsstände und der Schnittstellen zwischen den Unternehmenseinheiten sind Kommunikationsprozesse notwendig. Durch Ressourcen- und Zeiteinsatz, z. B. in Besprechungen oder in die Festlegung von Entscheidungskompetenzen, Verfahrensrichtlinien und Zielvorgaben,[293] entstehen sog. Kommunikationskosten.[294]

Die Autonomie- und die Koordinationskosten sind positiv miteinander verknüpft, d. h., eine Intensivierung der Delegation führt zu einem erhöhten Bedarf an Koordination.[295] Bei gegebener Delegationsstruktur und -qualität wird organisatorische Effizienz erreicht, wenn die Summe dieser Kosten minimal ist. Abbildung B-12 zeigt das hier abgeleitete Effizienzkonzept in der Übersicht.

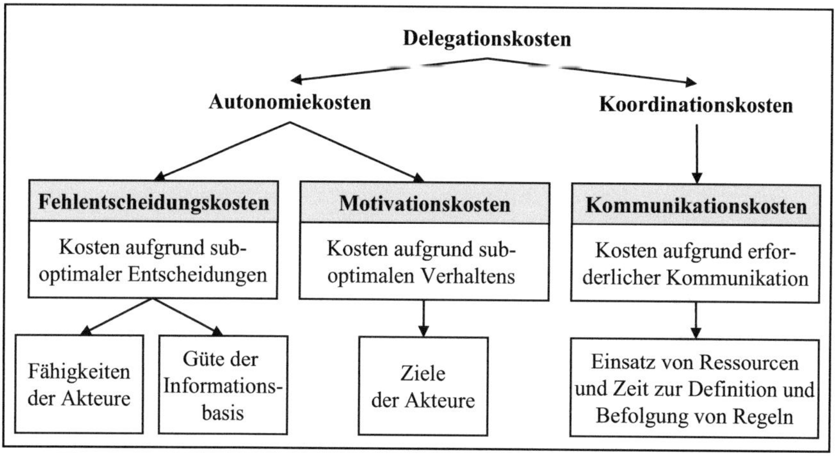

Abbildung B-12: Konzept der Delegationseffizienz

Im Folgenden wird das Effizienzkonzept auf das Phänomen der **Integration der Rechnungslegung** argumentativ angewendet. Es wird detailliert begründet, warum eine partielle Integration im Vergleich zu getrennten Rechnungskreisen in einer Konzerngesamtsicht effizienter sein kann. Die Argumentation stützt sich auf die zwei Gegenpole im Konzern: die oberste Konzernebene und die dezentrale, opera-

---

293 Vgl. *Kieser* (1993) Sp. 2999f.

294 Vgl. *Frese* (2005) S. 323f., *Frese/Werder* (1993) S. 26.

295 Vgl. *Vahs* (2005) S. 105.

tive Ebene. Durch die Analyse der einzelnen Kostenarten wird nachfolgend gezeigt, dass die auf der obersten Konzernebene anfallenden Delegationskosten bei einer Steuerung auf Basis von Aufwands- und Ertragsgrößen geringer sind als bei der Steuerung auf Basis von Kosten und Erlösen. Auf dezentraler, operativer Ebene ist dagegen die Verwendung kalkulatorischer Größen vorteilhafter.

Eine aufwandsbasierte Steuerung auf der **obersten Konzernebene** ist im Vergleich zu einer traditionell ausdifferenzierten Kosten- und Erlösrechnung als weniger unternehmensspezifisch angepasst zu charakterisieren. Die Vergröberung der Steuerungsrechnung kann daher organisatorische Kosten aufgrund von **Fehlsteuerungen** verursachen. Diese Fehlsteuerungskosten sind allerdings, wie nachfolgend im Detail erläutert, unter Berücksichtigung des Trends zur Dezentralisierung der Führung, der gestiegenen Bedeutung des Kapitalmarktes und der besseren Steuerungsfähigkeit unter IFRS als gering einzustufen.

Unternehmerische Entscheidungsbefugnisse, beispielsweise über Investitionen und produkt- oder prozessbezogene Reaktionen auf Marktveränderungen, werden zur Erhöhung der Flexibilität und der Kundenorientierung in Richtung der operativen Konzernebene verlagert.[296] Da die Gestaltung des Controllings der Führungsstruktur folgt, tritt parallel eine Dezentralisierung des Controllings ein.[297] Darüber hinaus erfordert die verstärkte Differenzierung von Konzernbereichen eine Controlling-Unterstützung nicht nur an zentraler Stelle, sondern unmittelbar vor Ort.[298] Folglich reduziert sich das Ausmaß insbesondere kurzfristig relevanter Entscheidungen in der Konzernzentrale. Der erforderliche Umfang und der Detaillierungsgrad des Konzern-Controllings werden reduziert.[299]

Internationalisierungs- und Wachstumsstrategien erhöhen die Kapitalnachfrage der Unternehmen. Der Wettbewerb um das begrenzte Kapital führt in Großunternehmen zur Notwendigkeit der Wertorientierung.[300] Die Anknüpfung der Konzernsteuerung an die nach einheitlichen Regeln aufgestellten, für den Kapitalmarkt bereitgestellten Informationen stellt aus Investorensicht ein stringentes Führungskonzept dar.[301] Weiterhin führt die positive Verknüpfung zwischen den bilanziellen Ergebnissen und dem Aktienkurs zum Bedeutungsverlust der stärker manipulierba-

---

296 Vgl. *Klein* (1999a) S. 36f., das Praxisbeispiel in *Kauffmann* (2005) S. 606.

297 Vgl. das Praxisbeispiel von *Ohlms/Tomaszewski/Trützschler* (2002) S. 193.

298 Vgl. *Bleicher* (1991) S. 332.

299 Vgl. *Pausenberger* (1996) S. 194.

300 Vgl. *Klein* (1999a) S. 39f.

301 Vgl. *Ordelheide/Stubenrath* (2000) S. 397, ähnlich *Franz* (1999) S. 209f.

ren bzw. fehleranfälligeren kalkulatorischen Steuerungsrechnung.[302] Aus Investorensicht entstehen somit auf der obersten Konzernebene keine wesentlichen Kosten aufgrund suboptimaler Entscheidungen im Vergleich zu einer kostenbasierten Steuerung.

Unter Verwendung der IFRS als regulatorische Grundlage der Steuerungsinformationen ist außerdem grundsätzlich von einer verbesserten Steuerungsfähigkeit als unter handelsrechtlichen Regeln auszugehen. Sofern im Unternehmen steuerungskritische Einzelstandards an Bedeutung gewinnen, können indes Fehlsteuerungskosten auftreten. Diese Kosten sind jedoch durch eine gezielte Verwendung von Korrekturpositionen in der verwendeten Ergebnis- und in der korrespondierenden Kapitalgröße minimierbar. So können z. B. Vermögensänderungen aus erfolgsneutralen Bewertungen eliminiert oder aber ihre Erfolgswirkung zusätzlich berücksichtigt werden. Darüber hinaus ist die Güte der Wertansätze der IFRS, die für die Entscheidungsfindung in der Zentrale verwendet werden, im Vergleich zu aus unteren Konzernebenen aggregierten internen Wertansätzen grundsätzlich höher einzustufen, da die bilanziellen Daten der externen Prüfung unterliegen.

Die Notwendigkeit der **Motivation**, d. h. die Zurückführung der Ziele von Akteuren auf das Ziel der Organisation[303] (annahmegemäß die Shareholder-Value-Orientierung), wird durch die Verwendung der Größen der externen Gewinn-und-Verlustrechnung (GuV) reduziert. Insbesondere die Reduktion der Erfolgsbegriffe und der Überleitungspositionen zwischen den einzelnen Erfolgsrechnungen wirkt für die Führungskräfte und Mitarbeiter des Controllings motivierend, da die Komplexität ihres Arbeitsfeldes reduziert wird. Die unterschiedlichen Erfolgsbegriffe müssen z. B. in der Kommunikation mit anderen Unternehmenseinheiten nicht bis in jede Differenzposition nachvollzogen oder erläutert werden.[304]

Analog verringern sich die **Koordinationskosten** auf der obersten Konzernebene, die im Wesentlichen durch Kommunikationsprozesse entstehen, da die zu betrachtenden Erfolgsgrößen in ihrer Anzahl sinken.[305] Die zwischenpersonelle Kommunikation zur Erfolgssituation des Konzerns wird dadurch verbessert. Der Zeitbedarf für die Klärung von Begrifflichkeiten und für die detaillierte Erläuterung von Ergebnisüberleitungen sinkt. Zudem stehen die Daten der Konzernbilanzierung als

---

302 Vgl. *Weißenberger* (2004b) S. 76.

303 Vgl. *Frese* (2000) S. 273.

304 Vgl. allgemein *Frese* (2005) S. 332f. in Bezug auf das Effizienzkriterium „Überschaubarkeit“, ähnlich *Frese/Werder* (1993) S. 34 zum sog. Entbürokratisierungseffekt.

305 Vgl. Abschnitt B.3.2.2.

ein kostenloses und geprüftes Controlling-Instrument zur Verfügung.[306] Ein zweiter Rechnungskreis für ausschließlich interne Zwecke kann deshalb zugunsten von Sonderrechnungen, die an den bilanziellen Größen anknüpfen, entfallen. Richtlinien für die interne Berichterstattung können sich an die Richtlinien für die Bilanzierung anlehnen. Darüber hinaus ist die informationstechnische Koordination der bilanzorientierten Daten aufgrund einer höheren Übereinstimmung der Buchungskonten kostensparender als im Fall getrennter Rechnungskreise.

Die dargestellten Argumente lassen den **Schluss** zu, dass im Vergleich zur traditionellen, eher zweigeteilten Rechnungslegung eine Integration tendenziell zu etwas höheren Fehlsteuerungskosten, jedoch zu geringeren Motivationskosten und zu wesentlich geringeren Koordinationskosten führt (siehe Abbildung B-13 zum Ende dieses Abschnittes). Damit kann eine Integration auf der obersten Konzernebene als effizient beurteilt werden.

Nachfolgend werden Argumente vorgebracht, die die Verwendung von Kosten- und Erlösgrößen auf **Ebene der dezentralen Einheiten** begründen. Die dort zu treffenden, operativen Entscheidungen beziehen sich auf ein spezifisches Entscheidungsfeld, d. h. einen Ausschnitt übergeordneter Entscheidungsfelder.[307] Dementsprechend erfordert die dezentrale Steuerung verfeinerte Kennzahlen, die z. B. auch die relevanten Opportunitäts- oder ausschließlich die für die Entscheidung relevanten Grenzkosten berücksichtigen.[308] Aufgrund der geringen Distanz zum Absatzmarkt oder internen Märkten muss eine flexible Reaktion auf dynamische Entwicklungen erfolgen können. Dies erfordert die Befugnis, zu den gegenwärtigen Entwicklungen und absehbaren Trends sowie zu ggf. vorhandenen Engpässen korrespondierende Steuerungskennzahlen eigenständig zu definieren. Die Möglichkeit, bilanzielle Wertansätze entsprechend den internen Steuerungsanforderungen spezifisch anzupassen, verbessert die Führung der operativen Einheit und insgesamt die Steuerungsqualität des Konzerns.

Kosten aufgrund von **Fehlsteuerungen** können deshalb bei einer geregelten Abstimmung der Konzernaktivitäten im Wesentlichen nur aus der Subjektivität der kalkulatorischen Anpassungen erwachsen. In einer partiell integrierten Rechnungslegung werden die Beträge der Steuerungsgrößen aus den externen Konzerninformationen (*top-down*) und nicht aus der Aggregation der internen kalkulatorischen

---

[306] Vgl. *Weißenberger* (2004b) S. 75f.

[307] Vgl. *Küpper* (1999) S. 7.

[308] Vgl. *Weißenberger* (2006) S. 73, ähnlich *Bruns* (1999) S. 595.

Wertansätze von den untersten Konzernebenen nach oben (*bottom-up*) ermittelt.[309] Daher können sich Fehler im kalkulatorischen Ansatz im jeweiligen Entscheidungsfeld und auf direkt übergeordneten Ebenen, nicht aber in aggregierter Form auf die Entscheidungen auf der obersten Konzernebene auswirken.

Bereits die Berechtigung der operativen Einheiten, eigenverantwortlich im jeweiligen Aufgabenbereich unternehmerisch tätig zu sein, generiert **Motivation**. Ein gewisses Maß an Unabhängigkeit ermöglicht neben der Entlastung übergeordneter Unternehmenseinheiten auch die gewünschte flexible Anpassung an die marktlichen Gegebenheiten.[310] Dies führt zu einem wiederum motivierenden erhöhten Erfolgspotenzial der dezentralen Einheit und trägt zum Gesamterfolg des Konzerns bei. Eine strikte bürokratische Vorgabe von Steuerungsgrößen und Zielvorgaben aus der Konzernzentrale kann dagegen Verhaltensentwicklungen anstoßen, in denen das realwirtschaftliche Geschehen an Bedeutung verliert. Die Kreativität der Mitarbeiter kann sich in diesem Fall auf eine Manipulation des Rechnungslegungssystems selbst richten,[311] wodurch Motivationskosten für die Organisation entstehen. Ein bestimmtes Maß an Autonomie über die interne Rechnungslegung kann jedoch die Motivationskosten in den dezentralen Einheiten minimieren.

Die differenzierte Ausgestaltung der Rechnungslegung in den dezentralen Bereichen erfordert daneben ebenso eine **Koordination** der Akteure und der Informa-

---

309 Vgl. *Haller* (1997b) S. 116.

310 Vgl. *Frese* (2005) S. 545, *Schruff* (1993) Sp. 2280f. Die Integration der Rechnungslegung kann als Rationalisierung verstanden werden; vgl. *Hebeler* (2003) S. 283. Der Zusammenhang zwischen unterschiedlichen Objekten der Rationalisierung und der Motivation dezentraler Einheiten wurde in 31 internationalen Großunternehmen und 120 ihrer Tochtergesellschaften empirisch untersucht. *Welge* (1982) S. 187 schlussfolgert diesbezüglich: „Die empirische Analyse der Beziehung zwischen globaler Rationalisierung und Erfolgsindikatoren der Tochtergesellschaft, wie z. B. Wachstum und Gewinn, ergab einen negativen Zusammenhang, wenn die Tochtergesellschaftsautonomie als Indikator für das Ausmaß der globalen Rationalisierung gewählt wurde. […] Damit dieser potentiell negative Effekt auf der Ebene der Tochtergesellschaften nicht die gesamtsystemisch gesehenen positiven Effekte der globalen Rationalisierung überkompensiert, ist es notwendig, daß in den Tochtergesellschaften entsprechende motivationale Voraussetzungen geschaffen werden […]. Weiterhin ist es notwendig, daß trotz der Standardisierung von Systemen und Prozessen ein solcher Grad an Flexibilität und Anpassungsfähigkeit erhalten bleibt, der es dem Tochtergesellschaftsmanagement erlaubt, flexibel auf die Wünsche und Erwartungen verschiedener Interessensgruppen des Gastlandes zu reagieren."

311 Vgl. *Bleicher* (1991) S. 721 und prägnant auf S. 724: „Eine stärker autoritative Verwendung von Informationen des Rechnungswesens mit hohem Zielanspruch und einer übertriebenen Ergebnisorientierung (‚*over-stress on results*') läßt die Gefahr der Fehlsteuerung durch die Lenkenden steigen."

tionssysteme. Es wird angenommen, dass typischerweise die Entscheider und Systeme innerhalb eines Aufgabenfeldes miteinander abgestimmt sind. Koordinationskosten entstehen deshalb maßgeblich durch den Abgleich von Entscheidungen mit gleich- und übergeordneten Unternehmenseinheiten. Weil eine partiell integrierte Rechnungslegung jedoch keine durchgehende Bottom-up-Aggregation der Führungsinformationen aufweist, verbleiben die Koordinationskosten aufgrund des Zweikreissystems maximal bis zu der Ebene, auf der weiterhin auf Basis von Kosten- und Erlösgrößen gesteuert wird. Diese Koordinationskosten wiegen jedoch geringer als die Vorteile der partiellen Integration in Bezug auf die Entscheidungsgüte und die Motivation.

Zusammenfassend können auf Ebene der dezentralen Einheiten bei einer partiell integrierten Rechnungslegung demzufolge nur geringe Fehlentscheidungskosten identifiziert werden, da die Verwendung einer differenziert ausgestalteten Kosten- und Erlösrechnung eine flexible Reaktion auf die Anforderungen des Absatzmarktes ermöglicht. Ein bestimmtes Maß an Unabhängigkeit der Führung minimiert die erforderlichen Motivationskosten. Es verbleiben Koordinationskosten in lediglich eingeschränktem Umfang.

Abbildung B-13 auf der nächsten Seite gibt die Argumente zur **Effizienz der partiellen Integration** in der Übersicht wieder. Es wurde gezeigt, dass eine partielle Integration im Konzern, d. h. eine vollständige Integration auf den oberen Konzernebenen und eine tendenziell zweigeteilte Rechnungslegung in den dezentralen Einheiten, aus organisatorischer Sicht effizient sein kann.

Unter Berücksichtigung der oben angeführten Argumente kann gleichermaßen der Fall einer **vollständigen, die dezentralen Konzernebenen umfassenden Integration** betrachtet werden. Da in diesem Fall auf den dezentralen Konzernebenen nur bilanzorientierte Steuerungsgrößen verwendet werden, die tendenziell nicht der erforderlichen Entscheidungsspezifität genügen, steigen die dortigen Fehlentscheidungskosten. Durch die zentrale Vorgabe der Informations- und Steuerungsbasis erfahren die dezentralen Einheiten ein erhöhtes Maß an Bürokratie und an Abhängigkeit von der Konzernspitze, weshalb sich ebenfalls die Motivationskosten erhöhen. Durch die Einführung der Integration auf dezentraler Ebene sinken die Koordinationskosten, können jedoch den Anstieg der beiden anderen Kostenkategorien zumeist nicht ausgleichen. Aus diesen Gründen ist nicht nur ein traditionelles Zweikreissystem, sondern auch eine vollständige Integration mit tendenziell höheren Delegationskosten als eine partielle Integration gekennzeichnet und demzufolge als im Allgemeinen weniger effizient zu beurteilen.

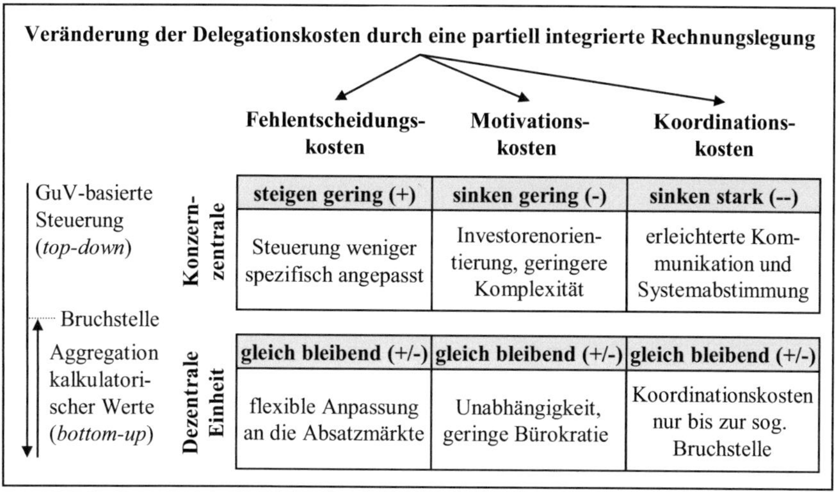

Abbildung B-13: Delegationseffizienz bei partiell integrierter Rechnungslegung

3.4 Implikationen der integrierten Rechnungslegung unter IFRS für das Controlling

Die Implikationen der IFRS für das Controlling leiten sich aus wechselseitigen Informationsbeziehungen zwischen der internen und der externen Rechnungslegung ab. Grundsätzlich sind die Informationsbereitstellung des Controllings für die Bilanzierung und die Informationsverwendung der bilanzorientierten Daten in der Planung und Kontrolle zu unterscheiden.[312]

Bereits unter der handelsrechtlichen Bilanzierung agiert das **Controlling als Informationslieferant für die Finanzberichterstattung**, so z. B. zur Vorratsbewertung auf Basis der Herstellungskosten nach § 255 Abs. 2 HGB.[313] Die IFRS verstärken die Fair-Value-Bilanzierung und erfordern umfangreichere Offenlegungspflichten. In höherem Maße werden zukunftsorientierte Informationen für die Bilanzierung benötigt. Diese Informationen sind im Wesentlichen Bestandteil der Planungs-, Kontroll- und Berichtssysteme des Controllings.[314] Somit erfährt die informationelle Unterstützung der Bilanzierung durch das Controlling eine Auswei-

---

312 Vgl. *Weißenberger/Weber/Löbig/Haas* (2003) S. 29f. und S. 38, *Wagenhofer* (2006) S. 3.

313 Vgl. *Hebeler* (2003) S. 108f., *Hoke* (2001) S. 126ff.

314 Vgl. *Weißenberger* (2005) S. 186, *Wagenhofer* (2006) S. 4ff., *Fleischer* (2005) S. 197f.

tung.[315] Auch die Bedeutung der Controller für die externe Rechnungslegung steigt, da sie verstärkt als Ansprechpartner für Analysten und Investor Relations dienen.[316] Da die bereitgestellten Informationen der Prüfung unterliegen, intensiviert sich ebenfalls die Zusammenarbeit mit dem Wirtschaftsprüfer.[317]

Der Umfang der Informationsbereitstellung wird davon beeinflusst, welche Einzelregelungen der IFRS im Unternehmen bedeutsam sind und ob diese Regelungen im Ansatz oder in der Bewertung Controlling-Daten erfordern. Einzelne IFRS beziehen sich direkt auf die unternehmensinterne Informationsbasis – sie unterliegen dem sog. Management Approach. Dieser Ansatz unterstellt, dass die für die Unternehmenssteuerung verwendeten Daten auch für unternehmensexterne Adressaten von Bedeutung sind. Dem Management Approach entsprechend werden interne Daten und Strukturen unkorrigiert in die externe Rechnungslegung übernommen.[318]

Mit diesem Vorgehen ist der Vorteil verbunden, dass die bilanziellen Informationen ohne zusätzliche Kosten und zusätzliche Ermessensspielräume zeitnah zur Verfügung stehen. Aus Controlling-Sicht wirkt sich der Management Approach jedoch nachteilig aus, wenn die originären, internen Daten aus bilanzpolitischen Gründen verzerrt werden. Durch diesen Zirkularitätseffekt wird die Führungsunterstützung des Controllings beeinträchtigt. Der Management Approach kann auf diese Weise eine nicht unternehmenswertsteigernde Unternehmenssteuerung hervorrufen.[319]

Weiterhin erfordern die IFRS umfangreiche interne Informationen, die lediglich mittelbar in die Finanzberichterstattung einfließen. Die Informationen werden hierzu unter Berücksichtigung der spezifischen bilanziellen Ansatz- und Bewertungsregelungen zunächst adjustiert. Diese Informationsbereitstellung kann als Management Approach im weiteren Sinne (i. w. S.) verstanden werden. Ein Beispiel unter IFRS ist die Ermittlung der Herstellungskosten von Vorräten. Gemäß IAS 2 „*Inventories*“ sind sie auf den Detailinformationen der Kostenrechnung aufbauend, zu produktionsorientierten Vollkosten anzusetzen.[320] Weiterhin basiert die Ermittlung des Nutzungswertes nach IAS 36 substanziell auf den Daten der Mittelfristplanung

---

315 Vgl. *Haller* (1997a) S. 122, *Bruns* (2004) S. 647.

316 Vgl. *Hirsch/Sorg* (2006a) S. 431ff., *Hirsch/Sorg* (2006b) S. 212f.

317 Vgl. zur Prüfung des Controllings im Hinblick auf die Risikoberichterstattung *Paetzmann* (2005) S. 269ff., *Hachmeister* (2003) S. 439ff.

318 Vgl. *Weißenberger/Maier* (2006) S. 2077ff., *Wagenhofer* (2006) S. 4ff.

319 Vgl. *Weißenberger/Maier* (2006) S. 2082f., *Wagenhofer* (2006) S. 4 und *Gelhausen/Pape/Schruff/Stolberg* (2005) Abschnitt 28 Rz. 34.

320 Vgl. *Wagenhofer* (2006) S. 8, *Weißenberger* (2005) S. 186.

des Unternehmens und erfordert die im Controlling vorhandenen Methodenkenntnisse, d. h. das Knowhow der Bewertung, der Planung und Prognose.[321]

Die zweite Informationsbeziehung ist die **Verwendung der bilanzorientierten Daten im Controlling**. Sie fokussiert auf die Führungsunterstützung des Controllings durch Planungs- und Kontrollaufgaben. Einen bedeutsamen, zuvor ausführlich analysierten Teilbereich bildet die integrierte Rechnungslegung nach IFRS. Im Gegensatz zum Management Approach ist diese Informationsbeziehung nicht zwingend existent, sondern hängt von der unternehmensinternen Ausgestaltung ab.

Durch die Umstellung von der handelsrechtlichen zur IFRS-Bilanzierung verändert sich die Unternehmensabbildung. In einer integrierten Rechnungslegung weisen bilanzorientierte Controlling-Instrumente im Umstellungszeitpunkt veränderte Wertansätze aus.[322] In der Folgezeit entwickeln sich die Steuerungskennzahlen anders als unter hypothetisch beibehaltenen handelsrechtlichen Vorschriften.[323] Deshalb muss das Controlling im Rahmen dieser Informationsbeziehung in der Lage sein, die kurz- und langfristig veränderte Unternehmensabbildung unter IFRS zu antizipieren und gegenüber dem Management interpretieren zu können. Weiterhin sind die traditionell für die handelsrechtlichen Regelungen entwickelten Controlling-Instrumente an die neue Unternehmensabbildung anzupassen. Die für die IFRS bereitgestellten Informationen können dabei als zusätzliche interne Instrumente dienen.[324] Da unter IFRS das realwirtschaftliche Unternehmensgeschehen ökonomischer abbildet wird, vereinfacht sich die Ableitung von operativen und wertorientierten Steuerungskennzahlen. So wird z. B. die Ermittlung des in der Praxis vorrangig verwendeten Economic Value Added (EVA) erleichtert.[325]

Diese allgemeinen Überlegungen zu den Implikationen der IFRS für das Controlling sind für die Einzelregelungen der IFRS zu präzisieren. In der vorliegenden Arbeit werden diesbezüglich die Regelungen zur **Goodwill-Bilanzierung** untersucht. Das Kapitel C beschreibt hierfür die gegenwärtig und zukünftig geltenden Vorschriften. Anschließend folgt die Analyse der Controlling-Implikationen, die sich

---

321 Vgl. *Weißenberger/Maier* (2006) S. 2077ff., *Wagenhofer* (2006) S. 7ff.

322 Vgl. die empirischen Studien von *Weißenberger/Haas* (2004) S. 55ff., *Burger/Fröhlich/Ulbrich* (2004) S. 358ff.

323 Vgl. das Zahlenbeispiel in *Weißenberger/Haas* (2004) S. 60ff.

324 Vgl. *Wagenhofer* (2006) S. 15, in Bezug auf IAS 36 *Alvarez/Biberacher* (2002) S. 352f.

325 Vgl. *Weißenberger* (2005) S. 186, *Kerkhoff* (2006) S. 125f., die empirische Studie zur Verwendung wertorientierter Steuerungsmaße von *Aders/Hebertinger* (2003) S. 15: 54% der 38 untersuchten DAX-100-Unternehmen verwenden die Steuerungsgröße EVA, Delta-EVA oder einen ähnlichen Wertbeitrag.

an die zwei unterschiedenen Informationsbeziehungen anlehnt: Das Kapitel D beschreibt die Informationsbereitstellung des Controllings für die Goodwill-Bilanzierung. In Kapitel E wird die Verwendung der bilanzorientierten Informationen in der Planung und der Kontrolle von Unternehmensaktivitäten diskutiert. Abbildung B-14 zeigt die wechselseitigen Informationsbeziehungen und hieraus ableitend die weitere Kapitelstruktur dieser Arbeit graphisch auf.

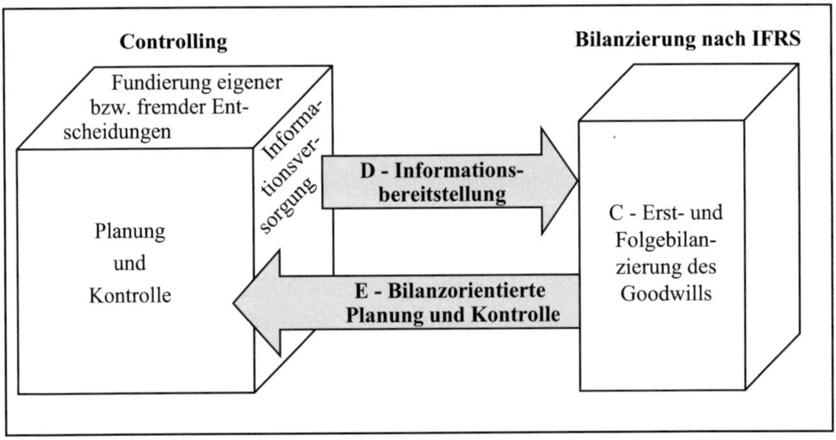

Abbildung B-14: Controlling-Implikationen aus der Goodwill-Bilanzierung nach IFRS

C Goodwill-Bilanzierung nach IFRS

1 Bisher geltende Regelungen zur Goodwill-Bilanzierung

1.1 Kurzcharakterisierung im Vergleich zum HGB

Nachfolgend werden die gegenwärtig geltenden Vorschriften zur Goodwill-Bilanzierung nach IFRS von den handelsrechtlichen Regelungen abgegrenzt und grundsätzlich charakterisiert.

Nach **handelsrechtlichem Verständnis** beschreibt der Geschäfts- oder Firmenwert, hier stets wie international üblich als Goodwill bezeichnet, den aktivischen Ausgleichsposten aus der Kapitalkonsolidierung.[1] Im Gegensatz zu den internationalen Regelungen bietet das HGB mehrere Wahlmöglichkeiten, einen Unternehmenserwerb in der Konzernbilanzierung abzubilden:[2]

* *Erwerbsmethode gemäß § 301 Abs. 1 HGB*:

  Innerhalb der Erwerbsmethode werden die Buchwertmethode und die vollständige Neubewertungsmethode unterschieden. Erstere ist dadurch gekennzeichnet, dass die erworbenen Vermögenswerte und Schulden auf der Konzernebene beteiligungsproportional zum Fair Value bewertet werden. Im Rahmen der Neubewertungsmethode werden auf Ebene des Tochterunternehmens die stillen Reserven und Lasten dagegen vollständig, d. h. in Höhe des Minderheiten- und Mehrheitsanteils, aufgedeckt.[3]

---

1 Vgl. § 301 Abs. 3 HGB.

2 Diese Wahlmöglichkeiten werden zwar durch die Regelungen des DRS 4 „Unternehmenserwerbe im Konzernabschluss" eingeschränkt, die mangelnde rechtliche Verbindlichkeit der Standards des DRSC führt jedoch in der Unternehmenspraxis im Wesentlichen zur Nutzung der handelsrechtlichen Wahlmöglichkeiten; vgl. *Gebhardt/Heilmann* (2004) S. 112ff.

3 Vgl. § 301 Abs. 1 Satz 2 Nr. 1 und 2 HGB, *Küting/Weber* (2006) S. 232ff.

Ein bei der Anwendung der Erwerbsmethode entstehender Goodwill, der stets nur in Höhe des Mehrheitsanteils ausgewiesen wird, kann im Fall eines Asset Deals, d. h. beim Erwerb von Unternehmensteilen in Form einzelner Vermögenswerte und ggf. Schulden, sofort als Aufwand verrechnet werden.[4] In der Folgebilanzierung sind handelsrechtlich generell eine planmäßige Abschreibung des Goodwills pauschal über vier Jahre oder gemäß der voraussichtlichen Nutzungsdauer oder eine erfolgsneutrale Verrechnung mit den Rücklagen zulässig.[5] Ein negativer Unterschiedsbetrag, auch als Badwill bezeichnet, ist auf der Passivseite der Bilanz als Unterschiedsbetrag aus der Kapitalkonsolidierung auszuweisen und grundsätzlich unverändert fortzuführen.[6]

* *Methode der Interessenszusammenführung gemäß § 302 HGB*:

  Die Buchwerte der Einzelbilanzen werden unverändert in den Konzernabschluss übernommen. Ein im Rahmen der Kapitalkonsolidierung entstehender Good- oder Badwill ist sofort erfolgsneutral mit den Gewinnrücklagen zu verrechnen.[7]

Mit der Verabschiedung der IAS-Verordnung verloren die handelsrechtlichen Vorschriften an Relevanz für die Konzernberichterstattung. Nach **IFRS** wurde die Bilanzierung des Goodwills durch den am 31. März 2004 verabschiedeten Standard IFRS 3 „*Business Combinations*“ substanziell neu gestaltet. Zusammen mit den daraus resultierenden Neufassungen der Standards IAS 36 „*Impairment of Assets*“ und IAS 38 „*Intangible Assets*“ bildet der Standard den Abschluss der Phase I des

---

4 Vgl. *Pellens/Fülbier/Gassen/Sellhorn* (2008) S. 744.

5 Vgl. § 255 Abs. 4 HGB, § 309 Abs. 1 HGB.

6 Vgl. § 301 Abs. 3 HGB, § 309 Abs. 2 HGB. Gemäß dem Regierungsentwurf des BilMoG soll § 255 Abs. 4 HGB, d. h. die erfolgsneutrale Goodwill-Behandlung, aufgehoben werden; vgl. RegE-BilMoG Art. 1.11. Ebenfalls ist angedacht, die Wahlrechte zur Goodwill-Abschreibung abzuschaffen; vgl. RegE-BilMoG Art. 1.47. Der Goodwill soll gemäß der Neufassung des § 253 HGB in RegE-BilMoG Art. 1.10 planmäßig über die unternehmensindividuelle Nutzungsdauer abgeschrieben werden. Er wird durch eine Fiktion als Vermögensgegenstand deklariert und soll deshalb verpflichtend aktiviert werden; vgl. § 246 Abs. 1 in RegE-BilMoG Art. 1.4.

7 Vgl. § 302 Abs. 1f. HGB. Diese Methode wird in der Unternehmenspraxis gern angewendet, da sich in den Folgejahren keine Goodwill-Abschreibungen ergebnismindernd auswirken. Allerdings erfordert die Regelung, dass das Unternehmen mindestens 90% der Anteile am Tochterunternehmen hält und der Erwerb unter Ausgabe von Aktien und einer maximalen Barzahlung von 10% des Nennbetrages erfolgt; vgl. § 302 Abs. 1 HGB. Gemäß dem Regierungsentwurf des BilMoG soll entsprechend dem internationalen Vorgehen die Methode der Interessenzusammenführung abgeschafft werden; vgl. RegE-BilMoG Art. 1.43.

IASB-Projektes „*Business Combinations*". Er regelt alle Arten von Unternehmenszusammenschlüssen mit der Ausnahme von Joint Ventures, Zusammenschlüssen unter gemeinsamer Beherrschung oder von auf Gegenseitigkeit organisierten Unternehmen und von Zusammenschlüssen, die ohne Beteiligungserwerb ausschließlich auf Vertragsbasis erfolgen.[8]

Mit der Verabschiedung der Regelungen erfolgte eine **Angleichung der IFRS-Rechnungslegung an die US-amerikanischen Vorschriften** SFAS 141 „*Business Combinations*" und SFAS 142 „*Goodwill and Other Intangible Assets*":[9]

* *Abbildung aller Unternehmenszusammenschlüsse als Erwerb*:

  Fortan sind Unternehmenszusammenschlüsse ausschließlich auf Basis der Erwerbsmethode (*purchase method*) zu bilanzieren. Nachfolgend beschreibt deshalb der Begriff „Unternehmenserwerb" alle Formen von Unternehmenszusammenschlüssen. Die in IAS 22 unter restriktiven Gegebenheiten zwingend anzuwendende Methode der Interessenzusammenführung (*pooling of interests method*) wurde abgeschafft.[10] Die Regelungen des IFRS 3 basieren auf der Prämisse, dass innerhalb jedes Unternehmenszusammenschlusses ein Erwerber identifiziert werden kann.[11] Der Erwerber hat das Vermögen und die Schulden des erworbenen Unternehmens grundsätzlich vollständig zum Fair Value neu zu bewerten und i. d. R. konsolidiert in seinen Jahresabschluss einzubeziehen.[12] Entgegen den handelsrechtlichen Regelungen bezieht sich IFRS 3 somit allein auf die vollständige Neubewertungsmethode. Der Goodwill entspricht dem Unterschiedsbetrag zwischen den Anschaffungskosten und dem Erwerberanteil am neubewerteten erworbenen Nettovermögen.[13]

---

8 Die angeführten Ausnahmen sollen in späteren Phasen des IASB-Projektes geregelt werden. Über die genannten Standards hinaus sind für die Abbildung von Unternehmenszusammenschlüssen IAS 27 „*Consolidated and Separate Financial Statements*" und IFRS 5 „*Non-current Assets Held for Sale and Discontinued Operations*" relevant.

9 Die Annäherung des IASB an die Vorschriften des US-amerikanischen Standardsetters Financial Accounting Standards Board (FASB) wurde sehr kritisch hinsichtlich der Verlässlichkeit der Wertansätze diskutiert; vgl. *Wüstemann/Duhr* (2003), *Protzek* (2003), *Hommel/Benkel/Wich* (2004). Zum Vergleich mit den US-amerikanischen Regelungen siehe *Hachmeister* (2005) S. 207ff., *Brücks/Wiederhold* (2004) S. 177ff.

10 Vgl. IFRS 3.IN9.

11 Vgl. IFRS 3.18.

12 Vgl. IFRS 3.51.

13 Vgl. IFRS 3.51(b).

* *Ausschließlich außerplanmäßige Abschreibung des Goodwills*:

  Die bislang planmäßige Goodwill-Abschreibung entfällt zugunsten einer mindestens jährlichen, bei Indizien für eine Wertminderung zwingend unterjährigen Überprüfung der Werthaltigkeit des Goodwills (Impairment-only-Approach).[14] Hierzu ist der Goodwill auf CGUs (US-amerikanisch: Reporting Units) zu verteilen und der Impairment-Test auf ihrer Ebene vorzunehmen.[15]

* *Erweiterte Aktivierung immaterieller Vermögenswerte*:

  Identifizierbare immaterielle Vermögenswerte, die bisher in der Unternehmenspraxis zumeist nicht separat vom Goodwill ausgewiesen wurden, unterliegen bei Unternehmenserwerb einer Ansatzpflicht mit niedrigerer Nachweisschwelle. Im Erwerbsfall werden grundsätzlich die Ansatzanforderungen eines wahrscheinlichen Nutzenzuflusses für das Unternehmen und die verlässliche Ermittlung des Fair Value als erfüllt angesehen.[16]

Die Regelungen der Erst- und Folgebilanzierung des Goodwills werden nachfolgend im Detail beschrieben. In der vorliegenden Arbeit wird primär die englische Fassung der IFRS verwendet, da die deutsche Version u. a. Übersetzungsfehler beinhaltet und durch das zeitversetzte Anerkennungsverfahren in Details inaktuell ist. Auf einige Unzulänglichkeiten in der deutschen Übersetzung der IFRS wird nachfolgend in den Fußnoten hingewiesen.[17]

---

14 Vgl. IAS 36.9ff.

15 Vgl. IAS 36.80ff., IAS 36.88ff. Im Gegensatz zu SFAS 144.7 sowie zum damaligen Standardentwurf für IAS 36 erfolgt der Impairment-Test nur einstufig. Nach SFAS 142.20 ist der implizite Fair Value des Goodwills anhand einer erneuten, virtuellen Kaufpreisallokation zu ermitteln. Der implizite Fair Value wird durch den Abzug des Fair Value des Nettovermögens von dem Fair Value der Reporting Unit, verstanden als Anschaffungskosten eines hypothetischen Erwerbers, ermittelt. Eine Wertberichtigung erfolgt lediglich in Höhe der Differenz zwischen dem impliziten Fair Value und dem Buchwert des Goodwills. Vgl. *Brücks/Kerkhoff/Richter* (2005) S. 7, *Protzek* (2003) S. 499, *Küting/Dawo/Wirth* (2003) S. 186, *Küting/Weber/Wirth* (2001) S. 190f.

16 Vgl. IAS 38.33, IAS 38.35, *Hoffmann* (2008b) Rz. 17f., *Esser/Hackenberger* (2005) S. 709, *Hommel/Benkel/Wich* (2004) S. 1269.

17 Zu dieser Problematik allgemein siehe *Niehus* (2005) S. 2477ff.

1.2 Erstbilanzierung nach IFRS 3

1.2.1 Überblick über die Erstbilanzierung

Die Erstbilanzierung des Goodwills umfasst drei Prozessschritte. Zunächst sind die grundsätzlichen Parameter des Unternehmenserwerbes festzustellen. Sie umfassen die Art, das Objekt und den Zeitpunkt der Akquisition, das akquirierende Unternehmen sowie die Anschaffungskosten. Anschließend sind die Anschaffungskosten auf das erworbene Nettovermögen zu verteilen (Kaufpreisallokation). Hierzu erfolgt eine vollständige, d. h. nicht auf die Beteiligungshöhe beschränkte Neubewertung der erworbenen Vermögenswerte und Schulden. Sämtliche stillen Reserven und Lasten werden erfolgsneutral aufgedeckt. Insbesondere müssen erworbene immaterielle Vermögenswerte vom Goodwill getrennt identifiziert und bilanziert werden. Nach der erfolgsneutralen Anpassung latenter Steuern verbleibt der Goodwill als Residuum von den Anschaffungskosten und dem anteiligen neubewerteten Nettovermögen. Er wird für Zwecke der Folgebilanzierung den CGUs des Unternehmens zugeordnet. Abbildung C-1 stellt die Prozessschritte graphisch dar.

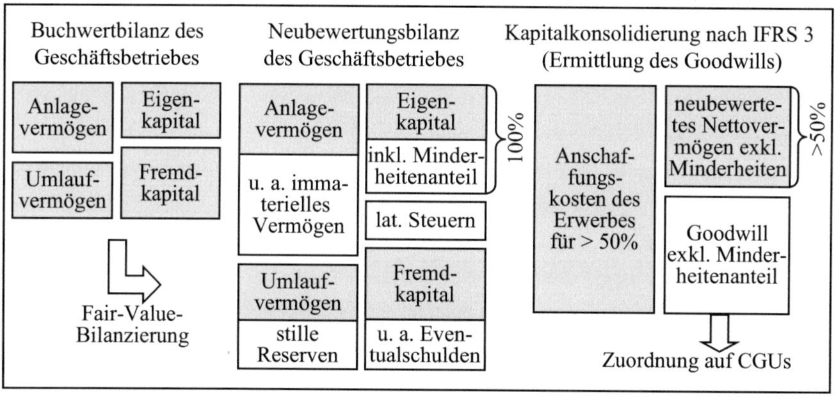

Abbildung C-1: Schritte zur Erstbilanzierung des Goodwills nach IFRS 3

1.2.2 Bestimmung der Parameter des Unternehmenserwerbes

Folgende im Weiteren erläuterte Parameter des Unternehmenserwerbes sind innerhalb der Erstbilanzierung zu bestimmen:

(1) *die Art des Unternehmenserwerbes*: Share oder Asset Deal,

(2) *das Objekt des Unternehmenserwerbes*: Überprüfung der Erfüllung der Definitionskriterien für einen Geschäftsbetrieb (*business*),

(3) *das Subjekt des Unternehmenserwerbes*: Ermittlung des Erwerbers,

(4) *der Zeitpunkt des Unternehmenserwerbes*: Feststellung des Stichtages der Erstbilanzierung und der Abgrenzung von erworbenen versus selbst generierten Ergebnissen sowie

(5) *die Höhe der Anschaffungskosten*: Ermittlung des Anschaffungspreises und der weiteren mit dem Erwerb verbundenen Kosten.

In Abhängigkeit von der **Art des Akquisitionsobjektes** erfolgt ein Ausweis des Goodwills lediglich im Konzernabschluss oder zusätzlich im Einzelabschluss.[18] Häufig übernimmt der Erwerber Eigenkapitalanteile des Akquisitionsobjektes. In diesem Fall eines Share Deals entsteht ein Mutter-Tochter-Verhältnis zweier rechtlich selbstständiger Unternehmen. Das Mutterunternehmen bildet deshalb den Unternehmenserwerb im Konzernabschluss ggf. unter Ausweis eines Goodwills aus Kapitalkonsolidierung ab.[19] Dagegen wird im Fall eines Asset Deals der Goodwill bereits im Einzelabschluss des Erwerbers aktiviert.[20]

Voraussetzung für die Anwendung des IFRS 3 ist, dass die erworbenen Unternehmensteile vor der Transaktion der **Definition eines Geschäftsbetriebes** (*business*) entsprechen und somit ein Unternehmenserwerb vorliegt.[21] Ein Geschäftsbetrieb wird definiert als „*integrated set of activities and assets conducted and managed for the purpose of providing: (a) a return to investors; or (b) lower costs or other economic benefits directly and proportionately to policyholders or participants*“[22]. Die Definition erfordert somit Prozesse und Vermögenswerte, die zum Zweck der gegenwärtigen (oder zukünftigen) Ertragsgenerierung geführt werden.[23] Die hier-

---

18 Vgl. *Pellens/Fülbier/Gassen* (2006) S. 656ff., *Lüdenbach* (2008) Rz. 3.

19 Vgl. IFRS 3.6.

20 Vgl. IFRS 3.7.

21 Vgl. IFRS 3.4, *Hommel/Benkel/Wich* (2004) S. 1267f.

22 IFRS 3.A.

23 Vgl. IFRS 3.A. Gemäß IFRS 3.BC12 ist eine Eigenständigkeit des Geschäftsbetriebes nicht notwendig.

nach im Einzelfall schwierige Abgrenzung eines Unternehmenserwerbes im Sinne des IFRS 3 von einem Erwerb einzelner Vermögenswerte wird durch die Vermutung gemildert, dass bei Existenz eines Goodwills von einem Geschäftsbetrieb als Akquisitionsobjekt auszugehen ist.[24]

Die Abbildung jedes Unternehmenszusammenschlusses als Erwerbsvorgang erfordert weiterhin die **Identifizierung des Erwerbers**. Als akquirierendes Unternehmen ist jener Transaktionspartner zu klassifizieren, der die Beherrschung (*control*) über das Akquisitionsobjekt erlangt. Er erhält die Möglichkeit, die Finanz- und Geschäftspolitik des Akquisitionsobjektes zu bestimmen, um aus dessen Tätigkeit Nutzen zu ziehen.[25] Beim Erwerb von mehr als der Hälfte der Stimmrechte des Akquisitionsobjektes, bei der Beherrschungsmöglichkeit durch einen Vertragsabschluss mit anderen beteiligten Investoren oder bei Einflussnahme auf die Politik oder das Führungsgremium ist dies gegeben.[26]

Der **Akquisitionszeitpunkt** (*acquisition date*) ist der Zeitpunkt, an dem der Erwerber aus wirtschaftlicher Sicht tatsächlich die Beherrschung über das Akquisitionsobjekt erhält.[27] Zu diesem Tag sind die akquirierten Vermögenswerte, Schulden und ein ggf. entstehender Goodwill in die externe Rechnungslegung des Erwerbers einzubeziehen.[28] Im Fall eines Share Deals grenzt der Akquisitionszeitpunkt insbesondere die Aufwendungen und Erträge vor und nach dem Unternehmenserwerb voneinander ab. Die vor dem Unternehmenserwerb angefallenen Positionen gehen über das Eigenkapital des Akquisitionsobjektes in die Erstkonsolidierung ein. Aufwendungen und Erträge nach dem Akquisitionszeitpunkt werden direkt in der Gewinn-und-Verlustrechnung des Konzerns ausgewiesen.[29]

Die Fair Values der Vermögenswerte und Schulden werden zum Akquisitionszeitpunkt ermittelt.[30] Dagegen werden die Anschaffungskosten zum Zeitpunkt der

---

[24] Vgl. IFRS 3.A, *Lüdenbach* (2008) Rz. 23. Zum zirkulären Charakter dieser Vermutung siehe *Hommel/Benkel/Wich* (2004) S. 1268.

[25] Vgl. IFRS 3.17ff. Für die Identifizierung des Erwerbers ist eine wirtschaftliche Sichtweise maßgeblich. Im Fall eines umgekehrten Unternehmenserwerbes (*reverse acquisition*) ist das aus rechtlicher Sicht erworbene Unternehmen als Erwerber anzusehen; vgl. IFRS 3.21. Der Konzernabschluss führt die Wertansätze des aus rechtlicher Sicht erworbenen Unternehmens im Namen des rechtlichen Erwerbers fort; vgl. IFRS 3.B7, *Lüdenbach* (2008) Rz. 5.

[26] Vgl. die Spezifizierungen des IFRS 3.19, analog IAS 27.13 und mögliche Indikatoren für die Existenz eines Erwerbers in IFRS 3.20.

[27] Vgl. IFRS 3.25, IFRS 3.39.

[28] Vgl. *Lüdenbach* (2008) Rz. 24.

[29] Vgl. IFRS 3.38, *Wirth* (2005) S. 115f.

[30] Vgl. IFRS 3.36.

Transaktion (*exchange date*) bewertet.[31] Zumeist stimmt er mit dem Zeitpunkt der Beherrschungserlangung überein. Bei einem Unternehmenserwerb in mehreren Schritten (*acquisition in steps*) sind dagegen für jeden einzelnen Transaktionszeitpunkt die Anschaffungskosten, die quotalen Fair Values der erworbenen Vermögenswerte und Schulden sowie der resultierende Goodwill zu bestimmen.[32] Die erworbenen Vermögenswerte und Schulden werden jedoch auf Basis der Fair Values erst zum Akquisitionszeitpunkt, dem letzten Transaktionszeitpunkt, in der Bilanz ausgewiesen.[33]

Der Kernbestandteil der **Anschaffungskosten** ist der Kaufpreis für das Akquisitionsobjekt. Er umfasst die ausgegebenen Eigenkapitalinstrumente sowie die ggf. hingegebenen Vermögenswerte und übernommenen Schulden.[34] Die Eigenkapitalinstrumente sind zum Transaktionszeitpunkt anhand des öffentlichen Börsenkurses zu bewerten. In den Ausnahmefällen, in denen der Börsenkurs kein verlässlicher Indikator ist, z. B. im Fall einer Marktenge, oder wenn der Börsenkurs nicht verfügbar ist, kann der Fair Value anhand von Bewertungsmethoden ermittelt werden. Anhaltspunkte für den Wert der ausgegebenen Eigenkapitalinstrumente sind die anteiligen Unternehmenswerte des Erwerbers oder des erworbenen Unternehmens. Sie können z. B. mit Discounted-Cashflow-Verfahren geschätzt werden.[35]

Über den Anschaffungspreis hinaus können die mit dem Unternehmenserwerb direkt verbundenen Kosten, wie z. B. Rechts- und Beratungskosten, aktiviert werden.[36] Kosten für die Ausgabe und die Registrierung der Eigenkapitalinstrumente, für die Finanzierung des Erwerbes und angefallene Verwaltungskosten dürfen dagegen nicht in die Anschaffungskosten einbezogen werden.[37] Ebenso nicht zu berücksichtigen sind Sicherungsklauseln für den Kaufpreis, d. h. ein nachträglich durch den Erwerber zu zahlender Ausgleich für die Wertminderung der hingegebenen Eigenkapitalinstrumente oder des übertragenen Nettovermögens.[38]

---

[31] Vgl. IFRS 3.24.

[32] Vgl. IFRS 3.58f., *Lüdenbach/Hoffmann* (2005) S. 1806.

[33] Vgl. *Lüdenbach* (2008) Rz. 136. Hinsichtlich einer Aufstockung, d. h. der Beteiligungserhöhung an einem Tochterunternehmen, weist IFRS 3 Regelungslücken auf; vgl. *Lüdenbach* (2008) Rz. 146.

[34] Vgl. IFRS 3.24. Zu Vor- und Nachteilen der Zahlung mit Eigenkapitalinstrumenten siehe *Gros* (2005) S. 782f.

[35] Vgl. IFRS 3.27.

[36] Vgl. IFRS 3.29.

[37] Vgl. IFRS 3.29ff.

[38] Vgl. IFRS 3.35.

Allerdings sind solche ungewisse bedingte Anschaffungskosten einzubeziehen, die vorab eine Kaufpreisänderung vorsehen, wenn das Akquisitionsobjekt z. B. spezifische Ergebniswerte unter- oder überschreitet. Hierfür muss der Eintritt der vereinbarten Bedingungen wahrscheinlich und die Höhe verlässlich ermittelbar sein.[39] Eine nachträgliche Anpassung ist erforderlich, wenn erst später diese Ansatzbedingungen erfüllt sind.[40]

1.2.3 Grundsätze für den Ansatz und die Bewertung bei Unternehmenserwerb

1.2.3.1 Identifizierung der ansatzfähigen erworbenen Vermögenswerte und Schulden

Die Kaufpreisallokation verteilt zum Akquisitionszeitpunkt die Anschaffungskosten des Unternehmenserwerbes auf die erworbenen Vermögenswerte und Schulden. Dies erfolgt unter vollständiger Aufdeckung stiller Reserven und Lasten.[41] Ein verbleibender positiver Restbetrag ist als Goodwill anzusetzen. Ein negativer Unterschiedsbetrag (Badwill) ist erfolgswirksam zu behandeln.[42] Für die Kaufpreisallokation ist es grundsätzlich unerheblich, ob die Vermögenswerte und Schulden bereits in der Rechnungslegung des Akquisitionsobjektes bilanziert wurden.[43] Es gelten erleichterte Ansatzvoraussetzungen speziell für immaterielle Vermögenswerte und Eventualschulden.

Zur Kaufpreisallokation sind zunächst alle wesentlichen ansatzfähigen, möglicherweise bisher nicht bilanzierten Vermögenswerte und Schulden zu identifizieren.

---

39 Vgl. IFRS 3.32f. Eine analoge Behandlung schlägt *Lüdenbach* (2008) Rz. 52f. für Vermögens- oder Eigenkapitalgarantien vor, die in IFRS 3 nicht explizit als Ursache für bedingte Anschaffungskosten geregelt werden.

40 Vgl. IFRS 3.34. Der Standard gibt für eine nachträgliche Anpassung keine explizite zeitliche Beschränkung vor; vgl. *Wirth* (2005) S. 131. Sämtliche Anpassungen von Schätzungen bedingter Anschaffungskosten unterliegen den Vorschriften des IFRS 3.32ff. und nicht dem spezifisch dieses Thema behandelnden Standard IAS 8; vgl. IFRS 3.63, *Wirth* (2005) S. 135.

41 Vgl. IFRS 3.36, *Küting/Wirth* (2004) S. 171. Im Gegensatz zum Wortlaut des IFRS 3 werden in der vorliegenden Arbeit die Eventualschulden (*contingent liabilities*) unter dem Begriff „Schulden" subsumiert.

42 Vgl. IFRS 3.51, IFRS 3.56(b).

43 Vgl. IFRS 3.44.

Die **Ansatzfähigkeit bei Unternehmenserwerb** unterliegt den folgenden drei Basisvoraussetzungen:[44]

(1) verlässliche Ermittlung des Fair Value,

(2) wahrscheinlicher Nutzenzufluss für das Unternehmen bei einem Vermögenswert bzw. wahrscheinlicher Ressourcen- und somit Nutzenabfluss bei einer Schuld sowie

(3) Identifizierbarkeit.

Die aufgeführten Voraussetzungen setzen die allgemeinen Definitionskriterien für Vermögenswerte (*assets*) und Schulden (*liabilities*) nach F.49(a) und (b) voraus. Demnach ist für den Ansatz von Vermögenswerten weiterhin zu prüfen, ob sie Ressourcen sind, die in der Verfügungsmacht des Unternehmens stehen und aus vergangenen Ereignissen resultieren. Der Ansatz von Schulden erfordert zusätzlich, dass es sich um gegenwärtige, aus vergangenen Ereignissen entstandene Verpflichtungen handelt. Die Verfügungsmacht wird in IAS 38.13ff. bezüglich immaterieller Vermögenswerte konkretisiert. Sie wird insbesondere durch eine rechtliche Grundlage begründet.

Die Anforderung der **Verlässlichkeit der Fair-Value-Bewertung** wird nicht nur durch pagatorische Anschaffungs- oder Herstellungskosten, sondern ebenso durch Schätzwerte ohne wesentliche Fehler oder Verzerrungen erfüllt, die sich auf unternehmensinterne oder -externe Erfahrungen stützen.[45] Nach Auffassung des IASB können erworbene immaterielle Vermögenswerte im Regelfall stets verlässlich bewertet werden.[46]

Das **Wahrscheinlichkeitskriterium (*probability recognition criterion*)** stellt ebenfalls keine hohen Anforderungen für den Ansatz bei Unternehmenserwerb. Der Eintritt eines Nutzenzu- bzw. -abflusses muss im Gegensatz zu den Anforderungen des Frameworks nicht explizit ausreichend sicher (*sufficiently certain*), sondern lediglich wahrscheinlich (*probable*) sein.[47] Ein konkreter Wahrscheinlichkeitsbereich der einzelnen verwendeten Begriffe wird jedoch für die Gesamtheit der IFRS nicht angegeben.[48] Allein im Kontext des IAS 37 wird für Schulden der Begriff „*prob-*

---

44 Vgl. IFRS 3.36f., IFRS 3.45ff., *Lüdenbach* (2008) Rz. 55, *Brücks/Wiederhold* (2004) S. 178, *Küting/Wirth* (2004) S. 170.

45 Vgl. F.31, F.86, *Baetge/Kirsch/Wollmert/Brüggemann* (2002) Rz. 100.

46 Vgl. IAS 38.35.

47 Vgl. F.50 versus IFRS 3.37(a), IFRS 3.37(b), *Lüdenbach* (2008) Rz. 57.

48 Vgl. *Baetge/Kirsch/Wollmert/Brüggemann* (2002) Rz. 99, *Lüdenbach/Hoffmann* (2003) S. 5.

able" als eine Wahrscheinlichkeit über 50% (*more likely than not*) festgelegt.[49] Die Höhe der Wahrscheinlichkeit eines Nutzenzu- oder -abflusses bildet bei Unternehmenserwerb in zwei Ausnahmefällen – bei immateriellen Vermögenswerten und bei Eventualschulden – kein Ansatz-, sondern nur ein Bewertungskriterium.[50]

IFRS 3.41ff. konkretisiert den Ansatz von Schulden. Demnach kann der Erwerber nur solche Schulden ansetzen, die bereits zum Akquisitionszeitpunkt im erworbenen Geschäftsbetrieb existierten und dort nach IAS 37 „*Provisions, Contingent Liabilities and Contingent Assets*" bilanziert wurden. Dies gilt insbesondere für Eventualschulden zur Zahlung von Abfindungen nach der Beherrschungserlangung.[51] Unzulässig sind der Ansatz von Restrukturierungsrückstellungen und zukünftigen Aufwendungen oder Verlusten, die erst durch den Vollzug des Unternehmenserwerbes ausgelöst werden.[52]

Das Kriterium der **Identifizierbarkeit** wird nur bezüglich der immateriellen Vermögenswerte explizit geregelt, obgleich es sich um eine Basisvoraussetzung beim Ansatz von Vermögenswerten und Schulden handelt. Die Beurteilung, ob ein Vermögenswert identifizierbar ist, bereitet jedoch maßgeblich bei dieser Bilanzposition Schwierigkeiten.[53] IAS 38 stellt hierfür auf zwei jeweils hinreichende Kriterien ab: vertragliche oder gesetzliche Rechte und die Separierbarkeit, d. h. die Möglichkeit den Vermögenswert zu verkaufen, zu übertragen, zu vermieten, zu lizenzieren oder zu tauschen.[54]

1.2.3.2 Bewertung zum Fair Value

Die Bewertung der Vermögenswerte und Schulden erfolgt grundsätzlich zum Fair Value.[55] Hierzu wird die Methode der vollständigen Neubewertung angewendet: Die Bewertungsänderung wird erfolgsneutral unter Ausweis auch der Minderheitenanteile an den stillen Reserven und Lasten verbucht.[56]

---

[49] Vgl. IAS 37.23.
[50] Vgl. IFRS 3.37.
[51] Vgl. IFRS 3.41f.
[52] Vgl. IFRS 3.43, IFRS 3.41(b).
[53] Vgl. *Lüdenbach* (2008) Rz. 59.
[54] Vgl. IAS 38.12.
[55] Vgl. IFRS 3.36.
[56] Vgl. IFRS 3.40.

Die Ausnahme bilden latente Steuern, die nach IAS 12 ermittelt werden, und Vermögenswerte zur Weiterveräußerung (*non-current assets held for sale*). Letztere werden zum Fair Value abzüglich der geschätzten Veräußerungskosten (*fair value less costs to sell*, Nettoveräußerungswert) bewertet.[57] Die Fair-Value-Werte der erworbenen Vermögenswerte und Schulden werden grundsätzlich nur in der Konzernbilanz des Mutterunternehmens angesetzt. Sie dürfen nicht in die Einzelbilanz des Akquisitionsobjektes, das nun ein Tochterunternehmen bildet, übernommen werden.[58]

Der **Fair Value wird definiert** als der Betrag, für den innerhalb einer Transaktion „*[at] arm's length*"[59] zwischen sachverständigen, abschlusswilligen Geschäftsparteien ein Vermögenswert verkauft oder eine Schuld beglichen werden würde.[60] Eine Transaktion mit einer „Armeslänge Abstand" bedeutet, dass die Geschäftspartner unabhängig voneinander und unter marktüblichen Bedingungen handeln.[61] Diese Fair-Value-Definition zielt nicht explizit auf einen Marktein- oder -austrittspreis (*entry or exit price*) ab.[62] Sie befindet sich mit einheitlichem Wortlaut in den einzelnen Standards, die den Fair Value zur Bewertung verwenden. Obwohl das IASB seit längerer Zeit eine verstärkte Fair-Value-Bilanzierung anstrebt und durchsetzt,[63] wird der Fair Value innerhalb des Frameworks nicht explizit als Bewertungsmaß-

---

57 Vgl. IFRS 5.16, IFRS 3.36, IFRS 3.B16(i). Latente Steuern erwachsen aus temporären Bewertungsunterschieden der IFRS- und der Steuerbilanz; vgl. *Adrian/Wehrheim* (2004) S. 151, IAS 12.5. Ein Ansatz latenter Steuern auf den Goodwill ist unzulässig, da er laut der Auffassung des IASB zum Zeitpunkt der letzten Standardüberarbeitung des IAS 12 in 2000 den Charakter eines Residuums aufweist und ansonsten eine iterative Ermittlung latenter Steuern erforderlich wäre; vgl. IAS 12.21, IAS 12.15(a), *Lüdenbach* (2008) Rz. 181f. Zum Charakter des Goodwills als Vermögenswert vgl. dagegen IFRS 3.BC131ff.

58 Die Übernahme der neuen Bilanzierungsansätze und -bewertungen in die Einzelbilanz des Tochterunternehmens wird als *push-down accounting* bezeichnet. Es wird durch die Vorschriften der US-amerikanischen Börsenaufsichtsbehörde Securities and Exchange Commission (SEC) gefordert. Innerhalb der IFRS gibt es keine identische Regelung. Siehe weiterführend Abschnitt E.4.1.

59 IFRS 3.A.

60 Vgl. IFRS 3.A.

61 Vgl. die deutsche Formulierung der Definition des beizulegenden Zeitwertes in IFRS 3.A. Zur Erläuterung der einzelnen Definitionsbestandteile siehe z. B. *Heidemann* (2005) S. 156f.

62 Vgl. Discussion Paper (DP) „*Fair Value Measurements*" 10(a).

63 Vgl. z. B. *Kley* (2001) S. 2257. Eine offizielle Erklärung des IASB zur generellen Ausweitung der Fair-Value-Bilanzierung in der Zukunft existiert nicht, jedoch lassen die Verlautbarungen hinsichtlich spezifischer Standardentwürfe darauf schließen.

stab angeführt.[64] Darüber hinaus fehlen in den IFRS einheitliche Grundsätze und Regelungen für seine Bestimmung.

Gegenwärtig regelt jeder einzelne IFRS die Ermittlung in Abhängigkeit vom Rechnungslegungsobjekt im Detail.[65] Der Fair Value wird dort durch andere Wertbegriffe, wie z. B. den Marktwert, den Verkaufspreis oder einen Discounted-Cashflow-Wert, konkretisiert.[66] So beschreibt IFRS 3.B16 ausführlich die **einzelnen Wertmaßstäbe**, die innerhalb der Kaufpreisallokation für die erworbenen Vermögenswerte und Schulden den Fair Value darstellen (siehe Abbildung C-2 auf der nächsten Seite). Alle aufgeführten Wertmaßstäbe können darüber hinaus auch mithilfe von Kapitalwertverfahren, jedoch nur hinsichtlich von gleichen, nicht von nur vergleichbaren Bilanzierungsobjekten geschätzt werden.[67]

Wie die Abbildung zeigt, ist die Neubewertung der Vermögenswerte und Schulden des Akquisitionsobjektes möglichst objektiv im Sinne einer primären Orientierung an Marktwerten vorzunehmen. Die Bewertung ist somit unabhängig von der zukünftigen Verwendung durch den Erwerber durchzuführen.[68] Wird stattdessen ein Kapitalwert nach IFRS 3.B17 ermittelt, der auf unternehmensinternen Prognosedaten basiert, so sind nach Meinung der wissenschaftlichen Literatur die spezifischen Synergieeffekte, die nur der Erwerber – nicht aber ein typischer Marktteilnehmer – erwirken kann, zu eliminieren.[69] Synergien entstehen durch das Zusammenwirken von Einzelwerten, insbesondere von Vermögenswerten und Schulden des Unternehmens. Der Nutzenzufluss einer Gruppe von Einzelwerten übersteigt allgemein den Nutzenzufluss, der sich aus der Addition der Einzelnutzen ergibt. Deshalb werden Synergien auch als Verbundeffekte bezeichnet.[70]

---

[64] Das Framework wurde bereits 1989 veröffentlicht und in 2001 durch das IASB bestätigt; vgl. die erste Seite des IAS 1 (2003). Bewertungsmaßstäbe, die im Framework genannt werden, sind historische Anschaffungs- oder Herstellungskosten, die Wiederbeschaffungskosten, der Veräußerungswert und der Kapitalwert zukünftiger Zahlungsmittelüberschüsse; vgl. F.100.

[65] Vgl. *Hitz* (2005b) S. 86.

[66] Vgl. *Mujkanovic* (2002) S. 115.

[67] Vgl. IFRS 3.B17, *Lüdenbach* (2008) Rz. 60.

[68] Vgl. *Pellens/Fülbier/Gassen* (2006) S. 687f.

[69] Vgl. in Bezug auf die Fair-Value-Ermittlung von CGUs *Frowein/Lüdenbach* (2003a) S. 66f., *Küting/Weber/Wirth* (2001) S. 189.

[70] Vgl. *Biberacher* (2003) S. 10.

Bilanzposition	Fair-Value-Maßstab
Immaterielle Vermögenswerte und Sachanlagen	
Immaterielle Vermögenswerte - IFRS 3.B16 (g)	Wert auf aktivem Markt gemäß IAS 38, ansonsten Transaktionspreis (weitere Hinweise in IAS 38)
Grundstücke und Gebäude - IFRS 3.B16(e)	Marktwert
Technische Anlagen und Betriebs- und Geschäftsausstattung - IFRS 3.B16(f)	Marktwert, i. d. R. geschätzt; bei Spezialanlagen: Ertragswertverfahren oder Wiederbeschaffungswert nach Abschreibung
Finanzvermögen	
An aktivem Markt gehandelte Finanzinstrumente - IFRS 3.B16(a)	Börsenkurs
Nicht an aktivem Markt gehandelte Finanzinstrumente - IFRS 3.B16(b)	Schätzwerte unter Berücksichtigung von z. B. Kurs-Gewinn-Verhältnissen, Dividendenrenditen, erwarteten Wachstumsraten vergleichbarer Finanzinstrumente von ähnlichen Unternehmen
Forderungen, Nutzungsverträge, sonstige identifizierbare finanzielle Vermögenswerte - IFRS 3.B16(c)	Kapitalwert unter Berücksichtigung aktueller Marktzinsen, Uneinbringlichkeit, Eintreibungskosten; keine Diskontierung, wenn Effekt unwesentlich
Vorräte	
Rohstoffe - IFRS 3.16(d)(iii)	Wiederbeschaffungskosten
Unfertige Erzeugnisse - IFRS 3.16(d)(ii)	Verkaufspreis unter Berücksichtigung von Kosten für die Fertigstellung, den Verkauf sowie einem für diese Erzeugnisse typischen Gewinnanteil
Waren und Fertigerzeugnisse - IFRS 3.16(d)(i)	Verkaufspreis unter Berücksichtigung von Kosten für den Verkauf sowie einem für diese Erzeugnisse typischen Gewinnanteil
Schulden und Eventualschulden	
Verbindlichkeiten z. B. aus Lieferungen & Leistungen, Rückstellungen (ohne Pensionspläne) - IFRS 3.16(j)	Kapitalwert unter Berücksichtigung aktueller Marktzinsen; keine Diskontierung, wenn Effekt unwesentlich
Nachteilige Verträge, sonstige identifizierbare Verpflichtungen - IFRS 3.16(k)	Kapitalwert unter Berücksichtigung aktueller Marktzinsen
Eventualschulden - IFRS 3.16(l)	Statistischer Erwartungswert, für den ein Dritter die Eventualschulden übernehmen würde
Leistungsorientierte Pensionspläne - IFRS 3.16(h)	Kapitalwert der Pensionsverpflichtungen abzüglich des Fair Value der Vermögenswerte zu ihrer Deckung
Steueransprüche und -schulden - IFRS 3.16(i)	Ansatz gemäß IAS 12 aus Sicht des Gesamtunternehmens und nach Neubewertung des erworbenen Geschäftsbetriebes; keine Diskontierung

Abbildung C-2: Fair-Value-Ermittlung bei Unternehmenserwerb[71]

[71] Vgl. inhaltlich IFRS 3.B16, *Heidemann* (2005) S. 171ff., ähnliche Übersichten in *Lüdenbach* (2008) Rz. 60, *Zelger* (2005) S. 119.

Die unterschiedlichen Vorgehensweisen und Anforderungen an die Fair-Value-Bewertung führen zu weiten Ermessensspielräumen. Daneben wird die Identifizierung der einzelnen Schulden und Vermögenswerte, insbesondere der immateriellen, durch die Einschätzungen des Erwerbers beeinflusst.[72]

1.2.3.3 Ermittlung des Goodwills und Verwendung vorläufiger Wertansätze

Die erworbenen Vermögenswerte und Schulden werden zum Fair Value bewertet, ohne dass der Beteiligungsanteil des Erwerbers berücksichtigt wird. Somit werden auch die stillen Reserven und Lasten der konzernfremden Gesellschafter (Minderheitsgesellschafter) aufgedeckt.[73] Dieser Bilanzausweis entspricht einer Darstellung des Konzernabschlusses nach der **Einheitstheorie.**[74] Sie fußt auf dem Gedanken, dass der Erwerber bereits durch einen anteiligen Erwerb die vollständige Beherrschung über das Akquisitionsobjekt erreichen kann. Der Konzernabschluss bildet demzufolge die Vermögens-, Finanz- und Ertragslage des Unternehmensverbundes als eine Einheit, d. h. unabhängig von der Art der Eigenkapitalgeber, ab.

Eine bedeutsame **Ausnahme** bilden die Minderheitenanteile am Goodwill, die nach IFRS 3 nicht in der Konzernbilanz ausgewiesen werden. Es wird nur der Mehrheits-Goodwill angesetzt, da der Goodwill als positive Differenz der Anschaffungskosten und dem anteiligen neubewerteten Nettovermögen definiert ist.[75] Dies bedeutet eine Ungleichbehandlung des Goodwills gegenüber den sonstigen Vermögenswerten und Schulden,[76] obwohl der Goodwill im gegenwärtigen Verständnis des IASB als Vermögenswert angesehen wird.[77]

Falls der Unterschiedsbetrag zwischen den Anschaffungskosten und dem anteiligen neubewerteten Nettovermögen negativ ist, ist die Kaufpreisallokation insbesondere auf Messfehler nochmals zu überprüfen. Eine verbleibende negative Differenz ist sofort erfolgswirksam zu verbuchen.[78]

---

72 Vgl. *Pellens/Fülbier/Gassen* (2006) S. 688, *Heidemann* (2005) S. 120.

73 Vgl. IFRS 3.40, *Brücks/Wiederhold* (2004) S. 179. Indirekte Minderheitsgesellschafter, d. h. konzernfremde Gesellschafter des Tochterunternehmens, werden trotz der hohen Praxisrelevanz in IFRS 3 nicht geregelt; vgl. *Römgens* (2005), *Wirth* (2005) S. 256ff.

74 Zur Einheitstheorie siehe *Hendler/Zülch* (2005), *Hendler* (2002) S. 23ff.

75 Vgl. IFRS 3.51(b).

76 Vgl. *Pellens/Sellhorn/Amshoff* (2005) S. 1750ff., *Küting/Wirth* (2005a) S. 6.

77 Vgl. IFRS 3.51(a), IFRS 3.BC131ff.

78 Vgl. IFRS 3.56f.

Die Ermittlung und Allokation der Anschaffungskosten erfordern eine umfassende Analyse der bereits bilanzierten und die Identifizierung der noch nicht bilanzierten Vermögenswerte und Schulden. Aufgrund des Umfangs der Ansatz- und Bewertungsfragen sowie typischerweise auftretender Informationsdefizite ist eine Erstbilanzierung auf Basis **vorläufiger, geschätzter Werte** gestattet.[79] Innerhalb eines Zeitraumes von zwölf Monaten ab dem Akquisitionszeitpunkt sind die Wertansätze, zukünftig zu berichtende Vergleichsinformationen sowie zwischenzeitlich vorgenommene Abschreibungen und Ergebniswirkungen zu korrigieren. Diese Korrekturen werden mit Ausnahme der Anpassung vormals erfolgswirksamer Buchungen, wie z. B. Abschreibungen, erfolgsneutral gegen den Goodwill verrechnet.[80]

1.2.4 Ansatz und Bewertung von immateriellen Vermögenswerten

Besonders die Identifizierung und die Bewertung der immateriellen Vermögenswerte in Abgrenzung eines ggf. auftretenden Goodwills gestalten sich aufwendig.[81] Diese Bilanzierungsschritte werden nachfolgend ausführlich beschrieben.

Die zuvor genannten Basisvoraussetzungen für den Ansatz bei Unternehmenserwerb werden in IAS 38 „*Intangible Assets*" näher ausgeführt.[82] Gemäß IAS 38.35 gilt die **Verlässlichkeit der Fair-Value-Ermittlung** für immaterielle Vermögenswerte als hinreichend erfüllt, um sie separat vom Goodwill anzusetzen.[83] Der Standard weist explizit darauf hin, dass die Bestimmung des Fair Value anhand eines statistischen Erwartungswertes, d. h. der Summe von mit Wahrscheinlichkeiten gewichteten Zahlungsströmen, zulässig ist. Nach Auffassung des IASB handelt es sich dabei um eine verlässliche Bewertung unter Beachtung von Unsicherheit. Für immaterielle Vermögenswerte mit einer begrenzten Nutzungsdauer kann die gene-

---

79 Vgl. IFRS 3.62, *Wirth* (2005) S. 170ff., *Küting/Wirth* (2004) S. 174. Gemäß IFRS 3.69 sowie IFRS 3.73(b) ist über die Verwendung vorläufiger Werte im Jahresabschluss zu berichten.

80 Vgl. IFRS 3.62. Eine Korrektur veröffentlichter Jahresabschlüsse ist nicht erforderlich; vgl. IFRS 3.63, *Wirth* (2005) S. 171. Ist die Erstkonsolidierung derart finalisiert, sind weitere Wertkorrekturen nach IAS 8 erfolgswirksam vorzunehmen; vgl. IFRS 3.63, IAS 8.41ff.

81 Vgl. *Wirth* (2005) S. 155.

82 Vgl. IFRS 3.45f.

83 Vgl. IAS 38.35: „*The fair value of intangible assets acquired in business combinations can normally be measured with sufficient reliability to be recognised separately from goodwill.*" Diese Regelung konkretisiert die allgemeine Regelung in IFRS 3.45, wonach explizit eine verlässliche Fair-Value-Ermittlung gefordert wird: „[…] [*T*]*he acquirer recognises separately an intangible asset of the acquiree at the acquisition date only if* […] *its fair value can be measured reliably.* […] *IAS 38 provides guidance on determining whether the fair value of an intangible asset acquired in a business combination can be measured reliably.*"

relle Vermutung der Bewertungsverlässlichkeit widerlegt werden.[84] Über diejenigen immateriellen Vermögenswerte mit begrenzter Nutzungsdauer, die nicht verlässlich bewertet werden können und deshalb im Goodwill aufgehen, und über die Gründe ist zu berichten.[85] Zudem zeigt IAS 38.38 eng umgrenzte Umstände auf, in denen es eventuell nicht möglich ist, den Fair Value standardkonform zu ermitteln.[86]

Die **Bestimmung der Nutzungsdauer** der immateriellen Vermögenswerte orientiert sich an ökonomischen Kriterien, so z. B. an der Nutzungsdauer oder dem Veralten ähnlicher Vermögenswerte sowie an korrespondierenden Produktlebenszyklen.[87] Ist kein Ende der Verwendung vorhersehbar, so handelt es sich um eine sog. unbegrenzte Nutzungsdauer.[88] Bei Erwerb eines immateriellen Vermögenswertes auf rechtlicher Basis darf der Gültigkeitszeitraum der unterliegenden Rechte i. d. R. nicht überschritten werden.[89] Jährlich sind die Nutzungsdauern zu überprüfen und ggf. nach IAS 8 anzupassen.[90] Der immaterielle Vermögenswert ist gemäß der erwarteten Nutzenabnahme unternehmensspezifisch abzuschreiben. Bei nur unsicher zu bestimmendem Nutzenverlauf ist er linear abzuschreiben.[91]

Wie bereits angesprochen, stellt die Höhe der **Wahrscheinlichkeit des Nutzenzuflusses** für das Unternehmen kein Ansatz-, sondern nur ein Bewertungskriterium dar.[92] Dies führt zu einer „Zwei-Klassen-Objektivierung“[93] in der Kaufpreisallokation: Der Eintritt des Nutzenzuflusses aus den materiellen Vermögenswerten muss wahrscheinlich sein, wogegen die immateriellen Vermögenswerte bereits anzuset-

---

84 Vgl. IAS 38.35.

85 Vgl. IFRS 3.67(h).

86 So kann im Extremfall die Bewertung nicht verlässlich sein, wenn der immaterielle Vermögenswert auf einer rechtlichen Basis beruht, aber nicht separierbar ist, oder zwar separierbar ist, aber keine Informationen zu Transaktionen dieser oder ähnlicher immaterieller Vermögenswerte vorliegen, und eine Schätzung ohne diese Informationen auf nicht messbaren Variablen beruhen würde; vgl. IAS 38.38.

87 Vgl. IAS 38.90.

88 Vgl. IAS 38.88. Gemäß IAS 38.91 ist der Begriff „unbegrenzt“ nicht mit „unendlich“ gleichzusetzen.

89 Vgl. IAS 38.94. Eine Verlängerung der Nutzungsdauer ist zulässig, wenn die Kosten der Gültigkeitsverlängerung der Rechte im Vergleich zum dementsprechenden zukünftigen Nutzen unerheblich sind; vgl. IAS 38.94ff.

90 Vgl. IAS 38.104, IAS 38.109.

91 Vgl. IAS 38.97.

92 Vgl. IFRS 3.37(a), IFRS 3.37(c), IAS 38.33.

93 *Hommel/Benkel/Wich* (2004) S. 1269.

zen sind, wenn ein Nutzenzufluss nicht ausgeschlossen werden kann.[94] Der Grundsatz der Wesentlichkeit wirkt jedoch dem Ansatz unzähliger immaterieller Vermögenswerte, die zumindest eventuell dem Unternehmen Nutzen stiften, entgegen.[95]

Eine Begründung für den Verzicht auf das *probability recognition criterion* liefert IAS 38.33. Der Paragraf erklärt, dass die Fair-Value-Bewertung von immateriellen Vermögenswerten die Wahrscheinlichkeit berücksichtigt, mit der der zukünftige Nutzenzufluss dem Unternehmen zugeht. Aus diesem Grund wird das Ansatzerfordernis des IAS 38.21(a), dass ein Nutzenzufluss wahrscheinlich sein muss, als stets erfüllt betrachtet. Die deutsche Version verzichtet auf die Überleitung „[*t*]*herefore*" in der Argumentation, möglicherweise da der Schluss aus den Eigenschaften der Fair-Value-Bewertung auf die Erfüllung von Ansatzvoraussetzungen nur eingeschränkt nachvollziehbar ist.

Die Anforderung der **Identifizierbarkeit** dient der eindeutigen Abgrenzung der immateriellen Vermögenswerte vom Goodwill und findet sich in der Definition des IAS 38.8 wieder.[96] Demnach beschreibt ein immaterieller Vermögenswert einen identifizierbaren nicht monetären Vermögenswert ohne physische Substanz. Identifizierbarkeit bedeutet, dass der Vermögenswert entweder

* auf vertraglichen oder gesetzlichen Rechten beruht (rechtliche Grundlage) oder
* separierbar ist, d. h. beispielsweise verkäuflich, übertrag- oder lizenzierbar (Separierbarkeit).[97]

IFRS 3 bezieht sich auf das Kriterium der Identifizierbarkeit immaterieller Vermögenswerte und legt es im Rahmen von Unternehmenserwerben weit aus.[98] So gilt z. B. für Stammkundenbeziehungen die rechtliche Grundlage als erfüllt, sofern das Unternehmen „*has a practice of establishing contracts with its customers*"[99], d. h. normalerweise Verträge mit diesen Kunden abschließt.

---

94 Vgl. *Hommel/Benkel/Wich* (2004) S. 1269.

95 Vgl. *Lüdenbach* (2008) Rz. 58, F.29f.

96 Vgl. IFRS 3.46. Siehe in IFRS 3.BC89 die Auffassung des IASB, dass typischerweise während der Gültigkeit des IAS 22 und IAS 38 (1998) bis zum Jahr 2004 immaterielle Vermögenswerte im Goodwill ausgewiesen wurden. Diese Standards enthalten keine konkrete Definition der Identifizierbarkeit.

97 Vgl. IAS 38.12.

98 Vgl. IFRS 3.46, kritisch *Lüdenbach/Prusaczyk* (2004a) S. 211f., *Kuhner* (2005) S. 15f.

99 IFRS 3.IE B3.

Zusätzlich muss der immaterielle Vermögenswert in der **Verfügungsmacht** des Unternehmens stehen und **zukünftigen Nutzen** generieren. Diese Ansatzbedingungen werden nicht explizit in IFRS 3 aufgeführt, sondern sind für immaterielle Vermögenswerte ersichtlich durch den Verweis des IFRS 3.46 auf ihre Definition in IAS 38.8, die in IAS 38.10 konkretisiert wird. Die Verfügungsmacht bezeichnet die Fähigkeit des Unternehmens, Dritte von einem Nutzenzufluss aus dem Vermögenswert auszuschließen.[100] Der erforderliche zukünftige Nutzen kann sich in Form von Umsatzerlösen, Kosteneinsparungen oder anderen Vorteilen realisieren.[101]

Abbildung C-3 auf der nächsten Seite zeigt die durch das IASB angeführten **Beispiele** von bei Unternehmenserwerb zu bilanzierenden immateriellen Vermögenswerten. Sie werden nach ihrem Charakter und nach den Eigenschaften „Separierbarkeit" bzw. „rechtliche Grundlage" unterschieden.

Regelungen zur **Fair-Value-Bewertung** immaterieller Vermögenswerte enthalten IAS 38.35 bis IAS 38.41 und IFRS 3.B16(g). Den primären Bewertungsmaßstab stellt der aktuelle Wert auf einem aktiven Markt dar, d. h. einem Markt mit homogenen Waren, öffentlichen Preisen und abschlusswilligen Transaktionspartnern.[102] Da ein derartiger Markt für immaterielle Vermögenswerte i. d. R. nicht existiert,[103] gibt IAS 38 in knapper Form allgemeine Leitlinien zur Fair-Value-Ermittlung vor. Zur Ermittlung bei fehlendem aktuellen Marktpreis dient demnach die letzte vergleichbare Transaktion. Fehlt ein aktiver Markt, so ist eine unternehmensinterne Schätzung, die zeitnahe Transaktionen mit ähnlichen Vermögenswerten berücksichtigt, zu verwenden.[104]

Verfahren zur indirekten Fair-Value-Schätzung, die ein Unternehmen aufgrund des regelmäßigen Kaufs oder Verkaufs von einzigartigen immateriellen Vermögenswerten entwickelt hat, können auch im Rahmen der Kaufpreisallokation benutzt werden.[105] IAS 38.41 nennt hierzu explizit multiplikatororientierte Verfahren, die Ermittlung auf Basis von hypothetisch erzielbaren Lizenzeinnahmen und Discounted-Cashflow-Verfahren. IFRS 3 und IAS 38 regeln die Fair-Value-Bewertung immaterieller Vermögenswerte also nur im Grundsatz und nehmen maßgeblich auf

---

[100] Vgl. IAS 38.13.
[101] Vgl. IAS 38.17.
[102] Vgl. IAS 38.8.
[103] Vgl. IAS 38.78.
[104] Vgl. IFRS 3.B16(g), IAS 38.39f.
[105] Vgl. IAS 38.41.

Bezugsobjekt	Zu bilanzierende immaterielle Vermögenswerte aufgrund der Separierbarkeit (*) bzw. vertraglicher oder gesetzlicher Rechte
Absatz / Marketing	- Markennamen, -zeichen - Internet-Domain-Namen - Warendesign (Farbe, Form, Verpackung) - Zeitschriftentitel - Vereinbarungen über Wettbewerbsverbote
Kunden	- Kundenlisten* - Auftragsbestand - (Dauer-)Kundenverträge - Nicht vertragliche Kundenbeziehungen*
Kunst	- Schauspiele, Opern, Ballettaufführungen - Literarische Werke wie Bücher, Zeitschriften, Zeitungen - Musikalische Werke wie Kompositionen, Liedtexte, Werbemelodien - Bilder, Fotographien - Video und audiovisuelles Material wie Filme, Videoclips, Fernsehsendungen
Verträge	- Lizenzen - Werbe-, Ausführungs-, Management-, Lieferungs- und Leistungsverträge - Leasingvereinbarungen - Baugenehmigungen - Franchisevereinbarungen - Betriebs- und Senderechte - Förderungs- und Abbaurechte wie Bohr-, Wasser-, Luftraumrechte - Dienstleistungsverträge wie Hypothekenabwicklungsverträge - Vorteilhafte Arbeitsverträge
Technologie	- Patentierte Technologien - Unpatentierte Technologien* - Datenbanken* - Geschäftsgeheimnisse wie geheime Formeln, Prozesse, Rezepte

Abbildung C-3: Beispielkatalog immaterieller Vermögenswerte[106]

die Bewertungspraxis Bezug.[107] Bisher bieten jedoch praktische wie auch theoretische Bewertungsansätze „keine ausgereiften Ansätze, die dem Anspruch eines internen oder externen Rechnungswesens vollständig und -umfänglich gerecht werden könnten.“[108]

---

[106] In Anlehnung an IFRS 3 Illustrative Examples, *Deloitte* (2004a) S. 13.

[107] Vgl. *Deloitte* (2004b) S. 49.

[108] *Weber* (2002) S. 328.

Diesen Abschnitt abschließend werden Problembereiche des Ansatzes spezifischer immaterieller Vermögenswerte näher dargestellt, und zwar von Marken, Forschungs- und Entwicklungsprojekten sowie Kundenbeziehungen.

Ist ein immaterieller Vermögenswert nur im Zusammenhang mit einem anderen immateriellen Vermögenswert separierbar und sind die Fair Values nicht verlässlich ermittelbar, so ist eine Ansatz- und Bewertungseinheit (*asset group*) zu bilden. Sie kann z. B. bei Zeitschriftentiteln und den dazugehörigen Abonnementverträgen auftreten.[109] Bei dem Erwerb einer **Marke**, die i. d. R. zahlreiche komplementäre immaterielle Vermögenswerte umfasst, ist die Bildung einer *asset group* zwar möglich,[110] jedoch nur unter der restriktiven Voraussetzung, dass die zusammengefassten Vermögenswerte ähnliche Nutzungsdauern aufweisen.[111] Die Einzelbewertung von Marken kann ebenfalls problematisch sein und zur Aktivierung innerhalb des Goodwills führen. So ist z. B. bei technologisch-getriebenen Marken eine von den Kundenbeziehungen separate Bewertung schwierig, da Wiederholungskäufe maßgeblich aufgrund der empfundenen Innovationskraft des Unternehmens als Ganzes getätigt werden. Im Gegensatz dazu dominiert bei Produkten des täglichen Bedarfs die Marke über andere immaterielle Vermögenswerte und kann demzufolge separat aktiviert werden.[112]

Neben Marken sind im Rahmen der Kaufpreisallokation die erworbenen aktiven **Forschungs- und Entwicklungsprojekte** (F&E-Projekte) bedeutsam. Forschung beschreibt die Suche nach wissenschaftlichen oder technischen Erkenntnissen. Die anschließende Entwicklung stellt den Entwurf für die Herstellung von Produkten, Dienstleistungen, Prozessen und Systemen vor der Kommerzialisierung dar.[113] Außerhalb von Unternehmenserwerben sind diese Phasen zunächst voneinander abzu-

---

109 Vgl. IAS 38.36, IFRS 3.BC103.

110 Vgl. *Heidemann* (2005) S. 89f.

111 Vgl. IAS 38.37, *Lüdenbach/Prusaczyk* (2004a) S. 212.

112 Vgl. *Lüdenbach/Prusaczyk* (2004a) S. 212. *Gerpott/Thomas* (2004) S. 2487 argumentieren mit Verweis auf IAS 38.38 inkorrekt: „Folglich hängt die (Nicht-)Zurechnung zum Goodwill bzw. die Aktivierbarkeit im Zweifelsfall von der Prämisse der Vergleichbarkeit von Markentransaktionen ab [...].“ Allerdings erfordert IAS 38 beim Fehlen von Vergleichsdaten zusätzlich, dass die Fair-Value-Bewertung auf unbestimmbaren Variablen basieren würde; vgl. IAS 38.38(b). Die Literatur zur Markenbewertung zeigt jedoch, dass in der Praxis bereits standardisierte Bewertungsmethoden zur Anwendung kommen; vgl. *Deloitte* (2004b) S. 51ff., *Beyer* (2005) S. 167ff.

113 Vgl. IAS 38.8. Die Phasen Forschung und Entwicklung werden begrifflich weit ausgelegt; vgl. IAS 38.52 und die Beispiele für einzelne Phasenaktivitäten in IAS 38.56, IAS 38.59.

grenzen.[114] Der Entwicklungsaufwand ist bei Erfüllung der Nachweiserfordernisse des IAS 38.57(a) bis (f) zwingend zu aktivieren. Der Aufwand für Forschungsprozesse ist dagegen erfolgswirksam zu verbuchen.[115] Das IASB argumentiert, dass in dieser frühen Phase nicht belegt werden kann, dass ein immaterieller Vermögenswert existiert, der wahrscheinliche zukünftige Nutzenzuflüsse generiert.[116] Diese Begründung ist inkonsistent, da für den Ansatz eines immateriellen Vermögenswertes nur erforderlich ist, dass es wahrscheinlich ist, dass der Nutzen aus dem Vermögenswert dem Unternehmen zufließt.[117] Über eine erforderliche Mindestwahrscheinlichkeit des Nutzenzuflusses selbst trifft der Standard keine Aussage.

Im Rahmen von Erwerbsvorgängen gilt die zweigeteilte Behandlung der F&E-Phasen explizit nicht. Gemäß IAS 38.34 sind aktive F&E-Projekte zum Fair Value zu aktivieren, sofern sie die zuvor genannten Ansatzvoraussetzungen für immaterielle Vermögenswerte erfüllen. Da nach Auffassung des IASB für erworbene immaterielle Vermögenswerte i. d. R. eine verlässliche Fair-Value-Bewertung vorgenommen werden kann und die Höhe der Wahrscheinlichkeit eines Nutzenzuflusses für den Ansatz unerheblich ist,[118] ist für F&E-Projekte hauptsächlich die Identifizierbarkeit zu überprüfen. Nachträgliche Aufwendungen sind gemäß IAS 38.54ff., d. h. nach dem allgemeinen Ansatz immaterieller Vermögenswerte, zu behandeln.

Weiterhin müssen erworbene **Kundenbeziehungen** aktiviert werden, falls sie insbesondere die Kriterien der Identifizierbarkeit und der Verfügungsmacht erfüllen. Die in IFRS 3.IE unterschiedenen Auftragsbestände und Kundenverträge sind stets rechtlich begründet und folglich identifizier- und kontrollierbar. Bei widerruflichen Verträgen und Rahmenverträgen ist im Einzelfall die Verfügungsmacht zu untersuchen. Legt ein Rahmenvertrag nur Verkaufspreise und Lieferbedingungen, jedoch keine Abnahmepflichten fest, können sie juristisch nicht durchgesetzt und demzufolge auch nicht bilanziell aktiviert werden.[119]

Da im Akquisitionsobjekt vorhandenen **Kundenlisten** als demographische oder adressbezogene Informationen eine rechtliche Basis fehlt, ist für ihren Ansatz die Separierbarkeit bestimmend. Generell werden Kundenlisten als separierbar angesehen, außer wenn Verschwiegenheitspflichten oder spezifische Vereinbarungen eine

---

[114] Vgl. IAS 38.52.
[115] Vgl. IAS 38.54.
[116] Vgl. IAS 38.55.
[117] Vgl. IAS 38.21(a).
[118] Vgl. IAS 38.35, IFRS 3.37.
[119] Vgl. *Heidemann* (2005) S. 98ff., *Lüdenbach/Prusaczyk* (2004a) S. 208f.

solche Transaktion verbieten.[120] Daneben besitzt der Erwerber i. d. R. die Verfügungsmacht, da die Informationen Dritten nicht oder nur unter hohen Kosten zugänglich sind.[121]

Die generellen **Aktivierungsverbote** des IAS 38 gelten auch im Rahmen von Unternehmenserwerben für folgende Aufwendungen:[122]

* Gründung und Anlaufphase eines Geschäftsbetriebes,
* Reorganisation und Standortwechsel eines Geschäftsbetriebes,
* Verkaufsförderung,
* Schulungsmaßnahmen sowie
* Verwaltung.

1.2.5 Ansatz und Bewertung von spezifischen materiellen Vermögenswerten und Schulden

Wie im Fall immaterieller Vermögenswerte gilt beim Erwerb von **Eventualschulden** (*contingent liabilities*) die Eintrittswahrscheinlichkeit eines Nutzenabflusses nicht als Ansatzkriterium.[123] Eventualschulden im Sinne des IAS 37.10 sind mögliche oder gegenwärtige Verpflichtungen aus vergangenen Ereignissen, die zu einem Nutzenabfluss führen.[124] Im Gegensatz zur *liability* dürfen sie im Allgemeinen nicht passiviert werden, da im Fall möglicher Verpflichtungen ihre Existenz noch nicht bestätigt ist, oder im Fall gegenwärtiger Verpflichtungen entweder das Ereignis des Nutzenabflusses nicht wahrscheinlich ist oder keine verlässliche Bewertung vorgenommen werden kann.[125]

Unter Berücksichtigung von Vorsichtsaspekten geht im Rahmen von Unternehmenserwerben die Höhe von erworbenen Eventualschulden in die Kaufpreisfindung ein.[126] Deshalb müssen sie im Gegensatz zur allgemeinen Behandlung passiviert werden. Dies gilt jedoch nur unter der Maßgabe, dass sie zum Akquisitions-

---

[120] Vgl. IFRS 3.IE B1.

[121] Vgl. *Lüdenbach/Prusaczyk* (2004a) S. 206.

[122] Vgl. IFRS 3.45 i. V. m. IAS 38.69, IAS 38.15, IAS 38.29.

[123] Vgl. IFRS 3.37(c).

[124] Dagegen beschränkt sich die *liability*-Definition des Frameworks auf gegenwärtige Verpflichtungen; F.49(b).

[125] Vgl. IAS 37.27, IAS 37.10.

[126] Vgl. *Küting/Wirth* (2004) S. 173, *Lüdenbach* (2008) Rz. 58.

zeitpunkt bereits existieren und sie verlässlich bewertet werden können.[127] Die Bewertung zum Fair Value orientiert sich am Erwartungswert des Betrages, der bei einer Übernahme durch Dritte bezahlt werden müsste. Der Ansatz in Höhe des wahrscheinlichsten oder eines angenommenen Höchst- oder Mindestbetrages ist nicht zulässig.[128]

Eventualvermögenswerte (*contingent assets*) sind mögliche (*possible*) Vermögenswerte aus vergangenen Ereignissen, deren Existenz noch nicht bestätigt ist.[129] Oft wird in der wissenschaftlichen Literatur der inhaltlich einschränkende Begriff „Eventualforderungen“ verwendet. Eventualvermögenswerte unterliegen einem allgemeinen Ansatzverbot.[130] Die Pflicht zur Passivierung von **Eventualschulden** bei Unternehmenserwerb führt im Vergleich dazu scheinbar zu einer asymmetrischen Behandlung, die in der wissenschaftlichen Literatur kritisch diskutiert wird.[131] Allerdings ist auf eine bereits asymmetrische Definition der beiden Begriffe hinzuweisen. Im Gegensatz zu der oben angeführten Definition von Eventualschulden stellen nicht alle Vermögenswerte, die die Ansatzkriterien als *asset* nicht erfüllen, einen Eventualvermögenswert im Sinne des IAS 37.10 dar.[132] Es ist zwischen gegenwärtig nicht existierenden, möglichen Vermögenswerten (*contingent assets*) gemäß IAS 37.10 und – unabhängig vom Bilanzansatz – gegenwärtigen Vermögenswerten (*assets*) gemäß F.49(a) zu differenzieren. Es kann angenommen werden, dass gegenwärtige, aber im Allgemeinen nicht ansatzfähige Vermögenswerte insbesondere immaterieller Natur sind.[133] Wie oben beschrieben, unterliegen sie bei Unternehmenserwerb einem erleichterten Ansatz. Es kann somit geschlussfolgert werden, dass die Bilanzierung von zukünftig möglichen (kein Ansatz) und von gegenwärtigen, jedoch allgemein nicht ansatzfähigen Schulden und Vermögenswerten (Ansatz) bei Unternehmenserwerb tendenziell symmetrisch ausgestaltet ist.

---

127 Vgl. IFRS 3.37(c), IFRS 3.41, IFRS 3.47.

128 Vgl. IFRS 3.B16(l).

129 Vgl. IAS 37.10. Die Existenz von Eventualvermögenswerten kann nur durch ein zukünftiges Ereignis bestätigt werden, das nicht vollständig durch das Unternehmen kontrolliert werden kann; vgl. IAS 37.10.

130 Vgl. IAS 37.31, IAS 37.33, IFRS 3.BC117.

131 Vgl. *Brücks/Wiederhold* (2004) S. 180, *Hommel/Benkel/Wich* (2004) S. 1272, *Zülch* (2004) S. 339.

132 Vgl. IAS 37.12.

133 Vgl. so auch ED-IAS 37.Question 3.

Schulden mit ungewisser Fälligkeit oder Höhe werden als Rückstellungen bezeichnet.[134] Da der Ansatz von Vermögenswerten und Schulden ausschließlich die zum Akquisitionszeitpunkt gültige Situation des Akquisitionsobjektes berücksichtigt,[135] darf der Erwerber keine **Restrukturierungsrückstellungen** passivieren. Eine Restrukturierung bezeichnet eine wesentliche Veränderung des Umfangs der Geschäftstätigkeit oder der Art der Geschäftsführung.[136] Eine Bilanzierung ist nur zulässig, wenn zum Akquisitionszeitpunkt im Akquisitionsobjekt eine solche Rückstellung nach IAS 37 bereits existiert.[137] Für die Passivierung gilt nach IAS 37.23 ein Nutzenabfluss als wahrscheinlich, wenn die Eintrittswahrscheinlichkeit über 50% liegt. Weiterhin muss im Akquisitionsobjekt ein ausführlicher Plan existieren, der bei den Beteiligten zu der Erwartung führt, dass eine Restrukturierung durchgeführt wird.[138] Falls diese Pläne an den Erwerb des Unternehmens durch Dritte geknüpft sind, können sie vor dem Akquisitionszeitpunkt weder als gegenwärtige Verpflichtung noch als Eventualschuld angesetzt werden.[139] Weiterhin sind auch Rückstellungen für künftige aus dem Unternehmenserwerb resultierende Aufwendungen oder Verluste unzulässig.[140]

Werden Vermögenswerte oder betriebliche Einheiten erworben, die zur **Weiterveräußerung** bestimmt sind, gelten die spezifischen Regelungen des IFRS 5. Bei Vorliegen eines konkreten Veräußerungsplans, einer intensiven Vermarktung zu einem angemessenen Preis und einem erwarteten Verkauf innerhalb von zwölf Monaten sind die Vermögenswerte oder betrieblichen Einheiten in der Neubewertungsbilanz gesondert als zur Veräußerung gehalten (*held for sale*) auszuweisen.[141] Die planmäßigen Abschreibungen langfristiger Vermögenswerte sind auszusetzen.[142] Im Fall der Veräußerungsabsicht eines wesentlichen Geschäftsfeldes (*discontinued operations*) erfolgt darüber hinaus ein separater Ausweis in der Gewinn-und-Verlustrechnung.[143]

---

[134] Vgl. IAS 37.10.
[135] Vgl. IFRS 3.36, IFRS 3.41.
[136] Vgl. IAS 37.10, IAS 36.46.
[137] Vgl. IFRS 3.41(a), IFRS 3.BC 76ff.
[138] Vgl. IAS 37.72.
[139] Vgl. IFRS 3.43. Ist der Erwerber in der Lage, das Akquisitionsobjekt zu Restrukturierungen zu zwingen, so kann der Akquisitionszeitpunkt vorverlagert sein; vgl. IFRS 3.BC85.
[140] Vgl. IFRS 3.41(b).
[141] Vgl. IFRS 5.1(b), IFRS 5.8, *Hoffmann/Lüdenbach* (2004b) S. 2007. Weiterhin müssen die Vermögenswerte sofort veräußerbar sein; vgl. IFRS 5.7f.
[142] Vgl. IFRS 5.25.
[143] Vgl. IFRS 5.33(a), *Hoffmann/Lüdenbach* (2004b) S. 2006.

Unmittelbar vor der Einordnung als zur Veräußerung gehalten ist der Buchwert des Vermögenswertes bzw. sind die Buchwerte der einzelnen Vermögenswerte und ggf. Schulden einer Veräußerungseinheit (*disposal group*) zunächst nach den korrespondierenden IFRS zu bewerten.[144] Bei Unternehmenserwerb ist nach IFRS 3.36 eine Bewertung zum Nettoveräußerungswert erforderlich. Aufgrund der Verkaufsabsicht ist auch gemäß IFRS 5 eine solche Bewertung vorzunehmen.[145] Eine Veräußerungseinheit umfasst i. d. R. mindestens eine CGU, kann jedoch auch mehrere CGUs inklusive zugeordnetem Goodwill beinhalten.[146] Unterschreitet der Wert auf Ebene der Veräußerungseinheit die Summe der Einzelwerte der Vermögenswerte und ggf. Schulden, so sind nach IAS 36.104 zunächst der Goodwill und nachfolgend anteilig die sonstigen Vermögenswerte in ihrem Wert zu vermindern.[147]

1.2.6 Abgrenzung von Cash-generating Units und Zuordnung des Goodwills

Im Rahmen des **Impairment-Tests** wird grundsätzlich der erzielbare Betrag (*recoverable amount*) mit dem Buchwert eines Vermögenswertes verglichen.[148] Generiert ein einzelner Vermögenswert nur im Zusammenwirken mit anderen Vermögenswerten Zahlungsmittelzuflüsse, so ist der Impairment-Test auf Ebene von CGUs durchzuführen.[149] Da dies für den Goodwill gilt, ist er für die Folgebilanzierung zum Akquisitionszeitpunkt auf bereits identifizierte oder neu gebildete CGUs aufzuteilen.[150] Die Zuordnung muss bis zwölf Monate nach dem Akquisitionszeitpunkt erfolgen.[151] Zwischenzeitlich sind bei Indizien für eine Wertminderung auch CGUs auf ihre Werthaltigkeit hin zu überprüfen, denen Goodwill noch nicht abschließend zugewiesen wurde.[152]

---

[144] Vgl. IFRS 5.18, *Zülch/Lienau* (2004) S. 448.

[145] Vgl. IFRS 5.16.

[146] Vgl. IFRS 5.4, *Zülch/Lienau* (2004) S. 444.

[147] Vgl. zum Vorgehen bei Wertdifferenzen IFRS 5.23, *Zülch/Lienau* (2004) S. 445.

[148] Vgl. IAS 36.59.

[149] Vgl. IAS 36.22.

[150] Vgl. IAS 36.80.

[151] Vgl. IAS 36.85(b). Falls die Zuordnung von Goodwill zum ersten Abschlussstichtag nach dem Akquisitionszeitpunkt nicht finalisiert werden konnte, ist über die Höhe des noch nicht zugeordneten Goodwills und über die Gründe zu berichten; vgl. IAS 36.133.

[152] Vgl. IAS 36.88. Der Impairment-Test erfolgt in diesem Fall unter Abstraktion des Goodwills im Buchwert; vgl. IAS 36.88.

Nach IAS 36.6 in der deutschen Fassung ist eine **CGU** als „[...] die kleinste identifizierbare Gruppe von Vermögenswerten, die Mittelzuflüsse erzeugen, die weitestgehend unabhängig von den Mittelzuflüssen anderer Vermögenswerte oder anderer Gruppen von Vermögenswerten sind“, definiert. In der wissenschaftlichen Literatur wird deshalb ebenfalls die Abkürzung ZGE für „zahlungsmittelgenerierende Einheit“ verwendet. In den US-amerikanischen Regelungen entspricht die CGU grundsätzlich einer Reporting Unit.

Existiert ein aktiver Markt für die Erzeugnisse einer Gruppe von Vermögenswerten, so ist die Gruppe unabhängig von der Belieferung dieses Marktes als eine CGU anzusehen.[153] Es können beispielsweise eine Produktgruppe, eine Fabrik, ein Geschäftsbereich, eine geographische Region oder ein Segment abgegrenzt werden.[154] Grundsätzlich kann im Extremfall ein ganzes Unternehmen eine CGU darstellen.[155] Für Zwecke des Impairment-Tests für Goodwill bildet jedoch das primäre oder sekundäre Segment nach IAS 14 bzw. ab 1. Januar 2009 ein *operating segment* nach IFRS 8 die Obergrenze.[156] Die Zuordnung zu CGUs ist für gleiche Arten von Vermögenswerten und über die Zeit beizubehalten, es sei denn, eine Neugestaltung ist gerechtfertigt.[157]

Unabhängig von der Zuordnung der anderen erworbenen Vermögenswerte und Schulden ist der **Goodwill denjenigen CGUs zuzuordnen**, die erwartungsgemäß von den Synergien, die aus dem Unternehmenserwerb resultieren, profitieren.[158] Da die Synergiepotenziale aus dem Unternehmenserwerb unter Umständen nicht willkürfrei spezifischen CGUs zugeordnet werden können, ist ebenfalls die Aufteilung auf der Ebene einer Gruppe von CGUs zulässig.[159] Der Goodwill soll auf der untersten Unternehmensebene zugerechnet werden, auf der er für interne Steuerungszwecke überwacht wird.[160] Die Einrichtung zusätzlicher Berichtssysteme allein für die Zwecke des Impairment-Tests ist jedoch nach Auffassung des IASB normaler-

---

153 Vgl. IAS 36.70.

154 Vgl. IAS 36.130(d)(i).

155 Vgl. die Beispiele des IAS 36.67f.

156 Vgl. IAS 36.80(b), IFRS 8.B9.

157 Vgl. IAS 36.72.

158 Vgl. IAS 36.80.

159 Vgl. IAS 36.81. Zur Zuordnung unterschiedlicher Synergiearten in Abhängigkeit von der akquirierenden Konzernebene siehe *Alvarez/Biberacher* (2002) S. 351f.

160 Vgl. IAS 36.80(a), IAS 36.BC139ff.

weise nicht notwendig.[161] Jedoch müssen Unternehmen, die den Goodwill allein auf Unternehmensebene oder oberhalb der Segmentebene überwachen, neue Berichtssysteme installieren.[162] Beim Verkauf eines Geschäftsbereiches oder der Reorganisation der Berichtsstruktur ist bereits zugewiesener Goodwill gemäß den relativen Fair Values der Zuordnungsobjekte neu aufzuteilen. Dies gilt, sofern das Unternehmen kein aussagekräftigeres Allokationsverfahren nachweisen kann.[163]

1.3 Folgebilanzierung nach IAS 36

1.3.1 Überblick über die Folgebilanzierung

Die Folgebilanzierung des Goodwills wird in IAS 36 geregelt. Jährlich und zusätzlich, wenn ein potenzielles Impairment angezeigt wird, ist die Werthaltigkeit des Goodwills detailliert zu überprüfen.[164] Im Rahmen des Impairment-Tests wird der höhere Betrag aus dem Nettoveräußerungswert[165] und dem Nutzungswert mit dem Buchwert der goodwill-tragenden CGU verglichen.[166] Diese Vorgehensweise entspricht konzeptionell einer Investitionsentscheidung. Je nach den erwarteten Zahlungsmittelzuflüssen aus der Nutzung oder aus dem Verkauf wird das Bewertungsobjekt weiterhin im Unternehmen belassen oder liquidiert.[167] Der ermittelte Wertberichtigungsbedarf – die Differenz des Buchwertes zum erzielbaren Betrag (*recoverable amount*) aus der Nutzung oder der Veräußerung – ist zunächst auf den Goodwill und nachfolgend anteilig auf die sonstigen Vermögenswerte der CGU zu verteilen.[168] Um die Aktivierung von originärem, d. h. selbst erstelltem Goodwill

---

[161] IAS 36.82 erklärt: „*Therefore, the development of additional reporting systems is typically not necessary.*“ Zu beachten ist die inkorrekte deutsche Übersetzung: „Die Entwicklung zusätzlicher Berichtssysteme ist daher selbstverständlich nicht erforderlich.“

[162] Vgl. IAS 36.BC140.

[163] Vgl. IAS 36.86f.

[164] Vgl. IFRS 3.55, IAS 36.10(b).

[165] Die beiden englischen Begriffe für den Nettoveräußerungswert „*net selling price*“ und „*fair value less costs to sell*“ sind als gleichberechtigt anzusehen; vgl. IFRS 5.BC82f. Sie entsprechen nicht dem in IAS 2 verwendeten Bewertungsmaßstab „*net realisable value*“, der in der deutschsprachigen Literatur ebenfalls als ein Nettoveräußerungswert bezeichnet wird; vgl. IAS 2.7, *Pellens/Fülbier/Gassen/Sellhorn* (2008) S. 378.

[166] Vgl. IAS 36.74, IAS 36.59, IAS 36.104.

[167] Vgl. IAS 36.BCZ9, IAS 36.BCZ22f., IAS 36.BC71.

[168] Vgl. IAS 36.104f.

zu unterbinden, ist eine spätere Wertaufholung unzulässig.[169] Abbildung C-4 stellt die Prozessschritte graphisch dar.

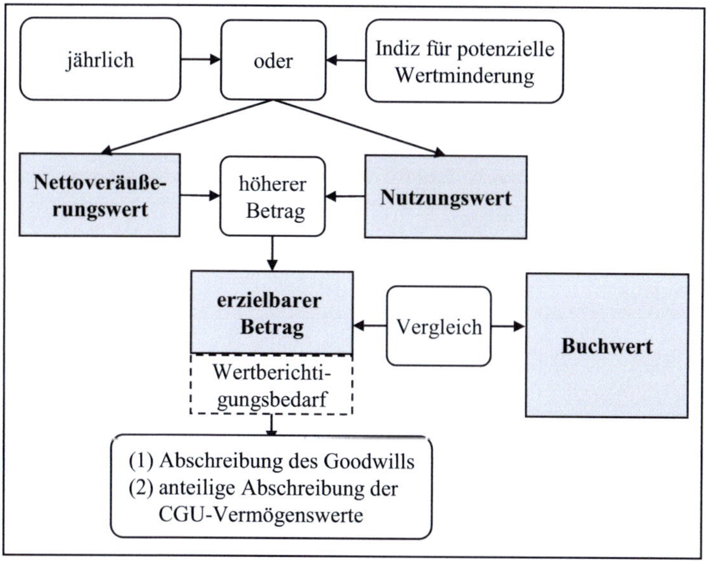

Abbildung C-4: Schritte zur Folgebilanzierung des Goodwills nach IAS 36

1.3.2 Anlass und Zeitpunkt für die Durchführung des Impairment-Tests

Der skizzierte Impairment-Test ist für Goodwill mindestens jährlich durchzuführen.[170] Der **Testzeitpunkt** kann für jede CGU beliebig gewählt werden, ist jedoch zeitlich stetig beizubehalten.[171] Wird unterjährig durch Indikatoren eine potenzielle Wertminderung angezeigt, ist die Werthaltigkeit des Goodwills häufiger zu überprüfen.[172] Im Gegensatz zu den handelsrechtlichen Regelungen ist es dabei unerheblich, ob es sich nur um eine vorübergehende Wertminderung handelt.[173] Dies ist bedeutsam, da nach IFRIC 10.8 eine im Rahmen der Zwischenberichterstattung vorgenommene Buchwertminderung nachträglich nicht aufgehoben werden darf.

---

169 Vgl. IAS 36.124, IAS 36.BC189.

170 Vgl. IFRS 3.55, IAS 36.10(b).

171 Vgl. IAS 36.10(a).

172 Vgl. IFRS 3.55.

173 Vgl. § 279 Abs. 1 HGB, *Hayn/Ehsen* (2003) S. 205.

Zudem darf keine Wahrscheinlichkeitshürde verwendet werden, um über das Vorliegen einer Wertminderung zu urteilen.[174] Der erste Impairment-Test eines Goodwills ist in der Berichtsperiode, in der der Unternehmenserwerb stattfand, vorzunehmen.[175] Muss zum Zeitpunkt des Impairment-Tests auf untergeordneter Ebene, typischerweise auf Ebene einzelner Vermögenswerte, ebenfalls ein Impairment-Test durchgeführt werden, so ist dieser zeitlich vorzuziehen (Stufenkonzept).[176]

Nicht abschließend listet IAS 36.12 die folgenden unternehmensexternen und -internen **Indikatoren einer möglichen Wertminderung** (*triggering events*) auf:[177]

(1) bedeutsame Verminderung des Marktwertes eines Vermögenswertes über die normale Wertminderung im Zeitablauf bzw. durch Nutzung hinaus,

(2) wesentliche Änderungen im technischen, marktlichen, wirtschaftlichen oder gesetzlichen Unternehmensumfeld oder im dem Vermögenswert zugehörigen Markt, die sich gegenwärtig oder in naher Zukunft nachteilig für das Unternehmen auswirken,

(3) Erhöhung von Marktzinsen, die aufgrund der Diskontierung zukünftiger Zahlungsmittelzuflüsse eine wesentliche Verminderung des Nutzungswertes bewirken,

(4) Eigenkapital, das die Marktkapitalisierung des Unternehmens übersteigt,

(5) Anzeichen einer Überalterung oder physischen Beschädigung eines Vermögenswertes,

(6) wesentliche gegenwärtige oder in naher Zukunft erwartete nachteilige Änderungen bezüglich der Nutzung eines Vermögenswertes, so z. B.

---

174 Vgl. IAS 36.BCZ98ff.

175 Vgl. IAS 36.96.

176 Vgl. IAS 36.97f. Demzufolge ist entgegen *Schmusch/Laas* (2006) S. 1060 nicht anzunehmen, dass „[...] die grundsätzliche Voraussetzung der Buchung einer Wertminderung auf einen in der ZGE eingesetzten Vermögenswert immer die Wertminderung der ZGE ist." Ähnlich irreführend ebenfalls *Hoffmann* (2008a) Rz. 43, allerdings mit dem Verweis auf die Ausnahmeregelung, in der die zitierte Aussage gilt. Nach IAS 36.107(b) wird ein Vermögenswert nicht wertgemindert, dessen erzielbarer Betrag nicht ermittelt werden kann und dessen CGU nicht wertgemindert ist. IAS 36.67 beschreibt die Umstände, in denen der erzielbare Betrag als nicht ermittelbar gilt, so z. B., wenn der Vermögenswert keine unabhängigen Cashflows generiert oder der Nutzungswert stark vom Nettoveräußerungswert abweicht.

177 Vgl. IAS 36.13. In Analogie zu IAS 36.18 gelten die Indikatoren sowohl für einzelne Vermögenswerte als auch für CGUs.

die Stilllegung, der Abgang, eine Verkürzung der zunächst unbegrenzten Nutzungsdauer oder die Restrukturierung bzw. Stilllegung der betreffenden Unternehmenseinheit, sowie

(7) Anzeichen aus dem internen Berichtswesen, die eine gegenwärtig oder zukünftig verminderte Leistungsfähigkeit eines Vermögenswertes andeuten, so maßgeblich cashflow- oder ertragsbezogene Plan-Ist-Abweichungen.

Die letztgenannten unternehmensinternen Indikatoren schließen insbesondere folgende Situationen ein:[178]

(1) Die Auszahlungen für den Kauf oder für die Nutzung bzw. Erhaltung des Vermögenswertes treten wesentlich höher als budgetiert ein.

(2) Der Netto-Cashflow oder das operative Ergebnis des Vermögenswertes sind wesentlich schlechter als geplant.

(3) Die Planwerte für Netto-Cashflows oder das operative Ergebnis des Vermögenswertes sinken wesentlich.

(4) Es werden operative Verluste oder negative Netto-Cashflows des Vermögenswertes ausgewiesen, wenn die aktuellen Erfolgsdaten mit den geplanten Werten zusammengefasst werden. (Die Art der Zusammenfassung wird im Standard nicht definiert. Es ist anzunehmen, dass insbesondere ein negativer unternehmensintern ermittelter Kapitalwert einen Impairment-Test anstößt.)

Tritt einer der genannten Indikatoren auf, ist ein Impairment-Test erforderlich.[179] Die Entscheidung über die Durchführung muss jedoch **Wesentlichkeitsaspekte** berücksichtigen.[180] IAS 36.15 führt hierzu beispielhaft auf, wann die Ermittlung des erzielbaren Betrages unterlassen werden kann. Dies ist insbesondere gegeben, wenn bisherige Berechnungen zeigen, dass der erzielbare Betrag wesentlich über dem Buchwert liegt und zwischenzeitlich keine gegen diese Differenz wirkenden Ereignisse eingetreten sind. IAS 36.99 schränkt diese allgemeine Erleichterungsregelung für den Goodwill weiter ein: Die Wahrscheinlichkeit, dass der gegenwärtig erzielbare Betrag den gegenwärtigen Buchwert unterschreitet, muss gering (*remote*) sein. Zudem dürfen sich die Vermögenswerte und Schulden der goodwill-tragenden

---

[178] Vgl. IAS 36.14.

[179] Vgl. IAS 36.9.

[180] Vgl. IAS 36.15.

CGU nicht wesentlich verändert haben.[181] In der Praxis werden diese Bedingungen nur selten kumulativ erfüllt sein.[182] Demzufolge sind in i. d. R. zumindest jährlich Goodwill-Impairment-Tests vorzunehmen.

1.3.3 Ermittlung des Buchwertes der Cash-generating Unit

Der Buchwert einer CGU umfasst die Buchwerte der Vermögenswerte, die zur Generierung der Zahlungsströme der CGU beitragen. Er ist stets entsprechend der Ermittlung des erzielbaren Betrages zu ermitteln. Grundsätzlich soll der Nutzungswert unter Vernachlässigung von **Finanzierungsaktivitäten** und **Ertragsteuereffekten** berechnet werden.[183] Deshalb ist im Buchwert von für die operative Leistungserstellung nicht notwendigen Finanzanlagen, aktiven und passiven latenten Steuern, Ansprüchen auf Steuererstattung, Steuerverbindlichkeiten sowie -rückstellungen grundsätzlich zu abstrahieren.[184]

Aus praktischen Gründen kann es jedoch erforderlich sein, den erzielbaren Betrag unter Beachtung von Vermögenswerten, die nicht Teil der CGU sind, oder von Schulden zu ermitteln. So können z. B. Forderungen, Verbindlichkeiten, Pensions- und sonstige Rückstellungen einbezogen werden. Insbesondere sollen Verpflichtungen, die untrennbar mit dem erzielbaren Betrag der CGU verbunden sind, berücksichtigt werden. Das gilt z. B. für die Verpflichtung eines hypothetischen Erwerbers, ein Grundstück später zu rekultivieren oder eine Anlage zu demontieren.[185] Die Zahlungsströme aus den zusätzlichen Vermögenswerten oder Schulden gehen in die Bestimmung des erzielbaren Betrages ein. Der Buchwert der CGU wird korrespondierend korrigiert.[186]

Es sind neben den Vermögenswerten, die der CGU direkt angehören, der **zugeordnete Goodwill** und anteilig gemeinschaftliche Vermögenswerte (*corporate assets*) einzubeziehen. Da im konsolidierten Abschluss der Goodwill in Höhe des Mehrheitsanteils ausgewiesen wird,[187] ist er für den Impairment-Test auf eine hundert-

---

181 Vgl. IAS 36.99(a), IAS 36.99(c).
182 Vgl. *Hoffmann* (2008a) Rz. 49.
183 Vgl. IAS 36.75 i. V. m. IAS 36.50.
184 Vgl. *Schmusch/Laas* (2006) S. 1050.
185 Vgl. ähnlich das Beispiel in IAS 36.78.
186 Vgl. IAS 36.78f.
187 Vgl. IFRS 3.40, IFRS 3.51, IAS 36.91.

prozentige Beteiligung hochzurechnen.[188] Die Anwendungsbeispiele zeigen, dass hierfür eine lineare Hochrechnung zulässig ist.[189]

Küting/Wirth (2005b) erläutern dies näher: „Diese Vorgehensweise unterstellt, dass die Minderheitsgesellschafter in ihrem Kaufpreiskalkül die gleichen werttreibenden Faktoren wie die Mehrheitsgesellschafter berücksichtigen. Eine Korrektur um eine in die Anschaffungskosten des Unternehmenszusammenschlusses eingegangene Kontrollprämie [...] ist somit nicht zwingend erforderlich."[190]

Eine Kontrollprämie beschreibt die zusätzlichen Anschaffungskosten, die ein Erwerber bereit ist, für die Beherrschung über das Unternehmen zu zahlen. In der vorliegenden Arbeit wird die Auffassung vertreten, dass eine Korrektur der Kontrollprämie stets abzulehnen ist. Erstens vernachlässigen die Autoren ebenfalls existierende Prämien auf die Minderheitenanteile. Wie *Pawelzik* (2004) ausführt, enthalten die Kosten des Erwerbes von ausstehenden Minderheitenanteilen eine sog. Flexibilitätsprämie: Für die Erhöhung der Flexibilität in den Managementaktivitäten im anteilig erworbenen Tochterunternehmen ist der Mehrheitsgesellschafter gewillt, einen Aufschlag auf den Buchwert der Minderheitenanteile zu zahlen.[191]

Zweitens werden durch eine Korrekturmöglichkeit die vorhandenen Ermessensspielräume erhöht. Deshalb wird hier eine standardisierte Bilanzierungsregelung – die im Standard genannte lineare Hochrechnung des Goodwills – favorisiert.[192] Drittens sind entgegen der Auffassung der Autoren[193] eine Kontrollprämie und ggf. vorhandene Paketzuschläge explizit in den Anschaffungskosten des Unternehmenserwerbes zu berücksichtigen und dürfen dort ebenfalls nicht korrigiert werden.[194] Auch aus diesem Grund ist eine mögliche Korrektur der Kontrollprämie beim Impairment-Test abzulehnen.

Die Zuordnung **gemeinschaftlicher Vermögenswerte** zu einzelnen CGUs muss begründet und stetig erfolgen.[195] Diese Vermögenswerte erzeugen definitionsgemäß keine eigenständigen Zahlungsströme, da sie der Unterstützung der operativen

---

[188] Vgl. IAS 36.92.
[189] Vgl. IAS 36.IE65.
[190] *Küting/Wirth* (2005b) S. 202.
[191] Vgl. *Pawelzik* (2004) S. 683.
[192] Vgl. auch *Pawelzik* (2004) S. 683f.
[193] Vgl. *Küting/Wirth* (2005b) S. 203 Fn. 42.
[194] Vgl. IFRS 3.26, IFRS 3.IE Example 6.
[195] Vgl. IAS 36.102(a).

Einheiten dienen. Zudem können sie nicht vollständig einer einzelnen CGU zugewiesen werden.[196] Beispiele für gemeinschaftliche Vermögenswerte sind:[197]

* das Gebäude der Konzernzentrale,
* das Gebäude der Geschäftsbereichszentrale,
* die IT-Ausrüstung sowie
* ein Zentrum für Forschung und Entwicklung.

1.3.4 Ermittlung des Nettoveräußerungswertes der Cash-generating Unit

Der höhere Betrag aus dem Nettoveräußerungswert und dem Nutzungswert stellt den erzielbaren Betrag dar. Zu seiner Ermittlung sieht IAS 36 nicht zwingend die Berechnung beider Maßstäbe vor. Falls einer der Maßstäbe den Buchwert übersteigt, erübrigt sich die Ermittlung des anderen.[198] Weiterhin muss der Nutzungswert nicht abgeleitet werden, wenn angenommen werden kann, dass er den Nettoveräußerungswert nicht wesentlich überschreitet. Dies kann z. B. bei zu veräußernden CGUs zutreffen.[199]

Nachfolgend werden die Regelungen zum Nettoveräußerungswert dargestellt.[200] Der Maßstab wird – wie auch der Buch- und der Nutzungswert – unabhängig von der Beteiligungsquote der Konzernmutter, d. h. unter der Prämisse einer hundertprozentigen Beteiligung an der Tochtergesellschaft, ermittelt. Er ist definiert als der Preis, der durch den Verkauf eines Vermögenswertes oder einer CGU in einer marktüblichen Transaktion unter Berücksichtigung von Veräußerungskosten erzielt werden kann.[201] Die Veräußerungskosten stellen direkt zurechenbare Aufwendungen des Verkaufs dar, so z. B. für die Rechtsberatung und die Demontage von zu veräußernden Produktionsstätten. Aufwendungen für die Finanzierung und die Ertragsteuer sind explizit davon ausgeschlossen.[202]

Zur Ermittlung des Nettoveräußerungswertes gibt IAS 36.25ff. eine **Bewertungshierarchie** vor. Den primären, bestmöglichen Hinweis gibt der Preis eines binden-

---

196 Vgl. IAS 36.100.
197 Vgl. IAS 36.100.
198 Vgl. IAS 36.19.
199 Vgl. IAS 36.21.
200 In IAS 36.19 bis IAS 36.57 wird der Begriff „Vermögenswert“ verwendet. Die Regelungen gelten gleichermaßen für eine einzelne CGU oder eine Gruppe von CGUs; vgl. IAS 36.18.
201 Vgl. IAS 36.6.
202 Vgl. IAS 36.6, IAS 36.28.

den Verkaufsvertrages zwischen unabhängigen Transaktionspartnern abzüglich direkt zurechenbarer Veräußerungskosten.[203] Liegt kein bindender Verkaufsvertrag vor und wird das Veräußerungsobjekt auf einem aktiven Markt gehandelt, ist sekundär auf den aktuellen Marktpreis abzüglich der Veräußerungskosten abzustellen. Ein aktiver Markt gemäß IAS 36.6 ist analog zu IAS 38.8 durch homogene Waren mit öffentlichen Preisen und abschlusswilligen Transaktionspartnern charakterisiert. Der Marktpreis spiegelt sich i. d. R. im aktuellen Nachfragepreis (*current bid price*) wider. Sind keine Nachfragepreise verfügbar, kann eine Schätzung auf Basis der jüngsten Transaktion erfolgen, sofern zwischenzeitlich die wirtschaftlichen Umstände unverändert geblieben sind.[204]

Stehen keine Informationen aus Verkaufsverträgen oder aus aktiven Märkten zur Verfügung, bilden die bestmöglichen Informationen des Managements die Bewertungsgrundlage. In der Berechnung sind – sofern das Unternehmen nicht zwangsweise verkauft – zeitnahe marktübliche Transaktionen der Branche für ähnliche CGUs heranzuziehen.[205] Sind keine Informationen für eine verlässliche Bewertung des Nettoveräußerungswertes vorhanden, kann nur der Nutzungswert als erzielbarer Betrag verwendet werden.[206]

1.3.5 Ermittlung des Nutzungswertes der Cash-generating Unit

Im Gegensatz zum Nettoveräußerungswert unterliegt die Ermittlung des Nutzungswertes umfangreichen Ermittlungsvorschriften. Da er konzeptionell einem Kapitalwert entspricht, werden die Regelungen des IAS 36.30ff. nachfolgend bezüglich der verwendeten Zahlungsströme, des Diskontierungszinssatzes und des Ermittlungsverfahrens differenziert.

Die Prognose der **Zahlungsströme** soll grundsätzlich auf vernünftigen und vertretbaren Prämissen und der bestmöglichen Einschätzung des Managements basieren. Die Prämissen müssen unter Berücksichtigung der veränderten Unternehmensumwelt mit den historisch eingetretenen Zahlungsströmen korrespondieren. Im Rah-

---

203 Vgl. IAS 36.25.

204 Vgl. IAS 36.26. In der deutschen Übersetzung des IAS 36.26 wird fälschlicherweise auf den aktuellen Angebotspreis verwiesen.

205 Vgl. IAS 36.27.

206 Vgl. IAS 36.20.

men der Cashflow-Prognose ist jedoch externen Informationen ein größeres Gewicht beizumessen.[207]

Die Informationsgrundlage bilden die jüngsten, vom Management bewilligten Finanzpläne bzw. Budgets.[208] Die Prognose gliedert sich grundsätzlich in einen Detailplanungszeitraum von mindestens der Länge der Mittelfristplanung und von maximal fünf Jahren und einen nachfolgenden Extrapolationszeitraum. Ein aus Unternehmenssicht gerechtfertigter längerer Detailplanungszeitraum ist zulässig, wenn intern Finanzpläne bzw. Budgets mit einem Zeithorizont, der fünf Jahre überschreitet, vorliegen.[209] In diesem Fall muss das Management die Fähigkeit nachweisen, langfristig mit hoher Güte zu planen.[210]

Der fortgeschriebene Cashflow des Extrapolationszeitraumes darf eine konstante oder sinkende Wachstumsrate aufweisen. Eine steigende Wachstumsrate ist gestattet, falls es aus Unternehmenssicht sachgerecht erscheint.[211] Die Rate darf i. d. R. maximal dem langfristigen Durchschnittswert des betreffenden Marktes entsprechen. Die Regelung rekurriert im Detail auf den maximal zu erreichenden, langfristigen Durchschnitt der Wachstumsrate der Produkte, Branchen oder Staaten, in denen das Unternehmen bzw. die CGU agiert.[212] Mittelfristig ist eine höhere Wachstumsrate zulässig, falls dies z. B. auf Basis von beobachteten Lebenszyklen begründet werden kann.[213]

Der prognostizierte Zahlungsstrom darf nur die Mittelzuflüsse enthalten, die aus der fortgesetzten Nutzung der CGU resultieren. Daneben sind Mittelabflüsse zu berücksichtigen, die für die Gewährleistung der Nutzung anfallen sowie vernünftig und stetig zugerechnet werden können.[214] Die geschätzten Umsatzerlöse und Beschaffungsauszahlungen von anderen Unternehmenseinheiten müssen auf marktüblichen Transaktionspreisen basieren.[215]

---

[207] Vgl. IAS 36.33(a), IAS 36.34.
[208] Vgl. IAS 36.33(b).
[209] Vgl. IAS 36.35, IAS 36.33(b).
[210] Vgl. IAS 36.35.
[211] Vgl. IAS 36.33(c).
[212] Vgl. IAS 36.33(c).
[213] Vgl. IAS 36.33(c), IAS 36.36f.
[214] Vgl. IAS 36.39(a)f.
[215] Vgl. IAS 36.70, *KPMG* (2004) S. 110f.

Der Zahlungsstrom soll grundsätzlich den Zustand der CGU am Bewertungsstichtag berücksichtigen.[216] Zahlungsmittelzu- oder -abflüsse, die aus zukünftigen Restrukturierungen oder aus der zukünftigen Steigerung der Ertragskraft der CGU resultieren, dürfen nicht einbezogen werden.[217] Dies sind z. B. erwartete Einsparungspotenziale und Auszahlungen für die Erweiterung oder Verbesserung der CGU.[218] Weiterhin ist grundsätzlich von Zahlungsmittelzu- oder -abflüssen aus Finanzierungsaktivitäten und Ertragsteuern zu abstrahieren.[219] Dementsprechend soll der Zahlungsstrom die Verzinsungsansprüche der Kapitalgeber sowie die Steueransprüche des Staates enthalten.[220]

Obwohl der Nutzungswert als ein unternehmensspezifischer Maßstab konzipiert ist, sind nur die Zahlungsströme aus Unternehmenssicht zu schätzen. Der für den Nutzungswert verwendete **Diskontierungszinssatz** soll dagegen, soweit wie möglich, eine Marktbewertung reflektieren.[221] Er soll die aktuellen Marktbewertungen hinsichtlich des Zeitwertes des Geldes[222] und die spezifischen Risiken der CGU berücksichtigen, die noch nicht in die Zahlungsströme eingegangen sind.[223] IAS 36.32 erlaubt den Einbezug der Unsicherheit in den Cashflows oder – wie in der praktisch vorrangig angewendeten Risikozuschlagsmethode – im Diskontierungszinssatz.[224] Der risikoadäquate Diskontierungszinssatz für die CGU entspricht der Rendite, die Investoren für eine mit dem Bewertungsobjekt vergleichbare Finanzanlage fordern würden.[225]

Die Ableitung des Diskontierungszinssatzes erfolgt, falls möglich, aus aktuellen Markttransaktionen vergleichbarer CGUs. Weiterhin ist eine Ableitung aus den gewichteten durchschnittlichen Kapitalkosten (*weighted average cost of capital*, WACC) eines gelisteten Unternehmens zulässig, das über eine hinsichtlich Ertragspotenzial und Risiken vergleichbare CGU verfügt.[226] Da nach Auffassung des

---

216 Vgl. IAS 36.44f.

217 Vgl. IAS 36.44, IAS 36.33(b).

218 Vgl. IAS 36.45.

219 Vgl. IAS 36.50.

220 Vgl. IAS 36.51.

221 Vgl. IAS 36.BCZ54.

222 Der Zeitwert des Geldes spiegelt die Tatsache wider, dass gegenwärtige Zahlungsströme höher bewertet werden als zukünftige; vgl. z. B. *Freiberg/Lüdenbach* (2005) S. 480.

223 Vgl. IAS 36.55, IAS 36.A16.

224 Vgl. *Freiberg/Lüdenbach* (2005) S. 480.

225 Vgl. IAS 36.56.

226 Vgl. IAS 36.56.

IASB derartige Diskontierungszinssätze kaum existieren,[227] sind regelmäßig unter Beachtung der zusätzlichen Regelungen des Anhangs A sachgerechte, marktorientierte Schätzungen vorzunehmen.[228] Dabei zu beachten sind die Erwartungen des Marktes bezüglich:[229]

* der zeitlichen Veränderung des Zahlungsstromes,
* des Preises der mit der CGU verbundenen Unsicherheit und
* anderer möglicherweise bewertungsrelevanter Faktoren, wie z. B. die Wahrscheinlichkeit einer Zahlungsunfähigkeit.

Den Ausgangspunkt einer marktbezogenen Schätzung können ebenfalls die gewichteten durchschnittlichen Kapitalkosten, der Zinssatz des Unternehmens für zusätzliches Fremdkapital oder andere marktübliche Zinssätze für die Fremdkapitalaufnahme bilden.[230] Der als Ausgangspunkt gewählte Diskontierungszinssatz ist entsprechend den Einzelregelungen anzupassen.[231] Insbesondere sind einbezogene Risiken zu neutralisieren, die für den prognostizierten Zahlungsstrom nicht relevant sind.[232] Im Rahmen der Anpassung sind ferner Länder-, Währungs-, Preis- und andere Risiken zu beachten.[233] Verändert sich die Reaktion des Zahlungsstromes auf die identifizierten Risiken im Zeitablauf oder aufgrund der Laufzeitstruktur von Marktzinssätzen, sind für einzelne Prognosezeiträume unterschiedliche Diskontierungszinssätze zu verwenden.[234]

Der Diskontierungszinssatz ist weiterhin ebenfalls unabhängig von der Kapitalstruktur des Unternehmens und der Finanzierung der CGU zu ermitteln, da gemäß der Auffassung des IASB die Risiken innerhalb des Zahlungsstromes davon nicht beeinflusst werden.[235] Zudem ist von Steuereffekten zu abstrahieren:[236] Bei unternehmensinterner Verwendung eines Diskontierungszinssatzes nach Steuern ist die-

---

227 Vgl. IAS 36.BCZ55.
228 Vgl. IAS 36.57, IAS 36.A16.
229 Vgl. IAS 36.A16(b) mit Bezug auf IAS 36.A1(b), (d) und (e).
230 Vgl. IAS 36.A17.
231 Vgl. IAS 36.A18.
232 Vgl. IAS 36.A18(b).
233 Vgl. IAS 36.A18.
234 Vgl. IAS 36.A21.
235 Vgl. IAS 36.A19.
236 Vgl. IAS 36.55.

ser in einen Vor-Steuer-Zinssatz umzurechnen.[237] Inflationseffekte sind einheitlich in den Zahlungsstrom und Diskontierungszinssatz einzubeziehen oder auszulassen.[238] Die ermittelten Kapitalwerte müssen insgesamt das Spektrum potenzieller Ergebnisse zusammenfassen,[239] weshalb die Verwendung einzelner Zahlungsströme oder Diskontierungszinssätze, die einen Modalwert, d. h. den Wert mit der höchsten Wahrscheinlichkeit, oder die einen Minimal- oder Maximalwert darstellen, explizit nicht erwünscht ist.[240]

IAS 36.A2 definiert zwei Verfahrensansätze: Innerhalb des **traditionellen Ansatzes der Kapitalwertermittlung** (*traditional approach*) wird eine Reihe von Zahlungsströmen mit einem einzigen risikoadäquaten Zinssatz diskontiert.[241] Der verwendete Zahlungsstrom ist der Modalwert.[242] Der Diskontierungszinssatz berücksichtigt alle Unsicherheitsfaktoren: die wertmäßigen oder zeitlichen Veränderungen in den Zahlungsströmen, den Zeitwert des Geldes, die mit der CGU verbundenen Risiken und weitere aus Marktsicht zu beachtende Faktoren.[243] Diese einfache Kapitalwertermittlung bietet sich nach Auffassung des IASB insbesondere bei Existenz ähnlicher, am Markt gehandelter CGUs an.[244] Die Zahlungsströme der CGU, die zum Vergleich herangezogen wird, müssen dabei den Zahlungsströmen des Bewertungsobjektes ähneln. In diesem Fall wird der zu schätzende Diskontierungszinssatz aus dem Marktzinssatz der Vergleichs-CGU abgeleitet. Die verbleibenden

---

237 Vgl. IAS 36.A20 mit Verweis auf IAS 36.55. Die angeführten Anpassungen werden in Theorie und Praxis kritisch beurteilt, da die maßgeblich in Bewertungen verwendeten gewichteten durchschnittlichen Kapitalkosten entgegen den Regelungen des IAS 36 die Kapitalstruktur des Unternehmens und Steuern berücksichtigen; vgl. *Ballwieser* (2006) S. 278, *Trützschler/David/Strauch/Tomaszewski* (2005) S. 397.

238 Vgl. IAS 36.40, IAS 36.53(b). In der Bewertungspraxis sind Nominalrechnungen vorherrschend; vgl. *Copeland/Koller/Murrin* (2000) S. 152f., IDW S 1.103.

239 Vgl. IAS 36.A2, IAS 36.A3(c).

240 Vgl. IAS 36.A3(c) mit dem Wortlaut: „*[E]stimated cash flows or discount rates should reflect the range of possible outcomes rather than a single most likely, minimum or maximum possible amount.*" Unter Beachtung der Ähnlichkeit dieser Regelung zu SFAC 7.41(d), die zudem „*[t]he single most likely amount*" als Modalwert definiert, ist die deutsche Übersetzung als fehlerhaft zu charakterisieren: „[G]eschätzte Cashflows oder Abzinsungssätze müssen eher die Bandbreite möglicher Ergebnisse widerspiegeln als einen einzigen Betrag, höchstwahrscheinlich den möglichen Mindest- oder Höchstbetrag."

241 Vgl. IAS 36.A4.

242 Vgl. IAS 36.A7, IAS 36.A9 mit den englischen Begrifflichkeiten „*the single most likely cash flow*" und „*best estimate*". Siehe analog die Definition in SFAC 7.Glossary of Terms. Siehe die unzulängliche deutsche Übersetzung mit „de[r] einzige[ ] Cashflow[ ], der am ähnlichsten ist"; vgl. IAS 36.A7.

243 Vgl. IAS 36.A2.

244 Vgl. IAS 36.A5.

Merkmalsunterschiede in den CGUs, in den Zahlungsströmen oder ihrer Variabilität sind dabei zu berücksichtigen. Der traditionelle Ansatz stößt nach Meinung des Standardsetters an Grenzen, wenn für die CGU kein Markt oder keine Vergleichsobjekte existieren.[245]

Diese Regelungen des IASB können als teilweise wortwörtlicher Extrakt des US-amerikanischen Statement of Financial Accounting Concepts (SFAC) No. 7 *„Using Cash Flow Information and Present Value in Accounting Measurements"* identifiziert werden.[246] In beiden Standards ist der Widerspruch festzustellen, grundsätzlich die Zulässigkeit von Modalwerten zu verneinen, allerdings im Rahmen des traditionellen Ansatzes der Kapitalwertermittlung explizit darauf zu verweisen.[247] Darüber hinaus ist aus finanztheoretischer Sicht für eine marktorientierte Bewertung anstatt des Modalwertes ein Erwartungswert zu verwenden.[248] Weiterhin ist grundsätzlich die Diskontierung mit einem risikoadäquaten Zinssatz nicht nur für einwertige, sondern auch für mehrwertige Zahlungsströme möglich.[249]

Weiterhin werden nach Auffassung des IASB komplexe Bewertungsprobleme durch den **Verfahrensansatz erwarteter Zahlungsströme** (*expected cash flow approach*) angemessen behandelt. Unter direkter Berücksichtigung von mit unterschiedlichen Wahrscheinlichkeiten behafteten Zahlungsströmen und ihrem zeitlichen Eintritt wird ein Erwartungswert diskontiert.[250] Da die Zahlungsströme vollständig risikobereinigt anzusetzen sind, werden sie mit einem risikolosen Zinssatz diskontiert.[251] Eine Risikoanpassung des Zinssatzes ist jedoch notwendig, sofern diese Risiken noch nicht in die Erwartungswertermittlung eingegangen sind.[252] Dies ist insbesondere der Fall, wenn der zeitliche Eintritt von Zahlungsströmen ungewiss ist und noch nicht zu einer Anpassung der Zahlungsströme führte.[253]

Nach Auffassung des IASB ist der Ansatz erwarteter Zahlungsströme im Vergleich zum traditionellen Ansatz in vielen Situationen die effektivere und bessere Schät-

---

245 Vgl. IAS 36.A6.

246 Vgl. auch *Küting/Dawo/Wirth* (2003) S. 181.

247 Vgl. zu den Regelungen des SFAC No.7 *Hitz/Kuhner* (2000) S. 889ff., hier insbesondere S. 898f., weiterhin *Kümmel* (2002) S. 83ff.

248 Vgl. *Ballwieser* (2006) S. 275, *Mandl* (2005) S. 151.

249 Vgl. *Castedello/Klingbeil/Schröder* (2006) S. 1031.

250 Vgl. IAS 36.A7ff.

251 Vgl. IAS 36.A2.

252 Vgl. IAS 36.A3(a), *Küting/Dawo/Wirth* (2003) S. 181.

253 Vgl. das Beispiel in IAS 36.A8, in dem jedoch nicht explizit auf die notwendige Anpassung des Diskontierungszinssatzes hingewiesen wird. Siehe kritisch *Ballwieser* (2006) S. 275.

zung des Nutzungswertes.[254] Die mit hohem Schätzaufwand verbundene Anwendung muss jedoch unter Kosten-Nutzen-Erwägungen erfolgen. Die Kosten für zusätzlich zu erhebende Informationen sind mit der erhöhten Verlässlichkeit der Bewertung abzuwägen.[255]

1.3.6 Ermittlung und Verteilung des Wertberichtigungsbedarfs

Nach der Ermittlung des erzielbaren Betrages und des Buchwertes der CGU sind beide Maßgrößen miteinander zu **vergleichen**. Übersteigt der erzielbare Betrag den Buchwert, so ist keine Wertberichtigung notwendig und der Impairment-Test beendet. Ist dagegen der Buchwert höher als der erzielbare Betrag, ist in Höhe der Differenz eine Wertberichtigung nach IAS 36.104 vorzunehmen. Da der erzielbare Betrag wie auch der Buchwert fiktiv für eine hundertprozentige Beteiligung ermittelt werden, beschreibt ihre Differenz den Brutto-Wertberichtigungsbedarf.

Der Brutto-Wertberichtigungsbedarf ist nachfolgend auf den Goodwill und die sonstigen Vermögenswerte der CGU zu verteilen.[256] Zunächst ist der **Buchwert des Goodwills** zu vermindern. Da er dem Anteil der Mehrheitsgesellschafter entspricht, ist er lediglich um den gemäß der Beteiligungshöhe anteiligen Wertberichtigungsbedarf (Netto-Wertberichtigungsbedarf) zu reduzieren.[257] Zur Sicherstellung der korrekten Zuordnung des Wertberichtigungsbedarfs sind in einer Nebenrechnung für jeden Goodwill der Buchwert und Informationen zu seinem Erwerb, wie insbesondere die Beteiligungsquote am Tochterunternehmen, festzuhalten.[258]

Falls weiterhin Wertberichtigungsbedarf besteht, sind die sonstigen **Vermögenswerte der CGU** im Verhältnis zu ihren Buchwerten außerplanmäßig abzuschreiben.[259] Es dürfen nur die Buchwerte der Vermögenswerte reduziert werden, die un-

---

[254] Vgl. IAS 36.A7, IAS 36.A11 mit fehlender deutscher Übersetzung des „*most likely amount*“ im letzten Absatz.

[255] Vgl. IAS 36.A12.

[256] Vgl. IAS 36.104.

[257] Vgl. IAS 36.93. Die Verteilung des Wertberichtigungsbedarfs auf mehrere Goodwills aus unterschiedlichen Beteiligungsverhältnissen und aus Enkelunternehmen ist gemäß IAS 36 unbestimmt. Zu Vorschlägen aus der wissenschaftlichen Literatur siehe *Küting/Wirth* (2005b) S. 204f., *Römgens* (2005) S. 20ff., *Küting/Dawo/Wirth* (2003) S. 187ff., *Pellens/Sellhorn* (2003) S. 405ff. Wesentliche Regelungslücken wurden im Rahmen des IASB-Projektes „*Business Combinations*“ geschlossen; vgl. Abschnitt C.2.3.

[258] Vgl. *Küting/Wirth* (2005b) S. 205.

[259] Vgl. IAS 36.104, IAS 36.94.

ter den Regelungsbereich des IAS 36 fallen.[260] Da im Rahmen der Neubewertung die stillen Reserven und Lasten der Vermögenswerte vollständig aufgedeckt werden, wird der Wertberichtigungsbedarf ohne Berücksichtigung der Beteiligungshöhe der Muttergesellschaft auf die Vermögenswerte verteilt.[261] Die Wertberichtigung ist grundsätzlich erfolgswirksam zu behandeln, es sei denn, die betreffenden Vermögenswerte unterliegen der Neubewertung. In diesem Fall erfolgt zunächst eine erfolgsneutrale Verminderung der Neubewertungsrücklage.[262]

Im Rahmen der Wertberichtigung darf der korrigierte Buchwert der einzelnen Vermögenswerte mit Ausnahme des Goodwills jedoch nicht unter die folgenden drei Maßstäbe sinken:[263]

(1) den Nettoveräußerungswert des Vermögenswertes, sofern ermittelbar,

(2) den Nutzungswert des Vermögenswertes, sofern ermittelbar, und

(3) null.

Wertberichtigungsbedarf, der aufgrund dieser Einschränkung verbleibt, ist wiederum gemäß den Buchwerten anteilig auf die Vermögenswerte der CGU aufzuteilen.[264] Kann der gesamte Wertberichtigungsbedarf nicht zugewiesen werden, ist eine korrespondierende Schuld zu passivieren, wenn andere IFRS wie z. B. IAS 37 dies erfordern.[265] Ist der mit den Maßstäben (1) und (2) beschriebene erzielbare Betrag nicht für jeden Vermögenswert der CGU ermittelbar, sind sie frei wählbar abzuschreiben.[266]

1.4 Offenlegungspflichten

Die Goodwill-Bilanzierung unterliegt umfangreichen Offenlegungspflichten. Nachfolgend werden bedeutsame Angaben nach IFRS 3, IAS 36, IAS 38 und IAS 1 aufgeführt.

---

260 Vgl. zu den Einschränkungen für insbesondere Vorräte, finanzielle oder zur Veräußerung gehaltene Vermögenswerte IAS 36.2, *Dobler* (2005) S. 28.

261 Vgl. das Beispiel Nr. 7 in IAS 36.IE62ff.

262 Vgl. IAS 36.60.

263 Vgl. IAS 36.105.

264 Vgl. IAS 36.105.

265 Vgl. IAS 36.108.

266 Vgl. IAS 36.106.

Zur Beschreibung der Art und der finanziellen **Konsequenzen des Unternehmenserwerbes** ist Folgendes anzugeben:[267]

(a) Beschreibung des Akquisitionsobjektes,

(b) Zeitpunkt der Akquisition,

(c) Beteiligungshöhe,

(d) Beschreibung der Bestandteile der Anschaffungskosten, inklusive der Anzahl und des Fair Value der hingegebenen Finanzinstrumente,

(e) Details der aufgrund des Unternehmenserwerbes einzustellenden Unternehmenseinheiten,

(f) unmittelbar vor dem Unternehmenserwerb bestimmte Buchwerte und anschließend angesetzte Fair Values der Vermögenswerte und (Eventual-)Schulden des Akquisitionsobjektes,

(g) Betrag und korrespondierende GuV-Position eines ggf. erfassten Badwills sowie

(h) Beschreibung jedes immateriellen Vermögenswertes, der nicht separat vom Goodwill angesetzt wurde, mit einer Begründung, warum der Fair Value nicht verlässlich ermittelt werden konnte.

Die Buchwertentwicklung des Goodwills während der Berichtsperiode ist anhand einer Überleitungsrechnung darzustellen.[268] IFRS 3 zählt einzelne zu beschreibende Positionen auf, die zu einer Wertänderung des Goodwills führen können.[269]

Weiterhin ist jeder einzelne wesentliche immaterielle Vermögenswert zu charakterisieren und der zugehörige Buchwert und die verbleibende Nutzungsdauer aufzuführen.[270] Für einzelne Gruppen immaterieller Vermögenswerte, so z. B. für Marken, Veröffentlichungsrechte, Software und Lizenzen, sind im Wesentlichen folgende Angaben notwendig:[271]

(a) Bruttobuchwert und Summe der bisherigen Abschreibungen,

(b) Abschreibungsmethodik,

---

[267] Vgl. IFRS 3.67 i. V. m. IFRS 3.66(a).

[268] Vgl. IFRS 3.74.

[269] Vgl. IFRS 3.75.

[270] Vgl. IAS 38.122(b).

[271] Vgl. IAS 38.118f. Im Rahmen der Gruppenbildung ist zwischen selbst erstellten und sonstigen immateriellen Vermögenswerten zu differenzieren; vgl. IAS 38.118.

(c) Art und ggf. Länge der Nutzungsdauer,[272]

(d) GuV-Position der Abschreibungen der immateriellen Vermögenswerte sowie

(e) die detaillierte Entwicklung des Buchwertes auf Basis einer Überleitungsrechnung.[273]

IAS 36 fordert umfangreiche Angaben bei **Wertveränderungen** von einzelnen Vermögenswerten oder CGUs, denen Goodwill zugeordnet ist. Für jede Klasse von Vermögenswerten sind aufzuführen:[274]

* die Höhe der außerplanmäßigen Wertminderungen und -aufholungen, inklusive der korrespondierenden GuV-Positionen, sowie
* die Höhe der außerplanmäßigen Wertminderungen und -aufholungen neubewerteter Vermögenswerte mit erfolgsneutraler Verbuchung.

Erstellt das Unternehmen eine Segmentberichterstattung nach IAS 14 oder IFRS 8, sind diese Beträge für jedes primäre Segment separat auszuweisen.[275] Alle wesentlichen außerplanmäßigen Wertminderungen von goodwill-tragenden CGUs sind nach IAS 36.130 zusätzlich insbesondere durch folgende Angaben zu erläutern:

(a) Anlass und Umstände,

(b) Betrag der Wertminderung,

(c) primäres Berichtssegment, zu dem der Goodwill gehört,

(d) Art der CGU (z. B. Produktlinie),

(e) Betrag der Wertminderung für die zugehörige Klasse von Vermögenswerten, ggf. für das primäre Berichtssegment,

(f) Beschreibung und Begründung einer ggf. vorgenommenen Veränderung der CGU-Bildung sowie

(g) Ausprägung des erzielbaren Betrages als Nettoveräußerungs- oder Nutzungswert und nähere Erläuterung der Bestimmung, z. B. Marktbezug des Nettoveräußerungswertes oder vorherig und gegenwärtig für den Nutzungswert verwendete Diskontierungszinssätze.

---

272 Wird die Nutzungsdauer eines immateriellen Vermögenswertes als unbegrenzt eingeschätzt, ist dies ausführlich zu begründen und der Buchwert des Vermögenswertes anzugeben; vgl. IAS 38.122.

273 Zu den gesondert aufzuführenden Positionen der Überleitung siehe IAS 38.118(e).

274 Vgl. IAS 36.126.

275 Vgl. IAS 36.129, IFRS 8.B9.

Werden die Angaben des IAS 36.130 für die Summe der außerplanmäßigen Wertminderungen unterlassen, so sind zumindest die bedeutendsten zugehörigen Vermögenswertklassen sowie die Anlässe und Umstände der Wertminderung aufzuführen.[276] Der Betrag eines ggf. noch nicht zugeordneten Goodwills und eine Begründung für die bisher unterlassende Zuordnung sind anzugeben.[277]

Für jede **CGU, die einen wesentlichen Anteil am Goodwill** oder an den unbegrenzt nutzbaren immateriellen Vermögenswerten des Unternehmens umfasst, ist jährlich unabhängig vom Vorliegen eines Impairments Folgendes anzugeben:[278]

(a) Buchwerte des zugeordneten Goodwills und der zugeordneten unbegrenzt nutzbaren immateriellen Vermögenswerte sowie

(b) Ausprägung des erzielbaren Betrages.

(c) Wird der erzielbare Betrag durch den Nutzungswert präsentiert:

* Basisprämissen der Zahlungsstromprognose, auf die der erzielbare Betrag sensibel reagiert,
* Vorgehensweise zur Wertermittlung: Ableitung aus der Vergangenheit oder aus externen Hinweisen, bei alternativer Vorgehensweise Beschreibung und Begründung der Wertdifferenzen,
* Zeitraum der detaillierten Zahlungsstromprognose (Begründung bei einer Überschreitung von fünf Jahren) sowie
* Wachstumsraten der Detailplanungsphase und der Extrapolationsphase (Begründung bei Abweichung von IAS 36.33(c)).

(d) Wird der erzielbare Betrag durch den Nettoveräußerungswert repräsentiert:[279]

* Methode der Ermittlung.

(e) Wird der Nettoveräußerungswert mittelbar geschätzt:

* Basisprämissen, auf die der erzielbare Betrag sensibel reagiert, sowie

---

[276] Vgl. IAS 36.131.

[277] Vgl. IAS 36.133.

[278] Vgl. IAS 36.134.

[279] Im Rahmen des jährlichen Verbesserungsprozesses der IFRS entschied das IASB vorläufig, dass die offenzulegenden Angaben für den Nutzungswert nach IAS 36.134(d) (hier unter (c) geführt) zukünftig ebenso für die Discounted-Cashflow-Ermittlung des Nettoveräußerungswertes gelten sollen; vgl. das IASB-Update vom Juli 2007 S. 3.

* Vorgehensweise zur Wertermittlung: Ableitung aus der Vergangenheit oder aus externen Hinweisen, bei alternativer Vorgehensweise Beschreibung und Begründung der Wertdifferenzen.

(f) Bewirkt eine rational mögliche Änderung der Basisprämissen einen Wertberichtigungsbedarf:

* Wert der Basisprämisse,
* Betrag des rational möglichen Wertberichtigungsbedarfs[280] sowie
* notwendige Wertveränderung der Basisprämisse, sodass der erzielbare Betrag den Buchwert erreicht.

Für alle nicht wesentlichen Anteile am Goodwill oder an den unbegrenzt nutzbaren immateriellen Vermögenswerten sind kumulierte Buchwerte anzugeben.[281] Erweisen sich die kumulierten Buchwerte als wesentlich im Vergleich zum Gesamtbuchwert der jeweiligen Position auf Unternehmensebene, sind viele der Angaben des IAS 36.134 auch für die zusammengefassten Positionen offenzulegen.[282]

Die im Rahmen der Goodwill-Bilanzierung erforderlichen Bewertungen zum Fair Value und zum Nutzungswert können komplexe subjektive Beurteilungen des Managements verlangen.[283] In diesem Fall sind nach IAS 1.116ff. die **Hauptquellen von wesentlichen Schätzungsunsicherheiten** offenzulegen, es sei denn, es handelt sich um eine Fair-Value-Bewertung auf Basis aktueller Marktpreise.[284] Stets sind die Art und der Buchwert der Vermögenswerte oder Schulden anzugeben, die innerhalb des nächsten Geschäftsjahres durch eine Bewertungsunsicherheit dem Risiko einer wesentlichen Buchwertanpassung unterliegen.[285]

---

[280] Der Wortlaut des IAS 36.134(f)(i) ist an dieser Stelle fehlerhaft: „*if a reasonably possible change in a key assumption on which management has based its determination of the unit's (group of units') recoverable amount would cause the unit's (group of units') carrying amount to exceed its recoverable amount: (i) the amount by which the unit's (group of units') recoverable amount exceeds its carrying amount*". Es wird angenommen, dass im letzten Abschnitt die Begriffe „*recoverable amount*" und „*carrying amount*" an umgekehrter Stelle stehen sollen. Gleiches gilt für IAS 36.135(e)(i).

[281] Vgl. IAS 36.135.

[282] Vgl. im Einzelnen IAS 36.135(a) bis (e).

[283] Vgl. *Kirsch* (2004) S. 136ff., *Teitler* (2006) S. 183.

[284] Vgl. IAS 1.117ff.

[285] Vgl. IAS 1.116, IAS 1.122.

Beispiele für typische Angaben zu den Hauptquellen von Schätzungsunsicherheiten sind:[286]

(a) die Art der Bewertungsunsicherheit,

(b) die Sensitivität der Buchwerte bezüglich der Eingangsgrößen für die Bewertung, inklusive einer Begründung der Sensitivität, sowie

(c) die erwartete Auflösung einer Unsicherheit und die Bandbreite von möglichen Bewertungsergebnissen für den Buchwert innerhalb des nächsten Geschäftsjahres.

In Bezug auf die genannten Offenlegungspflichten spricht *Hoffmann* (2008a) plakativ von einem ***„information overload“***[287] für den Abschlussadressaten und empfiehlt die Zusammenfassung von gleichartigen Angaben für die einzelnen CGUs und eine vorgelagerte Angabe auf allgemeiner Ebene.[288] Die empirische Untersuchung von *Glaum/Street/Vogel/PwC* (2007) zeigt jedoch, dass in der europäischen Unternehmenspraxis ein bedeutsamer Anteil von Unternehmen die erforderlichen Angabepflichten zur Goodwill-Bilanzierung weder detailliert noch aggregiert abdecken.[289] Beispielsweise erfüllten 17% der 347 analysierten Unternehmen mit aktiviertem Goodwill nicht die Angabepflichten nach IAS 36.134 für jede CGU, die einen wesentlichen Anteil am Goodwill oder an den unbegrenzt nutzbaren immateriellen Vermögenswerten des Unternehmens umfasst.[290] Dementsprechend bilden die Anhangangaben der Goodwill-Bilanzierung auch einen expliziten Prüfungsschwerpunkt der Deutschen Prüfstelle für Rechnungslegung in 2008.[291]

---

[286] Vgl. IAS 1.120. Die Offenlegung von unternehmensinternen Budgets oder Prognosen ist für die Erfüllung des IAS 1.116ff. jedoch nicht erforderlich; vgl. IAS 1.121.

[287] *Hoffmann* (2008a) Rz. 89.

[288] Vgl. *Hoffmann* (2008a) Rz. 89.

[289] Vgl. *Glaum/Street/Vogel/PwC* (2007) S. 47ff.

[290] Vgl. *Glaum/Street/Vogel/PwC* (2007) S. 52. Siehe mit ähnlichem Ergebnis *Ernst & Young* (2006a) S. 16ff. sowie S. 72ff., für die DAX-30-Unternehmen *Kirsch/Koelen/Tinz* (2008a) S. 188ff., *Kirsch/Koelen/Tinz* (2008b) S. 91ff.

[291] Vgl. die DPR-Pressemitteilung vom 26. November 2007 S. 1 unter http://www.frep.info.

2 Regelungen zur Goodwill-Bilanzierung ab 2009

2.1 Kurzcharakterisierung der vorläufigen und finalen Regelungsänderungen

In der zweiten Phase des IASB-Projektes „*Business Combinations*" wurden die zuvor darstellten Regelungen zur Goodwill-Bilanzierung verändert und erweitert. Nachfolgend werden lediglich die Neuregelungen, die von den gegenwärtigen Vorschriften abweichen, zunächst im Überblick und später im Detail dargestellt. Die Ausführungen beziehen sich neben dem finalen Standard IFRS 3 (r) auch auf den zuvor veröffentlichten Standardentwurf, um die Regelungsentwicklung durch das IASB zu verdeutlichen.

Das Ziel der zweiten Phase des IASB-Projektes war die **internationale Konvergenz der Regelungen** zum Unternehmenserwerb.[292] Als Novum im Standardsetting-Prozess arbeiteten das IASB und das FASB gemeinsam an einem für beide Rechnungslegungssysteme gültigen Standard.[293] Als ein Zwischenergebnis veröffentlichte das IASB am 30. Juni 2005 folgende Änderungsvorschläge:

(1) ED-IFRS 3 „*Business Combinations*",

(2) ED-IAS 27 „*Consolidated and Separate Financial Statements*",

(3) ED-IAS 37 „*Provisions, Contingent Liabilities and Contingent Assets*" sowie

(4) ED-IAS 19 „*Employee Benefits*".

Mit dieser Veröffentlichung verloren die Änderungsvorschläge für den IFRS 3 vom 29. April 2004 „*Combinations by Contract Alone or Involving Mutual Entities*" an Relevanz. Das FASB veröffentlichte zeitgleich Exposure Drafts für SFAS 141 und Accounting Research Bulletin (ARB) 51.

---

[292] Vgl. zum allgemeinen Konvergenzziel des IASB und des FASB das sog. *Memorandum of Understanding* vom 27. Februar 2006; vgl. http://www.iasb.org/current/memoofunderstanding.asp. Am 15. November 2007 wurden die IFRS durch die SEC dahingehend anerkannt, dass ausländische Emittenten ab dem 4. März 2008 den IFRS-Jahresabschluss zur Offenlegung verwenden dürfen, ohne dass eine Überleitung zu den US-GAAP erforderlich ist; vgl. das *press release* der SEC Nr. 2007-235, die Regelung 33-8879 auf http://www.sec.gov.

[293] Vgl. IFRS 3.IN1f. (r).

Die Standardentwürfe unterlagen bis zum Oktober 2005 der Kommentierung. Es gingen 282 zum Teil sehr kritische Kommentierungen ein.[294] Das FASB verabschiedete am 4. Dezember 2007 die überarbeiteten Standards SFAS 141 „*Business Combinations*" und SFAS 160 „*Noncontrolling Interests in Consolidated Financial Statements*".[295] Nachfolgend, am 10. Januar 2008 veröffentlichte das IASB die finalen Standards IFRS 3 (r) und IAS 27 (r).[296] Sie sind spätestens zum neuen Geschäftsjahr ab 1. Juli 2009 anzuwenden,[297] wobei eine frühere Anwendung zulässig ist.[298] Die gegenüber den Standardsettern geäußerte Kritik zu den Standardentwürfen wurde zum Teil aufgenommen und resultierte von Seiten des IASB in einer wesentlichen Regelungsänderung.[299] Da einige Diskussionspunkte aus der zweiten Projektphase ausgeklammert wurden, sind weitere Überarbeitungen der Regelungen zum Unternehmenserwerb zu erwarten. Über die Anzahl der Projektphasen, deren Zeitfenster und Inhalte liegen jedoch keine Informationen vor.[300]

Maßgebliche **Änderungen der Goodwill-Bilanzierung**, die nachfolgend beschrieben werden, betreffen die weitere Umsetzung der Einheitstheorie und der Fair-Value-Bewertung.[301] Unter den bisher gültigen Regelungen erfolgt zwar ein Ausweis der Minderheitenanteile an den stillen Reserven und Lasten,[302] jedoch kein Ausweis der Minderheitenanteile am Goodwill.[303] Der **ursprüngliche Standardentwurf** für die Überarbeitung des IFRS 3 strebte dagegen den Ausweis des gesamten Goodwills an. Diese sog. Full-Goodwill-Methode orientiert sich jedoch nicht an einer Hochrechnung des den Mehrheitsgesellschaftern zuzurechnenden Goodwills bzw. an den Anschaffungskosten des Unternehmenserwerbes. Stattdessen ist der Fair Value des vollständig, d. h. zu 100% bewerteten Akquisitionsobjek-

---

294 Vgl. das IASB-Update vom Januar 2006 S. 1. Kritisch äußerte sich z. B. das DRSC: „[*W*]*e do not agree with some fundamental principles laid out in the objective of ED IFRS 3amend and have major concerns about the main features of this draft*"; vgl. die News des DRSC vom 27. Oktober 2005 unter http://www.drsc.de.

295 Vgl. die News des FASB vom 4. Dezember 2007 unter http://www.fasb.org.

296 Zuvor wurden im Juni 2007 im Abonnentenbereich der IASB-Website Near Final Drafts bereitgestellt; vgl. *Küting/Wirth* (2007) S. 460ff.

297 Vgl. IFRS 3.64 (r).

298 Vgl. IFRS 3.64 (r).

299 Zu den Unterschieden zwischen den Regelungen des IASB und des FASB siehe Comparison with SFAS 141 in IFRS 3 (r).

300 Vgl. kritisch die News des DRSC vom 27. Oktober 2005 unter http://www.drsc.de.

301 Vgl. *Küting/Wirth* (2007) S. 460, *Schwedler* (2006) S. 411.

302 Vgl. IFRS 3.40.

303 Vgl. IFRS 3.51(b).

tes relevant.[304] Der Standardentwurf enthielt darüber hinaus erstmalig allgemeine Leitlinien für die Durchführung von Fair-Value-Bewertungen.[305] In Abbildung C-5 werden die Prozessschritte gemäß dem Standardentwurf im Vergleich zu den aktuellen Regelungen graphisch dargestellt.

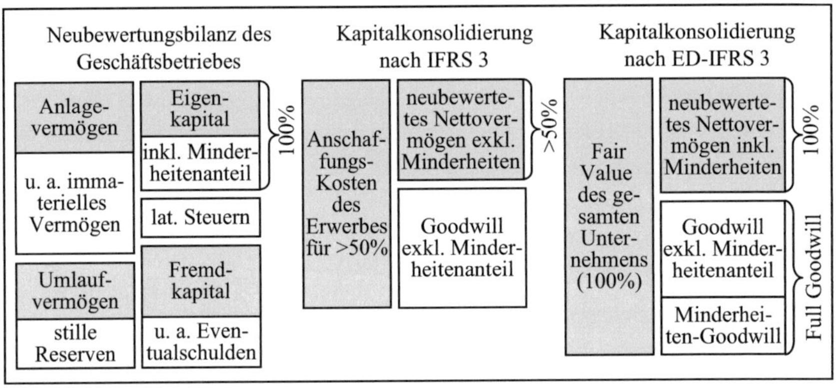

Abbildung C-5: Schritte zur Erstbilanzierung des Goodwills nach ED-IFRS 3 versus IFRS 3

Der **final überarbeitete Standard** orientiert sich nicht am Fair Value des Akquisitionsobjektes, sondern am durch den Erwerber übertragenen Entgelt. Es ist inhaltlich mit den Anschaffungskosten des Unternehmenserwerbes nach IFRS 3 vergleichbar. Die finalen Regelungen des IASB umfassen – im Gegensatz zu den Regelungen des FASB – ein Wahlrecht:[306]

Die Minderheitenanteile (*non-controlling interest*, NCI) am neubewerteten erworbenen Nettovermögen und am Goodwill können zum Fair Value bewertet werden. Der Goodwill wird anschließend als die Differenz zwischen dem übertragenen Entgelt zuzüglich des Fair Value der Minderheitenanteile und dem neubewerteten erworbenen Nettovermögen ermittelt.[307] Diese Vorgehensweise kann ebenfalls als eine Full-Goodwill-Methode bezeichnet werden, da nicht nur der Goodwill der Mehrheitsgesellschafter, sondern auch der Goodwill-Anteil der Minderheitsgesellschafter aktiviert wird. Der Full Goodwill wird im Gegensatz zum Standardentwurf

---

[304] Vgl. ED-IFRS 3.49.

[305] Vgl. ED-IFRS 3.E.

[306] Vgl. IFRS 3.19 (r).

[307] Vgl. IFRS 3.32 (r).

allerdings nicht den unterschiedlichen Gesellschafterstämmen zugerechnet. Er verbleibt undifferenziert in der Bilanz.[308] Aufgrund der bilanzverlängernden Wirkung und der Schwierigkeiten in der Anwendung dieser Bilanzierungsmöglichkeit ist anzunehmen, dass sie von den IFRS-Bilanzierern nicht gewählt werden wird.[309]

Neben der Full-Goodwill-Methode erlaubt das IASB eine Goodwill-Ermittlung, die der gegenwärtigen Vorgehensweise ähnelt. Hierzu werden die Minderheitenanteile nicht zum Fair Value, sondern lediglich in Höhe des Anteils des Erwerbers am neubewerteten erworbenen Nettovermögen bewertet.[310] Demzufolge wird lediglich ein beteiligungsproportionaler Goodwill ausgewiesen, der inhaltlich den Mehrheitsgesellschaftern zuzurechnen ist. Abbildung C-6 zeigt die zwei Wahlmöglichkeiten des revidierten Standards in der Übersicht.

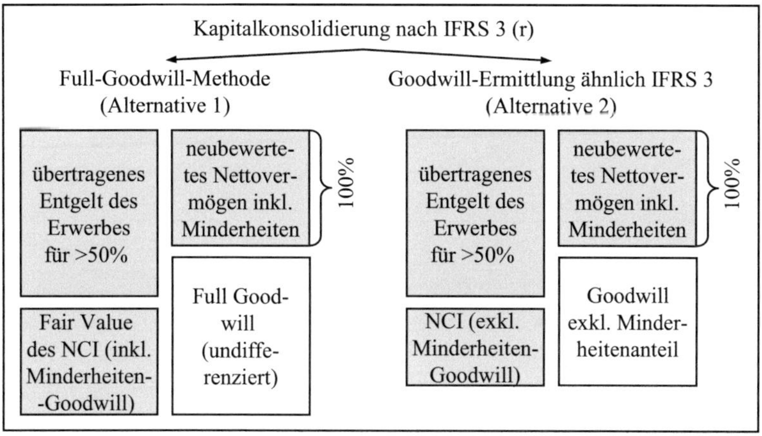

Abbildung C-6: Schritte zur Erstbilanzierung des Goodwills nach IFRS 3 (r)

Der neue Standard gilt für alle Arten von Unternehmenserwerben, d. h. über die gegenwärtigen Regelungen hinaus ebenfalls für Akquisitionen von genossenschaftlich organisierten Unternehmen (*mutual entities*) und für rein vertragliche Transaktionen (*by contract alone*).[311] Joint Ventures und Erwerbe unter einheitlicher Leitung (*under common control*) sind von der Standardanwendung ausgeschlossen.[312]

---

[308] Vgl. *Küting/Wirth* (2007) S. 463.

[309] Vgl. *Küting/Wirth* (2007) S. 468.

[310] Vgl. IFRS 3.32 (r).

[311] Vgl. IFRS 3.B47ff. (r), IFRS 3.43(c) (r), ED-IFRS 3.53, ED-IFRS 3.54.

[312] Vgl. IFRS 3.2 (r), ED-IFRS 3.2.

Weiterhin wird das bilanzielle Vorgehen bei einer sukzessiven Beherrschungserlangung (Aufwärtskonsolidierung) spezifiziert.[313] Die neuen Regelungen für die Konzernbilanzierung in **IAS 27 (r)** behandeln zudem den Kauf und den Verkauf von Minderheitenanteilen bei unveränderter Beherrschung (Auf- und Abstockung) sowie die Abwärtskonsolidierung.[314]

Durch den Standardentwurf für **IAS 37** wird das außerhalb von Unternehmenserwerben geltende Passivierungsverbot für Eventualschulden[315] aufgehoben. Nicht finanzielle, d. h. nicht in IAS 32 geregelte Verpflichtungen, die *liabilities* gemäß der Definition des Frameworks darstellen, sind bereits zu passivieren, wenn sie verlässlich bewertet werden können.[316] Die Wahrscheinlichkeit des mit der Verpflichtung verbundenen Nutzenabflusses gilt grundsätzlich nicht mehr als Ansatzkriterium. Aus Sicht des IASB ist in den meisten Fällen zumindest ein teilweiser Nutzenabfluss wahrscheinlich.[317] Die Unsicherheit über zukünftige Ereignisse, die die Höhe der Verpflichtung beeinflussen, wird in der Bewertung berücksichtigt.[318] Nachträglich wurde dieser Standardentwurf vom IASB-Projekt „*Business Combinations*" abgetrennt und als eigenständiges Projekt zeitlich nachgelagert.[319]

Den beschriebenen Neuregelungen entsprechend wurden IAS 38 und IAS 36 unwesentlich angepasst. Zunächst sollte auch IAS 19 verändert werden.[320]

Nachfolgend werden die Änderungen und Änderungsvorschläge beschrieben, sofern sie von den gegenwärtigen Regelungen für die Goodwill-Bilanzierung abweichen. Zur Erläuterung der Standardentwicklung werden insbesondere die konzeptionellen Unterschiede zwischen dem Standardentwurf und dem finalen Standard IFRS 3 (r) erörtert. Sofern der Entwurf und die finale Fassung eines IFRS-Standards übereinstimmen, wird dies durch einen Fußnotenverweis auf beide Dokumente aufgezeigt.

---

313 Vgl. IFRS 3.41f. (r), ED-IFRS 3.55ff.

314 Vgl. IAS 27.30 (r), ED-IAS 27.30A, IAS 27.34 (r), ED-IAS 27.30Cff.

315 Vgl. IAS 37.27. Unter Umständen sind gegenwärtig auch außerhalb von Unternehmenserwerben Informationen zu Eventualschulden offenzulegen; vgl. IAS 37.23.

316 Vgl. ED-IAS 37.11f.

317 Vgl. das IASB-Update vom Juni 2006 S. 3 versus IAS 37.14(b).

318 Vgl. ED-IAS 37.33, ED-IAS 37.Summary of Main Changes, *Kühne/Nerlich* (2005) S. 1840.

319 Vgl. das IASB-Update vom Februar 2006 S. 4. Zur weiteren Überarbeitung des ED-IAS 37 siehe *Schween* (2007) S. 686ff., *Hommel/Wich* (2007) S. 509ff.

320 Vgl. IFRS 3.C12 (r), IFRS 3.C10 (r), ED-IFRS 3.D10f., ED-IAS 19.BC2f.

2.2 Änderungen in der Erstbilanzierung

2.2.1 Hierarchie der Fair-Value-Ermittlung im Standardentwurf

Allgemeine Leitlinien zur Fair-Value-Bewertung bei Unternehmenserwerb enthält der Anhang E des Standardentwurfes unter der **Bezeichnung *„Fair Value Measurements“***. Die Vorschriften sind ein Extrakt des Standardentwurfes des gleichnamigen FASB-Projektes und sollten unter Berücksichtigung des finalen US-GAAP-Standards SFAS 157 vom September 2006 ggf. angepasst werden.[321]

Im Zuge der weiteren Annäherung an die US-amerikanischen Vorschriften veröffentlichte das IASB den Wortlaut des Standards SFAS 157 daneben vollständig als Diskussionspapier für die Erarbeitung eines eigenen Standards zur Fair-Value-Bewertung. Der neue IFRS soll ebenfalls mit „*Fair Value Measurements*“ betitelt werden.[322]

Da das IASB und das FASB u. a. ein gemeinsames Framework erarbeiten, ist anzunehmen, dass die Überlegungen des kanadischen Standardsetters zum IASB-Forschungsprojekt „*Measurement Objectives*“ für die weitere Entwicklung der Fair-Value-Bewertung der IFRS von nachrangiger Bedeutung sind.[323]

Da zukünftig ein eigener Standard zur Fair-Value-Bewertung verabschiedet werden soll, ist verständlich, dass der Anhang E des Standardentwurfes für IFRS 3 im Umfang eingeschränkt ist. Im Rahmen der Erarbeitung des finalen Standards wurde er schließlich vollständig aus den Regelungen entfernt.[324] Da die Fair-Value-Bewertung im Kontext von Unternehmenserwerben von hoher Bedeutung ist und die angedachte Fair-Value-Hierarchie in der wissenschaftlichen Literatur diskutiert wird, wird der Anhang E des Standardentwurfes nachfolgend dennoch dargestellt.

---

321 Vgl. ED-IFRS 3.E1, ED-IFRS 3.BC108ff. Zum Exposure Draft des FASB „*Fair Value Measurements*“ siehe *Hitz* (2006) S. 360ff., *Lüdenbach/Freiberg* (2006) S. 439ff., zur finalen Regelung SFAS 157 *Zülch/Gebhardt* (2007) S. 148ff.

322 Vgl. die News des IASB vom 30. November 2006 unter http://www.iasb.org, kritisch *Bieker* (2007b) S. 92ff., *Bieker* (2007c) S. 134ff. Das IASB erwog zunächst, SFAS 157 unmittelbar als Standardentwurf zu veröffentlichen; vgl. das IASB-Update vom Juni 2006 S. 2.

323 Dies gilt umso mehr, als dass die Regelungsvorschläge des kanadischen Standardsetters von den US-amerikanischen maßgeblich abweichen; vgl. z. B. die vierstufige Fair-Value-Hierarchie in *Canadian Accounting Standards Board* (2005) Rz. 422ff. Die Regelungsvorschläge unterstützen vielmehr die Weiterentwicklung des Frameworks auf konzeptioneller Ebene; vgl. *Schmidt* (2006) S. 65.

324 Vgl. IFRS 3.BC335 (r).

In Abhängigkeit von der Art der Schätzung enthält Anhang E folgende dreistufige **Hierarchie der Fair-Value-Ermittlung**:

(1) *Fair-Value-Schätzungen auf erster Ebene (level 1 estimates)*:

Die höchste Priorität für eine Bewertung zum Fair Value wird marktlichen Eingangswerten beigemessen, d. h. notierten Preisen auf aktiven Märkten für identische Vermögenswerte oder Schulden. Wenn diese Informationen verfügbar sind, sind sie unverändert für die Fair-Value-Ermittlung zu verwenden.[325] Das Unternehmen muss dabei mehrmaligen, direkten Zugang zum Referenzmarkt haben. Er bildet im Idealfall den Hauptmarkt für das zu bewertende Gut. Bieten mehrere Märkte einen derartigen Zugang, so ist der preislich vorteilhafteste auszuwählen.[326] Bei der Bestimmung des Referenzmarktes sind Transaktionskosten zu berücksichtigen. Der Fair Value wird dagegen unter Vernachlässigung der Transaktionskosten durch den Marktpreis determiniert.[327] Wird auf einen Händlermarkt Bezug genommen, der Angebots- und Nachfragepreise (*ask and bid prices*) verzeichnet, so ist der Fair Value für einen Vermögenswert anhand des Nachfrage- und für eine Schuld anhand des Angebotspreises abzulesen.[328]

(2) *Fair-Value-Schätzungen auf zweiter Ebene (level 2 estimates)*:

Wenn auf den Märkten keine Preise für identische Güter ablesbar sind, ist der Fair Value ähnlicher Güter aus den Marktpreisen gemäß den Schätzungen auf erster Ebene zu verwenden. Dieser Fair Value ist anschließend auf der Basis objektiver Informationen angemessen anzupassen oder andernfalls nach den Regelungen für die dritte Schätzebene zu ermitteln.[329]

---

325 Vgl. ED-IFRS 3.E12f.

326 Vgl. ED-IFRS 3.E14.

327 Vgl. ED-IFRS 3.E14.

328 Vgl. ED-IFRS 3.E15. Im Gegensatz dazu favorisiert das IASB im Rahmen des Projektes „*Fair Value Measurements*" eine Anlehnung an SFAS 157.31, d. h. die fallbezogene Verwendung des repräsentativsten Wertes in der Spanne zwischen dem Nachfrage- und dem Angebotspreis; vgl. DP „*Fair Value Measurements*" 52. Zu den in den IFRS unterschiedenen Markttypen siehe ED-IFRS 3.E10.

329 Vgl. ED-IFRS 3.E17f.

(3) *Fair-Value-Schätzungen auf dritter Ebene (level 3 estimates)*:

Die niedrigste Priorität gilt unternehmensinternen Schätzwerten. Sie sind zu ermitteln, wenn keine öffentlichen Preise für identische oder ähnliche Güter vorhanden oder wenn die Preisunterschiede zwischen den ähnlichen Gütern nicht objektiv bestimmbar sind. Mehrere Bewertungen, die den Vorgehensweisen des ED-IFRS 3.E6ff. entsprechen, sind durchzuführen, wenn die Informationsbereitstellung nicht unangemessen hohe Kosten verursacht.[330] In den Paragrafen werden markt-, einkommens- und kostenorientierte Bewertungsmethoden unterschieden.[331] Diese Regelungen werden für die Fair-Value-Ermittlung des Akquisitionsobjektes konkretisiert.[332] Diesbezüglich wird auch eine einkommensorientierte Bewertung auf Basis von Residualgewinnen (*residual income profit or loss*) erlaubt.[333]

Die Bewertungen sind anhand der Relevanz und der Verlässlichkeit ihrer Eingangsgrößen zu beurteilen. Die Fair-Value-Schätzungen auf dritter Ebene geben wiederum den marktlichen Eingangsgrößen den Vorrang vor unternehmensinternen Daten. So sind primär beobachtbare Marktpreise aus getätigten Transaktionen an die Bewertungssituation anzupassen und erst nachrangig, wenn diese Informationen nur mit unangemessenen Kosten erhältlich sind, ersatzweise interne Informationen zu verwenden. Die externe Orientierung der Bewertung bleibt auch in diesem Fall bestehen, sodass von den Prämissen und Informationen gewöhnlicher Marktteilnehmer auszugehen ist.[334]

2.2.2 Definitionen der Parameter des Unternehmenserwerbes

In den Regelungen des IFRS 3 (r) und IAS 27 (r) werden weiterhin die Begriffsdefinitionen für den Unternehmenserwerb und den Geschäftsbetrieb verändert. Wie nachfolgend erläutert, resultieren daraus allerdings nur geringe inhaltliche Modifizierungen.

---

330 Vgl. ED-IFRS 3.E19.
331 Vgl. ED-IFRS 3.E6.
332 Vgl. ED-IFRS 3.A19ff.
333 Vgl. ED-IFRS 3.A22.
334 Vgl. ED-IFRS 3.E20ff., ED-IFRS 3.E8.

Die **Definition eines Unternehmenserwerbes** wird in Anlehnung an das FASB folgendermaßen formuliert: „*A transaction or other event in which an acquirer obtains control of one or more businesses.*“[335] Im Vergleich zur gegenwärtigen Definition – „*The bringing together of separate entities or businesses into one reporting unit*“[336] – wird der Begriff aus einer ökonomischeren Perspektive erklärt. Es liegt kein Unternehmenserwerb mehr vor, wenn mehrere bereits kontrollierte Geschäftsbetriebe in eine zu berichtende Einheit eingebracht werden. Zukünftig werden Unternehmenserwerbe primär nach dem Kriterium der Beherrschung identifiziert.[337]

Das IASB folgt damit der Auffassung des FASB, dass Unternehmenszusammenschlüsse, in denen keine Partei die Beherrschung über die andere erlangt (*true merger*), sehr selten sind und somit stets ein Erwerber festgestellt werden kann.[338] Es hält sich vor, in weiteren Projektphasen für diesen Fall eine Anwendung der Neugründungsmethode (*fresh start method, new entity method*) zu überdenken.[339] Hierbei werden die Vermögenswerte und Schulden der am Unternehmenszusammenschluss beteiligten Unternehmen vollständig zum Fair Value bewertet. Die Existenz der Unternehmen endet mit dem Vollzug der Transaktion. Ihre Vermögenswerte und Schulden gehen gleichrangig in ein neu gegründetes Unternehmen ein, das als Erwerber der zuvor existierenden Unternehmen interpretiert wird.[340]

Korrespondierend zur Definition des Unternehmenserwerbes wird der Begriff „*purchase method*“ durch „*acquisition method*“ ersetzt. Somit können auch Umstände der Beherrschungserlangung beschrieben werden, die nicht mit dem Erwerb des Nettovermögens oder mit dem Erwerb von Eigenkapitalanteilen verbunden sind.[341] Weiterhin wird der Begriff „*minority interest*“ durch „*non-controlling interest*“ ersetzt. Die Minderheitenanteile sind innerhalb des Eigenkapitals auszuweisen,[342] da

---

335 IFRS 3.A (r), ED-IFRS 3.3(e), ED-IFRS 3.4.

336 IFRS 3.A.

337 Vgl. IFRS 3.BC10 (r), ED-IFRS 3.BC25. Zur Abgrenzung von Unternehmenserwerben von anderen Transaktionen, wie z. B. der Abwicklung bereits existierender Geschäftsbeziehungen, siehe IFRS 3.51f. (r), *Beyhs/Wagner* (2008) S. 74.

338 Vgl. IFRS 3.BC29ff. (r), ED-IFRS 3.BC28f.

339 Vgl. IFRS 3.BC35 (r), ED-IFRS 3.BC32.

340 Vgl. IFRS 3.BC55 (r), *Pellens/Sellhorn* (1999) S. 2126, *Hayn* (2005) S. 432f.

341 Vgl. IFRS 3.BC14 (r), ED-IFRS 3.BC33. Zu unterschiedlichen Arten des Unternehmenserwerbes siehe ED-IFRS 3.6f.

342 Vgl. IAS 27.4 (r), ED-IAS 27.A1.

sie in konsolidierter Sicht nach Auffassung des IASB keine Schuldenposition im Sinne des Frameworks charakterisieren.[343]

Weiterhin wird die **Definition des Geschäftsbetriebes** (*business*) dahingehend erweitert, dass zum Akquisitionszeitpunkt lediglich relevant ist, ob die erworbenen Vermögenswerte und Prozesse geeignet sind, zum Zweck der gegenwärtigen oder zukünftigen Ertragsgenerierung geführt zu werden.[344] Die konkrete ehemalige und zukünftige Verwendung sind hierfür nicht mehr relevant. Mit dieser Regelung wird klargestellt, dass ein Geschäftsbetrieb nicht zwingend sämtliche Input-Faktoren oder Prozesse beinhalten muss, die der Verkäufer zuvor verwendete.[345]

2.2.3 Ansatz und Bewertung der erworbenen Vermögenswerte und Schulden

In den Regelungen zum Ansatz und zur Bewertung werden aktuell explizit materielle und immaterielle Vermögenswerte sowie Schulden und Eventualschulden unterschieden.[346] Diese Kategorisierung wird in den Neuregelungen zugunsten der einfachen **Unterscheidung zwischen Vermögenswerten und Schulden** ersetzt.[347]

Die erworbenen Vermögenswerte und Schulden werden zum Fair Value angesetzt, auch wenn die Höhe des zukünftigen ökonomischen Nutzenzu- bzw. -abflusses an Bedingungen geknüpft ist, die von ungewissen zukünftigen Ereignissen abhängen.[348] So sollten gemäß dem Standardentwurf nicht nur Eventualschulden,[349] sondern auch Eventualvermögenswerte angesetzt werden.[350] Die Aktivierung, Bewer-

---

343 Vgl. IAS 27.BC28 (r), IAS 27.BC30 (r), ED-IAS 27.BC14, ED-IAS 27.BC5. Im Gegensatz zur Auffassung der Standardsetter wurde empirisch gezeigt, dass der australische Kapitalmarkt die Minderheitenanteile trotz eines Ausweises innerhalb des Eigenkapitals als externe Finanzierung interpretiert; vgl. *Santos/Lourenco* (2007) S. 17.

344 Vgl. IFRS 3.A (r), ED-IFRS 3.3(d). In IFRS 3.B7ff. (r), ED-IFRS 3.A2ff. werden die Elemente eines Geschäftsbetriebes – die Input-Faktoren und Prozesse – näher erläutert.

345 Vgl. IFRS 3.BC18(d) (r), IFRS 3.B8 (r), ED-IFRS 3.BC37, ED-IFRS 3.A3. Wie unter den gegenwärtigen Regelungen gilt weiterhin die Vermutung, dass bei Vorliegen eines Goodwills von einem Geschäftsbetrieb als Akquisitionsobjekt auszugehen ist. Vgl. IFRS 3.A, IFRS 3. B12 (r), ED-IFRS 3.A7, entgegengesetzter Ansicht: *Senger/Brune* (2006) Rz. 10.

346 Vgl. IFRS 3.37.

347 Vgl. IFRS 3.10 (r), *Senger/Brune* (2006) Rz. 19. Daneben werden im Detail zusätzlich die Minderheitenanteile am Nettovermögen und am Goodwill differenziert; vgl. IFRS 3.10 (r).

348 Vgl. ED-IFRS 3.35.

349 Vgl. auch den Ansatz bereits unter IFRS 3.37(c).

350 Vgl. ED-IFRS 3.35, ED-IFRS 3.BC115f., IFRS 3.BC126 (r).

tung und Angabepflichten von Eventualvermögenswerten sollten mit Ausnahme von Erstattungsansprüchen i. d. R. nach IAS 38 erfolgen.[351]

Diese Regelungen des Standardentwurfes für IFRS 3 wurden nachträglich entsprechend der weiteren Projektarbeit zum IAS 37 verändert. So ist z. B. der Ansatz von Eventualvermögenswerten im finalen Standard nicht mehr zugelassen.[352] Nach der Fertigstellung der Änderungen des IAS 37, erwartungsgemäß in 2010,[353] sollen die Regelungen zum Unternehmenserwerb diesbezüglich wiederum überprüft und ggf. angepasst werden.[354]

Wie zuvor dargestellt, unterliegt die generelle Ansatzfähigkeit gegenwärtig drei Voraussetzungen, die explizit in IFRS 3 aufgeführt werden:[355]

(1) die verlässliche Ermittlung des Fair Value,

(2) ein wahrscheinlicher Nutzenzufluss für das Unternehmen bei einem Vermögenswert bzw. ein wahrscheinlicher Nutzenabfluss aus dem Unternehmen bei einer Schuld und

(3) die Identifizierbarkeit.

Die Neuregelungen des IFRS 3 (r) verweisen auf die Regelungen des Frameworks für die **Definitionen des Vermögenswertes und der Schuld** und sie verzichten auf die erneute Nennung der Ansatzkriterien (1) und (2).[356] Die Definitionen in F.49 lauten:

* „*An asset is a resource controlled by the entity as a result of past events and from which future economic benefits are expected to flow to the entity.*"
* „*A liability is a present obligation of the entity arising from past events, the settlement of which is expected to result in an outflow from the entity of resources embodying economic benefits.*"

Das Ansatzkriterium (1), d. h. die **Verlässlichkeit der Bewertung**, ist im Framework in F.83(b) enthalten.[357] Dieses Ansatzkriterium ist Teil der allgemeinen Regelungen zum bilanziellen Ansatz in F.82ff, die durch den Verweis der Neuregelun-

---

351 Vgl. ED-IAS 37.A22 bzw. ED-IAS 38.17A, ED-IAS 37.46, ED-IAS 37.BC31.

352 Vgl. IFRS 3.BC276 (r).

353 Vgl. die Projektübersicht des IASB unter http://www.iasb.org zum Projekt „*Liabilities*".

354 Vgl. IFRS 3.BC273 (r), das IASB-Update vom Januar 2007 S. 1.

355 Vgl. Abschnitt C.1.2.3.1.

356 Vgl. IFRS 3.11 (r), IFRS 3.BC274ff. (r), ED-IFRS 3.29, ED-IFRS 3.BC90.

357 Vgl. IFRS 3.BC125 (r), ED-IFRS 3.BC98.

gen auf die Definitionen in F.49 nicht außer Kraft gesetzt werden. Für Eventualschulden wird die Anforderung der verlässlichen Bewertung in IFRS 3.23 (r) nochmals genannt.

Lediglich für **immaterielle Vermögenswerte** wird auf die Erfüllung der Verlässlichkeit der Bewertung verzichtet.[358] Gegenwärtig gilt unter IFRS 3.45 mit Verweis auf IAS 38.35 noch eine widerlegbare Vermutung, dass immaterielle Vermögenswerte mit begrenzter Nutzungsdauer verlässlich bewertbar sind. Der revidierte Paragraf stellt dagegen fest, dass für immaterielle Vermögenswerte stets Informationen für eine solche Bewertung vorhanden sind.[359] IAS 38.38, der eng umgrenzte Umstände beschreibt, in denen eine Fair-Value-Bewertung nicht verlässlich sein könnte, wird dementsprechend durch die Neuregelungen gestrichen.[360]

Die einzige Ausnahme im Standardentwurf war – wie auch noch in den gegenwärtigen Regelungen – der **Mitarbeiterstamm** (*assembled workforce*):[361] Im Standardentwurf vertrat das IASB die Auffassung, dass eine verlässliche Bewertung nicht möglich ist, selbst wenn im Einzelfall die Beherrschbarkeit des Nutzenzuflusses aus qualifizierten Mitarbeitern oder Training und die Identifizierbarkeit gegeben sein sollten.[362] In der weiteren Projektarbeit veränderte das IASB jedoch mehrfach seine Meinung. Es entschied zunächst, dass auch der erworbene Mitarbeiterstamm getrennt vom Goodwill zu aktivieren ist. Der Standardsetter argumentierte, dass der Wert des Mitarbeiterstammes nicht im intellektuellen Kapital liegt, sondern in der Ersparnis des Erwerbers, für eine reibungslose Fortführung der Geschäftstätigkeit keine neuen Mitarbeiter suchen, auswählen und trainieren zu müssen.[363] Später wurde in Anbetracht eines Ansatzverbotes durch das FASB allerdings erklärt, dass der Mitarbeiterstamm das Kriterium der Separierbarkeit nicht erfüllt. Er könne nicht allein ohne verbundene Vermögenswerte oder Schulden verkauft, übertragen, vermietet, lizenziert oder getauscht werden.[364] Die Frage, ob er trotz der fehlenden Separierbarkeit auf Basis vertraglicher oder gesetzlicher Rechte identifizierbar wäre, wird in der Neuregelung abschließend verneint. Das IASB vertritt final die Auffassung, dass der Mitarbeiterstamm – nun unabhängig von der

---

358 Vgl. IFRS 3.BC174 (r), ED-IFRS 3.BC102.
359 Vgl. IFRS 3.C12 (r) bzw. IAS 38.35 (r), ED-IFRS 3.D11 bzw. ED-IAS 38.35.
360 Vgl. IFRS 3.C12 (r), ED-IFRS 3.D11.
361 Vgl. ED-IFRS 3.40, IFRS 3.BC16.
362 Vgl. ED-IFRS 3.D11 bzw. ED-IAS 38.33B.
363 Vgl. das IASB-Update vom Oktober 2006 S. 1.
364 Vgl. IAS 38.12, das IASB-Update vom März 2007 S. 2.

Verlässlichkeit der Bewertung – aufgrund fehlender Identifizierbarkeit und Separierbarkeit nicht bilanzierungsfähig ist.[365]

Die Neuregelungen in IFRS 3 (r) verzichten weiterhin ebenfalls auf die Nennung des Ansatzkriteriums (2): die Anforderung eines **wahrscheinlichen Nutzenzuflusses** bei einem Vermögenswert bzw. des wahrscheinlichen Nutzenabflusses bei einer Schuld.[366] Die allgemeinen Regelungen zum bilanziellen Ansatz in F.83(a) lauten: „*An item that meets the definition of an element should be recognised if: (a) it is probable that any future economic benefit associated with the item will flow to or from the entity* [...].“ Gegenwärtige, bilanzierte Vermögenswerte und Schulden genügen stets dieser Anforderung. Wie nachfolgend gezeigt wird, deklariert das IASB die Anforderung auch für Eventualvermögenswerte und -schulden als erfüllt.

Für sämtliche erworbenen Vermögenswerte und Schulden gilt deshalb, wie gegenwärtig nur für immaterielle Vermögenswerte und Eventualschulden, dass die Höhe der Wahrscheinlichkeit eines Nutzenzu- oder -abflusses faktisch kein Ansatzkriterium mehr darstellt. So erklärt auch die *basis for conclusions* des überarbeiteten Standards: „*The revised IFRS 3 does not contain that probability recognition criterion and thus it requires the acquirer to recognise identifiable assets acquired and liabilities assumed regardless of the degree of probability of an inflow or outflow of economic benefits.*“[367] Die Höhe der Wahrscheinlichkeit, insbesondere des Nutzenabflusses aus dem Unternehmen bei einer Schuld, muss demzufolge keine bestimmte Wahrscheinlichkeitshürde, von z. B. 20%, überschreiten. Die Wahrscheinlichkeit des Nutzenzu- oder -abflusses selbst ist ebenso irrelevant.[368] Allein zu berücksichtigen ist, ob das Ereignis eines Nutzenzu- oder -abflusses ausgeschlossen werden kann. Restrukturierungsrückstellungen bilden allerdings eine Ausnahme von dieser Regelung, da sie weiterhin nach IAS 37 zu passivieren sind und somit u. a. eine Wahrscheinlichkeit von mehr als 50% aufweisen müssen.[369]

Im Einklang mit dem Verzicht auf die Nennung des Ansatzkriteriums (2) werden Eventualschulden bzw. -vermögenswerte als Vermögenswerte bzw. Schulden kategorisiert.[370] Zunächst wurde im Standardentwurf für IAS 37 deshalb vorgeschlagen, auf die **Begrifflichkeiten** „*contingent liability*“ und „*contingent asset*“ zu verzich-

[365] Vgl. IFRS 3.BC178 (r).
[366] Vgl. IFRS 3.10 (r), IFRS 3.BC126 (r), ED-IFRS 3.28f., ED-IFRS 3.BC92.
[367] IFRS 3.BC126 (r).
[368] Vgl. das IASB-Update vom Mai 2006 S. 5, ähnlich IFRS 3.BC129 (r), ED-IFRS 3.BC96.
[369] Vgl. IFRS 3.11 (r), IFRS 3.BC132 (r).
[370] Vgl. IFRS 3.BC272ff. (r), ED-IFRS 3.BC115f.

ten und sie zusammengefasst als „*contingency*" zu bezeichnen.[371] Das IASB begründete diesen Vorschlag ebenfalls damit, dass eine *contingent liability* gemäß IAS 37.10 sowohl zukünftig mögliche als auch gegenwärtige nicht aktivierte Verpflichtungen umfasst. Da gemäß ED-IAS 37.13 nur gegenwärtige Verpflichtungen zu einer Schuldenpassivierung führen dürfen, würde der Begriff „*contingent liability*" verwirren.[372] IFRS 3 (r) zeigt, dass dieser Vorschlag nicht umgesetzt wurde und die gegenwärtigen Begrifflichkeiten beibehalten wurden.[373]

Die veränderte Bilanzierung von Eventualschulden und -vermögenswerten basiert auf der gedanklichen Aufteilung von Bilanzpositionen in eine **bedingte und eine unbedingte Komponente**.[374] Beispielsweise werden im Fall von Garantieleistungen einerseits die Ersatzleistung bei Eintritt eines Schadensfalls (bedingte Komponente) und andererseits die Gewährung einer Garantie (unbedingte Komponente) unterschieden.[375] Die unbedingte Komponente einer Eventualschuld kann oft als eine rechtliche oder faktische Verpflichtung verstanden werden, sich für eine bestimmte Leistung bereitzuhalten (*stand ready obligation*).[376] Nach Auffassung des IASB ist es stets wahrscheinlich, dass diese Verpflichtung mit einem Nutzenabfluss aus dem Unternehmen verbunden ist.[377]

Handelt es sich um eine gegenwärtige, in vergangenen Ereignissen entstandene Verpflichtung, so wird die Definition einer *liability* erfüllt.[378] Kann überdies eine verlässliche Bewertung durchgeführt werden, ist allein die unbedingte Komponente als Schuld zu passivieren.[379] Das IASB geht davon aus, dass abgesehen von sehr seltenen Fällen eine verlässliche Bewertung möglich ist. Ansonsten ist darüber entsprechend den Anforderungen in ED-IAS 37.69 zu berichten.[380] In die Bewertung der unbedingten Komponente fließt die Wahrscheinlichkeit der bedingten Kompo-

---

371 Vgl. ED-IFRS 3.35.

372 Vgl. das IASB-Update vom Juli 2006 S. 3.

373 Vgl. z. B. IFRS 3.22 (r).

374 Vgl. IFRS 3.BC128 (r), ED-IAS 37.22, *Brücks/Duhr* (2006) S. 244ff.

375 Vgl. ED-IAS 37.25, ED-IAS 37.BC24.

376 Vgl. ED-IAS 37.24, ED-IAS 37.10.

377 Vgl. IFRS 3.BC129 (r), ED-IAS 37.BC43. Analog wird für Eventualvermögenswerte bei Unternehmenserwerb das *probability recognition criterion* als erfüllt deklariert. Vgl. die Regelungen für immaterielle Vermögenswerte in IFRS 3.C12 (r) bzw. IAS 38.25 (r), IAS 38.33 (r), ED-IFRS 3.D11 bzw. ED-IAS 38.25, ED-IAS 38.33.

378 Vgl. F.49(b), ED-IAS 37.13. Das IASB plant die Bereitstellung von Indikatoren, die die Identifizierung von Eventualschulden unterstützen; vgl. das IASB-Update vom Mai 2006 S. 5.

379 Vgl. ED-IAS 37.11 i. V. m. ED-IAS 37.23.

380 Vgl. ED-IAS 37.28.

nente ein.[381] Die zu passivierende Verpflichtung entspricht dem Betrag, der objektiv bezahlt werden müsste, um die Verpflichtung zu begleichen oder an einen Dritten zu übertragen.[382]

Im Rahmen der weiteren Projektarbeit teilte das IASB mit, dass die Regelungen für Eventualschulden und -vermögenswerte bei Unternehmenserwerb derart verändert wurden, dass die gegenwärtigen **Regelungen des IFRS 3 mit Verbesserungen** übernommen werden.[383] Dieser Ansicht ist zuzustimmen, obwohl die Regelungen ebenso dem Standardentwurf entsprechen. In Bezug auf den Standardentwurf bemerken z. B. *Brücks/Richter* (2005) kritisch: „Unter dem Deckmantel ‚*Business Combinations II*' wird ‚durch die Hintertür' ein neues und durchaus fragwürdiges Ansatz- und Bewertungs-‚Konzept' für Rückstellungen vorgeschlagen, ohne dass hierzu zuvor konzeptionelle Grundsatzdebatten geführt wurden."[384] Jedoch wurde bereits mit der Verabschiedung des IFRS 3 in 2004 vom *probability recognition criterion* für Eventualschulden abstrahiert. Im Standardentwurf für IAS 37 wird eine solche Passivierung auch außerhalb von Unternehmenserwerben vorgeschlagen.

Zu beachten ist, dass IFRS 3 den Ansatz von Eventualvermögenswerten verbietet,[385] der Standardentwurf dagegen ihren Ansatz fordert.[386] Dies stellt jedoch keinen Widerspruch dar, da unterschiedliche, sogar überschneidungsfreie Definitionen verwendet werden. In IAS 37.10 sind Eventualvermögenswerte als zukünftig mögliche Vermögenswerte (*possible assets*) definiert. Der Standardentwurf für IAS 37 bezieht sich auf gegenwärtige Vermögenswerte (hier als *present assets* bezeichnet), um klarzustellen, dass zukünftig mögliche Vermögenswerte nicht aktiviert werden dürfen.[387] Der IFRS 3 (r) nimmt angesichts der Projektabkopplung wiederum Bezug auf den gegenwärtigen IAS 37.[388]

In der Gesamtsicht **bleibt der Regelungsinhalt** letztlich gleich, sodass unabhängig von der Wahrscheinlichkeit des Nutzenzu- oder -abflusses zukünftig mögliche Ver-

---

[381] Vgl. ED-IAS 37.23.
[382] Vgl. ED-IAS 37.29.
[383] Vgl. das IASB-Update vom Januar 2007 S. 1, ähnlich IFRS 3.BC273 (r).
[384] *Brücks/Richter* (2005) S. 415.
[385] Vgl. IFRS 3.BC117.
[386] Vgl. ED-IFRS 3.35.
[387] Vgl. ED-IAS 37.Summary of Main Changes, das IASB-Update vom Januar 2007 S. 1.
[388] Vgl. IFRS 3.BC276 (r).

mögenswerte einem Ansatzverbot und gegenwärtige Vermögenswerte einer Ansatzpflicht unterliegen. Dies gilt analog für Schulden.[389]

Zur Verdeutlichung zeigen die Abbildungen C-7 und C-8 ab der nächsten Seite abschließend im Überblick, welche Vermögenswerte und Schulden entsprechend den einzelnen Regelungen zu bilanzieren und welche **Wahrscheinlichkeitsanforderungen** zu erfüllen sind. Für die nähere Differenzierung werden die Definitionen und Bezeichnungen für Eventualvermögenswerte und -schulden sowie für immaterielle Vermögenswerte aufgeführt.

In Bezug auf den **bilanziellen Ansatz** ist weiterhin zu beachten, dass für den Ansatz von mietähnlichen Leasingvorgängen (*operating leases*) entgegen dem Standardentwurf lediglich die Leasingverträge, in denen der erworbene Geschäftsbetrieb als Leasingnehmer agiert, daraufhin zu überprüfen sind, ob sie Marktbedingungen entsprechen.[390] Abweichungen der Vertragskonditionen sind, wie ursprünglich angedacht, als immaterieller Vermögenswert oder als Schuldposition anzusetzen.[391] Darüber hinaus enthält der überarbeitete Standard im Gegensatz zur Entwurfsfassung explizite Ausnahmen von den allgemeinen Ansatzanforderungen, und zwar für aktive und passive latente Steuern, Leistungen an Arbeitnehmer sowie Vermögenswerte für Ersatzleistungen.[392]

Zum Akquisitionszeitpunkt sind grundsätzlich sämtliche erworbenen Vermögenswerte und Schulden zum **Fair Value zu bewerten**.[393] Der gegenwärtige Standard IFRS 3 enthält hierzu einzelne Wertmaßstäbe, die in der Kaufpreisallokation den Fair Value bilden.[394] Die Wertmaßstäbe entsprechen jedoch nicht in jedem Fall den Zielen der Fair-Value-Bewertung.[395] Wie bisher ist z. B. für latente Steuern keine Fair-Value-Bewertung zum Akquisitionszeitpunkt erforderlich, weil damit Inkonsistenzen zur Folgebewertung verbunden wären. Da eine Fair-Value-Bewertung Zeiteffekte berücksichtigt, latente Steuern dagegen undiskontiert zu bewerten sind, würde eine Erstbilanzierung zum Fair Value zu einer Erfolgswirkung in der nachfolgenden Periode führen.[396] Ein expliziter Hinweis, dass gegenwärtig für latente

---

389 Vgl. IFRS 3.23 (r), IFRS 3.BC275 (r).

390 Vgl. IFRS 3.B29 (r) versus ED-IFRS 3.47.

391 Vgl. IFRS 3.B29 (r), ED-IFRS 3.47.

392 Vgl. IFRS 3.24ff. (r).

393 Vgl. IFRS 3.18 (r), IFRS 3.BC197 (r), ED-IFRS 3.28, ED-IFRS 3.BC103.

394 Vgl. IFRS 3.B16, Abbildung C-2.

395 Vgl. ED-IFRS 3.BC105.

396 Vgl. IFRS 3.B16(i), IFRS 3.BC153.

Kategorie	Vermögenswert	Eventualvermögenswert	Vermögenswert	Schuld	Eventualschuld
Unterkategorie			Immaterieller Vermögenswert		
Definition		zukünftig möglicher Vermögenswert (*possible asset,* IAS 37.10)	identifizierbarer nicht monetärer Vermögenswert ohne physische Substanz (IAS 38.8)		zukünftig mögliche oder gegenwärtige nicht bilanzierte Verpflichtung (*possible or unrecognised present obligation,* IAS 37.10)
Framework	ausreichend sicher (*sufficiently certain,* F.50)			ausreichend sicher (*sufficiently certain,* F.50)	
IAS 37		Ansatzverbot (IAS 37.31)			Ansatzverbot (IAS 37.27)
IFRS 3	wahrscheinlich (*probable,* IFRS 3.37(a))	Ansatzverbot (IFRS 3.BC117)	Wahrscheinlichkeit irrelevant (IFRS 3.37(c)) Begründung in IAS 38.33	wahrscheinlich (*probable,* IFRS 3.37(b))	Ansatzpflicht für bereits existierende Verpflichtungen (IFRS 3.41)
				Restrukturierungsrückstellung: >50% (*more likely than not*) (IFRS 3.41(a) i. V. m. IAS 37.23)	Wahrscheinlichkeit irrelevant (IFRS 3.37(c))

Abbildung C-7: Gegenwärtige Wahrscheinlichkeitsanforderungen für den bilanziellen Ansatz

<table>
<tr><th>Kategorie</th><th colspan="3">Vermögenswert</th><th colspan="2">Schuld</th></tr>
<tr><th>Unter-kategorie</th><th>Sonstiger Vermögens-wert</th><th>Eventualver-mögenswert</th><th>Immaterieller Vermögenswert</th><th>Sonstige Schuld</th><th>Eventual-schuld</th></tr>
<tr><td>Definition</td><td></td><td>gegenwärtiger Vermögenswert (present asset, ED-IAS 37.Summary of Main Changes)</td><td></td><td></td><td></td></tr>
<tr><td>ED-IAS 37</td><td></td><td>i. d. R. gemäß IAS 38 (ED-IAS 37. A22 bzw. ED-IAS 38.17A)</td><td></td><td>Wahrscheinlichkeit irrelevant (ED-IAS 37.11f., ED-IAS 37.33)</td><td>Wahrscheinlichkeit irrelevant (ED-IAS 37.11f., ED-IAS 37.33)</td></tr>
<tr><td rowspan="3">ED-IFRS 3</td><td colspan="5">Wahrscheinlichkeit irrelevant (ED-IFRS 3.28f. i. V. m. F.49, ED-IFRS 3.BC92)</td></tr>
<tr><td rowspan="2"></td><td rowspan="2">Ansatzpflicht (ED-IFRS 3.35)</td><td rowspan="2"></td><td rowspan="2">Restrukturierungsrück-stellung: >50% (more likely than not) (ED-IFRS 3.37 i. V. m. IAS 37.23)</td><td>Ansatzverbot für zukünftig mögliche Verpflichtung (ED-IFRS 3.87 i. V. m. ED-IAS 37.10)</td></tr>
<tr><td>Ansatzpflicht für gegenwärtige Verpflichtung (ED-IFRS 3.87 i. V. m. ED-IAS 37.10)</td></tr>
<tr><td>IFRS 3 (r)</td><td colspan="5">analog ED-IFRS 3: IFRS 3.10ff. (r) i. V. m. F.49, IFRS 3.23 (r), IFRS 3.BC126 (r), IFRS 3.BC276 (r) verweist auf die Definition des IAS 37 für Eventualvermögenswerte, allgemein gilt: Ansatzverbot für possible assets, Ansatzpflicht für present assets</td></tr>
</table>

Abbildung C-8: Zukünftige Wahrscheinlichkeitsanforderungen für den bilanziellen Ansatz

Steuern keine Fair-Value-Bewertung vorzunehmen ist, fehlt innerhalb der verpflichtenden Regelungen des IFRS 3.[397]

Der Standardentwurf verzichtete auf die Vorgabe einzelner Wertmaßstäbe für den Fair Value zugunsten der allgemeinen Leitlinien für die Fair-Value-Bewertung in Anhang E.[398] Wie bereits angesprochen, wurden sie nachträglich entfernt.[399]

Der finale Standard enthält weitere, nun explizit genannte **Ausnahmen von der Fair-Value-Bewertung**:

* Zu den wichtigsten Ausnahmen gehören wie bisher aktive und passive latente Steuern. Zur Behebung der Inkonsistenz zwischen der Erst- und Folgebilanzierung sind sie nach IAS 12.46 in Höhe des erwarteten Erfüllungsbetrages zu bewerten.[400]
* Für eine ökonomische Abbildung der Aktivitäten des Erwerbers sind zur Veräußerung vorgesehene Vermögenswerte auch zum Nettoveräußerungswert anzusetzen. IFRS 3 (r) präzisiert im Gegensatz zum Standardentwurf, dass hierfür lediglich die Paragrafen 15 bis 18 des IFRS 5 relevant sind.[401]
* Leistungen an Arbeitnehmer sollten zunächst mit dem Kapitalwert der Pensionsverpflichtungen unter Abzug des zum Fair Value bewerteten Planvermögens angesetzt werden.[402] Nachträglich entschied der Standardsetter, sämtliche Vermögenswerte und Schulden, die in IAS 19 geregelt werden, bei Unternehmenserwerb ebenfalls nach diesem Standard zu bewerten.[403]
* Weiterhin sind Schulden und Eigenkapitalinstrumente aus anteilsbasierter Vergütung zur Überbrückung von möglichen Inkonsistenzen zwischen der Erst- und Folgebilanzierung nach IFRS 2 zu bilanzieren. Die Neuregelungen zum Unternehmenserwerb enthalten zudem Rege-

397 Vgl. *Lüdenbach* (2008) Rz. 97.
398 Vgl. Abschnitt C.2.2.1.
399 Vgl. IFRS 3.BC335 (r).
400 Vgl. IFRS 3.24f. (r), IFRS 3.BC281 (r), ED-IFRS 3.44ff., ED-IFRS 3.BC119.
401 Vgl. IFRS 3.31 (r), IFRS 3.BC305ff. (r), ED-IFRS 3.43, ED-IFRS 3.BC118.
402 Vgl. IAS 19.108 i. V. m. ED-IFRS 3.48.
403 Vgl. IFRS 3.26 (r), das IASB-Update vom Januar 2007 S. 1.

lungen für den Ersatz anteilsbasierter Vergütung im Akquisitionsobjekt durch den Erwerber.[404]

* Schließlich sind auch Vermögenswerte aus Erstattungsansprüchen sowie zurückerworbene Rechte von der Fair-Value-Bewertung ausgeschlossen.[405]

2.2.4 Fair Value des Akquisitionsobjektes als Bewertungsmaßstab im Standardentwurf

Die Konzeption der Goodwill-Ermittlung im Standardentwurf differiert von der Konzeption des IFRS 3 (r). Deshalb wird zunächst in diesem Abschnitt ausschließlich die Entwurfsfassung zur Erstbilanzierung des Goodwills dargestellt. In ihr ist das Akquisitionsobjekt nicht wie gegenwärtig beteiligungsanteilig, sondern vollständig zum Fair Value zu bewerten (*fair value of the acquiree as a whole*). Dies sollte unabhängig davon gelten, ob ein sukzessiver, anteiliger oder vollständiger Erwerb vorliegt.[406]

Unternehmenserwerbe sind normalerweise marktübliche Transaktionen, in denen definitionsgemäß sachverständige, unabhängige, abschlusswillige Geschäftspartner gleiche Werte austauschen. **ED-IFRS 3.20** erklärt deshalb, dass grundsätzlich das übertragene Entgelt (*consideration transferred*) den besten Beleg für den Fair Value des erworbenen Unternehmensanteils darstellt.[407] Dieser Grundsatz wird in Anhang A des Standardentwurfes durch Anwendungsbeispiele näher erläutert. Wie nachfolgend gezeigt wird, widersprechen die Beispiele jedoch dem genannten Grundsatz. Prinzipiell verfolgt das IASB im Standardentwurf das Ziel, den Fair Value des erworbenen Geschäftsbetriebes anhand von Unternehmensbewertungsverfahren zu ermitteln. Lediglich in Sonderfällen kann sich die Bewertung auf das übertragene Entgelt stützen.

Das **übertragene Entgelt** umfasst definitionsgemäß zum Fair Value bewertete übertragene Vermögenswerte, übernommene Schulden, ausgegebene Eigenkapitalinstrumente und bereits vor dem Akquisitionszeitpunkt erworbene Minderheitenan-

---

[404] Vgl. IFRS 3.30 (r), IFRS 3.B56ff. (r).

[405] Vgl. IFRS 3.27ff. (r). Zu anteilsbasierter Vergütung, Erstattungsansprüchen und zurückerworbenen Vermögenswerten siehe *Beyhs/Wagner* (2008) S. 77f. und S. 80f.

[406] Vgl. ED-IFRS 3.19, ED-IFRS 3.IN9(d).

[407] Vgl. ED-IFRS 3.20, ED-IFRS 3.A9, ED-IFRS 3.BC55f. Der Grundsatz entspricht der gegenwärtigen Regelung in IFRS 3.24(a).

teile.[408] In das übertragene Entgelt sind in Erweiterung des IFRS 3.33 jegliche ungewisse bedingte Kaufpreiszahlungen (*contingent considerations*) einzubeziehen. Ihr Ansatz erfolgt im Gegensatz zur gegenwärtigen Regelung unabhängig davon, ob die vereinbarten Ereignisse, die eine nachträgliche Zahlung anstoßen, wahrscheinlich sind. Die Eintrittswahrscheinlichkeit der zahlungsauslösenden Ereignisse wird lediglich in der Bewertung berücksichtigt.[409]

Mit dem Anschaffungsvorgang verbundene Kosten, wie z. B. Rechts- und Beratungskosten, sollten nicht mehr in das Entgelt einbezogen, sondern nach den korrespondierenden Standards i. d. R. erfolgswirksam verbucht werden.[410] Die Kosten knüpfen nach Auffassung des IASB an separaten Transaktionen an, in denen der Erwerber für Services Dritter zahlt. Der Service wird zeitgleich zur Erstellung verwertet und verkörpert deshalb keinen Vermögenswert im Verständnis des Frameworks, sondern lediglich Aufwendungen.[411]

Wird unter marktüblichen Bedingungen **ein Unternehmen vollständig erworben**, so ist der Fair Value des übertragenen Entgeltes normalerweise deutlicher erkennbar und verlässlicher ermittelbar als der Fair Value des Akquisitionsobjektes. Deshalb sollte i. d. R. der Unternehmenswert des Akquisitionsobjektes in Höhe des Fair Value des übertragenen Entgeltes angenommen werden.[412] Diese Vorgehensweise entspricht dem Grundsatz des ED-IFRS 3.20.

Falls zum Akquisitionszeitpunkt kein Entgelt übertragen wurde oder es nicht die beste Ermittlungsbasis für den Fair Value des Akquisitionsobjektes bildet, sind **Bewertungsverfahren** zu verwenden.[413] Dies ist insbesondere gegeben,[414]

* wenn kein Kaufpreis gezahlt wurde, so z. B. bei einem Rückkauf eigener Aktien, der zur Beherrschungserlangung eines Minderheitsgesellschafters führt,
* wenn die Transaktion nicht marktüblich ist, d. h. beispielsweise bei einem Zwangsverkauf, der nicht zu einem Austausch gleicher Werte führt, oder

---

408 Vgl. ED-IFRS 3.21f.
409 Vgl. ED-IFRS 3.25 versus IFRS 3.32.
410 Vgl. ED-IFRS 3.27 versus IFRS 3.29.
411 Vgl. ED-IFRS 3.BC85 i. V. m. F.49(a).
412 Vgl. ED-IFRS 3.A10.
413 Vgl. ED-IFRS 3.20, ED-IFRS 3.A8ff.
414 Vgl. ED-IFRS 3.A18. Zur Diskussion dieser Fälle im deutschen Rechtsraum siehe *Hayn* (2006) S. 232ff.

* wenn der Fair Value des Akquisitionsobjektes verlässlicher messbar ist als der Fair Value des übertragenen Entgeltes, so z. B. bei Share Deals innerhalb genossenschaftlich organisierter Unternehmen.

Allerdings sind auch außerhalb dieser explizit genannten Sonderfälle Bewertungsverfahren anzuwenden. ED-IFRS 3.A11 erklärt, dass höchstwahrscheinlich für alle **Unternehmenserwerbe mit einer Beteiligungsquote unterhalb 100%** das übertragene Entgelt nicht die beste Grundlage zur Ermittlung des Fair Value des Akquisitionsobjektes bildet. Wird ein Unternehmen nur anteilig erworben, so ist es unter Berücksichtigung der verfügbaren Informationen zu bewerten.

Konkretisierende, aber dennoch allgemein gehaltene Regelungen zu Bewertungsverfahren bieten die Paragrafen ED-IFRS 3.A19ff. Demnach soll die **Fair-Value-Bewertung des Akquisitionsobjektes**, falls sie nicht auf Basis des übertragenen Entgeltes ermittelt werden kann, marktbasiert anhand der Preise ähnlicher Unternehmen erfolgen. Es sind primär Preise öffentlich gehandelter Aktien von Unternehmen der gleichen Branche oder offen gelegte Kaufpreise aus Erwerben ähnlicher Akquisitionsobjekte zu verwenden. Die Ähnlichkeit der Bewertungsobjekte ist anhand der Übereinstimmung von operativen, marktlichen, finanziellen und nicht finanziellen Faktoren einzuschätzen. Die verbleibenden Unterschiede zum Akquisitionsobjekt sollen durch geeignete Anpassungen berücksichtigt werden.[415] Falls marktbasierte Informationen nicht verfügbar sind, müssen mehrfache Bewertungsverfahren, für die verlässliche Informationen vorliegen, angewendet werden. Insbesondere einkommensorientierte Bewertungen, ggf. auf Basis von Residualgewinnen, werden erlaubt. Die Bewertungsergebnisse sind hinsichtlich der Relevanz und Verlässlichkeit der Eingangswerte zu beurteilen.[416]

Der Standardentwurf weist die Problematik auf, dass das IASB die Bestimmung des Fair Value des Akquisitionsobjektes als ein „Hauptproblem"[417] der Anwendung nur in eher kasuistischer Weise im Anhang A *„Application Guidance"* mit Verweisen auf Anhang E regelt.[418] Dies kann durch eine nachträgliche Entwurfsänderung begründet sein: Noch **bis zum Juli 2004** verfolgte das IASB die widerlegbare Vermutung, dass das übertragene Entgelt die beste Ermittlungsgröße nicht nur für den Fair Value des erworbenen Anteils am Nettovermögen, sondern auch für den

---

415 Vgl. ED-IFRS 3.A20f.

416 Vgl. ED-IFRS 3.A22, ED-IFRS 3.A19, analog die Ausführungen in ED-IFRS 3.E, die überdies kostenorientierte Verfahren erlauben.

417 *Pellens/Sellhorn/Amshoff* (2005) S. 1752.

418 Vgl. *Brücks/Richter* (2005) S. 409, ED-IFRS 3.A11ff.

Fair Value des Akquisitionsobjektes darstellt.[419] Allein im Fall von nicht marktüblichen Transaktionen, so z. B. bei der Zahlung einer Kontrollprämie oder bei einem Verkauf unter Zwang, waren bis zu diesem Zeitpunkt spezifische Unternehmensbewertungsverfahren anzuwenden.[420] Im Zuge der Konvergenz der Standardsetter übernahm das IASB jedoch später die Formulierungen des FASB, in denen grundsätzlich das übertragene Entgelt lediglich den Fair Value des erworbenen Unternehmensanteils widerspiegelt.[421]

Eine **Einordnung der Anwendungsbeispiele** in den Grundsatz der Fair-Value-Bewertung des Akquisitionsobjektes fehlt im Standardentwurf und wird deshalb im Folgenden angestrebt. Hierbei wird berücksichtigt, dass die Anwendungsbeispiele zu den allgemeinen Regelungen gleichrangig gültig sind.[422]

Wie bereits beschrieben, sollte grundsätzlich der Unternehmenswert des Akquisitionsobjektes anhand spezifischer Unternehmensbewertungsverfahren gemäß Anhang E und den Paragrafen A19ff. ermittelt werden.[423] Da das **Anwendungsbeispiel 1** dagegen die Vorgehensweise der Hochrechnung des Kaufpreises verwendet, wird es zunächst im Detail beschrieben, anschließend auf Basis der Kerninhalte verallgemeinert und letztlich als eine Sonderregelung identifiziert:[424]

* Das Unternehmen E bietet an, alle der 10 Mio. ausgegebenen Aktien des Unternehmens T für 10 Geldeinheiten (GE) pro Stück unter der Voraussetzung zu erwerben, dass mindestens 80% der Aktien von T zum Verkauf angeboten werden. Die Aktien von T werden öffentlich gehandelt und sind in Streubesitz. Zum Akquisitionszeitpunkt werden 90% der Aktien zum Verkauf angeboten und von E für 90 Mio. GE gekauft. In der Woche vor der Ankündigung des Kaufangebotes steht der Aktienkurs von T bei 8,85 bis 9,15 GE. Während der ersten Woche nach dem Akquisitionszeitpunkt werden die verbleibenden Aktien (1 Mio.) weiterhin gehandelt, jedoch mit signifikant geringerem Volumen und größerer Volatilität (zu Preisen zwischen 8,50 und 13 GE).
* In diesem Beispiel wird das übertragene Entgelt für 90% des Eigenkapitals als die beste Grundlage für die Schätzung des Fair Value von

[419] Vgl. das IASB-Update vom Juli 2004 S. 1.
[420] Vgl. *Küting/Elprana/Wirth* (2003) S. 488.
[421] Vgl. das IASB-Update vom Juli 2004 S. 1.
[422] Vgl. ED-IFRS 3.A dritte Zeile.
[423] Vgl. ED-IFRS 3.A11ff.
[424] Vgl. ED-IFRS 3.A12f.

T identifiziert. Der Fair Value beträgt somit 100 Mio. GE, d. h., er entspricht 10 Mio. Aktien je 10 GE. Es gibt keine Hinweise, dass der für 90% des Akquisitionsobjektes gezahlte Preis von 10 GE je Aktie nicht repräsentativ für den Preis ist, den sachkundige, voneinander unabhängige, abschlusswillige Geschäftspartner für den vollständigen Erwerb von T bezahlen würden. Daneben ist aufgrund des Streubesitzes der Aktien nicht anzunehmen, dass für einen vollständigen Erwerb ein Preis von mehr als 10 GE je Aktie notwendig wäre.

Die **Verallgemeinerung des Beispiels** führt zu folgenden Kerninhalten: Erfolgt ein anteiliger Unternehmenserwerb mit einer hohen resultierenden Beteiligungsquote zu einem Aktienpreis, der die Bandbreite des Börsenkurses in einem kleinen Zeitfenster vor der Ankündigung bis nach dem Akquisitionszeitpunkt abbildet, so kann er als repräsentativ für den Fair Value des Akquisitionsobjektes angesehen werden. Dies tritt insbesondere auf, wenn die Aktie von einem breiten Anlegerkreis gehalten wird und folglich nicht anzunehmen ist, dass im Rahmen eines vollständigen Erwerbes ein höherer Aktienpreis zu zahlen wäre.

Demzufolge darf eine Hochrechnung des übertragenen Entgeltes als Repräsentant des Unternehmenswertes lediglich verwendet werden, wenn eine parallel durchgeführte Schätzung des Unternehmenswertes zu einem sehr ähnlichen Wertansatz führt. Diese Schätzung erfolgt im Beispiel aufgrund des hohen erworbenen Beteiligungsanteils nur argumentativ.[425] Es ist zu schlussfolgern, dass auch bei marktüblichen Transaktionen zu prüfen ist, ob der anhand des übertragenen Entgeltes ermittelte Fair Value mit dem gemäß dem Standardentwurf ermittelten Unternehmenswert annähernd übereinstimmt.[426]

In **Anwendungsbeispiel 3**[427] liegen Hinweise auf die Zahlung einer Kontrollprämie vor. Deshalb fordert der Standardentwurf explizit, den unter Bezugnahme auf die Kontrollprämie ermittelten Fair Value mit dem Unternehmenswert des Akquisi-

---

425 So erläutert das IASB in ED-IFRS 3.BC58: „*This indirect measurement of the fair value of the acquiree as a whole is more likely to be appropriate as the proportion of the interest being acquired increases.*"

426 Vgl. auch den Hinweis von *Andrejewski/Fladung/Kühn* (2006) S. 83 zur Darstellung des Beispiels 1 in ED-IFRS 3.A12f: „Jedoch ist zu überprüfen, ob der hochgerechnete Kaufpreis dem Unternehmenswert entspricht."

427 Auf eine Darstellung des Anwendungsbeispiels 2 in ED-IFRS 3.A14 wird an dieser Stelle verzichtet, da es auf dem Anwendungsbeispiel 1 aufbaut und lediglich die Charakteristiken des sukzessiven Unternehmenserwerbes verdeutlicht.

tionsobjektes zu vergleichen. Die umfangreichen Detailinformationen können wie folgt **verallgemeinert** werden:[428]

* Möglicherweise wird im Rahmen eines anteiligen Unternehmenserwerbes eine Kontrollprämie über den aktuellen Börsenkurs hinaus gezahlt, z. B. wenn der Erwerber erwartet, dass er aus der Transaktion mehr Synergien als andere Marktteilnehmer realisieren kann. In diesem Fall ist das übertragene Entgelt nicht die beste Grundlage für die Fair-Value-Ermittlung für eine hundertprozentige Beteiligung. Der Erwerber verfügt über Informationen, die andeuten, dass andere sachverständige, voneinander unabhängige und vertragswillige Marktteilnehmer einen geringeren Preis anbieten würden.
* Weiterhin kann die Börsenkursentwicklung über die Repräsentativität des übertragenen Entgeltes informieren. Bezahlt der Erwerber für die Beherrschungserlangung an den Mehrheitsaktionär eine Kontrollprämie und werden die anderen Unternehmensanteile öffentlich gehandelt, so kann der Fair Value des Akquisitionsobjektes auf Basis der gewichteten Aktienpreise ermittelt werden.
* Daneben sind die durch den Erwerber vorgenommenen Unternehmensbewertungen daraufhin zu überprüfen, ob sie mit dem Ziel der Erlangung einer hundertprozentigen Beteiligung und mit den Anwendungsleitlinien des Anhangs E übereinstimmen. Sofern die Informationsbereitstellung nicht unangemessene Kosten verursacht,[429] sind vorliegende Bewertungen überdies mithilfe alternativer sachgerechter Bewertungsverfahren, so insbesondere mittels markt- oder einkommensorientierter Verfahren, zu verbessern (*refine*).

Die Ausführungen zu den allgemeinen Regelungen und Anwendungsbeispielen des Standardentwurfes zeigen, dass eine alleinige pauschale **Hochrechnung des übertragenen Entgeltes** entgegen der Meinung in der wissenschaftlichen Literatur[430]

---

428 Vgl. ED-IFRS 3.A15ff.

429 Vgl. ED-IFRS 3.E19.

430 So betonen *Andrejewski/Fladung/Kühn* (2006) S. 88, *Kühne/Schwedler* (2005) S. 332 und *Pellens/Sellhorn/Amshoff* (2005) S. 1752f., dass der Fair Value des erworbenen Unternehmens grundsätzlich anhand der Hochrechnung des gezahlten Entgeltes bestimmt wird.

nicht als generell adäquates Bewertungsverfahren gilt.[431] Auch eine Prüfung der Umstände des Unternehmenserwerbes auf Anomalien gemäß ED-IFRS 3.A18 bzw. auf die Zahlung einer Kontrollprämie und eine entsprechende Anpassung des hochgerechneten Entgeltes[432] ist im Sinne des Standardentwurfes als allgemein unzureichend zu erachten. Eine Hochrechnung des Entgeltes ist lediglich bei einem hohen erworbenen Beteiligungsanteil, von z. B. über 80%, unter Beachtung weiterer Bedingungen zulässig.[433] Sobald der Unternehmenserwerb nicht mit einem hohen Beteiligungsanteil und streng unter marktüblichen Bedingungen erfolgt, ist grundsätzlich die Hochrechnung mit dem anhand anderer Bewertungsverfahren ermittelten Unternehmenswert zu validieren. Der Unternehmenswert muss überdies den Regelungen des Anhangs E und der Paragrafen ED-IFRS 3.A19ff. entsprechen. Zwar beschreibt das IASB in den Anwendungsbeispielen die Möglichkeit, das gezahlte Entgelt hochzurechnen, stellt jedoch auch in der *basis for conclusions* unmissverständlich klar, dass diese Vorgehensweise die Anforderung der Ermittlung des Fair Value des Akquisitionsobjektes nicht außer Kraft setzt.[434] Abbildung C-9 auf der nächsten Seite fasst die Schritte und Beispiele der Fair-Value-Ermittlung des Akquisitionsobjektes gemäß dem Standardentwurf für IFRS 3 zusammen.

Mit der Verwendung des Fair Value des Akquisitionsobjektes als Primärwert der Erstbilanzierung des Goodwills ist nach Auffassung des IASB mehr Nutzen der Finanzberichterstattung als Kosten verbunden.[435] So würden insbesondere im Fall der Übertragung von Eigenkapitaltiteln ohne öffentlichen Markt oft bereits vor der Akquisition unabhängige Unternehmensbewertungen vorgenommen, um den Kaufpreis abzuschätzen. Deshalb seien die mit der erforderlichen Validierung durch unabhängige Gutachter **verbundenen Kosten** tendenziell gering.[436] Im Fall börsennotierter Unternehmen, die über interne Ressourcen zur Ermittlung eines subjektiven oder eines für Argumentationszwecke verwendeten Unternehmenswertes verfügen,

---

431 Vgl. weiterhin auch das Beispiel 4 in ED-IFRS 3.A63, in dem in einer explizit als marktüblich charakterisierten Transaktion unter Austausch gleicher Werte der Fair Value des erworbenen Unternehmens durch den Unternehmenswert und nicht durch das hochgerechnete Entgelt repräsentiert wird.

432 Vgl. *Pellens/Sellhorn/Amshoff* (2005) S. 1752f.

433 Vgl. ED-IFRS 3.A12f.

434 Vgl. ED-IFRS 3.BC59: „*The presumption and guidance which emphasises the use of the consideration transferred by the acquirer is not intended to override the requirement to measure and recognise the fair value of the acquiree as a whole at the acquisition date.*"

435 Vgl. ED-IFRS 3.BC61.

436 Vgl. ED-IFRS 3.BC60.

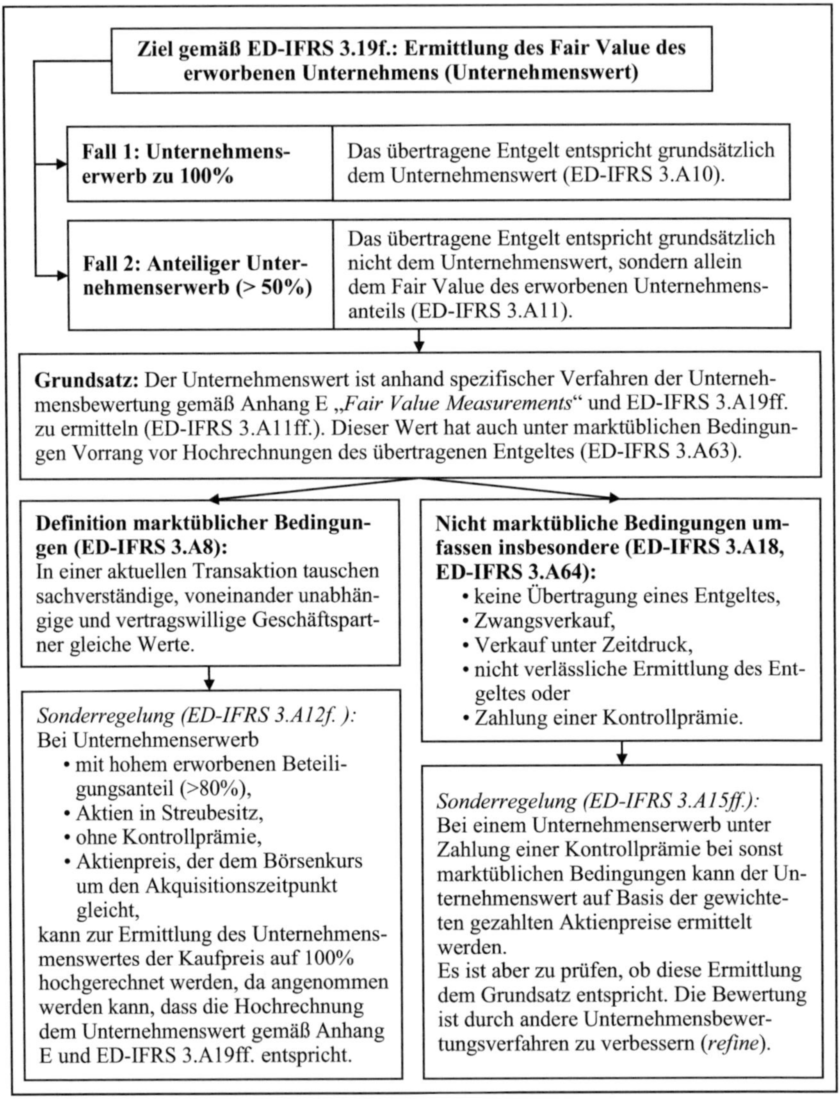

Abbildung C-9: Fair-Value-Ermittlung des Akquisitionsobjektes nach ED-IFRS 3

können jedoch zusätzliche, unabhängige Gutachten hohe Extrakosten erzeugen.[437] Auch aus diesem Grund ist die spätere konzeptionelle Veränderung der vorgeschlagenen Regelungen zu begrüßen.

2.2.5 Ermittlung des Goodwills und Aufteilung auf die Gesellschafter im Standardentwurf

Nachfolgend wird jedoch zunächst die Ermittlung des Full Goodwills gemäß dem Standardentwurf beschrieben. Die Ausführungen zeigen insbesondere die im Detail problematische Aufteilung des Full Goodwills auf die Gesellschafterstämme.

Gemäß dem Standardentwurf entspricht der Goodwill der Differenz zwischen dem Fair Value des Akquisitionsobjektes und dem Fair Value des identifizierbaren Nettovermögens.[438] Dieser Full Goodwill ist auf die **Mehr- und Minderheitsgesellschafter** aufzuteilen.[439] Der Goodwill-Anteil, der dem Erwerber zuzuordnen ist, wird analog zu IFRS 3 ermittelt, d. h. als die Differenz zwischen dem Fair Value des erworbenen Unternehmensanteils und dem Fair Value des anteiligen erworbenen Nettovermögens. Der Fair Value des Unternehmensanteils wird i. d. R. durch das übertragene Entgelt, inklusive aller bereits vor dem Akquisitionszeitpunkt erworbenen Eigenkapitalanteile, repräsentiert. Der verbleibende Full-Goodwill-Anteil ist als Restgröße, d. h. nicht proportional zum Beteiligungsanteil, den Minderheitsgesellschaftern zuzuordnen.[440] Dadurch wird der Minderheitenanteil am Eigenkapital erhöht.[441] Abbildung C-10 zeigt die Ermittlung an einem Beispiel.

---

[437] Vgl. kritisch *Brücks/Richter* (2005) S. 410. Der empirischen Untersuchung von *Brösel/Hauttmann* (2007) S. 226 zufolge dienen Unternehmensbewertungen in der Praxis vorrangig der subjektiven Ermittlung einer Kaufpreisgrenze (in ca. 90% der Unternehmen) oder als Argumentationswert in Verhandlungssituationen (in ca. 84% der Unternehmen). Nur 14% der analysierten Unternehmen streben die Ermittlung eines unparteiischen Vermittlungswertes an, der für die Bilanzierung des Unternehmenserwerbes verwendbar wäre. Die Studie basiert auf den Antworten von 57 der 480 umsatzstärksten Unternehmen Deutschlands; vgl. *Brösel/ Hauttmann* (2007) S. 225.

[438] Vgl. ED-IFRS 3.49.

[439] Vgl. ED-IFRS 3.58.

[440] Vgl. ED-IFRS 3.A62, *Andrejewski/Fladung/Kühn* (2006) S. 83.

[441] Die in der Konzernbilanz ausgewiesenen Minderheitenanteile am Eigenkapital umfassen neben dem Goodwill-Anteil den Minderheitenanteil am neubewerteten erworbenen Nettovermögen; vgl. *Pellens/Sellhorn/Amshoff* (2005) S. 1751f.

Am 1. Februar 200X erwirbt das Unternehmen E 80% des Unternehmens T für 160 GE. Da es keine Hinweise auf eine Transaktion gibt, die einen Austausch ungleicher Werte bedeutet, wird angenommen, dass das übertragene Entgelt von 160 GE dem Fair Value des erworbenen Eigenkapitalanteils von 80% entspricht. Auf Basis von Unternehmensbewertungen konnte ein Fair Value des Unternehmens T in Höhe von 195 GE festgestellt werden. (Im Gegensatz dazu beträgt das auf 100% hochgerechnete übertragene Entgelt 200 GE.) Zum Akquisitionszeitpunkt ist der Fair Value der erworbenen Vermögenswerte 210 GE. Der Fair Value der übernommenen Schulden beträgt 60 GE. Auf der Basis dieser Informationen wird der Goodwill wie folgt ermittelt (alle Angaben in GE):

Fair Value des erworbenen Unternehmens (100%, Unternehmensbewertung)	195
- Fair Value des erworbenen Nettovermögens (100%)	- (210 - 60) = - 150
Full Goodwill (100%)	**45**
Fair Value des erworbenen Unternehmensanteils (80%, Entgelt)	160
- Fair Value des erworbenen Nettovermögensanteils (80%)	- 80% x (210 - 60) = - 120
Goodwill der Mehrheitsgesellschafter (analog zu IFRS 3)	**40**
Goodwill der Minderheitsgesellschafter als Restgröße	**45 - 40 = 5**

Abbildung C-10: Ermittlung des Full Goodwills und Aufteilung auf die Gesellschafterstämme nach ED-IFRS 3 (Beispiel)[442]

In seltenen Fällen übersteigt der Fair Value des erworbenen Unternehmensanteils aus Unternehmensbewertungen den Fair Value des erworbenen Unternehmensanteils auf Basis des übertragenen Entgeltes.[443] Die resultierende Differenz wird als **Badwill** bezeichnet.[444] Vorteilhafte, d. h. mit Badwill verbundene Erwerbe (*bargain purchase, lucky buy*) können z. B. bei Verkäufen unter Zwang oder externer Repression entstehen.[445] Wie nach den gegenwärtigen Regelungen ist in diesen Fällen zunächst die Kaufpreisallokation nochmals umfassend zu überprüfen.[446] Falls anschließend weiterhin ein Badwill vorhanden ist, ist der Mehrheitsanteil des Full Goodwills um den Badwill zu reduzieren.[447] Entgegen den zuvor dargestellten allgemeinen Regelungen sind bei vorteilhaftem Unternehmenserwerb die Mehrheits- und Minderheitenanteile des Full Goodwills streng nach den Beteiligungsquoten zu ermitteln.[448]

---

442 Vgl. ED-IFRS 3.A63.
443 Vgl. ED-IFRS 3.59.
444 Vgl. ED-IFRS 3.BC164.
445 Vgl. ED-IFRS 3.59.
446 Vgl. ED-IFRS 3.60, IFRS 3.56(a).
447 Vgl. ED-IFRS 3.A68.
448 Vgl. ED-IFRS 3.A67 Fn.

Falls der Badwill den anzusetzenden Mehrheits-Goodwill betragsmäßig überschreitet, muss in Höhe der Differenz durch den Erwerber ein **Ertrag aus vorteilhaftem Unternehmenserwerb** (*gain on bargain purchase*) erfasst werden. Der Mehrheits-Goodwill ist bis auf null zu reduzieren.[449] Den Minderheiten darf kein Ertrag zugeordnet werden.[450] Wenn dagegen der Badwill kleiner als der Mehrheits-Goodwill ist, kann gemäß dem Standardentwurf auch bei einem vorteilhaften Unternehmenserwerb ein Goodwill für die Mehrheitsgesellschafter und für die Minderheitsgesellschafter entstehen. Der zu vereinnahmende Ertrag entspricht definitorisch dem Badwill des IFRS 3.[451] Somit bleibt gemäß dem Standardentwurf trotz unterschiedlicher Definitionen für den Badwill die Abbildung vorteilhafter Unternehmenserwerbe tendenziell gleich.[452] Abbildung C-11 auf der nächsten Seite zeigt ein korrespondierendes Beispiel.

Im Standardentwurf unklar formuliert ist die **Behandlung des Minderheiten-Goodwills**. Der Erwerber muss den Badwill wie folgt berücksichtigen: „[...] *by reducing the amount of goodwill that otherwise would be recognised in accordance with paragraph 49. If the goodwill related to that business combination is reduced to zero, any remaining excess shall be recognised as a gain attributable to the acquirer on the acquisition date.*“[453] Gemäß dem dazu korrespondierenden Anwendungsbeispiel werden zunächst der Mehrheits- und der Minderheiten-Goodwill (im Beispiel 20 und 5 GE) entsprechend ED-IFRS 3.49 ermittelt.[454] Nachfolgend wird zwar die Reduktion des Mehrheits-Goodwills rechnerisch gezeigt, die Verringerung des Minderheiten-Goodwills (im Beispiel auf null) wird lediglich im Text festgestellt und weder rechnerisch aufgeführt noch erläutert.[455] In Analogie zur oben dargestellten Aufteilung des Full Goodwills ist anzunehmen, dass der Minderheiten-Goodwill als Restgröße bei einem vorteilhaften Unternehmenserwerb nicht auszuweisen ist, wenn final kein Mehrheits-Goodwill verbleibt.

---

449 Vgl. ED-IFRS 3.61, ED-IFRS 3.BC175.

450 Vgl. ED-IFRS 3.A67.

451 Vgl. IFRS 3.56.

452 Vgl. *Pellens/Sellhorn/Amshoff* (2005) S. 1750.

453 ED-IFRS 3.61.

454 Vgl. ED-IFRS 3.A67ff.

455 Vgl. ED-IFRS 3.A68. *Senger/Brune* (2006) Rz. 27 abstrahieren von dieser Feststellung im Text und schlussfolgern inkorrekt, dass es „[...] künftig im Einzelfall möglich [ist], dass im IFRS-Konzernabschluss Geschäfts- oder Firmenwert-Beträge ausgewiesen werden, die ausschließlich den Minderheiten zuzuordnen sind, während der auf das MU [Mutterunternehmen, d.V.] entfallende Anteil am Geschäfts- oder Firmenwert bei zu geringen Anschaffungskosten auf einen Zugangswert von Null zu reduzieren ist.“

Am 1. Februar 200X erwirbt das Unternehmen E 100% der Eigenkapitalanteile des Unternehmens T im Austausch für E-Aktien im Wert von 190 GE. (Alternativ wird ein Austausch von E-Aktien im Wert von 152 GE bei einem Erwerb von 80% der Eigenkapitalanteile angenommen.) Aufgrund regulatorischer Anforderungen war es dem ehemaligen Eigentümer zeitlich nicht möglich, das Unternehmen mehreren Kaufinteressenten anzubieten. Der Erwerber bestimmt den Fair Value der erworbenen Vermögenswerte mit 250 GE. Der Fair Value der Schulden wird mit 50 GE angenommen. Der Erwerber schätzt den Fair Value von T zwischen 215 und 230 GE ein. Da die Wertbandbreite den Fair Value des übertragenen Entgeltes übersteigt, überprüft der Erwerber die Kaufpreisallokation und schlussfolgert, dass die Annahmen und Bewertungen sachgerecht sind.
Gleichwohl beauftragt E ein unabhängiges Bewertungsunternehmen, die Schätzungen zu validieren. Auf Basis mehrerer Bewertungsverfahren wird der Fair Value von T auf 225 GE geschätzt, insbesondere da nach Meinung des Bewertungsunternehmens jeder mögliche Erwerber in T Größenvorteile realisieren kann. Auf der Basis dieser Informationen werden der zu reduzierende Full Goodwill und der Ertrag aus vorteilhaftem Unternehmenserwerb wie folgt ermittelt (alle Angaben in GE):

	Erwerb zu 100%	**Erwerb zu 80%**
Fair Value des erworbenen Unternehmensanteils (Entgelt)	190	152
- Fair Value des erworbenen Unternehmensanteils (Unternehmensbewertung)	- 225	- 225 x 80% = - 180
Badwill des Erwerbers	**-35**	**-28**
Fair Value des erworbenen Unternehmens (100%, Unternehmensbewertung)	225	225
- Fair Value des erworbenen Nettovermögens (100%)	- (250 - 50) = - 200	- (250 - 50) = - 200
Zu reduzierender Full Goodwill	**25**	**25**
Anteilige Goodwillaufteilung		25 x 80% = **20**
Ertrag des Erwerbers (Badwill nach IFRS 3)	**25 - 35 = -10**	**20 - 28 = -8**
Alternative Ermittlung (analog zu IFRS 3):		
Fair Value des erworbenen Unternehmensanteils (Entgelt)	190	152
- Fair Value des erworbenen Nettovermögensanteils	- (250 - 50) = - 200	- (250 - 50) x 80% = - 160
Ertrag des Erwerbers (Badwill nach IFRS 3)	**-10**	**-8**

Abbildung C-11: Vorteilhafter Unternehmenserwerb nach ED-IFRS 3 (Beispiel)[456]

[456] Vgl. ED-IFRS 3.A64ff.

In der zum Badwill umgekehrten Situation übersteigt der Fair Value des erworbenen Unternehmensanteils anhand des übertragenen Entgeltes den Fair Value des erworbenen Unternehmensanteils aus Unternehmensbewertungen. Bei diesen **überhöhten Zahlungen** für das Akquisitionsobjekt (*overpayments*) stimmen aus theoretischer Sicht ebenfalls die in der Transaktion getauschten Werte nicht überein. Der Standardentwurf enthält für diesen Fall keine speziellen Regelungen, da das IASB die Auffassung vertritt, dass Überzahlungen in der Praxis nur unbewusst getätigt werden. In Einzelfällen würde aufgrund fehlender Informationen unbeabsichtigt ein überhöhtes Entgelt gezahlt, das erst im Rahmen der Folgebilanzierung als solches identifiziert werden könne.[457]

2.2.6 Übertragenes Entgelt als Bewertungsmaßstab im finalen Standard

In der Überarbeitung der Regelungen zum Unternehmenserwerb veränderte das IASB schließlich seinen Fokus von der Fair-Value-Bewertung des Akquisitionsobjektes zur Fair-Value-Bewertung der Minderheitenanteile.[458] Im Standardentwurf werden die Minderheitenanteile am Goodwill als eine Restgröße ermittelt, und zwar durch die Berechnung des Full Goodwills und den anschließenden Abzug des Mehrheits-Goodwills. In IFRS 3 (r) können die Minderheitenanteile (am Nettovermögen und am Goodwill) in Anlehnung an die generelle Fair-Value-Bewertung bei Unternehmenserwerb ebenfalls direkt zum Fair Value ermittelt werden. Die Wertfindung ist z. B. anhand der Marktpreise für die Aktien von Minderheitsgesellschaftern oder auf Basis einer einkommensorientierten Bewertung möglich.[459] Im Gegensatz zum FASB erlaubt das IASB daneben eine Bewertung zum proportionalen Anteil am erworbenen Nettovermögen.[460] Dem Grundsatz der Stetigkeit entsprechend sollte das Wahlrecht in der Behandlung der Minderheitenanteile über die

---

457 Vgl. ED-IFRS 3.BC178.

458 Vgl. das IASB-Update vom Dezember 2006 S. 3, *Küting/Wirth* (2007) S. 463f.

459 Vgl. IFRS 3.19 (r), IFRS 3.B44 (r), IFRS 3.BC208f. (r), IFRS 3.BC328f. (r). Zur Ermittlung des Minderheiten-Goodwills auf Basis einer einkommensorientierten Bewertung kritisch *Hommel/Franke/Rößler* (2008) S. 161. Entgegen der Auffassung von *Küting/Wirth* (2007) S. 462, *Küting/Weber/Wirth* (2008) S. 141, *Hachmeister* (2008) S. 120 bestimmt der Near Final Draft (wie auch der finale Standard) nicht, dass eine Kontrollprämie „[...] nicht im Fair Value der nicht-kontrollierenden Gesellschafter enthalten sein darf"; *Küting/Wirth* (2007) S. 462. Der Standard führt lediglich allgemein aus, dass der Fair Value der Aktien von Mehrheits- und Minderheitsgesellschaftern aufgrund einer Kontrollprämie, die die Mehrheitsgesellschafter zahlen müssen, oder umgekehrt betrachtet aufgrund eines Minderheitenabzuges differieren können (*might differ*); vgl. IFRS 3.B45 (r), NFD-IFRS 3.39.

460 Vgl. IFRS 3.32 (r) i. V. m. IFRS 3.19 (r).

Zeit einheitlich ausgeübt werden. Die Neuregelungen werden in der wissenschaftlichen Literatur jedoch so interpretiert, dass zu jedem Unternehmenserwerb über die Behandlung neu entschieden werden kann.[461]

Beide Standardsetter verfolgen weiterhin den bereits in ED-IFRS 3.20 genannten, allerdings in den Anwendungsbeispielen des Standardentwurfes nicht umgesetzten Grundsatz, dass das übertragene Entgelt den besten Beleg für den Fair Value des erworbenen Unternehmensanteils darstellt. IFRS 3.BC331 (r) beschreibt analog, dass in vielen, wenn nicht in den meisten Situationen der Fair Value des übertragenen Entgeltes den besten Hinweis bietet.[462]

Gemäß dem finalen Standard wird der **Goodwill** ermittelt als die Summe aus:[463]

(1) dem Fair Value des übertragenen Entgeltes,

(2) dem Fair Value des Minderheitenanteils *oder* der Höhe des Minderheitenanteils am erworbenen Nettovermögen, und

(3) dem Fair Value der bereits gehaltenen Eigenkapitalanteile am Akquisitionsobjekt

abzüglich

(4) des erworbenen Nettovermögens.

Das **übertragene Entgelt** umfasst die zum Fair Value bewerteten übertragenen Vermögenswerte, übernommenen Schulden und ausgegebenen Eigenkapitalanteile. Entgegen der gegenwärtigen Regelung sind diese Bestandteile nicht zum Transaktionszeitpunkt, sondern in Analogie zur Bewertung der anderen Komponenten des

---

461 Vgl. IFRS 3.19, IFRS 3.DO3, *Küting/Weber/Wirth* (2008) S. 142, *Fink* (2008) S. 117.

462 Die Paragrafen IFRS 3.BC330f. bringen darüber hinaus ebenfalls die Inkonsistenz innerhalb des Standardentwurfes zum Ausdruck (Hervorhebungen durch den Verfasser): „*As discussed in paragraph BC81, the revised standards do not focus on measuring the acquisition-date fair value of either the acquiree as a whole or the acquirer's interest in the acquiree as the 2005 Exposure Draft did. Consistently with that change, the boards also* ***eliminated*** *the presumption in the 2005 Exposure Draft that, in the absence of evidence to the contrary, the acquisition-date fair value of the consideration transferred is the best evidence of the fair value of the acquirer's interest in the acquiree at that date.*" „[...] *the boards* ***continue to believe*** *that the acquisition-date fair value of the consideration transferred provides the best evidence of the acquisition-date fair value of the acquirer's interest in the acquiree in many, if not most, situations.* [...] *Therefore, the boards concluded that focusing directly on the fair value of the consideration transferred* ***rather than on the fair value of the acquirer's interest in the acquiree*** [...] *would be a more straightforward way of describing how to measure goodwill.*" Letztlich wurde demzufolge in der Erarbeitung des finalen Standards der Grundsatz des ED-IFRS 3.20 nicht entfernt, aber durch korrespondierende Beispiele ergänzt.

463 Vgl. IFRS 3.32 (r).

Unternehmenserwerbes zum Zeitpunkt der Beherrschungerlangung zu bewerten.[464] Werden bei einem Unternehmenserwerb lediglich Eigenkapitalanteile ausgetauscht, kann der Fair Value der Eigenkapitalanteile des Akquisitionsobjektes verlässlicher messbar sein als der des Erwerbers. In diesem Fall ist zur Goodwill-Ermittlung anstatt des Fair Value der übertragenen Eigenkapitalanteile der der Eigenkapitalanteile des Akquisitionsobjektes zu verwenden.[465]

In Erweiterung der gegenwärtigen Regelung sind in das übertragene Entgelt jegliche **ungewisse bedingte Kaufpreiszahlungen** einzubeziehen. Wie bereits zum Standardentwurf angeführt, erfolgt der Ansatz unabhängig davon, ob die vereinbarten Ereignisse, die eine nachträgliche Zahlung anstoßen, wahrscheinlich sind. Eine Verpflichtung zur bedingten Kaufpreiszahlung ist gemäß IAS 32 als Eigen- oder Fremdkapitalinstrument zu bilanzieren. Ein Recht auf Rückzahlung übertragenen Entgeltes ist i. d. R. als Vermögenswert anzusetzen. Die Eintrittswahrscheinlichkeit der zahlungsauslösenden Ereignisse geht lediglich in die Bewertung ein.[466]

Nachträgliche Änderungen in der Bewertung der bedingten Kaufpreiszahlung führen nach den gegenwärtigen Regelungen ohne zeitliche Restriktion zu einer Änderung der Anschaffungskosten des Unternehmenserwerbes, d. h. des Goodwills.[467] Im finalen Standard ist diese Anpassungsmöglichkeit auf den Fall beschränkt, in dem sich innerhalb des Bewertungszeitraumes, d. h. maximal zwölf Monate nach der Akquisition, zusätzliche Informationen über die Situation zum Akquisitionszeitpunkt erschließen.[468]

Sonstige Bewertungsänderungen, so z. B. aufgrund des Erreichens einer Gewinnhürde, sind in Abhängigkeit von der Einordnung der bedingten Kaufpreiszahlung zu behandeln. Ist die Kaufpreiszahlung als ein Eigenkapitalinstrument zu bilanzieren, so wird sie nicht erneut bewertet. Erst im Zuge der Vertragserfüllung erfolgt eine direkte Berücksichtigung im Eigenkapital. Handelt es sich um eine finanzielle Schuld oder im Einzelfall um einen finanziellen Vermögenswert, so ist die bedingte Kaufpreiszahlung bis zur Vertragserfüllung zum Fair Value zu bewerten. Der resultierende Gewinn oder Verlust muss i. d. R. erfolgswirksam nach IAS 39 verbucht werden. Wird die Kaufpreiszahlung als sonstige Schuld oder als sonstiger Vermö-

---

[464] Vgl. IFRS 3.37 (r), ED-IFRS 3.21 versus IFRS 3.24.
[465] Vgl. IFRS 3.33 (r).
[466] Vgl. IFRS 3.39f. (r), ED-IFRS 3.25 versus IFRS 3.32.
[467] Vgl. IFRS 3.34, *Erdmann/Wünsch/Meyer* (2006) S. 390, *Beyhs/Wagner* (2008) S. 79.
[468] Vgl. IFRS 3.58 (r) i. V. m. IFRS 3.45 (r).

genswert klassifiziert, ist sie sachgerecht nach IAS 37 oder anderen relevanten IFRS zu bilanzieren.[469]

Die **mit dem Anschaffungsvorgang verbundenen Kosten** dürfen nicht mehr im übertragenen Entgelt berücksichtigt werden, sondern sind als Aufwendungen zu erfassen.[470] Im Gegensatz zum Standardentwurf bilden die bereits am Akquisitionsobjekt gehaltenen Eigenkapitalanteile – hier als Komponente (2) angeführt – keinen Entgeltbestandteil.[471]

Die Ermittlung des **Minderheitenanteils am Akquisitionsobjekt** – hier Komponente (3) – unterliegt einem Wahlrecht: Abbildung C-12 zeigt die Goodwill-Ermittlung anhand der beiden Alternativen an einem Beispiel. Das als Alternative 1 bezeichnete Vorgehen entspricht der Aktivierung des **Full Goodwills**. Die Minderheitenanteile werden auf Basis ihres Anteils am Unternehmenswert des Akquisitionsobjektes bestimmt. Die Bewertung zum Fair Value bedeutet, dass neben den Anteilen am erworbenen Nettovermögen auch der Minderheits-Goodwill berücksichtigt wird. Im Gegensatz zum Standardentwurf wird der Full Goodwill jedoch als eine Einheit behandelt. Er wird nicht explizit auf die Mehrheits- und Minderheitsgesellschafter aufgeteilt.[472] Dementsprechend verwenden die Standardsetter auch keine inhaltlich differenzierenden Begriffe für den Full Goodwill, den Mehrheits- und den Minderheiten-Goodwill.

Die Alternative 2 entspricht dem Vorgehen nach den gegenwärtigen Regelungen. Die Minderheitenanteile werden für die Goodwill-Ermittlung in Höhe ihres Anteils am erworbenen Nettovermögen einbezogen. Nur der **Goodwill der Mehrheitsgesellschafter** wird aktiviert.[473] Die Minderheitenanteile, der Goodwill und nachfolgende außerplanmäßige Goodwill-Abschreibungen weisen ein geringeres Volumen als bei der Anwendung der Full-Goodwill-Methode auf.[474] Die Goodwill-Abschreibungen, die den Mehrheitsgesellschaftern zuzuordnen sind, werden von der Methodenwahl jedoch nicht beeinflusst.[475]

---

469 Vgl. IFRS 3.58 (r) i. V. m. IAS 39.55(a), *Beyhs/Wagner* (2008) S. 79.

470 Vgl. IFRS 3.53 (r), ED-IFRS 3.27 versus IFRS 3.29. Die einzige Ausnahme von der erfolgswirksamen Erfassung bilden die Kosten für die Ausgabe von schuldrechtlichen Wertpapieren oder Anteilspapieren (*debt or equity securities*). Sie sind nach IAS 32 bzw. IAS 39 zu behandeln. Vgl. IFRS 3.53 (r).

471 Vgl. IFRS 3.32 (r) versus ED-IFRS 3.21.

472 Vgl. *Küting/Weber/Wirth* (2008) S. 143, *Küting/Wirth* (2007) S. 463 versus ED-IFRS 3.A63.

473 Vgl. IFRS 3.BC329 (r).

474 Vgl. IFRS 3.BC217 (r).

475 Vgl. IFRS 3.BC217 (r).

Am 1. Februar 200X erwirbt das Unternehmen E – zusätzlich zu den bereits 5% gehaltenen und mit 10 GE bewerteten Eigenkapitalanteilen an T – weitere 75% gegen eine Barzahlung von 155 GE. Zum Akquisitionszeitpunkt bestimmt der Erwerber zunächst den Wert der erworbenen Vermögenswerte mit 250 GE. Die Schulden werden mit 50 GE bewertet. E engagiert ein unabhängiges Bewertungsunternehmen, das den Fair Value des Minderheitenanteils von 20% mit 42 GE bewertet. Der Goodwill des Unternehmenserwerbes wird wie folgt ermittelt (alle Angaben in GE):

Alternative 1: Full-Goodwill-Methode	**Erwerb zu 80%**
Fair Value des erworbenen Unternehmensanteils (Entgelt)	155
+ Fair Value des Minderheitenanteils (inkl. Goodwillanteil)	+ 42
+ Fair Value der bereits gehaltenen Eigenkapitalanteile	+ 10
- (Fair Value) erworbenes Nettovermögen (100%)	- 200
Full Goodwill (inkl. Minderheitenanteil am Goodwill)	**7**

Alternative 2: Goodwill-Ermittlung ähnlich IFRS 3	
Fair Value des erworbenen Unternehmensanteils (Entgelt)	155
+ Wert des Minderheitenanteils (ohne Goodwillanteil)	200 x 20% = + 40
+ Fair Value der bereits gehaltenen Eigenkapitalanteile	+ 10
- (Fair Value) erworbenes Nettovermögen (100%)	- 200
Goodwill (der Mehrheitsgesellschafter)	**5**

Abbildung C-12: Alternativen der Goodwill-Ermittlung nach IFRS 3 (r) (Beispiel)

Sofern das erworbene Nettovermögen die Summe der zuvor genannten Komponenten (1) bis (3) übersteigt, handelt es sich um einen vorteilhaften Unternehmenserwerb. In diesem Fall entsteht ein **Badwill**.[476] Nach einer erneuten Überprüfung der Kaufpreisallokation ist analog zur gegenwärtigen Regelung ein weiterhin verbleibender Badwill als Ertrag zu vereinnahmen.[477] Abbildung C-13 zeigt die Ermittlung des Ertrages aus einem vorteilhaften Unternehmenserwerb an einem Beispiel.

[476] Vgl. IFRS 3.34 (r).

[477] Vgl. IFRS 3.34ff. (r), IFRS 3.56(a).

Am 1. Februar 200X erwirbt das Unternehmen E 80% der Eigenkapitalanteile des Unternehmens T gegen eine Barzahlung von 152 GE. Da der ehemalige Eigentümer von T seine Eigenkapitalanteile zu einem bestimmten Datum abgeben musste, war es ihm zeitlich nicht möglich, das Unternehmen mehreren Kaufinteressenten anzubieten. Der Erwerber bestimmt zunächst den Wert der erworbenen Vermögenswerte mit 250 GE. Die Schulden werden mit 50 GE bewertet. E engagiert ein unabhängiges Bewertungsunternehmen, das den Fair Value des Minderheitenanteils von 20% mit 42 GE bestimmt. Der Fair Value des erworbenen Nettovermögens in Höhe von 200 GE übersteigt den Fair Value des übertragenen Entgeltes zuzüglich des Fair Value der Minderheitenanteile in T. Deshalb überprüft der Erwerber die Kaufpreisallokation nochmals und kommt zu dem Schluss, dass die Annahmen und Bewertungen sachgerecht sind. Der Ertrag aus vorteilhaftem Unternehmenserwerb wird wie folgt ermittelt (alle Angaben in GE):

Alternative 1: Full-Goodwill-Methode	**Erwerb zu 80%**
Fair Value des erworbenen Unternehmensanteils (Entgelt)	152
+ Fair Value des Minderheitenanteils	+ 42
+ Fair Value der bereits gehaltenen Eigenkapitalanteile	+ 0
- (Fair Value) erworbenes Nettovermögen (100%)	- 200
Badwill / Ertrag des Erwerbers	**- 6**

Alternative 2: Ermittlung analog IFRS 3	
Fair Value des erworbenen Unternehmensanteils (Entgelt)	152
+ Wert des Minderheitenanteils	200 x 20% = + 40
+ Fair Value der bereits gehaltenen Eigenkapitalanteile	+ 0
- (Fair Value) erworbenes Nettovermögen (100%)	- 200
Badwill / Ertrag des Erwerbers	**- 8**

Abbildung C-13: Vorteilhafter Unternehmenserwerb nach IFRS 3 (r) (Beispiel)[478]

Ein gleichzeitiges Auftreten von Good- und Badwill kann sich unter den Neuregelungen nicht mehr ereignen.[479] Korrespondierend zu den zwei Möglichkeiten der Goodwill-Ermittlung resultieren zwei unterschiedlich hohe Erträge aus vorteilhaftem Unternehmenserwerb. Ihre Differenz entspricht dem Unterschied zwischen der Marktbewertung der Minderheitenanteile und ihrer Bewertung anhand des proportionalen Nettovermögens. Sie kann rechentechnisch als der den Minderheiten zuzuweisender Ertrag aus vorteilhaftem Unternehmenserwerb interpretiert werden. Stets ist dieser Ertrag jedoch vollständig dem Erwerber zuzuweisen.[480] Die Kongruenz der Alternative 2 zur gegenwärtigen Regelung wird deutlich, wenn sie mit der als „alternativ" bezeichneten Ermittlung in Abbildung C-11 verglichen wird.

[478] Vgl. IFRS 3.IE46ff.

[479] Vgl. IFRS 3.BC376 (r).

[480] Vgl. IFRS 3.34 (r), IFRS 3.BC372 (r).

2.3 Änderungen in der Folgebilanzierung

Im Standardentwurf wie auch in IFRS 3 (r) wurde IAS 36 dahingehend geändert, dass die Paragrafen 91 bis 95 zur Behandlung von Minderheitenanteilen gelöscht und mit Änderungen als neuer Anhang C geführt werden.[481]

Der **Standardentwurf** erforderte für IAS 36, dass für eine CGU, die eine anteilig erworbene Tochtergesellschaft bildet, der Brutto-Wertberichtigungsbedarf zunächst zwischen den Mehrheits- und den Minderheitsgesellschaftern aufgeteilt wird. Die Anteile des Wertberichtungsbedarfs sollten dem Verhältnis des Goodwills der Mehrheits- bzw. der Minderheitsgesellschafter zum Full-Goodwill der CGU entsprechen. Anschließend waren der Minderheits- und der Mehrheitsgoodwill und ggf. weitere Vermögenswerte der CGU abzuschreiben.[482] Abbildung C-14 auf der nächsten Seite zeigt den Regelungsentwurf an einem Beispiel.

In der **finalen Fassung des IFRS 3 (r) bzw. IAS 36 (r)** ist korrespondierend zur Erstbilanzierung zwischen den zwei Alternativen der Bewertung der Minderheitenanteile zu unterscheiden. Der erzielbare Betrag aus der Wertschöpfung der CGU berücksichtigt auch die Minderheitenanteile. Analog zu den gegenwärtigen Regelungen ist deshalb der Goodwill für den Impairment-Test um den Minderheiten-Goodwill zu ergänzen, d. h. im Regelfall beteiligungsproportional hochzurechnen, sofern er nicht bereits vollständig aktiviert wurde. [483] Der aus dem Vergleich aus Buchwert und erzielbarem Betrag ermittelte Wertberichtigungsbedarf nimmt auf den Full Goodwill Bezug. In der Gewinn-und-Verlustrechnung des Konzerns wird korrespondierend zur gewählten Behandlung der Minderheitenanteile lediglich eine Goodwill-Abschreibung für die Mehrheitsgesellschafter (bei Alternative 2: ähnlich IFRS 3) oder darüber hinaus auch für die Minderheitsgesellschafter (bei Alternative 1: Full-Goodwill-Methode) ausgewiesen.[484]

---

[481] Vgl. IFRS 3.C10 (r), ED-IFRS 3.D10.

[482] Vgl. ED-IFRS 3.D10 bzw. ED-IAS 36.C8ff.

[483] Vgl. IFRS 3.C10 (r) bzw. IAS 36.C4 (r), IAS 36.92. Eine direkte Fair-Value-Bewertung der Minderheitenanteile am Goodwill ist nicht erforderlich; vgl. *Küting/Wirth* (2007) S. 465. Möglicherweise entspricht der bereits in der Erstbilanzierung ermittelte und fortgeführte Wertansatz des Minderheiten-Goodwills eher seinem realen Wert als der Wertansatz aus der linearen Hochrechnung; vgl. bezüglich ED-IFRS 3 *Pellens/Basche/Sellhorn* (2003) S. 3. Für eine Einschätzung in langfristiger Perspektive ist jedoch die Pauschalität in der Goodwill-Abschreibung auf die einzelnen CGU-Komponenten zu berücksichtigen.

[484] Vgl. IFRS 3.C10 (r) bzw. IAS 36.C8 (r).

Am 1. Februar 200X erwirbt das Unternehmen E 80% der Eigenkapitalanteile des Unternehmens T für 1.650 GE. Es gibt keine Hinweise, dass die Transaktion zu einem Austausch ungleicher Werte führte. Deshalb wird das übertragene Entgelt als Fair Value der erworbenen Eigenkapitalanteile angenommen. Der Fair Value von T beträgt 2.000 GE. Zum Akquisitionszeitpunkt wird das erworbene Nettovermögen mit 1.500 GE bewertet. Alle Angaben in GE.

Fair Value des erworbenen Unternehmens (100%, Unternehmensbewertung)	2.000
- Fair Value des erworbenen Nettovermögens (100%)	- 1.500
Full Goodwill (100%)	**500**
Fair Value des erworbenen Unternehmensanteils (80%, Entgelt)	1.650
- Fair Value des erworbenen Nettovermögensanteils (80%)	- 80% x 1.500 = - 1.200
Goodwill der Mehrheitsgesellschafter	**450**
Goodwill der Minderheitsgesellschafter als Restgröße	**500 - 450 = 50**

T bildet eine CGU. Der Fair Value von T kann wie folgt aufgeteilt werden:

	Mehrheitsanteil	Minderheitenanteil	Summe
Goodwill	450	50	500
Nettovermögen	1.200	300	1.500
Summe	1.650	350	2.000

Die Vermögenswerte der CGU werden linear über 10 Jahre abgeschrieben. Zum Geschäftsjahresende wird im Rahmen des Impairment-Tests für Goodwill ein erzielbarer Betrag von 1.650 GE festgestellt. Der Wertberichtigungsbedarf ermittelt sich wie folgt:

	Goodwill	Nettovermögen	Summe
Bruttobuchwert	500	1.500	2.000
Kumulierte Abschreibung	-	- 150	- 150
Buchwert	500	1.350	**1.850**
Erzielbarer Betrag			**- 1.650**
Wertberichtigungsbedarf			**200**

Da der gesamte Wertberichtigungsbedarf den Bruttobuchwert des Goodwills unterschreitet, sind keine weiteren Vermögenswerte zu korrigieren:

	Mehrheitsanteil	Minderheitenanteil	Summe
Goodwill	450	50	500
Anteil am Full Goodwill	90%	10%	100%
Anteiliger Wertberichtigungsbedarf	180	20	200
Korrigierter Goodwill	450 - 180 = 270	50 - 20 = 30	500 - 200 = 300

Abbildung C-14: Impairment-Test nach ED-IAS 36 (Beispiel)[485]

[485] Vgl. ED-IFRS 3.D10 bzw. ED-IAS 36.IE68Aff.

Die Aufteilung der Goodwill-Abschreibung auf die Gesellschafterstämme erfolgt, sofern die Tochtergesellschaft selbst eine CGU bildet, entsprechend der Allokation von Gewinnen und Verlusten, d. h. allgemein gemäß den Beteiligungsquoten, und nicht, wie vorgeschlagen, entsprechend dem vorhandenen Goodwill-Volumen.[486] Die Abbildungen C-15 und C-16 zeigen für diesen Fall die finale Regelung.

Sofern die Tochtergesellschaft einen Teil einer größeren CGU bildet, ist der ermittelte Wertberichtigungsbedarf in einem ersten Schritt auf die Bestandteile der CGU, d. h. auf die Berichtsobjekte mit Minderheitenanteilen und die vollständig erworbenen Berichtsobjekte, aufzuteilen. Dieses Vorgehen ähnelt dem Standardentwurf. Der Wertberichtigungsbedarf wird proportional zum vor dem Impairment-Test vorhandenen Full-Goodwill-Volumen festgelegt. In einem zweiten Schritt ist der Wertberichtigungsbedarf der Gesellschafterstämme entsprechend der Verteilung von Gewinnen und Verlusten zu ermitteln.[487]

Am 1. Februar 200X erwirbt das Unternehmen E 80% der Eigenkapitalanteile des Unternehmens T für 2.100 GE. Zum Akquisitionszeitpunkt wird das erworbene Nettovermögen mit 1.500 GE bewertet. Der Fair Value der Minderheitenanteile beträgt 350 GE. T bildet eine CGU. Anderen CGUs von E wird aus dem Unternehmenserwerb ein Goodwill von insgesamt 500 GE zugeordnet. Ende 200X bestimmt E den Buchwert des Nettovermögens auf 1.350 GE, den erzielbaren Betrag von T auf 1.000 GE. Alle Angaben in GE.

Goodwill-Ermittlung:

Full-Goodwill-Methode (Alternative 1):

Fair Value des erworbenen Unternehmensanteils (Entgelt)	2.100
+ Fair Value des Minderheitenanteils (inkl. Goodwillanteil)	+ 350
- (Fair Value) erworbenes Nettovermögen (100%)	- 1.500
Full Goodwill (inkl. Minderheitenanteil am Goodwill)	**950**

Goodwill-Ermittlung ähnlich IFRS 3 (Alternative 2):

Fair Value des erworbenen Unternehmensanteils (Entgelt)	2.100
+ Wert des Minderheitenanteils (ohne Goodwillanteil)	+ 1.500 x 20% = 300
- (Fair Value) erworbenes Nettovermögen (100%)	- 1.500
Goodwill (der Mehrheitsgesellschafter)	**900**

Abbildung C-15: Impairment-Test nach IAS 36 (r) - Ermittlung des Goodwills (Beispiel)[488]

[486] Vgl. IFRS 3.C10 (r) bzw. IAS 36.C7 (r), IFRS 3.IGA3 (r) bzw. IAS 36.IE67 (r).

[487] Vgl. IFRS 3.C10 (r) bzw. IAS 36.C7 (r), IFRS 3.IGA3 (r) bzw. IAS 36.IE68I (r).

[488] Vgl. IFRS 3.IGA3 (r) bzw. IAS 36.IE62ff. (r).

Ermittlung des Wertberichtigungsbedarfs:

Full-Goodwill-Methode (Alternative 1):

	Goodwill	**Nettovermögen**	**Summe**
Bruttobuchwert	950 - 500 = 450	1.350	1.800
Nicht aktivierte Minderheitenanteile	0	-	0
Adjustierter Buchwert	450	1.350	**1.800**
Erzielbarer Betrag			**- 1.000**
Wertberichtigungsbedarf			**800**

Zunächst wird der Full Goodwill um 450 GE abgeschrieben. Da er in der Konzernbilanzierung aktiviert wurde, wird eine Goodwill-Abschreibung von insgesamt 450 GE verbucht. Sie wird zu 80%, d.h. in Höhe von 360 GE, in Bezug auf die Mehrheitsgesellschafter und zu 20%, d.h. in Höhe von 90 GE, in Bezug auf die Minderheitsgesellschafter ausgewiesen. Der verbleibende Wertberichtigungsbedarf von 350 GE ist proportional auf die Vermögenswerte der CGU zu verteilen.

Goodwill-Ermittlung ähnlich IFRS 3 (Alternative 2):

	Goodwill	**Nettovermögen**	**Summe**
Bruttobuchwert	900 - 500 = 400	1.350	1.750
Nicht aktivierte Minderheitenanteile	100	-	100
Adjustierter Buchwert	500	1.350	**1.850**
Erzielbarer Betrag			**- 1.000**
Wertberichtigungsbedarf			**850**

Der Minderheiten-Goodwill wird im erzielbaren Betrag berücksichtigt, jedoch nicht im Buchwert. Deshalb ist der Buchwert von T für die Durchführung des Impairment-Tests um den Minderheiten-Goodwill hochzurechnen. Der Goodwill, der der CGU in Bezug auf die Mehrheitsgesellschafter mit einer Beteiligungsquote von 80% zugeordnet wurde, beträgt 400 GE. Korrespondierend beträgt der Minderheiten-Goodwill 100 GE.
Zur Verteilung des Wertberichtigungsbedarfs wird zunächst der hochgerechnete Full Goodwill um 500 GE entsprechend der Allokation von Gewinnen und Verlusten, hier gemäß den Beteiligungsquoten, abgeschrieben. Da nur der Mehrheits-Goodwill in der Konzernbilanzierung aktiviert wurde, verbucht E lediglich eine Goodwill-Abschreibung von 400 GE. Der verbleibende Wertberichtigungsbedarf von 350 GE ist proportional auf die Vermögenswerte der CGU zu verteilen.

Abbildung C-16: Impairment-Test nach IAS 36 (r) - Ermittlung des Wertberichtigungsbedarfs (Beispiel)[489]

[489] Vgl. IFRS 3.IGA3 (r) bzw. IAS 36.IE62ff. (r).

Im Mai 2008 wurde IAS 36 aufgrund von Änderungen des IFRS 1 und IAS 27 um **zusätzliche Indikatoren** für potenzielle Wertminderungen ergänzt. Für Anteile an Tochterunternehmen, Joint Ventures oder assoziierten Unternehmen, die zu Dividendenzahlungen führen, ist ein Impairment-Test durchzuführen:[490]

* wenn der Beteiligungsbuchwert im Einzelabschluss den Buchwert des Nettovermögens des betreffenden Unternehmens im Konzernabschluss (inklusive dem zugehörigen Goodwill) übersteigt, oder
* wenn in der Periode, in der die Dividendenzahlung beschlossen wird, das *total comprehensive income* des betreffenden Unternehmens geringer als die Dividende ist.

Diese Indikatoren sind spätestens für Geschäftsjahre ab dem 1. Januar 2009 ergänzend zu berücksichtigen.[491]

2.4 Spezialfälle der Goodwill-Bilanzierung

2.4.1 Aufwärtskonsolidierung

Ein Unternehmenserwerb, in dem der Erwerber zuvor eine Minderheitsbeteiligung des Akquisitionsobjektes hielt, wird als **sukzessiver Unternehmenserwerb** (*business combinations achieved in stages*) bezeichnet.[492] IFRS 3.58 erfordert für diese Unternehmenserwerbe, dass zum Akquisitionszeitpunkt der Goodwill jeder einzelnen Transaktion durch einen Vergleich der individuellen Kaufpreise mit dem jeweils erworbenen Anteil des Nettovermögens ermittelt wird. Für jede Transaktion ist auf Basis der Informationen der Vergangenheit eine eigene erfolgsneutrale Kapitalkonsolidierung durchzuführen.[493]

Nach den Neuregelungen entfällt diese Vielzahl von Kapitalkonsolidierungen zugunsten der generellen Vorgehensweise der Erwerbsmethode (*acquisition me-*

---

490 Vgl. Änderungen des IFRS 1 und IAS 27 „*Cost of an Investment in a Subsidiary, Jointly Controlled Entity or Associate* “ S. 11 in Bezug auf IAS 36.12.

491 Vgl. Änderungen des IFRS 1 und IAS 27 „*Cost of an Investment in a Subsidiary, Jointly Controlled Entity or Associate* “ S. 12 in Bezug auf den neuen Paragrafen IAS 36.140D.

492 Vgl. IFRS 3.41 (r), ED-IFRS 3.55.

493 Vgl. *Ebeling/Gaßmann/Rothenstein* (2005) S. 1031.

thod).[494] Im Standardentwurf umfasste das übertragene Entgelt deshalb nicht nur die zum Fair Value bewerteten übertragenen Vermögenswerte, übernommenen Schulden und ausgegebenen Eigenkapitalinstrumente, sondern auch die bis zur Beherrschungserlangung erworbenen Minderheitenanteile.[495]

Wie bereits erläutert, gelten nach IFRS 3 (r) die bereits gehaltenen Minderheitenanteile nicht mehr als Bestandteil des übertragenen Entgeltes, sondern sie werden im Rahmen der Goodwill-Ermittlung als eine eigene Komponente geführt.[496] Da sich zum Akquisitionszeitpunkt die wirtschaftliche Situation durch die Beherrschungserlangung signifikant ändert, sind die bereits gehaltenen Minderheitenanteile erfolgswirksam zum Fair Value zu bewerten und auszubuchen. Zuvor erfolgsneutral vorgenommene Bewertungsänderungen, so z. B. bei einer Einordnung des Minderheitenanteils als zur Veräußerung gehalten, sind ebenfalls erfolgswirksam zu behandeln, als hätte der Erwerber diese Minderheitenanteile direkt veräußert.[497]

2.4.2 Aufstockung und Abwärtskonsolidierung

Unter IFRS 3 wird nicht explizit zwischen Unternehmenserwerben, die zur Beherrschungserlangung führen (Aufwärtskonsolidierung), und solchen, die an bereits beherrschten Tochterunternehmen erfolgen (Aufstockung), unterschieden. Die gegenwärtige Behandlung nach IFRS orientiert sich deshalb an SFAS 141.14: Bei Aufstockungen wird die Erwerbsmethode unter einer anteiligen Aufdeckung der stillen Reserven und Lasten angewendet.[498] Zudem enthält IAS 27 nur fragmentarische Regelungen zum Abgang von Unternehmensanteilen unter Beherrschungsverlust (Abwärtskonsolidierung).[499] Die bilanzielle Überführung einer vollkonsolidierten Tochtergesellschaft zu einer At-Equity-Beteiligung ist gänzlich unbestimmt.[500]

---

494 Vgl. IFRS 3.41 (r), IFRS 3.4f. (r), ED-IFRS 3.55f., ED-IFRS 3.1.

495 Vgl. ED-IFRS 3.21.

496 Vgl. IFRS 3.37 (r), IFRS 3.32 (r).

497 Vgl. IFRS 3.42 (r), IFRS 3.BC385 (r), ED-IFRS 3.56, ED-IFRS 3.BC151.

498 Vgl. *Küting/Elprana/Wirth* (2003) S. 479, *Ebeling/Gaßmann/Rothenstein* (2005) S. 1034, *Brücks/Richter* (2005) S. 411.

499 Vgl. IAS 27.30, *Lüdenbach/Hoffmann* (2005) S. 1805.

500 Vgl. *Lüdenbach/Hoffmann* (2005) S. 1808.

Diese Regelungslücken und -unschärfen in der Behandlung von Beteiligungsveränderungen werden in der wissenschaftlichen Literatur umfassend diskutiert.[501] Im Zuge der zweiten Phase des Projektes „*Business Combinations*“ werden maßgebliche Mängel behoben. Werden nach der Beherrschungserlangung weitere Unternehmensanteile erworben oder anteilig oder vollständig verkauft, sind diese Transaktionen nach dem überarbeiteten Standard IAS 27 (r) zu bilanzieren.[502]

Änderungen der Beteiligungshöhe unter **Beibehaltung der Beherrschung** sind im Sinne der Einheitstheorie als erfolgsneutrale Transaktionen zwischen Eigenkapitalgebern zu behandeln.[503] Die Buchwerte der Mehrheits- und Minderheitenanteile sind gemäß der Veränderung ihrer relativen Anteile an der Tochtergesellschaft zu korrigieren.[504] Die Differenz zwischen der Veränderung des Minderheitenanteils und dem gezahlten Kaufpreis wird den Mehrheitsgesellschaftern im Eigenkapital angerechnet.[505] Sie reflektiert bei einer Aufstockung die (Flexibilitäts-)Prämie, die durch die Mehrheitsgesellschafter über die Buchwertansätze hinaus gezahlt wurde.[506] Abbildung C-17 verdeutlicht die Vorgehensweise einer Aufstockung an einem Beispiel aus dem Standardentwurf, das später jedoch entfernt wurde.

Das Unternehmen E erwarb 70% der Eigenkapitalanteile des Unternehmens T. Nachfolgend erhöht E seinen Beteiligungsanteil auf 85% durch Zahlung von 4.500 GE an die Minderheitsgesellschafter. Vor der Transaktion beträgt der Buchwert der Minderheitsgesellschafter im Konzernabschluss 7.500 GE. Die Aufstockung wird wie folgt behandelt (alle Angaben in GE oder Prozent):

Korrektur des Minderheitenanteils = (70% - 85%) / 30% x 7.500
= - 3.750

Buchungssatz:

Per Minderheitenanteil	3.750	
Per Mehrheitsanteil	750	
An Bank		4.500

Abbildung C-17: Beteiligungserhöhung nach Beherrschungserlangung (Beispiel)[507]

---

501 Vgl. zur Behandlung der Beteiligungserhöhung beispielsweise *Lüdenbach* (2008) Rz. 146, *Küting/Elprana/Wirth* (2003) S. 489ff.

502 Vgl. IFRS 3.B63(e) (r), ED-IFRS 3.57.

503 Vgl. IAS 27.30 (r), ED-IAS 27.30A, *Brücks/Richter* (2005) S. 411.

504 Vgl. IAS 27.31 (r).

505 Vgl. IAS 27.31 (r), ED-IAS 27.30A.

506 Vgl. ED-IAS 27.IE1.4.

507 Vgl. ED-IAS 27.IE1.1ff.

Im Rahmen des IAS 27 (r) werden somit im Gegensatz zu IFRS 3 die Vermögenswerte und Schulden nicht mehr neubewertet. Es wird kein Veräußerungserfolg vereinnahmt und die Höhe des bilanzierten Goodwills bleibt konstant.[508] Gemäß den veränderten Beteiligungsanteilen sollte nach dem Standardentwurf der bilanzierte Full Goodwill neu auf die Mehrheits- und Minderheitsgesellschafter aufgeteilt werden.[509] Diese Regelung wurde nachträglich entfernt, da der Full Goodwill final als nicht näher zu differenzierende Bilanzposition angesehen wird.[510]

Um eine **Abwärtskonsolidierung** handelt es sich, wenn der Erwerber, z. B. durch eine Verringerung der Beteiligungshöhe, die Beherrschung über das Tochterunternehmen verliert. Verbleibt ein Unternehmensanteil, so wird er gegenwärtig nach IAS 27.32 in Höhe der Buchwerte, nach herrschender Meinung im Sinne des anteiligen Reinvermögens der Konzernbilanz, erfolgsneutral bewertet.[511] IAS 27 (r) überwindet Inkonsistenzen zwischen der Aufwärts- und Abwärtskonsolidierung, da beide eine fundamentale Änderung der wirtschaftlichen Beziehung zwischen dem Erwerber und dem anteilig erworbenen Unternehmen darstellen.[512] Analog zur Behandlung bereits gehaltener Anteile bei der Aufwärtskonsolidierung ist zum Zeitpunkt des Beherrschungsverlustes die verbleibende Beteiligung erfolgswirksam zum Fair Value zu bewerten.[513] Der Entkonsolidierungserfolg als das Überschreiten der Einnahmen des Anteilsverkaufs über den Mehrheitsanteil am Buchwert der ehemaligen Tochtergesellschaft, korrigiert um den Fair Value der verbleibenden Beteiligung, ist ebenfalls erfolgswirksam zu erfassen.[514] Dies gilt weiterhin für Gewinne und Verluste, die bisher im Eigenkapital der Mehrheitsgesellschafter erfolgsneutral behandelt wurden.[515] Die Vermögenswerte und Schulden der ehemali-

---

508 Vgl. IAS 27.BC41, ED-IAS 27.BC4, *Pellens/Sellhorn/Amshoff* (2005) S. 1749.

509 Vgl. ED-IAS 27.30B, kritisch dazu *Küting/Wirth* (2005c) S. 425. Die Schlüsselung sollte auf Basis der relativen Buchwerte des Mehrheits- und Minderheiten-Goodwills, der zum Zeitpunkt der Beherrschungserlangung zugerechnet wurde, erfolgen.

510 Vgl. *Küting/Wirth* (2007) S. 463.

511 Vgl. *Lüdenbach/Hoffmann* (2005) S. 1808, *Baetge/Hayn/Ströher* (2002) Rz. 192f.

512 Vgl. IAS 27.BC46 (r), IAS 27.BC55 (r), ED-IAS 27.BC7, *Lüdenbach/Hoffmann* (2005) S. 1808f.

513 Vgl. IAS 27.34(d) (r), ED-IAS 27.30D.

514 Vgl. IAS 27.34(f) (r), ED-IAS 27.30C.

515 Vgl. IAS 27.35 (r), ED-IAS 27.30E.

gen Tochtergesellschaft sind auszubuchen.[516] Die verbleibende Beteiligung muss sachgerecht nach IAS 39 „*Financial Instruments: Recognition and Measurement*“, IAS 28 „*Investments in Associates*“ oder IAS 31 „*Interests in Joint Ventures*“ bilanziert werden.[517]

2.5 Änderungen in den Offenlegungspflichten

Die Neuregelungen der Goodwill-Bilanzierung erweitern den Umfang der notwendigen Angabepflichten im Konzernabschluss.[518] Folgende Inhalte sind in Bezug auf die **Fair-Value-Orientierung** des Standards zusätzlich anzugeben:[519]

(a) der Fair Value des Minderheitenanteils oder die Höhe des Minderheitenanteils am erworbenen Nettovermögen zum Zeitpunkt der Beherrschungserlangung und die Grundlage der Bewertung,

(b) die Methode und die wichtigsten Eingangsinformationen, sofern eine Fair-Value-Bewertung der Minderheitenanteile vorgenommen wurde,

(c) die Höhe der mit der Akquisition verbundenen, erfolgswirksam erfassten Kosten und die dazugehörige GuV-Position sowie

(d) bei sukzessivem Unternehmenserwerb: der Fair Value der bereits zuvor gehaltenen Eigenkapitalanteile, insbesondere die Erfolgswirkung ihrer Fair-Value-Bewertung und die dazugehörige GuV-Position.

Weiterhin sind insbesondere folgende Informationen offenzulegen oder ihre fehlende Angabe zu begründen:[520]

(a) Angaben zu bedingten Kaufpreiszahlungen,

(b) Angaben zu erworbenen Forderungen und anderen Darlehen (*receivables*),

(c) Informationen über die Bewertung und die Erfolgswirkung von bereits vorhandenen Verbindungen zum Akquisitionsobjekt, z. B. Lieferverträge, und sonstigen von der Übernahme des Nettovermögens

---

516 Vgl. IAS 27.34(a) (r), ED-IAS 27.30E. Zur Behandlung des abgehenden Goodwills siehe *Küting/Wirth* (2007) S. 467f.

517 Vgl. IAS 27.36f. (r), ED-IAS 27.30D.

518 Vgl. IFRS 3.BC421ff. (r).

519 Vgl. IFRS 3.B64 (r).

520 Vgl. IFRS 3.B64 (r).

separaten Transaktionen, die im Rahmen des Unternehmenserwerbes beglichen wurden, sowie

(d) die Höhe des Jahresumsatzes des Akquisitionsobjektes seit der Beherrschungserlangung, sofern ermittelbar.

Zusätzlich sind für **Eventualschulden** die in IAS 37.85 genannten Angaben zu berichten. Für Eventualschulden, die aufgrund einer nicht verlässlichen Bewertung nicht passiviert wurden, sind weiterhin die Angabepflichten des IAS 37.86 zu erfüllen und die nicht verlässliche Bewertung zu erklären.[521]

Sofern die **Kaufpreisallokation** noch nicht final abgeschlossen ist, sind für jeden wesentlichen Unternehmenserwerb insbesondere offenzulegen:[522]

(a) der Grund für die Unvollständigkeit der Kaufpreisallokation sowie

(b) die Vermögenswerte, Schulden und Eigenkapitalanteile, die nicht abschließend angesetzt und bewertet wurden.

Entgegen den aktuellen Regelungen sind die unmittelbar vor dem Unternehmenserwerb bestimmten Buchwerte der Vermögenswerte und (Eventual-)Schulden des Akquisitionsobjektes zukünftig nicht mehr anzugeben.[523] Informationen über die verwendeten Fair Values müssen jedoch weiterhin publiziert werden.[524]

2.6 Tabellarische Übersicht der wesentlichen Regelungsänderungen

Zusammenfassend zeigt Abbildung C-18 die wesentlichen Unterschiede der Goodwill-Bilanzierung zwischen den gegenwärtigen und den revidierten Standards für die Behandlung von Unternehmenserwerben und die Aufstellung von Konzernabschlüssen.

---

521 Vgl. IFRS 3.B64(j) (r).

522 Vgl. IFRS 3.B67(a) (r).

523 Vgl. IFRS 3.BC422(n) (r), ED-IFRS 3.BC203 versus IFRS 3.67(f).

524 Vgl. IFRS 3.B64(i) (r).

IFRS 3 & IAS 27	IFRS 3 (r) & IAS 27 (r)
Bewertungsmaßstab für den Goodwillausweis	
Anschaffungskosten des Unternehmenserwerbes: - Kaufpreis - mit dem Anschaffungsvorgang verbundene Kosten - bedingte Anschaffungskosten (sofern Bedingungseintritt wahrscheinlich, Höhe verlässlich ermittelbar; nachträgliche Änderungen im Goodwill)	Übertragenes Entgelt: - Kaufpreis - bedingte Anschaffungskosten (unabhängig von der Eintrittswahrscheinlichkeit, eingeschränkte nachträgliche Änderungen im Goodwill) - Minderheitenanteile - bereits gehaltene Anteile am Akquisitionsobjekt erfolgswirksame Verbuchung von mit dem Anschaffungsvorgang verbundenen Kosten
Goodwillausweis	
Ausweis des Goodwills der Mehrheitsgesellschafter	Wahl zum Ausweis des Full Goodwills, d.h. zusätzlich des Goodwills der Minderheitsgesellschafter (Fair-Value-Bewertung der Minderheitenanteile), oder Ausweis des Goodwills der Mehrheitsgesellschafter (beteiligungsproportionale Bewertung der Minderheitenanteile am Nettovermögen)
Immaterielle Vermögenswerte	
Ansatzkriterium „verlässliche Bewertung“ widerlegbar	Ansatzkriterium „verlässliche Bewertung“ als stets erfüllt deklariert
Aufwärtskonsolidierung	
Kapitalkonsolidierung für jede einzelne Transaktion	Kapitalkonsolidierung zum Zeitpunkt der Beherrschungserlangung, erfolgswirksame Fair-Value-Bewertung der bereits gehaltenen Minderheitsanteile
Beteiligungsveränderung unter Beherrschung und Abwärtskonsolidierung	
Fragmentarische Regelungen in IFRS 3 und IAS 27	Beteiligungsveränderung unter Beherrschung als erfolgsneutrale Transaktion zwischen Eigenkapitalgebern, bei Beherrschungsverlust erfolgswirksame Fair-Value-Bewertung der verbleibenden Beteiligung

Abbildung C-18: Änderungen der Goodwill-Bilanzierung ab 2009

D Informationelle Unterstützung der Goodwill-Bilanzierung durch das Controlling

1 Kurzcharakterisierung der informationellen Unterstützung

Nach der Darstellung der Regelungen zur Goodwill-Bilanzierung werden im Weiteren die Implikationen für das Controlling analysiert. Zunächst steht die Informationsbereitstellung des Controllings für bilanzielle Zwecke im Vordergrund.

Die Verwendung der Controlling-Informationen wird durch die Bilanzierungsregelungen determiniert. Besonders zur marktorientierten Bewertung von Vermögenswerten und Schulden sowie zur Ermittlung des Nutzungswertes von CGUs werden umfangreiche zukunftsorientierte Informationen benötigt. Deshalb wird die Goodwill-Bilanzierung vorab als eine Fair-Value-Bilanzierung charakterisiert und der Fair Value vom Nutzungswert abgegrenzt (Abschnitt D.2).

Nachfolgend werden die Informationsquellen des Controllings erläutert: In der Chancen- und Risiken-Analyse des Akquisitionsobjektes (Due Diligence) können vergangenheitsbezogene Daten erhoben werden. Die Planung des Erwerbers bildet dagegen die angestrebte zukünftige Entwicklung des Akquisitionsobjektes ab. Sie stellt eine Informationsquelle für die Erstbilanzierung des Goodwills dar. Für die Folgebilanzierung des Goodwills liefert die Planung im neu gebildeten Unternehmensverbund die erforderlichen Daten (Abschnitt D.3).

Anschließend wird den bilanziellen Schritten des Kapitels C folgend die informationelle Unterstützung des Controllings im Detail analysiert. So ist im Rahmen der Kaufpreisallokation das Controlling dazu aufgefordert, erwartete Nutzenzuflüsse von Synergien und immateriellen Vermögenswerten aus der Akquisitionsstrategie und den vorliegenden Planungsinformationen abzuleiten. Im neu gebildeten Unternehmensverbund sind CGUs abzugrenzen und ihnen gemäß der erwarteten Synergieerzielung bzw. der vorhandenen Controlling-Strukturen der Goodwill zuzuordnen (Abschnitt D.4).

In den Folgeperioden sind laufend die Werthaltigkeit des Goodwills zu beobachten und mindestens jährlich ein Impairment-Test, der IFRS-konforme Cashflow- und Zinsprognosen erfordert, vorzunehmen (Abschnitt D.5). Da die Informationsbereitstellung des Controllings durch die Bilanzpolitik des Unternehmens beeinflusst wird, werden jeweils auch die wesentlichen Ermessensspielräume thematisiert.

Die für bilanzielle Zwecke verwendeten Controlling-Informationen werden zum Gegenstand der Abschlussprüfung. Deshalb werden weiterhin die Prüfungsvorschriften für bilanzielle Bewertungen und ihre Auswirkungen für das Controlling untersucht. Insbesondere wird die Rolle des Controllings in der Einschränkung der bilanziellen Ermessensspielräume diskutiert (Abschnitt D.6).

Abschließend werden die wesentlichen zukünftigen Änderungen für die informationelle Unterstützung unter den neuen Regelungen für die Goodwill-Bilanzierung erörtert (Abschnitt D.7).

Abbildung D-1 zeigt die Gliederung des Kapitels schematisch auf.

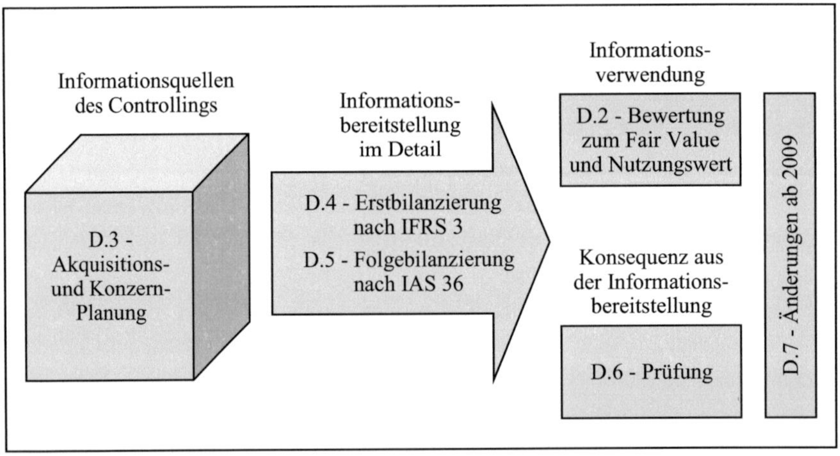

Abbildung D-1: Informationelle Unterstützung der Goodwill-Bilanzierung durch das Controlling

2 Informationsverwendung in bilanziellen Bewertungen

Wie bereits angesprochen, strebt das IASB seit längerer Zeit eine verstärkte **Fair-Value-Bewertung** an.[1] Diese Tendenz ist primär in neu erlassenen Bilanzierungsvorschriften erkennbar,[2] allerdings nicht explizit als Ziel des IASB formuliert. Sie führte zu einem wissenschaftlichen Diskurs zum Fair Value aus konzeptioneller Sicht.[3] Trotz der verstärkten marktorientierten Bewertung in den neu erlassenen IFRS beschränkt sich die Fair-Value-Bewertung jedoch auf spezifische Bilanzierungsobjekte (*mixed fair value accounting*). Sie kann in einigen Standards als ein Wahlrecht in Anspruch genommen werden und erfolgt je nach den Einzelregelungen erfolgswirksam oder -neutral.[4]

Die wesentlichen Regelungen, die ein Wahlrecht zur Fair-Value-Bewertung enthalten, betreffen die Folgebewertung mithilfe der Neubewertungsmethode in IAS 16 „*Property, Plant and Equipment*", IAS 38 „*Intangible Assets*" und IAS 40 „*Investment Property*".[5] Diese Wahlrechte werden in der Unternehmenspraxis i. d. R. jedoch nicht in Anspruch genommen.[6] Deshalb ist nicht zwingend anzunehmen, dass sich die Fair-Value-Bewertung zukünftig auf weite Teile der Vermögenswerte und Schulden erstrecken wird.[7] Ebenso kann aus den Verlautbarungen des IASB eine „Vision des umfassenden *fair value accounting*"[8] nicht abgeleitet werden.[9]

Auch die Hinwendung des IASB zum sog. *asset/liability approach* resultiert nicht in einer vollständigen Ausweitung der Fair-Value-Bilanzierung. Dieser Ansatz wird in der deutschsprachigen wissenschaftlichen Literatur ähnlich der statischen Bilanztheorie nach *Simon* diskutiert. Der *asset/liability approach* wie auch die statische Bilanztheorie beinhalten keine umfassende, sondern nur eine selektive Fair-

---

1 Vgl. *Kley* (2001) S. 2257.

2 Vgl. *Ernst & Young* (2005) S. 2.

3 Vgl. beispielsweise *Schildbach* (1998) S. 580ff., *Baetge/Zülch* (2001) S. 543ff., *Streim/Bieker/Esser* (2003) S. 457ff., *Ballwieser/Küting/Schildbach* (2004) S. 529ff., den Herausgeberband von *Bieg/Heyd* (2005).

4 Vgl. *Cairns* (2006) S. 6, *Schildbach* (2006) S. 14.

5 Vgl. IAS 16.29, IAS 38.72, IAS 40.30.

6 Vgl. *Küting/Zwirner/Reuter* (2007) S. 503f.

7 Vgl. *Ernst & Young* (2005) S. 2. Diese Prämisse wird von den Autoren begründet, indem sämtliche Vermögenswerte und Schulden, die zum Fair Value bewertet werden können, jedoch nicht in jedem Fall müssen, angeführt werden.

8 *Pfaff/Kukule* (2006) S. 549.

9 Vgl. auch *Benston/Bromwich/Litan/Wagenhofer* (2006) S. 263, *Cairns* (2006) S. 7.

Value-Bewertung. Beide Ansätze verfolgen z. B. eine Bewertung des Sachanlagevermögens zu fortgeführten Anschaffungs- oder Herstellungskosten.[10]

Eine umfangreiche verpflichtende Fair-Value-Bewertung wird jedoch im Rahmen der **Goodwill-Bilanzierung** gefordert. In der Kaufpreisallokation sind sämtliche erworbenen Vermögenswerte und Schulden grundsätzlich zum Fair Value zu bewerten. Der Impairment-only-Approach für Goodwill kann ebenfalls als eine Fair-Value-Bilanzierung charakterisiert werden, allerdings nur unter Einschränkungen. *Hitz/Kuhner* (2002) betrachten ihn als „Ausdruck des Paradigmawechsels vom *historical cost accounting* hin zum *fair value accounting*“[11]. In der vorliegenden Arbeit wird dagegen die Auffassung vertreten, dass vielmehr die Bilanzierung des originären Goodwills als eine Fair-Value-Bilanzierung zu charakterisieren wäre.[12] Im Unterschied dazu entsteht der derivative Goodwill lediglich als eine Restgröße aus den Anschaffungskosten des Unternehmenserwerbes. Eine nachfolgende Wertminderung des derivativen Goodwills fußt möglicherweise auf dem Nettoveräußerungswert (*fair value less costs to sell*), aber eine Wertaufholung ist unzulässig.[13] Allerdings wird im Zeitablauf durch den Impairment-only-Approach der derivative teilweise durch originären Goodwill ersetzt.[14] Durch diesen Effekt nähert sich die Goodwill-Bilanzierung nach IFRS wiederum einer Fair-Value-Bilanzierung an.

Die Vorschriften zur Goodwill-Bilanzierung werden aufgrund von hohen **Ermessensspielräumen**, Regelungslücken sowie -unschärfen kritisiert.[15] *Hommel* (2001) spricht deshalb den US-amerikanischen Regelungen zur Goodwill-Bilanzierung eine zunehmende Entobjektivierung der Bilanz zu.[16] *Pfeil/Vater* (2002a) wähnen ein „‚Schlaraffenland‘ bilanzpolitischer Möglichkeiten“[17]. Die Ausgestaltung der bilanziellen Regelungen zeigt, dass das IASB die Relevanz der erforderlichen Fair-Value-Informationen für die Jahresabschlussadressaten höher als ihre Zuverlässigkeit

---

10 Vgl. *Küting* (2006a) S. 1442f., *Kümmel* (2002) S. 65, ähnlich *Hitz* (2005b) S. 126. Zum *asset/liability approach* im Rahmen der Ertragsvereinnahmung siehe das IASB-Update vom Oktober 2006 S. 7, *Wüstemann/Kierzek* (2005a) S. 2799ff., *Wüstemann/Kierzek* (2005b) S. 429f.

11 *Hitz/Kuhner* (2002) S. 279f.

12 Vgl. auch *AAA Financial Accounting Standards Committee* (2001) S. 170.

13 Vgl. ähnlich bezüglich der US-amerikanischen Regelungen auch *Hitz/Kuhner* (2002) S. 280.

14 Vgl. *Pellens/Sellhorn* (2001a) S. 1685, *Brösel/Müller* (2007) S. 38.

15 Vgl. *Pottgießer/Velte/Weber* (2005b) S. 1748ff., *Protzek* (2003) S. 497ff., *Lienau/Zülch* (2006) S. 322ff. Ermessensspielräume in Bilanzierungsregeln sind indes nicht grundsätzlich als nachteilig für die Anteilseigner einzuschätzen. Sie können zur Offenlegung privater Informationen des Managements führen. Vgl. *Hofmann* (2004), *Gaber* (2004).

16 Vgl. *Hommel* (2001) S. 1943.

17 *Pfeil/Vater* (2002a) S. 261.

gewichtet.[18] Erhöhte Offenlegungspflichten können die Ermessensspielräume eingrenzen.[19] Allerdings zeigt, wie bereits angesprochen, die empirische Studie von *Glaum/Street/Vogel/PwC* (2007), dass ein bedeutender Anteil europäischer Unternehmen die Offenlegungspflichten zur Goodwill-Bilanzierung bislang nicht angemessen erfüllt.[20]

Der **Fair Value** wird definiert als Betrag, für den zwischen sachverständigen, abschlusswilligen und voneinander unabhängigen Geschäftsparteien in einer marktüblichen Transaktion ein Vermögenswert verkauft oder eine Schuld beglichen werden würde.[21] Er stellt idealerweise einen real existierenden, im Regelfall jedoch einen hypothetischen Marktpreis dar.[22] Er kann für einzelne Vermögenswerte und Schulden, aber auch für Unternehmenseinheiten oder ein gesamtes Unternehmen ermittelt werden. Stets wird die Fortführung des Bewertungsobjektes angenommen.[23]

Die gegenwärtigen Vorschriften zur Erstbilanzierung des Goodwills regeln die **Ermittlung des Fair Value** für die erworbenen Güter i. d. R. einzelfallbezogen und mit lediglich knapper Erläuterung. Wie bereits die Abbildung C-2 zeigte, gibt IFRS 3.B16 ausführlich einzelne Wertmaßstäbe vor, die innerhalb der Kaufpreisallokation den Fair Value repräsentieren. Diese Maßstäbe dürfen allerdings ebenfalls mithilfe der Kapitalwertmethode bestimmt werden.[24] Die Regelungen zu immateriellen Vermögenswerten beinhalten knappe Leitlinien zur Schätzung des Fair Value: Zur Ermittlung dient vorrangig ein Marktpreis und nachrangig die letzte vergleichbare Transaktion. Bei fehlendem aktiven Markt ist eine unternehmensinterne Bewertung, die zeitnahe Transaktionen mit ähnlichen immateriellen Vermögenswerten berücksichtigt, zu verwenden.[25] Zur Folgebilanzierung des Goodwills ist der Nettoveräußerungswert marktorientiert abzuleiten. Für die Ermittlung gibt IAS 36.25ff. ebenfalls nur eine kurze Bewertungshierarchie vor, die der Hierarchie des IAS 38 entspricht. Zusätzlich wird als bestmöglicher Hinweis der Preis eines bindenden Verkaufsvertrages angegeben.[26]

---

18 Vgl. *Kuhner* (2005) S. 24, *Castedello/Klingbeil/Schröder* (2006) S. 1036, *Zülch* (2004) S. 339, hinsichtlich des Ansatzes immaterieller Vermögenswerte explizit IFRS 3.BC101.

19 Vgl. *Duhr* (2006) S. 233f.

20 Vgl. *Glaum/Street/Vogel/PwC* (2007) S. 8f.

21 Vgl. IFRS 3.A, IAS 36.6, IAS 38.8.

22 Vgl. *Benston/Bromwich/Litan/Wagenhofer* (2006) S. 262.

23 Vgl. *Kümmel* (2002) S. 52.

24 Vgl. IFRS 3.B17.

25 Vgl. IFRS 3.B16(g), IAS 38.39f.

26 Vgl. IAS 36.25.

Diese Regelungen führen zu Unsicherheiten in der praktischen Umsetzung und einem hohen Bewertungsaufwand. Problematisch ist nicht nur der geringe Umfang der Erläuterungen, sondern dass ein direkter Bezug auf praktische Ermittlungsansätze fehlt.[27] Zudem widersprechen sich die Anforderungen zur Fair-Value-Bilanzierung teilweise mit der Finanztheorie.[28] Die Praxis und die Theorie stehen deshalb vor der Herausforderung, IFRS-konforme Bewertungsmethoden abzuleiten.

Der Fair Value als (hypothetischer) Marktwert ist konzeptionell vom **Nutzungswert** abzugrenzen.[29] Der Nutzungswert bezeichnet den Kapitalwert zukünftiger Cashflows, die erwartungsgemäß aus einem Vermögenswert oder einer CGU dem Unternehmen zufließen.[30] Er beschreibt einen grundsätzlich subjektiven Wertansatz, da die Nutzenerwartungen unternehmensindividuell auf Basis der Planungsinformationen ermittelt und anschließend standardkonform angepasst werden.[31] Der Fair Value orientiert sich dagegen streng am Markt, indem er die Erwartungen von Marktteilnehmern im Sinne unabhängiger Dritter widerspiegelt.[32]

Die Fair-Value-Bewertung beschränkt sich maßgeblich auf die Kenntnisse und Fähigkeiten eines typischen Marktteilnehmers. Sofern keine marktlichen Informationen vorhanden sind, entspricht gemäß der Auffassung des IASB auch die Ermittlung auf Basis der internen Planungsdaten und -prämissen der Schätzung eines typischen Marktteilnehmers. IAS 36.BCZ17(a) führt aus: „*IASC believed that no preference should be given to the market's expectation of the recoverable amount of an asset (basis for fair value when market values are available and for net selling price) over a reasonable estimate performed by the individual enterprise that owns the asset (basis for fair value when market values are not available and for value in use).*" Lediglich die Synergien und Kostenvorteile, die nur durch einen spezifischen Erwerber realisiert werden können, sind im Allgemeinen nicht für den Marktpreis repräsentativ. Nach Auffassung der wissenschaftlichen Literatur sollten

---

27 Vgl. *Lüdenbach/Frowein* (2003) S. 223 unter ED 3, dem Exposure Draft für IFRS 3 (2004).

28 Vgl. z. B. Abschnitt C.1.3.5.

29 Vgl. die Diskussion von *Mujkanovic* (2002) S. 116. Ebenso unterscheidet sich der Nettoveräußerungswert um die Differenz der Veräußerungskosten und folglich auch der erzielbare Betrag vom Fair Value. Vgl. auch *Mujkanovic* (2002) S. 115f., darauf bezugnehmend anderer Auffassung (a. A.) *Streim/Bieker/Esser* (2003) S. 460.

30 Vgl. IAS 36.6.

31 Vgl. *Lienau/Zülch* (2006) S. 320.

32 Vgl. *Benston/Bromwich/Litan/Wagenhofer* (2006) S. 262 sowie *Mackenstedt/Fladung/Himmel* (2006) S. 1040.

sie deshalb für die Bestimmung des Fair Value aus den unternehmensinternen Informationen eliminiert werden.[33]

Hitz (2005a) argumentiert, dass ein Fair Value, der aufgrund fehlender marktorientierter Informationen auf Basis von internen Informationen geschätzt wird, schwer vom Nutzungswert abgrenzbar sei.[34] Zu dieser Auffassung ist zu bemerken, dass die Ermittlung des Nutzungswertes im Gegensatz zur Ermittlung des Fair Value umfangreichen Detailregelungen genügen muss, die u. a. spezifische Korrekturen des verwendeten Free Cashflows erfordern. Somit kann zumindest unternehmensintern zwischen den beiden Wertmaßstäben differenziert werden.

3 Akquisitions- und Konzernplanung als Informationsquellen

Die Güte der Bewertungen für die Goodwill-Bilanzierung hängt neben der Fachkompetenz und Erfahrung der bewertenden Person von der Qualität der verwendeten Eingangsgrößen ab.[35] Nachfolgend werden deshalb die dem Controlling zur Verfügung stehenden Informationsquellen analysiert. Unterschieden wird einerseits die Planung der Such-, Akquisitions- und Integrationsphase, hier in der Gesamtheit in Anlehnung an *Bühner* (2002) als Akquisitionsplanung bezeichnet,[36] und andererseits die Planung des neu gebildeten Unternehmensverbundes.

In der wissenschaftlichen Literatur werden die folgenden drei **Akquisitionsphasen** differenziert:[37]

(1) *Auswahl potenzieller Akquisitionsobjekte*:

Zunächst ist zu prüfen, ob eine Akquisition im Gegensatz zu internem Wachstum oder Möglichkeiten der Kooperation am zweckmäßigsten

---

33 Vgl. *Frowein/Lüdenbach* (2003a) S. 66f., *Küting/Weber/Wirth* (2001) S. 189.

34 Vgl. *Hitz* (2005a) S. 1022.

35 Vgl. das Fazit von *Jäger/Himmel* (2003) S. 437 zur Fair-Value-Bewertung immaterieller Vermögenswerte.

36 Vgl. *Bühner* (2002) Sp. 40.

37 Vgl. mit unterschiedlicher Zuordnung der Einzelmaßnahmen zu den Akquisitionsphasen, da sich die Maßnahmen gegenseitig überlappen *Bühner* (2002) Sp. 41ff., *Hinterhuber/Hinterhuber* (2003) S. 18ff., *Coenenberg/Schultze/Biberacher* (2002) S. 178ff., *Berens/Mertes/Strauch* (2005) S. 50ff.

ist, um die festgelegte Unternehmensstrategie zu verfolgen.[38] Nach der Entscheidung für externes Wachstum sind in Übereinstimmung mit der Unternehmensstrategie die Ziele der Akquisition zu formulieren und ein den Gesamtprozess begleitendes Projektteam aufzustellen. Eine Vielzahl potenzieller Akquisitionsobjekte wird identifiziert und allgemein aus strategischer wie finanzieller Perspektive beurteilt. Anschließend wird eine kleine Anzahl geeigneter Akquisitionsobjekte selektiert und im Detail analysiert.

(2) *Durchführung der Akquisition*:

Der Beitrag der geeigneten Akquisitionsobjekte zu den Zielen des Erwerbers wird ermittelt und für die Abschätzung der Kaufpreisobergrenze mithilfe von Unternehmensbewertungsverfahren verwendet. Im Rahmen der Bewertung ist auf die Art der späteren Einbindung des Akquisitionsobjektes und die Auswirkungen der Integrationsphase zu achten. Zumeist nach dem Aufsetzen einer mit dem Management des Akquisitionsobjektes abgestimmten Absichtserklärung zum Unternehmenserwerb wird das Akquisitionsobjekt der Due Diligence unterzogen. Hierfür wird es eingehend auf der Basis durch den Verkäufer offengelegter Informationen finanziell, organisatorisch sowie rechtlich geprüft.[39] Parallel wird der Integrationsprozess des Akquisitionsobjektes detailliert geplant. Zum Zeitpunkt der Beherrschungserlangung gehen die Vermögens- bzw. Beteiligungsrechte auf den Erwerber über.

(3) *Integration des Akquisitionsobjektes*:

Nach der Beherrschungserlangung ist das Akquisitionsobjekt in den Unternehmensverbund strategiekonform zu integrieren. Die Prämissen, die Durchführung und die Zielerreichung der Integration sind durch das Controlling fortlaufend zu überprüfen. Besondere Berücksichtigung erfordern die Kommunikation der Managementmaßnahmen gegenüber den Mitarbeitern und der Umgang mit der Unternehmenskultur des Akquisitionsobjektes. Projektgruppen aus Mitarbei-

---

[38] Zu Vor- und Nachteilen von externem und internem Wachstum siehe *Glaum/Hommel/Thomaschewski* (2003) S. 833ff.

[39] Vgl. *Berens/Strauch* (2005) S. 6ff.

tern des Mutter- und des Tochterunternehmens unterstützen die Integration und die Umsetzung der Akquisitionsziele.

Bedeutsame Informationsquellen für die Goodwill-Bilanzierung aus den einzelnen Akquisitionsphasen werden nachfolgend inhaltlich erläutert. Im Rahmen der Formulierung der Akquisitionsziele und bei der Ermittlung der Kaufpreisobergrenze werden die **Synergiepotenziale**, die durch den Verbund beider Unternehmen entstehen, durch das Controlling identifiziert und quantifiziert.[40] Synergiepotenziale bedeuten einen Mehrwert im neuen Unternehmensverbund, der sich durch reduzierte pagatorische Kosten und erhöhte Umsatzerlöse oder Gewinne realisieren kann.[41] Die Informationsquelle für die Synergiebestimmung ist zunächst die Planung, die der Erwerber unter Bezugnahme auf Marktinformationen, d. h. ohne umfangreiche Detailinformationen aus dem Akquisitionsobjekt, ableitet.

Weitere, die existierenden Bewertungen ergänzende Informationen werden in der Due Diligence gewonnen. Der Kern dieser Sorgfaltsprüfung des Akquisitionsobjektes ist die **Financial Due Diligence**.[42] Auf Basis der Unterlagen der internen und externen Rechnungslegung wird die Vermögens-, Finanz- und Ertragslage des Unternehmens analysiert. Die Informationen über die vergangenen und das gegenwärtige Geschäftsjahr werden für Analysezwecke um außergewöhnliche Geschäftsvorfälle und Sachverhalte, die sich generell durch den Eigentümerwechsel ändern würden, bereinigt. Auf Basis dieser normalisierten Rechnungen werden je nach den Anforderungen des Erwerbers einzelne Positionen der Bilanz, der Gewinn-und-Verlustrechnung sowie der Kapitalflussrechnung näher untersucht.[43]

Die Erkenntnisse aus der Vergangenheitsanalyse dienen dazu, die Aussagefähigkeit der ggf. ebenfalls zu normalisierenden **Planungen im Akquisitionsobjekt** einzuschätzen. Da sie maßgeblich die Datenbasis für die Unternehmensbewertung aus Erwerbersicht bilden, sind sie der wichtigste Untersuchungsgegenstand. Die Prämissen der Planung sowie die Werttreiber und Risiken des Unternehmens werden analysiert und mit externen Hinweisen sowie den Informationen aus der Finanzberichterstattung abgestimmt. Die Planung ist insbesondere auf positive Planungsverzerrungen zur Erzielung eines höheren Verkaufspreises zu untersuchen. Wenn das

---

40 Vgl. *Angermayer/Oser* (2005) Rz. 1817ff., *Rockholtz* (2005) S. 203ff., *Lechner/Meyer* (2003) S. 312ff.

41 Vgl. *Busse von Colbe* (1994) S. 602f.

42 Vgl. die empirischen Ergebnisse von *Berens/Strauch* (2002) S. 517ff.

43 Vgl. *Berens/Hoffjan/Strauch* (2002) S. 147ff., *Brebeck/Bredy* (2005) S. 377ff. und *Berens/Strauch* (2006) S. 548ff.

Akquisitionsobjekt in einen größeren Konzern eingebunden ist, kann eine sog. Stand-alone-Bewertung erforderlich sein. Für diese Abbildung des Akquisitionsobjektes als ein selbstständiges Unternehmen werden die Planungsdaten um die Verbundvorteile, z. B. eine interne Beschaffung zu günstigeren Konditionen als am Markt, korrigiert.[44] Für die Information des Erwerbers sind die adjustierten Planungen um die beabsichtigten wertsteigernden Maßnahmen, aber auch um die Kosten der Akquisitionsdurchführung – ggf. in unterschiedlichen Szenarien – zu ergänzen.[45] Weiterhin ist die Erstkonsolidierung des Akquisitionsobjektes bilanzpolitisch zu planen. Kurz- und langfristige Ergebniseffekte, so z. B. aufgrund von Goodwill-Impairments oder Abschreibungen von immateriellen Vermögenswerten, sind zu antizipieren und ihre Kapitalmarktkommunikation vorzubereiten.[46]

Im Anschluss an die Due Diligence wird auf Basis der gewonnenen Informationen der maximal vom Erwerber akzeptierte **Kaufpreis** ermittelt.[47] In Anlehnung an die Funktionslehre der Unternehmensbewertung handelt es sich dabei um einen Entscheidungswert, d. h. den Grenzpreis, der maximal gezahlt werden darf, ohne dass der Erwerber schlechter gestellt wird als zuvor. Daneben werden u. a. Schieds- und Argumentationswerte differenziert, die zur neutralen Begutachtung bzw. zur Beeinflussung des Verhandlungspartners verwendet werden.[48] Zur Ermittlung von Entscheidungswerten können unterschiedliche Verfahren der Unternehmensbewertung eingesetzt werden.[49] In der Unternehmenspraxis wird das Discounted-Cashflow-Verfahren in Ausprägung der Bruttomethode (Entity-Ansatz) favorisiert.[50] Hierzu werden die Free Cashflows des Unternehmens unter der Berücksichtigung der gewichteten durchschnittlichen Kapitalkosten diskontiert. Die Free Cashflows bezeichnen dabei die Zahlungsströme, die von den Eigen- und Fremdkapitalgebern

---

44 Vgl. *Brebeck/Bredy* (2005) S. 384ff.

45 Vgl. *Berens/Hoffjan/Strauch* (2002) S. 150ff., *Brebeck/Bredy* (2005) S. 386f., *Berens/Strauch* (2006) S. 550, *Baetge* (1997) S. 456f.

46 Vgl. *Pellens/Crasselt/Sellhorn* (2002) S. 148, *Bucher/Schmidli/Schilling* (2006) S. 600f., *Beyer* (2005) S. 150, *Zelger* (2005) S. 136.

47 Vgl. *Hinterhuber/Hinterhuber* (2003) S. 23, *Brebeck/Bredy* (2005) S. 375.

48 Vgl. *Brösel/Hauttmann* (2007) S. 226, mit weiterer Differenzierung *Ballwieser* (2007) S. 1ff.

49 Siehe im Überblick z. B. *Ballwieser* (2005) S. 77ff., *Beck* (1996) S. 83ff., *Coenenberg/Schultze/Biberacher* (2002) S. 184ff.

50 Daneben werden häufig Multiplikatorverfahren verwendet. Sie schätzen den Unternehmenswert auf Basis eines branchentypischen Vielfachen des Erfolges oder Umsatzes. Die Verfahren dienen jedoch aufgrund der Simplizität und der geringen Anforderungen an die Datengrundlage eher der Plausibilisierung detaillierterer zukunftsorientierter Bewertungsverfahren. Vgl. die empirischen Ergebnisse von *Brösel/Hauttmann* (2007) S. 236f., *Pellens/Tomaszewski/Weber* (2000) S. 1827, kritisch zur Verwendung *Coenenberg/Schultze* (2002a) S. 697ff.

dem Unternehmen ohne eine Beeinträchtigung seiner Weiterentwicklung entzogen werden können. Der Cashflow aus der laufenden Geschäftstätigkeit vor Zinsen und nach Ertragsteuern wird dafür um die Auszahlungen für geplante Ersatz- und Erweiterungsinvestitionen korrigiert.[51]

Erst nach der Übergabe eines konkreten Kaufangebotes bzw. mit der Beherrschungserlangung erhält der Erwerber einen unbeschränkten Einblick in die **internen Unterlagen des Akquisitionsobjektes**.[52] Der Informationsstand vervollständigt sich weiter im Zuge der Integration in den Konzern.[53] Im Anschluss an die Akquisition sind insbesondere die interne und externe Rechnungslegung sowie die damit verbundenen Informationsprozesse an die Struktur des Mutterunternehmens anzupassen.[54] Bis zum Erreichen des gewünschten Integrationsmaßes liegen zumeist noch inkonsistente Planungen im Akquisitionsobjekt und vorläufig verwendete Schätzwerte im Mutterunternehmen vor.[55] Beide Planungssysteme müssen hinsichtlich der Prämissen und gesetzten Zielwerte in der Folgezeit miteinander abgestimmt werden.

Die **Planung im neuen Unternehmensverbund** sollte aus konzeptioneller Sicht auf drei hierarchisch und zeitlich zu differenzierenden **Planungsebenen** erfolgen:[56]

* Die strategische Planung bezieht sich mit einem Zeithorizont von i. d. R. fünf oder mehr Jahren auf die Erfolgspotenziale des Konzerns insgesamt. In ihr werden die Konzernziele und die strategischen Aktivitäten zu ihrer Erreichung festgelegt.
* Die sog. Mittelfrist- oder taktische Planung hat einen Zeithorizont von drei bis maximal fünf Jahren und verbindet die strategische mit der operativen Planung. Sie quantifiziert die langfristigen Ziele in einer mehrperiodigen Produkt-, Kapazitäts- und Kapitalstrukturplanung für die einzelnen Unternehmensbereiche.
* Die operative Planung ist dagegen auf das laufende Planjahr ausgerichtet. Sie umfasst die Ergebnis- und Kostenvorgaben für die Produktion und den Absatz in nachgelagerten Konzernebenen.

---

[51] Vgl. z. B. *Ballwieser* (2006) S. 268f., *Brösel/Hauttmann* (2007) S. 236 Abb. 8.

[52] Vgl. *Klein/Jonas* (2005) S. 192.

[53] Vgl. *Berens/Mertes/Strauch* (2005) S. 61.

[54] Vgl. die Praxisbeispiele in *Baur/Kuhnert* (2003) S. 416ff., *Biwer et al.* (2006).

[55] Vgl. *Telkamp/Bruns* (2000) S. 26.

[56] Vgl. *Egger* (2002) Sp. 1451ff., *Mag* (1995) S. 155ff., *Kuhn* (1990) S. 79ff.

Die Abstimmung dieser Planungsebenen erfolgt in der Praxis typischerweise durch ein **Gegenstromverfahren**.[57] Hierzu setzt die Konzernzentrale die Vorgaben für die nächste Konzernebene fest. Die zu erreichenden Zielhürden werden insbesondere aus den Kapitalmarkterwartungen und aus vergangenen Ergebnissen abgeleitet. Die nächstniedrigere Konzernebene bestimmt aus den zugegangenen Informationen detailliertere Vorgaben und Maßnahmenpläne. In gleicher Weise verläuft der Planungsentwurf auf allen untergeordneten Konzernebenen. Da die Vorgaben von der Unternehmenszentrale ausgehend definiert werden, handelt es sich dabei um den sog. Top-down-Prozess. Abschließend werden die Informationen der niedrigsten Planungsebene stufenweise wiederum nach oben aggregiert. Dieser sog. Bottom-up-Prozess dient der Prüfung der Realisierbarkeit, Angemessenheit und Plausibilität der Zielvorstellungen.[58] Sofern zwischen den zentralen und den aggregierten dezentralen Zielvorstellungen Differenzen entstehen, werden sie durch eine ebenenübergreifende Aussprache oder zentrale Entscheidungsfindung aufgelöst.[59]

Die Dauer des Akquisitionsprozesses, die unterschiedlichen Planungsebenen und der für das Gegenstromverfahren nötige Zeitumfang führen dazu, dass auf den Konzernebenen unterschiedliche, möglicherweise widersprüchliche Planungsinformationen vorhanden sind. Zur Erfüllung der Unterstützungsfunktion für die Goodwill-Bilanzierung muss das Controlling sicherstellen, dass die bilanziell erforderlichen Informationen entweder aus der Akquisitions- oder aus der Konzernplanung aktuell und standardkonform verfügbar sind.

---

57 Vgl. die empirischen Ergebnisse von *Deloitte* (2006) S. 8. Die Studie basiert auf den Antworten von 224 deutschen Unternehmen; vgl. *Deloitte* (2006) S. 2.

58 Vgl. *Hentze/Brose/Kammel* (1993) S. 52, *Mag* (1995) S.168f., *Kuhn* (1990) S. 88.

59 Vgl. *Hirsch/Hufschlag/Pieroth* (2005) S. 263f.

4 Informationsbereitstellung für die Erstbilanzierung nach IFRS 3

4.1 Ansatz und Bewertung von immateriellen Vermögenswerten

4.1.1 Identifizierung der erworbenen immateriellen Vermögenswerte

Der Ansatz und die Bewertung im Akquisitionsobjekt bisher nicht bilanzierter, selbst erstellter immaterieller Vermögenswerte sind Schwerpunkte der Kaufpreisallokation.[60] Insbesondere für die Identifizierung und die Bewertung werden umfangreiche Informationen und Bewertungskenntnisse aus dem Controlling benötigt.

Im Rahmen der **Identifizierung** sind zunächst die immateriellen Vermögenswerte festzustellen, für die rechtliche Grundlagen im Akquisitionsobjekt existieren. Nachfolgend ist zu prüfen, ob immaterielle Vermögenswerte allein aufgrund der Separierbarkeit ansatzpflichtig sind.[61] In der Praxis resultieren viele immaterielle Vermögenswerte aus Investitionen, die aufgrund ihrer fehlenden Bilanzierungsfähigkeit als Aufwendungen verbucht werden. Um erste Rückschlüsse auf ihre Existenz zu schließen, wird demzufolge eine Analyse der Aufwendungen in der Gewinn-und-Verlustrechnung empfohlen.[62] Zur Interpretation dieser Aufwendungen kann ggf. die Controllingabteilung des Akquisitionsobjektes zu Rate gezogen werden.

Grundsätzlich sind sämtliche erworbenen immateriellen Vermögenswerte zu identifizieren. Die Erhebung wird durch ein Verständnis der Ziele der Akquisition und der Strategie des Erwerbers unterstützt.[63] Wird das Geschäftsmodell des Akquisitionsobjektes für die Zukunft beibehalten, sind weiterhin dessen Unternehmensplanung und Umweltfaktoren zu erfassen.[64] Nach dem **Vorgehen des Instituts der**

---

60 Vgl. *Mackenstedt/Fladung/Himmel* (2006) S. 1038, *Jäger/Himmel* (2003) S. 418.

61 Vgl. IAS 38.12.

62 Vgl. *Mackenstedt/Fladung/Himmel* (2006) S. 1038.

63 Vgl. *Deloitte* (2004a) S. 4. Für die Fair-Value-Bewertung ist die Erwerberstrategie, z. B. hinsichtlich der weiteren Nutzung der immateriellen Vermögenswerte, jedoch nicht relevant. Es ist grundsätzlich die Strategie eines typischen Marktteilnehmers anzunehmen. Vgl. explizit IFRS 3.B43 (r).

64 Vgl. IDW RS HFA 16.44, *Mackenstedt/Fladung/Himmel* (2006) S. 1038, *Beyer* (2005) S. 148f.

Wirtschaftsprüfer (IDW) gilt: „Darauf aufbauend sind die wesentlichen Werttreiber für die künftige Entwicklung abzuleiten […]. Im nächsten Schritt ist zu prüfen, inwieweit die identifizierten Werttreiber durch separat zu bilanzierende immaterielle Vermögenswerte konkretisiert werden können."[65] Werden im Akquisitionsobjekt z. B. Erfolgspotenziale durch innovative Technologien erwartet, kann dieser Werttreiber durch die Aktivierung von technologischen Patenten, Marken oder Lizenzverträgen abgebildet werden.

Das IASB bezweckt mit dem erweiterten Ansatz von immateriellen Vermögenswerten, dass sie vom Goodwill als Vermögenswert unbegrenzter Nutzungsdauer abgegrenzt werden und sich dadurch die Nützlichkeit der Finanzberichterstattung erhöht.[66] Aus der Reichweite der Ansatzkonzeption und dem Regelungsumfang ist zu schlussfolgern, dass jeder einzelne erworbene immaterielle Vermögenswert getrennt vom Goodwill anzusetzen ist. Der Grundsatz der Wesentlichkeit ist in der bilanziellen Erfassung dahingehend anwendbar, dass quantitativ unwesentliche immaterielle Vermögenswerte ggf. zusammen mit ähnlichen Abschlusspositionen oder schließlich als Goodwill-Bestandteil angesetzt werden können. Diese Anwendung des Wesentlichkeitsgrundsatzes erfordert darüber hinaus, dass der Vermögenswert seiner Art nach als unwesentlich eingeschätzt wird.[67] Die Einordnung sämtlicher erworbener immaterieller Vermögenswerte als unwesentlich ist nicht zulässig, sofern ihre Gesamtheit wesentlich ist.[68]

Das durch das IDW empfohlene indirekte Vorgehen der Identifizierung immaterieller Vermögenswerte über die Erfassung wesentlicher Werttreiber birgt die Gefahr, dass einzelne wesentliche immaterielle Vermögenswerte nicht separat aktiviert werden. Um die Identifizierung gemäß der Zielsetzung des IASB sicherzustellen, sollte zusätzlich die Existenz und der Ansatz aller im Beispielkatalog des IFRS 3 genannten immateriellen Vermögenswerte direkt überprüft werden.[69] Dieses Vorgehen stellt eine detaillierte Abgrenzung sicher und erhöht die Aussagekraft der Finanzberichterstattung für Zwecke des Controllings von immateriellem Vermögen.

---

65 IDW RS HFA 16.44.

66 Vgl. IFRS 3.BC101.

67 Vgl. F.29.

68 Vgl. *Löcke* (1999) S. 308.

69 Vgl. in Bezug auf die US-amerikanischen Regelungen *Richter* (2004) S. 85.

Eine ausschließliche Orientierung am Beispielkatalog des IFRS 3 ist abzulehnen, da die Empfehlung des IDW ein strukturiertes Vorgehen ermöglicht und zur Einschränkung des Arbeitsumfangs der Kaufpreisallokation beiträgt. Der Arbeitsumfang ist umso geringer, je detaillierter im Vorfeld des Unternehmenserwerbes die Werttreiber des Akquisitionsobjektes analysiert wurden und je geringer die nachträglich vorzunehmenden Änderungen in den Planungsprämissen und -daten sind.

Unabhängig von der Vorgehensweise ist die definierte **Wesentlichkeitsgrenze** in Bezug auf die Werttreiber (indirektes IDW-Vorgehen) bzw. auf immaterielle Vermögenswerte (direkte Überprüfung anhand des Beispielkatalogs) intern in einem Verzeichnis zu dokumentieren.[70] Dieses Wesentlichkeitsverzeichnis trägt zur Stetigkeit über mehrere Unternehmenserwerbe bei und wirkt der Anwendungswillkür entgegen. Durch einen Abgleich mit den Wesentlichkeitsgrenzen des Wirtschaftsprüfers kann die Kaufpreisallokation effizient gestaltet werden.[71] Zur Bestimmung der Wesentlichkeitsgrenze sind überdies die Anforderungen aus der internen Steuerung von immateriellen Vermögenswerten zu berücksichtigen. So kann die Verwendung der bilanziellen Wertansätze für die interne Steuerung zu dem Erfordernis führen, dass die Wesentlichkeitsgrenze niedriger anzusetzen ist als allein für Zwecke der Finanzberichterstattung.

Zur Identifizierung wie auch zur Bewertung der immateriellen Vermögenswerte können **Informationen aus der Akquisitionsplanung**, genauer aus den Überlegungen zur Kaufpreisabschätzung, verwendet werden. Ein Großteil der immateriellen Vermögenswerte wird bereits im Vorfeld der Akquisition gesondert erhoben und bewertet.[72] Die vorläufigen Bewertungen sind im Rahmen der Akquisitionsdurchführung zu aktualisieren. **Intellectual Capital Statements** des erworbenen Geschäftsbetriebes, sofern vorhanden und dem Erwerber zugänglich, können ebenfalls genutzt werden. Sie listen strukturiert, kommentiert und unabhängig von der Bilanzierung die immateriellen ökonomischen Vorteile des Unternehmens auf. Ihre

---

70 Vgl. allgemein *Löcke* (1999) S. 312.

71 Siehe zu Wesentlichkeitsgrenzen in der deutschen Wirtschaftsprüfungspraxis *Wolz* (2004) S. 122ff., *Marten/Quick/Ruhnke* (2007) S. 223ff. Fehlerhafte bilanzielle Angaben gelten in der Wirtschaftsprüferpraxis im Durchschnitt als einzeln oder in der Summe wesentlich, wenn sie eine Schwelle von fünf bis zehn Prozent des Jahresergebnisses vor Steuern überschreiten; vgl. *Wolz* (2004) S. 136. Die Rechtsprechung richtet sich jedoch im Einzelfall nach qualitativen Kriterien; vgl. *Lüdenbach/Hoffmann* (2008) Rz. 68.

72 Vgl. *Richter* (2004) S. 84f. unter Verweis auf ein nicht mehr öffentlich verfügbares Schreiben der SEC an das FASB.

Anwendung unterstützt nicht nur das aktive Management und Controlling immaterieller Vermögenswerte, sondern auch eine durch freiwillige Informationen ergänzte Finanzberichterstattung.[73] Umgekehrt können die für bilanzielle Zwecke identifizierten und bewerteten immateriellen Ressourcen den Ausgangspunkt für weitere Controlling-Instrumente bzw. für die Erstellung von Intellectual Capital Statements im Unternehmensverbund darstellen.[74]

4.1.2 Konzeption und praktische Methoden der Fair-Value-Bewertung

Nachfolgend stehen die informationellen Aufgaben für die Fair-Value-Bewertung immaterieller Vermögenswerte im Vordergrund. Wie die Ausführungen des Abschnittes D.2 zeigen, regelt das IASB die konkrete Ausgestaltung der **Fair-Value-Ermittlung** nicht im Detail, sondern überlässt sie der theoretisch und praktisch üblichen Vorgehensweise.[75] Die vom IASB favorisierte Bewertung kann i. d. R. aufgrund fehlender Marktpreise nicht vorgenommen werden.[76] Eine kostenorientierte Bewertung anhand von Wiederbeschaffungs- oder Reproduktionskosten gilt dagegen nach herrschender Meinung als ungeeignet und lediglich zulässig, sofern weder markt- noch einkommensorientierte Verfahren anwendbar sind.[77]

In der Praxis werden deshalb vorrangig einkommensorientierte Bewertungsverfahren verwendet. Grundsätzlich sind hierzu die **mit dem immateriellen Vermögenswert verbundenen Cashflows** nach Steuern abzuleiten und auf den Bewertungsstichtag zu diskontieren. Zur Prognose der Cashflows dienen bereits vorhandene Daten aus dem Akquisitionsobjekt oder aus der Akquisitionsplanung des Erwerbers. Es ist keine vermögenswertspezifische Zuordnung der Finanzierung erforderlich, sodass ein Free Cashflow diskontiert wird.[78] Für die Bewertung sind die Cashflows den einzelnen immateriellen Vermögenswerten zuzuordnen. Dies ist mit

---

[73] Vgl. *AK-SG Immaterielle Werte im Rechnungswesen* (2005) S. 65ff., *Daum* (2004) S. 45ff.

[74] Vgl. allgemein *Saelzle/Kronner* (2004) S. 164, zur Verbesserung des Marken-Controllings unter den US-amerikanischen Regelungen *Greinert* (2003).

[75] Vgl. *Frowein/Lüdenbach* (2003a) S. 65.

[76] Vgl. IAS 38.78.

[77] Vgl. IDW RS HFA 16.46. *Deloitte* (2004b) S. 48 mit Verweis auf IAS 36.BCZ29, der die Anwendung von Wiederbeschaffungs- oder Reproduktionskosten zur Bestimmung des erzielbaren Betrages ablehnt. Kostenorientierte Methoden gelten nach dem Verständnis des IASB als für die Folgebilanzierung nicht sachgerecht, da kein Bezug auf das Nutzenpotenzial des Vermögenswertes hergestellt wird.

[78] Vgl. *Dirscherl/Castedello/Schröder* (2003) S. 377.

Schwierigkeiten verbunden, wenn einzelne Vermögenswerte miteinander in enger Beziehung stehen, so z. B. bei Marken und Kundenbeziehungen.[79] Cashflows, die aus Synergien mit anderen Vermögenswerten resultieren, sind für Zwecke der Einzelbewertung zu eliminieren.[80]

Im Rahmen von Gruppenbewertungen sind die unternehmensspezifischen Synergien zu korrigieren. Sog. unspezifische Synergien, die jeder typische Marktteilnehmer aus dem Verbund der immateriellen Vermögenswerte erzielen könnte, werden dagegen durch Marktpreise widergespiegelt und sind deshalb zu berücksichtigen.[81] In die Bewertung ist weiterhin der Steuerspareffekt aus dem erhöhten Abschreibungspotenzial (*tax amortisation benefit*) eines zum Fair Value bewerteten immateriellen Vermögenswertes mit begrenzter Nutzungsdauer im Vergleich zur Fortführung des Buchwertes einzubeziehen.[82]

Der **Bewertungshorizont** entspricht idealtypisch der aus der Sicht von hypothetischen Marktteilnehmern optimalen, d. h. der kapitalwertmaximierenden Nutzungsdauer. Liegt eine unbegrenzte Nutzungsdauer vor, z. B. bei Marken, so umfasst die praktische Bewertung typischerweise einen unendlichen Horizont.[83] Dagegen ist für die Folgebilanzierung die wirtschaftliche unternehmensspezifische Nutzungsdauer relevant.[84] Ansatzpunkte zur Schätzung der Nutzungsdauern bieten bei rechtlich basierten immateriellen Vermögenswerten die Laufzeiten der Verträge. Darüber hinaus sind Informationen zu berücksichtigen, über welchen Zeithorizont hypothetische Marktteilnehmer eine profitable Verwendung beabsichtigen würden

---

79 Vgl. *Beyer* (2005) S. 148 und S. 156.

80 Vgl. *Jäger/Himmel* (2003) S. 430.

81 Die Zulässigkeit von Gruppenbewertungen im Rahmen der Kaufpreisallokation ist fraglich. Aus bilanzieller Sicht dürfen allein aus Nutzen-Kosten-Überlegungen Regelungen der IFRS im Allgemeinen nicht außer Acht gelassen werden; vgl. *Gelhausen/Pape/Schruff/Stolberg* (2005) Abschnitt 1 Rz. 92. Aus eben diesem Grund werden Gruppenbewertungen in der Praxis jedoch regelmäßig angewendet, so z. B. bei der Bewertung von Kundenbeziehungen oder dem Auftragsbestand; vgl. *Mackenstedt/Fladung/Himmel* (2006) S. 1039.

82 Vgl. *Mackenstedt/Fladung/Himmel* (2006) S. 1045. Zum pauschalen Ansatz des *tax amortisation benefit* im Rahmen der Fair-Value-Bewertung immaterieller Vermögenswerte durch die Übernahme der US-amerikanischen Empfehlungen in *AICPA* (2001) äußern sich dagegen *Kasperzak/Nestler* (2007) S. 473ff. kritisch.

83 Wie bereits angeführt, stellt dagegen IAS 38.91 klar, dass der Begriff „unbegrenzt“ nicht mit „unendlich“ gleichzusetzen ist.

84 Vgl. Abschnitt C.1.2.4, *Kunath* (2005) S. 116.

und welche Nutzungsdauer aus Erfahrungswerten abgeleitet werden kann.[85] Beispielsweise kann die Nutzungsdauer von Kundenbeziehungen analytisch aus Vergangenheitsdaten ermittelt werden.[86]

Die mit dem immateriellen Vermögenswert verbundenen Cashflows werden auf Basis eines **vermögenswertspezifischen Zinssatzes** diskontiert. Der Zinssatz sollte entsprechend der Zielsetzung der Fair-Value-Bewertung nicht aus dem gewichteten durchschnittlichen Kapitalkostensatz des Unternehmens abgeleitet werden. Es ist ein durchschnittlicher Kapitalkostensatz der Gruppe potenzieller Erwerber oder der Branche, in der der immaterielle Vermögenswert genutzt wird, anzuwenden.[87] Die für den Zinssatz als Anknüpfungspunkt verwendeten Kapitalkosten sind entsprechend der Risiko-Rendite-Struktur des immateriellen Vermögenswertes anzupassen. Im Regelfall fehlen hierfür in der Praxis detaillierte Informationen, weshalb oft pauschale Zu- oder Abschläge vorgenommen werden.[88]

Der einkommensorientierten **Fair-Value-Bewertung** immaterieller Vermögenswerte dienen **in der Praxis** insbesondere die folgenden Verfahrensansätze:[89]

(1) *Methode der Lizenzpreisanalogie (relief from royalty method)*:

Diese Methode eignet sich insbesondere für lizenzierbare immaterielle Vermögenswerte, wie z. B. Marken, Patente und Technologien. Die Bewertung erfolgt anhand des Kapitalwertes der ersparten Lizenzzahlungen unter der Prämisse, dass der Vermögenswert von einem fiktiven Dritten zur Nutzung überlassen wird. Beispielsweise können die geplanten Umsätze eines Markenproduktes mit der marktüblichen, umsatzabhängigen Lizenzrate für ein vergleichbares Produkt multipliziert werden. Erfordert die Lizenzierung eine einmalige Anfangsauszahlung, ist diese über die fiktive Laufzeit zu verteilen. Falls die Li-

---

85 Vgl. *Jäger/Himmel* (2003) S. 431.

86 Vgl. *Beyer* (2005) S. 162ff.

87 Vgl. *Beyer* (2005) S. 160f., *Lüdenbach* (2008) Rz. 70, IDW RS HFA 16.35. So formuliert auch IAS 38.41: *„Entities that are regularly involved in the purchase and sale of unique intangible assets may have developed techniques for estimating their fair values indirectly. These techniques may be used* […] *if they reflect current transactions and practices in the industry to which the asset belongs.*"

88 Vgl. *Dirscherl/Castedello/Schröder* (2003) S. 378.

89 Vgl. ausführlich *Jäger/Himmel* (2003) S. 432ff., *AICPA* (2001) S. 12ff., weiterhin *Mackenstedt/Fladung/Himmel* (2006) S. 1040ff., *Beyer* (2005) S. 157ff., *Beyer/Mackenstedt* (2008) S. 341ff., *IVSC* (2007) S. 25ff.

zenzraten in spezialisierten Datenbanken abrufbar sind, kann direkt eine marktorientierte Bewertung vorgenommen werden.[90] In der Praxis ist die verfügbare Datenbasis jedoch zumeist eingeschränkt,[91] sodass die in diesem Fall vorzunehmende pauschale Ermittlung manipulationsanfällig ist.[92]

(2) *Residualwertmethode (multi period excess earnings method)*:

Die Residualwertmethode bewertet den bedeutsamsten immateriellen Vermögenswert eines Verbundes indirekt über die Zahlungsströme aller dem Verbund zugehörigen Vermögenswerte. In der Berechnung wird angenommen, dass allein der zu bewertende Vermögenswert im Eigentum des Unternehmens steht. Für alle anderen, unterstützenden Vermögenswerte werden rechnerisch Nutzungsentgelte (*contributory assets charges*) an einen fiktiven Dritten berücksichtigt. Die Entgelte umfassen neben dem Werteverzehr eine angemessene Kapitalverzinsung, z. B. für Umlauf-, Sachanlage- oder Humanvermögen. Ihre Approximation erfolgt über Abschreibungen und andere Aufwendungen, so z. B. für Löhne und Gehälter. Die Methode wird maßgeblich zur Bewertung von Kundenbeziehungen verwendet.

(3) *Mehrgewinnmethode (incremental cash flow method)*:

Bei Anwendung der Mehrgewinnmethode wird der Wert des immateriellen Vermögenswertes indirekt ermittelt, und zwar aus der Differenz der Unternehmensbewertungen inklusive und unter Ausschluss des Vermögenswertes und den mit der Nutzung verbundenen Aufwendungen. Zusätzliche Cashflows aus dem Einsatz des Vermögenswertes resultieren aus erhöhten Einzahlungen, z. B. durch den Verkauf eines Marken-Produktes im Vergleich zu einem No-Name-Produkt, oder aus eingesparten Auszahlungen pro Produkt, z. B. aufgrund neuer, stückkostensenkender Technologien.[93] Die Methodenanwendung erfordert deshalb eine verlässliche Ermittlung der Veränderung der Umsatzerlöse und der Kostenstruktur des fiktiven Vergleichsun-

---

90 Vgl. *Jäger/Himmel* (2003) S. 433.

91 Vgl. *Beyer* (2005) S. 158, *Dirscherl/Castedello/Schröder* (2003) S. 374.

92 Vgl. *Castedello/Klingbeil/Schröder* (2006) S. 1033.

93 Vgl. *Beyer* (2005) S. 158.

ternehmens, das den zu bewertenden immateriellen Vermögenswert nicht besitzt. Da diese Informationen in der Praxis oft nicht abgeleitet werden können, bietet die Mehrgewinnmethode nur eingeschränkte Anwendungsmöglichkeiten.[94]

Da IFRS 3 keine explizite Rangfolge dieser Bewertungsverfahren vorgibt, stehen die genannten Ansätze grundsätzlich gleichwertig nebeneinander.[95] Es sollte jedoch der Ansatz präferiert werden, der sich durch große Marktnähe bzw. Objektivität, Informationsgewährung für die Investoren, Relevanz sowie Verlässlichkeit auszeichnet.[96]

4.1.3 Controlling-Implikationen aus der Fair-Value-Bewertung

Die Vielzahl der erläuterten Parameter und der in der Praxis insgesamt verwendeten Bewertungsmethoden für die Fair-Value-Bewertung führt zu hohen Ermessensspielräumen. Dies gilt im Besonderen für die Bewertung von immateriellen Vermögenswerten, aber auch für die anderen zu bewertenden Vermögenswerte und Schulden. Im Rahmen der Unterstützung der Kaufpreisallokation hat das Controlling die Aufgabe, die **Güte der Fair-Value-Bewertungen** sicherzustellen. Sie wird durch folgende sich an die Bewertungsschritte anlehnende Parameter bestimmt:[97]

(1) die Auswahl der Bewertungsmethode,

(2) die Verfügbarkeit und Güte der Eingangsgrößen,

(3) die Methodenanwendung im Bewertungsprozess,

(4) die Überprüfung der Ergebnisplausibilität sowie

(5) die grundsätzliche Beachtung von Interessenkonflikten und asymmetrischer Informationsverteilung.

Zur Sicherstellung der Bewertungsgüte ist das Controlling aufgefordert, zu jedem Parameter Hilfestellung zu leisten, sofern das Controlling nicht selbst die Bewertung vornimmt. Falls Schwierigkeiten auftreten, sind ggf. vorangegangene Ermittlungsschritte zu wiederholen.

---

94 Vgl. *Jäger/Himmel* (2003) S. 435f., *Mackenstedt/Fladung/Himmel* (2006) S. 1040f.

95 Vgl. *Mackenstedt/Fladung/Himmel* (2006) S. 1040.

96 Vgl. allgemein Abschnitt C.2.2.1, *Jäger/Himmel* (2003) S. 427.

97 Vgl. ähnlich *Weber/Schäffer/Langenbach* (2001) S. 59ff. zum Verständnis der Aufgaben des Controllings, die Rationalität von Input, Prozess und Output von Entscheidungsprozessen sicherzustellen.

Für die sachgerechte **Auswahl der Bewertungsmethode** ist es zunächst notwendig, dass der Bewerter die grundsätzlich zur Verfügung stehenden Methoden und ihre Anwendungsvoraussetzungen kennt. Sofern gefordert, kann das Controlling dem Ausführenden die Bewertungsmethoden auf konzeptioneller oder operativer Ebene erläutern. Dies kann insbesondere der Fall sein, wenn unternehmensintern eine spezifische Ausgestaltung einer Fair-Value-Bewertung verwendet wird, die ein eingeschalteter externer Gutachter nicht kennt. Entsprechend der realwirtschaftlichen Situation ist die sachgerechte Bewertungsmethode auszuwählen und ihre Ausgestaltung im Detail zu besprechen.

Der Schwerpunkt der Controlling-Aufgaben für die Fair-Value-Bewertung liegt in der Bereitstellung der **Eingangsgrößen**. Die Bewertung fußt auf Informationen über die zukünftige Erfolgsentwicklung des Akquisitionsobjektes oder seiner Untereinheiten unter Beachtung des jeweiligen Marktumfeldes. Das Controlling kann für die unterschiedlichen Fair-Value-Bewertungen für die Kaufpreisallokation auf Informationen aus der Akquisitions- und Konzernplanung zurückgreifen. Die Informationen liegen im erforderlichen Detaillierungsgrad bereits als normalisierte Ist- und Plangrößen vor oder müssen neu abgeleitet werden. Liegen für ein Bewertungsobjekt mehrere geplante Zahlungsreihen vor, so ist diejenige auszuwählen, die die höchste Informationsgüte aufweist.

Sofern Zahlungsreihen zu aktualisieren oder neu zu prognostizieren sind, kann das Controlling durch sein Planungs- bzw. Prognose-Knowhow unterstützen. Als Ausgangspunkte können ggf. vorhandene Planungsunterlagen des Akquisitionsobjektes oder die Synergieanalyse des Erwerbers dienen. Sie sollten durch aktuelle Bewertungen aus den einzelnen Funktionsbereichen, z. B. für immaterielle Vermögenswerte aus dem Marketing, dem F&E-Bereich oder der Produktion, und soweit möglich auch mit marktorientierten Informationen abgeglichen werden.[98] Falls die getroffenen Prämissen von den Prämissen typischer Marktteilnehmer abweichen, sind Korrekturen vorzunehmen.[99] Das Controlling muss hierfür die Cashflow- und Zinsableitung für den Detailplanungszeitraum wie auch für die Extrapolationsphase kri-

98 Vgl. *Beyer* (2005) S. 148, *Nadvornik/Greinig* (2005) S. 509, IDW RS HFA 16.115.

99 Vgl. *Frowein/Lüdenbach* (2003a) S. 66f., *Küting/Weber/Wirth* (2001) S. 189.

tisch überprüfen.[100] Insbesondere ist darauf zu achten, dass die Informationen für unterschiedliche Vermögenswerte und Schulden miteinander in Einklang stehen.[101]

Während des **Bewertungsprozesses** hat das Controlling die korrekte Modellanwendung zu überwachen, da Anwendungsfehler oder geringe Veränderungen in den Eingangsgrößen bereits große Ergebnisdifferenzen bewirken können. Es muss überprüft werden, ob die Eingangsdaten im Bewertungsmodell korrekt verarbeitet werden. Daneben hängt das berechnete Ergebnis auch von den Fähigkeiten des Bewerters ab. Eine Vielzahl von Prämissen über einen langen Zeithorizont zu schätzen, ist mit praktischen Schwierigkeiten behaftet.[102] So werden Fair-Value-Bewertungen durch kognitive Verzerrungen und Einschränkungen in der Entscheidungsfähigkeit des Bewerters beeinflusst.[103] Sofern angebracht, können zur Fehlervermeidung mehrere Bewertungsmethoden oder -szenarien parallel verwendet werden. So kann z. B. die angemessene Berücksichtigung des Risikos mithilfe der Szenarioanalyse eingeschätzt werden.[104] Wenn wesentliche Ergebnisdifferenzen auftreten, sind deren Ursachen festzustellen und zu diskutieren.[105]

In Absprache mit dem Wirtschaftsprüfer sind die Möglichkeiten von Bewertungsvereinfachungen zu klären. So schlagen z. B. *Lüdenbach/Prusaczyk* (2004b) vor, zur Beurteilung von erworbenen F&E-Projekten anstatt einer komplexen, aufwendigen Residualwertmethode ein Zustandsbaumverfahren zu nutzen. Es bildet die wesentlichen möglichen Szenarien, ihre Wahrscheinlichkeit und den jeweils erwarteten Cashflow ab.[106]

Abschließend ist das **Ergebnis** der Fair-Value-Bewertung auf seine Plausibilität zu untersuchen. Es muss unter Berücksichtigung des Ermittlungsmodells und der realwirtschaftlichen Situation sachgerecht sein. Parallel zum Bewertungsprozess sind stets die Planungsprämissen, die Informationsquellen und die Bewertungsschritte für Dritte nachvollziehbar zu dokumentieren.[107] Interne Richtlinien können die

---

[100] Vgl. *Nadvornik/Greinig* (2005) S. 501.

[101] Vgl. IDW S 1.89.

[102] Vgl. *Florissen* (2004) S. 116f.

[103] Vgl. *Martin/Rich/Wilks* (2006) S. 293ff., weiterhin ähnlich in Bezug auf Fehlentscheidungen bei Investitionsprojekten *Zayer/Hirsch* (2006) S. 649ff., generell in Entscheidungsprozessen *Hammond/Keeney/Raiffa* (2006).

[104] Vgl. *Nadvornik/Greinig* (2005) S. 508.

[105] Vgl. *Beyer* (2005) S. 149.

[106] Vgl. *Lüdenbach/Prusaczyk* (2004b) S. 419ff.

[107] Vgl. IDW RS HFA 16.116ff., IDW S 1.78.

konzernweite Durchführung der Bewertungen und die verwendeten Informationsquellen standardisieren.[108]

In allen beschriebenen Bewertungsschritten sind **Interessenkonflikte und asymmetrische Informationsverteilungen** innerhalb der zentralen Instanz zu berücksichtigen. Die persönlichen Ziele und Fähigkeiten des Bewerters können die Modellauswahl, die Eingangsgrößen, die Modellanwendung und die Interpretation des Bewertungsergebnisses beeinflussen. Eingangsgrößen werden möglicherweise derart ausgesucht bzw. für die Zukunft prognostiziert, dass das gewünschte Bewertungsergebnis resultiert. Zwischenergebnisse können verzerrt interpretiert werden und die nachfolgenden Bewertungsschritte beeinflussen. Die Verwendung von derart verzerrten Fair-Value-Ansätzen in einer integrierten Rechnungslegung mindert die Güte der Unternehmenssteuerung. Ein paralleles Vorhalten von fortgeführten Buchwerten zu Analysezwecken kann diese Problematik lindern.

Die Fair-Value-Ansätze werden nicht nur durch die Interessen von Einzelpersonen, sondern auch durch die Bilanzpolitik des Unternehmens beeinflusst. Eine eingeschränkte Aktivierung von immateriellen Vermögenswerten und eine geringe Auflösung stiller Reserven im erworbenen Vermögen führen zu einem erhöhten Goodwill. Dieses Vorgehen verringert nicht nur den Informationsgehalt der Konzernbilanz für eine integrierte Rechnungslegung, sie erhöht ebenfalls das Risiko und das Volumen von Goodwill-Impairments. In diesem Fall sind für eine Überwachung des Goodwills intern Fair-Value-Schätzungen für die wesentlichen nicht aktivierten immateriellen Vermögenswerte und für die stillen Reserven zu ermitteln, im Zeitablauf zu beobachten und gemäß der Wertentwicklung z. B. in einem Intellectual Capital Statement fortzuschreiben. Gleiches gilt für die weiteren Komponenten des derart bilanzierten Goodwills, wie z. B. die unterschiedlichen aus dem Unternehmenserwerb erwarteten Synergien.[109]

Abbildung D-2 zeigt die Aufgaben des Controllings zur Sicherstellung der Güte der Fair-Value-Bewertung in der Übersicht.

---

[108] Vgl. *Hachmeister* (2006) S. 427.

[109] Vgl. *Alvarez/Biberacher* (2002) S. 350f.

Abbildung D-2: Controlling-Unterstützung der Fair-Value-Bewertung

4.2 Ansatz und Bewertung von Eventualschulden

Die Regelungen des IFRS 3 für die Kaufpreisallokation führen zu einem früheren und umfassenderen Ansatz von Eventualschulden, besonders von Rückstellungen. Jegliche gegenwärtige Eventualschulden, auch mit einer geringeren Wahrscheinlichkeit des Nutzenabflusses als 50%, müssen identifiziert und bewertet werden. Somit erweitert sich der Umfang der Bewertungsaufgaben für das Controlling. Die Bedeutung der informationellen Unterstützung steigt, da auch für Situationen mit einer geringeren Eintrittswahrscheinlichkeit die Verlässlichkeit der Bewertung gewährleistet werden muss. Insbesondere die Schätzung des Fair Value **von einzigartigen Rückstellungen**, so z. B. von einem für das Unternehmen ungewöhnlichen Rechtsstreit, kann im Gegensatz zu wiederkehrenden typischen Rückstellungsarten, wie z. B. für Kundengarantien, mit großen Schwierigkeiten verbunden sein.[110]

Innerhalb der informationellen Aufgaben des Controllings ist die **Erstellung von Szenarien** essentiell, da der bilanzielle Ansatz zum statistischen Erwartungswert erfolgt. Der wahrscheinlichste Wert oder ein angenommener Höchst- oder Mindestwert sind explizit nicht zulässig.[111] Die Bewertung zum Erwartungswert führt zur Erweiterung der intern vorhandenen Planungsdaten, die i. d. R. auf Modalwerten aufbauen. Die Planungsdaten sind in einer Nebenrechnung für bilanzielle Zwecke um die Wahrscheinlichkeit und erwartete Wertausprägung einzelner gering wahrscheinlicher Szenarien und den resultierenden Erwartungswert zu ergänzen.

Die beschriebene Behandlung von Eventualschulden erhöht die Aussagekraft bilanzorientierter Kennzahlen für die externe und die interne Rechnungslegung, da sie insbesondere gering wahrscheinliche, jedoch mit vergleichsweise hohen Auszahlungen behaftete Geschäftsvorfälle in die Unternehmensabbildung einbezieht. Damit erfolgt eine explizite, quantitative **Darstellung der Risiken** des Unternehmenserwerbes.[112] Die bilanziellen Regelungen bieten dennoch große **Ermessensspielräume** in der Bewertung. Sie können ähnlich dem Umgang mit Aufwandsrückstellungen unter der handelsrechtlichen Bilanzierung für eine Ergebnisglättung ausgenutzt werden.[113] Diese mit dem Ansatz von Eventualschulden verbundenen Manipulationsspielräume sind explizit zu beachten und verstärkt einer internen Prüfung zu unterziehen.

4.3 Bewertung von spezifischen Sachanlagen und spezifischen Vorräten

In der Kaufpreisallokation ist nachrangig die **kostenorientierte Fair-Value-Bewertung** von Relevanz. Der Begriff entspricht dem englischen *cost approach* und nimmt zumeist lediglich auf die zahlungswirksamen Kosten Bezug. Kalkulatorische Kosten können in die Bewertung einfließen, sofern sie die Marktorientierung

---

110 Vgl. *Brücks/Richter* (2005) S. 414.

111 Vgl. IFRS 3.B16(l), auch zukünftig in ED-IAS 37.31, *Brücks/Richter* (2005) S. 414.

112 Zur Abgrenzung von Eventualschulden und Unternehmensrisiken siehe das IASB-Update vom März 2007 S. 5.

113 Vgl. *Erdmann/Wünsch/Meyer* (2006) S. 394.

der Bewertung und die Darstellung der realwirtschaftlichen Situation des Vermögenswertes unterstützen. Unternehmensspezifische Opportunitätskosten sollten nur berücksichtigt werden, wenn ein typischer Marktteilnehmer diese Kosten ebenfalls einbeziehen würde.

Im Rahmen der Kaufpreisallokation kann die kostenorientierte Bewertung vor allem für **spezifische Sachanlagen und spezifische Vorräte** angewendet werden. Aus regulatorischer Sicht empfiehlt IFRS 3.B16 als Fair-Value-Maßstab für Grundstücke und Gebäude den tatsächlichen Marktwert, für technische Anlagen sowie die Betriebs- und Geschäftsausstattung dagegen einen geschätzten Marktwert. Für multifunktionale Immobilien, wie z. B. Grundstücke, Verwaltungs- und Lagergebäude, kann eine solche Bewertung im Regelfall vorgenommen werden.[114] Gleiches gilt für leicht austauschbare Vorräte und den Fuhrpark. Für spezifische Vorräte und spezifische Sachanlagen, wie z. B. nicht dem Branchenstandard entsprechende Produktionsanlagen oder Spezialgebäude, fehlen in der Praxis dagegen oft die für eine markt- oder einkommensorientierte Bewertung erforderlichen Informationen.[115]

Die kostenorientierte Bewertung geht von der Prämisse aus, dass ein Investor für einen Vermögenswert maximal die **Wiederbeschaffungs- oder Reproduktionskosten** bezahlen würde. Bei bereits genutzten Vermögenswerten sind entsprechend der planmäßigen Abnutzung von den Kosten für einen Neukauf oder die Neuherstellung sachgerecht Abzüge vorzunehmen. Vor allem bei Vorräten sind die Wiederbeschaffungs- oder Reproduktionskosten in Analogie zu einer außerplanmäßigen Abschreibung zu vermindern, falls die Vermögenswerte gealtert, beschädigt, aufgrund technologischer oder rechtlicher Änderungen überholt oder von einem Nachfrage- oder Preisrückgang betroffen sind.[116]

Unter der Prämisse, dass die Buchwerte der Vorräte des Akquisitionsobjektes einer sachgerechten planmäßigen Wertminderung unterlagen, können ggf. vereinfachend die **Buchwerte als eine Approximation** der kostenbasiert geschätzten Fair Values verwendet werden. Im Controlling sind dabei die Wiederbeschaffungs- oder Reproduktionskosten nicht explizit zu schätzen. Es sind lediglich die fortgeführten Buchwerte auf noch nicht berücksichtigte, zusätzlich notwendige Wertkorrekturen zu

---

114 Zu ihrer Bewertung siehe *Beyer* (2005) S. 180ff., IDW RS HFA 16.63ff.

115 Vgl. *Frowein/Lüdenbach* (2003a) S. 67f.

116 Vgl. *Frowein/Lüdenbach* (2003a) S. 67, *Jäger/Himmel* (2003) S. 427.

überprüfen und anzupassen. Hierbei sollten aber auch außergewöhnliche Änderungen der Wiederbeschaffungs- oder Reproduktionskosten beachtet werden.[117]

Bei **spezifischen Immobilien** kann i. d. R. nicht vermutet werden, dass der Buchwert dem Fair Value des Vermögenswertes entspricht. Der Fair Value ist deshalb kostenorientiert auf Basis von Erfahrungswerten für die Herstellungskosten je Quadrat- oder Raummeter, inklusive gewöhnlicher Baunebenkosten wie z. B. für die Bauplanung oder -prüfung, zu ermitteln.[118] Falls notwendig, ist dieser Wert hinsichtlich der zum Bewertungszeitpunkt geltenden Baupreise zu korrigieren. Weiterhin sind entsprechend des gegenwärtigen Zustandes der Sachanlage marktorientierte Abzüge für das Alter, vorhandene Beschädigungen und sonstige wertbeeinflussende Faktoren zu tätigen.[119]

Sind kostenorientierte Ansätze für die Bewertung von **technischen Anlagen oder der Betriebs- und Geschäftsausstattung** erforderlich, so können historische Herstellungs- oder Anschaffungskosten verwendet werden. Sie sind ebenfalls hinsichtlich der zum Bewertungszeitpunkt herrschenden Preisverhältnisse zu berichtigen. Gleichermaßen können aktuelle Wiederbeschaffungspreise bei Anbietern erfragt werden. Nachfolgend sind die Wertansätze wiederum bezüglich der Nutzung und außerplanmäßiger Wertbeeinflussungen marktorientiert anzupassen.[120]

Wie die Ausführungen zeigen, erfordert die kostenorientierte Fair-Value-Bewertung eine umfangreiche Informationsbasis. Die Bewertung unterliegt insbesondere in der Ableitung der Wertminderungen Ermessensspielräumen und erfordert **kostenrechnerische Methodenkenntnisse**. Insbesondere für die Bewertung auf Basis historischer Kosten ist eine vollständige Auflistung der Einzel- und Gemeinkosten für die Herstellung des Bewertungsobjektes notwendig. Von den Kosten für die Instandhaltung ist dabei zu abstrahieren. Die Abgrenzung der einzelnen Kostentypen – für die Herstellung bzw. die Instandhaltung – kann im Einzelfall problematisch sein.[121] Die Abzüge für die Nutzung des Vermögenswertes und für das physische,

---

[117] Vgl. IAS 2.28ff., *Frowein/Lüdenbach* (2003a) S. 67f.

[118] Eine Kostenermittlung auf Basis tatsächlich angefallener historischer Kosten, wie es *Frowein/Lüdenbach* (2003a) S. 68 beschreiben, ist gemäß den Regelungen zum sog. Sachwertverfahren in § 22 Abs. 3 Wertermittlungsverordnung (WertV) für spezifische Immobilien nicht erforderlich.

[119] Vgl. § 21ff. WertV, IDW RS HFA 16.69.

[120] Vgl. IDW RS HFA 16.70.

[121] Vgl. *Beyer* (2005) S. 165, *Frowein/Lüdenbach* (2003a) S. 68f.

technische oder wirtschaftliche Veralten sind an Erfahrungswerte des Anlagen- bzw. Produktions-Controllings anzulehnen. Daneben ist die Bewertung durch Sachverständige mit dem tatsächlichen Zustand des Vermögenswertes abzugleichen. Bei Immobilien sind weiterhin die Resultate einer baulichen und rechtlichen Überprüfung zu beachten.[122]

4.4 Abgrenzung von Cash-generating Units und Zuordnung des Goodwills

4.4.1 Abgrenzung von Cash-generating Units für einzelne Vermögenswerte

Im Rahmen der Erstkonsolidierung des Akquisitionsobjektes resultiert der Goodwill als Restgröße aus der Kaufpreisallokation. Anschließend ist er für Zwecke des Impairment-Tests auf CGUs, die entweder bereits definiert wurden oder neu abgegrenzt werden, zu verteilen. Die Abgrenzung von CGUs und die Goodwill-Zuordnung basieren maßgeblich auf den Berichtsstrukturen und den Cashflow-Informationen aus dem Controlling. Sie werden in diesem und in den nachfolgenden Abschnitten erörtert.

Nach IAS 36.6 ist eine **CGU** „[...] die kleinste identifizierbare Gruppe von Vermögenswerten, die Mittelzuflüsse erzeugen, die weitestgehend unabhängig von den Mittelzuflüssen anderer Vermögenswerte oder anderer Gruppen von Vermögenswerten sind“. Die Zahlungsmittel sollen zwar grundsätzlich von Unternehmensexternen zufließen,[123] eine CGU ist jedoch bereits abzugrenzen, sobald die zusammengefassten Vermögenswerte einen Output produzieren, für den ein **aktiver Absatzmarkt** existiert. Eine ausschließlich oder teilweise unternehmensinterne Verwendung des Outputs steht dieser Abgrenzungspflicht nicht entgegen.[124] Ein aktiver Markt wird dabei durch homogene Handelsprodukte, eine stete Verfügbarkeit vertragswilliger Käufer und Verkäufer sowie öffentlich ersichtliche Preise charakterisiert.[125] Diese Merkmale werden typischerweise nur durch institutionalisierte Märkte, i. d. R. Börsen, erfüllt.[126]

---

[122] Vgl. *Beyer* (2005) S. 180.
[123] Vgl. IAS 36.69.
[124] Vgl. IAS 36.70.
[125] Vgl. IAS 36.6.
[126] Vgl. *Gelhausen/Pape/Schruff/Stolberg* (2005) Abschnitt 1 Rz. 240.

Wenn für den Output einer Gruppe von Vermögenswerten ein aktiver Markt existiert, könnte der Output hypothetisch unternehmensextern verkauft werden. Deshalb sind gemäß IAS 36.71 die Cashflows der betrachteten Gruppe von Vermögenswerten per Definition als unabhängig anzusehen.[127] Eine Prüfung, ob in der Realität die Zahlungsströme tatsächlich eigenständig sind,[128] ist deshalb nur in den Fällen angebracht, in denen aufgrund von Abhängigkeitsbeziehungen der erzielbare Betrag der CGU nicht eindeutig ermittelt werden kann.[129]

Gelhausen/Pape/Schruff/Stolberg (2005) erläutern die Regelung des IAS 36.71: Der Zweck, die Cashflows in diesem Fall als unabhängig zu erklären, besteht darin, „[...] unrentable Produktionsstufen gesondert zu bewerten. Andernfalls könnte es wie in den verbleibenden Fällen dazu kommen, daß die Vermögenswerte einer gesamten Produktlinie außerplanmäßig abgeschrieben werden, auch wenn nur ein Teilbereich unwirtschaftlich arbeitet, oder daß die Vermögenswerte einer unwirtschaftlich arbeitenden Einheit nicht wie erforderlich außerplanmäßig abgeschrieben werden, da es zum Ausgleich von positiven und negativen Erfolgen über mehrere Einheiten kommt."[130]

Diese Begründung unterstützt ebenfalls die in der vorliegenden Arbeit vertretene Auffassung, dass für Zwecke des Impairment-Tests einzelner Vermögenswerte die abzugrenzende CGU nicht alle Vermögenswerte enthalten soll, die für eine zumindest hypothetische Umsatzerzielung an einem aktiven Markt notwendig sind.[131] Obwohl die Wertschöpfung bzw. die Generierung von Zahlungsmitteln einer einzelnen Produktionsstufe aus betriebswirtschaftlicher Sicht nur durch die Unterstützung von **Beschaffungs- und Vertriebsprozessen** erfolgt, sind deren Vermögenswerte nicht in die CGU einer Produktionsstufe einzubeziehen. So enthält auch

---

127 Das Vorliegen eines externen Kaufangebotes, wie von *Hoffmann* (2008a) Rz. 35 angeführt, ist für eine Abgrenzung als CGU somit zwar hinreichend, aber nicht notwendig.

128 Vgl. *Heuser/Theile* (2007) Rz. 1525f. und *Beyhs* (2002) S. 102ff., die unter Abschwächung der Bedeutung des IAS 36.71 die Unabhängigkeit der Zahlungsmittelzuflüsse als primäres Beurteilungskriterium interpretieren. Diese Argumentation entspricht nicht den Regelungen des IAS 36.69ff., allerdings der Vorgehensweise des zu ihnen teilweise inkonsistenten illustrierenden Beispiels 1 C in IAS 36.IE11ff. Das Beispiel ist jedoch nicht rechtsverbindlich.

129 Vgl. *Telkamp/Bruns* (2000) S. 26 mit einem Beispiel.

130 *Gelhausen/Pape/Schruff/Stolberg* (2005) Abschnitt 9 Rz. 113.

131 A. A. *Haaker/Paarz* (2005) S. 196 in Bezug auf *Beyhs* (2002) S. 101, der wie folgt argumentiert: „Neben den *assets*, die mit dem eigentlichen Produktionsprozeß identifiziert werden, gehören auch diejenigen Vermögenswerte zu einer CGU, die den an die Produktion angrenzenden betrieblichen Funktionen Beschaffung und Absatz zuzuordnen sind. Denn ohne diese Aktivitäten und *assets* lassen sich keine Einzahlungen generieren."

IAS 36 ein Beispiel, in dem die einzelnen Geschäfte eines Handelsunternehmens als CGUs abzugrenzen sind, obwohl die zentrale Beschaffungsabteilung einen maßgeblichen Anteil der Wertschöpfung übernimmt.[132] Ebenso ist ein Einbezug der Vermögenswerte aus der Beschaffung und dem Vertrieb als gemeinschaftliche Vermögenswerte abzulehnen, da es sich primär um operative und nicht um lediglich unterstützende Prozesse handelt.

Für jede Abgrenzung einer CGU, die keinen aktiven Markt bedienen könnte, ist in einem zweiten Schritt **die Unabhängigkeit der Zahlungsmittelzuflüsse** zu überprüfen. In der Einschätzung des Unabhängigkeitsgrades ist zu berücksichtigen:

* ob das Management die einzelnen Unternehmensprozesse zusammengefasst oder separat überwacht bzw. kontrolliert (*monitors*), oder
* auf welcher Ebene der Informationsaggregation über die Fortführung, den Verkauf oder die Einstellung von Vermögenswerten oder Unternehmensprozessen entschieden wird.[133]

Hierbei ist nicht zwingend die Art der Unternehmenssteuerung relevant, wie es u. a. die deutsche Übersetzung des IAS 36.69 formuliert. Primär kann die Art der laufenden Kontrolle durch das Management bzw. durch das Controlling, d. h. die Aggregation von für die Kontrolle erforderlichen Soll- und Ist-Größen, herangezogen werden. Daneben kann analysiert werden, ob eine separate oder zusammengefasste Abbildung der Unternehmenseinheiten auf der Ebene erfolgt, auf der strategische Entscheidungen getroffen werden. Für die Vermögenswerte, die in der internen Berichterstattung zusammengefasst abgebildet werden, wird eine Abhängigkeitsbeziehung angenommen. Neben wirtschaftlichen Abhängigkeiten, wie z. B. Verbundeffekten zwischen Produkten im Absatzbereich oder einer stochastischen Aufteilung der Produktion auf zwei Werke, können technische und rechtliche Abhängigkeiten auftreten.[134] Umgekehrt gilt bei einer weitestgehenden Unabhängigkeit der Zahlungsströme, dass die Vermögenswerte als CGU abzugrenzen sind.

Abbildung D-3 zeigt die Kriterien zur Abgrenzung von CGUs für einzelne Vermögenswerte nochmals im Überblick.

---

[132] Vgl. das Beispiel 1 A in IAS 36.IE1ff.

[133] Vgl. IAS 36.69.

[134] Vgl. die Beispiele in IAS 36.67f., *Telkamp/Bruns* (2000) S. 26.

CGU-Abgrenzung für einzelne Vermögenswerte:

Welche kleinste Zusammenfassung von Vermögenswerten…
(1) …kann einen aktiven Absatzmarkt mit ihrem Output bedienen,

(2) …oder hat weitestgehend unabhängige Zahlungsströme?

Indikator: Art der Überwachung der Vermögenswerte oder Art der Abbildung auf der Ebene strategischer Entscheidungen (zusammengefasst oder getrennt)

Abbildung D-3: Abgrenzung von CGUs für einzelne Vermögenswerte

Die Abgrenzung von CGUs bzw. von weitgehend unabhängigen Bewertungseinheiten wurde für bilanzielle Zwecke mit der Verabschiedung des IAS 36 (1998) eingeführt. Im Controlling ist dagegen die Gruppierung von Vermögenswerten und ggf. Schulden zu Bewertungseinheiten wohlbekannt. So werden in Investitionsanträgen stets die Objekte der Investition und die mit ihnen verbundenen Ein- und Auszahlungen gebündelt ausgewiesen.[135]

4.4.2 Abgrenzung von Cash-generating Units für den Goodwill

Im Rahmen der Goodwill-Zuordnung auf CGUs wird nicht auf die kleinste, sondern auf eine **erweiterte identifizierbare CGU** des neuen Unternehmensverbundes rekurriert.[136] Aus diesem Grund können entgegen den zuvor beschriebenen Abgrenzungsregelungen in einer goodwill-tragenden CGU gemeinsam wertschaffende Unternehmensprozesse, wie z. B. Produktions- und Beschaffungsaktivitäten, oder mehrere Produktionsstufen, die jeweils einen aktiven Absatzmarkt beliefern könnten, zusammengefasst werden. Die geeignete Aggregationsebene der CGU richtet sich allgemein nach der Zuordnungsebene des Goodwills und der Ausgestaltung des Controllings. Ihre Ableitung erfordert viel Urteilsvermögen.[137]

Der Goodwill ist nach IAS 36.80 den CGUs oder der Gruppe von CGUs zuzuordnen, die erwartungsgemäß **von den Synergien des Unternehmenserwerbes profitieren**. Die Goodwill-Zuordnung soll demnach einer ökonomischen Abbildung der

[135] Siehe zu Investitionsanträgen z. B. *AK-SG Finanzierung* (1994) S. 904ff.
[136] Dies gilt seit der Überarbeitung des IAS 36 in 2004; vgl. IAS 36.BC137ff.
[137] Vgl. IAS 36.68.

erwarteten Synergiepotenziale entsprechen.[138] Diese Regelung gilt allerdings nur grundsätzlich, da die bilanzielle Zuordnung auf der untersten Unternehmensebene erfolgen soll, auf der der Goodwill für **interne Steuerungszwecke überwacht bzw. kontrolliert** wird.[139] Das bedeutet, dass der Goodwill bilanziell nicht tiefer zugewiesen werden soll, als er im Anschluss an den Unternehmenserwerb unternehmensintern gemäß der Zielsetzung des Managements kontrolliert wird, obwohl die enthaltenen Synergiepotenziale ggf. tiefer alloziert werden könnten oder dort systemtechnisch ausgewiesen werden. Deshalb ist der Goodwill nicht, wie *Hachmeister/Kunath* (2005) annehmen, auf der untersten Berichtsebene des Unternehmens zuzurechnen. Dies würde, wie auch die Autoren anführen, zu einer Vernachlässigung übergeordneter aus dem Erwerb erwarteter Synergiepotenziale führen.[140]

Ein expliziter Ausweis des Goodwills in der internen Berichterstattung verkörpert noch keine Überwachungs- bzw. Kontrolltätigkeit.[141] Als ein diesbezügliches **Indiz** galt noch im Standardentwurf für IAS 36 aus dem Jahr 2002 die Beobachtung einer Gesamtkapitalrentabilität (Return on Investment, ROI), deren Kapitalbasis auch den Goodwill umfasst.[142] Weil diese konkrete Definition in der Erarbeitung des finalen Standards entfernt wurde, ist der Begriff „interne Überwachung" unbestimmt. Weniger restriktiv als der Standardentwurf erachtet das IDW den Goodwill als überwacht, wenn er in der Kapitalgröße berücksichtigt wird, die zur Einschätzung des Erreichens einer Mindestverzinsung verwendet wird.[143]

Mit der Regelung des IAS 36.80 zielt das IASB auf eine Unternehmensebene für den Impairment-Test ab, mit der der Goodwill seiner Natur gemäß verbunden ist, und „*that reflects the way an entity manages its operations*"[144]. Die englische Formulierung wird hier so interpretiert, dass die Ebene relevant ist, auf der das Mana-

---

[138] Grundsätzlich kann der Goodwill aus einer Akquisition auf unterschiedlichen Unternehmensebenen verteilt werden. Die einzelnen Orte der Synergieerzielung werden i. d. R. bereits bei der Kaufpreisabschätzung für das Akquisitionsobjekt identifiziert.

[139] Vgl. IAS 36.80. Ein Impairment-Test für Goodwill auf der Ebene einer Gruppe von goodwilltragenden CGUs, die ähnliche Charakteristiken haben, ist aufgrund des Informationsverlustes der Finanzberichterstattung gegenüber dem Wissen des Managements nicht zulässig; vgl. IAS 36. BC150.

[140] Vgl. *Hachmeister/Kunath* (2005) S. 70f.

[141] Vgl. IDW RS HFA 16.96.

[142] Vgl. IAS 36.BC138.

[143] Vgl. IDW RS HFA 16.96.

[144] IAS 36.82.

gement aktiv die Unternehmensprozesse steuert.[145] Nach Auffassung des Standardsetters müssen **keine zusätzlichen Berichtssysteme** für die Goodwill-Impairment-Tests eingerichtet werden, da auf der angestrebten Testebene die Unternehmenssteuerung bereits eine Erfolgsmessung der einzelnen Unternehmenseinheiten erfordert.[146] Als Berichtssysteme können die IT-Systeme der internen und externen Rechnungslegung angesehen werden, die einen umfassenden Datenpool über die Ist- und Soll-Erfolge der Unternehmenseinheiten enthalten.

IAS 36.BC139, als jedoch nicht rechtsverbindliche Erläuterung der *basis for conclusions*, erklärt die Absicht des Standardsetters entgegen der dargestellten indirekten Argumentationskette unmittelbar: „[..] *it was important to the Board that goodwill should be tested for impairment at a level at which information about the operations of an entity and the assets that support them is provided for internal reporting purposes*.“ Das IASB erachtet es demzufolge als wichtig, dass der Goodwill auf einer Ebene geprüft wird, auf der die Informationen über die Geschäftsprozesse und die unterstützenden Vermögenswerte für interne Berichtszwecke bereitgestellt werden.

Diese Erläuterung engt darüber hinaus die angestrebte Zuordnungsebene des Goodwills inhaltlich weiter ein: Es wird erklärt, dass die erforderlichen Informationen ein Bestandteil der internen Berichterstattung – und nicht allein der Berichtssysteme – sein sollen. Sofern mit dem Begriff *„assets that support the operations*“ nicht lediglich der Goodwill gemeint ist, kann er nach IAS 36.100 als Ausdruck für die gemeinschaftlichen Vermögenswerte (*corporate assets*) erachtet werden. Damit strebt das IASB eine Zuordnungsebene für den Goodwill an, deren interne Monats- oder Quartalsberichterstattung beispielsweise eine Zurechnung der Gebäude von Zentralfunktionen oder eines F&E-Zentrums aufweist. Wie bereits erläutert, ist jedoch rechtsverbindlich auf IAS 36.80 Bezug zu nehmen.

Aufgrund der aufgezeigten Regelungsunschärfen ist **zusammenfassend** zu schlussfolgern, dass die Zuordnungsebene des Goodwills durch seine Überwachung bzw. Kontrolle in den Unternehmenseinheiten, die von den Synergien des Unternehmenserwerbes profitieren werden, bestimmt wird. Gleichzeitig soll der Aufwand

---

145 Vgl. IAS 36.82, IAS 36.BC139.

146 Vgl. IAS 36.82. Unternehmen, die den Goodwill unternehmensintern lediglich oberhalb der Segmentebene überwachen, müssen jedoch ausnahmsweise neue Berichtssysteme einrichten; vgl. IAS 36.BC140.

zur Informationsgenerierung für den Impairment-Test minimiert werden. Daher ist für die Zuordnung die niedrigste Unternehmensebene zu verwenden, auf der Synergien erwartet werden und auf der in den internen Berichtssystemen bereits separate aktuelle und geplante Erfolgsinformationen für die CGU vorliegen.

Insgesamt bezieht sich IAS 36 für die CGU-Abgrenzung für Goodwill maßgeblich auf die Informationsstrukturen und die Planungsaufgabe des Controllings. Der **Management Approach** i. w. S. findet hier Anwendung, da Berichtsstrukturen, jedoch i. d. R. keine unadjustierten unternehmensinternen Daten in die Finanzberichterstattung übernommen werden.

Abbildung D-4 listet nochmals die Ebenen und ihre Indikatoren auf, die nacheinander zur Abgrenzung von CGUs für den Goodwill zu bestimmen sind.

CGU-Abgrenzung für den Goodwill:

(1) Ebene der Synergiepotenziale des Unternehmenserwerbes

Indikator: Analysen der Synergiepotenziale des Akquisitionsobjektes

(2) Niedrigste Ebene der Goodwill-Überwachung

Indikator nach IAS 36: unbestimmt
Indikator nach IDW: Einbezug des Goodwills in eine Kapitalgröße, die einer Mindestverzinsung unterliegt

(3) Niedrigste Ebene mit aktuellen und geplanten Erfolgsinformationen

Indikator: CGU entspricht einem separaten Objekt in den internen Berichtssystemen

Abbildung D-4: Abgrenzung von CGUs für den Goodwill

Im **Gegensatz** zum dargestellten Vorgehen empfehlen *Schmusch/Laas* (2006) zum korrespondierenden IDW-Standard folgende Schritte zur Abgrenzung goodwill-tragender CGUs: Zunächst sind die Managementebene, die für Unternehmenserwerbe und -veräußerungen verantwortlich ist, sowie die korrespondierende Berichterstattung zu identifizieren. Für den Goodwill ist nach Meinung der Autoren zumeist die höchste Konzernebene relevant. Nachfolgend ist die kleinste unabhängige Unternehmenseinheit im Monats- oder Quartalsbericht dieser Managementebene zu bestimmen, bezüglich derer der Goodwill in die zu verzinsende Kapitalbasis einbezogen wird und verwendbare Planungsinformationen zur Verfügung stehen. Die Autoren stellen im Ergebnis fest, dass der Goodwill deshalb häufig unmittelbar unterhalb der Segmentebene zugeordnet wird.[147]

Aus dem zuvor abgeleiteten bilanziellen Verständnis ist demgegenüber eine primäre Orientierung an den Orten der **erwarteten Synergierealisierung** und weniger an der Verantwortung für die (finale) Entscheidung über den Unternehmenserwerb zu empfehlen.[148] Die Orientierung an der Synergierealisierung unterstützt die Aussagekraft der Finanzberichterstattung und der integrierten Rechnungslegung. Für größere Unternehmen kann darüber hinaus angenommen werden, dass die internen Berichtssysteme umfangreiche Informationen zur Erfolgsmessung enthalten, sodass eine sachgerecht tiefe Goodwill-Zuordnung auch möglich ist.[149]

Insbesondere wenn der Goodwill ein wesentliches Volumen aufweist und im Rahmen einer integrierten Rechnungslegung **aktiv gesteuert** werden soll, ist eine sachgerecht tiefe Zuordnung auf tendenziell niedrigeren Unternehmensebenen anzustreben. Der Goodwill sollte hierzu auf der Unternehmensebene überwacht werden, auf der eine Umsetzung der erworbenen Erfolgspotenziale und eine Integration des erworbenen Nettovermögens verfolgt werden. Tendenziell befindet sich diese Unternehmensebene unterhalb der Ebene, die die Verantwortung für die (finale) Akquisitionsentscheidung trägt.[150] Die abgegrenzten CGUs und der jeweils zugeordnete Goodwill sollten in der internen Berichterstattung explizit ausgewiesen werden. Dadurch werden die Auswirkungen von Managemententscheidungen auf die bilanzielle Abbildung des Unternehmens besser ersichtlich.

Ein detailliertes und mit umfangreichen aktuellen und geplanten Daten ausgestattetes Berichtssystem, das stets den Goodwill in die zu verzinsende Kapitalbasis einbezieht, führt grundsätzlich zu einer **tieferen Goodwill-Zuordnung** als ein rudimentäres Berichtssystem. Sofern der Kapitalmarkt eine differenzierte Goodwill-Zuordnung honoriert, fördern die Regelungen zur Goodwill-Bilanzierung die Einrichtung detaillierter Berichtssysteme. Diese Berichtssysteme bieten generell die Möglichkeit, die Erfolgswirkungen einer Akquisition nachzuverfolgen. Mit Blick auf die geringen, in empirischen Studien gemessenen Erfolgsquoten von Unternehmenserwerben von etwa 50%[151] ist diese Wirkung zu begrüßen.

---

147 Vgl. *Schmusch/Laas* (2006) S. 1049f.

148 Vgl. auch *Hachmeister* (2006) S. 429.

149 Vgl. ähnlich *Epstein/Pellens/Ruhwedel/Deloitte* (2005) S. 6.

150 Vgl. *Hachmeister* (2006) S. 429.

151 Vgl. *Glaum/Lindemann/Friedrich* (2006) S. 303ff. und die empirischen Untersuchungen von *Ernst & Young* (2006b) S. 19, *Gerpott* (1993) S. 401.

Eine **hohe Goodwill-Zuordnung** hat dagegen bilanzpolitische Vorteile. Innerhalb der CGU können sich die Zahlungsströme der einzelnen Vermögenswerte ausgleichen, wodurch sich die Wahrscheinlichkeit einer außerplanmäßigen Goodwill-Abschreibung reduziert.[152] Dieser Effekt wird verstärkt, wenn Goodwill vorrangig ertragsstarken, d. h. durch einen hohen originären Goodwill gekennzeichneten Unternehmenseinheiten zugewiesen wird.[153] Je höher der Goodwill alloziert wird, desto geringer ist jedoch der ökonomische Aussagegehalt der integrierten Rechnungslegung. Durch den langfristigen Ersatz von derivativem durch originären Goodwill wird die Finanzberichterstattung aber etwas informativer, da zumindest ein Teil des originären Goodwills aktiviert wird.[154] Durch eine hohe Zuordnung kann weiterhin der Arbeitsaufwand des Impairment-Tests reduziert werden.[155]

Wie nachfolgend anhand von **empirischen Ergebnissen** gezeigt wird, nutzt die Unternehmenspraxis die Ermessensspielräume des IAS 36 dahingehend aus, dass nur wenige hoch aggregierte CGUs abgegrenzt werden und der Goodwill relativ **weit oben in der Unternehmenshierarchie** alloziert wird. Im Fall von Stammhauskonzernen kann die Verantwortung für Unternehmenserwerbe und den entstehenden Goodwill stets der obersten Konzernebene zugewiesen werden. Sofern die Überwachung des Goodwills auf den zwei direkt untergeordneten Ebenen vorgenommen wird, sind die empirischen Ergebnisse plausibel. Werden Unternehmenserwerbe jedoch durch eine Holding durchgeführt, wäre eine tendenziell tiefere Zuordnung des Goodwills auf der Ebene von strategischen Geschäftseinheiten[156] oder ihrer übergeordneten Führungsunternehmen zu erwarten.[157]

Eine hohe Goodwill-Zuordnung wird gegenwärtig durch die Größe des primären oder des – besonders bei Matrixorganisationen relevanten – sekundären **Berichtsformats der Segmentberichterstattung** nach IAS 14 begrenzt.[158] Die höchste Unternehmensebene, auf der sich eine goodwill-tragende CGU befinden kann, ist demnach die Ebene der Geschäftssegmente oder – eher als sekundäres Berichtsfor-

---

152 Vgl. *Wirth* (2005) S. 209, *Hoffmann* (2008a) Rz. 57f.

153 Vgl. in Bezug auf die US-amerikanischen Regelungen *Pellens/Sellhorn* (2001a) S. 1685f., *Pfeil/Vater* (2002b) S. 78, *Hitz/Kuhner* (2002) S. 285.

154 Vgl. *Weißenberger* (2005) S. 207, *Zimmermann* (2002a) S. 752.

155 Vgl. *Glaum/Street/Vogel/PwC* (2007) S. 50.

156 Strategische Geschäftseinheiten sind ergebnisorientiert geführte Unternehmenseinheiten mit eigenständiger Marktaktivität; vgl. *Hahn/Hungenberg* (2001) S. 363.

157 Vgl. das Praxisbeispiel in *Weismüller* (1997) S. 899.

158 Vgl. IAS 36.80(b).

mat verwendet – die Ebene der geografischen Regionen.[159] Auf europäischer Ebene nutzt die Mehrzahl der Unternehmen (66%) eine dieser Zuordnungsebenen.[160] In Deutschland wird der Goodwill tendenziell eine Ebene unterhalb (in 36% der Unternehmen) oder auf der Segmentebene (in 25% der Unternehmen) alloziert.[161] Meist sind die gemäß homogenen Risiko- und Renditestrukturen[162] gebildeten Segmente sehr umfangreich. So weisen deutsche IFRS-Bilanzierer neben der Position „Sonstige" durchschnittlich nur 3,4 primäre Segmente aus.[163] Die in europäischen Unternehmen beobachtbare Anzahl goodwill-tragender CGUs ist gleichermaßen gering. Üblicherweise werden nur zwei bis sechs Einheiten abgegrenzt.[164]

Ab 2009 bildet das operative Segment gemäß IFRS 8.5 die Obergrenze für die Goodwill-Zuordnung.[165] Die verpflichtende Segmentierung nach Geschäftssegmenten oder Regionen entfällt zugunsten der für interne Zwecke vorgenommenen Abgrenzung im Sinne des Management Approach.[166] Die Regelungen des IFRS 8 stimmen im Wesentlichen mit den gegenwärtigen US-amerikanischen Regelungen überein.[167] Auch unter Berücksichtigung der empirischen Ergebnisse für die US-GAAP-Bilanzierer[168] ist deshalb zukünftig keine signifikante Änderung der Segmentanzahl und demzufolge der Anzahl goodwill-tragender CGUs zu erwarten.

4.4.3 Zuordnung des Goodwills zu den Cash-generating Units

Entsprechend IAS 36 ist der Goodwill gemäß den erwarteten Synergiepotenzialen auf die abgegrenzten CGUs zu verteilen. Eine Definition des **Begriffs „Synergie"** und eine weitere Konkretisierung der praktischen Anwendung dieser Regelung feh-

---

159 Vgl. IAS 14.26, *Langguth/Engelmann* (2005) S. 622, *Feldkämper* (2003) S. 1454.

160 Vgl. *Glaum/Street/Vogel/PwC* (2007) S. 50.

161 Vgl. *Epstein/Pellens/Ruhwedel/Deloitte* (2005) S. 5. Die Studie basiert auf der Analyse von 45 IFRS- im Vergleich zu 20 US-GAAP-Bilanzierern, die an der Frankfurter Wertpapierbörse in 2004 notiert waren; vgl. *Epstein/Pellens/Ruhwedel/Deloitte* (2005) S. 3. Vgl. daneben mit ähnlichen Ergebnissen *Kirsch/Koelen/Tinz* (2008b) S. 92.

162 Vgl. IAS 14.9.

163 Die Standardabweichung beträgt ca. 1,2 Segmente; vgl. *Beer/Deffner/Fink* (2007) S. 221. Mit ähnlichen Ergebnissen *Kajüter/Barth* (2007) S. 430, *Alvarez/Fink* (2003) S. 278.

164 Vgl. *Glaum/Street/Vogel/PwC* (2007) S. 48f., ähnlich für Deutschland mit typischerweise null bis fünf CGUs *Epstein/Pellens/Ruhwedel/Deloitte* (2005) S. 5f. DAX-30-Unternehmen unterscheiden durchschnittlich zehn CGUs; vgl. *Kirsch/Koelen/Tinz* (2008b) S. 92.

165 Vgl. IFRS 8.B9.

166 Vgl. IFRS 8.IN11, ausführlich *Fink/Ulbrich* (2007) S. 1ff., *Fink/Ulbrich* (2006) S. 235ff.

167 Vgl. IFRS 8.BC4f. zu den verbleibenden Unterschieden zu SFAS 131.

168 Vgl. *Beer/Deffner/Fink* (2007) S. 221, *Alvarez/Fink* (2003) S. 278.

len. Aus den Verlautbarungen des IASB kann geschlussfolgert werden, dass es ein weites Begriffsverständnis verfolgt. So können Synergien auch aus einer Restrukturierung des Akquisitionsobjektes resultieren, indem das neue Management als ein nicht bilanzierter Vermögenswert auf die erworbenen Vermögenswerte und Schulden einwirkt.[169] Daneben ist anzunehmen, dass das IASB auch andere ökonomische Vorteile, so z. B. Übergewinne des Akquisitionsobjektes aufgrund von hohen Kosten des Markteintritts für Wettbewerber, unter dem Begriff subsumiert.[170] Der Standardsetter bezieht sich stets auf eine positive (Netto-)Größe. Im Gegensatz dazu werden in der Literatur unter der Bezeichnung „Dyssynergien“ ebenfalls negative Synergien behandelt.[171] Nachfolgend wird dem Begriffsverständnis des IASB gefolgt, jedoch werden zusätzlich Dyssynergien berücksichtigt.

Grundsätzlich kann aus IAS 36.80 abgleitet werden, dass für jede durch den Unternehmenserwerb profitierende CGU die zukünftigen Synergiepotenziale zu schätzen sind. Da an dieser Stelle keine Fair-Value-Bewertung vorzunehmen ist, sind auch spezifische, d. h. lediglich von dem Erwerber generierbare Synergien einzubeziehen. Der Goodwill ist den CGUs entsprechend dem **Verhältnis der einzelnen Synergiepotenziale** zueinander zuzuschlüsseln.[172]

Die Verwendung anderer Zuteilungsschlüssel, wie z. B. dem operativen Ergebnis, dem Fair Value der CGU oder dem Anteil am Unternehmenswert des Akquisitionsobjektes,[173] gilt lediglich als zulässig, sofern sie die erwarteten Synergiepotenziale adäquat widerspiegeln.[174] Gemäß SFAS 142.35 ist der Goodwill durch eine eigene „kleine“ Kaufpreisallokation auf die einzelnen Reporting Units aufzuteilen. Der Anteil am Gesamtkaufpreis für die Reporting Unit ist um das dort zugerechnete erworbene Nettovermögen zu vermindern.[175] Einer solchen von *Wirth* (2005) emp-

---

169 Vgl. IAS 36.BCZ16 zur „*synergy of the business and its management team*“.

170 Vgl. IFRS 3.BC130(a)f.

171 Vgl. *Haaker* (2005b) S. 431ff., *Angermayer/Oser* (2005) Rz. 1805.

172 Vgl. IDW RS HFA 16.94, *Mackenstedt/Fladung/Himmel* (2006) S. 1047.

173 Vgl. die Diskussion in *Haaker* (2005b) S. 430f. und die Empfehlung dieser Zuteilungsschlüssel von *Deloitte* (2004a) S. 9, falls der Goodwill nicht direkt anhand der zu erwartenden Synergiepotenziale verteilt werden kann. I. d. R. sollten jedoch dem Erwerber Informationen vorliegen, die auf die Wirkungsorte und den geschätzten Umfang der Synergien hinweisen; vgl. ähnlich *Epstein/Pellens/Ruhwedel/Deloitte* (2005) S. 6.

174 Vgl. IDW RS HFA 16.94 mit Bezug auf IAS 36.80.

175 Vgl. kritisch *Richter* (2004) S. 139ff.

fohlenen Vorgehensweise[176] sollte aufgrund der praktischen Anwendungsschwierigkeiten und des Arbeitsumfanges nicht gefolgt werden.

Eine standardkonforme Verteilung des Goodwills erfordert somit, dass das Controlling im Rahmen des Akquisitionsprozesses die einzelnen zu erwartenden Synergien identifiziert und quantifiziert.[177] Beide Aufgaben werden typischerweise innerhalb der Ermittlung der Kaufpreisobergrenze ausgeführt. Zur **Identifizierung von Synergiepotenzialen** können die in der wissenschaftlichen Literatur zahlreich vorhandenen, vielfältigen Synergiekategorisierungen verwendet werden.[178] In einer inhaltlich-integrativen Kategorisierung unterscheidet *Jansen* (2004) Synergien innerhalb einzelner Unternehmensfunktionen, bezüglich der Wertschöpfungsketten der am Erwerb beteiligten Unternehmen und hinsichtlich des Spezifitätsgrades. Abbildung D-5 auf der nächsten Seite zeigt die Kategorisierung mit näheren Erläuterungen.

Zur **Quantifizierung der Synergiepotenziale** dient einerseits die Unternehmensbewertung des Akquisitionsobjektes in isolierter Betrachtung, die von erwerberspezifischen Synergien abstrahiert.[179] Andererseits wird zur Ermittlung der Kaufpreisobergrenze das Akquisitionsobjekt im Konzern, d. h. unter Berücksichtigung aller Synergiepotenziale, bewertet.[180] Die Differenz beider Unternehmenswerte weist das Volumen der insgesamt vom Erwerber erwarteten Synergiepotenziale aus.[181] Für Zwecke der Goodwill-Verteilung kann auf die einzelnen Anpassungen der Ergebnis- oder Cashflow-Reihen der Unternehmensbewertung im Verbund im Vergleich zur Stand-alone-Betrachtung rekurriert werden. Die Anpassungen in den Planungsinformationen zeigen typischerweise die in den einzelnen Unternehmenseinheiten bzw. -funktionen erwarteten Synergien, die sich in reduzierten Kosten oder erhöhten Umsätzen bzw. Ergebnissen niederschlagen.[182]

---

176 Vgl. *Wirth* (2005) S. 205f.

177 Vgl. *Alvarez/Biberacher* (2002) S. 351f., *Kuhner* (2005) S. 22.

178 Siehe z. B. *Biberacher* (2003) S. 64, *Paprottka* (1996) S. 77ff., *Ebert* (1998) S. 66, *Angermayer/Oser* (2005) Rz. 1803, *Rockholtz* (2005) S. 202.

179 Vgl. *Hayn* (2006) S. 234.

180 Vgl. *Weismüller* (1997) S. 903.

181 Vgl. *Weber* (1991) S. 100, *Angermayer/Oser* (2005) Rz. 1817f., *Wöginger* (2004a) S. 240.

182 Vgl. *Rockholtz* (2005) S. 210ff., *Hofmann* (2005a) S. 485ff., *Paprottka* (1996) S. 77ff.

Funktionale Gliederung	Wertkettenorientierung	Spezifität
Allgemeine Synergietypen • Kostensynergien (*economies of scale and scope*) • Wachstumssynergien • Finanz- und Steuersynergien • Zeitsynergien (*economies of speed*) **Spezifisch funktionale Synergien** • Administration • Beschaffung • Marketing / Vertrieb • Produktion • Technologie • Management • Human Resources • Corporate Finance • Logistik • IT-Entwicklung / Investitionen **Zugangssynergien** • Beziehungen (Kunden / Zulieferer / Politik) • Wissen (Patente, Muster etc.) • Märkte (Internationalisierung) • Standards	**Synergie durch totale Addition:** Identische Wertschöpfungsketten von Käufer und Verkäufer. Hier ist ein aktives Synergiemanagement unerlässlich. (Gleichartigkeit) **Synergie durch Stärkung:** Elemente der Wertschöpfungskette der akquirierten Unternehmen verstärken die Wettbewerbsposition des Käufers. (gewisse Gleichartigkeit) **Synergie durch Transfer:** Die zwei Wertschöpfungsketten sind verschieden. Bestimmte Teile der Wertschöpfungskette sind wechselseitig auf das andere Unternehmen übertragbar. (gewisse Komplementarität) **Synergie durch Zusatz:** Die beiden Wertschöpfungsketten sind vollkommen unverwandt. Durch Konvergenz der beiden Wertschöpfungsketten lassen sich Synergien erzielen. (Komplementarität)	**Universelle Synergien:** Von jedem Erwerber erzielbare Synergien, die vor allem im Verwaltungsbereich des Unternehmens und in anderen einer synergetischen Nutzung leicht zugänglichen Bereichen bzw. Systemen liegen. **Endemische Synergien:** Sind nur von einem Teil der Erwerber durch Bereinigung von Doppelaktivitäten erschließbar. **Einzigartige Synergien:** Nur ein spezieller Käufer bringt die Fähigkeiten mit, Synergien zu generieren und auszunutzen.

Abbildung D-5: Kategorisierung von Synergiepotenzialen[183]

Die **Güte der Synergiebewertung** für die spätere Verwendung zur Goodwill-Verteilung wird durch mehrere Faktoren eingeschränkt. Die Prognosedaten des Verkäufers bzw. des Topmanagements des Akquisitionsobjektes sind tendenziell optimistischer als angemessen, um einen hohen Verkaufspreis zu erzielen.[184] Weiterhin stehen Informationen aus dem Akquisitionsobjekt im Vorfeld des Erwerbes nur in

183 In Anlehnung an *Jansen* (2004) S. 266.

184 Vgl. *Hayn* (2006) S. 234.

eingeschränktem Umfang zur Verfügung.[185] Der Detaillierungsgrad der Synergiebewertung und der Zuordnung auf Unternehmenseinheiten richtet sich weiterhin nach den Bewertungserfordernissen im Einzelfall. So wird bei im Wesentlichen strategisch motivierten Erwerben lediglich ein allgemeiner Zuschlag für sämtliche Synergiewirkungen einberechnet.[186] Die Einzelbewertung von Synergiepotenzialen erfordert dagegen umfassende Bewertungskenntnisse. Kosten- und Preis-Umsatz-Funktionen sind im Detail zu schätzen, wobei zur Vermeidung von Doppelzählungen die Synergiepotenziale eindeutig voneinander abzugrenzen sind.[187] Problematisch ist überdies, dass in der Praxis zumeist mehrere Unternehmensbewertungsverfahren parallel angewendet werden.[188]

Aufgabe des Controllings ist es somit, Verzerrungen in den Prognosedaten des Akquisitionsobjektes zu identifizieren. Sofern keine adäquaten Informationen über die erwarteten Synergiepotenziale vorliegen, sind sie durch das Controlling gezielt zu aktualisieren[189] oder neu abzuleiten.[190] Für die Bewertung der einzelnen Synergiepotenziale gelten grundsätzlich die gleichen Anforderungen an das Controlling wie für die einkommensorientierte Fair-Value-Bewertung. Die Bewertungsinformationen können in den Perioden nach der Beherrschungserlangung für die Planung und Kontrolle der Synergierealisierung verwendet werden.[191]

---

185 Vgl. *Biberacher* (2006) S. 293.

186 Vgl. *Nadvornik/Greinig* (2005) S. 503.

187 Vgl. *Wöginger* (2004a) S. 238.

188 Vgl. *Beck* (1996) S. 224f.

189 A. A. *Haaker* (2005b) S. 431 Fn. 72: Falls sich im Laufe des Unternehmenserwerbes die Informationen zur Synergieeinschätzung ändern, „[...] müsste die Zurechnung des Goodwill anhand des dem Kaufpreis zugrunde liegenden ursprünglichen Plans erfolgen. Ein sich dann auf Grundlage der neuen Informationen ergebender Impairment wäre ökonomisch sinnvoll.“ Für die einzelnen Bilanzierungsschritte des Goodwills ist jedoch grundsätzlich der aktuelle Informationsstand des Managements zu verwenden.

190 Zur Synergiequantifizierung bei Unternehmenserwerb siehe *Eckhoff* (2006) S. 171ff., *Lechner/Meyer* (2003) S. 312ff., *Köppen* (2004) S. 134ff.

191 Vgl. *Alvarez/Biberacher* (2002) S. 350f. Zum Synergie-Controlling siehe *Biberacher* (2003), *Eckhoff* (2006), *Wöginger* (2004b).

5 Informationsbereitstellung für die Folgebilanzierung nach IAS 36

5.1 Überwachung der Indikatoren für eine aktuelle Wertminderung

Wie in Kapitel C dargestellt, definiert IAS 36 Indikatoren, die unterjährig einen Impairment-Test auslösen. Wie die Folgende Diskussion der einzelnen Indikatoren für goodwill-tragende CGUs zeigt, sind sie wesentlicher Gegenstand der Informationssysteme des Controllings. Sie sollten durch das dezentrale Controlling in Zusammenarbeit mit dem Konzern-Controlling laufend überwacht werden.

Zunächst kann ein Impairment-Test durch wesentliche **Änderungen im technischen, marktlichen, wirtschaftlichen oder gesetzlichen Umfeld** angestoßen werden, die sich für das Unternehmen oder die CGU nachteilig auswirken. Hierfür müssen die negativen Effekte nicht bereits gegenwärtig sein, sondern können erst in naher Zukunft wirken.[192] Solche Umweltfaktoren sind z. B. der technische Fortschritt und Veränderungen im Konsumentenverhalten.[193] Die Umweltfaktoren werden jährlich im Rahmen der strategischen Planung der goodwill-tragenden CGU bzw. des Unternehmens analysiert. Strategische Controlling-Instrumente, wie z. B. die Branchenstrukturanalyse nach *Porter* oder die Analyse von Stärken, Schwächen, Chancen und Risiken (*SWOT analysis*), fokussieren ebenfalls auf das marktliche und wirtschaftliche Umfeld.[194]

Für eine laufende Überwachung sind die Umweltfaktoren in ein **Frühaufklärungssystem** einzubeziehen. Frühaufklärung wird hier als zeitnahe Identifizierung von Risiken und Chancen im Zusammenhang mit Maßnahmen des Risikomanagements und -controllings verstanden.[195] Auf den Impairment-Test übertragen, bedeutet eine Verzahnung der Indikatoren mit dem Frühaufklärungssystem nicht nur eine standardkonforme Beobachtung, sondern bietet daneben die Möglichkeit, zeitnah potenziellen Wertminderungen des Goodwills gegensteuern zu können. In der Praxis

---

192 Vgl. IAS 36.12(b).

193 Vgl. *Baetge/Krolak/Thiele* (2002) Rz. 23.

194 Vgl. *Beyhs* (2002) S. 81 Fn. 415, *Porter* (2000) S. 28ff., *Weber/Schäffer* (2006) S. 370f.

195 Vgl. *Romeike* (2005) S. 273, *Krystek* (2003) S. 306. Siehe zum Risikomanagement bzw. -controlling *Weißenberger/Löhr/Grzyb* (2008), *Diederichs/Form/Reichmann* (2004) S. 189ff. und *Hoitsch/Winter/Baumann* (2006) S. 69ff.

sind jedoch Implementierungslücken festzustellen. So zeigt z. B. die empirische Studie von *Krystek/Herzhoff* (2006), dass ein Drittel von 75 untersuchten Chemie-Unternehmen Westeuropas kein Frühaufklärungssystem besitzt.[196]

Da für goodwill-tragende CGUs der erzielbare Betrag i. d. R. auf Basis des Nutzungswertes ermittelt wird,[197] sind weiterhin als Indikatoren eingetretene **Veränderungen in den Marktzinsen** und in der CGU-Nutzung zu beachten. Bereits eine geringe Erhöhung der Marktzinsen kann für den Anstoß eines Impairment-Tests genügen, da aufgrund des Kapitalwertkonzepts eine geringe Änderung ceteris paribus (c. p.) eine wesentliche Änderung des Nutzungswertes bewirken kann.[198] So sind Veränderungen in den Marktzinsen besonders zu beachten, wenn der Buchwert dem zuletzt ermittelten Nutzungswert ähnelt.[199] Sofern sich die CGU und ihre Umwelt nicht wesentlich verändert haben, kann ggf. auf Basis von Sensitivitätsanalysen des vorangegangenen Impairment-Tests geschlussfolgert werden, ob unterjährig eine erneute Ermittlung des Nutzungswertes erforderlich ist.[200] Wesentliche **Beeinträchtigungen der Nutzung der CGU** zeigen sich in der Monatsberichterstattung des zugehörigen Controllings. Daneben sind in naher Zukunft geplante oder erwartete Stilllegungen, Verkäufe oder Restrukturierungen von CGUs[201] Gegenstand der strategischen Planung.

Schließlich definiert IAS 36 Indikatoren, die dem **internen Berichtswesen** direkt entstammen. Sie sind im Wesentlichen Kontrollgrößen aus der Gegenüberstellung von prognostizierten oder formell in der Mittelfristplanung geplanten mit den realisierten Erfolgen einer Unternehmenseinheit. Ein Impairment-Test ist vorzunehmen, wenn die aufwands- oder zahlungsstrombasierten Ergebnisse der CGU wesentlich schlechter als geplant ausfallen. Diese Informationen können ebenfalls der Monatsberichterstattung entnommen werden. Weiterhin ist eine potenzielle Wertminderung angezeigt, wenn die geplanten CGU-Erfolge vermindert werden müssen oder der Kapitalwert aus der operativen Leistungserstellung negativ wird. Speziell müssen hierfür die Veränderungen des geplanten operativen Ergebnisses und des Netto-Cashflows, annahmegemäß des Cashflows aus laufender Geschäftstätigkeit, beobachtet werden. Diese Veränderungen können u. a. durch im Vergleich zur Planung

---

196 Vgl. *Krystek/Herzhoff* (2006) S. 307f.

197 Vgl. *Beyhs* (2002) S. 94ff.

198 Vgl. IAS 36.12(c).

199 Vgl. *Budde* (2005) S. 2572.

200 Vgl. IAS 36.15, weiterführend Abschnitt E.3.

201 Vgl. IAS 36.12(f).

erhöhte Auszahlungen für die Nutzung bzw. die Erhaltung der CGU erwachsen.[202] Als Erhaltungsauszahlung gelten insbesondere Auszahlungen für den Ersatz von operativ notwendigen Vermögenswerten, die eine geringere Nutzungsdauer als die CGU aufweisen.[203]

Der unternehmensexterne Indikator **„verminderter Marktwert"**[204] entfällt i. d. R. für goodwill-tragende CGUs. Für sie existieren zumeist keine Börsenpreise oder aktuelle Transaktionspreise. Für den Anstoß von Impairment-Tests ist jedoch in strenger Auslegung der Regelung ebenfalls ein temporäres Unterschreiten der Börsenkapitalisierung des Unternehmens unter sein Eigenkapital hinreichend.[205] Die in IAS 36 weiterhin als Indikator aufgeführte wesentliche Überalterung oder physische Beschädigung[206] ist typischerweise nur für Sachanlagen relevant.

Die zu überwachende Indikatorenauflistung des IAS 36 führt zu **Anforderungen an das Controlling**. Sofern das interne Berichtswesen nicht sämtliche aufgeführten Kenngrößen in Bezug auf die goodwill-tragenden CGUs laufend bereithält, ist streng genommen keine standardkonforme Anwendung sichergestellt. Aus dieser Tatsache wird verständlich, warum gemäß IAS 36.80 in der Goodwill-Zuordnung weniger auf eine streng ökonomische Zuordnung und mehr auf das Vorliegen der für den Impairment-Test notwendigen Informationen geachtet werden soll.

Sofern Informationen für die laufende Überwachung der genannten Indikatoren fehlen, ist das Berichtswesen diesbezüglich zu vervollständigen. Dies ist auch unter Verweis auf das Wesentlichkeitskriterium erforderlich: Die Veränderung eines Indikators ist wesentlich, wenn er eine definierte Werthürde über- oder unterschreitet. Grundsätzlich ist jeder Einzelfall und eine Gruppe unwesentlicher Fälle als Gesamtheit auf Wesentlichkeit zu überprüfen.[207] Für die praktische Umsetzung ist demzufolge eine quantitative Festlegung einer internen Wesentlichkeitsgrenze und ggf. eine automatische Hervorhebung von Überschreitungen definierter Schwellenwerte im Berichtsformat zu empfehlen.[208]

---

202 Vgl. IAS 36.12(g) i. V. m. IAS 36.14.

203 Vgl. IAS 36.49.

204 Vgl. IAS 36.12(a).

205 Sofern keine weiteren Indikatoren auf eine potenzielle Wertminderung hinweisen, plädiert *Beyhs* (2002) S. 83 dafür, dass ein Impairment-Test lediglich bei anhaltendem Unterschreiten der Börsenkapitalisierung unter das Eigenkapital durchgeführt wird.

206 Vgl. IAS 36.12(e).

207 Vgl. *Baetge/Krolak/Thiele* (2002) Rz. 32.

208 Siehe in diesem Zusammenhang zu den Möglichkeiten der IT-Unterstützung in der Frühaufklärung z. B. *Sonnenschein* (2005) S. 281ff.

Die Indikatoren für den Goodwill-Impairment-Test und ihre internen Wesentlichkeitsgrenzen sollten durch das Controlling der goodwill-tragenden CGU in Zusammenarbeit mit dem Konzern-Controlling definiert und dokumentiert werden.[209] Über die Regelungen des IAS 36 hinaus können freiwillig weitere, unternehmensspezifische Indikatoren überwacht werden.[210] Eine Vornahme von außerplanmäßigen Abschreibungen lediglich „bei wirklich offensichtlichen Fällen“[211] steht dem Konzept des IAS 36 zur Identifizierung von Wertminderungen entgegen. Die Indikatoren sind folglich laufend – in konsequenter Auslegung des Standards monatlich – zu überprüfen. Wie die empirische Studie von *Epstein/Pellens/Ruhwedel/Deloitte* (2005) zeigt, ist dies gegenwärtig nur in etwa einem Fünftel der nach IFRS bilanzierenden Unternehmen gegeben.[212]

Die **Interdependenzen zwischen den Aufgaben der Bilanzierung und des Controllings** erfordern eine enge Zusammenarbeit, in der die Verantwortungsbereiche klar abgegrenzt sind. Empirische Ergebnisse zeigen, dass die Definition von Indikatoren und die Identifizierung von potenziellen Goodwill-Wertminderungen vorrangig von der Bilanzierung übernommen werden.[213] Dies kann mit dem Wissensvorsprung der Bilanzierung im Bereich der IFRS erklärt werden. Für eine standardkonforme Anwendung ist deshalb erforderlich, dass das Controlling das für die Informationsbereitstellung notwendige IFRS-Knowhow aufbaut. Falls nicht das Controlling, sondern im Rahmen der Frühaufklärung andere Unternehmensfunktionen die Indikatoren beobachten, ist eine geregelte Kommunikation zwischen den einzelnen Akteuren einzurichten.[214] Doppelarbeit aufgrund einer parallelen Überwachung der CGUs ist zu vermeiden.

---

209 Vgl. in Bezug auf die US-amerikanischen Regelungen auch *Hütten/Lorson* (2002) S. 29.

210 Vgl. IAS 36.13. Zu weiteren möglichen Indikatoren siehe z. B. SFAS 142.28, diskutiert in *Pfeil/Vater* (2002b) S. 72, *Seetharaman/Sreenivasan/Sudha/Yee* (2005) S. 347ff.

211 *Hoffmann* (2008a) Rz. 16.

212 Vgl. *Epstein/Pellens/Ruhwedel/Deloitte* (2005) S. 7.

213 Vgl. *Heintges/Herre/PwC* (2007) S. 13f. Es werden 84 DAX-100-Konzerne, davon 55 IFRS-Bilanzierer, analysiert; vgl. *Heintges/Herre/PwC* (2007) S. 9.

214 Vgl. *Budde* (2005) S. 2573.

5.2 Ermittlung des Buchwertes der Cash-generating Unit

5.2.1 Grundsätzlich einzubeziehende Vermögenswerte

Die CGU umfasst alle Vermögenswerte, die zur Generierung ihrer Zahlungsströme beitragen.[215] Die Vermögenswerte sind unabhängig davon, ob sie den Regelungen des IAS 36 unterliegen, in den Buchwert einzubeziehen.[216] Der Buchwert einer CGU ist stets korrespondierend zur Ermittlung des erzielbaren Betrages zu bestimmen (Äquivalenzprinzip).[217]

Die Zurechnung der einzelnen Vermögenswerte und ggf. Schulden zu den CGUs kann in der Praxis mit hohem Ermittlungsaufwand verbunden sein. Möglicherweise liegt lediglich auf der übergeordneten Segmentebene ein Vermögensausweis vor.[218] Im Rahmen der Zuordnung ist grundsätzlich zu prüfen, inwieweit die für bilanzielle Zwecke vorgenommene Aufteilung ebenso in der internen Rechnungslegung sinnvoll ist.[219]

In den CGU-Buchwert gehen **grundsätzlich folgende Vermögenswerte** ein:

* die immateriellen Vermögenswerte,
* der zugeordnete Goodwill,
* die zugeordneten gemeinschaftlichen Vermögenswerte,
* die Sachanlagen und
* das Umlaufvermögen, exklusive finanzieller und steuerlicher Vermögenswerte.

Wie bereits angeführt, ist der Goodwill nach IAS 36.92 für den Impairment-Test um den Minderheitenanteil zu ergänzen. Hierfür wird in Anwendungsbeispielen eine proportionale Hochrechnung empfohlen.[220]

---

215 Vgl. IAS 36.77.

216 Vgl. *Wirth* (2005) S. 84.

217 Vgl. IAS 36.75, *Schmusch/Laas* (2006) S. 1050.

218 Vgl. das Praxisbeispiel von Bosch in *Franz/Winkler* (2006) S. 147, in Bezug auf die US-amerikanischen Regelungen *Hütten/Ohlgart* (2005) S. 283f.

219 Vgl. in Bezug auf die US-amerikanischen Regelungen *Hütten/Lorson* (2002) S. 28.

220 Vgl. IAS 36.IE65, *Küting/Wirth* (2005b) S. 202, *Pellens/Sellhorn* (2003) S. 404.

Der Begründung und Empfehlung von *Wirth* (2005) und *Schmusch/Laas* (2006), nur das **betriebsnotwendige Vermögen** in den CGU-Buchwert einzubeziehen,[221] kann in der vorliegenden Arbeit nicht gefolgt werden. Da in IAS 36 nicht die Betriebsnotwendigkeit des Vermögens der CGU thematisiert wird, wird angenommen, dass die Autoren auf Vermögenswerte mit geringen Cashflows abzielen.

Wirth definiert: „Als nicht betriebsnotwendiges Vermögen gelten alle Vermögensteile, die frei veräußert werden können, ohne dass die eigentliche Unternehmensaufgabe davon berührt wird."[222] Gemäß dieser Definition ist nicht zwingend anzunehmen, dass nicht betriebsnotwendiges Vermögen allein oder im Zusammenhang mit anderen Vermögenswerten innerhalb der gegenwärtigen Verwendung oder durch eine mögliche Veräußerung keine Zahlungsmittelzuflüsse generiert oder für diese Generierung genutzt wird.

Weiterhin erfordert IAS 36.77 zwar die Berücksichtigung aller Vermögenswerte in der CGU, die Cashflows generieren.[223] Dies lässt jedoch nicht den Umkehrschluss zu, dass alle Vermögenswerte, die im Extremfall gegenwärtig und zukünftig keine (operativen) Cashflows generieren oder nicht dazu verwendet werden, nicht in die CGU aufzunehmen sind. Gerade die Abstraktion von solchen Vermögenswerten verzerrt die angestrebte ökonomische Aussage des Impairment-Tests.

Ebenso wird die Konzeption des erzielbaren Betrages nach IAS 36 explizit nicht davon berührt, ob es sich um Vermögenswerte handelt, deren ursprüngliches Nutzenpotenzial nur durch zusätzliche Aufwendungen wiedererlangt werden kann, oder die lediglich zu einem geringen Preis oder nicht umgehend verkauft werden können.[224]

Eine zu den angeführten Argumenten analoge Begründung kann für **Vermögenswerte unter Veräußerungsabsicht** gegeben werden. Sie sind entgegen der Auffassung von *Wirth* (2005)[225] ebenfalls in die CGU einzubeziehen. Zudem erklärt IFRS 5.4, dass mehrere Vermögenswerte, die veräußert werden sollen, Bestandteil einer CGU sein können.

---

221 Vgl. *Wirth* (2005) S. 84, *Schmusch/Laas* (2006) S. 1050.

222 *Wirth* (2005) S. 84.

223 Diese Forderung wird in IAS 36.77 wie folgt begründet: „*Otherwise, the cash-generating unit may appear to be fully recoverable when in fact an impairment loss has occurred.*"

224 Vgl. IAS 36.BCZ9.

225 A. A. *Wirth* (2005) S. 84.

5.2.2 Abstraktion von Finanzierung und Steuern

Im Rahmen der Ermittlung des Buchwertes und des erzielbaren Betrages der CGU soll grundsätzlich auf die **Abbildung von Finanzierungsaktivitäten** verzichtet werden, es sei denn, sie sind zwingend für die Ermittlung des erzielbaren Betrages notwendig.[226] Es soll von sämtlichen Schuldenpositionen abstrahiert werden, unabhängig davon, ob sie mit der operativen Tätigkeit in Verbindung stehen. So sind z. B. Verbindlichkeiten aus Lieferungen und Leistungen sowie erhaltene Anzahlungen nicht in den Buchwert einzubeziehen und für die Ermittlung des Nutzungswertes aus den Informationen der Mittelfristplanung zu eliminieren.[227] Ebenso sind **Steuereffekte** nicht zu berücksichtigen,[228] weshalb im Gegensatz zur internen Rechnungslegung von latenten Steuern, Steuerverbindlichkeiten, -rückstellungen und Ansprüchen auf Steuererstattung abstrahiert werden muss.[229]

Entgegen diesen grundsätzlichen Regelungen können im Einzelfall, wenn es **aus praktischen Gründen notwendig** ist, finanzielle Vermögenswerte und Schulden die Wertmaßstäbe einbezogen werden. In diesem Fall sind die Schulden in Höhe des Kapitalwertes der zukünftigen Auszahlungen vom Buchwert der Vermögenswerte der CGU sowie vom zunächst ermittelten Nutzungswert zu subtrahieren.[230]

Den Freiheitsgrad dieser Regelungen schränkt IDW RS HFA 16.88f. ein. Demzufolge dürfen aus praktischen Gründen lediglich Pensionsrückstellungen und nicht zinstragende Schulden, d. h. insbesondere erhaltene Anzahlungen sowie Verbindlichkeiten aus Lieferungen und Leistungen als Bestandteile des *net working capital*,[231] berücksichtigt werden.[232] Weiterhin können im Rahmen des IDW-Verständnisses ebenfalls Forderungen aus Lieferungen und Leistungen einbezogen werden, da sie unverzinslich sind.[233] In Anbetracht der Regeldivergenz zwischen dem IASB

---

226 Vgl. das Beispiel in IAS 36.78.

227 Vgl. IAS 36.43, *Hachmeister* (2005) S. 220.

228 Vgl. IAS 36.75 i. V. m. IAS 36.50.

229 Vgl. *Schmusch/Laas* (2006) S. 1050, IAS 36.BC91.

230 Vgl. IAS 36.78f.

231 Das *net working capital* bezeichnet das um das kurzfristige Fremdkapital verminderte Umlaufvermögen.

232 Vgl. *Schmusch/Laas* (2006) S. 1050f., IDW RS HFA 16.108. Die Vernachlässigung von zinstragenden Vermögenswerten und Schulden wird durch den Verweis auf IAS 36.50 i. V. m. IAS 36.75 begründet; vgl. IDW RS HFA 16.108. Die Paragrafen erfordern jedoch lediglich die Abstraktion von Zinszahlungen. Aus Praxissicht sind verzinsliche Schulden jedoch oft schwer den korrespondierenden CGUs zurechenbar; vgl. *Hoffmann* (2008a) Rz. 65.

233 Vgl. Tabelle 1 in *Schmusch/Laas* (2006) S. 1050, IDW RS HFA 16.108.

und dem IDW ist insbesondere die Berücksichtigung von Schuldenpositionen im Detail mit dem Wirtschaftsprüfer abzustimmen.

Abbildung D-6 verdeutlicht die Berücksichtigung von Vermögenswerten und Schulden in der CGU gemäß IAS 36. Hierzu wird auf die erforderliche Mindestgliederung der IFRS-Bilanz rekurriert.[234]

Aktiva-Berücksichtigung:		**Passiva-Berücksichtigung:**
Berücksichtigung im Buchwert je nach Bilanzposition		*Generell keine Berücksichtigung, Ausnahme: Schuldenzuordnung aus praktischen Gründen erforderlich*
Goodwill (inkl. Minderheitsanteil)	ja	
Gemeinschaftliche Vermögenswerte	ja	
Anlagevermögen:		
Immaterielle Vermögenswerte	ja	**Im Eigenkapital:**
Sachanlagevermögen	ja	Eingezahltes Kapital und Rücklagen
Investment Properties	nein*	Minderheitsanteile
At-Equity-Beteiligungen	nein*	**In den langfristigen Schulden:**
Sonstige Finanzanlagen	nein*	Langfristige finanzielle Verbindlichkeiten*
Latente Steuern	nein	
Umlaufvermögen:		Langfristige Rückstellungen*
Vorräte	ja	Latente Steuern
Forderungen	nein*	**In den kurzfristigen Schulden:**
Zahlungsmittel	nein*	Kurzfristige Finanzschulden*
Sonstige finanzielle Vermögenswerte	nein*	
Steuerforderungen	nein	
Übrige nicht finanzielle Vermögenswerte	ja	

* *Sofern die Ermittlung des erzielbaren Betrages aus praktischen Gründen finanzielle Vermögenswerte oder Schulden berücksichtigt, ist der CGU-Buchwert um den Buchwert der finanziellen Vermögenswerte zu erhöhen und um den Buchwert der Schulden zu verringern.*

Abbildung D-6: Berücksichtigung von Vermögenswerten und Schulden im Buchwert der CGU

[234] Die bilanziellen Einzelpositionen entstammen grundsätzlich *Lüdenbach/Hoffmann* (2004) S. 91. Die Zahlungsmittel werden gemäß IAS 32.11 den finanziellen Vermögenswerten zugeordnet.

5.2.3 Zuordnung gemeinschaftlicher Vermögenswerte

Aufgrund der Controlling-Relevanz wird nachfolgend die Berücksichtigung von gemeinschaftlichen Vermögenswerten (*corporate assets*) ausführlicher diskutiert. Sämtliche für die betrachtete goodwill-tragende CGU relevanten gemeinschaftlichen Vermögenswerte sind zu **identifizieren**. Definitionsgemäß erzeugen sie selbst keine Zahlungsströme und können nicht einer einzigen CGU eindeutig und vollständig zugeordnet werden.[235] Sie weisen folglich den Charakter von Gemeinkosten auf.[236] Wie die Beispiele des IAS 36.100 zeigen, handelt es sich insbesondere um die Vermögenswerte zentraler Führungs- und Verwaltungsfunktionen und gebündelter Servicebereiche. Zu ihrer Identifizierung kann die interne Berichterstattung verwendet werden, da dort die unterstützenden Unternehmensfunktionen zumeist separat abgebildet werden.

Die **bilanzielle Zuordnung** gemeinschaftlicher Vermögenswerte muss begründet und stetig erfolgen. Die Vermögenswerte sind so detailliert wie möglich auf einzelne CGUs oder, sofern dort nicht sachgerecht zurechenbar, auf eine Gruppe von CGUs zu verteilen und auf dieser Ebene auf Werthaltigkeit zu überprüfen.[237] Diese Vorgehensweise führt tendenziell zu einer Verteilung von allen gemeinschaftlichen Vermögenswerten des Unternehmens.[238] Im Extremfall kann eine Gruppe von CGUs das gesamte Unternehmen umfassen.[239] Sofern in dieser Situation der erzielbare Betrag des Unternehmens seinen Buchwert übersteigt und die gemeinschaftlichen Vermögenswerte nicht gemäß IFRS 5 verkauft werden sollen,[240] führt diese hohe Zuordnung i. d. R. zu einer allein planmäßigen Abschreibung von gemeinschaftlichen Vermögenswerten nach IAS 16.30. Dies ist damit zu erklären, dass die kleinste zum Vermögenswert gehörende CGU nicht wertgemindert ist und ein Impairment-Test für den einzelnen gemeinschaftlichen Vermögenswert aufgrund seines Charakters nicht durchführbar ist.[241]

---

235 Vgl. IAS 36.100.

236 Vgl. *Beyhs* (2002) S. 161f., *Hoffmann* (2008a) Rz. 48.

237 Vgl. IAS 36.102.

238 Vgl. *Wirth* (2005) S. 89.

239 Vgl. IAS 36.IE76.

240 In diesem Fall müssen sie einzeln ggf. auf den niedrigeren Nettoveräußerungswert abgeschrieben werden; vgl. Abschnitt C.1.2.5.

241 Vgl. IAS 36.107(b) i. V. m. IAS 36.67(b) sowie *Hoffmann* (2008a) Rz. 48, der jedoch unter Abstraktion von planmäßigen Abschreibungen eine „notorische Nichtabwertung" postuliert.

Für die **Zurechnung** der gemeinschaftlichen Vermögenswerte weist IAS 36 keine expliziten Regelungen auf. Allein das abstrakte, nicht rechtsverbindliche Beispiel 8 zeigt eine Verteilung des Gebäudes einer Unternehmenszentrale anhand der Buchwerte, gewichtet mit der jeweiligen Nutzungsdauer der unterstützten CGUs, auf.[242] Aufgrund der Allgemeinheit des Beispiels ist zu schlussfolgern, dass diese pauschale Zurechnungsmethode stets als standardkonform einzuschätzen ist. Obwohl die gemeinschaftlichen Vermögenswerte Gemeinkostencharakter haben und deshalb eine Zurechnung nach kostenrechnerischen Verfahren naheliegt,[243] ist dieser Detaillierungsgrad für die bilanzielle Abbildung nicht zwingend notwendig. Weiterhin zeigt das Beispiel, dass keine Zurechnung nach der Verursachung, d. h. gemäß der kosten- oder leistungsbezogenen Beanspruchung durch die CGUs, sondern eine Zurechnung nach der Tragfähigkeit ausreicht.[244] In Analogie zu den US-amerikanischen Regelungen sind darüber hinaus Zurechnungen entsprechend den Fair Values der CGUs oder dem jeweiligen Nutzenbeitrag des gemeinschaftlichen Vermögenswertes vorstellbar.[245]

Für die Berücksichtigung gemeinschaftlicher Vermögenswerte können somit zwei grundsätzliche Vorgehensweisen unterschieden werden. Eine **pauschale Zurechnung**, z. B. anhand gewichteter Buchwerte, ist mit einem geringeren Berechnungsaufwand verbunden und für Dritte leicht nachvollziehbar. Aufgrund der Zuordnung nach der Tragfähigkeit schränkt sie jedoch den ökonomischen Aussagegehalt des Impairment-Tests ein.

Werden die gemeinschaftlichen Vermögenswerte entsprechend der **unternehmensinternen Vorgehensweise** detailliert zugerechnet, so entsteht originär ein erhöhter Berechnungsaufwand. So kann z. B. ein Gebäude, das von mehreren CGUs benutzt wird, entsprechend der benötigten Raumfläche zugeteilt werden.[246] Möglicherweise können jedoch die Verrechnungssätze aus der internen Gemeinkostenschlüsselung oder einer Prozesskostenrechnung mit nur geringen Anpassungskosten übernom-

---

242 Vgl. IAS 36.IE69ff.

243 Vgl. *Beyhs* (2002) S. 161f., *Hoffmann* (2008a) Rz. 48.

244 Zu den beiden grundsätzlichen Prinzipien der Zurechnung siehe *Gümbel* (1993) Sp. 4814.

245 Vgl. SFAS 142.33.

246 Vgl. *Gelhausen/Pape/Schruff/Stolberg* (2005) Abschnitt 9 Rz. 118.

men werden.[247] Diese Verwendung von Controlling-Informationen wird durch folgende Charakteristiken unterstützt:

* eine ähnliche Struktur der gebildeten CGUs und der gemeinschaftlichen Vermögenswerte im Vergleich zu den Vor- und Endkostenstellen bzw. den definierten Unternehmensprozessen in der (Prozess-) Kostenrechnung sowie
* eine eingeschränkte Verwendung kalkulatorischer Kosten und die Abstraktion von neutralen Aufwendungen.

I. d. R. existieren keine konzernweit einheitlichen Kostenrechnungssysteme. Deshalb ist im Einzelfall zu prüfen, ob auf der Ebene, auf der der Goodwill auf Werthaltigkeit überprüft wird, die erforderlichen Informationen zu den relevanten gemeinschaftlichen Vermögenswerten vorliegen. Sofern Informationen aus Prozesskostenrechnungen verwendet werden, ist sicherzustellen, dass die Kostensätze je Prozessaktivität eine angemessene Aktualität aufweisen, denn diese Rechnungen werden typischerweise als einmalige Analyseinstrumente und nicht zur laufenden Kostenkalkulation genutzt.[248] Diese Anforderungen entsprechen der zuvor angeführten Interpretation des IAS 36.BC139: Damit für die Durchführung des Impairment-Tests keine neuen Berichtssysteme eingerichtet und keine umfangreichen zusätzlichen Informationen ermittelt werden müssen, wird auf eine Zuordnungsebene für Goodwill verwiesen, deren Berichterstattung eine interne Zurechnung der gemeinschaftlichen Vermögenswerte umfasst.[249] Hieraus ist abzuleiten, dass tendenziell eine Behandlung gemäß der internen Zurechnung bezweckt wird.

5.3 Ermittlung des Nettoveräußerungswertes der Cash-generating Unit

Wie die nachfolgenden Ausführungen zeigen, bildet der Nettoveräußerungswert i. d. R. nicht den relevanten Wertmaßstab für den erzielbaren Betrag einer goodwill-tragenden CGU. Sofern der Nettoveräußerungswert als Wertmaßstab verwendet wird, ist nur eine eingeschränkte informationelle Unterstützung des Controllings erforderlich.

---

[247] Vgl. ähnlich *Beyhs* (2002) S. 161f.

[248] Vgl. *Weber/Schäffer* (2006) S. 149.

[249] Vgl. Abschnitt D.4.4.2.

Da die Ermittlung des Nutzungswertes restriktiven Regelungen unterliegt und einen hohen Arbeitsaufwand erfordert, sollte für den Impairment-Test grundsätzlich zunächst der Nettoveräußerungswert und nachfolgend der Nutzungswert bestimmt werden. Entsprechend der in Kapitel C angeführten **Ermittlungshierarchie** ist der Nettoveräußerungswert soweit wie möglich marktorientiert zu bestimmen. Da zumeist keine bindenden Verkaufsverträge oder aktiven Märkte für CGUs existieren, sind für die Bewertung die bestmöglichen Informationen aus einem hypothetischen Verkauf zu verwenden. Hierzu sind zeitnahe marktübliche Transaktionen in der Branche zu berücksichtigen, die ähnliche CGUs betreffen.[250] Eine Ähnlichkeit der CGUs kann angenommen werden, wenn ihre Merkmalsunterschiede durch nachvollziehbare und quantitative Korrekturen der Transaktionsinformationen berücksichtigt werden können.[251] Sofern eine solche Bewertung nicht verlässlich erfolgen kann, bildet der Nutzungswert den erzielbaren Betrag.[252]

Für die Interpretation dieser Regelungen ist bedeutsam, welche **Absicht das IASB** mit der Verwendung der zwei Wertmaßstäbe – des Nettoveräußerungswertes und des Nutzungswertes – verfolgt. Hierzu ist auf die *basis for conclusions* für IAS 36 zu verweisen:[253] Das IASB stellt dort klar, dass Marktinformationen verwendbar sind, sofern sie die Tatsache widerspiegeln, dass beide Geschäftsparteien gewillt sind, eine Transaktion einzugehen. Sofern ein Unternehmen durch die Nutzung der CGU höhere Cashflows generieren kann, sei es irreführend oder täuschend, den erzielbaren Betrag anhand des Marktpreises zu ermitteln.[254] Deshalb stellt der Nutzungswert eine angemessene Bewertung dar, wenn keine entwickelten und liquiden Märkte für die CGU existieren.[255] Dem IASB zufolge enthält IAS 36 in ausreichendem Maße Anforderungen an die Ermittlung des Nutzungswertes, die das bilanzierende Unternehmen daran hindern, ungerechtfertigte, d. h. vom Markt differierende Prämissen zu treffen.[256] Zudem verweist IAS 36.BCZ17(a)[257] für die Ermittlung des Nettoveräußerungswertes ausschließlich auf marktliche Informationen.

---

250 Vgl. IAS 36.27.

251 Vgl. ähnlich ED-IFRS 3.E18.

252 Vgl. IAS 36.20 i. V. m. IAS 36.18.

253 Vgl. IAS 36.BCZ17ff., mit ähnlichen Argumenten wie das IASB und weiteren Literaturverweisen *Hoffmann* (2008a) Rz. 19f. und Rz. 64. Zu einem Meinungsspiegel zu dieser Thematik siehe *Wirth* (2005) S. 26ff.

254 Vgl. IAS 36.BCZ17(b).

255 Vgl. IAS 36.BCZ18.

256 Vgl. IAS 36.BCZ20.

257 Der Wortlaut ist in Abschnitt D.2 wiedergegeben.

Unter Beachtung der bilanziellen Vorschriften und der *basis for conclusions* wird in der vorliegenden Arbeit die Auffassung vertreten, dass für eine goodwill-tragende CGU aufgrund i. d. R. fehlender Marktinformationen allein der Nutzungswert als erzielbarer Betrag zu verwenden ist.

Gemäß den dargestellten Regelungen des IAS 36 ist eine **Ermittlung des Nettoveräußerungswertes** unter Verwendung und Modifikation der Transaktionspreise ähnlicher CGUs in der Branche noch standardkonform. Eine Ermittlung ausschließlich auf Basis einer einkommensorientierten Fair-Value-Bewertung anhand unternehmensextern verfügbarer Informationen scheidet gemäß der Intention des IASB von der Anwendung aus.[258] Gemäß IDW RS HFA 16.82 wird es jedoch sogar als zulässig erachtet, eine Bewertung anhand unternehmensinterner Planungsinformationen, die ggf. marktorientiert angepasst werden, vorzunehmen.[259]

Castedello/Klingbeil/Schröder (2006) begründen, dass eine **einkommensorientierten Bewertung** ohne Berücksichtigung von Transaktionspreisen zulässig ist. Die Autoren argumentieren zunächst wie folgt: „Erinnert sei nochmals an den vormals in IAS 36 (1998) verwendeten Begriff ‚net selling price', der auf einen am Markt feststellbaren Preis verweist. Das marktpreisorientierte Verfahren ist zwar vorrangig zu verwenden, scheidet aber praktisch vielfach mangels vergleichbarer Transaktionen für einzelne Vermögenswerte oder Gruppen von Vermögenswerten aus. Der beizulegende Zeitwert abzüglich Veräußerungskosten ist bei Fehlen eines aktiven Marktes aber nicht unbestimmbar. Für diesen Fall ist vielmehr zu fragen, wie Käufer/Verkäufer alternativ vernünftigerweise einen Wert bzw. Preis festlegen würden. Dies geschieht der allgemeinen Bewertungstheorie folgend unter Anwendung des kapitalwertorientierten Verfahrens."[260]

Die Begründung wird nachfolgend analysiert: Anfangs wird auf die Änderung des Begriffs *„net selling price"* in *„fair value less costs to sell"* verwiesen. Diese Begriffsänderung stellt nach Auffassung des IASB jedoch keine inhaltliche Änderung des Wertmaßstabes dar, sondern ist lediglich eine terminologische Anpassung an die Regelungen des SFAS 144 und an andere IFRS.[261] Unter Berücksichtung der Definition und des Konzepts des Fair Value ist ebenso nicht anzunehmen, dass es

---

258 Vgl. auch IAS 36.BCZ17(a), *Gelhausen/Pape/Schruff/Stolberg* (2005) Abschnitt 9 Rz. 123.

259 Vgl. *Schmusch/Laas* (2006) S. 1051f., *Brücks/Kerkhoff/Richter* (2005) S. 3f., *Castedello/ Klingbeil/Schröder* (2006) S. 1034f., , *Bartels/Jonas* (2006) Rz. 25ff.

260 *Castedello/Klingbeil/Schröder* (2006) S. 1034f.

261 Vgl. IFRS 5.BC82f.

durch die Begriffsänderung – wie die Autoren weiterhin anführen – zu einer „Abkehr vom Marktgedanken hin zu einem fiktiven Marktwert“[262] käme. Denn der Fair Value soll primär einen realen Marktpreis widerspiegeln.[263]

Den Autoren ist zuzustimmen, dass ein Nettoveräußerungswert grundsätzlich basierend auf allgemein unternehmensextern verfügbaren Informationen geschätzt werden kann. Dies entspricht aber nur eingeschränkt – wie später erklärt[264] – den Regelungen des Standardentwurfes für IFRS 3. Für eine Fair-Value-Bewertung auf der zweiten Hierarchieebene erfordert ED-IFRS 3.E18, dass: „[...] *the price effect of the differences must be determinable objectively.*“ Dies bedeutet, dass bei Berücksichtigung von Transaktionen in der Branche die realisierten Marktpreise für ähnliche CGUs objektiv und sachgerecht angepasst werden müssen. Die Anpassungen orientieren sich an den einzelnen Merkmalsunterschieden der zu Vergleichszwecken herangezogenen CGU zur zu bewertenden CGU. Eine einkommensorientierte Bewertung auf Basis externer oder interner Informationen, die marktorientiert angepasst werden, entspricht gemäß dem Standardentwurf dagegen nur einer Fair-Value-Bewertung auf dritter Hierarchieebene. Diese erfordert allerdings grundsätzlich die parallele Durchführung mehrerer standardkonformer Bewertungen.[265]

Auch *Hoffmann* (2008a) und *Heuser/Theile* (2007) verneinen die Möglichkeit einer marktorientierten Anpassung unternehmensinterner Planungsinformationen:[266] Ein einzelnes Unternehmen könne – unter Abstraktion von Transaktionspreisen – nicht über die Informationen und Prämissen des Marktes verfügen. Dementsprechend sei der Wert, der nach der Vorgehensweise des IDW ermittelt wird, als ein Unternehmenswert unter der Absicht der Fortführung (*going concern*) und nicht unter der angestrebten Prämisse der Veräußerung zu charakterisieren.[267] Darüber hinaus sind die Anpassungen der internen Daten für die Ermittlung des Nettoveräußerungswertes mit umfangreichen Ermessensspielräumen verbunden, sodass es, wie die *basis for conclusions* erklärt, zu einer verzerrten Wertermittlung kommen kann.[268]

Der mittels eines einkommensorientierten Verfahrens auf Basis interner Planungsdaten berechnete Nettoveräußerungswert ist aufgrund der Verwendung von nicht

---

262 *Castedello/Klingbeil/Schröder* (2006) S. 1035.
263 Vgl. Abschnitt D.2.
264 Vgl. *Castedello/Klingbeil/Schröder* (2006) S. 1035.
265 Vgl. Abschnitt C.2.2.1.
266 Vgl. *Hoffmann* (2008a) Rz. 65, *Heuser/Theile* (2007) Rz. 1556.
267 Vgl. *Hoffmann* (2008a) Rz. 65.
268 Vgl. IAS 36.BCZ17(b).

oder nur geringfügig korrigierten Zahlungsströmen regelmäßig höher als der Nutzungswert.[269] Dies kann nicht zwingend für jede Ermittlung des Nettoveräußerungswertes auf Basis von Transaktionspreisen angenommen werden. Durch die pauschale Discounted-Cashflow-Ermittlung des Nettoveräußerungswertes in der Praxis entsteht deshalb die Gefahr, dass der Wertberichtigungsbedarf für Goodwill erst verspätet oder in zu geringer Höhe festgestellt wird.

Der **Hintergrund der extensiven Regelungsauslegung** durch das IDW ist die Möglichkeit für die Unternehmen, einen erzielbaren Betrag zu ermitteln, ohne den umfangreichen, in der Anwendung aufwendigen und teilweise inkonsistenten Regelungen zur Ermittlung des Nutzungswertes folgen zu müssen.[270] Überdies können IFRS-Bilanzierer, die parallel nach US-GAAP berichten, den anhand eines einkommensorientierten Verfahrens ermittelten Nettoveräußerungswert in beiden Rechnungslegungssystemen verwenden.[271] So übersteigt korrespondierend der Anteil deutscher Unternehmen, die für den Goodwill-Impairment-Test einen Nettoveräußerungswert ermitteln, den Anteil auf europäischer Ebene um mehr als das Dreifache. Gemäß *Epstein/Pellens/Ruhwedel/Deloitte* (2005) verwenden 55% den Nettoveräußerungswert allein oder in Vergleich mit dem Nutzungswert für die Ermittlung des erzielbaren Betrages.[272] Die Studie von *Glaum/Street/Vogel/PwC* (2007) weist für europäische Unternehmen einen Anteil von 15% aus.[273]

Unabhängig von der Ermittlungsart des Nettoveräußerungswertes – auf Basis von Transaktionspreisen gemäß den Regelungen des IAS 36 oder einkommensorientiert gemäß der Empfehlung des IDW – ist im Vergleich zur Ermittlung des Nutzungswertes nur eine **eingeschränkte Informationsbereitstellung** aus dem Controlling erforderlich. Die bereits vorhandenen Daten müssen lediglich in Teilbereichen bezüglich der Merkmalsunterschiede zur betrachteten CGU bzw. bezüglich der Annahmen eines typischen Marktteilnehmers, sofern bekannt, angepasst werden.

---

269 Vgl. *Brücks/Kerkhoff/Richter* (2005) S. 6.

270 Vgl. kritisch *Hoffmann* (2008a) Rz. 65: „Der Board hätte sich diese Mühe [der detaillierten Regelung des Nutzungswertes, d. V.] ersparen können, wenn durch Heranziehung des Nettoveräußerungswertes die DCF-Verfahrensweise ‚ungebremst' angewendet werden dürfte." Zur IDW-Vorgehensweise z. B. *Castedello/Klingbeil/Schröder* (2006) S. 1036, *Brücks/Kerkhoff/Richter* (2005) S. 5, *Trützschler/David/Strauch/Tomaszewski* (2005) S. 398.

271 Vgl. *Brücks/Kerkhoff/Richter* (2005) S. 4ff., *Wirth* (2005) S. 26ff.

272 Vgl. *Epstein/Pellens/Ruhwedel/Deloitte* (2005) S. 8.

273 Vgl. *Glaum/Street/Vogel/PwC* (2007) S. 52.

5.4 Ermittlung des Nutzungswertes der Cash-generating Unit

5.4.1 Mittelfristplanung als Informationsgrundlage

In Anlehnung an die Regelungen für den Nutzungswert werden in den folgenden Abschnitten die Informationsgrundlage der Ermittlung, der zu verwendende Zahlungsstrom und der erforderliche Diskontierungszinssatz hinsichtlich der informationellen Unterstützung des Controllings untersucht.

Die Informationsgrundlage der verwendeten Zahlungsströme für den **Detailplanungszeitraum** bilden die jüngsten, vom Management bewilligten Finanzpläne bzw. Budgets.[274] Demzufolge sind die Informationen der **verabschiedeten Mittelfristplanung** und der aktuellen operativen Jahresplanung als Ausgangspunkte für die Ermittlung des Nutzungswertes zu verwenden. Die Mittelfristplanung quantifiziert die Vorgaben der strategischen Planung für die nächsten drei bis maximal fünf Jahre.[275] Sie resultiert in großen deutschen Industrieunternehmen aus einem durchschnittlich fünfmonatigen Planungsprozess, der gegen Jahresende mit dem Beschluss durch den Vorstand und das Controlling abgeschlossen wird.[276] Für Impairment-Tests vor dem Planungsbeschluss können lediglich die fortgeführten Daten des Vorjahres verwendet werden. Deshalb ist es empfehlenswert, die Tests im direkten Anschluss an die Mittelfristplanung vorzunehmen. In der Praxis führt sie die Mehrzahl der Unternehmen dagegen erst unmittelbar vor dem Bilanzstichtag durch, d. h. zumeist ohne eine zeitliche Abstimmung mit der Mittelfristplanung.[277]

Die für den Impairment-Test verwendeten **Planungsprämissen** sollen die beste Prognose über die Bandbreite der ökonomischen Bedingungen während der Nutzungsdauer der CGU widerspiegeln.[278] In der Prämissenbildung ist jedoch unternehmensexternen Informationen ein größeres Gewicht beizumessen.[279] Diese bi-

---

[274] Vgl. IAS 36.33(b).

[275] Vgl. *Mag* (1995) S. 163f., *Hirsch/Hufschlag/Pieroth* (2005) S. 259 auf empirischer Basis von 16 Interviews in großen deutschen Industrieunternehmen. Teilweise enthält die Mittelfristplanung selbst strategiebildende Elemente; vgl. *Hirsch/Hufschlag/Pieroth* (2005) S. 255.

[276] Vgl. *Hirsch/Hufschlag/Pieroth* (2005) S. 262.

[277] Vgl. die empirischen Ergebnisse in *Glaum/Street/Vogel/PwC* (2007) S. 51, *Epstein/Pellens/Ruhwedel/Deloitte* (2005) S. 6, *Heintges/Herre/PwC* (2007) S. 30.

[278] Vgl. IAS 36.33(a).

[279] Vgl. IAS 36.33(a), *Wirth* (2005) S. 47.

lanziellen Anforderungen sind aus Controlling-Sicht für die Erstellung einer Mittelfristplanung selbstverständlich. Typischerweise basieren die internen Prämissen auf allgemein zugänglichen Daten zur wirtschaftlichen Entwicklung in der Branche, die zusätzlich jedoch unternehmensspezifisch angepasst werden.[280] Zur Unterstützung der Informationsverwendung im Impairment-Test sind die Prämissen auf jeder Unternehmensebene ausführlich zu dokumentieren und zu begründen.

IAS 36.34 erfordert, dass die Planungsprämissen unter Berücksichtigung der veränderten Unternehmensumwelt mit den historisch eingetretenen Zahlungsströmen korrespondieren. Hierfür sind durch das Controlling **Plan-Ist-Vergleiche und Abweichungsanalysen** für die vergangenen Perioden vorzuhalten. Schwierig gestaltet sich die Abgrenzung von Abweichungen aufgrund von externen, zuvor nicht antizipierbaren Effekten von einer möglicherweise originär verzerrten Planung. Es ist fraglich, welche Plan-Ist-Abweichung durch den Wirtschaftsprüfer als nach IAS 36 wesentlich und im Extremfall korrekturpflichtig beurteilt wird.

Bedeutsam ist zudem die Frage, ob die **Güte der Mittelfristplanung** stets eine ungeprüfte Übernahme der verabschiedeten Zahlungsströme in den Impairment-Test zulässt. So bewerten in der empirischen Studie von *Accenture* (2002) 80% der Unternehmen „[...] ihre Planung hinsichtlich der Kriterien Verlässlichkeit, Abstimmung von Teilplanungen sowie Genauigkeit der Planung mit der Note ausreichend bis mangelhaft."[281] In der praktischen Unternehmensplanung sind besonders die mit Investitionen verbundenen Cashflows überhöht und somit gering verlässlich sowie ungenau.[282] Die Verwendung dieser Planungsdaten im Impairment-Test führt zu einer verspäteten Identifizierung einer potenziellen Wertminderung des Goodwills. Daneben kann die Mittelfristplanung an Güte verlieren, wenn sie unter dem Schlagwort „Better Budgeting" entfeinert wird und deshalb nicht mehr sämtliche für den Impairment-Test notwendigen Informationen enthält. Die beiden angesprochenen Tendenzen – die positive Verzerrung und die Entfeinerung der Planung – werden im Folgenden näher erörtert.

---

280 Vgl. *Weber/Hufschlag/Pieroth* (2003) S. 25f.

281 *Accenture* (2002) S. 4. Es wurden 63 deutsche Unternehmen, zum Teil aus dem DAX-100, analysiert; vgl. *Accenture* (2002) S. 4.

282 Vgl. die Übersicht über empirische Ergebnisse von *Linder* (2004) S. 49ff.

Aufgrund der Anwendung des Gegenstromverfahrens in der Konzernplanung resultieren die final verabschiedeten Zahlungsströme einerseits aus den ambitionierten Vorgaben der Konzernzentrale. Die Planungsvorgaben sollten zur Verhaltenssteuerung auf ein Schwierigkeitsniveau gesetzt werden, dass in den dezentralen Einheiten zu einer optimalen Höhe der Leistungsanreize führt.[283] Andererseits werden im Gegenstromverfahren die aus dem Absatzmarkt abgeleiteten Planungen der dezentralen Einheiten berücksichtigt. Da die dezentralen Einheiten um das im Konzern zur Verfügung stehende Kapital und Personal konkurrieren, sind ihre geplanten Zahlungsströme tendenziell überhöht.[284] Die **positiven Planungsverzerrungen** der dezentralen Einheiten zeigen sich insbesondere im sog. Hockey-Stick-Effekt. Hierbei steigt das operative Ergebnis zum Ende des Planungszeitraumes unbegründet an,[285] da z. B. Kapazitätsausweitungen, Preissteigerungen oder Kostenminderungen ungerechtfertigt – d. h. ohne Berücksichtigung der erforderlichen Managementmaßnahmen und der damit verbundenen Auszahlungen – einberechnet werden.

Der Hintergrund der vor allem in den dezentralen Einheiten zu optimistischen Planung ist das Ziel der Ressourcensicherung. Mit der Größe der Unternehmenseinheit, gemessen an der Kapitalbasis oder der Anzahl der Mitarbeiter, steigt das Ansehen des verantwortlichen Managements.[286] Weitere Gründe liegen in der Schwierigkeit, eine Vielzahl von Prämissen in einem komplexen Bewertungsmodell über einen langen Zeitraum zu schätzen,[287] da in der Bewertung häufig kognitive Vereinfachungen vorgenommen werden. Darüber hinaus kann ein Akteur resistent sein, ein bereits verlustbringendes Geschäft zu beenden und für dieses keine weiteren Auszahlungen zu tätigen.[288] Theoretische und praktische Ansätze, einer Planungsverzerrung entgegenzuwirken, existieren bereits. Sie umfassen die methodische Unterstützung des Planenden durch das Controlling,[289] eine Planungskultur mit Loyalität und Vertrauen[290] sowie spezifische Anreizschemata.[291]

---

283 Vgl. *Raps* (2004) S. 179.

284 Vgl. *Linder* (2004) S. 47ff., *Weber/Hufschlag/Pieroth* (2003) S. 26f., *AK-SG Finanzierung* (1994) S. 899.

285 Vgl. *Kuhner* (2006) S. 719, *Weber/Schäffer* (2006) S. 48.

286 Vgl. *Weber/Hufschlag/Pieroth* (2003) S. 27.

287 Vgl. *Florissen* (2004) S. 116f.

288 Vgl. *Zayer/Hirsch* (2006) S. 651ff., *Hammond/Keeney/Raiffa* (2006) S. 122f.

289 Vgl. Abschnitt D.4.1, aus der Praxisperspektive z. B. *Florissen* (2004) S. 116f.

290 Vgl. die empirischen Ergebnisse in *Schäffer/Weber/Willauer* (2003) S. 43ff.

291 Vgl. *Ewert/Wagenhofer* (2005) S. 423ff. und S. 501ff., *AK-SG Finanzierung* (1994) S. 909ff.

Ausgehend von den sechziger bis zu den neunziger Jahren nahm der Detaillierungsgrad der praktischen Unternehmensplanung stetig zu.[292] Gegenwärtig sind in Großunternehmen gegenläufige Tendenzen zu einer **Entfeinerung** zu erkennen. In der Unternehmenspraxis ist die Verminderung der Planungskomplexität von höchster Priorität.[293] Unter dem Schlagwort „Better Budgeting" wird eine angemessene Reduktion des Detaillierungsgrades der Planung angestrebt. Daneben werden u. a. eine Knüpfung von Zielen an externe Kenngrößen und eine verstärkte Fokussierung auf nicht finanzielle Indikatoren bezweckt.[294] Für Unternehmen, die in einem sehr komplexen und dynamischen Umfeld agieren, kann eine Verschlankung und Verkürzung des Planungsprozesses vorteilhaft sein. So zeigt die Studie von *Hirsch/ Hufschlag/Pieroth* (2005) einen umgekehrten Zusammenhang zwischen der Prozessdauer der Mittelfristplanung und ihrer eingeschätzten Effizienz.[295]

Ein geringer Detaillierungsgrad der Planung kann jedoch dazu führen, dass nicht sämtliche für den Impairment-Test erforderlichen Informationen im Unternehmen vorliegen. Weiterhin wird durch die Entfeinerung die Genauigkeit der Planungsdaten verringert, da sie lediglich auf einer aggregierten Ebene quantifiziert werden. Eine solche Schätzung besitzt grundsätzlich ein höheres Fehlerpotenzial als ein Wert, der aus der Summe detaillierter Einzelschätzungen entsteht. Darüber hinaus verlieren die Planungsdaten über den Zeitraum des Planungsprozesses bis zur Verwendung im Impairment-Test an Aktualität.

Zur Berücksichtigung der positiven Verzerrung und des geringeren Detaillierungsgrades der Planung ist es erforderlich, dass bei Feststellung einer potenziellen Goodwill-Wertminderung die **Daten sowie die Prämissen der Mittelfristplanung** nochmals geprüft werden. Sofern der Impairment-Test auf übergeordneter Konzernebene durchgeführt wird, sollte das Controlling mit dem dezentralen Controlling der Einheit, dem der Goodwill zugerechnet wurde, die verwendete Planung kontrollieren. Entsprechend den für den Impairment-Test verwendeten Informationen ist anschließend die Mittelfristplanung final anzupassen. Dieses Vorgehen stellt sicher, dass die Planung sachgerecht korrigiert in die bilanzielle Abbildung des

[292] Vgl. *Hahn* (1993) S. 793.
[293] Vgl. die empirischen Ergebnisse von *Deloitte* (2006) S. 12.
[294] Vgl. *Mitter/Feldbauer-Durstmüller* (2005) S. 121f.
[295] Vgl. *Hirsch/Hufschlag/Pieroth* (2005) S. 262f.

Goodwills eingeht. Darüber hinaus kann keine Inkonsistenz zwischen der Mittelfristplanung und der integrierten Rechnungslegung auftreten.[296]

Durch die Abhängigkeit des Impairment-Tests von der Mittelfristplanung werden Unternehmen zumindest auf Segmentebene zu einer Planung mit definierten Strukturen und Inhalten angehalten.[297] Das Controlling muss in der Lage sein, die Daten der Mittelfristplanung für den Impairment-Test standardkonform aufzubereiten. Eine Übernahme und Anpassung der Daten durch die Bilanzierungsabteilung ist generell nicht zu empfehlen, da dieses Vorgehen das vorhandene Planungs-Knowhow im Controlling außer Acht lässt. Darüber hinaus führt es zu ineffizienter Doppelarbeit und zu Inkonsistenzen zwischen den im Unternehmen vorhandenen Plandaten, die die Glaubwürdigkeit des Impairment-Tests gegenüber dem Wirtschaftsprüfer herabsetzen.[298] Auf eine Korrektur der Mittelfristplanung aus bilanzpolitischen Gründen sollte aufgrund der Rückwirkung auf die Planungs- und Steuerungsgüte verzichtet werden. Die Erstellung einer von der Mittelfristplanung abgekoppelten Planung für den Goodwill-Impairment-Test ist in jedem Fall nicht zulässig.

Zwischen der Verabschiedung der Mittelfristplanung und der Fertigstellung des Jahresabschlusses sollte stets ein ausreichend großes **Zeitfenster für die Durchführung der Impairment-Tests** vorhanden sein. Diese Anforderung gewinnt mit zunehmendem Druck des Kapitalmarktes, den Zeitraum für die Erstellung des Jahresabschlusses zu verkürzen (Fast Close), an Bedeutung. Zwar ist eine Verteilung der Goodwill-Impairment-Tests über das Jahr zulässig, sie wird jedoch in der Praxis nicht vorgenommen.[299] Eine Verteilung kann u. a. dazu führen, dass ein Impairment-Test nach dem Abschluss der Mittelfristplanung nochmals durchgeführt werden muss, wenn sich die Planungswerte signifikant verschlechtert haben. Wie bereits angesprochen, dürfen zudem gemäß IFRIC 10.8 unterjährige Goodwill-Impairments zum Geschäftsjahresende nicht rückgängig gemacht werden, auch wenn sich die Planungswerte verbessert haben. Da gemäß dem Stufenkonzept sämtliche

---

[296] So empfiehlt auch *Watterott* in *Franz/Winkler* (2006) S. 148: „Zur Vermeidung einer nachträglichen Änderung des Wirtschaftsplans im Falle eines Impairments erscheint es sinnvoll, die Impairment Tests quasi als letzten Schritt der Wirtschaftsplanung auf der Basis der aktuellen Planwerte durchzuführen, um damit ein mögliches Impairment noch in den aktuellen Plan integrieren zu können."

[297] Zu weiteren rechtlichen Regelungen, die Informationen aus der Unternehmensplanung erfordern siehe *Groß/Amen* (2003) S. 1163ff.

[298] Vgl. *Bartelheimer/Kückelhaus/Wohlthat* (2004) S. 28.

[299] Vgl. IAS 36.96, *Epstein/Pellens/Ruhwedel/Deloitte* (2005) S. 6.

Impairment-Tests auf der CGU untergeordneten Ebenen zeitlich vor dem Goodwill-Impairment-Test durchzuführen sind,[300] bedarf es weiterhin einer zeitlichen und informationellen Abstimmung des Controllings über die Konzernebenen hinweg. Eine Standardisierung der Bewertung und der Informationsgrundlagen der einzelnen Konzernebenen ist deshalb anzustreben.[301] Die Daten zur Nutzungswertermittlung und zur Erfüllung der umfangreichen Angabepflichten sind während der Testdurchführung im Detail zu dokumentieren.

Der erforderliche **Detailplanungszeitraum** von maximal fünf Jahren,[302] der überwiegend in der Finanzberichterstattung ausgeschöpft wird,[303] übersteigt den Zeithorizont der Mittelfristplanung in der Praxis. So planen 15 von 16 Großunternehmen der Studie von *Hirsch/Hufschlag/Pieroth* (2005) lediglich über drei Jahre hinweg. Einige Unternehmen reduzierten ihren Planungshorizont von ehemals fünf Jahren im Zuge einer Zusammenführung der Mittelfristplanung und der Budgetierung, die zuvor separate Prozesse darstellten.[304] Unternehmen mit einer kürzeren oder nicht vorhandenen Mittelfristplanung wird durch den Goodwill-Impairment-Test kein minimaler Detailplanungszeitraum explizit auferlegt. Grundsätzlich existiert jedoch der Druck des Kapitalmarktes, ein Mindestmaß an Planungsaktivitäten zu erfüllen. Aus Controlling-Sicht ist ein Zeithorizont der Mittelfristplanung von unter drei Jahren i. d. R. abzulehnen, da in diesem Fall u. a. von Lebenszykluseffekten für einzelne Produkte abstrahiert wird.[305]

In Unternehmen mit hohem Investitionsvolumen oder mit sehr langfristigen Vertragsbeziehungen zu Kunden und Lieferanten wird oft über einen längeren Zeithorizont als drei Jahre geplant.[306] Die Verwendung einer Detailplanung, die fünf Jahre überschreitet, ist nach IAS 36 ebenfalls zulässig. Gegenüber dem Wirtschaftsprüfer muss hierfür gezeigt werden, dass über diesen Zeithorizont in der Vergangenheit präzise geplant wurde.[307] Diese Regelung unterstellt, dass eine hohe Planungsgüte

---

[300] Vgl. IAS 36.97f.

[301] Vgl. auch *Telkamp/Bruns* (2000) S. 30.

[302] Vgl. IAS 36.33(b).

[303] Vgl. die empirischen Ergebnisse in *Glaum/Street/Vogel/PwC* (2007) S. 55f., *Epstein/Pellens/Ruhwedel/Deloitte* (2005) S. 9.

[304] Vgl. *Hirsch/Hufschlag/Pieroth* (2005) S. 259.

[305] Vgl. *Wirth* (2005) S. 44.

[306] Vgl. *Hirsch/Hufschlag/Pieroth* (2005) S. 259, *Lienau/Zülch* (2006) S. 322.

[307] Vgl. IAS 36.35, IAS 36.33(b).

in der Vergangenheit auch für die Zukunft repräsentativ ist. Dieser Zusammenhang muss jedoch nicht zwingend zutreffen.[308]

IAS 36.49 beschreibt den gesamten **Zeithorizont der Planung für den Impairment-Test** implizit als die Nutzungsdauer des am längsten genutzten, für die operative Tätigkeit zwingend erforderlichen Vermögenswertes der CGU.[309] Der Goodwill unterliegt gemäß der Auffassung des IASB zwar einer unbegrenzten Nutzungsdauer,[310] kann jedoch nicht als für die Leistungserstellung zwingend erforderlich erachtet werden. Demzufolge ist auf die längste Nutzungsdauer der operativ notwendigen Vermögenswerte der CGU zu verweisen. Kann in der CGU z. B. ein immaterieller Vermögenswert mit unbegrenzter Nutzungsdauer, der operativ erforderlich ist, identifiziert werden, führt dies allerdings nicht zwingend zur Annahme einer unendlichen Nutzungsdauer der CGU.[311] IAS 38.91 erklärt: „*The term ‚indefinite' does not mean ‚infinite'.*" Dies ist indes die Prämisse des IDW, sofern der Vermögenswert die CGU prägt (*leading asset*).[312]

Da der Goodwill meist größeren CGUs zugeordnet wird, ist die Identifizierung des Vermögenswertes mit der längsten wirtschaftlichen Nutzungsdauer mit Schwierigkeiten verbunden. Hierfür können Informationen aus der Anlagenbuchhaltung oder dem Anlagen-Controlling verwendet werden. Es soll auf einen wesentlichen, nicht notwendigerweise den bedeutsamsten Vermögenswert rekurriert werden. Im Gegensatz dazu erachtet das IDW auch die Nutzungsdauer von goodwill-tragenden CGUs als unendlich, wenn die Einheit ein im Hinblick auf die anderen Vermögenswerte bedeutsames Goodwill-Volumen umfasst.[313] Für alle anderen CGUs seien nach Auffassung des IDW entgegen IAS 36.49 primär der prägende Vermögenswert und erst sekundär der Vermögenswert mit der längsten Nutzungsdauer heranzuziehen.[314]

---

308 Vgl. auch IAS 36.BC63(a).

309 Vgl. *Hoffmann* (2008a) Rz. 28, IDW RS HFA 16.103.

310 Vgl. IFRS 3.BC101.

311 Ohne Bezug auf die implizite Regelung des IAS 36.49 schließt *Wirth* (2005) S. 37ff. argumentativ ebenfalls auf eine endliche Nutzungsdauer der CGU. Nach Meinung des Autors auf S. 38 orientiert sie sich daran, „[...] wie lange ein installierter, betrieblicher Produktionsprozess und die damit verbundenen Produktionsfaktoren effizient einsetzbar sind bzw. ab wann die Produktion aufgrund neuer Produktionsverfahren oder anderer technischer Innovationen nicht auf andere Weise vorteilhafter wäre."

312 Vgl. IDW RS HFA 16.103.

313 Vgl. IDW RS HFA 16.103, *Hoffmann* (2008a) Rz. 28.

314 Vgl. IDW RS HFA 16.103.

Sofern die verwendete Nutzungsdauer einen in der Praxis nicht aussagekräftig planbaren Zeithorizont aufweist, z. B. mehr als 50 Jahre, ist als Berechnungshilfsmittel die ewige Rente anwendbar.[315] In der ewigen Rente ist ein unter Berücksichtigung der Planungsgüte und der Entwicklung der Cashflows in der Detailplanungsphase angemessener Cashflow zu verwenden.[316]

Für die Cashflows der **Extrapolationsphase** gelten die gleichen Regelungen wie für die Detailplanungsphase. So ist insbesondere von Finanzierungsaktivitäten und Steuern zu abstrahieren.[317] Jedoch sollten die Cashflows der Extrapolationsphase grundsätzlich eine konstante oder sinkende Wachstumsrate aufweisen, die maximal dem langfristigen Durchschnittswert des betreffenden Marktes entspricht. Höhere auf Basis von beobachteten Lebenszyklen nachgewiesene Wachstumsraten sind ebenfalls zulässig.[318]

Die Planungsprämissen für die Extrapolationsphase werden durch diese bilanziellen Regelungen nur gering beschränkt. Zwar wird eine allgemeine Obergrenze für die Wachstumsrate definiert, jedoch ist diese durch die gewählte Marktabgrenzung beeinflussbar. Zur Ableitung der Wachstumsrate ist das Controlling angehalten, ggf. in Zusammenarbeit mit dem Marketing, für die einzelnen CGUs des Unternehmens spezifische Marktabgrenzungen vorzunehmen. Für unterschiedliche Prognosezeiträume können unterschiedliche Wachstumsprämissen getroffen werden.[319] Dabei ist ein Rückgriff auf die Prämissen von existierenden Unternehmens(teil)bewertungen möglich. So wird in Unternehmensbewertungen in der Extrapolationsphase i. d. R. ein Konvergieren der Rentabilität gegen die Normalrentabilität der Unternehmen der Branche modelliert.[320] Für die Extrapolationsphase wird zwar zumeist ein positives Nominalwachstum, aber ein negatives Realwachstum ange-

---

315 Vgl. *Copeland/Koller/Murrin* (1996) S. 287. Auf die Praxis übertragen endet ein unendlicher Zeithorizont nach etwa 50 Jahren. In der Verwendung eines Diskontierungszinssatzes von 10% auf einen konstanten jährlichen Cashflow wird nach dieser Zeit bereits 99,1% des Kapitalwertes erreicht.

316 A. A. *Hoffmann* (2008a) Rz. 29, der für die Verwendung des Cashflows der letzten Phase des Detailplanungszeitraumes plädiert. *Wirth* (2005) S. 63 empfiehlt angesichts der positiven Planungsverzerrung durch den Hockey-Stick-Effekt einen durchschnittlichen Cashflow.

317 Vgl. IAS 36.50.

318 Vgl. IAS 36.33(c), IAS 36.36f.

319 Zur Berücksichtigung von Änderungen der Wachstumsrate siehe *Lienau/Zülch* (2006) S. 327ff.

320 Vgl. die Übersicht über empirische Studien von *Henselmann/Weiler* (2007) S. 356f.

nommen.[321] In zyklischen Branchen ist zur Bestimmung der Wachstumsrate der Lebenszyklus explizit abzuleiten. Hierfür sind die Ein- und Auszahlungen der CGU von der Markteinführung bis zur Einstellung des Produktes und damit verbundener Services zu prognostizieren. Neben der detaillierten Ableitung von Cashflows und ihrer Wachstumsrate für den Impairment-Test kann eine Lebenszyklusrechnung als zusätzliches Controlling-Instrument dienen.[322]

Zum Ende der Nutzungsdauer ist der **Zahlungsstrom aus dem Verkauf oder der Einstellung** der goodwill-tragenden CGU als ein Nettoveräußerungswert zu ermitteln.[323] Zum Bewertungszeitpunkt sind dafür Preise für ähnliche CGUs, die das Ende ihrer wirtschaftlichen Nutzungsdauer erreicht haben und unter ähnlichen Bedingungen betrieben wurden, heranzuziehen.[324] Da diese Preisinformationen für goodwill-tragende CGUs in der Praxis kaum verfügbar sind, ist streng genommen keine Berücksichtigung des Nettoveräußerungswertes möglich, da er gemäß der Auffassung des IASB lediglich aus Marktinformationen abgeleitet werden darf. Der Zahlungsstrom zum Ende der Nutzungsdauer kann ebenfalls in der Form einer Auszahlung, so z. B. für die Entsorgung der CGU, auftreten. In diesem Fall sind die Veräußerungskosten nur in der Höhe einzubeziehen, in der bisher keine korrespondierende Verpflichtung passiviert wurde und in die Berechnung einging.[325]

Die Gleichung (Gl.) 1 zeigt **zusammenfassend** die Kapitalwertermittlung des Nutzungswertes und seine Eingangsgrößen. Gleichung 2 zeigt sie für den Fall der Verwendung einer ewigen Rente in der Extrapolationsphase und unter Vernachlässigung eines Nettoveräußerungswertes:[326]

(Gl. 1)
$$NW = \sum_{t=1}^{T} \frac{CF_t}{(1+i)^t} + \frac{CF_{T+1} * \left[1 - \left(\frac{1+w}{1+i}\right)^R\right]}{(i-w)(1+i)^{T+1}} + \frac{NVW}{(1+i)^{T+R}} + fin.VW_{BW} - FK_{BW}$$

---

[321] Vgl. die empirische Untersuchung von *Schüler/Lampenius* (2007) S. 243 auf Basis von 134 Gutachten für Unternehmensbewertungen.

[322] Zur Ableitung von Lebenszyklusrechnungen siehe *Schweitzer* (2006) S. 69ff.

[323] Vgl. IAS 36.39(c).

[324] Vgl. IAS 36.53(a).

[325] Vgl. IDW RS HFA 16.109 i. V. m. IAS 36.43(b).

[326] A. A. *Wirth* (2005) S. 67, der für den endlichen Fortschreibungszeitraum das Gordon-Wachstums-Modell, das einen unendlichen Zeithorizont unterstellt, verwendet. Zur Ermittlung unter der Prämisse eines unendlichen Zeithorizonts siehe *Lienau/Zülch* (2006) S. 321. Zu unterschiedlichen Phasenmodellen in der Kapitalwertermittlung siehe *Ballwieser* (2007) S. 62ff.

(Gl. 2) $$NW = \sum_{t=1}^{T} \frac{CF_t}{(1+i)^t} + \frac{CF_{T+1}}{(i-w)(1+i)^T} + fin.VW_{BW} - FK_{BW}$$

mit:

NW	Nutzungswert
T	Länge der Detailplanungsphase
t	spezifisches Jahr der Detailplanungsphase
CF_t	Cashflow eines Jahres der Detailplanungsphase
i	Diskontierungszinssatz (je nach Planungsphase spezifizierbar)
CF_{T+1}	Basis-Cashflow der Extrapolationsphase
w	Wachstumsrate des Basis-Cashflows
R	Länge der Extrapolationsphase
NVW	Nettoveräußerungswert
$fin.\ VW_{BW}$	Buchwert der ggf. berücksichtigten finanziellen Vermögenswerte
FK_{BW}	Buchwert der ggf. berücksichtigten Schulden

Im Rahmen der Ermittlung des Nutzungswertes wird typischerweise die Sensitivität des Bewertungsergebnisses auf die Veränderung der Eingangsgrößen untersucht. Die **Sensitivitätsanalyse** stellt sicher, dass das Bewertungsergebnis angemessen robust ist.[327] Sofern durch Schätzungsunsicherheiten ein wesentliches Risiko existiert, dass im nächsten Geschäftsjahr der Buchwert des Goodwills wesentlich zu reduzieren ist, sind die bedeutsamsten Unsicherheiten in der Finanzberichterstattung offenzulegen.[328] Gemäß IAS 1.120 muss nicht nur angegeben werden, auf welche Parameter der Nutzungswert maßgeblich sensibel reagiert, sondern ist auch die Sensitivität zu begründen. Überdies ist die Bandbreite der möglichen Buchwerte für den Goodwill des nächsten Geschäftsjahres zusammen mit dem erwarteten Zeitpunkt der Auflösung der Schätzungsunsicherheit darzulegen.[329] Es erscheint fraglich, ob die letztgenannten Angaben mit hinreichender Zuverlässigkeit und Aussagekraft für die Bilanzadressaten angegeben werden können. Sofern der Nutzungswert auf eine Vielzahl von Parametern besonders sensibel reagiert, wäre die Darstellung von zwei oder drei wahrscheinlichen Szenarien informativer.[330]

---

[327] Vgl. *Kuhner* (2006) S. 719.

[328] Vgl. IAS 1.116.

[329] Vgl. IAS 1.120(c).

[330] Vgl. *Kirsch* (2004) S. 141. Sofern der erzielbare Betrag auf einem Nettoveräußerungswert beruht, der nicht auf Basis aktueller Marktwerte ermittelt wird, gilt dies analog für den Nettoveräußerungswert.

5.4.2 Ableitung des Zahlungsstromes

Der für den Nutzungswert prognostizierte Zahlungsstrom beinhaltet sämtliche Ein- und Auszahlungen, die mit den in den Buchwert der CGU einbezogenen Vermögenswerten und Schulden verbunden sind. Korrespondierend dürfen keine Bilanzpositionen im Buchwert erfasst werden, deren Zahlungsströme nicht in den Nutzungswert eingehen dürfen. Nachfolgend werden einzelne Cashflow-Arten auf ihren Einbezug in den Nutzungswert untersucht.

Der prognostizierte Zahlungsstrom darf nur die Mittelzuflüsse umfassen, die aus der **fortgesetzten Nutzung der CGU** resultieren.[331] Daneben sind die Mittelabflüsse zu berücksichtigen, die für die Gewährleistung der fortgesetzten Nutzung anfallen und vernünftig und stetig zugerechnet werden können.[332] So dürfen z. B. Auszahlungen für Personal, Material sowie Reparatur und Instandhaltung von Vermögenswerten einberechnet werden.[333] Zu diesen als *day-to-day servicing* bezeichneten Maßnahmen zählen auch Großinspektionen und Investitionen in die Sicherheit bzw. den Umweltschutz, die keine Leistungssteigerung der CGU bewirken.[334]

Die geschätzten Umsatzerlöse und die Beschaffungsauszahlungen von anderen Unternehmenseinheiten müssen auf **marktüblichen Transaktionspreisen** basieren.[335] Weichen die intern verwendeten Verrechnungspreise wesentlich von Marktpreisen ab, so sind sie für die Ermittlung des Nutzungswertes zu korrigieren. Hierfür wird die bestmögliche Managementschätzung für zukünftige Preise, die in einer marktüblichen Transaktion unter unabhängigen Geschäftspartnern erreicht werden könnten, verwendet. Den Ausgangspunkt für diese Schätzung sollen ebenfalls interne Finanzpläne und -prognosen bilden.[336] Sofern eine CGU aus mehreren Unternehmenseinheiten besteht, die eigene Planungen vorhalten, sind die Planungen für den Impairment-Test ggf. zu konsolidieren.[337]

Der **Ersatz von operativ erforderlichen Vermögenswerten** mit einer geringeren Nutzungsdauer als der Nutzungsdauer der CGU gilt ebenfalls als *day-to-day servicing*.[338] Mit dieser Regelung wird die Prämisse des IASB verbunden, dass der Ersatz

---

[331] Vgl. IAS 36.39(a).
[332] Vgl. IAS 36.39(b).
[333] Vgl. IAS 36.41, IAS 16.12.
[334] Vgl. IDW RS HFA 16.106, IAS 16.11, IAS 16.14.
[335] Vgl. IAS 36.70, *KPMG* (2004) S. 110f.
[336] Vgl. IAS 36.70f.
[337] Vgl. *Wirth* (2005) S. 48.
[338] Vgl. IAS 36.49.

dieser Vermögenswerte die ursprünglich geschätzte sog. Standard-Leistungsfähigkeit der CGU nicht wesentlich verändert.[339]

Folglich hängt die Unterscheidung zwischen einer zu berücksichtigenden **Ersatz-** und einer zu eliminierenden **Erweiterungsinvestition** davon ab, ob sich durch die Investition die Standard-Leistungsfähigkeit der CGU wesentlich erhöht. Daneben gilt der Ersatz von operativ erforderlichen Vermögenswerten, deren Nutzungsdauer die Nutzungsdauer der CGU überschreitet, ebenfalls als Erweiterungsinvestition.[340] Beispiele für Investitionen, die zu einer Leistungssteigerung führen können, sind: künftige Einsparungspotenziale aus einer Mitarbeiterreduktion, aus einer Erweiterung der Produktionskapazität, aus Investitionen in neue Märkte oder aus Realoptionen, d. h. Folgeinvestitionen, die von zuvor getätigten Investitionen abhängen.[341]

Eine Veränderung des Wesens der CGU – wie von *Brücks/Kerkhoff/Richter* (2005) und *Schmusch/Laas* (2006) angeführt[342] – ist für die Unterscheidung von Ersatz- und Erweiterungsinvestitionen primär nicht relevant. So erklärt auch IAS 36 in BCZ45: „[..], *the Standard requires that future cash inflows should be estimated for an asset* [*or CGU*, d. V.] *in its current condition, whether or not these future cash inflows are from the asset* [*or CGU*, d. V.] *that was initially recognised or form its subsequent enhancement or modification.*" Überdies wäre die praktische Überprüfung, ob die CGU in ihrem Wesen verändert wurde, und die nachfolgende Korrektur der damit verbundenen Zahlungsströme mit Schwierigkeiten verbunden.[343]

Ebenfalls ist gemäß IAS 36 nicht auf den bedeutsamsten Bestandteil der CGU zu verweisen, wie *Schmusch/Laas* (2006) erklären: „Der zu testende Vermögenswert einer ZGE wird damit regelmäßig derjenige Vermögenswert sein, der der ZGE das Gepräge gibt (*leading asset*). Der Begriff ‚Erweiterungsinvestition' bezieht sich damit nur auf die Erweiterung bzw. den Ersatz des *leading asset*."[344] Zudem sollte eine Erweiterungsinvestition nicht anhand des Neuigkeitsgrades der mit der Investition verbundenen Produkte oder Produktionsverfahren – wie von *Brücks/Kerkhoff/Richter* (2005) vorgeschlagen[345] – identifiziert werden.

---

339 Vgl. IAS 36.BC67, IDW RS HFA 16.106.

340 Vgl. IAS 36.49.

341 Vgl. IAS 36.45, IAS 36.IE56, *Brücks/Kerkhoff/Richter* (2005) S. 6, *Schmusch/Laas* (2006) S. 1053, *Beyhs* (2002) S. 124f.

342 Vgl. *Brücks/Kerkhoff/Richter* (2005) S. 6, *Schmusch/Laas* (2006) S. 1053.

343 Vgl. IAS 36.BCZ44.

344 *Schmusch/Laas* (2006) S. 1053.

345 Vgl. *Brücks/Kerkhoff/Richter* (2005) S. 6.

Die **Leistungsfähigkeit** (*performance*) eines Vermögenswertes wird in IAS 36 vorrangig technisch hinsichtlich der absoluten realen Produktionskapazität interpretiert. Wird diese Auffassung auf eine CGU als Zusammenfassung von zahlungsmittelgenerierenden Vermögenswerten übertragen, kann die Leistungsfähigkeit auch anhand einer absoluten realen Erfolgsgröße beurteilt werden.[346] Im Verständnis der vorliegenden Arbeit ist daher eine Veränderung der ursprünglich geschätzten Standard-Leistungsfähigkeit anzunehmen, wenn sich durch eine zu tätigende Investition der Gewinn der CGU wesentlich verbessert. Deshalb sind durch das Controlling die geplanten Investitionen danach zu klassifizieren, ob sie das zukünftige Ergebnis wesentlich erhöhen. Hierzu ist konzernintern eine quantitative Wesentlichkeitsgrenze zu definieren.

Folglich ist ebenfalls nicht bedeutsam, ob Investitionen im Rahmen der Kaufpreisfindung bereits geplant und ihre Erfolge innerhalb des Goodwills aktiviert wurden[347]. Diese Interpretation würde zu erheblichen Ermessensspielräumen in der Abgrenzung von Ersatz- und Erweiterungsinvestitionen führen. Solchen Spielräumen versuchte das IASB durch die ausführlichen Regelungen zum Nutzungswert entgegenzuwirken.[348] Zudem widerspricht diese Interpretation der Regelung des IAS 36.44, wonach noch nicht eingeleitete, d. h. mit Auszahlungen verbundene Investitionen nicht in den Nutzungswert einbezogen werden dürfen.

Obwohl es IAS 36 und einige Autoren so formulieren,[349] berücksichtigt der Zahlungsstrom nicht ausschließlich den **Zustand der CGU am Bewertungsstichtag** (*current condition*).[350] Sofern das Unternehmen Auszahlungen für eine Erweiterungsinvestition vorgenommen oder sich zu einer Restrukturierung verpflichtet hat, sind von diesem Zeitpunkt an sämtliche damit verbundenen aktuellen und zukünftigen Zahlungsströme im Nutzungswert zu erfassen.[351]

Unbestimmt lässt IAS 36.48 den genauen **Zeitpunkt des Einbezuges von Erweiterungsinvestitionen**. Der Paragraf verweist lediglich auf den Zeitpunkt, ab dem

---

346 A. A. *Hoffmann* (2008a) Rz. 63, der für einen Automobilhersteller in China den Marktanteil als Kenngröße der Leistungsfähigkeit vorschlägt. Diese relative Kenngröße soll nach Meinung des Autors eher die ökonomische Realität bzw. den Fundamentalwert der CGU repräsentieren.

347 Vgl. *Schmusch/Laas* (2006) S. 1053.

348 Vgl. IAS 36.BCZ20.

349 Vgl. z. B. *Wirth* (2005) S. 50.

350 Vgl. IAS 36.44f.

351 Vgl. IAS 36.47f., die Beispiele 5 und 6 in IAS 36.IE44ff.

Auszahlungen für eine Verbesserung der Leistungsfähigkeit getätigt werden.[352] Es ist fraglich, ob sich die Investition – wie in IDW RS HFA 16.105 gefordert – realwirtschaftlich in der Umsetzung befinden muss. In Beispiel 6 des IAS 36 werden die mit der Erweiterungsinvestition verbundenen Zahlungsströme ab dem Zeitpunkt einkalkuliert, an dem die gesamte Investitionssumme bezahlt wird. Das Beispiel enthält keine Teilzahlungen und keine Überprüfung, inwieweit die Investition tatsächlich fertiggestellt ist.[353]

Eine **Verpflichtung zur Restrukturierung** existiert, wenn ein ausführlicher Restrukturierungsplan vorliegt, der bei den Beteiligten die Erwartung der Durchführung erweckt.[354] Die diesbezügliche Cashflow-Prognose spiegelt maßgeblich die Kosteneinsparungen und weitere Vorteile aus der Restrukturierung entsprechend der Mittelfristplanung wider.[355] Für die durch die Restrukturierung direkt verursachten Kosten ist überdies eine Rückstellung nach IAS 37 zu bilden.[356] Alle weiteren Kosten, wie z. B. die Kosten für die Umschulung und die Versetzung bisheriger Mitarbeiter, für das Marketing oder für Investitionen in neue IT-Systeme oder Vertriebskanäle, bilden nach IAS 37.81 keine Bestandteile der Restrukturierungsrückstellung. Sie gelten als Kosten der zukünftigen Geschäftstätigkeit des Unternehmens und sind demzufolge in den Nutzungswert einzuberechnen.[357]

Im Umkehrschluss gilt: Nicht im Nutzungswert zu berücksichtigen sind alle Zahlungsströme aus zukünftigen Restrukturierungen, zu denen sich das Unternehmen noch nicht verpflichtet hat, und aus einer Investition in die Steigerung der CGU-Leistungsfähigkeit, für die noch keine Auszahlungen vorgenommen wurden.[358]

Eine Ausnahme bilden **Auszahlungen für die Fertigstellung**. Sie können grundsätzlich in den Nutzungswert von einzelnen Vermögenswerten eingehen. Zu prüfen ist, ob die betreffenden Regelungen für Vermögenswerte auch auf CGUs mit Goodwill-Anteil übertragbar sind. Es ist dabei zu beachten, dass gemäß der wortwörtlichen Standardauslegung eine Fertigstellung nicht allein in der Nutzung, sondern bereits in der Möglichkeit des Verkaufs liegt. Gemäß der Auffassung des IASB gelten z. B. ein sich im Bau befindliches Gebäude oder ein noch nicht abgeschlossenes

---

352 Vgl. IAS 36.48.
353 Vgl. IAS 36.IE60.
354 Vgl. IAS 37.72.
355 Vgl. IAS 36.47(a).
356 Vgl. IAS 36.47, IAS 36.IE51, IAS 36.43(b), IAS 37.80.
357 Vgl. IAS 37.81, *Beyhs* (2002) S. 122f., *Wirth* (2005) S. 51.
358 Vgl. IAS 36.44, IAS 36.33(b), IAS 36.47f.

Entwicklungsprojekt als unfertig.[359] Da allgemein in der Praxis auch unfertige Gebäude und Teilergebnisse aus Entwicklungsprojekten gehandelt werden, sind entweder die Beispiele des Standardsetters unpassend gewählt oder – wie nachfolgend unterstellt – soll sich nach Auffassung des IASB ein hypothetischer Verkauf erst nach der Fertigstellung der CGU ereignen können. Da der Fertigstellungszeitpunkt somit nicht aus dem realen Verkaufszeitpunkt ableitbar ist, wird für die Beurteilung der erstmalige Nutzungszeitpunkt herangezogen. Es wird in Anlehnung an die Definition im Framework angenommen, dass ein Vermögenswert als fertiggestellt gilt, wenn durch ihn erstmalig Cashflows generiert werden können.[360] Wird diese Prämisse auf eine CGU, d. h. auf eine per Definition zahlungsmittelgenerierende Einheit, übertragen, kann sie nur als unfertig eingeschätzt werden, wenn sie aktuell noch nicht zur Cashflow-Generierung auf einem realen oder hypothetischen Absatzmarkt genutzt werden kann. Diese Situation wird regelmäßig, insbesondere bei goodwill-tragenden CGUs nicht auftreten. Folglich dürfen für sie keine Auszahlungen für die Fertigstellung erfasst werden.[361]

In Analogie zur Berücksichtigung von *corporate assets* im Buchwert sind weiterhin **Gemeinkosten** einzubeziehen. Sie sind der CGU direkt oder auf einer sachgerechten, stetigen Grundlage zuzurechnen.[362] Da regelmäßig im Rahmen der Mittelfristplanung keine Kostenstellenbudgets geplant werden,[363] sind für Zwecke des Impairment-Tests wesentliche Gemeinkostenanteile aus den historischen Daten für die

---

359 Vgl. IAS 36.42.

360 Vgl. F.54.

361 Siehe auch *Hoffmann* (2008a) Rz. 62f. Er verneint zwar die Frage, ob CGUs einen unfertigen Status einnehmen können nicht, zieht jedoch auf Basis von zwei Praxisbeispielen in Rz. 62 folgenden Schluss: „In beiden Fällen scheint die Übertragung der Regelungen für einzelne Vermögenswerte auf die CGU zwar möglich, jedoch nur in der Weise, dass unterschiedliche Lösungen und damit ein erhebliches Maß an Subjektivität unvermeidlich sind." *Brücks/Kerkhoff/Richter* (2005) S. 6 erklären: „IAS 36.39(b) ist so auszulegen, dass Investitionen, die der Herstellung des geplanten Zustands der *cash generating unit* dienen, nicht aus den künftigen *cash flows* zu eliminieren sind. Ziel der Regelung ist, dass die künftigen *cash flows* dem Umstand Rechnung tragen müssen, dass die *cash generating unit* am Bewertungsstichtag noch nicht fertiggestellt ist. Zur Abgrenzung der eliminierungspflichtigen Erweiterungsinvestitionen ist hier im ersten Schritt festzulegen, wann eine *cash generating unit* ‚fertiggestellt' ist. Maßgeblich hierfür sind die ursprünglichen Investitionsentscheidungen des Managements." Selbst unter Vernachlässigung der obigen Argumentation wird aufgrund der Ermessensspielräume in der Definition des Fertigstellungszeitpunktes einer CGU, der Unzulässigkeit der Berücksichtigung von Erweiterungsinvestitionen ohne getätigte Auszahlungen und aufgrund der praktischen Schwierigkeiten in der von den Autoren vorgeschlagenen Vorgehensweise nicht ihrer Ansicht gefolgt.

362 Vgl. IAS 36.41.

363 Vgl. *Hirsch/Hufschlag/Pieroth* (2005) S. 257.

Zukunft zu schätzen. Eine pauschale Fortschreibung sollte unter Beachtung von erzielbaren Effizienzgewinnen über die Zeit, so z. B. durch Größen- oder Lerneffekte, erfolgen.[364] Sofern auf zeitnahe Informationen aus einer Prozesskostenrechnung zurückgegriffen werden kann, ist eine genauere Zurechnung gemäß der erwarteten Prozessbeanspruchung und der erwarteten Kostensätze je Prozessaktivität möglich.

Die Daten der Mittelfristplanung enthalten **spezifische Synergien**, d. h. Verbundeffekte, die nur das Mutterunternehmen realisieren kann. Daneben beziehen sie unspezifische Synergien ein, die eine Vielzahl typischer hypothetischer Erwerber erzielen könnte.[365] Eine Synergiebereinigung der Planungsinformationen zur Ermittlung des Nutzungswertes ist grundsätzlich nicht erforderlich. Unter Berücksichtigung der zuvor dargestellten Regelungen sind Synergien jedoch in dem besonderen Fall zu eliminieren, in dem die Prämissen der Unternehmensplanung externen Hinweisen widersprechen.[366] Dieses Vorgehen ähnelt dem Vorschlag in der wissenschaftlichen Literatur, für die Fair-Value-Bewertung die spezifischen Synergien, die kein typischer Marktteilnehmer erwirken könnte, auszulassen.[367]

Weiterhin ist grundsätzlich, wie zur Buchwertbestimmung bereits ausführlich dargestellt,[368] von Zahlungsmittelzu- oder -abflüssen aus **finanziellen Vermögenswerten, Schulden und Ertragsteuern** zu abstrahieren. Demzufolge sind die diese Positionen betreffenden Cashflows nicht in die Berechnung des Nutzungswertes einzubeziehen.[369]

Aus der eingeschränkten Berücksichtigung von Erweiterungsinvestitionen und der Abstraktion von Finanzierungsaktivitäten schließt *Hachmeister* (2005), dass das IASB implizit eine **Vollausschüttung der finanziellen Überschüsse** annimmt.[370] Im Gegensatz dazu erlaube IAS 36.33(c) real wachsende Cashflows, die im Allge-

---

364 Zum sog. Erfahrungskurvenkonzept, das auf Größen- und Lerneffekten beruht, siehe *Weber/Schäffer* (2006) S. 373.

365 Vgl. IAS 36.BCZ43f., unter der Bezeichnung „echte“ und „unechte Synergien“ *Trützschler/David/Strauch/Tomaszewski* (2005) S. 386.

366 Vgl. IAS 36.33(a), IDW RS HFA 16.104. A. A. *Schmusch/Laas* (2006) S. 1053: „Im Rahmen der Berechnung des Nutzungswertes ist keine Eliminierung von (echten) Synergien – soweit diese in den Planungsrechnungen der ZGE enthalten sind – erlaubt.“

367 Vgl. *Frowein/Lüdenbach* (2003a) S. 66f., *Küting/Weber/Wirth* (2001) S. 189.

368 Vgl. Abschnitt D.5.2.2.

369 Vgl. IAS 36.50, IAS 36.43. Ggf. kann die Ermittlung des Nutzungswertes jedoch auf einer Nach-Steuer-Rechnung nach IAS 36.BCZ85 beruhen; vgl. weiterführend den nachfolgenden Abschnitt D.5.4.3.

370 Vgl. *Hachmeister* (2005) S. 218f.

meinen eine Investition aus einbehaltenen finanziellen Überschüssen erfordern.[371] Dieser festgestellte Widerspruch löst sich auf, wenn das Ziel des Standardsetters beachtet wird. In BCZ20 des IAS 36 wird erklärt: „*IASC believed that IAS 36 included sufficient requirements to prevent an enterprise from using assumptions different from the market place that are unjustified.*“ Somit beabsichtigte der Standardsetter einerseits eine Einschränkung der Manipulationsmöglichkeiten in der Ermittlung des Nutzungswertes. Andererseits betont er in den nachfolgenden Erläuterungen, am Konzept eines „*value in use for the asset in its current condition*“ in absehbarer Zukunft festzuhalten.[372] Explizite Begründungen dieses Konzepts fehlen,[373] jedoch ist eine Parallelität zur Formulierung des Fair-Value-Verständnisses festzustellen: „[..], *the Board clarified that fair value measurement should consider the attributes of the asset or liability in its current condition and location.*“[374] Da diese Zielsetzungen des Standardsetters nicht zwingend mit einer ökonomisch sinnvollen Bedeutung der eingeschränkten Berücksichtigung von Erweiterungsinvestitionen verbunden sind, wird hier die Ansicht vertreten, dass der Standardsetter grundsätzlich nicht von einer Vollausschüttung, sondern von einer Einbehaltung der finanziellen Überschüsse ausgeht.

Demzufolge sind gemäß IAS 36 die Verzinsungsansprüche von den Eigen- und Fremdkapitalgebern in einem Zahlungsstrom vor Steuern enthalten. Dies ähnelt der **Ermittlung des Free Cashflows** eines vollständig eigenkapitalfinanzierten Unternehmens.[375] Wie bereits angeführt, bezeichnet der Free Cashflow den Zahlungsstrom aus der laufenden Geschäftstätigkeit vor Zinsen, jedoch nach Steuern sowie unter Berücksichtigung von Ersatz- und Erweiterungsinvestitionen. Ex post gleicht er der Summe aus dem i. d. R. positiven operativen und dem i. d. R. negativen investiven Cashflow.[376]

---

371 Vgl. *Hoffmann* (2008a) Rz. 29, *Hachmeister* (2005) S. 219, ferner *Ballwieser* (2006) S. 276.

372 Vgl. IAS 36.BC72.

373 Vgl. die knappen Hinweise in IAS 36.BC73 i. V. m. IAS 16.BC37(e).

374 Vgl. das IASB-Update vom Mai 2006 S. 5. *Castedello/Klingbeil/Schröder* (2006) S. 1035 sind dagegen der Ansicht, dass die eingeschränkte Berücksichtigung von Erweiterungsinvestitionen aus dem ursprünglichen Fokus des IAS 36 – dem Werthaltigkeitstest für Sachanlagen – beruht: „Zukünftige Erweiterungen der Substanz sollen nicht erfasst werden, weil in die Beurteilung des heutigen Buchwerts sonst Wertkomponenten Eingang fänden, die den Buchwert als zukünftige Anschaffung noch nicht erhöht haben.“

375 Vgl. ähnlich *Wirth* (2005) S. 52, *Schmusch/Laas* (2006) S. 1053.

376 Vgl. *Baetge/Niemeyer/Kümmel* (2005) Rz. 358, *Richter* (2002) S. 314f., Anlage des DRS 2 „Kapitalflussrechnung“.

Ausgehend von der Ermittlung des Free Cashflows zeigt Abbildung D-7 auf der nächsten Seite zusammenfassend die **Ableitung des standardkonformen Cashflows**, der zur Ermittlung des Nutzungswertes zu verwenden ist. Die Daten aus der Mittelfristplanung sind entsprechend den Regelungen des IAS 36 in einer Nebenrechnung anzupassen.[377] Da hierfür das Wissen über die Planungsprämissen und -inhalte sowie die unterliegenden betriebswirtschaftlichen Entscheidungen notwendig ist, muss die Korrektur durch das Controlling in Zusammenarbeit mit dem Management der betreffenden CGU vorgenommen werden. Empirische Ergebnisse zeigen, dass trotz dieser umfangreichen erforderlichen Modifikationen die Bewertungsparameter für den Impairment-Test mit den Controlling-Informationen (in 93% der Unternehmen) und mit Unternehmensbewertungen von Akquisitionsobjekten (in 76% der Unternehmen) zumeist übereinstimmen.[378] Dies kann u. a. mit der weiten Verwendung eines einkommensorientierten Nettoveräußerungswertes begründet werden.

5.4.3 Ableitung des Diskontierungszinssatzes

Gemäß der in der Praxis üblichen Vorgehensweise wird der Diskontierungszinssatz auf Basis seiner Bestandteile – eines risikolosen Zinssatzes und eines Risikozuschlages – bestimmt. Da der standardkonforme Diskontierungszinssatz von der Kapitalstruktur des Unternehmens und der Finanzierung der CGU abstrahieren soll,[379] sind aus theoretischer Sicht allein die **Eigenkapitalkosten** relevant.[380]

Der **risikolose Zinssatz** entspricht der Mindestverzinsung für die Übertragung eines Kapitalbetrages über einen festgelegten Zeithorizont. Er spiegelt den Zeitwert einer Kapitalanlage ohne wesentliche Risiken hinsichtlich des Anlageausfalls sowie von Zins- und Währungsänderungen wider und wird deshalb auch als Basiszinssatz bezeichnet. Deutsche Unternehmen können die öffentlich einsehbare Verzinsung von Bundesanleihen als Anhaltspunkt für den risikolosen Zinssatz verwenden. Die Entwicklung der geforderten Mindestverzinsung über den Zeithorizont der Kapitalanlage wird durch eine Zinsstrukturkurve abgebildet. Sie weist jedem möglichen

---

377 Vgl. auch explizit IAS 36.BC75.

378 Vgl. *Epstein/Pellens/Ruhwedel/Deloitte* (2005) S. 10.

379 Vgl. IAS 36.A19.

380 Die nachfolgenden Ausführungen fokussieren auf die Ermittlung in einem kapitalmarktorientierten Unternehmen. Zur Ermittlung des risikolosen Zinssatzes und des Risikozuschlages in nicht kapitalmarktorientierten Unternehmen siehe *Kratz/Wangler* (2005).

Jahresergebnis der CGU (nach Steuern)
+ Abschreibungen auf das Anlagevermögen
+ Zuführungen zu Rückstellungen*
- Zunahme der Vorräte
- Zunahme der Forderungen aus Lieferungen und Leistungen*
- Zunahme der liquiden Mittel*
+ Zunahme der Verbindlichkeiten aus Lieferungen und Leistungen*

Cashflow aus laufender Geschäftstätigkeit der CGU
- Investitionen in Sachanlagen
- Investitionen in immaterielle Vermögenswerte
- Investitionen in Finanzanlagen*
+ gezahlte Zinsen (Finanzaufwendungen)
- Steuervorteil aus anteiliger Fremdfinanzierung**

Free Cashflow der CGU
-/+ Cashflow-Differenz aus laufender Geschäftstätigkeit: interne Verrechnungspreise versus marktübliche Transaktionspreise
+ Cashflow aus Investitionstätigkeit in Erweiterungsinvestitionen***, sofern noch keine Auszahlungen getätigt
- Cashflow aus laufender Geschäftstätigkeit aus Erweiterungsinvestitionen***, sofern noch keine Auszahlungen getätigt
- Restrukturierungserlöse, sofern noch nicht verpflichtet
+ direkte Restrukturierungskosten, sofern noch nicht verpflichtet
- anteilige Gemeinkosten aus *corporate assets*
-/+ Synergiekorrektur zur Übereinstimmung mit externen Informationen
+ sonstige Finanzaufwendungen
- Ergebnisbeiträge aus Equity-Gesellschaften
+ Ertragsteuern

Cashflow der CGU zur Ermittlung des Nutzungswertes

* sofern aus praktischen Gründen erforderlich und im Buchwert berücksichtigt
** Annahme: vollständige Eigenfinanzierung
*** Eine Erweiterungsinvestition ist der Ersatz von operativ erforderlichen Vermögenswerten, die eine längere Nutzungsdauer als die CGU aufweisen, oder eine Investition, die das zukünftige Ergebnis der CGU wesentlich erhöht.

Abbildung D-7: Cashflow-Ableitung für die Ermittlung des Nutzungswertes

Zeithorizont einer Kapitalanlage einen spezifischen Zinssatz (*spot rate*) zu.[381] Zur Ermittlung des Nutzungswertes sind die Zahlungsströme entsprechend ihrem zeitlichen Anfall gemäß öffentlich verfügbarer Informationen oder einer abgeleiteten Zinsstrukturkurve zu diskontieren.[382]

Der **Risikozuschlag** auf den Basiszinssatz berücksichtigt das mit der CGU verbundene Risiko, das nicht bereits im Zahlungsstrom beachtet wurde, im Vergleich zu einer risikolosen Kapitalanlage. Die Ermittlung des Diskontierungszinssatzes muss marktorientiert erfolgen, d. h. vorzugsweise aus aktuellen Transaktionen vergleichbarer CGUs. Möglich ist weiterhin die Ableitung aus den gewichteten durchschnittlichen Kapitalkosten eines gelisteten Unternehmens, das über eine hinsichtlich Ertragspotenzial und Risiken vergleichbare CGU verfügt.[383]

Fraglich ist, welche Informationen zur standardkonformen Ermittlung verwendet werden können, wenn diese beiden Kapitalkostensätze nicht aus dem Markt ableitbar sind. In diesem Fall können die Kapitalkosten von Referenzunternehmen oder Unternehmen der Branche, die der Geschäftstätigkeit der CGU ähneln,[384] oder nachrangig die Kapitalkosten des Unternehmens selbst als Ausgangspunkt dienen.[385] Eine pauschale Verteilung der Kapitalkosten des Unternehmens auf die einzelnen CGUs ist dagegen grundsätzlich unzulässig, da dies weder eine marktorientierte Vorgehensweise darstellt noch explizit das spezifische Risiko der CGU beachtet. Demzufolge sind im Extremfall die spezifischen Kapitalkosten jeder einzelnen CGU dezentral zu ermitteln.[386] Empirische Ergebnisse zeigen, dass dennoch oft keine differenzierte Ableitung erfolgt.[387]

---

381 Vgl. *Drukarczyk/Schüler* (2007) S. 248ff. Zur Ableitung des risikolosen Zinssatzes aus Größen des Kapitalmarktes siehe *Gebhardt/Daske* (2005).

382 Vgl. *Freiberg/Lüdenbach* (2005) S. 480f. Die Autoren vertreten jedoch die Auffassung, dass goodwill-tragende CGUs eine unendliche Nutzungsdauer aufweisen und deshalb langfristige bzw. zeitlich unbegrenzte Staatsanleihen oder der in der Unternehmensbewertung allgemein verwendete risikolose Zinssatz heranzuziehen sind; vgl. *Freiberg/Lüdenbach* (2005) S. 481, auch *Schmusch/Laas* (2006) S. 1055. Zum letzteren Vorschlag äußert sich *Drukarczyk/Schüler* (2007) S. 251 kritisch, da eine zeitliche Durchschnittsbildung erfolgt.

383 Vgl. IAS 36.55f. Die Verwendung historischer Diskontierungszinssätze ist unzulässig; vgl. IAS 36.BCZ53.

384 Vgl. *Freiberg/Lüdenbach* (2005) S. 483f., *Lienau/Zülch* (2006) S. 325.

385 Vgl. IAS 36.A17, IAS 36.BCZ55.

386 Vgl. *Freiberg/Lüdenbach* (2005) S. 483.

387 Vgl. *Beumer/KPMG* (2006) S. 23f. und S. 8 mit einer Analyse von insgesamt 58 Unternehmen, davon 53 IFRS-Bilanzierer, weiterhin *Heintges/Herre/PwC* (2007) S. 23ff.

Aufgrund der in der Praxis eingeschränkten marktlichen Informationen,[388] wird der Risikozuschlag i. d. R. aus dem Konzept der **gewichteten durchschnittlichen Kapitalkosten** entwickelt. Diese Kapitalkosten bilden die Summe aus den Eigen- und Fremdkapitalkosten des Unternehmens. Beide Bestandteile werden aus dem spezifischen Kostensatz und dem Anteil des Kapitals am Gesamtkapital bestimmt. Da für die Bewertung die zukünftige Entwicklung relevant ist, wird die Zielkapitalstruktur zu Marktwerten zugrunde gelegt.[389] Zur Vermeidung eines Zirkularitätsproblems wird eine im Zeitablauf konstante Kapitalstruktur angenommen.[390] Dies entspricht der Situation, in der entsprechend der Entwicklung des Unternehmenswertes derart Fremdkapital aufgenommen wird, dass der Verschuldungsgrad zu Marktwerten konstant bleibt.[391] Daneben wird berücksichtigt, dass die Fremdkapitalkosten von der Steuerbemessungsgrundlage abzugsfähig sind (*tax shield*). Die Gleichung 3 zeigt die Berechnung der gewichteten durchschnittlichen Kapitalkosten formal.[392]

(Gl. 3) $$WACC = r_{EK} * \frac{EK}{GK} + r_{FK} * \frac{FK}{GK} * (1 - s)$$

mit:

$WACC$	gewichtete durchschnittliche Kapitalkosten
r_{EK}	Eigenkapitalkostensatz (erwartete Rendite der Eigentümer) eines verschuldeten Unternehmens
EK	Marktwert des Eigenkapitals
GK	Marktwert des Gesamtkapitals
r_{FK}	Fremdkapitalkostensatz
FK	Marktwert des Fremdkapitals
s	Ertragsteuersatz

388 Vgl. IAS 36.BCZ55.

389 Vgl. *Richter* (2002) S. 321f.

390 Das Zirkularitätsproblem entsteht durch die Abhängigkeit der gewichteten durchschnittlichen Kapitalkosten von der Kapitalstruktur des Unternehmens. Die Kapitalstruktur hängt wiederum u. a. vom Marktwert des Eigenkapitals ab, das als Ergebnis der Unternehmensbewertung ermittelt werden soll. Vgl. *Baetge/Niemeyer/Kümmel* (2005) Rz. 437, *Richter* (2002) S. 322.

391 Vgl. *Baetge/Niemeyer/Kümmel* (2005) Rz. 442, *Ballwieser* (2007) S. 151f.

392 Vgl. *Drukarczyk/Schüler* (2007) S. 131ff., *Ballwieser* (2007) S. 145, grundlegend *Modigliani/Miller* (1958) S. 268ff.

Der **Marktwert der Eigenkapitalkosten** kann auf Basis des Capital Asset Pricing Model (CAPM) bestimmt werden.[393] Die von den Eigentümern geforderte Rendite wird dabei aus einem risikolosen Zinssatz zuzüglich eines Risikozuschlages, der die Unsicherheit der Investition in das Unternehmen im Vergleich zu einer risikolosen Anlage berücksichtigt, ermittelt.[394] Der Risikozuschlag wird berechnet, indem der sog. Betafaktor des Unternehmens mit der Marktrisikoprämie multipliziert wird, die den Preis für die Risikoübernahme auf dem Kapitalmarkt bezeichnet. Sie repräsentiert die Differenz zwischen der erwarteten Rendite eines Marktportfolios riskanter Anlagen und der Rendite einer risikolosen Anlage. Der Betafaktor ist ein Indikator für das systematische Risiko des Unternehmens, d. h. für die Abhängigkeit der Renditeschwankungen des Unternehmens von den des gesamten Kapitalmarktes.[395] Er wird als Quotient aus der Kovarianz der Unternehmensrendite mit der Marktportfoliorendite und der Varianz der Marktportfoliorendite ermittelt.[396] Die Gleichungen 4 und 5 zeigen die Ermittlung der Eigenkapitalkosten auf Basis des CAPM in der Übersicht.[397]

(Gl. 4) $$r_{EK} = r_f + \beta * \left(r_M - r_f\right) \text{ in Verbindung mit}$$

(Gl. 5) $$\beta = \frac{\operatorname{cov}(\tilde{r}_{EK};\tilde{r}_M)}{\operatorname{var}(\tilde{r}_M)} = \frac{\sigma_{EK} * \sigma_M * \rho_{EK,M}}{\sigma_M^2}$$

mit:

r_{EK}	erwartete Eigenkapitalrendite eines verschuldeten Unternehmens
r_f	risikoloser Zinssatz
β	Betafaktor des verschuldeten Unternehmens, ermittelt auf Basis von Renditeverteilungen
r_M	erwartete Rendite des Marktportfolios riskanter Kapitalanlagen

393 Vgl. IAS 36.A17(a).

394 Vgl. *Baetge/Niemeyer/Kümmel* (2005) Rz. 389, *Drukarczyk/Schüler* (2007) S. 69.

395 Ein Betafaktor von null bedeutet, dass die Renditeschwankungen des Unternehmens unabhängig von der Entwicklung des Gesamtmarktes sind. Ein Betafaktor von über eins zeigt an, dass die Rendite des Unternehmens stärker schwankt als die des Gesamtmarktes. Vgl. *Baetge/Niemeyer/Kümmel* (2005) Rz. 390. Das Risiko der Kapitalanlage, das unabhängig von der Entwicklung des Gesamtmarktes existiert, so z. B. die Gefahr einer Zahlungsunfähigkeit oder einer Übernahme des Unternehmens, gilt als unsystematisch. Dieses Risiko wird innerhalb des CAPM vernachlässigt, da es jeder einzelne Investor durch eine Diversifikation in der Anlagenstrategie beseitigen kann. Vgl. *Baetge/Niemeyer/Kümmel* (2005) Rz. 397.

396 Vgl. *Baetge/Niemeyer/Kümmel* (2005) Rz. 386ff., *Schmidt* (1993c) Sp. 1043f., *Copeland/Koller/Murrin* (2000) S. 214ff., *Freiberg/Lüdenbach* (2005) S. 483.

397 Vgl. *Baetge/Niemeyer/Kümmel* (2005) Rz. 388, *Ballwieser* (2007) S. 93f.

$\tilde{r}$	Verteilung möglicher Renditen
σ_{EK}	Standardabweichung der Eigenkapitalrendite des Unternehmens
σ_M	Standardabweichung der Rendite des Marktportfolios
$\rho_{EK,M}$	Korrelationskoeffizient der Eigenkapitalrendite des Unternehmens und der Rendite des Marktportfolios

Die Marktrisikoprämie und der Betafaktor können grundsätzlich aus erwarteten oder aus historischen Daten geschätzt werden.[398] Die Ermittlung von Betafaktoren ist auf börsennotierte Unternehmen oder, sofern im Einzelfall eine Aktiennotierung für Unternehmensteile (*tracking stocks*) verwendet wird,[399] auf Unternehmenseinheiten beschränkt. Sie unterliegt einer Vielzahl von Prämissen, auf die der Betafaktor sensibel reagieren kann, so z. B. auf das betrachtete Zeitintervall, den Berechnungszeitraum oder den verwendeten Index.[400]

Zur Verwendung für den Impairment-Test kann der aus dem Markt abgeleitete Betafaktor insbesondere hinsichtlich der Größe der CGU angepasst werden. Allgemein reduziert die Investition eines größeren Unternehmens in mehrere unterschiedliche Geschäftsaktivitäten die Standardabweichung der erwarteten Eigenkapitalrendite.[401] Analog kann sich der Betafaktor durch Diversifikation reduzieren, da er, wie Gleichung 5 zeigt, proportional von dieser Standardabweichung abhängt. Im Umkehrschluss kann argumentiert werden, dass kleinere, weniger diversifizierte Unternehmen durch höhere Betafaktoren im Sinne eines höheren systematischen Risikos bzw. einer höheren erwarteten Rendite gekennzeichnet sind.[402] Empirisch konnte für kleine Unternehmen mit einem hohen Verhältnis des Buchwertes zum Marktwert (*value stocks*) eine höhere durchschnittliche Rendite auf dem US-amerikanischen Kapitalmarkt als für die sonstigen Aktienarten festgestellt werden.[403] Bezogen auf den internationalen Kapitalmarkt gilt diese Aussage allerdings nicht,

---

398 Zu empirischen Ergebnissen von historischen Schätzungen der Marktrisikoprämie vgl. *Ballwieser* (2007) S. 96f., *Drukarczyk/Schüler* (2007) S. 253f.

399 Zu *tracking stocks* siehe *Fuchs* (2003).

400 Vgl. die empirische Untersuchung zur Veränderung des Betafaktors in DAX-30-Unternehmen unter Variation dieser Prämissen von *Berner/Rojahn/Kiel/Dreimann* (2005) S. 714ff.

401 Vgl. *Brealey/Myers/Allen* (2006) S. 182ff. zur Diversifikation eines Aktienportfolios.

402 A. A. sind *Freiberg/Lüdenbach* (2005) S. 484 mit der pauschalen gegenteiligen Prämisse, dass typischerweise der Betafaktor des Gesamtunternehmens größer als der gewichtete Durchschnitt der Betafaktoren der Unternehmensbereiche ist.

403 Vgl. für die Jahre 1963 bis 2004 *Fama/French* (2006) S. 2163ff., für die Jahre 1963 bis 1995 *Loughran* (1997) S. 261ff.

wie die empirischen Ergebnisse von *Fama/French* (2006) zeigen.[404] In jedem Fall kann folglich ein Vergleich des Durchschnitts der mit den Anteilen am Unternehmenswert gewichteten Betafaktoren mit dem Betafaktor des Gesamtunternehmens nur bedingt einer Plausibilisierung der Bewertungsprämissen dienen.[405]

Der Diskontierungszinssatz der CGU ist standardkonform stets unabhängig von der Kapitalstruktur des Unternehmens und der Finanzierung der CGU zu bestimmen.[406] Zur Ableitung der Eigenkapitalkosten ist daher der **Betafaktor eines unverschuldeten Unternehmens** (*unlevered beta*) zu verwenden.[407] Er kann anhand Gleichung 6 aus dem Betafaktor eines verschuldeten Unternehmens berechnet werden.[408] Diese Rechnung unterstellt einen neoklassischen Kapitalmarkt nach *Modigliani/Miller* (1958), in dem u. a. von Transaktionskosten, Konkursrisiko und Differenzen in den Verschuldungsmöglichkeiten von Unternehmen abstrahiert wird.[409] Der Marktwert des Eigenkapitals kann aus der Börsenkapitalisierung des Unternehmens oder anhand von Analogieverfahren aus vergleichbaren Unternehmen abgeleitet werden. Der Marktwert des Fremdkapitals entspricht dem Kapitalwert der Auszahlungen an die Fremdkapitalgeber.[410]

(Gl. 6) $$\beta_u = \frac{\beta}{1+(1-s)*\frac{FK}{EK}} \text{ bzw.}$$

(Gl. 7) $$\beta = \beta_u * \left(1+(1-s)*\frac{FK}{EK}\right)$$

mit:

β_u	Betafaktor des unverschuldeten Unternehmens
β	Betafaktor des verschuldeten Unternehmens
s	Ertragsteuersatz
FK	Marktwert des Fremdkapitals
EK	Marktwert des Eigenkapitals

---

404 Vgl. *Fama/French* (2006) S. 2171ff.

405 Vgl. ähnlich *Freiberg/Lüdenbach* (2005) S. 484.

406 Vgl. IAS 36.A19.

407 Vgl. *Mandl* (2005) S.148ff., weiterhin *Freiberg/Lüdenbach* (2005) S. 485.

408 Vgl. *Copeland/Koller/Murrin* (2000) S. 309. Zur Ableitung siehe z. B. *Drukarczyk/Schüler* (2007) S. 257ff.

409 Vgl. *Modigliani/Miller* (1958) S. 265ff., *Ballwieser* (2007) S. 99.

410 Vgl. *Bartels/Jonas* (2006) Rz. 57.

In Analogie zur Ermittlung der Zahlungsströme ist auch der Diskontierungszinssatz **vor der Berücksichtigung von Steuern** zu ermitteln.[411] Demzufolge sind die verwendeten Kapitalkosten eines unverschuldeten Unternehmens, d. h. die Summe aus dem risikolosen Zins und der mit dem Betafaktor eines unverschuldeten Unternehmens gewichteten Marktrisikoprämie, in eine Vor-Steuer-Größe überzuleiten. Hierfür wird in der Ermittlung des Betafaktors eines unverschuldeten Unternehmens ein Ertragsteuersatz von null angenommen. Weiterhin müssen der risikolose Zinssatz und die erwartete Rendite des Marktportfolios von Steuern abstrahieren. Die korrespondierende Ableitung der als Diskontierungszinssatz zu verwendenden Eigenkapitalkosten vor Steuern zeigen die Gleichungen 8 bis 10 formal.[412]

(Gl. 8) $$r_{EK,vSt} = r_{f,vSt} + \beta_{u,vSt} * \left(r_{M,vSt} - r_{f,vSt}\right)$$

(Gl. 9) $$r_{EK,vSt} = r_{f,vSt} + \frac{\beta}{1 + (1-0) * \frac{FK}{EK}} * \left(r_{M,vSt} - r_{f,vSt}\right)$$

(Gl. 10) $$r_{EK,vSt} = r_{f,vSt} + \beta * \frac{EK}{GK} * \left(r_{M,vSt} - r_{f,vSt}\right)$$

mit:

$r_{EK,vSt}$	erwartete Eigenkapitalrendite eines verschuldeten Unternehmens vor Steuern
$r_{f,vSt}$	risikoloser Zinssatz vor Steuern
$\beta_{u,vSt}$	Betafaktor des unverschuldeten Unternehmens vor Steuern
$r_{M,vSt}$	erwartete Rendite des Marktportfolios vor Steuern
β	Betafaktor des verschuldeten Unternehmens
FK	Marktwert des Fremdkapitals
EK	Marktwert des Eigenkapitals
GK	Marktwert des Gesamtkapitals

Die zuvor standardkonform abgeleitete Vor-Steuer-Berechnung des Nutzungswertes entspricht allerdings nicht dem **Vorgehen in der Unternehmenspraxis**. Die Gründe liegen einerseits darin, dass die Unternehmensrenditen am Kapitalmarkt die Ertragsteuern und demzufolge ebenfalls die Steuerabzugsfähigkeit von Fremdkapitalzinsen erfassen. Deshalb ist es schwierig, exakte Vor-Steuer-Größen zu ermit-

---

411 Vgl. IAS 36.A20.

412 Vgl. *Freiberg/Lüdenbach* (2005) S. 485.

teln.[413] Andererseits unterliegt die dargestellte Berechnung den restriktiven Prämissen für den Kapitalmarkt von *Modigliani/Miller* (1958).[414]

Unter Berufung auf das Rechenbeispiel in IAS 36.BCZ85 wird deshalb in der Praxis der Diskontierungszinssatz aus einer **Nach-Steuer-Rechnung** abgeleitet. Sie muss entgegen IAS 36.A19 die Kapitalstruktur des Unternehmens beachten. Das IDW empfiehlt hierfür eine Ermittlung des Nutzungswertes auf Basis von Nach-Steuer-Cashflows und des WACC der CGU. Der Diskontierungszinssatz vor Steuern degeneriert in dieser Berechnung zu einer speziell für die Angabepflichten zu ermittelnden Größe.[415]

Für die Ermittlung des Vor-Steuer-Zinssatzes aus der Nach-Steuer-Rechnung sind zwei Verfahren zu unterscheiden. Das **Verfahren des *grossing up*** besteht in der Division der Kapitalkosten durch den Term (1 - Ertragsteuersatz). Wie das Rechenbeispiel in IAS 36.BCZ85 zeigt, führt es zwar zu einer Annäherung, aber nicht zur Identität der Nutzungswerte unter Verwendung eines Vor-Steuer-Cashflows und eines Vor-Steuer-Diskontierungszinssatzes im Vergleich zu einer Nach-Steuer-Rechnung. Allein unter der unrealistischen Prämisse eines konstanten Zahlungsstromes und konstanter Ertragssteuern führen beide zu gleichen Ergebnissen.[416] *Freiberg/Lüdenbach* (2005) erachten das *grossing up* dennoch als im Einzelfall unter Beachtung der Cashflow-Entwicklung und der Wesentlichkeit anwendbar.[417]

Im Regelfall variierender Cashflows wird eine **iterative Vor-Steuer-Ermittlung** der Kapitalkosten vorgenommen.[418] Hierfür ist der Nutzungswert zunächst in einer Nach-Steuer-Rechnung zu ermitteln. Der Diskontierungszinssatz vor Steuern soll aus dem ermittelten Nutzungswert und den Vor-Steuer-Cashflows durch sich wiederholende Rechenschritte bestimmt werden.[419]

---

413 Vgl. *Freiberg/Lüdenbach* (2005) S. 485, *Schmusch/Laas* (2006) S. 1053f.

414 Vgl. *Modigliani/Miller* (1958) S. 265ff. Zum konkurrierenden Verständnis siehe *Brealey/Myers/Allen* (2006) S. 456ff.

415 Vgl. *Schmusch/Laas* (2006) S. 1054, *Castedello/Klingbeil/Schröder* (2006) S. 1036.

416 Vgl. *Ballwieser* (2006) S. 277f.

417 Vgl. *Freiberg/Lüdenbach* (2005) S. 485 mit dem Hinweis, dass dieses Verfahren auch in IAS 36.BCZ85 genannt und im Standard nicht explizit untersagt wird. Vgl. ebenso *Bartels/Jonas* (2006) Rz. 59. IDW RS HFA 16.111 nennt das *grossing up* und schließt es im Gegensatz zur Entwurfsfassung der Stellungnahme (vgl. IDW ERS HFA 16.113) nicht mehr von der Anwendung aus.

418 Vgl. IAS 36.BCZ85, die empirischen Ergebnisse in *Beumer/KPMG* (2006) S. 30f.

419 Für ein Beispiel siehe IAS 36.BCZ85, auf WACC-Basis *Hoffmann* (2008a) Rz. 27, *Ruhnke* (2008) S. 46.

Gemäß der Vorgehensweise des IDW ist im Rahmen der Nach-Steuer-Rechnung jeweils der Steuersatz des Landes zu verwenden, in dem die Cashflows generiert werden. Von der tatsächlichen Steuerlast aus einer Steueroptimierung über mehrere Länder hinweg ist abzusehen. Diese Vorgehensweise ermöglicht eine weitestgehend unabhängige Beurteilung der CGU. Internationalen Unternehmen ist es trotzdem gestattet, einen durchschnittlichen Steuersatz zu verwenden.[420]

Die gewichteten durchschnittlichen Kapitalkosten werden, wie zuvor erläutert, anhand des CAPM ermittelt. Zur Anpassung des aus dem Kapitalmarkt abgeleiteten Betafaktors an die Kapitalstruktur der CGU kann der Betafaktor zunächst anhand Gleichung 6 in den eines unverschuldeten Unternehmens umgewandelt werden. Anschließend wird dieser unter Verwendung der Kapitalstruktur der CGU wiederum umgerechnet.[421]

Die weiterhin für die Nach-Steuer-Rechnung erforderlichen Fremdkapitalkosten setzen sich aus einem risikolosen Zinssatz und einem Risikozuschlag gemäß der Bonitätseinschätzung der CGU zusammen.[422] Ersterer kann i. d. R. durch den Basiszinssatz der Eigenkapitalkosten approximiert werden. Letzterer ist an Kapitalmarktanalysen in Abhängigkeit von der Laufzeit und dem Unternehmensrating anzulehnen.[423]

Zusammenfassend zeigen die Ausführungen, dass für die standardkonforme Ermittlung des Diskontierungszinssatzes umfangreiche Bewertungskenntnisse und Kapitalmarktinformationen erforderlich sind. Es wurde deutlich, dass das IASB zwar grundsätzlich eine Vor-Steuer-Rechnung anstrebt, letztlich dagegen zunächst eine Ermittlung unter Berücksichtigung von Steuern vorgenommen werden muss. Diese Ermittlung des Nutzungswertes ist aus Controlling-Sicht zu begrüßen, da die Nach-Steuer-Größen durch eine erhöhte Entscheidungsnützlichkeit für den Konzernerfolg gekennzeichnet sind.[424]

---

420 Vgl. *Schmusch/Laas* (2006) S. 1054 i. V. m. S. 1052.

421 Vgl. Gleichung 7, *Schmusch/Laas* (2006) S. 1056.

422 Vgl. *Hoffmann* (2008a) Rz. 26.

423 Vgl. *Schmusch/Laas* (2006) S. 1056f. Die Autoren erläutern ebenfalls die Ableitung des Risikozuschlages für Pensionsrückstellungen und auf S. 1058f. die Ermittlung eines zusätzlichen Zinszuschlages für das Länderrisiko bei ausländischen CGUs.

424 Vgl. *Ruhnke* (2008) S. 46, *Olbrich* (2006a) S. 43.

6 Prüfung der informationellen Unterstützung

6.1 Regelungen für die Prüfung von bilanziellen Bewertungen

Die vorangegangenen Abschnitte analysierten die Informationsbereitstellung durch das Controlling. Nachfolgend werden die Besonderheiten der Prüfung der Goodwill-Bilanzierung diskutiert. Im Vordergrund stehen die Implikationen, die aus der Prüfung der bilanziellen Bewertungen für das Controlling erwachsen. Dabei wird insbesondere die Rolle des Controllings in der Einschränkung der bilanziellen Ermessensspielräume herausgestellt.

Die wichtigsten Bilanzierungsschritte, für die das Controlling zur Anwendung des IFRS 3, des IAS 38 und des IAS 36 **Informationen liefert**, sind:

* die Ermittlung des Fair Value immaterieller Vermögenswerte,
* die Abgrenzung der CGUs des Unternehmens und die Goodwill-Zuordnung,
* die Identifizierung einer potenziellen Wertminderung des Goodwills
* sowie die Ermittlung der Nutzungswerte der CGUs.

Wie die vorangegangenen Abschnitte zeigten, sind diese Bilanzierungsschritte mit umfangreichen Ermessensspielräumen verbunden, die in der Literatur vielfach kritisiert werden.[425] Die Ermessensspielräume werden jedoch durch die Prüfung eingeschränkt. Gemäß der EU-Richtlinie 2006/43/EG sind spätestens ab 1. Juli 2008 die internationalen Prüfungsstandards, die **International Standards on Auditing** (ISA) und damit zusammenhängende Vorschriften,[426] anzuwenden.[427] Sie werden durch die International Federation of Accountants (IFAC) bzw. deren Board[428] herausgegeben. Bisher wurden diese Standards in einzelne ähnlich formulierte Prüfungsstandards des IDW transformiert. Zukünftig werden sie durch eine schrittweise Anerkennung und Veröffentlichung im Amtsblatt der EU direkt Gesetzescharakter erhalten.[429] Die Standards können kurzfristig bis zur vollständigen Übernahme

---

425 Vgl. z. B. *Pottgießer/Velte/Weber* (2005b) S. 1748ff., *Protzek* (2003) S. 497ff., *Lienau/Zülch* (2006) S. 322ff.

426 Vgl. die Übersicht in *IFAC* (2007) S. 133.

427 Vgl. EU-Richtlinie 2006/43/EG Art. 2 Nr. 11, Art. 26 Abs. 1 und Art. 53 Abs. 1.

428 Es handelt sich um das International Auditing and Assurance Standards Board (IAASB). Zur Bedeutung, der Organisation und dem Standardsetting *Brinkmann/Spieß* (2006) S. 399ff.

429 Vgl. EU-Richtlinie 2006/43/EG Art. 26 Abs. 1.

und langfristig in Einzelfällen – maßgeblich in ungeregelten Prüfungsfeldern wie z. B. für den Lagebericht[430] – durch die IDW-Prüfungsstandards ergänzt werden.[431]

Für die genannten controlling-relevanten Bilanzierungsschritte sind die Prüfungsstandards ISA 545 „*Auditing Fair Value Measurements and Disclosures*" (transformiert in IDW PS 315) und ISA 540 „*Audit of Accounting Estimates*" aus dem Jahr 2004 (transformiert in IDW PS 314) bedeutsam.[432] Beide wurden in einem Standard vereint, der seit Februar 2008 in der finalen Fassung vorliegt: ISA 540 (r) „*Auditing Accounting Estimates, Including Fair Value Accounting Estimates, and Related Disclosures*". Er tritt zum 15. Dezember 2009 in Kraft.[433] Daneben ist im Rahmen der Prüfung zukunftsbezogener Informationen ISAE[434] 3400 „*The Examination of Prospective Financial Information*" (ehemals ISA 810, nicht transformiert) anzuwenden.[435] Beide Regelwerke werden nachfolgend in ihren wesentlichen Zügen charakterisiert.

ISA 540 (r) behandelt die **Prüfung von bilanziellen Bewertungen**, insbesondere von Fair-Value-Bewertungen. Der Standard spezifiziert ISA 315 zur Identifizierung und Bewertung von Risiken eines Falschausweises durch das Verständnis des zu prüfenden Unternehmens und seiner Umwelt sowie ISA 330 zur Reaktion des Wirtschaftsprüfers auf die festgestellten Risiken.[436] Das Ziel des Wirtschaftsprüfers ist es, ausreichend Nachweise darüber zu erhalten, ob die bilanziellen Bewertungen im Kontext der anzuwendenden Rechnungslegungsstandards angemessen und vertretbar (*reasonable*) sowie ob die Angabepflichten adäquat sind.[437]

Im Rahmen der Risikoanalyse nach ISA 315 ist im Fall von bilanziellen Bewertungen gemäß ISA 540 (r) insbesondere Folgendes zu untersuchen:[438]

(a) die Anforderungen der relevanten IFRS für die bilanziellen Bewertungen und die Offenlegung,

---

430 Vgl. *Brinkmann* (2006) S. 675.

431 Vgl. *Brinkmann/Spieß* (2006) S. 401ff.

432 Vgl. *Bartels/Kanitz* (2005) S. 233ff., *Ruhnke/Schmidt* (2005) S. 578f.

433 Vgl. ISA 540.5 (r).

434 Die Abkürzung „ISAE" steht für International Standard on Assurance Engagements. Diese Standards regeln die Prüfung, die sich nicht auf historische Finanzinformationen bezieht; vgl. *IFAC* (2007) S. 135.

435 Vgl. *Coelen/Schlecht* (2004) S. 63, *AK-SG Externe und Interne Überwachung der Unternehmung* (2003) Rz. 7, *Henselmann* (2006) S. 333.

436 Vgl. ISA 540.1 (r).

437 Vgl. ISA 540.6 (r).

438 Vgl. ISA 540.8 (r).

(b) die Art und Weise des Managements, Geschäftsvorfälle und Bedingungen zu identifizieren, die bilanzielle Bewertungen und eine Offenlegung erfordern, sowie

(c) der Prozess, der zu den bilanziellen Bewertungen führt, und die verwendeten Daten.

Die Untersuchung des Bewertungsprozesses und der Datengrundlage umfasst die Bewertungsmethode, die Kontrollvorgänge, das Fachwissen der bewertenden Person, die verwendeten Prämissen, Brüche in der Methodenanwendung und die Berücksichtigung von Unsicherheit.[439] Zur Einschätzung der Risiken eines Falschausweises sind nochmals die Berechnungen der Vorperiode zu betrachten.[440] Der Grad der Unsicherheit und die Anfälligkeit der Bewertung für eine fehlende Neutralität des Managements sind zu beurteilen. Schließlich ist festzustellen, welche Bewertungen durch eine hohe Unsicherheit gekennzeichnet sind und deshalb ein signifikantes Risiko des Falschausweises erzeugen.[441]

Auf Basis der Risikoanalyse ist weiterhin im Detail zu beurteilen, ob das Management die **Anforderungen der relevanten IFRS** geeignet erfüllt. Explizit ist zu untersuchen, ob die Bewertungsmethoden sachgerecht und über die Zeit konsistent angewendet wurden. Die Gründe für ein verändertes Bewertungsergebnis oder eine veränderte Bewertungsmethode im Vergleich zum Vorjahr sind auf ihre Angemessenheit zu überprüfen.[442] Es ist einzuschätzen, ob für einen ausreichenden Prüfungsbeleg spezialisiertes Wissen oder Fähigkeiten, so z. B. die Hilfe eines Bewertungsspezialisten, erforderlich sind.[443]

In **Reaktion auf die festgestellten Risiken** soll der Wirtschaftsprüfer über die allgemeinen Regelungen des ISA 330 hinaus Folgendes analysieren:[444]

(a) die Art und Weise sowie die zugrunde liegenden Daten der bilanziellen Bewertung,[445]

---

439 Vgl. ISA 540.8(c) (r).

440 Vgl. ISA 540.9 (r).

441 Vgl. ISA 540.10f. (r) i. V. m. ISA 540.7(d) (r).

442 Vgl. ISA 540.12 (r).

443 Vgl. ISA 540.14 (r).

444 Vgl. ISA 540.13 (r).

445 Dabei ist einzuschätzen, ob die verwendete Ermittlungsmethode den Umständen entsprechend geeignet ist und ob die Managementprämissen vertretbar sind; vgl. ISA 540.13(b) (r).

(b) ob Ereignisse bis zum Prüfungsdatum die bilanzielle Bewertung belegen können, sowie

(c) ob die Kontrollen über das Bewertungsvorgehen effektiv sind.

Um die Berechnung des Managements zu beurteilen, ist zudem eine Punktschätzung oder eine Bandbreite von vertretbaren Bewertungen zu entwickeln.[446]

Für bilanzielle Bewertungen, die ein signifikantes Risiko eines Falschausweises beinhalten, sind insbesondere zusätzlich zu beurteilen:[447]

(a) die Berücksichtigung alternativer Prämissen und Bewertungsergebnisse, vor allem der Umgang mit Unsicherheit,

(b) die Angemessenheit der wesentlichen Prämissen sowie

(c) die Absicht und Fähigkeit des Managements, die Bewertung verzerrende Handlungen vorzunehmen.

Wie einleitend eingeführt, ist der zweite im Rahmen der Goodwill-Bilanzierung relevante internationale Prüfungsstandard **ISAE 3400**. Er regelt die **Prüfung von Prognoseinformationen** und ihrer Prämissen, die entweder auf Basis des wahrscheinlichsten Zukunftsszenarios (*best estimate*) oder auf Basis verschiedener möglicher Zukunftsszenarien (*hypothetical assumptions*) bestimmt werden.[448] Der Wirtschaftsprüfer muss ausreichend geeignete Nachweise erlangen, ob:[449]

(a) die Prämissen vertretbar bzw. mit dem Prognoseziel vereinbar sind,

(b) die Prognosen sachgemäß auf der Basis der Prämissen erstellt sind,

(c) die Prognosen sachgemäß präsentiert und alle wesentlichen Prämissen, inklusive ihrer Einschätzung als *best estimate* oder *hypothetical assumptions*, adäquat offengelegt werden, sowie

(d) ob die Prognosen konsistent bezüglich historischer Finanzinformationen und unter Verwendung sachgerechter Bilanzierungsprinzipien erstellt wurden.

Der Wirtschaftsprüfer muss sich ausreichendes Wissen über die Geschäftstätigkeit des Unternehmens aneignen, um beurteilen zu können, ob sämtliche für die Prognose wesentlichen Prämissen identifiziert wurden. Hierfür muss er sich auch mit

---

446 Vgl. ISA 540.13 (r).

447 Vgl. ISA 540.15 (r).

448 Vgl. ISAE 3400.1 i. V. m. ISAE 3400.4f.

449 Vgl. ISAE 3400.2.

dem Unternehmensprozess der **Erstellung von Prognoseinformationen** vertraut machen, so z. B. durch die Beachtung:[450]

(a) der internen Kontrollen über das System zur Prognoseerstellung sowie des Fachwissens und der Erfahrung der bewertenden Personen,

(b) der Art der internen Dokumentation, die die Prämissen des Managements unterstützt,

(c) des Nutzungsumfangs von statistischen, mathematischen und computergestützten Verfahren,

(d) der Methoden zur Prämissenentwicklung und -berücksichtigung

(e) sowie der Prognosegenauigkeit in Vorjahren und den Gründen wesentlicher Abweichungen.

Da sich die angeführten Regelungen inhaltlich überschneiden, zeigt Abbildung D-8 die wichtigsten Prüfungsfelder und die jeweiligen Analyseinhalte der Goodwill-Bilanzierung nach ISA 540 (r) und ISAE 3400 im Überblick.

Abbildung D-8: Prüfungsfelder und -inhalte in Bezug auf bilanzielle Bewertungen

---

450 Vgl. ISAE 3400.13.

6.2 Controlling-Informationen als Prüfungsobjekt

Die Vorschriften des ISA 540 (r) und ISAE 3400 zeigen, dass durch die Informationsbereitstellung für bilanzielle Zwecke das Controlling selbst ein Objekt der Prüfung wird. Interne Bewertungs- und Kontrollprozesse, ihre Eingangsgrößen sowie die Dokumentation unterliegen der Begutachtung. Der maßgebliche Prüfungsumfang des Controllings beschränkt sich jedoch auf die für die Bilanzierung relevanten Informationen.[451]

Je kongruenter die internen und die für die Bilanzierung verwendeten Informationen sind, desto stärker kann sich durch die Prüfung die **Qualität des Controllings** verbessern. Dieser Effekt verstärkt sich mit der Informationsbereitstellung für die Bilanzierung und mit dem Umfang der bilanzorientierten Daten, die für die Planung und Kontrolle im Unternehmen verwendet werden. Die Prüfung der Finanzberichterstattung unterstützt somit insbesondere die integrierte Rechnungslegung. Die Umsetzung ihrer primären Chancen – die Reduktion interner Kommunikationsschwierigkeiten und die Verminderung der Rechnungslegungskomplexität[452] – wird durch die erhöhte Informationsgüte unterstützt. Die Verbesserung der Controlling-Qualität durch die Prüfung betrifft jedoch maßgeblich die quantitative Abbildung von Geschäftsprozessen. Die inhaltliche Vorbereitung, Dokumentation und Kontrolle von Managemententscheidungen werden nur eingeschränkt beeinflusst.[453]

Da der Wirtschaftsprüfer als neutraler Dritter umfangreiche interne Informationen beurteilt, werden ebenfalls die Fundierung fremder Entscheidungen und die Zusammenarbeit innerhalb der zentralen Instanz verbessert. Sich maßgeblich bilanzpolitisch auswirkende Interessenkonflikte und asymmetrische Information, so z. B. zwischen den Investoren und dem Management, dem zentralen und dem dezentralen Management, aber auch zwischen dem Management und dem Controlling einer Konzernebene, werden eingeschränkt. Durch die Prüfung der Controlling-Informationen wird folglich eine wahrheitsgemäße Informationsbereitstellung für den Kapitalmarkt und innerhalb des Unternehmens gefördert.

---

[451] Vgl. *Hachmeister* (2003) S. 451ff.

[452] Vgl. Abschnitt B.3.2.2.

[453] Vgl. *Fülbier/Hirsch/Meyer* (2006) S. 238, *Hachmeister* (2003) S. 451.

6.3 Reduktion von bilanziellen Ermessensspielräumen durch das Controlling

Bezüglich der Goodwill-Bilanzierung ist grundsätzlich fraglich, ob der Wirtschaftsprüfer innerhalb der Beurteilung der Fair-Value- und Nutzungswert-Ermittlung eine ausreichende Prüfungssicherheit erlangen kann.[454] In der wissenschaftlichen Literatur wird die Meinung vertreten, dass insbesondere die **Ermessensspielräume in der Fair-Value-Bilanzierung**, die aufgrund von Regelungslücken und -unschärfen existieren, nicht umfassend beseitigt werden können.[455] Gleiches gilt für die Verwendung des Nutzungswertes.

Kirchner (2006) zeigt aus informationsökonomischer Sicht, dass es für die **Akteure der Kapitalmarktregulierung** keine ausreichenden Anreize bzw. Rechtsgrundlagen gibt, die Ermessensspielräume der Fair-Value-Bilanzierung unter IFRS einzuschränken. Zu den von ihm untersuchten Akteuren zählen die Wirtschaftsprüfer, die Deutsche Prüfstelle für Rechnungslegung, die Bundesanstalt für Finanzdienstleistungsaufsicht, das IFRIC und staatliche Gerichte.[456] Der Autor betont, dass eine Hierarchie der Rechnungslegungsziele im Framework und eine eindeutige Definition des allgemeinen Kriteriums „Verlässlichkeit"[457] fehlt und deshalb z. B. eine gerichtliche Präzisierung der Regelungen erschwert wird.[458]

Durch die von *Kirchner* vorgenommene Einschränkung seiner Analyse auf Akteure der Kapitalmarktregulierung werden weitere wichtige Möglichkeiten der **Einschränkung von bilanziellen Ermessensspielräumen** vernachlässigt. Ihre Erläuterung wird nachfolgend angestrebt.

Zunächst werden durch umfassende **Offenlegungspflichten** der IFRS selbst die allgemeinen Ermessensspielräume eingeschränkt, da sie für Unternehmensexterne einen Nachvollzug der Bewertung ermöglichen.[459] Wie in Kapitel C aufgeführt, sind weitreichende Offenlegungspflichten für die Goodwill-Bilanzierung erforderlich, so insbesondere die Pflicht, nach IAS 1 über wesentliche Schätzungsunsicherheiten zu berichten. Zwar werden gegenwärtig viele der Offenlegungspflichten

---

454 Vgl. *Ruhnke/Schmidt* (2005) S. 595.

455 Vgl. *Kirchner* (2006) S. 61ff., *Henselmann* (2006) S. 337.

456 Vgl. *Kirchner* (2006) S. 72ff.

457 Vgl. F.31ff., Abschnitt B.2.2.

458 Vgl. *Kirchner* (2006) S. 70ff.

459 Vgl. *Henselmann* (2006) S. 337f., in Bezug auf die Goodwill-Bilanzierung *Duhr* (2006) S. 233f.

nicht erfüllt,[460] jedoch ist langfristig eine Erhöhung des Offenlegungsgrades der Unternehmen zu erwarten.

Weiterhin können die **Investoren** in Reaktion auf eine verzerrte Finanzberichterstattung über den Verkauf ihrer Eigenkapitaltitel entscheiden. Sie wirken damit in langfristiger Sicht regulierend auf die Unternehmen ein. Die Investitionsentscheidungen der Anleger basieren nicht allein auf der Finanzberichterstattung, sondern auch auf anderen Informationen über das Unternehmen, wie z. B. auf aktuellen Presseberichten oder Bankanalysen. Durch die Investorenreaktion auf Finanzinformationen wird langfristig eine Konsistenz innerhalb der publizierten Informationen eines Unternehmens und zwischen dem Offenlegungsgrad unterschiedlicher Unternehmen erwirkt.

Für die einkommensorientierte Bewertung zum Fair Value bzw. zum Nutzungswert wird auf Planungsdaten zurückgegriffen. Diese unterliegen **unternehmensinternen Prüfungen** hinsichtlich des ökonomischen Aussagegehaltes und der Erfüllung von Richtlinien. Neben der einzelfallbezogenen Prüfung durch die Interne Revision begutachtet das Controlling die formell geplanten, die prognostizierten und die realisierten Leistungs- und Ergebnisdaten regelmäßig sowie über alle Unternehmenseinheiten hinweg. Die Geschäftspläne einzelner Unternehmenseinheiten werden insbesondere auf ihre Plausibilität, die Stringenz der Prämissen, die faktische Richtigkeit und die Umsetzung in der operativen Planung analysiert.[461]

Wie bereits z. B. in Abschnitt D.4.1.3 zur Fair-Value-Bewertung im Rahmen der Kaufpreisallokation ausführlich dargelegt, sollte das Controlling auch unterstützend als ein **Methoden- und Knowhow-Dienstleister** in bilanziellen Bewertungsprozessen fungieren. Es wirkt dadurch auf die Rationalität in den Prognosen und Bewertungen hin.[462]

Weiterhin ist anzunehmen, dass im Rahmen einer **integrierten Rechnungslegung** die unmittelbare Verwendung bilanzieller Informationen für die interne Steuerung das bilanzpolitische Ausnutzen von Ermessensspielräumen hemmt. Ansonsten würden entsprechend dem Zirkularitätseffekt die bilanziell verzerrten Informationen direkt die Güte der internen Steuerungsinstrumente vermindern.[463]

---

460 Vgl. *Glaum/Street/Vogel/PwC* (2007) S. 47ff.
461 Vgl. *AK-SG Externe und Interne Überwachung der Unternehmung* (2003) Rz. 32ff.
462 Vgl. auch *Fülbier/Hirsch/Meyer* (2006) S. 238.
463 Vgl. *Weißenberger/Maier* (2006) S. 2083.

Abbildung D-9 fasst die Möglichkeiten zusammen, die bilanziellen Ermessensspielräume der Goodwill-Bilanzierung einzuschränken.

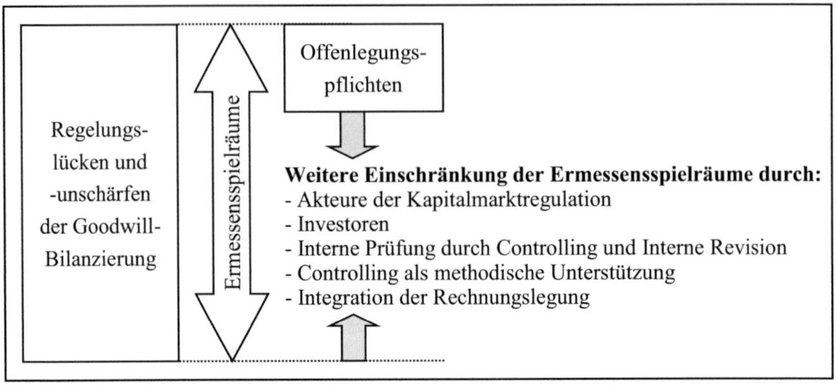

Abbildung D-9: Einschränkungsmöglichkeiten der Ermessensspielräume in der Goodwill-Bilanzierung

7 Änderungen in der informationellen Unterstützung ab 2009

Durch die Überarbeitung der Regelungen zum Unternehmenserwerb wird die zuvor analysierte informationelle Unterstützung des Controllings verändert. Folgende im Weiteren näher erläuterte Implikationen des IFRS 3 (r) und des IAS 27 (r) sind zu nennen:

(1) erhöhter Bedarf an Bewertungs- und Planungs-Knowhow aus dem Controlling,

(2) erhöhte Arbeitsbelastung bei Anwendung der Full-Goodwill-Methode

(3) sowie verringerte Arbeitsbelastung bei sukzessiven Unternehmenserwerben und bei Beteiligungsaufstockungen.

Durch die Neuregelungen der Goodwill-Bilanzierung steigt die **Bedeutung der Fair-Value-Bewertung**. Zwar enthält IFRS 3 (r) explizite Ausnahmen,[464] der Umfang der Fair-Value-Bilanzierung und die Unsicherheit in der Bewertung werden

[464] Vgl. IFRS 3.24ff. (r).

jedoch erhöht. So gelten Bewertungen von immateriellen Vermögenswerten als stets verlässlich. Weiterhin sind bedingte Kaufpreiszahlungen unabhängig von der Wahrscheinlichkeit ihres Nutzenzu- bzw. -abflusses zu aktivieren.[465]

Immaterielle Vermögenswerte werden zukünftig noch häufiger separat vom Goodwill aktiviert.[466] Damit gewinnt ihre Identifizierung und Fair-Value-Bewertung über den aktuell hohen Stellenwert weiter an Bedeutung. Die anspruchsvollen Identifizierungs- und Bewertungsschritte, die das Controlling begleiten bzw. durchführen sollte, wurden bereits erläutert.[467] Da die Neuregelungen keine als unzuverlässig eingeschätzten Bewertungen dulden, muss für jeden immateriellen Vermögenswert eine für bilanzielle und die Zwecke der integrierten Rechnungslegung angemessene Bewertungsverlässlichkeit sichergestellt werden. Die spezifische Aufgabe des Controllings, die Verfügbarkeit und Güte der Eingangsdaten für die Fair-Value-Bewertung zu gewährleisten, erhält deshalb besondere Relevanz. Die Zahlungsströme jedes immateriellen Vermögenswertes müssen innerhalb der Akquisitions- bzw. der Konzernplanung prognostiziert werden. Im Rahmen der beschriebenen Bewertungsverfahren sind die zukünftigen mit dem Vermögenswert verbundenen Umsatz- und Kostenvolumina zu schätzen. Auch zukünftig ist dafür eine aktive Zusammenarbeit zwischen dem Controlling und den Unternehmensbereichen mit einem hohen Anteil an immateriellen Vermögenswerten zu empfehlen.

Die Neuregelungen zu **bedingten Kaufpreiszahlungen** wirken sich in ähnlicher Weise auf die Informationsbereitstellung des Controllings aus. Sofern eine verlässliche Fair-Value-Bewertung vorgenommen werden kann, weitet sich zukünftig der Ansatz auf nicht wahrscheinliche bedingte Kaufpreiszahlungen aus. Die Bewertung im Einzelfall kann mit Schwierigkeiten behaftet sein.[468] So erklärt das IASB, dass viele damit verbundene Verpflichtungen als derivative Finanzinstrumente zu klassifizieren seien. Mit dieser Thematik eng vertraute Unternehmen, Wirtschaftsprüfer oder Bewertungsspezialisten könnten sie verlässlich bewerten.[469] Deshalb gilt im Umkehrschluss für den Regelfall, dass für die Bewertung von bedingten Kaufpreiszahlungen das Knowhow des Controllings durch Spezialwissen der Finanzabteilung oder externer Dritter ergänzt werden muss.

---

465 Vgl. die Abschnitte C.2.2.3 und C.2.2.6.

466 Vgl. *Erdmann/Wünsch/Meyer* (2006) S. 388.

467 Vgl. die Abschnitte D.4.1.1 und D.4.1.3.

468 Vgl. IFRS 3.BC347 (r).

469 Vgl. IFRS 3.BC349 (r).

Zusammenfassend wird bezüglich der **erweiterten Fair-Value-Bewertung** der Bedarf an Bewertungs- und Planungs-Knowhow verstärkt. In größerem Maße sind für die Bewertungen möglichst verlässliche Eingangsinformationen bereitzustellen. Die erhöhte Unsicherheit, die in die Wertansätze der Kaufpreisallokation eingeht, erfordert eine – bereits für die gegenwärtigen Regelungen empfohlene – umfassende Begleitung und Unterstützung des Bewertungsprozesses durch das Controlling. In diesem Rahmen kann das Controlling weiterhin zur Einschränkung der bilanziellen Ermessensspielräume beitragen. Durch eine aktive Mitarbeit in der Kaufpreisallokation ist es auch zukünftig in der Lage, zudem die Entscheidungsnützlichkeit der bilanziellen Informationen für interne Zwecke einzuschätzen.

Zusätzliche informationelle Aufgaben erwachsen für das Controlling bei der Wahl der **Full-Goodwill-Methode**. In diesem Fall sind über die bisherigen Aufgaben hinaus der Fair Value der Minderheitenanteile zu bestimmen sowie der Goodwill und seine Abschreibung hinsichtlich der Minderheitsgesellschafter durchgängig zu berücksichtigen. Dieser erhöhten Komplexität in der informationellen Unterstützung steht eine Arbeitserleichterung gegenüber. Durch die Anwendung der Full-Goodwill-Methode entfällt die Notwendigkeit, für den Impairment-Test den Mehrheits-Goodwill nachträglich um die Minderheitenanteile hochzurechnen.[470]

Eine Einschränkung der Arbeitsbelastung für das Controlling bewirken schließlich die neuen Regelungen zum **sukzessiven Unternehmenserwerb** und zur **Aufstockung**, d.h. der Beteiligungserhöhung unter Beibehaltung der Beherrschung.[471] Da es nicht mehr notwendig ist, für jeden Anteilszuerwerb eine eigene Kaufpreisallokation und Goodwill-Ermittlung durchzuführen, verringert sich ebenfalls die erforderliche Informationsbereitstellung aus dem Controlling. Durch die Schließung von Regelungslücken und -unschärfen werden die Ermessensspielräume eingeschränkt.

---

470 Vgl. bezüglich ED-IFRS 3 *Pawelzik* (2004) S. 684.

471 Vgl. *Küting/Wirth* (2007) S. 460.

E Implikationen der Goodwill-Bilanzierung für die Planung und Kontrolle

1 Kurzcharakterisierung der Implikationen

Nachfolgend wird die Verwendung der Informationen aus der Goodwill-Bilanzierung für Zwecke des Controllings – insbesondere in der Planung und Kontrolle von Unternehmensaktivitäten – untersucht.

Als Grundlage der Analyse wird vorab der originäre Goodwill in Beziehung zur neoklassischen Gleichgewichtstheorie und zu den in der Realität vorzufindenden unvollständigen und unvollkommenen Märkten gesetzt. Daran anknüpfend werden unterschiedliche Erklärungsansätze des derivativen Goodwills präsentiert und eine eigene Abgrenzung von Goodwill-Komponenten abgeleitet (Abschnitt E.2).

Zu den Planungs- und Kontrollaufgaben unter IAS 36 gehört zunächst die frühzeitige Antizipation von Wertminderungen des derivativen Goodwills. Über die Festlegung und Überwachung der im Standard genannten Indikatoren hinaus sollte das Controlling auf Basis der Impairment-Tests die Gefahr von zukünftigen Goodwill-Abschreibungen abschätzen, um die rechtzeitige Einleitung gegensteuernder Maßnahmen zu unterstützen (Abschnitt E.3).

Daneben ist der Goodwill in den internen Erfolgs- und Vermögenskennzahlen der Konzernmutter und des Tochterunternehmens abzubilden. Eine pauschale Übernahme der bilanziellen Wertansätze in die internen Planungs- und Kontrollinstrumente kann zu Fehlentscheidungen führen. Zur Realisierung der finanziellen Akquisitionsziele ist es deshalb geboten, die Wertansätze der Kaufpreisallokation über die bilanziellen Anforderungen hinaus zu verwenden. Weiterhin muss die bilanzielle Abbildung intern wachsender im Gegensatz zu akquirierenden Unternehmenseinheiten für interne Steuerungszwecke modifiziert werden (Abschnitt E.4).

Anschließend wird die Performance-Messung im Kontext der Goodwill-Bilanzierung analysiert. Die allgemeinen Vorteile der Erfolgsmessung anhand des Residualgewinns sowie seine Beziehung zum originären und derivativen Goodwill werden dargestellt. Es wird detailliert untersucht, unter welchen Voraussetzungen ein

Goodwill-Impairment in der Erfolgsmessung des Managements korrigiert werden sollte (Abschnitt E.5).

Zudem werden die Implikationen für die Planung und Kontrolle von Akquisitionen dargestellt. Speziell wird der Frage nachgegangen, inwieweit die Informationen, die für die Kaufpreisallokation und den Impairment-Tests generiert werden, für die Überprüfung des Akquisitionserfolges verwendet werden können (Abschnitt E.6).

Abschließend werden die Änderungen in der Planung und Kontrolle unter den Neuregelungen für die Goodwill-Bilanzierung dargestellt (Abschnitt E.7).

Abbildung E-1 zeigt die Gliederung des Kapitels schematisch auf.

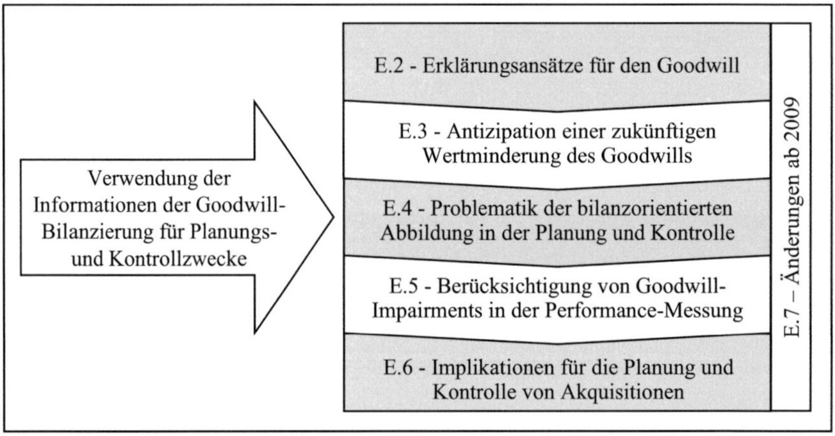

Abbildung E-1: Planung und Kontrolle in Bezug auf die Goodwill-Bilanzierung

2 Erklärungsansätze für den Goodwill

2.1 Originärer Goodwill in der *Arrow-Debreu*-Welt versus in realen Märkten

In der Allgemeinen Gleichgewichtstheorie der **Neoklassik** werden vollkommene und vollständige Märkte angenommen. In einem vollständigen Markt existiert in jedem Umweltzustand für jedes Gut ein Marktpreis, zu dem es gehandelt werden kann. Die Ausgestaltung eines vollkommenen Marktes hängt dagegen von den jeweiligen theoretischen Modellprämissen ab.[1] Allgemein wird in der Neoklassik angenommen, dass die Akteure rational handeln und homogene, vollständige Informationen über die Gegenwart und die Zukunft besitzen. Transaktionskosten, wie z. B. für die Suche, die Information über und die Verhandlung mit Geschäftspartnern, werden von der Betrachtung ausgeschlossen. Unvollkommenheiten des Marktes, wie z. B. Marktmacht, eingeschränkte Transparenz und externe Effekte, werden ebenfalls nicht berücksichtigt.[2]

***Arrow/Debreu* (1954)** unterstellen spezifisch das folgende neoklassische **Szenario einer Privatwirtschaft**:[3]

* Die Märkte des Modells sind in Bezug auf die Regionen, die Zeit und die Güter allumfassend. Als Güter gelten insbesondere Vorräte, Produkte, die Arbeitskraft und das Kapital. Der Güterpreis darf nur positiv oder – insbesondere bei einem Überschussangebot – null sein.
* Es existiert eine endliche Anzahl von Produktionseinheiten, z. B. Unternehmen, die zueinander in vollkommenem Wettbewerb stehen. Die Produktionseinheiten erachten den Marktpreis als gegeben und produzieren dementsprechend unter Maximierung ihres Gewinns. Um Marktmacht im Modell auszuschließen, werden fallende oder konstante Skalenerträge angenommen.
* Daneben besteht eine endliche Anzahl von Konsumeinheiten, z. B. Familien und Individuen, die den Produktionseinheiten ihre Arbeitskraft anbieten. Sie agieren ebenfalls als Preisnehmer und wählen die Konsumgüter unter Berücksichtigung ihres Budgets und unter Maximierung ihres Nutzens aus. Jedem Güterbündel wird dabei ein Nutzenwert zugeordnet. Definitionsgemäß kann der Konsum nicht gesättigt werden.
* Zu Beginn des Szenarios gehört jedem Konsumenten ein Teil jedes Marktgutes. Die Güter werden nachfolgend an Produzenten oder an andere Konsumenten verkauft bzw. dienen dem Eigenverbrauch. Die

[1] Vgl. *Schmidt* (1993c) Sp. 1041f.
[2] Vgl. *Richter/Furubotn* (2003) S. 88f.
[3] Vgl. *Arrow/Debreu* (1954) S. 266ff., *Duffie/Sonnenschein* (1989) S. 570ff., zu Ökonomien mit Privateigentum *Debreu* (1976) S. 96ff. und S. 119ff. zur Modellerweiterung auf unsichere Ereignisse.

Konsumenten können darüber hinaus Anteile an den Produktionseinheiten, die zu Dividendenzahlungen führen, halten.

Es kann gezeigt werden, dass die skizzierte Privatwirtschaft durch Preisänderungen und die daran angepassten Handlungen der Produzenten und der Konsumenten zu mindestens einem Gleichgewicht kommt, in dem sämtliche Akteure ihre Zielfunktionen maximiert haben und alle Märkte geräumt sind. In diesem Gleichgewicht kann kein Akteur besser gestellt werden, ohne den Nutzen bzw. Ertrag eines anderen Akteurs zu schmälern (Paretoeffizienz).[4]

In diesem Zustand enthalten die **Marktpreise alle wertrelevanten Informationen**. Sie sind deshalb die einzig notwendige und sinnvolle Orientierung, um optimale Entscheidungen zu fällen.[5] Da keine privaten Informationen vorhanden sind, entspricht ausnahmsweise der Nutzungswert konzeptionell dem Fair Value. Er bildet die unternehmensspezifischen Synergien bzw. Managementfähigkeiten vollständig ab. Der Fair Value bzw. der zu zahlende Marktpreis für ein Unternehmen entspricht in diesem Fall der Summe der Fair Values aller Vermögenswerte abzüglich der Summe der Fair Values seiner Schulden. Eine Berücksichtigung eines Goodwills als die Differenz zwischen dem Kaufpreis und dem Erwerberanteil am neubewerteten erworbenen Nettovermögen ist in der *Arrow-Debreu*-Welt deshalb weder notwendig noch möglich.[6]

In der Realität existieren jedoch **keine vollständigen und vollkommenen Märkte**.[7] So treten für die Unternehmen Transaktionskosten, z. B. für den Eintritt in einen neuen Markt, auf. Daneben herrscht oft keine vollständige Konkurrenz, sodass Unternehmen Einfluss auf die Preise ausüben können. Es werden differenzierte Produkte hergestellt und nachgefragt. Weiterhin sind die Erwartungen der Akteure bezüglich zukünftiger Umweltzustände nicht homogen. Die Akteure verfolgen eigene Interessen und die Informationen im Markt sind asymmetrisch verteilt.[8] Deshalb ist anzunehmen, dass nicht alle Vermögenswerte aktiv gehandelt werden, dass es unterschiedliche Marktpreise gibt, dass nicht alle Transaktionspreise öffentlich

---

4 Vgl. *Arrow/Debreu* (1954) S. 274ff., *Debreu* (1976) S. 123f.

5 Vgl. *Pfaff* (1994a) S. 1070f., *Barth/Landsman* (1995) S. 99.

6 Vgl. *Barth/Landsman* (1995) S. 99f., *Schildbach* (2006) S. 10.

7 Vgl. *Falk/Gordon* (1997) S. 446ff.

8 Vgl. *Pindyck/Rubinfeld* (2001) S. 591ff.

ersichtlich sind, oder dass der Marktpreis nicht alle wertrelevanten Informationen widerspiegelt.[9]

Der Wert eines Unternehmens kann i. d. R. nicht direkt am Kapitalmarkt abgelesen werden. Er wird durch seinen (objektivierten) **Ertragswert**, d. h. den Kapitalwert der zukünftig erzielbaren Gewinne an die Eigentümer, approximiert. Im Rahmen einer Gesamtbewertung wird das Unternehmen als eine Einheit behandelt.[10] Ein auf Basis der Annahmen eines einzelnen Investors subjektiv ermittelter Ertragswert eines Unternehmens entspricht dem Entscheidungswert für ein Akquisitionsobjekt.[11]

Basiert eine Unternehmensbewertung auf dem Buchwert des bilanzierten Nettovermögens, so tritt eine Bewertungsdifferenz zum Ertragswert des Unternehmens auf. Werden die bilanzierten Vermögenswerte und Schulden marktorientiert zu ihren Wiederbeschaffungskosten bewertet und ihre Fair Values summiert, wird im Sinne einer Einzelbewertung der **Substanzwert** des Unternehmens bestimmt. Er repräsentiert den Wert, der für die Reproduktion des bilanzierten Nettovermögens aufzubringen wäre (Teilreproduktionswert).[12] Im Fall eines Unternehmenserwerbes enthält die Kaufpreisallokation eine derart vollständige Neubewertung des Akquisitionsobjektes, bei dem das Eigenkapital den Substanzwert ausweist.

Die Differenz zwischen dem Substanz- und dem Ertragswert wird als **originärer, d. h. selbst erstellter Goodwill** bezeichnet. In der Praxis wird der originäre Goodwill oft erweitert als die Differenz zwischen dem Ertragswert und der Summe der Buchwerte interpretiert, falls die Vermögenswerte und Schulden des Bewertungsobjektes nicht verlässlich zum Fair Value bewertet werden können.[13] Zur Abgrenzung mit der hier verwendeten Definition wird dieser Unterschiedsbetrag als originärer Goodwill i. w. S. bezeichnet.

Der originäre Goodwill als zukünftiger Zahlungsmittelüberschuss (*excess earnings*) kann z. B. auf dem Wissen des Mitarbeiterstammes, dem Ansehen, verringerten Kapitalkosten, den Standortvorteilen, der Organisation oder der Marktstellung des

---

9 Vgl. *Barth/Landsman* (1995) S. 100f., *Pfaff* (1994a) S. 1071. Weiterführend zur schwachen Informationseffizienz und zur Kurzfristorientierung der Kapitalmärkte siehe *Perdzioch/Stadtmann* (2003), *Schremper* (2002).

10 Vgl. *Ballwieser* (2007) S. 12ff., *Wöhe* (1980) S. 90.

11 Vgl. *Küting/Eidel* (1999) S. 226.

12 Vgl. *Ballwieser* (2007) S. 190, *Wöhe* (1980) S. 89. Der Substanzwert umfasst somit auch den derivativen Goodwill des betrachteten Unternehmens.

13 Vgl. *Johnson/Petrone* (1998) S. 294.

Unternehmens beruhen.[14] Er umfasst alle wertbildenden Faktoren, die über das bilanzierte Nettovermögen hinaus zur Ertragserzielung beitragen.[15] Dies sind im Allgemeinen nicht aktivierte bzw. nicht aktivierbare Vermögenswerte, d. h. insbesondere selbst erstellte immaterielle Vermögenswerte. Wie bereits erläutert, erfordern die Regelungen des IFRS 3 im Gegensatz zur allgemeinen Bilanzierung des IAS 38 ihre umfassende Aktivierung. Zudem umfasst der originäre Goodwill jegliche weiteren ökonomischen Vorteile, die die Ansatzvoraussetzungen eines immateriellen Vermögenswertes nach IFRS nicht erfüllen. Dies sind maßgeblich Synergien, die durch das Zusammenwirken der Einzelwerte innerhalb des Akquisitionsobjektes und innerhalb des neuen Unternehmensverbundes entstehen.[16] Sie dürfen aufgrund des Grundsatzes der Einzelbewertung bilanziell nicht aktiviert werden.[17] Der Ansatz des originären Goodwills ist deshalb ebenfalls grundsätzlich unzulässig.[18]

2.2 Erklärungsansätze für den derivativen Goodwill

Der derivative Goodwill entspricht unter IFRS 3 dem erworbenen Goodwill der Mehrheitsgesellschafter eines Unternehmens, d. h. dem positiven Unterschiedsbetrag zwischen dem Kaufpreis und dem Erwerberanteil am neubewerteten erworbenen Nettovermögen (anteiliger Substanzwert).[19] Zum Teil beinhaltet er den originären Goodwill des Akquisitionsobjektes.

Der derivative Goodwill kann ebenfalls anhand seiner Bestandteile charakterisiert werden. In der wissenschaftlichen Literatur werden hierzu einzelne Goodwill-Komponenten voneinander abgegrenzt.[20] *Brösel/Klassen* (2006) lehnen eine solche Differenzierung von Goodwill-Komponenten ab. Sie argumentieren, dass mit dem

---

[14] Vgl. *Küting/Weber* (2006) S. 316, *Krämling* (1998) S. 40f., *Wöhe* (1980) S. 92.

[15] Vgl. *Ballwieser* (2007) S. 192, *Küting/Weber* (2006) S. 316, *Wöhe* (1980) S. 91.

[16] Vgl. *Ballwieser/Küting/Schildbach* (2004) S. 541f., *Baetge/Zülch* (2001) S. 547, *AK-SG Immaterielle Werte im Rechnungswesen* (2005) S. 66ff.

[17] Vgl. *Baetge/Zülch* (2001) S. 547.

[18] Vgl. *Busse von Colbe/Ordelheide/Gebhardt/Pellens* (2003) S. 248. Nachrangig sind für die Ermittlung des originären Goodwills ertragswertmindernde nicht passivierte oder nicht passivierbare Schulden von Relevanz. Als weiteren Bestandteil des originären Goodwills erwähnt *Schildbach* (2006) S. 11 nur in wirtschaftlichem Eigentum stehende Vermögenswerte. Sie sind aber nach dem Grundsatz der wirtschaftlichen Betrachtungsweise (*substance over form*) in den Jahresabschluss nach IFRS einzubeziehen; vgl. F.35, *Gelhausen/Pape/Schruff/Stolberg* (2005) Abschnitt 1 Rz. 146.

[19] Vgl. IFRS 3.51.

[20] Siehe *Sellhorn* (2000) S. 888ff., *Johnson/Petrone* (1998) S. 295, *Alvarez/Biberacher* (2002) S. 349f., *Wöhe* (1980) S. 92 und S. 99, mit weiteren Nennungen *Davis* (1992) S. 76f.

„[...] derivativen Goodwill kein ökonomischer Informationsgehalt verbunden ist.“[21] Insbesondere fehle dem Bilanzleser die Information über den Entscheidungswert des Erwerbers und unter Berücksichtigung des Kaufpreises die Information über den Kapitalwert der Akquisition als Investition. Weiterhin beeinflusse die Verhandlungsführung den derivativen Goodwill, ohne dass sich die realwirtschaftliche Situation der Akquisition verändere.[22] Ähnlich schätzen *Küting/Weber/Wirth* (2008) „eine differenzierte Allokation nach [den durch das IASB unterschiedenen, d. V.] Komponenten als unpraktikabel und nicht hinreichend verlässlich“[23] ein.

Diesen Argumenten kann jedoch aus Controlling-Sicht nicht gefolgt werden, da die angesprochenen und weitere Informationen i. d. R. im Unternehmen vorliegen und eine für interne Zwecke hinreichende Verlässlichkeit aufweisen. Die Differenzierung von Goodwill-Komponenten ist möglicherweise im Einzelfall schwer durchführbar, jedoch zur Entscheidungsfindung bei der Kaufpreisabschätzung sowie zur späteren Überwachung der Synergierealisierung grundsätzlich nutzbringend.

In Anlehnung an die Überlegungen von ***Johnson/Petrone* (1998)** unterscheidet das IASB folgende Komponenten:[24]

(1) den Wert aus der Fortführung des erworbenen Geschäftsbetriebes (**Going-concern-Goodwill**), d. h. die Synergien zwischen den einzelnen Vermögenswerten und Schulden des Akquisitionsobjektes, insbesondere aus Vorteilen aus Marktunvollkommenheiten, wie z. B. der Erzielung von Übergewinnen aufgrund von Markteintrittsbarrieren oder monopolistischer Marktmacht,

(2) den Wert der Synergiepotenziale aus der spezifischen Akquisition (**Synergie-Goodwill**), d. h. aus dem Zusammenwirken des erwerbenden Unternehmens mit dem Akquisitionsobjekt,

(3) die **Überzahlungen** des Erwerbers sowie

(4) den **Goodwill aus Ansatz- und Bewertungsfehlern** bezüglich der Kosten des Unternehmenserwerbes oder der erworbenen Vermögenswerte und (Eventual-)Schulden.

---

21 *Brösel/Klassen* (2006) S. 470.

22 Vgl. *Brösel/Klassen* (2006) S. 467ff.

23 *Küting/Weber/Wirth* (2008) S. 145.

24 Vgl. IFRS 3.BC130, *Johnson/Petrone* (1998) S. 295f.

Es wird angenommen, dass sich die Ansatz- und Bewertungsfehler auf Fehler in der Bilanzierung wie auch auf betriebswirtschaftliche Fehler im Prozess des Unternehmenserwerbes beziehen. Neben den aufgeführten Goodwill-Komponenten unterscheiden *Johnson/Petrone* (1998) weiterhin Differenzen der Buchwerte des Akquisitionsobjektes zum jeweiligen Fair Value und nicht aktiviertes, zum Fair Value bewertetes Nettovermögen.[25] Wie bereits ausgeführt, gehen diese Goodwill-Komponenten im Rahmen der Kaufpreisallokation unter IFRS in der erforderlichen Neubewertung und in der umfassenden Ansatzpflicht für immaterielle Vermögenswerte auf.

Die genannten Komponenten (1) und (2) werden durch das IASB als Kern-Goodwill (*core goodwill*) bezeichnet. Aus Controlling-Sicht ist er als erwartungsgemäß werthaltig einzuschätzen. Überzahlungen des Erwerbers und ein erhöhter Goodwill aufgrund von Ansatz- und Bewertungsfehlern sind dagegen nicht werthaltige Komponenten.[26] Da nach Auffassung des IASB die bilanzielle Differenzierung mit Schwierigkeiten verbunden ist, sind sämtliche Goodwill-Komponenten zu aktivieren.[27] Das IASB nimmt an, dass der derivative Goodwill maßgeblich aus Kern-Goodwill besteht und deshalb insgesamt als ein Vermögenswert zu interpretieren ist.[28] Ob der aktivierte Goodwill tatsächlich einen Vermögenswert darstellt, kann aufgrund seiner unterschiedlichen Komponenten nicht eindeutig entschieden wer-

---

25 Vgl. *Johnson/Petrone* (1998) S. 295f.

26 Die Kapitalmarktstudie von *Henning/Lewis/Shaw* (2000) zeigt basierend auf 1.576 Unternehmenserwerben von 1990 bis 1994, dass Investoren ähnlich zwischen einem werthaltigen *core goodwill* und einem nicht werthaltigen Goodwill-Restwert unterscheiden.

27 A. A. *Hachmeister/Kunath* (2005) S. 65 unter Verweis auf das der Publikation des IFRS 3 im März 2004 folgende irreführende IASB-Update vom Juli 2004 S. 1. Es erklärt: „*In contrast [to the FASB, d. V.], the IASB previously decided that any overpayment should be recognised in profit or loss at the acquisition date.*" Die sofortige aufwandswirksame Behandlung von Überzahlungen war jedoch nur Gegenstand des überarbeiteten ED 3; vgl. *Dirscherl/Castedello/Schröder* (2003) S. 367 und das IASB-Update vom Oktober 2003 S. 4: „*At this meeting, the IASB agreed that entities should be required to disclose separately the amount of any overpayment, the income statement line item in which the overpayment is presented, and the reasons for the overpayment.*" Aus der Argumentation des IFRS 3.BC133ff ist ersichtlich, dass eine bilanzielle Differenzierung einzelner Goodwill-Komponenten weder gefordert noch zulässig ist. Stets bezieht sich die Argumentation der alternativen Behandlungsmöglichkeiten – die Aktivierung als Vermögenswert oder die Verbuchung als Aufwand – auf den gesamten Goodwill, so z. B. abschließend in IFRS 3.BC134: „*The Board concluded that goodwill acquired in a business combination and measured as a residual is likely to consist primarily of core goodwill at the acquisition date, and that recognising it as an asset is more representationally faithful than recognising it as an expense.*"

28 Vgl. IFRS 3.BC131ff., IFRS 3.BC323 (r).

den.[29] Aus Investorensicht wird er allgemein als ein Vermögenswert angesehen, der über die Zeit an Wert verliert.[30]

Die durch das IASB unterschiedenen Goodwill-Komponenten unterstützen das Verständnis des derivativen Goodwills. Aus Controlling-Sicht kann eine **weitere Disaggregation** die Planung und Kontrolle des Goodwills und von Akquisitionen unterstützen. Eine detailliertere Untergliederung des derivativen Goodwills schlägt ***Sellhorn* (2000)** vor. Auf Basis einer Literaturanalyse differenziert er die werthaltigen Goodwill-Komponenten näher in:[31]

(1) den Going-concern-Goodwill,

(2) den Synergie-Goodwill,

(3) den Restrukturierungs-Goodwill,

(4) den Strategie-Goodwill und

(5) den Flexibilitäts-Goodwill.

Während die ersten beiden Goodwill-Komponenten der Abgrenzung von *Johnson/ Petrone* (1998) entsprechen, ist die weitere Unterteilung neu: Der Restrukturierungs-Goodwill resultiert aus der Antizipation von Möglichkeiten, die Geschäftstätigkeit und -führung des Akquisitionsobjektes wesentlich zu verändern.[32] Der Strategie-Goodwill beschreibt den Beitrag, den das Akquisitionsobjekt zur Umsetzung der Strategie des Erwerbers leistet. Beispielsweise können die Hindernisse eines Markteintritts überwunden werden, indem ein Unternehmen akquiriert wird, das bereits im gewünschten Zielmarkt agiert. Die durch den Unternehmenserwerb hinzugewonnenen Handlungsalternativen innerhalb des Unternehmensverbundes werden schließlich durch den Flexibilitäts-Goodwill charakterisiert.[33]

Die genannten Goodwill-Komponenten spiegeln zwar bedeutsame in der Praxis genannte Akquisitionsziele wider.[34] Sie sind jedoch, wie auch *Sellhorn* (2000) mehrfach anführt, voneinander nur schwer abzugrenzen. Nach Auffassung des IASB umfasst der Going-concern-Goodwill die Synergien zwischen den Einzelwerten des

---

[29] Zur Diskussion unter handelsrechtlichen Regelungen siehe *Zimmermann* (2002b) S. 385ff.

[30] Vgl. *Jennings/Robinson/Thompson/Duvall* (1996) S. 514, *AAA Financial Accounting Standards Committee* (2004) S. 61, *Bugeja/Gallery* (2006) S. 533 sowie mit weiteren Nennungen IFRS 3.BC327 (r).

[31] Vgl. *Sellhorn* (2000) S. 889f.

[32] Zu einer Definition der Restrukturierung siehe IAS 37.10.

[33] Vgl. *Sellhorn* (2000) S. 890.

[34] Vgl. *Alvarez/Biberacher* (2002) S. 349, *Glaum/Lindemann/Friedrich* (2006) S. 291ff., *Berens/Mertes/Strauch* (2005) S. 41ff.

Akquisitionsobjektes und weitere ökonomische Vorteile und kann deshalb als ein Synergie-Goodwill bezeichnet werden.[35] Zudem können Restrukturierungsvorteile ebenfalls als Synergien zwischen dem neuen Management und dem erworbenen Nettovermögen verstanden werden.[36]

Wird der Strategie-Goodwill als ein ökonomischer Vorteil aus der Interaktion des neuen Konzerns mit seiner Umwelt angesehen, kann er konzeptionell zu den Vorteilen aus der verbundsinternen Restrukturierung abgegrenzt werden. Die Abgrenzung zum Flexibilitäts-Goodwill bleibt dagegen unklar. Wird eine Strategie als eine vorab festgelegte Unternehmensreaktion auf die Handlungen der anderen Unternehmen oder der Kunden im Markt definiert,[37] so ist der Flexibilitäts-Goodwill inhaltlich als ein Strategie-Goodwill zu charakterisieren. Unterschiedliche Bewertungsmethoden – die Verwendung klassischer Unternehmensbewertungsverfahren zur Ermittlung des Strategie-Goodwills im Gegensatz zur Verwendung des Realoptionsansatzes zur Bewertung der Flexibilitätssteigerung[38] – können nur schwer eine inhaltliche Differenzierung begründen.

Da die vorgestellten Abgrenzungen Überschneidungen aufweisen, wird nachfolgend eine konzeptionelle **Unterscheidung von eindeutigen Goodwill-Komponenten** angestrebt. Hierfür wird auf die Definitionskriterien eines immateriellen Vermögenswertes nach IAS 38 Bezug genommen. Ein immaterieller Vermögenswert wird dort als eine nicht physische Ressource, aus der dem Unternehmen zukünftig ökonomische Vorteile zufließen, definiert. Er muss in der Verfügungsmacht des Unternehmens liegen und identifizierbar sein, d. h. separierbar sein oder auf einem Rechtsanspruch basieren. Grundsätzlich erfordert der Ansatz immaterieller Vermögenswerte eine verlässliche Bewertung. Im Fall eines Unternehmenserwerbes wird die Bewertung jedoch als stets verlässlich angesehen.[39] Diese Prämisse wird im Weiteren auf die unternehmensinterne Bewertung der einzelnen Goodwill-Komponenten übertragen. Es wird weiterhin vorausgesetzt, dass gemäß den Regelungen des IFRS 3 i. V. m. IAS 38 eine vollständige Neubewertung der Vermögenswerte und Schulden des erworbenen Geschäftsbetriebes sowie eine vollständige Aktivierung der immateriellen Vermögenswerte erfolgen.

---

35 Vgl. IFRS 3.BC130(a), *Sellhorn* (2000) S. 890.

36 Vgl. IAS 36.BCZ16, *Sellhorn* (2000) S. 890.

37 Vgl. *Jost* (1999) S. 66.

38 Vgl. *Sellhorn* (2000) S. 890. Zu den Arten und der Bewertung von Realoptionen siehe *Brealey/Myers/Allen* (2006) S. 596ff.

39 Vgl. F.83(b) versus IAS 38.35.

In Anlehnung an die Ausführungen zum originären Goodwill und durch eine schrittweise Erweiterung der Definition immaterieller Vermögenswerte können aus konzeptioneller Sicht folgende Komponenten des derivativen Goodwills differenziert werden:

(1) nicht identifizierbare ökonomische Vorteile, über die das Unternehmen Verfügungsmacht besitzt (interne Synergien),[40]

(2) ökonomische Vorteile, über die das Unternehmen keine Verfügungsmacht besitzt (Marktsynergien),

(3) Überzahlungen und

(4) Fehler in der Bewertung ökonomischer Vorteile.

Die Komponente (1) beschreibt ökonomische Vorteile, die im Sinne der Definition des IAS 38 weder auf einem Rechtsanspruch basieren noch separierbar sind. Diese ökonomischen Vorteile können im Akquisitionsobjekt selbst und nach der Transaktion aus dem Unternehmensverbund erwirkt werden. Das Management kann deshalb andere Unternehmen von ihrer Nutzung ausschließen. Diese Vorteile können allgemein als **interne Synergien** bezeichnet werden. Unter Berücksichtigung der Motive für Unternehmenserwerbe sind als bedeutsamste Ausprägung dieser Goodwill-Komponente Kostenvorteile anzuführen.[41] Sie entstehen durch eine optimale Gestaltung der Unternehmensprozesse. Durch einen Unternehmenserwerb und die anschließende organisatorische Einbindung des Akquisitionsobjektes können insbesondere die Kosten in der Produktion und für die Abwicklung von Transaktionen reduziert werden.[42] Ein gezielter Wissenstransfer unterstützt die Zusammenarbeit zwischen den Unternehmensfunktionen. Durch eine Aufgabenzentralisierung können Doppelarbeit vermieden und Größeneffekte erzielt werden.[43] Überdies werden im Rahmen einer Restrukturierung die vorhandenen Ressourcen des Akquisitionsobjektes auf ihre optimale Verwendung und Notwendigkeit im Wertschaffungsprozess überprüft.[44]

---

40 Diese Vorteile werden nicht als nicht bilanzierbare immaterielle Vermögenswerte bezeichnet, da die Definition eines *intangible asset* gemäß IAS 38.8 die Identifizierbarkeit umfasst.

41 Vgl. *Dietl/Royer* (2002) Sp. 2058ff., *Glaum/Lindemann/Friedrich* (2006) S. 292f., *Gerpott/ Hoyningen-Huene* (2004) S. 14, das Cluster A von *Falk/Gordon* (1997) S. 453 und unter Verwendung der Begriffe „Restrukturierung“ und „Synergieerzielung“ *Berens/Mertes/Strauch* (2005) S. 44ff.

42 Vgl. *Glaum/Lindemann/Friedrich* (2006) S. 292f., *Jost* (2000) S. 89f.

43 Vgl. *Porter* (2000) S. 420ff., *Biberacher* (2003) S. 22ff., *Wildemann* (2003) S. 597f.

44 Vgl. *Berens/Mertes/Strauch* (2005) S. 44f., *Coenenberg/Sautter* (1988) S. 698.

Die aus den genannten Maßnahmen generierten ökonomischen Vorteile sind eng mit den beteiligten Management- und Unternehmensprozessen verknüpft. Deshalb können sie weder einzeln zu einem Rechtsanspruch führen, noch sind sie im Sinne des IAS 38 separierbar. Die Verfügungsmacht durch das Management wird dadurch begründet, dass diese Vorteile ausschließlich innerhalb des Unternehmensverbundes entstehen.

Als Komponente (2) werden ökonomische Vorteile, über die das Unternehmen keine Verfügungsmacht besitzt, benannt. Sie können grundsätzlich identifizierbar im Sinne des IAS 38 sein. Im Regelfall wird jedoch die Identifizierbarkeit mit der Verfügungsmacht des Managements verknüpft sein. Die nicht vollständig beherrschbaren ökonomischen Vorteile sind allgemeiner Natur, denn sie können grundsätzlich auch von anderen Unternehmen des Marktes erzielt werden. Aus diesem Grund werden sie hier als **Marktsynergien** bezeichnet. Ihre Erzielung wirkt i. d. R. direkt nachteilig auf die Wettbewerber. Bereits vor der Beherrschungserlangung werden diese Vorteile durch das Akquisitionsobjekt realisiert und können nachfolgend weiter ausgebaut werden.

Die Marktsynergien resultieren aus der Ausnutzung der Unvollständigkeit und der Unvollkommenheit des Marktes. Sie bezeichnen Gewinne, die über den Gewinnen eines durchschnittlich erfolgreichen Unternehmens liegen. Im Fokus steht dabei die Marktmacht, gemessen an der Umsatz- bzw. Gewinnerzielung des Unternehmens im Vergleich zu seinen Konkurrenten.[45] Deshalb gehört zu diesen ökonomischen Vorteilen der Nutzen, den ein Akquisitionsobjekt zur Strategie des akquirierenden Unternehmens beitragen kann. Durch strategisches Handeln bezüglich der Zulieferer, Abnehmer, neu in den Markt eingetretener und bereits existierender Konkurrenten und ihrer Produkte können kurzfristig Übergewinne erzielt werden. Daneben können gesetzliche oder strukturelle Barrieren, wie z. B. staatliche Regularien oder ein hoher Kapitalbedarf, den Markteintritt anderer Unternehmen verhindern und die Abschöpfung tendenziell monopolistischer Gewinne ermöglichen.[46]

Durch den Erwerb eines Akquisitionsobjektes, das solche Übergewinne generiert, erhält der Erwerber zwar kurzfristig die Verfügungsmacht über diese. Er kann aber

---

45 Vgl. *Dietl/Royer* (2002) Sp. 2056ff., *Glaum/Lindemann/Friedrich* (2006) S. 292, *Gerpott/Hoyningen-Huene* (2004) S. 14.

46 Vgl. *Porter* (2000) S. 28ff., *Dietl/Royer* (2002) Sp. 2057f., *Ebert* (1998) S. 58f., *Schultze/Hirsch* (2005) S. 123ff.

andere Unternehmen nicht direkt von einer vergleichbaren Ausnutzung der Unvollständigkeit und -unvollkommenheit des Marktes ausschließen. Ohne weitere Managementanstrengungen gleicht sich deshalb langfristig der Übergewinn dem durchschnittlichen Unternehmenserfolg im Markt an.[47]

Die Komponenten (3) und (4) entsprechen der Abgrenzung des IASB bzw. von *Johnson/Petrone* (1998). Zu ihrer eindeutigen Unterscheidung wird in der vorliegenden Arbeit unterstellt, dass Überzahlungen, sofern sie auftreten, durch das verantwortliche Management bewusst vorgenommen werden.[48] Bewertungsfehler geschehen dagegen annahmegemäß unbewusst.

Überzahlungen bilden die Kaufpreisbestandteile ab, denen für das akquirierende Unternehmen kein ökonomischer Vorteil aus dem Unternehmenserwerb gegenübersteht. Sie werden aufgrund von Eigeninteressen des Managements, die von den Interessen der Investoren abweichen, getätigt. Manager streben typischerweise eine Ausweitung ihres Einflussbereiches an, so u. a. durch Akquisitionen, die zu einer Erhöhung der verantworteten Mitarbeiterzahl oder dem Umsatzvolumen führen.[49] Gemäß der sog. Free-Cashflow-Hypothese tendiert das Management überdies dazu, überschüssige Zahlungsmittel nicht an die Investoren auszuschütten, sondern für opportunistische Zwecke zu verwenden.[50] Ist die Entlohnung des für den Unternehmenserwerb verantwortlichen Managers an die Unternehmensgröße gekoppelt oder plant er ein kurzfristiges Ausscheiden, wird er möglicherweise Investitionen tätigen, die aus langfristiger Perspektive nicht wertsteigernd sind.[51]

Ein weiterer Grund für Kaufpreiszahlungen, die den Ertragswert für das Akquisitionsobjekt übersteigen, liegt darin, dass ein Erwerber für eine analoge interne Umsetzung mehr Zahlungsmittel aufwenden müsste. Eine interne Umsetzung kann zudem mehr Zeit erfordern oder im Extremfall nicht realisierbar sein. Wird ein Unternehmenserwerb als Alternative zu einem analogen internen Aufbau verstanden

---

47 Vgl. *Hitz/Kuhner* (2002) S. 281, *Schultze/Hirsch* (2005) S. 123f. hinsichtlich des marktorientierten Ansatzes des Unternehmenserfolges. Dagegen kann anhand des neueren ressourcenbasierten Ansatzes auch für eine dauerhafte Erzielung von Übergewinnen argumentiert werden; vgl. *Dirrigl* (2004) S. 119f.

48 Das IASB ist dagegen der Auffassung, dass Überzahlungen allgemein unbewusst getätigt werden; vgl. IFRS 3.BC382 (r), ED-IFRS 3.BC178.

49 Vgl. *Berens/Mertes/Strauch* (2005) S. 49, *Glaum/Lindemann/Friedrich* (2006) S. 295, *Aggarwal/Samwick* (2003) S. 110.

50 Vgl. *Jensen* (1986) S. 328f., *Dietl/Royer* (2002) Sp. 2056f. und *Berens/Mertes/Strauch* (2005) S. 49.

51 Vgl. *Glaum/Lindemann/Friedrich* (2006) S. 295, *Ewert/Wagenhofer* (2005) S. 506f.

(Make-or-Buy-Betrachtung), werden die mit dem internen Wachstum verbundenen Kosten und Zeitnachteile entscheidungsrelevant.[52] Der Erwerber ist deshalb möglicherweise aus Eigeninteresse an der Akquisitionsdurchführung gewillt, einen den Ertragswert übersteigenden Grenzpreis zu zahlen.

Fehler in der Bewertung der ökonomischen Vorteile bilden die letzte unterschiedene Goodwill-Komponente. Sie können im gesamten Prozess des Unternehmenserwerbes und der Abbildung in der internen und externen Rechnungslegung auftreten. Sie werden insbesondere durch eine unzureichende Güte der Ausgangsinformationen und durch eine unbewusst nicht ökonomische Bewertung des Akquisitionsobjektes und seiner Einzelwerte hervorgerufen. Zumeist überschätzt das Management u. a. aufgrund mangelnder Erfahrung in gleichartigen Erwerben systematisch seine Fähigkeiten zur Synergieerzielung (Hybris-These).[53] Daneben sind Akteure, wie bereits angesprochen, durch eingeschränkte kognitive Fähigkeiten in der Informationsverarbeitung gekennzeichnet.[54] Zudem sind in der praktischen Unternehmensbewertung inhaltliche Anwendungsfehler nicht auszuschließen.[55]

Die vorgenommene Untergliederung des Goodwills ermöglicht nicht nur eine weitgehend eindeutige Differenzierung von Goodwill-Komponenten, sondern auch eine konzeptionelle Überleitung zum **Fair Value des Akquisitionsobjektes der *Arrow-Debreu*-Welt**. In diesem Modell treten keine Bewertungsfehler und Überzahlungen von Akteuren auf, da sie ausschließlich den Marktpreis, der sämtliche existierende Informationen berücksichtigt, zur Entscheidungsfindung verwenden müssen und dürfen. Im paretoeffizienten Gleichgewicht entspricht der Ertragswert des Unternehmens exakt dem Marktpreis. Übergewinne können nicht erzielt werden, da vollständige und vollkommene Märkte unterstellt werden. Da die einzelnen Unternehmen miteinander in Konkurrenz stehen, können sie den Marktpreis nicht beeinflus-

---

52 Vgl. das erweiterte Konzept des Substanzwertes als Differenz der Kapitalwerte alternativer Auszahlungsreihen von *Sieben* (1963) S. 79ff. und das Argument von *Hense* (2006) S. 251: „Der maximal akzeptable Kaufpreis […] ergibt sich aus den entgangenen Gewinnen und den Mehraufwendungen, die alternativ beim internen Aufbau der Position anfallen würden."

53 Vgl. *Roll* (1986) S. 199ff., *Auster/Sirower* (2002) S. 227, *Glaum/Lindemann/Friedrich* (2006) S. 295. Gründe für unzureichende Synergieerzielung können z. B. in einer mangelhaften Zielplanung und Maßnahmenumsetzung im Akquisitionsobjekt, in der Überbetonung von Kostensynergien (z. B. durch Personalabbau) und in der Unterschätzung der Kosten für die Integration des Akquisitionsobjektes liegen; vgl. *Jansen* (2005) S. 533ff.

54 Vgl. in Bezug auf Unternehmenserwerbe *Auster/Sirower* (2002) S. 225ff., weiterhin Bewertungs- und Entscheidungsprozesse betreffend *Martin/Rich/Wilks* (2006), *Zayer/Hirsch* (2006), *Hammond/Keeney/Raiffa* (2006).

55 Vgl. *Baecker/Gleißner/Hommel* (2007).

sen und realisieren lediglich Gewinne in durchschnittlicher Höhe. Demzufolge entsprechen sich im neoklassischen Gleichgewicht der Kaufpreis des Erwerbers sowie der Ertragswert und der theoretische Fair Value des Akquisitionsobjektes.

Es ist darüber hinaus erklärbar, weshalb in der *Arrow-Debreu*-Welt kein originärer und derivativer Goodwill aus unternehmensinternen Synergien auszuweisen ist. Annahmegemäß werden die materiellen und die immateriellen Vermögenswerte des Akquisitionsobjektes zu ihrem theoretischen Fair Value bewertet, der auch jegliche private Informationen über den maximal erreichbaren Nutzenzufluss des Objektes enthält. Demzufolge erhöhen sich die Fair-Value-Ansätze der Vermögenswerte im Übergang von der Realität in die neoklassische Theorie. Im Gegenzug reduzieren sich die unternehmensinternen Synergien auf null.[56]

Abbildung E-2 zeigt die konzeptionelle Überleitung vom Nettovermögen auf Buchwertbasis über den theoretischen Fair Value der *Arrow-Debreu*-Welt bis zum Kaufpreis für das Akquisitionsobjekt unter Verwendung der unterschiedenen Goodwill-Komponenten.

---

56 Vgl. ähnlich *Barth/Landsman* (1995) S. 100 mit der Aussage: „*Because in this setting an asset's fair value is unambiguous, the value of any separate asset related to management skill equals zero.*"

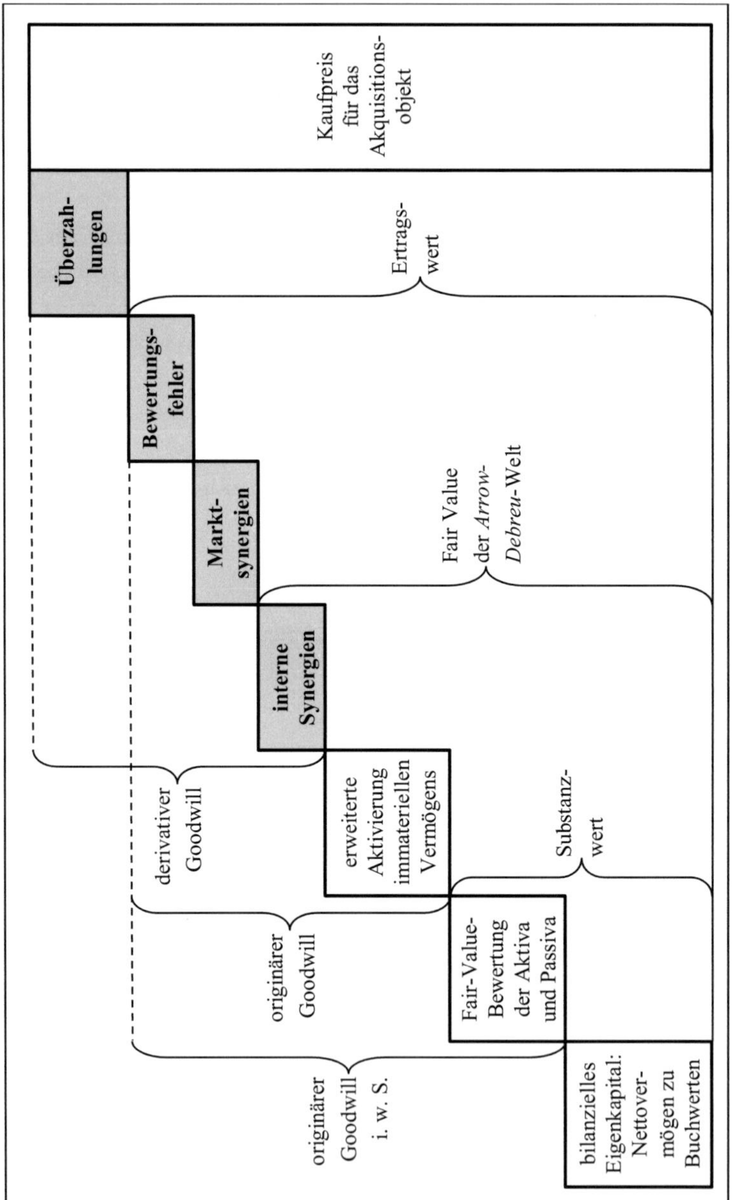

Abbildung E-2: Konzeptionelle Goodwill-Komponenten und ihre Beziehung zu Wertmaßstäben für das Akquisitionsobjekt

3 Antizipation einer zukünftigen Wertminderung des Goodwills

Über die Definition und die Beobachtung der in IAS 36 aufgezählten Indikatoren hinaus ist das Controlling durch eine gezielte Analyse der durchgeführten Impairment-Tests in der Lage, eine Goodwill-Wertminderung in nachfolgenden Perioden zu antizipieren. Die regelmäßige Einschätzung der Gefahr von Goodwill-Abschreibungen ist notwendig, da im Rahmen des Impairment-only-Approach in unregelmäßigen Zeitabständen hohe Ergebnisschwankungen auftreten können.[57]

Die Ermittlung des erzielbaren Betrages, sein Vergleich mit dem Buchwert der CGU und die Analyse des Impairment-Tests werden nachfolgend anhand eines Zahlenbeispiels von *Weißenberger/Haas/Wolf* (2007) erläutert.[58] Das Beispiel fokussiert auf die theoretische Grundstruktur des Impairment-Tests und unterliegt folgenden **Prämissen**:

* Der Buchwert der CGU beträgt 1.000 GE, der einen zugeordneten Goodwill in Höhe von 200 GE enthält. Der CGU werden keine Schulden zugeordnet.
* Die geplanten Vor-Steuer-Cashflows und das Bewertungsmodell wurden gemäß den Anforderungen des IAS 36 abgeleitet.
* Da die Nutzungsdauer der CGU 50 Jahre überschreitet, wird aus Praktikabilitätsgründen angenommen, dass in der Extrapolationsphase eine ewige Rente in Höhe des Cashflows der dritten Periode erzielt wird.
* Es wird ein risikoangepasster Diskontierungszinssatz von 10% verwendet, der unabhängig von der Kapitalstruktur und vor Steuern ermittelt wurde.
* Da der Nettoveräußerungswert nicht standardkonform marktorientiert abgeleitet werden kann, stellt der Nutzungswert den Bewertungsmaßstab für den erzielbaren Betrag dar.

---

[57] Vgl. *Glaum/Street/Vogel/PwC* (2007) S. 46, in Bezug auf die US-amerikanischen Regelungen *Pfeil/Vater* (2002b) S. 74f., *Hütten/Lorson* (2002) S. 29. So betrugen die aufgetretenen Goodwill-Abschreibungen von in Europa gelisteten Unternehmen durchschnittlich 358 Mio. € in 2005; vgl. *Glaum/Street/Vogel/PwC* (2007) S. 44.

[58] Vgl. im Folgenden ausführlich *Weißenberger/Haas/Wolf* (2007) S. 153ff.

Abbildung E-3 zeigt die Ausgangsdaten in der Übersicht. Alle Angaben sind in der Abbildung und nachfolgend in GE, mit Ausnahme der Zinsprämissen.

		Detailplanung			**Extrapolation**
Periode	*0*	*1*	*2*	*3*	∞
Cashflow / Kapitalwert der ewigen Rente		100,00	107,00	114,49	1.144,90
Diskontierungsfaktor (Zinssatz: 10%)		1,10	1,21	1,33	1,33
Diskontierte Cashflows		90,91	88,43	86,02	860,18
Nutzungswert der CGU	**1.125,54**				
Buchwert der CGU	**1.000,00**				
Davon Goodwill	200,00				

Abbildung E-3: Ausgangsdaten des Beispiels zur Analyse des Impairment-Tests

Nachfolgend werden an diesem Beispiel Kennzahlen dargestellt, die das Controlling in der Einschätzung des Risikos von zukünftigen Goodwill-Impairments unterstützen.

Im Rahmen des Impairment-Tests wird der Nutzungswert (*NW*) als erzielbarer Betrag mit dem Buchwert der CGU ($GK_{IAS36,BW}$) verglichen. Sofern eine negative Differenz festgestellt wird, ist der Goodwill außerplanmäßig abzuschreiben.[59] Verbleibt eine positive Differenz, wird zukünftig durch die CGU ein Wert geschaffen, der als Kapitalwert der zukünftigen ökonomischen Vorteile den Buchwert übersteigt. Dieser Unterschiedsbetrag wird nachfolgend als **residualer Goodwill** (*RG*) bezeichnet und folgendermaßen ermittelt:

(Gl. 11) $$RG = NW - GK_{IAS36,BW} = 1.125{,}54 - 1.000{,}00 = 125{,}54$$

Inhaltlich charakterisiert der residuale Goodwill den gemäß IAS 36 ermittelten originären Goodwill der CGU, der nicht bereits implizit innerhalb des bilanzierten Goodwills ausgewiesen wird. Da der bilanzierte Goodwill, der dem Impairment-Test unterzogen wird, möglicherweise im Rahmen der Erstbilanzierung nicht den CGUs im Akquisitionsobjekt zugeordnet wurde, kann der residuale Goodwill neben den zuvor dargestellten Komponenten weiterhin insbesondere identifizierbare immaterielle Vermögenswerte und stille Reserven aus der Vermögensbewertung enthalten. Der residuale Goodwill stellt den Wertpuffer dar, der in der CGU bis zu einer außerplanmäßigen Abschreibung vorhanden ist.

59 Vgl. IAS 36.58.

Für einen Vergleich von CGUs mit unterschiedlicher Kapitalausstattung ist es sinnvoll, den residualen Goodwill ins Verhältnis zum Buchwert zu setzen. Ein so ermittelter relativer residualer Goodwill (*relativer* RG_{GK}) zeigt an, um welchen Anteil der erzielbare Betrag den Buchwert der CGU übersteigt. Er ist ein Maß für die Effizienz der Kapitalnutzung:

(Gl. 12) $$relativer\ RG_{GK} = \frac{RG}{GK_{IAS36,BW}} = \frac{125{,}54}{1.000{,}00} = 12{,}55\%$$

Der relative residuale Goodwill im Verhältnis zum Buchwert des Goodwills (*relativer* RG_G) stellt dagegen die Beziehung zwischen dem originären, nicht bilanziell erfassten Goodwill gemäß IAS 36 und dem bilanzierten Goodwill der CGU (G) dar. Er beschreibt die Nachhaltigkeit des bilanzierten Goodwills, da dieser entsprechend seiner Abnutzung über die Zeit durch originären Goodwill ersetzt wird:

(Gl. 13) $$relativer\ RG_G = \frac{RG}{G} = \frac{125{,}54}{200{,}00} = 62{,}77\%$$

Analog zur Break-Even-Analyse, in der das Überschreiten der Umsatzerlöse über die einzelnen Kostenkategorien des Unternehmens untersucht wird, kann der dort typischerweise verwendete **Sicherheitskoeffizient** (*SK*)[60] der Analyse des Impairment-Tests dienen. Die Kennzahl zeigt das Risiko eines zukünftigen Impairments auf, allerdings ohne die statistische Wahrscheinlichkeitsverteilung vollständig abzubilden. Der Sicherheitskoeffizient beschreibt, um wie viel Prozent der gesamte entsprechend IAS 36 ermittelte Goodwill, d. h. die Summe aus dem bilanzierten und dem residualen Goodwill, sinken darf, bevor eine außerplanmäßige Abschreibung vorzunehmen ist. Demzufolge gilt, wie ebenso bei allen bisher dargestellten Kennzahlen: Je höher der Sicherheitskoeffizient ist, desto geringer ist das Risiko für ein Goodwill-Impairment. Die Ermittlung erfolgt durch den Abzug des Quotienten aus dem bilanzierten und dem gesamten Goodwill von eins:

(Gl. 14) $$SK = 1 - \frac{G}{G + RG} = 1 - \frac{200}{200 + 125{,}54} = 38{,}56\%$$

Die angeführten Kennzahlen ermöglichen eine zumindest jährliche Einschätzung der Gefahr von zukünftigen Goodwill-Impairments. Daneben können mit **Bezug auf die Mittelfristplanung** weitere Kennzahlen definiert werden, die neben den

60 Vgl. *Ewert/Wagenhofer* (2005) S. 202.

zwingend zu überwachenden Indikatoren nach IAS 36 eine unterjährige, ggf. monatliche Beobachtung des Goodwills gewährleisten.

So können im Sinne einer Cashflow-Hürde für die einzelnen Unternehmenseinheiten kritische Zielwerte vorgegeben werden. Erreichen die Unternehmenseinheiten in jedem Jahr des Planungszeitraumes den Zielwert, wird ein Goodwill-Impairment verhindert. So kann eine **allgemeine Cashflow-Hürde** (*CFH*) unter Verwendung der ewigen Rente aus dem CGU-Buchwert abgeleitet werden. Hierzu ist der Buchwert mit dem im Impairment-Test verwendeten Zinssatz (*i*) zu multiplizieren:

(Gl. 15) $$CFH = GK_{IAS36,BW} * i = 1.000 * 10\% = 100$$

Ist entgegen den Prämissen des Beispiels die Nutzungsdauer (ND) der CGU wesentlich geringer als 50 Jahre, so ist von der ewigen Rente abzuraten und die Cashflow-Hürde unter Verwendung der allgemeinen Kapitalwertformel zu berechnen. Von Cashflow-Wachstum und einem Nettoveräußerungswert der CGU wird auch an dieser Stelle aus Vereinfachungsgründen abstrahiert. *T* bezeichnet die Länge der Gesamtplanungsphase und *t* das spezifisch betrachtete Jahr:

(Gl. 16) $$CFH_{ND<50 Jahre} = \frac{GK_{IAS36,BW}}{\sum_{t=1}^{T} \frac{1}{(1+i)^t}}$$

Diese allgemeinen Cashflow-Hürden geben durch einen Vergleich mit den gegenwärtigen Ist- und Plan-Daten einen Hinweis, ob der Goodwill wertgemindert ist. Die Aussagekraft des Vergleichs ist umso höher, je geringer die Differenzen des geplanten Cashflows zum nach IAS 36 abzuleitenden Cashflow sind. Die Hürde sollte nicht nur für die einzelnen Jahre der Mittelfristplanung festgelegt werden, sondern unter Berücksichtigung von Saisonbewegungen auch auf kürzere Planungsabschnitte heruntergebrochen werden. Da IAS 36 eine regelmäßige Überwachung der Werthaltigkeit des Goodwills erfordert, ist die Übernahme von monatlichen Cashflow-Hürden in die interne Berichterstattung zu empfehlen.

Für die Wertausprägungen der Kennzahlen sollten erlaubte Schwankungsbereiche definiert und im Berichtsformat hinterlegt werden. Weist eine Kennzahl eine kritische Ausprägung auf, sollte durch das Berichtssystem automatisch auf die Abweichung hingewiesen werden. Unternehmenseinheiten, deren gegenwärtige und geplante Cashflows die Cashflow-Hürde unterschreiten, sind detaillierter auf eine Goodwill-Wertminderung zu analysieren.

In Analogie zur Betrachtung des Gesamtplanungszeitraumes des Impairment-Tests kann spezifisch für die **Extrapolationsphase** eine **Cashflow-Hürde** ($CFH_{extrapol.}$) ermittelt werden. Sie sollte aufgrund der Schwierigkeit, langfristig zu prognostizieren, lediglich jährlich erhoben werden. Zur Berechnung wird zunächst unter Berücksichtigung der Planwerte des Detailplanungszeitraumes der sog. Zielkapitalwert für die Extrapolationsphase (*ZKW*) berechnet. Er stellt bei gegebener Mittelfristplanung den Kapitalwert dar, der innerhalb dieser Phase zu generieren ist, sodass der erzielbare Betrag gerade dem Buchwert der CGU entspricht. In der Ableitung bezeichnet CF_t den geplanten Cashflow der betrachteten Periode des Detailplanungszeitraumes:

(Gl. 17) $$ZKW = GK_{IAS36,BW} - \sum_{t=1}^{T} \frac{CF_t}{(1+i)^t} = 1.000 - \sum_{t=1}^{3} \frac{CF_t}{(1+10\%)^t} = 734{,}64$$

Die Cashflow-Hürde für die Extrapolationsphase wird in Anwendung der allgemeinen Definition des Kapitalwertes dieser Phase ermittelt. Hierzu ist der Zielkapitalwert mit dem Diskontierungsfaktor der letzten Detailplanungsphase und gemäß dem Konzept der ewigen Rente mit dem verwendeten Zinssatz zu multiplizieren:

(Gl. 18) $$ZKW = \frac{CF_{T+1}}{i * (1+i)^T}$$

(Gl. 19) $$CFH_{extrapol.} = ZKW * i * (1+i)^T = 734{,}64 * 10\% * 1{,}1^3 = 97{,}78$$

Ist die Nutzungsdauer der CGU geringer als 50 Jahre, sollte wiederum die allgemeine Kapitalwertformel – hier in Bezug auf die Extrapolationsphase – verwendet werden. *R* bezeichnet dabei die Länge der Extrapolationsphase:

(Gl. 20) $$ZKW_{ND<50Jahre} = \frac{1}{(1+i)^T} * \sum_{t=T+1}^{T+R} \frac{CF_t}{(1+i)^t}$$

(Gl. 21) $$CFH_{extrapol.,ND<50Jahre} = \frac{ZKW_{ND<50Jahre} * (1+i)^T}{\sum_{t=T+1}^{T+R} \frac{1}{(1+i)^t}}$$

Wie bereits angeführt, dienen die Kennzahlen der **Antizipation eines zukünftigen Goodwill-Impairments**. Durch ihre Erhebung, Beobachtung und interne Berichterstattung wird die Verhinderung von Goodwill-Impairments unterstützt. Diese Kennzahlen ermöglichen, dass frühzeitig angezeigt wird, ob spezifische einem Impairment gegensteuernde Maßnahmen erforderlich sind (Trigger-Funktion). Dem Controlling obliegt die Aufgabe, das Management auf Gefahrensituationen hinzuweisen und es in der Erarbeitung von Handlungsalternativen, die zu einer Erhöhung des originären Goodwills führen, behilflich zu sein. In diesem Kontext wird überdies die Umsetzung der Wertorientierung gefördert.

Daneben unterstützen die Kennzahlen jedoch auch die Entscheidung, ob unterjährig bei Indizien für eine potenzielle Wertminderung oder zum Geschäftsjahresende ein **Impairment-Test durchgeführt werden muss**. Dies ist für die Unternehmenspraxis von hoher Bedeutung, da – wie nachfolgend gezeigt wird – durch den Vergleich der Kennzahlausprägungen mit spezifischen Planungsdaten der Arbeitsaufwand für die Anwendung des IAS 36 verringert werden kann.

Ein Goodwill-Impairment-Test kann unter Berücksichtigung der Wesentlichkeit unterlassen werden, sofern folgende Bedingungen erfüllt sind:[61]

(1) Die Vermögenswerte und Schulden der CGU haben sich im Vergleich zur letzten Testdurchführung nicht wesentlich verändert.

(2) Im letzten Impairment-Test überstieg der erzielbare Betrag den Buchwert der CGU substanziell.

(3) Die Wahrscheinlichkeit, dass der erzielbare Betrag den Buchwert der CGU aktuell unterschreitet, ist gering.

Die Erfüllung der unter (2) genannten Bedingung kann anhand des residualen Goodwills, des relativen residualen Goodwills hinsichtlich des Buchwertes oder anhand des Sicherheitskoeffizienten aus den Informationen des zuletzt durchgeführten Impairment-Tests abgeschätzt werden. Sofern die Bedingung (1) gilt, hat sich der Buchwert der CGU nicht wesentlich verändert. Für die Einschätzung der Bedingung (3) kann in diesem Fall auf den damalig ermittelten Buchwert Bezug genommen werden. Es ist somit abschließend zu beurteilen, wie sich der erzielbare Betrag, i. d. R. der Nutzungswert, entwickelte. Hierfür kann das Konzept der Cashflow-Hürde dienen, indem die realisierten und die neu geplanten Cashflows für die Unternehmenseinheit mit der zuvor definierten Cashflow-Hürde verglichen werden. Sofern der Zielwert stets erreicht wird und die Marktzinsen keiner signifikanten Änderung unterlagen, kann von der Testdurchführung abgesehen werden.

Die empfohlene Kennzahlenanalyse stellt im Vergleich zur Durchführung eines Impairment-Tests eine **Modellvereinfachung** dar. Unter Inkaufnahme von rechentechnischen Ungenauigkeiten und unter Vernachlässigung von Details der standardkonformen Berechnung kann in den meisten Fällen beurteilt werden, ob eine

---

[61] Vgl. IAS 36.99, IAS 36.15.

Wertminderung des Goodwills vorliegt und ob auf die Durchführung des Impairment-Tests verzichtet werden kann. Für die unternehmensspezifische Ausgestaltung der Kennzahlen ist im Sinne von *Laux* (2003) der optimale Komplexionsgrad des Entscheidungsmodells zu bestimmen.[62] Dies bedeutet, dass für die Planung und Kontrolle des Goodwills eine angemessene Komplexitätsreduktion des Impairment-Tests vorzunehmen ist, um eine Vorab-Beurteilung der Werthaltigkeit des Goodwills zu ermöglichen. Sofern jedoch die Bedingungen für die Unterlassung des Impairment-Tests nicht kumulativ erfüllt sind – was zumeist der Fall ist[63] – sind die Berechnungen im Detail vorzunehmen.

4 Problematik der Planung und Kontrolle auf Basis der Goodwill-Bilanzierung

4.1 Eingeschränkte Aussagefähigkeit der Buchwerte des Akquisitionsobjektes und Notwendigkeit des *internal push-down*

Eine Steuerung von Unternehmenseinheiten, die sich auf die bilanzielle Abbildung von Unternehmenserwerben stützt, ist mit Schwierigkeiten behaftet. Sie werden im Weiteren unter besonderer Beachtung der Fundierung eigener Entscheidungen analysiert. Die Planung und Kontrolle sind erschwert, falls die Wertansätze der Kaufpreisallokation nicht oder nur zeitverzögert in die korrespondierenden Unternehmenseinheiten übernommen werden. Deshalb wird zunächst in diesem Abschnitt erläutert, warum aus Controlling-Sicht die Wertansätze auch in niedrigere Konzernebenen zu schieben sind, und zwar über den Umfang der bilanziellen Anforderungen hinaus.[64]

Die Rechnungslegungsvorschriften der US-amerikanischen Börsenaufsichtsbehörde SEC enthalten eine allgemeine Pflicht zum sog. ***push-down accounting***. Gemäß dem Staff Accounting Bulletin (SAB) 54 müssen sämtliche in den USA gelisteten Unternehmen die Wertansätze der Neubewertung des erworbenen Geschäftsbetriebes, inklusive des derivativen Goodwills, bis auf die Einzelbilanzebene überneh-

---

62 Vgl. *Laux* (2003) S. 390f.

63 Vgl. *Hoffmann* (2008a) Rz. 49.

64 Der Begriff „Wertansätze“ schließt im Folgenden die Mengenansätze, die sich hauptsächlich durch den erweiterten Ansatz immaterieller Vermögenswerte verändern, mit ein.

men. Dies ist erforderlich, wenn der erworbene Geschäftsbetrieb zu einer substanziell vollständig erworbenen Tochtergesellschaft wurde, insbesondere bei einer Beteiligung von mindestens 97%.[65]

Die IFRS enthalten keine identischen Vorschriften, jedoch erfordert **IAS 21 „*The Effects of Changes in Foreign Exchange Rates*"** für die Währungsumrechnung, dass die Wertansätze aus der Kaufpreisallokation und der ermittelte Goodwill dem erworbenen Geschäftsbetrieb zugewiesen werden.[66] Diese Zuordnung charakterisiert ein *push-down accounting* lediglich bis auf die Ebene der Handelsbilanz II und zwar eingeschränkt für die Akquisitionsobjekte, die ihre Geschäftsaktivitäten in einer fremden Währung abwickeln.[67] Sie ist nicht nur bei einer annähernd vollständigen Beteiligung, sondern bereits bei beherrschten Tochterunternehmen vorzunehmen.[68] Für die Umsetzung des IAS 21 muss der Goodwill eines erworbenen Geschäftsbetriebes darüber hinaus für die Konzernbilanzierung in der Fremdwährung ermittelt und dezentral weitergeführt werden.[69]

Die Zuordnung der Wertansätze der Kaufpreisallokation für die Währungsumrechnung ist jedoch unabhängig von der Zuordnung der erworbenen Vermögenswerte, Schulden und dem Goodwill für den Impairment-Tests nach IAS 36.[70] Nur bei einer Identität kann für den Impairment-Test der Goodwill-Buchwert direkt ermittelt werden. Der lokale Wertansatz ist hierzu mithilfe des Stichtagskurses in die Währung des Konzerns umzurechnen.[71]

Aus Controlling-Sicht ist die Neubewertungsbilanz des erworbenen Geschäftsbetriebes im Vergleich zur Buchwertbilanz eine **informativere, ökonomischere Abbildung**, da stille Reserven und Lasten aufgedeckt und umfassend immaterielle Vermögenswerte aktiviert wurden. Die Verwendung der in der Neubewertung gewonnenen Informationen ist aus bilanzieller Sicht lediglich für erworbene Geschäftsbetriebe mit Fremdwährung erforderlich und zulässig. Für interne Planungs-

---

65 Vgl. *Thomas/Hagler* (1988) S. 27, SAB 54 „*Staff Views on the Application of the Push-Down Basis of Accounting in the Separate Financial Statements of Subsidiaries Acquired in Purchase Transactions*", ergänzend SAB Topic 5-J „*Push Down Basis of Accounting Required in Certain Limited Circumstances*".

66 Vgl. IAS 21.47.

67 Vgl. *Fröhlich* (2004) S. 241.

68 Vgl. IAS 21.47 i. V. m. IFRS 3.4.

69 Vgl. *Fröhlich* (2004) S. 241.

70 Vgl. IAS 36.83, IAS 21.BC32, *Fröhlich* (2004) S. 242.

71 Vgl. *Wirth* (2005) S. 253f. Analog erfolgt die Umrechnung der auf Basis der lokalen Währung und Zinsverhältnisse ermittelten Nutzungswerte von CGUs; vgl. IAS 36.54.

und Kontrollzwecke sollten die Informationen der Neubewertungsbilanz jedoch für jede Art von Akquisitionen verwendet werden.

Die durch die Neubewertung typischerweise erhöhten Abschreibungen der erworbenen Vermögenswerte belasten die Gewinn-und-Verlustrechnung des Konzerns. Zur Unterstützung der Umsetzung der Akquisitionsziele, d. h. zur Realisierung der erworbenen Synergiepotenziale, aber auch zur Sicherstellung einer sachgerechten Kapitalverzinsung[72] sind die Wertansätze der Kaufpreisallokation in niedrigere Konzernebenen zu übernehmen und aufgrund von dezentralen Informationsvorteilen dort ebenfalls fortzuführen. Werden die Wertansätze nicht in niedrigere Konzernebenen gedrückt, kann der Erwerb zusätzlicher Erfolgspotenziale dort als kostenlos angesehen werden. Daraus kann eine verstärkte Nachfrage nach zentral durchgeführten Erwerben im Gegensatz zum internen Wachstum resultieren.[73]

Die Wertansätze der erworbenen Vermögenswerte und Schulden sowie des Goodwills sollten denjenigen Unternehmenseinheiten zugerechnet werden, die die Vermögenswerte und Schulden aus dem Akquisitionsobjekt erhalten haben bzw. von dem Erwerb profitieren. Das beschriebene Vorgehen wird in der vorliegenden Arbeit als ***internal push-down*** bezeichnet, da es nicht aufgrund der bilanziellen Regelungen, sondern aus Controlling-Sicht erforderlich ist. Im Unterschied zu IAS 21 muss der Goodwill nicht vollständig dem erworbenen Geschäftsbetrieb zugeordnet werden, sondern ist eine sachgerechte Aufteilung und Allokation im Gleichklang mit den Anforderungen des IAS 36 anzustreben. Das *internal push-down* sollte ebenfalls unabhängig von der Beteiligungsquote vorgenommen werden.

Wie die Ausführungen zur Informationsbereitstellung des Controllings in Kapitel D zeigen, ist aufgrund umfangreicher, komplexer Fair-Value-Bewertungen die Ermittlung der Neubewertungsbilanz durch **zeitliche Informationsengpässe** geprägt. In Ermangelung finaler Wertansätze für das erworbene Nettovermögen werden oft vorübergehend pauschale Schätzungen verwendet. Sie sind Gegenstand der Ist- und Plan-Rechnung des Erwerbers wie auch im erworbenen Geschäftsbetrieb. Besonders die überschlägige Ermittlung der zu aktivierenden immateriellen Vermögenswerte ist mit Unsicherheit verbunden. Eine detaillierte, systemtechnische Umsetzung des *internal push-down* bedarf jedoch des Abschlusses der Kaufpreisallokation. Durch das Problem der nur zeitverzögert erhältlichen Wertansätze und durch

---

72 Vgl. *Ewert/Wagenhofer* (2000) S. 50, *Bruns* (1999) S. 598.

73 Vgl. das ähnliche Modell zur Gemeinkostenallokation von *Pfaff* (1994b) und den Effekt der Überinvestition in zentrale Ressourcen, wenn die Kosten nicht dezentral zugerechnet werden.

die Verwendung von Schätzwerten entstehen auf den Unternehmensebenen temporäre Ungenauigkeiten in den Ist- und Plan-Werten, die eine zeitnahe Kontrolle der erworbenen Unternehmensaktivitäten behindern. Deshalb sollte auch aus Controlling-Sicht ein zügiger Abschluss der Kaufpreisallokation angestrebt werden.[74]

Die durch das *internal push-down* erhöhten bilanziellen Wertansätze führen in den Unternehmenseinheiten zu erhöhten Abschreibungen und mindern das Jahresergebnis. Im Rahmen einer integrierten Rechnungslegung wirken sich die Wertansätze direkt auf die Kostenrechnung aus. Die maßgeblich im Sachanlagevermögen erhöhten Abschreibungen führen zu einem Ansteigen der **Herstellkosten**, da diese in Anlehnung an IAS 2 die produktionsorientierten Kosten umfassen.[75] Für das Erreichen des langfristig angestrebten Periodenergebnisses des Konzerns sind folglich erhöhte Preise zu kalkulieren und am Markt durchzusetzen oder zusätzliche Kosteneinsparungen zu erwirken.

Umgekehrt kann ein Goodwill-Impairment auch eine Reduktion der Herstellkosten bewirken. Führt die Wertminderung einer CGU zu einem die Höhe des Goodwills übersteigenden Wertberichtigungsbedarf, so sind die sonstigen Vermögenswerte der CGU im Verhältnis zu ihren Buchwerten abzuschreiben.[76] Erfolgt die Preiskalkulation nach einem sog. Kosten-Plus-Ansatz, in dem der Preis durch einen pauschalen absoluten oder relativen Gewinnaufschlag ermittelt wird, so werden bei einem solchen Goodwill-Impairment die Produktpreise automatisch reduziert.[77] Mitarbeiter des Vertriebs, die typischerweise auf Basis ihrer Umsatzentwicklung entlohnt werden, können bei Kenntnis dieser Kosteninformation zu verstärkten Preisnachlässen tendieren. Das Controlling hat deshalb die Aufgabe, innerhalb einer integrierten Rechnungslegung solche Preisminderungen zu verhindern und stets zunächst die potenzielle Erfolgswirkung zu analysieren.[78]

Unterliegen die Vermögenswerte der CGU oder die CGU selbst in den nachfolgenden Perioden einer verpflichtenden Wertaufholung nach IAS 36,[79] so sind die Buchwert- und Kostenansätze wiederum zu erhöhen. Wird unternehmensintern eine weitgehende Konstanz der Herstellkosten angestrebt, so empfehlen *Dais/Watterott*

---

[74] Vgl. *Monhof* (2004) Folie 27.

[75] Vgl. IAS 2.12, *Weber/Weißenberger/Haas* (2006) S. 43f.

[76] Vgl. IAS 36.104.

[77] Dies gilt nicht, sofern intern die außerplanmäßigen Abschreibungen der Vermögenswerte als neutrale, nicht in die Kosten einzubeziehende Aufwendungen klassifiziert werden.

[78] Vgl. *Monhof* (2004) Folie 26.

[79] Vgl. IAS 36.109ff.

(2006), den den Goodwill übersteigenden Wertberichtigungsbedarf in der internen Rechnungslegung nicht zu berücksichtigen und stattdessen die Vermögenswerte weiterhin planmäßig abzuschreiben.[80] In der vorliegenden Arbeit wird diesbezüglich die Auffassung vertreten, dass für die Entscheidung über die Behandlung dieser Wertkorrekturen stets die Vorteile der integrierten Rechnungslegung mit den Nachteilen der Kostenschwankungen unternehmensspezifisch abzuwägen sind.

4.2 Eingeschränkte Aussagefähigkeit typischer Erfolgskennzahlen

In diesem Abschnitt wird gezeigt, dass eine pauschale Übernahme der bilanziellen Wertansätze in die Controlling-Instrumente zu Fehleinschätzungen von typischen Erfolgskennzahlen führen kann. Hierfür werden die Kennzahlveränderungen dargestellt, die durch den Impairment-only-Approach hervorgerufen werden.[81]

Der Impairment-only-Approach ist durch eine Aktivierung und allein außerplanmäßige Abschreibung des Goodwills charakterisiert. Im Rahmen einer integrierten Rechnungslegung werden die damit verbundenen Wirkungen auf das Jahresergebnis unmittelbar in die internen Erfolgsgrößen übertragen. Da sie demzufolge verstärkt schwanken, sinkt ihre Eignung für die unternehmensinterne Planung und Kontrolle. Die **Volatilität der Erfolgsgrößen** wird durch die prozyklische Wirkung des Impairment-only-Approach verstärkt, d. h., kritische Unternehmenssituationen können zu einem Wertberichtigungsbedarf des Goodwills führen und den bereits geringen Unternehmenserfolg weiter mindern.[82]

Durch die umfangreichen Ermessensspielräume in der Goodwill-Bilanzierung existiert die Gefahr, dass aus bilanzpolitischen Gründen **Abschreibungen in die Zukunft verlagert** werden. Dies bewirkt, dass später vorzunehmende Wertminderungen ein vergleichsweise höheres Volumen aufweisen.[83] Insbesondere verschieben sich die Goodwill-Abschreibungen in die Zukunft, da eine Wertberichtigung erst

---

80 Vgl. *Dais/Watterott* (2006) S. 468f.

81 Auf eine Kennzahlendiskussion zur Umstellung von der planmäßigen Abschreibung auf den Impairment-only-Approach wird aufgrund der fehlenden Aktualität verzichtet. Siehe dazu *Pfeil/Vater* (2002b) S. 75ff., *Hütten/Lorson* (2002) S. 29ff., *Arnsfeld/Schremper* (2005) S. 502, *Hense/Kleinbielen/Witthaus* (2005) Rz. 1139f.

82 Vgl. *Hitz/Kuhner* (2002) S. 285, *Protzek* (2003) S. 499ff., *Saelzle/Kronner* (2004) S. 162.

83 Vgl. *Küting* (2006b) S. 177, *Saelzle/Kronner* (2004) S. 163.

vorgenommen werden muss, wenn ein Ersatz durch originären Goodwill nicht mehr erfolgen kann.[84]

Empirisch konnte bereits bei der Umstellung auf SFAS 142 nachgewiesen werden, dass für eine spätere Erhöhung und Glättung des Jahresergebnisses häufig eine **Big-Bath-Strategie** angewendet wurde:[85] Ist das vorläufige Ergebnis des Unternehmens so gering, dass keine Bonuszahlungen zu erwarten sind, strebt das Management an, das Ergebnis weiter zu verringern. Folglich ist ein Big Bath durch eine über die realwirtschaftliche Wertminderung wesentlich hinausgehende Wertberichtigung gekennzeichnet. Überhöhte Goodwill-Abschreibungen sind auch im Zuge eines Führungswechsels, maßgeblich aufgrund einer Strategieänderung des Unternehmens,[86] zu erwarteten.[87] In der vorliegenden Arbeit wird die Auffassung vertreten, dass im Rahmen der bilanziellen und prüferischen Regelungen und abgesehen von der Erstanwendung des IFRS 3 ein Big Bath nur im Zusammenhang mit für den Konzern einschneidenden Ereignissen realisierbar ist.

Die Schwankungen der Erfolgsgröße durch den Impairment-only-Approach verringern die Aussagefähigkeit der internen Erfolgsmessung. Bei einer Verschleppung von Wertberichtigungen des Goodwills oder bei einem Big Bath werden darüber hinaus i. d. R. die internen Planungsinformationen manipuliert. Um einer Verzerrung der internen Rechnungslegung im Sinne des Zirkularitätseffektes vorzubeugen, muss das Controlling verstärkt Plan-Ist-Abweichungen und Planrevisionen auf ihre Ursachen – im realwirtschaftlichen oder bilanzpolitischen Bereich – überprüfen und ggf. für interne Zwecke korrigieren.

Weiterhin kann der Impairment-only-Approach zu einer Fehleinschätzung von **intern wachsenden im Vergleich zu akquirierenden Unternehmenseinheiten** führen. Die Abbildung E-4, die sich gegen Ende dieses Abschnittes befindet, enthält hierzu ein Zahlenbeispiel mit nummerierten Zeilen (Z). Es wird zwischen der Kennzahlermittlung hinsichtlich des Kapitals zu Periodenbeginn (a) und zu Perio-

---

84 Vgl. *Pellens/Sellhorn* (2001b) S. 719.

85 Vgl. die empirischen Ergebnisse von *Cowan/Dilla/Jeffrey* (2006), *Sevin/Schroeder* (2005), weiterhin *Pottgießer/Velte/Weber* (2005b) S. 1750. Zur Bedeutung der Gewinnglättung in der Unternehmenspraxis siehe *Graham/Harvey/Rajgopal* (2005).

86 Vgl. zur Verbindung zwischen einem Führungswechsel und der Änderung der Unternehmensstrategie *Hungenberg/Wulf* (2006).

87 Vgl. in Bezug auf die US-amerikanischen Regelungen *Pfeil/Vater* (2002b) S. 77. Siehe weiterführend zu den Ursachen und Bedingungen für die Abschreibung des Goodwills die empirischen Ergebnisse von *Guler* (2007), *Anantharaman* (2007), *Beatty/Weber* (2006), *Li/Shroff/Venkataraman* (2005) und mit weiteren Nennungen *Kuhner* (2005) S. 26ff.

denende (b) unterschieden. Für den Vergleich wird angenommen, dass eine intern wachsende Unternehmenseinheit die durch eine Akquisition erworbenen Geschäftstätigkeiten und ihre Erfolgswirkung gleichermaßen nachbildet.

Gemäß IFRS 3 erhöht sich zum Akquisitionszeitpunkt die Kapitalbasis der akquirierenden Unternehmenseinheit um den bilanzierten Goodwill (Z2).[88] I. d. R. unterscheiden sich die Unternehmenseinheiten temporär in der Höhe ihres operativen Ergebnisses, falls die Beherrschungserlangung und der Beginn der internen Nachbildung der erworbenen Geschäftsaktivitäten zeitlich zusammenfallen.[89] In **kurzfristiger Sicht** wird das Ergebnis der intern wachsenden Unternehmenseinheit durch Aufwendungen zur Generierung zukünftiger ökonomischer Vorteile gemindert (Z1). Sie fallen in der akquirierenden Unternehmenseinheit nicht mehr an, so z. B. für die Mitarbeiterfortbildung oder den Aufbau einer erfolgreichen Marke.[90] Da diese zukünftigen ökonomischen Vorteile in der akquirierenden Unternehmenseinheit durch den Kaufpreis vergütet wurden, werden sie zunächst erfolgsneutral im Goodwill ausgewiesen (Z3). Das operative Ergebnis der akquirierenden Unternehmenseinheit steigt mit der Beherrschungserlangung um das Ergebnis des Akquisitionsobjektes an (Z1). Dieses Erfolgsniveau wird annahmegemäß langfristig durch die intern wachsende Unternehmenseinheit angestrebt. Sofern ein Wertverlust des derivativen Goodwills durch bestehenden originären Goodwill ausgeglichen werden kann, wird das operative Ergebnis der akquirierenden Unternehmenseinheit nicht durch Goodwill-Abschreibungen gemindert.[91] Dieser „Ersatzinvestition“[92] in den derivativen Goodwill stehen jedoch Aufwendungen für den Aufbau des originären Goodwills gegenüber, die bereits in der Vergangenheit entstanden.

Für den Vergleich der Unternehmenseinheiten wird weiterhin die Kapitalrendite betrachtet, genauer die Gesamtkapitalrendite (GKR_t), hier als das Verhältnis des

---

88 Überdies kommt es zu einer Bilanzverlängerung aufgrund der nur bei Unternehmenserwerb aktivierbaren immateriellen Vermögenswerte und der Hebung stiller Reserven.

89 Vgl. das Beispiel in *Hense* (2006) S. 251f.

90 Vgl. in Bezug auf die US-amerikanischen Regelungen *Pellens/Sellhorn* (2001a) S. 1685. Die erworbene erfolgreiche Marke muss unter IFRS eine unbegrenzte Nutzungsdauer aufweisen, um analog zum Goodwill nur außerplanmäßig abgeschrieben zu werden; vgl. IAS 38.8 i. V. m. IAS 38.107f.

91 *Pellens/Sellhorn* (2001b) S. 720 sprechen diesbezüglich von der Möglichkeit, die Aufwendungen zur Steigerung des originären Goodwills „indirekt erfolgsneutral“ mit der deshalb zu diesem Zeitpunkt nicht erforderlichen Goodwill-Abschreibung zu verrechnen. Sie kann in akquirierenden Unternehmenseinheiten zu einem Anreiz führen, in den originären Goodwill zu investieren; vgl. *Weißenberger* (2005) S. 206f.

92 *Sellhorn* (2000) S. 890, *Hitz/Kuhner* (2002) S. 282.

operativen Ergebnisses (NOP_t) zum Gesamtkapital zu Buchwerten zu Periodenbeginn ($GK_{t-1,BW}$) definiert:

(Gl. 22) $$GKR_t = \frac{NOP_t}{GK_{t-1,BW}}$$

Annahmegemäß sei das Ergebnis der Unternehmenseinheit geringer als die Kapitalbasis. Zudem wird vorausgesetzt, dass keine Überzahlungen für das Akquisitionsobjekt getätigt wurden, dass keine Bewertungsfehler auftraten, und dass die aus den erworbenen Geschäftsprozessen erhaltenen jährlichen Gewinne annähernd konstant sind. Unter den getroffenen Prämissen gilt, dass die akquirierende Unternehmenseinheit kurzfristig eine höhere Kapitalrendite aufweist als die intern wachsende Einheit (Z4). Die temporär auftretende positive Erfolgswirkung wird durch die Erhöhung der Kapitalbasis nicht überkompensiert.

Analog wirkt sich der Impairment-only-Approach auf den Residualgewinn (RI_t) aus. Er stellt den Betrag dar, der von der verwendeten aufwandsbasierten Erfolgsgröße – hier das operative Ergebnis – nach Berücksichtigung der Kapitalkosten verbleibt. Die Kapitalkosten werden typischerweise als das Produkt des gewichteten durchschnittlichen Kapitalkostensatzes (*WACC*) mit der verwendeten bilanzorientierten Vermögensbasis, z. B. dem Gesamtkapital, ermittelt:

(Gl. 23) $$RI_t = NOP_t - WACC * GK_{t-1,BW}$$

Ist die akquirierende Unternehmenseinheit temporär – besonderes nach der Beherrschungserlangung – durch ein höheres operatives Ergebnis gekennzeichnet, so wird ein höherer Residualgewinn als in der intern wachsenden Einheit ausgewiesen (Z5).

Ist **mittelfristig** der Goodwill wertgemindert, führt die außerplanmäßige Abschreibung c. p. zu einer Verminderung der Kapitalrendite der akquirierenden Unternehmenseinheit (Z9). Dabei wird durch die Goodwill-Abschreibung das operative Ergebnis (Z6) anteilsmäßig stärker gemindert als das Kapital (Z7). Auch der Residualgewinn reduziert sich (Z10), da das Ergebnis stärker als die auf das geringere Vermögen bezogenen Kapitalkosten sinkt. Die akquirierende Einheit weist im Vergleich zur intern wachsenden Einheit jeweils einen geringeren Erfolg aus.

Durch den Ersatz des derivativen durch originären Goodwill ist die akquirierende Unternehmenseinheit auch in den nachfolgenden Perioden durch eine im Vergleich höhere Kapitalbasis gekennzeichnet (Z12). Unter der Prämisse, dass beide Unternehmenseinheiten **langfristig** ein operatives Ergebnis in gleicher Höhe erwirtschaften (Z11), ist c. p. die Kapitalrendite der akquirierenden Unternehmenseinheit geringer (Z14).[93] Wird angenommen, dass langfristig das operative Ergebnis wie auch der aus den Marktwerten des Gesamtkapitals abgeleitete WACC für beide Unternehmenseinheiten identisch sind, wird auch ein im Vergleich geringerer Residualgewinn ausgewiesen (Z15), da die akquirierende Unternehmenseinheit zusätzlich die Kapitalkosten auf den Goodwill erwirtschaften muss. Dieser Effekt wird verstärkt, wenn die Eigenkapitalerhöhung zu einer Erhöhung des Marktwertes des Eigenkapitals führt oder wenn der WACC auf Basis der Buchwerte des Eigen- und Fremdkapitals berechnet wird.[94]

Abbildung E-4 zeigt die beschriebenen Kennzahlentwicklungen an einem Zahlenbeispiel auf. Alle Angaben sind in GE, mit Ausnahme der Zinsprämissen.

		Intern wachsende Einheit	Akquirierende Einheit (a)	(b)
Kurzfristig:				
Z1	Operatives Ergebnis	95	100	105
Z2	Gesamtkapital	1.000	1.000	1.050
Z3	Davon Goodwill	-	-	50
Z4	Gesamtkapitalrendite	9,50%	10,00%	10,00%
Z5	Residualgewinn (WACC = 10%)	-5,00	0,00	0,00
Mittelfristig: Impairment				
Z6	Operatives Ergebnis	100	90	90
Z7	Gesamtkapital	1.000	1.050	1.035
Z8	Davon Goodwill	-	50	35
Z9	Gesamtkapitalrendite	10,00%	8,57%	8,70%
Z10	Residualgewinn (WACC = 10%)	0,00	-15,00	-13,50
Langfristig:				
Z11	Operatives Ergebnis	105	105	105
Z12	Gesamtkapital	1.000	1.035	1.035
Z13	Davon Goodwill	-	35	35
Z14	Gesamtkapitalrendite	10,50%	10,14%	10,14%
Z15	Residualgewinn (WACC = 10%)	5,00	1,50	1,50

Abbildung E-4: Kennzahlentwicklung in intern wachsenden versus akquirierenden Unternehmenseinheiten (Beispiel)

Hitz/Kuhner (2002) nehmen an, dass durch die Ausnutzung des Ersatzes von derivativem durch originären Goodwill die akquirierende Unternehmenseinheit langfristig ein im Vergleich höheres Ergebnis generieren kann und interpretieren dies

[93] Vgl. ähnlich *Pellens/Crasselt/Sellhorn* (2002) S. 142, *Ellis* (2001) S. 107f.

[94] Vgl. *Pellens/Crasselt/Sellhorn* (2002) S. 143.

als eine „erfolgsrechnerische Diskriminierung“ der intern wachsenden Unternehmenseinheiten.[95] Dieser Ansicht kann in der vorliegenden Arbeit nur eingeschränkt gefolgt werden. Im Gegensatz zu internem Wachstum, das vollständig erfolgswirksam berücksichtigt wird, kann in akquirierenden Unternehmenseinheiten einer Abschreibung des Goodwills durch den Aufbau von zukünftigen ökonomischen Vorteilen vorgebeugt werden. Dieser erfordert jedoch ebenfalls erfolgswirksam zu behandelnde Auszahlungen.

Da eine extern wachsende Unternehmenseinheit mittel- und langfristig tendenziell geringere Kapitalrenditen und Residualgewinne aufweist, sollten auf Basis dieser Erfolgskennzahlen keine Entscheidungen der **Portfoliosteuerung oder Kapitalbudgetierung** vorgenommen werden.[96] Das Controlling hat die Aufgabe, das Management hinsichtlich möglicher Fehlinterpretationen der Erfolgsrechnung zu sensibilisieren, geeignete Korrekturen vorzunehmen oder für diese Entscheidungsfelder komplementäre Informationen zur Verfügung zu stellen.

Entgegen der dargestellten realwirtschaftlichen Abbildung erscheint die Geschäftslage der akquirierenden Unternehmenseinheit auf Basis der **finanzwirtschaftlichen Erfolgsmessung** vorteilhafter. Da die Auszahlungen für den Unternehmenserwerb in der Kapitalflussrechnung als Investitionsauszahlungen einzuordnen sind,[97] ist zwar der Cashflow aus der Investitionstätigkeit der akquirierenden Unternehmenseinheit betragsmäßig höher. In der intern wachsenden Unternehmenseinheit wird jedoch der Cashflow aus der laufenden Geschäftstätigkeit durch Aufwendungen reduziert, die bei einer Akquisition nicht mehr anfallen, so z. B. durch Auszahlungen für den Kauf von Vorräten und den Aufbau von originärem Goodwill. Da die akquirierende Unternehmenseinheit einen relativ höheren Cashflow aus der laufenden Geschäftstätigkeit ausweist, erscheint sie erfolgreicher. Der negative Effekt aus den erhöhten Investitionsauszahlungen wird allgemein weniger kritisch eingeschätzt, da Investitionen für den Erhalt und das Wachstum der Unternehmenstätigkeit notwendig sind. Darüber hinaus korrespondieren in der akquirierenden Unternehmensein-

---

95 Vgl. *Hitz/Kuhner* (2002) S. 286.

96 Vgl. *Pellens/Crasselt/Sellhorn* (2002) S. 143, *Pellens/Crasselt/Schremper* (2002) S. 130. Grundsätzlich ist aus theoretischer Sicht eine Kapitalbudgetierung auf Basis von Kapitalrentabilitäten allenfalls bei einperiodigen Kapitalrestriktionen zu befürworten. Für die Berücksichtigung von mehrperiodigen Kapitalrestriktionen sollte ein differenzierteres Verfahren verwendet werden, das zwischen den Investitions- und Finanzierungsentscheidungen auf dezentraler Ebene und ihrer Gesamtoptimierung auf der Konzernebene unterscheidet. Siehe dazu *Hering/Vincenti* (2004) S. 356ff., *Ewert/Wagenhofer* (2000) S. 44f.

97 Vgl. IAS 7.39.

heit die höheren Investitionsauszahlungen plausibel mit dem erhöhten Cashflow aus laufender Geschäftstätigkeit.[98]

4.3 Herstellung der Vergleichbarkeit zwischen externem und internem Wachstum in den Erfolgskennzahlen

Wie der vorhergehende Abschnitt zeigte, bewirkt ein Unternehmenserwerb die bedeutsame Problematik, dass in einer integrierten Erfolgsrechnung intern wachsende Unternehmenseinheiten nicht direkt mit akquirierenden Unternehmenseinheiten verglichen werden können. Für das Controlling erwächst die Aufgabe, für die Planung und Kontrolle der Unternehmensaktivitäten eine angemessene Vergleichbarkeit herzustellen. Im Folgenden wird deshalb die interne Abbildung der Geschäftsprozesse behandelt, die z. B. Portfolio- und Kapitalentscheidungen ermöglicht.

Unter Abstraktion des Trends der integrierten Rechnungslegung können folgende **grundsätzliche Möglichkeiten**, den Goodwill in der internen Rechnungslegung abzubilden, unterschieden werden:[99]

* die vollständige Vernachlässigung,
* die sofortige erfolgsneutrale Verrechnung,
* die Aktivierung und Nicht-Abschreibung,
* die Aktivierung und ratierliche erfolgsneutrale Verrechnung,
* die Aktivierung und planmäßige Abschreibung sowie
* die Aktivierung und lediglich außerplanmäßige Abschreibung.

In der Theorie und der Unternehmenspraxis weitgehend anerkannt ist, dass der derivative Goodwill **über die Zeit an Wert verliert**.[100] Die in ihm zusammengefassten zukünftigen ökonomischen Vorteile werden in den Perioden nach der Beherr-

---

[98] Vgl. mit einem Zahlenbeispiel *Kühnberger* (2005) S. 681. Die relativ gesehen vorteilhaftere Abbildung von akquirierenden Unternehmenseinheiten in der Kapitalflussrechnung bleibt auch im Fall des Weiterverkaufs des Akquisitionsobjektes gleich, da nach IAS 7.39 diese Auszahlungen als Desinvestitionen einzustufen sind; vgl. *Kühnberger* (2005) S. 682.

[99] Zu den Möglichkeiten der bilanziellen Abbildung des Goodwills siehe *Lachnit/Müller* (2003), *Kühnberger* (2005) S. 677f.

[100] Vgl. *Ewert/Wagenhofer* (2000) S. 50, aus Investorensicht: *Jennings/Robinson/Thompson/Duvall* (1996) S. 514, *AAA Financial Accounting Standards Committee* (2004) S. 61, *Bugeja/Gallery* (2006) S. 533.

schungserlangung realisiert. Um den Ersatz des derivativen durch originären Goodwill und die Ermessensspielräume des Impairment-only-Approach zu vermeiden, wäre idealtypisch in der externen wie in der internen Rechnungslegung eine planmäßige Abschreibung entsprechend der tatsächlichen Wertminderung vorzunehmen.[101] Da der Goodwill aus mehreren unterschiedlichen Komponenten besteht, ist die Festlegung der Nutzungsdauer jedoch mit Schwierigkeiten verbunden. So sieht auch das IASB diesen Zeitraum als unbestimmt an.[102] Soll der bilanzierte Goodwill planmäßig abgeschrieben werden, muss deshalb die Nutzungsdauer pauschal vorgegeben werden.[103] Die wissenschaftliche Literatur empfiehlt dafür einen Zeithorizont von etwa zehn Jahren.[104]

Die Nutzungsdauer des Goodwills könnte intern jeweils durch **das für den Unternehmenserwerb verantwortliche Management** festgelegt werden. In den nachfolgenden Perioden wäre das Management an diesem selbst gesetzten Ziel zu messen.[105] So zeigen empirische Ergebnisse, dass die Länge der gewählten Amortisationsdauer einen Indikator für den Akquisitionserfolg im Sinne des zukünftigen Ergebniswachstums bzw. der Entwicklung des Aktienkurses darstellt. Unternehmen, die den Goodwill über eine geringere als die maximal zulässige Zeitdauer abschrieben, waren demnach durch einen höheren Post-Akquisitionserfolg gekennzeichnet.[106] Die dieser Untersuchung zugrunde liegende Klassifizierung der Nutzungsdauer von kleiner oder gleich 40 Jahren[107] und auch die in der Literatur empfohlene Nutzungsdauer von 10 Jahren übersteigen jedoch i. d. R. den Zeithorizont eines einzelnen Akteurs in einem Unternehmen. Deshalb ist zu schlussfolgern, dass auch eine durch das verantwortliche Management vorgeschlagene Abschreibungsdauer des Goodwills unspezifischer Natur ist.

Eine **interne planmäßige Abschreibung des Goodwills**, wie von *Hense* (2006) vorgeschlagen, ist mit den Nachteilen einer getrennten Rechnungslegung verbunden. In diesem Fall fehlen mittel- und langfristig Anreize für das Management, ein

---

[101] Vgl. *Hitz/Kuhner* (2002) S. 282, *Pellens/Sellhorn* (2001b) S. 719 und *Lachnit/Müller* (2003) S. 543.

[102] Vgl. IFRS 3.BC101.

[103] Vgl. *Saelzle/Kronner* (2004) S. 163.

[104] Vgl. *Lachnit/Müller* (2003) S. 544f. Zu den historisch vorgeschriebenen, sehr differierenden Nutzungsdauern des Goodwills in der externen Rechnungslegung siehe *Pellens/Crasselt/Schremper* (2002) S. 131.

[105] Vgl. *Schneider* (2001) S. 2511.

[106] Vgl. *Henning/Shaw* (2003) S. 330.

[107] Vgl. *Henning/Shaw* (2003) S. 319.

Goodwill-Impairment und die resultierende negative Reaktion des Kapitalmarktes durch den Aufbau von originärem Goodwill zu verhindern.[108] Darüber hinaus stellt eine planmäßige Abschreibung zwar eine annähernde Vergleichbarkeit der Unternehmenseinheiten bezüglich des operativen Ergebnisses her, jedoch nicht hinsichtlich der Kapitalrendite und des Residualgewinns. Wie bereits angesprochen, kann zudem die Festlegung der Nutzungsdauer i. d. R. nur pauschal erfolgen.

Unter der Berücksichtigung des Trends zur integrierten Rechnungslegung ist deshalb anzunehmen, dass im Controlling eine **gering modifizierte bilanzorientierte Abbildung** des Goodwills angestrebt wird. Somit bieten sich insbesondere die folgenden Möglichkeiten an, die Vergleichbarkeit zwischen akquirierenden und intern wachsenden Unternehmenseinheiten herzustellen:

(1) die Abstraktion von den Wertansätzen aus der Kaufpreisallokation in der akquirierenden Unternehmenseinheit,

(2) die generelle Offenlegung des originären Goodwills oder

(3) die generelle Offenlegung des residualen Goodwills gemäß IAS 36.

Die erstgenannte Möglichkeit ist die **Abstraktion von den Wertansätzen aus der Kaufpreisallokation**. Sie bedeutet im Extremfall, dass auf Konzernebene für die Steuerung des Akquisitionsobjektes die vom Verkäufer übernommenen Buchwerte verwendet werden. Wie beschrieben, ist die Verwendung der Wertansätze aus der Kaufpreisallokation allerdings aufgrund ihrer erhöhten Informationsgüte und zur Umsetzung der Akquisitionsziele erforderlich. Aus Praktikabilitätsgründen kann deshalb abgewogen werden, ob lediglich der derivative Goodwill und seine außerplanmäßigen Abschreibungen in den Kennzahlen der akquirierenden Unternehmenseinheit korrigiert werden.[109] Diese eingeschränkte Korrektur ist in der Praxis leicht umsetzbar. Aus Controlling-Sicht stellt sie eine annähernde Vergleichbarkeit zwischen den Unternehmenseinheiten her, gleichzeitig gehen jedoch Informationen aus der Schätzung, der Verhandlung und der Allokation des Kaufpreises verloren.

---

108 Vgl. *Weißenberger* (2005) S. 206f. Der Kapitalmarkt antizipiert ein Goodwill-Impairment zumeist zeitlich vorlaufend; vgl. *Kuhner* (2005) S. 25. Dennoch sind Goodwill-Abschreibungen zum Zeitpunkt ihrer bilanziellen Berücksichtigung wertrelevant, d. h., sie führen zu einer Verminderung des Aktienkurses; vgl. die empirischen Ergebnisse von *Li/Meeks* (2006), *Duangploy/Shelton/Omer* (2005).

109 Vgl. *Lewis* (1995) S. 60, *Weismüller* (1997) S. 910.

Als zweite Möglichkeit kann umgekehrt der originäre Goodwill der intern wachsenden Unternehmenseinheiten ausgewiesen werden. Ein direkter Vergleich mit der bilanziellen Abbildung akquirierender Unternehmenseinheiten ist i. d. R. jedoch wiederum nicht sachgerecht. Unter der Prämisse, dass Unternehmenserwerbe nur bei einem positiven Kapitalwert der Investition getätigt werden,[110] ist die Summe aus dem derivativen Goodwill und den unter IFRS 3 zu aktivierenden immateriellen Vermögenswerten der akquirierenden Unternehmenseinheit stets geringer als ihr originärer Goodwill. Somit muss für eine Vergleichbarkeit der **originäre Goodwill in beiden Unternehmenseinheiten** ausgewiesen und die laufenden Wertänderungen erfolgswirksam berücksichtigt werden.[111] Hierfür können für das Akquisitionsobjekt prinzipiell die Informationen aus der Kaufpreisabschätzung und -verhandlung verwendet werden. Das Wissen um die spätere Verwendung dieser Informationen im Controlling kann das Management bereits im Rahmen der Synergieabschätzung disziplinieren. Für die intern wachsenden Unternehmenseinheiten kann der originäre Goodwill grundsätzlich mithilfe der Daten der Mittel- und Langfristplanung bestimmt werden.

Eine Planung und Kontrolle unter Offenlegung des originären Goodwills entspricht einer Steuerung auf Basis investitionstheoretischer Unternehmenswerte und – auf eine Periode bezogen – der **Steuerung auf Basis des ökonomischen Gewinns**.[112] Diese Steuerung entspricht dem theoretischen Ideal, da die Planung wie auch die Kontrolle einer Investitionsentscheidung gleichermaßen auf Zahlungsströmen aufbauen.[113] Wie einführend in Kapitel B beschrieben, wird der ökonomische Gewinn ($ÖG_t$) im Equity-Ansatz als die Änderung des Kapitalwertes aller zukünftiger Zahlungen an die Eigentümer ($UW_{t,FTE}$) zuzüglich der in der Periode generierten Zahlungsmittelüberschüsse an die Eigentümer in Form von Dividenden (DIV_t) definiert. Analog stellt er gemäß dem Entity-Ansatz die Änderung des Unternehmens-

---

110 Vgl. *Pellens/Crasselt/Schremper* (2002) S. 129. Unter Beachtung der geringen Erfolgsquoten von Unternehmensakquisitionen in Höhe von ca. 50% (vgl. *Glaum/Lindemann/Friedrich* (2006) S. 303ff) und empirisch gemessenen Überzahlungen im Vergleich zur Marktkapitalisierung des Akquisitionsobjektes in Höhe von ca. 30% des derivativen Goodwills (vgl. *Henning/Lewis/Shaw* (2000) S. 378) ist diese Prämisse jedoch klärungsbedürftig. Zumindest aus individueller Sicht eines Unternehmens wird unter Abstraktion von Interessenkonflikten eine Akquisition nur bei erwartetem positiven Kapitalwert durchgeführt. In diesem Fall wird eine Entscheidung auf Basis des subjektiven Ertragswertes getroffen, der naturgemäß von der Marktkapitalisierung des Akquisitionsobjektes abweicht.

111 Vgl. *Pellens/Crasselt/Schremper* (2002) S. 129, *Weißenberger* (2007b) S. 329.

112 Vgl. *Pellens/Crasselt/Schremper* (2002) S. 129.

113 Vgl. *Hax* (1989) S. 163.

wertes auf Basis von Free Cashflows, die mit dem WACC diskontiert werden, ($UW_{t,FCF}$) zuzüglich des Free Cashflows der Periode (FCF_t) dar:

(Gl. 24) $$ÖG_{t,\text{equity approach}} = UW_{t,FTE} - UW_{t-1,FTE} + DIV_t$$

(Gl. 25) $$ÖG_{t,\text{entity approach}} = UW_{t,FCF} - UW_{t-1,FCF} + FCF_t$$

In der Analyse des ökonomischen Gewinns können drei Komponenten unterschieden werden. Zunächst beschreibt die Zeitkomponente den Effekt, dass Cashflows zu einem späteren Bewertungszeitpunkt (hier in t) um eine Periode weniger diskontiert werden als die Cashflows zum vorherigen Bewertungszeitpunkt (hier t–1). Die Zeitkomponente entspricht der erwarteten Verzinsung des Unternehmenswertes in einer Periode. Daneben umfasst der ökonomische Gewinn die Informationskomponente, d. h. die Wertveränderung aufgrund von Änderungen in den ursprünglich geplanten Cashflows bezüglich deren Höhe oder Unsicherheit. Es verbleibt die Investitionskomponente, die die Wertveränderung aufgrund von neuen Investitionsprojekten in Höhe ihres Kapitalwertes ausweist.[114]

Zur Erfolgsmessung eines Unternehmens wird allgemein auf den **residualen ökonomischen Gewinn** ($RÖG_t$) verwiesen.[115] Als Übergewinngröße berücksichtigt er die adäquate Verzinsung auf das zu Periodenbeginn eingesetzte Kapital. Dies entspricht einer Eliminierung der Zeitkomponente des ökonomischen Gewinns:

(Gl. 26) $$RÖG_t = ÖG_t - i * UW_{t-1}$$

Die Ermittlung des residualen ökonomischen Gewinns ist mit zahlreichen Gestaltungsspielräumen und Anwendungsschwierigkeiten verbunden. Die Erfolgsgröße wie auch das in der Verzinsung zu berücksichtigende Kapital basieren auf zukünftigen Zahlungen, die i. d. R. durch die Planungen der einzelnen Unternehmenseinheiten geschätzt werden. Da die Planungen durch die dezentralen Akteure gemäß ihrer Eigeninteressen beeinflusst werden können, existiert ein großer Manipulationsspielraum. Zudem können die Zahlungsströme nur eingeschränkt überprüft, d. h. im Allgemeinen lediglich plausibilisiert werden.[116] Weiterhin existiert die Problematik, dass neben dem geplanten residualen ökonomischen Gewinn auch die Kontrollgröße auf geplanten Zahlungsströmen basiert. Streng genommen ist kein Soll-Ist-Vergleich durchführbar, da neben der Erreichung der Ergebnisziele eine

---

[114] Vgl. *Neus* (2007) S. 371ff., weiterhin *Laux* (1999) S. 166ff.

[115] Vgl. *Weißenberger* (2005) S. 200.

[116] Vgl. *Küpper* (1994) S. 996f., *Laux* (1999) S. 144f., *Pfaff/Schultze* (2006) S. 133.

Kontrolle der Planung selbst erforderlich ist.[117] Darüber hinaus treten weitere Probleme auf, die bereits zur einkommensorientierten Fair-Value-Bewertung und Verwendung der Mittelfristplanung für den Impairment-Test thematisiert wurden.[118] Aufgrund der angeführten Schwierigkeiten, die eine solche cashflow-basierte Planung und Kontrolle hervorruft, sowie aufgrund der empirisch bestätigten geringeren Erklärungsgüte der Aktienpreise und des Ergebnisses je Aktie[119] wird in der Unternehmenspraxis im Wesentlichen mittels aufwandsbasierter Größen gesteuert.

Als dritte Möglichkeit zur Herstellung der Vergleichbarkeit zwischen akquirierenden und intern wachsenden Unternehmenseinheiten bietet es sich an, die Informationen aus dem Impairment-Test zu verwenden. Die Offenlegung des **residualen Goodwills**, d. h. des originären Goodwills gemäß der Ermittlungsmethodik des IAS 36, der nicht bereits im bilanzierten Goodwill ausgewiesen wird, ist durch mehrere Vorteile gekennzeichnet. Im Vergleich zur ersten Möglichkeit werden die Informationen aus der Kaufpreisschätzung, -verhandlung und -allokation genutzt. Darüber hinaus liegen die für die Ermittlung notwendigen Informationen zumindest für goodwill-tragende CGUs i. d. R. einmal jährlich bereits in standardisierter und geprüfter Form vor. Im Vergleich zur zweiten Möglichkeit werden deshalb die Gestaltungsspielräume einzelner Akteure eingeschränkt.

Die außerplanmäßigen Abschreibungen des derivativen Goodwills sollten in der Erfolgsrechnung rückgängig gemacht werden und durch eine laufende erfolgswirksame Behandlung der Veränderung des gesamten Goodwills, d. h. der Summe aus bilanziertem und residualem Goodwill, ersetzt werden. Bilanzpolitische Verzerrungen sind dabei zu vermeiden. Insofern auch für die Unternehmenseinheiten ohne zugeordneten Goodwill für interne Zwecke ein Impairment-Test gemäß IAS 36 und die angeführten Korrekturen durchgeführt werden, können intern wachsende und akquirierende Unternehmenseinheiten miteinander verglichen werden.

Die Vergleichbarkeit der Unternehmenseinheiten stützt sich allerdings auf die **Ermittlungsmethodik** des erzielbaren Betrages und des residualen Goodwills nach IAS 36, die vom theoretischen Ideal des Unternehmenswertes und des originären Goodwills abweicht. Im Gegensatz zur Unternehmensbewertung, die situations-

---

117 Vgl. *Hax* (1989) S. 164 und S. 168.

118 Vgl. die Abschnitte D.4.1.3 und D.5.4.1.

119 Vgl. *Coenenberg/Schultze* (2002b) S. 606ff., *AAA Financial Accounting Standards Committee* (2001) S. 165ff. Die empirischen Kapitalmarktstudien müssen implizit annehmen, dass die Börsenkapitalisierung den intrinsischen Unternehmenswert reflektiert; vgl. *AAA Financial Accounting Standards Committee* (2001) S. 167, dazu kritisch *Dirrigl* (2004) S. 128.

spezifisch ausgestaltet werden kann, sind nach IAS 36 das Bewertungskonzept und -objekt reglementiert. Der Nutzungswert bezieht sich stets auf die CGU und wird anhand des Entity-Ansatzes ermittelt. In der Berechnung ist grundsätzlich von Steuer- und Finanzierungseffekten zu abstrahieren. Die Cashflow-Prognose darf darüber hinaus weder zukünftige Restrukturierungen noch Erweiterungsinvestitionen berücksichtigen und in der Prämissenbildung sind externe Informationen zu bevorzugen. Im Gegensatz zum Cashflow fußt der Diskontierungszinssatz nicht auf den internen Planungsinformationen, sondern ist marktorientiert abzuleiten.[120] Dagegen wird ein Unternehmens(teil)wert eigentümerorientiert berechnet, d. h., sämtliche zukünftigen das Bewertungsobjekt betreffenden Maßnahmen können in die Cashflow-Prognose eingehen. Der Diskontierungszinssatz kann ebenfalls bewertungsspezifisch festgelegt werden. Und wie allgemein in der Unternehmenspraxis üblich werden auch Steuern und die Finanzierung betrachtet.

Abbildung E-5 zeigt die beschriebenen Differenzen zwischen der Ermittlung des Nutzungswertes gemäß IAS 36 und der betriebswirtschaftlichen Bewertungsmethodik auf. Sie sind für den Vergleich von akquirierenden und intern wachsenden Unternehmenseinheiten bei Offenlegung des residualen Goodwills zu beachten und sofern erforderlich durch weitere interne Modifikationen zu verringern.

Kriterium	**Unternehmensbewertung**	**Nutzungswert nach IAS 36**
Bewertungsobjekt	Unternehmen, Unternehmensteile	CGU
Bewertungskonzept	Entity- oder Equity-Ansatz	Entity-Ansatz
Behandlung von Steuereffekten	nach Steuern	vor Steuern
Behandlung von Finanzierungsaktivitäten	nach Finanzierung	vor Finanzierung
Cashflow-Prognose	eigentümerorientiert / bewertungsspezifisch	vor Restrukturierung, vor Erweiterungsinvestitionen, Abgleich mit Marktsicht
Zinsprognose	eigentümerorientiert / bewertungsspezifisch	marktorientiert

Abbildung E-5: Differenzen zwischen IAS 36 und der betriebswirtschaftlichen Unternehmensbewertung[121]

---

[120] Vgl. die Abschnitte D.5.4.2 und D.5.4.3.

[121] Vgl. *Trützschler/David/Strauch/Tomaszewski* (2005) S. 403, *Ballwieser* (2006) S. 279, *Beyhs* (2002) S. 212.

Zusammenfassend zeigen die Ausführungen, dass aus theoretischer Perspektive eine Vergleichbarkeit zwischen unterschiedlichen Unternehmenseinheiten erreichbar ist. Die drei dargestellten, im Sinne der Integration der Rechnungslegung bilanzorientierten Korrekturmöglichkeiten weisen jedoch spezifische Vor- und Nachteile auf. Keine der Korrekturmöglichkeiten bietet eine vollständige, gering manipulierbare und ökonomisch objektive Vergleichbarkeit. Je nach dem konkreten Entscheidungsfeld und -ziel, die mit dem Vergleich der Unternehmenseinheiten verbunden sind, sowie den unternehmensspezifisch akzeptierten Anwendungseinschränkungen ist die interne Rechnungslegung entsprechend einer der genannten Möglichkeiten anzupassen.

5 Berücksichtigung des Goodwill-Impairments in der Performance-Messung

5.1 Erfolgsmessung auf Basis von Cashflows versus Residualgewinnen in Bezug auf den Goodwill

Neben der Abbildung der einzelnen Unternehmenseinheiten im Sinne der Fundierung eigener Entscheidungen wird durch die Goodwill-Bilanzierung auch die Performance-Messung beeinflusst. Als Performance-Maß wird eine Kennzahl bezeichnet, die für die Anreizsetzung und Entlohnung von Akteuren verwendet wird.[122] – In diesem Abschnitt wird jedoch zunächst auf allgemeiner Ebene untersucht, ob die Erfolgsmessung in Unternehmen auf Zahlungsströmen oder Residualgewinnen basieren sollte. In der Analyse werden die Bezüge zur Fundierung eigener wie auch fremder Entscheidungen sowie zum originären und derivativen Goodwill aufgezeigt.

Ob die laufende Planung und Kontrolle von Unternehmensaktivitäten finanzwirtschaftlich auf Cashflow-Größen oder realwirtschaftlich auf Größen der bilanziellen Gewinn-und-Verlustrechnung aufbauen sollte, wird in der wissenschaftlichen Lite-

[122] Vgl. *Hachmeister* (2002) Sp. 1386. *Ewert/Wagenhofer* (2005) S. 526 verwenden dagegen den Begriff auch innerhalb der Fundierung eigener Entscheidungen.

ratur umfassend diskutiert.[123] Grundsätzlich sollten die Erfolgsmaße an das oberste Unternehmensziel, d. h. die **Steigerung des Unternehmenswertes**, anknüpfen. Wird das Unternehmen als eine Investition des Eigentümers interpretiert, so ist der Unternehmenswert mit dem Kapitalwert der dem Eigentümer zukünftig zufließenden Zahlungsüberschüsse gleichzusetzen.[124] Für die Umsetzung der Shareholder-Value-Orientierung wird in der wissenschaftlichen Theorie deshalb oft eine cashflow-basierte Unternehmenssteuerung gefordert.[125]

In Bezug auf die Goodwill-Bilanzierung existiert das **cashflow-basierte, wertorientierte Steuerungskonzept** von *Haaker* (2005a).[126] Das Konzept basiert auf dem residualen ökonomischen Gewinn. Aus konzeptioneller Perspektive ist eine Verbindung zwischen dem erzielbaren Betrag, i. d. R. in Form des Nutzungswertes, und dem residualen ökonomischen Gewinn möglich. Hierzu wird unter **Vernachlässigung der Bewertungsunterschiede** zwischen der betriebswirtschaftlichen Unternehmensbewertung und IAS 36 der Nutzungswert als der Unternehmens(teil)wert der CGU interpretiert. Der residuale ökonomische Gewinn nach IAS 36 entspricht somit im Entity-Ansatz der Veränderung des Nutzungswertes zuzüglich dem adjustierten Free Cashflow und korrigiert um die Zeitkomponente:[127]

(Gl. 27) $$RÖG_{t,IAS36} = ÖG_{t,IAS36} - i * UW_{t-1,IAS36}$$

(Gl. 28) $$RÖG_{t,IAS36} = UW_{t,IAS36} - UW_{t-1,IAS36} + FCF_{t,IAS36} - i * UW_{t-1,IAS36}$$

(Gl. 29) $$RÖG_{t,IAS36} = NW_t - NW_{t-1} + FCF_{t,IAS36} - i * NW_{t-1}$$

(Gl. 30) $$RÖG_{t,IAS36} = NW_t - (1+i) * NW_{t-1} + FCF_{t,IAS36}$$

Dieses Steuerungskonzept lehnt sich unmittelbar an die Informationen an, die für den Goodwill-Impairment-Test erhoben werden müssen. Die Zweitverwendung der Informationen ist unter Kosten-Gesichtspunkten zu begrüßen. Wie bereits zur Erfolgsmessung von Unternehmenseinheiten unter Offenlegung des residualen Good-

---

123 Vgl. die Literaturübersichten von *Hofmann* (2005b) S. 693f., *Pfeiffer* (2003) S. 47ff., weiterhin z. B. *Pfaff* (2004), *Schüler/Krotter* (2004), *Koch* (1999), *Hachmeister* (2002) Sp. 1388f. Wie in Abschnitt B.3.1 dargestellt, fußt die unternehmensinterne realwirtschaftliche Erfolgsmessung auf Basis von Kosten auf der aufwandsbasierten Erfolgsmessung und wird im Rahmen dieser Diskussion darunter subsumiert.

124 Vgl. *Ballwieser* (2007) S. 8f.

125 Vgl. *Dirrigl* (1998), *Küpper* (1998).

126 Vgl. *Haaker* (2005a), *Haaker* (2006a), *Haaker* (2006b), *Haaker* (2007), *Haaker* (2008), kritisch erörtert in *Olbrich* (2006a), *Klingelhöfer* (2006), *Olbrich* (2006b).

127 Vgl. *Haaker* (2005a) S. 354.

wills angeführt, ist die Anwendungsfähigkeit dagegen fraglich. Zunächst ist erneut auf die Differenzen zur investitionstheoretischen Unternehmensbewertung hinzuweisen. Sie können jedoch in der Praxis möglicherweise in einer Nebenrechnung für die Erfolgsmessung angemessen korrigiert werden. Allerdings führen die bilanzpolitische und die unternehmensinterne Ausnutzung von Ermessensspielräumen in der Prognose der Zahlungsströme zu einem verzerrten Nutzungswert. Diese Verzerrung tritt insbesondere auf, wenn die Informationen über die Erfolgsmessung hinaus für die Anreizsetzung und die Entlohnung verwendet werden. Die unkorrigierte Nutzung der Informationen des Impairment-Tests für die Performance-Messung wird dadurch weiter eingeschränkt.[128]

Demzufolge müssen die verwendeten Kennzahlen neben der Umsetzung der Wertorientierung auch eine Steuerung über die einzelnen Konzernebenen hinweg ermöglichen. Sie müssen eine Planung und Kontrolle unter der **Berücksichtigung von Delegationsbeziehungen** (Fundierung fremder Entscheidungen) erlauben. In der Unternehmenspraxis werden hierfür maßgeblich Residualgewinne, d. h. realwirtschaftliche bilanzorientierte Kennzahlen, verwendet, die sich an die Erfolgsgrößen der Gewinn-und-Verlustrechnung anlehnen.[129] Für die Umsetzung der Wertorientierung werden zusätzlich Kapitalkosten für das zur Verfügung stehende Eigenkapital verrechnet und Anpassungen in der Kapitalbasis vorgenommen.[130] Aus theoretischer Perspektive zeigen formal-analytische Modelle, die dynamische Anreizprobleme abbilden, dass der Residualgewinn als Steuerungskennzahl gegenüber Cashflow-Größen dominiert. Im Rahmen dieser Modelle wird argumentiert, dass die Periodenerfolgsrechnung die Informationen früher ausweist bzw. im Vergleich mehr Informationen generiert.[131] Darüber hinaus zeigen wissenschaftliche Arbeiten zur Steuerung von Investitionsentscheidungen, dass nur der Residualgewinn eine

---

128 Vgl. die empirischen Ergebnisse von *Epstein/Pellens/Ruhwedel/Deloitte* (2005) S. 19. Demnach verwenden lediglich 35% der Unternehmen die Informationen des Impairment-Tests für die interne Performance-Messung. Die Autoren führen dies jedoch auf ein mangelndes Vertrauen in die eigenen Planungsdaten zurück. Hier wird dagegen die Auffassung vertreten, dass die Ausnutzung von Ermessensspielräumen zu einer für eine laufende cashflow-basierte Performance-Messung ungeeigneten Abbildung führt. Vgl. ähnlich *Hense* (2006) S. 258.

129 Vgl. *Aders/Hebertinger* (2003) S. 15.

130 Vgl. richtungsweisend *Ziegler* (1994) S. 178f. Siehe zur Umsetzung der Wertorientierung durch die unterschiedlichen Steuerungskonzepte in der Praxis *Weber/Bramsemann/Heineke/Hirsch* (2004), *Hebertinger* (2002), *Lorson* (2004), *Haeseler/Hörmann* (2006), *Aders/Hebertinger/Wiedemann* (2003).

131 Vgl. *Hofmann* (2005b) S. 712 und die Literaturübersicht auf S. 693f.

anreizkompatible Planung und Kontrolle bietet, sofern der Agent einen dem delegierenden Prinzipal unbekannten kürzeren Zeithorizont besitzt.[132]

Auch im Sinne der **Fundierung eigener Entscheidungen** können Argumente für die Verwendung des Residualgewinns vorgebracht werden. Im Vergleich zum residualen ökonomischen Gewinn unterliegen die bilanzorientierte Vermögensbewertung und die Ableitung der Erfolgsgröße weniger Ermessensspielräumen.[133] Die Ermittlung der Erfolgs- und Kapitalgröße für den Residualgewinn kann in einer integrierten Rechnungslegung unmittelbar auf Basis der bilanziellen Informationen erfolgen. Die Berechnung ist deshalb weniger aufwendig, nachprüfbarer und einfacher kommunizierbar.[134] Die Periodisierung von Anschaffungsauszahlungen über die wirtschaftliche Nutzungsdauer bildet die Wertschaffung einer Periode aussagekräftiger und im Zeitablauf weniger schwankend ab.[135] In der Steuerung auf Basis des residualen ökonomischen Gewinns entfällt ein großer Wertanteil auf die Extrapolationsphase. Im Vergleich zum Residualgewinn ist deshalb der Bezug auf die gegenwärtige Planung und Kontrolle eingeschränkt.[136] Wie bereits angeführt, zeigen überdies großzahlige empirische Untersuchungen, dass der Residualgewinn eine höhere Erklärungsgüte für den Aktienkurs und das Ergebnis je Aktie bietet.[137]

Von den unterschiedlichen Ausprägungen des Residualgewinns bezieht sich die Unternehmenspraxis vorrangig auf den **EVA (Economic Value Added™)** nach *Stern/Stewart*.[138] Als Ausgangspunkt der aufwandsbasierten Erfolgsgröße wird der NOPAT (*net operating profit after taxes*), d. h. das operative Ergebnis nach Steu-

---

132 Vgl. *Rogerson* (1997), *Reichelstein* (1997), *Dutta/Reichelstein* (2002), *Pfeiffer* (2003). Die anreizkompatible Anwendung des Residualgewinns mittels eines spezifisch angepassten Abschreibungsschemas, das entsprechend der Trägfähigkeit den Perioden mit hohem Residualgewinn hohe Abschreibungen zuweist und umgekehrt (*relative benefit depreciation schedule*), erfordert allerdings ein hohes Wissen des Prinzipals; vgl. *Baldenius/Fuhrmann/Reichelstein* (1999) S. 58f., *Ewert/Laux* (2004) S. 222, *Pfaff/Bärtl* (1999) S. 109.

133 Vgl. zur Manipulationsgefahr des ökonomischen Gewinns *Laux* (1999) S. 145, *Pellens/Crasselt/Schremper* (2002) S. 148.

134 Vgl. *Ballwieser* (2000) S. 163, *Hense* (2006) S. 258.

135 Vgl. *Coenenberg/Schultze* (2002b) S. 606f., *Weber/Weißenberger* (2001) S. 550, *Crasselt/Schmidt* (2007) S. 223, *Hachmeister* (2002) Sp. 1389.

136 Vgl. *Bartelheimer/Kückelhaus/Wohlthat* (2004) S. 30.

137 Vgl. die Übersicht über empirische Studien von *AAA Financial Accounting Standards Committee* (2001) S. 165ff.

138 Vgl. *Aders/Hebertinger* (2003) S. 15.

ern, verwendet. Die Kapitalkosten werden grundsätzlich aus dem WACC und dem investierten Kapital zu Buchwerten zu Periodenbeginn ($IK_{t-1,BW}$) ermittelt:[139]

(Gl. 31) $$EVA_t = NOPAT_t - WACC * IK_{t-1,BW}$$

Der EVA ist eine Wertbeitragskennzahl, da er den in der betrachteten Periode zusätzlich generierten Unternehmenswert beschreibt. Die Kennzahl ist jedoch nicht mit der Änderung des Unternehmenswertes in der Periode gleichzusetzen, da der Unternehmenswert neben dem EVA der Periode auch von den zukünftig generierten Wertbeiträgen abhängt.[140]

Da das investierte Kapital durch Investitionen und Abschreibungen beeinflusst wird, kann der sog. **Buchwerteffekt** auftreten. C. p. erhöht sich der EVA durch Abschreibungen der Kapitalbasis, ohne dass eine realwirtschaftliche Leistungsverbesserung eingetreten ist. Zur Ausschaltung dieses Effektes wird in der wissenschaftlichen Literatur auf den Delta-EVA, d. h. den jährlichen Zuwachs des Wertbeitrages, verwiesen. Bezüglich der Goodwill-Bilanzierung führt eine unkorrigierte Verwendung des Delta-EVA jedoch ebenfalls zu Volatilität in der Erfolgsmessung. Im Jahr des Goodwill-Impairments wird c. p. ein hoher negativer Delta-EVA und in der folgenden Periode ein hoher positiver Delta-EVA gezeigt.[141]

Das EVA-Konzept ist durch eine **Verbindung zum originären Goodwill** gekennzeichnet. Unter Verweis auf das *Preinreich/Lücke*-Theorem kann der Unternehmenswert gleichermaßen auf Basis von Free Cashflows oder auf Basis von Residualgewinnen ($UW_{t-1,EVA}$) ermittelt werden.[142] Der Teil des Unternehmenswertes, der das investierte Kapital zu Buchwerten überschreitet, d. h. der Kapitalwert der zukünftigen EVAs, wird als Market Value Added (MVA_{t-1}) bezeichnet:[143]

(Gl. 32) $$UW_{t-1,EVA} = IK_{t-1,BW} + \sum_{t=1}^{\infty} \frac{EVA_t}{(1+WACC)^t}$$

(Gl. 33) $$UW_{t-1,EVA} = IK_{t-1,BW} + MVA_{t-1}$$

---

139 Vgl. *Crasselt/Schremper* (2000) S. 813, *Böcking/Nowak* (1999) S. 283, *Wehrheim/Schmitz* (2001) S. 495.

140 Vgl. *Ewert/Wagenhofer* (2005) S. 544, *Richter/Honold* (2000) S. 269f.

141 Vgl. *Arnsfeld/Schremper* (2005) S. 501f. Sie schlagen zur Reduktion der Volatilität vor, den Residualgewinn so zu korrigieren, wie es *Stewart* (1999) S. 114 empfiehlt. Siehe dazu weiterführend den nachfolgenden Abschnitt E.5.2.

142 Zu einem Zahlenbeispiel siehe *Richter/Honold* (2000) S. 266.

143 Vgl. *Richter/Honold* (2000) S. 266, *Ellis* (2001) S. 106f, *Wehrheim/Schmitz* (2001) S. 496.

Zuvor wurde der originäre Goodwill in einem Equity-Ansatz bereits als die Differenz zwischen dem Ertragswert und dem Substanzwert definiert. Er beschreibt also den Unterschiedsbetrag zwischen dem Kapitalwert der Zahlungsüberschüsse an die Eigentümer und der Summe der Fair Values der Vermögenswerte und Schulden des Unternehmens. Das EVA-Konzept erlaubt innerhalb eines Entity-Ansatzes die Interpretation des MVA als originären Goodwill i. w. S. ($G_{originär\ i.w.S.}$), d. h. als die Differenz zwischen dem Unternehmenswert auf Basis der EVAs und dem Buchwert des investierten Kapitals:[144]

(Gl. 34) $$MVA_{t-1} = UW_{t-1,EVA} - IK_{t-1,BW} = G_{originär\ i.w.S.}$$

Das investierte Kapital wird gemäß *Stern/Stewart* aus den fortgeführten Buchwerten, inklusive dem bilanzierten Goodwill, abgeleitet. Entgegen der Auffassung von *Böcking/Nowak* (1999) werden die Buchwerte nicht grundsätzlich durch Marktwerte korrigiert.[145] Es werden marktwertorientierte Berichtigungen im Wesentlichen nur für Vorräte, die mit dem LIFO-Verfahren bewertet werden, und für Garantierückstellungen vorgeschlagen.[146] Demzufolge umfasst der originäre Goodwill in diesem Fall u. a. die Wertdifferenzen zwischen dem Buch- und dem Marktwert einzelner Vermögenswerte und Schulden des Unternehmens, es sei denn, der MVA wird für ein neubewertetes Unternehmen ermittelt.

Alternativ kann für eine Interpretation des MVA die **Börsenkapitalisierung des Unternehmens oder des Akquisitionsobjektes** (*market capitalisation*, MC_{t-1}) als Unternehmenswert verwendet werden. Der Aktienkurs eines Unternehmens präsentiert den Wert eines Eigenkapital- bzw. Equity-Anteils. Demzufolge muss zur Ableitung des MVA ($MVA_{t-1,MC}$) bzw. des originären Goodwills i. w. S. aus Investo-

---

144 Vgl. *Bromwich* (2004) S. 36, *Ellis* (2001) S. 106.

145 *Böcking/Nowak* (1999) S. 287: „Im Rahmen der Shareholder Conversion werden die betrieblichen Vermögensgegenstände mit ihren Marktwerten angesetzt, um so wirtschaftlich relevante Entscheidungsgrößen zu liefern.“ Ähnlich inkorrekt *Beck/Lingnau* (2000) S. 8. *Stewart* (1994) S. 78 erklärt dagegen: „*In calculating EVA, we generally find it more cost-effective to use the book values of (net) assets – even though they may be based on now meaningless historical costs – than to use estimates of current market or replacement values.*“ Gegen in der EVA-Ermittlung auftretende Bewertungsfehler aufgrund der Verwendung von Nominalwerten schlägt *Hostettler* (1997) S. 134ff. einen eingeschränkten Gebrauch von Marktwerten vor, ergänzt aber auf S. 136: „Jedoch ist der Einsatz äusserst beschränkt. Sie sind nur dort sinnvoll, wo offensichtliche – auch aus externer Sicht klar erkennbare – Unterbewertungen vorliegen. Für die Mehrheit der bilanzierten Vermögensobjekte trifft das nicht zu.“

146 Vgl. *Eidel* (1999) S. 246ff., *Stewart* (1999) S. 113f. und S. 117, *Hebertinger* (2002) S. 133.

rensicht ($G_{originär\ i.w.S.,MC}$) die Börsenkapitalisierung lediglich um den Eigenkapitalanteil des investierten Kapitals zu Buchwerten ($EK_{t-1,BW}$) vermindert werden:[147]

(Gl. 35) $$MVA_{t-1,MC} = MC_{t-1} - EK_{t-1,BW} = G_{originär\ i.w.S.,MC}$$

Daran anknüpfend können korrespondierend zu den Erwartungen der Investoren Zielwerte für sog. REVAs (Refined Economic Value Added) berechnet werden.[148] Sofern diese Zielwerte entsprechend der Börsenkapitalisierung laufend ermittelt und neu festgesetzt werden, kann jedoch auch bei nicht knappen Investitionsmitteln die Situation auftreten, dass wertschaffende Investitionsprojekte nicht umgesetzt werden. Wenn ein Akteur annehmen kann, dass die Durchführung einer Investition mit positivem Kapitalwert seine aktuelle oder zukünftige Zielhürde erhöht, entsteht ein Anreiz, die Investition zu unterlassen.[149] Um diese Problematik zu verhindern, sollten die Zielwerte aus der Börsenkapitalisierung für einen bestimmten Zeitraum festgelegt und währenddessen nicht an die geänderten Erwartungen des Kapitalmarktes angepasst werden. Daneben sind Überschreitungen der Zielhürde gerade so mit Entlohnungsverbesserungen zu verbinden, dass die wertschaffenden Investitionen trotz einer zukünftigen Zielerhöhung durchgeführt werden. Überdies kann der Problematik durch Zielwerte aus der Börsenkapitalisierung ähnlicher Unternehmen der Branche, d. h. durch Benchmarking, entgegnet werden.

Weiterhin kann unter Verwendung der Gleichung 32 die **Verbindung zum derivativen Goodwill** aufgezeigt werden. Hierzu wird der Unternehmenswert auf Basis der zukünftigen EVA durch den Kaufpreis (*KP*) und den Wert des Fremdkapitals zu Fair Values ($FK_{t-1,FV}$) ersetzt. Analog zu IFRS 3 wird das neubewertete erworbene Nettovermögen des Akquisitionsobjektes ($IK_{t-1,FV} - FK_{t-1,FV}$) vom Kaufpreis abgezogen. Der verbleibende, implizit mit dem Kaufpreis verbundene, zukünftig erwartete EVA-Strom ($MVA_{t-1,KP}$) entspricht dem derivativen Goodwill:

(Gl. 36) $$KP + FK_{t-1,FV} = IK_{t-1,FV} + \sum_{t=1}^{\infty} \frac{EVA_t}{(1+WACC)^t}$$

(Gl. 37) $$KP - \left(IK_{t-1,FV} - FK_{t-1,FV}\right) = \sum_{t=1}^{\infty} \frac{EVA_t}{(1+WACC)^t}$$

---

147 Vgl. *Copeland/Koller/Murrin* (1996) S. 15.

148 Vgl. *O'Hanlon/Peasnell* (1998) S. 435f., *Ellis* (2001) S. 106ff.

149 Vgl. *Bausch/Weißenberger/Blome* (2003) S. 14f.

(Gl. 38) $$MVA_{t-1,KP} = \sum_{t=1}^{\infty} \frac{EVA_t}{(1+WACC)^t} = G$$

Gemäß dem Konzept von *Stern/Stewart* kann der derivative Goodwill aufgespalten werden in einen MVA-Anteil, der das gegenwärtige EVA-Niveau für die Zukunft beibehält, und einen MVA-Anteil, der weitere EVA-Steigerungen über dieses Niveau hinaus umfasst. Differenziert wird zwischen einer ewigen Rente in Höhe des EVA der ersten Periode (*original future growth value:* $EVA_{1,konst.}$) und einer absolut konstanten EVA-Steigerung ab der zweiten Periode (*premium:* $\Delta EVA_{t+1,konst.}$):[150]

(Gl. 39) $$G = \frac{EVA_{1,konst.}}{WACC} + \sum_{t=2}^{\infty} \frac{\Delta EVA_t}{(1+WACC)^t}$$

(Gl. 40) $$G = \frac{EVA_{1,konst.}}{WACC} + \Delta EVA_{t+1,konst.} * \frac{1+WACC}{WACC^2}$$

Diese Aufspaltung des derivativen Goodwills unterstützt die Analyse einer Akquisition aus bilanzieller Sicht und die Maßnahmen gegen eine Wertminderung des Goodwills. Die nach der Akquisitionsperiode jährlich zu erreichende absolute EVA-Steigerung kann im Vorfeld des Erwerbes der Plausibilisierung des Kaufpreises und nachfolgend zur Zielformulierung für die aus den Synergiepotenzialen profitierenden Unternehmenseinheiten dienen.[151] Aus konzeptioneller Sicht können zudem Parallelen zur Ermittlung des Nutzungswertes identifiziert werden. Sofern der *original future growth value* insbesondere noch nicht eingeleitete Erweiterungsinvestitionen ausklammert, ähnelt er dem Nutzungswert nach IAS 36.

5.2 Grundsätzliche Berücksichtigung des Impairments im Residualgewinn

Wie der vorherige Abschnitt zeigte, ist eine residualgewinn-basierte Erfolgsmessung nicht nur für die Fundierung eigener und fremder Entscheidungen vorteilhafter als eine cashflow-basierte Erfolgsmessung, sondern weist daneben direkte Verbindungen zum originären und derivativen Goodwill auf. Nachfolgend wird deshalb die Performance-Messung anhand des EVA näher erläutert. Es wird aufge-

---

150 Vgl. zur Herleitung im Detail *Weber/Bramsemann/Heineke/Hirsch* (2004) S. 149f. und für die Vereinfachung der Summenformel in Gleichung 40 S. 185ff., *Ellis* (2001) S. 108.

151 Vgl. ähnlich *Ellis* (2001) S. 108f. Daneben können analog aus der Börsenkapitalisierung die Erwartungen der Investoren an den Unternehmenserwerb abgeleitet werden; vgl. *Ellis* (2001) S. 110f.

zeigt, dass die Behandlung des Goodwills im Sinne von *Stern/Stewart* der gegenwärtigen Goodwill-Bilanzierung, d. h. dem Impairment-only-Approach, entspricht. Unabhängig von den Empfehlungen der Autoren wird weiterhin begründet, warum ein Goodwill-Impairment grundsätzlich unkorrigiert in die Performance-Messung eingehen sollte.

Im Konzept von *Stern/Stewart* bilden der NOPAT und das investierte Kapital zu Buchwerten die Ausgangsgrößen der EVA-Berechnung. Beide Größen werden zur Erhöhung der ökonomischen Aussagekraft der Kennzahl weiter angepasst. Hierzu werden über 160 unternehmensspezifische **Modifikationen der Ergebnis- und Kapitalgröße** vorgeschlagen,[152] von denen in der Unternehmenspraxis vorrangig etwa zwölf angewendet werden.[153] Die Modifikationen des NOPAT und des investierten Kapitals können in vier Kategorien eingeteilt werden:[154]

(1) *operating conversions* zur Bereinigung um nicht betriebliche Aktivitäten, z. B. durch Abstraktion von nicht betriebsnotwendigem Vermögen und korrespondierenden Erträgen,

(2) *funding conversions* zur Berücksichtigung aller finanziellen Aktivitäten, z. B. durch den Einbezug von nicht bilanzierten geleasten Vermögenswerten in das Kapital und durch die Erhöhung des NOPAT um den in der Leasingrate enthaltenen Zinsanteil,

(3) *shareholder conversions* zum Einbezug nicht bilanzierter Vermögenswerte des Unternehmens, z. B. durch die Aktivierung und nachfolgende Abschreibung von F&E-Projekten, sowie

(4) *tax conversions* zur den Anpassungen (1) bis (3) entsprechenden Korrektur der Steuerbelastung.

Nach *Stern/Stewart* ist im Rahmen der *shareholder conversions* der derivative Goodwill als ein **nicht abnutzbarer Vermögenswert** zu klassifizieren.[155] Diese Aussage wird im Folgenden relativiert. Nach Meinung der Autoren hätten viele bilanzierte Bestandteile des Goodwills eine unbegrenzte Nutzungsdauer, wie z. B.

---

152 Vgl. *Stewart* in *Stern/Stewart* (1994) S. 65.

153 Vgl. *Aders/Hebertinger* (2003) S. 19.

154 Vgl. *Hostettler* (1997) S. 97ff., weiterhin *Beck/Lingnau* (2000) S. 8f. Zu einer alternativen Kategorisierung siehe *O'Hanlon/Peasnell* (1998) S. 430ff.

155 Die Argumentation von *Stern/Stewart* bezieht sich auf die Goodwill-Behandlung mit planmäßiger Abschreibung. Sie kann analog auf den Impairment-only-Approach übertragen werden.

Marken, die Reputation und die Marktposition des Unternehmens.[156] *Stern/Stewart* argumentieren weiterhin, dass das durch die Goodwill-Abschreibung reduzierte Jahresergebnis das Management daran hindern würde, sachgerechte Akquisitionen durchzuführen.[157] Sie betonen, dass die Investoren an einer Cashflow-Rendite interessiert seien, die Goodwill-Abschreibungen jedoch nicht zu einer Veränderung der Cashflows führten. Deshalb sollte der bilanzierte Goodwill nicht abgeschrieben, sondern der Kapitalbasis zu historischen Werten zugerechnet werden. Zur Einhaltung des Kongruenzprinzips seien die Goodwill-Abschreibungen der laufenden Periode dem NOPAT wieder hinzuzurechnen.[158]

Diesen Argumenten ist zu entgegnen, dass eine unbegrenzte Nutzungsdauer nicht zwingend einer unendlichen Nutzungsdauer entspricht.[159] Ferner stellt ein Markenwert nur einen Goodwill-Bestandteil dar, sofern er unter IFRS 3 nicht als immaterieller Vermögenswert einzeln bilanziert werden muss. Als Goodwill-Bestandteil kann ein Markenwert über einen langfristigen Zeithorizont überdies nur durch laufende Aufwendungen erhalten bleiben. Diese entsprechen jedoch einer Investition in den originären Goodwill.[160] Weiterhin zeigen Beispiele in der Unternehmenspraxis, wie schnell die Reputation oder die Marktposition eines Unternehmens gefährdet sein kann. Unter der planmäßigen Abschreibung des Goodwills wurde das Management in der Kaufpreisgestaltung diszipliniert, da nachfolgend in der Gewinn-und-Verlustrechnung lediglich das über die erworbenen Erfolge neu generierte Unternehmensergebnis ausgewiesen wurde. Zwar sind die Investoren an einer Cashflow-Rendite, d. h. an einer Verzinsung ihrer eingesetzten Zahlungsmittel, interessiert. Dieses Argument könnte jedoch gleichermaßen für andere *shareholder*

---

156 Vgl. auch *Ehrbar* (1998) S. 172.

157 *Stewart* (1999) S. 114: „*The accountants' insistence that goodwill be amortized against earnings over a period not to exceed 40 years depresses reported earnings in a way that stops many a management from consummating sensible acquisitions.*" So auch *Ehrbar* (1998) S. 172f: „[...] *managers shouldn't be concerned about how a prospective acquisition will affect reported earnings, but they should be constantly aware that shareholders will expect them to produce a return on the acquisition price that equals or exceeds the cost of capital in perpetuity.*" Die Investitionsprojekte eines Unternehmens sollten zwar den WACC decken, werden Investitionen jedoch in Erwartung einer höheren Kapitalrendite vorgenommen, sollte diese Zielsetzung und nicht die durchschnittliche Renditeerwartung des Kapitalmarktes für die Kontrolle verwendet werden.

158 Vgl. *Stewart* (1999) S. 114, *Stern/Shiely/Ross* (2002) S. 43. Diese Nicht-Abschreibung des Goodwills in der internen Rechnungslegung wurde durch das FASB auch im Rahmen von Feldstudien praktisch vorgefunden; vgl. SFAS 142.B90.

159 Vgl. IAS 38.91.

160 Vgl. *Ewert/Wagenhofer* (2000) S. 50, *Pellens/Sellhorn* (2001a) S. 1685.

conversions, wie z. B. für F&E-Projekte, angeführt werden. Für sie empfehlen *Stern/Stewart* dagegen eine Aktivierung und nachfolgende Abschreibung.[161]

Langfristig ist die von *Stern/Stewart* empfohlene Nicht-Abschreibung des Goodwills problematisch, da sie zu einer **überhöhten zu verzinsenden Kapitalbasis** und somit zu einem zu niedrigen Niveau des Residualgewinns führt. Ohne eine mittelfristige Abschreibung des Goodwills können die überhöhten Verzinsungsansprüche zu einer Demotivation des Managements führen.[162] Deshalb schlagen *Arnsfeld/ Schremper* (2005) vor, den Goodwill in der internen Rechnungslegung einmalig mit Konsequenzen für die Entlohnung oder gezielt bei einem Managementwechsel möglicherweise ohne diese Konsequenzen abzuschreiben.[163] Diese Vorgehensweise führt im Vergleich zu einer unkorrigierten Behandlung des Impairment-only-Approach im EVA jedoch lediglich dazu, dass die Schwankungen in der Erfolgskennzahl unternehmensintern und nicht durch eine bilanzielle, d. h. extern festgelegte Bestimmung eines Wertberichtigungsbedarfs angestoßen werden. Aus den praktischen Fragen, wer den Zeitpunkt der internen Goodwill-Abschreibung, ihre Ermittlung und ihre Wirkung auf die Entlohnung festlegt, können Akzeptanzprobleme dieser Vorgehensweise entstehen. Diese Problematiken werden durch eine Anknüpfung an die externe Rechnungslegung abgeschwächt, wenn nicht sogar behoben.

Entgegen der beschriebenen empfohlenen Nicht-Abschreibung des Goodwills befürwortet *Stern* im Jahr 1994, dass der bilanzierte Goodwill grundsätzlich in der Bilanz stehen bleiben soll, und zwar bis zu dem Zeitpunkt, in dem **eine tatsächliche Wertminderung** eintritt.[164] Es ist anzunehmen, dass diese Empfehlung dem Impairment-only-Approach entspricht. Wird berücksichtigt, dass IAS 36 den Ersatz des derivativen durch den originären Goodwill implizit erlaubt, ist anzunehmen, dass im Allgemeinen eine vorzunehmende Goodwill-Abschreibung eine tatsächliche Wertminderung verkörpert. Abschließend ist anzumerken, dass interessanterweise das FASB u. a. die Goodwill-Behandlung im EVA-Konzept zur Begründung

---

161 Vgl. *Young/O'Byrne* (2001) S. 239.

162 Vgl. *Arnsfeld/Schremper* (2005) S. 502f., *Hense* (2006) S. 253.

163 Vgl. *Arnsfeld/Schremper* (2005) S. 503.

164 Vgl. *Stern* in *Stern/Stewart* (1994) S. 48: „*That goodwill* [der Goodwill aus Unternehmenserwerb, d. V.] *stays on the balance sheet more or less indefinitely, unless there is a real decline of economic value.*“ Vgl. ähnlich *Stern* (1994) S. 43. Da sich die wissenschaftliche Literatur meist nicht auf die Aussagen von *Stern*, sondern auf *Stewart* (1999) beziehen, wird dort die Auffassung vertreten, dass die EVA-Behandlung des Goodwills eine stetige Nicht-Abschreibung bedeutet; siehe z. B. *Hostettler* (1997) S. 146, *Hütten/Lorson* (2002) S. 30f.

der Informationsfunktion des Impairment-only-Approach für die Jahresabschlussadressaten anführt.[165]

Unabhängig von den Empfehlungen von *Stern/Stewart* wird im Folgenden der Frage nachgegangen, wie **ein Goodwill-Impairment innerhalb des Residualgewinnkonzepts** berücksichtigt werden sollte. In der wissenschaftlichen Literatur wird häufig angeführt, dass die Goodwill-Abschreibungen nicht in die Performance-Messung einbezogen werden sollten. Dies wird damit begründet, dass das Management häufig nicht für den ehemals gezahlten Kaufpreis verantwortlich ist oder dass das Management die Ergebnisvolatilität aufgrund der außerplanmäßigen Goodwill-Abschreibungen nicht beeinflussen kann.[166]

Die theoretische Basis dieser Argumentation bildet die **sachliche Entscheidungsverbundenheit (*controllability principle*)**. Gemäß diesem Prinzip ist der Erfolg oder Misserfolg einer Geschäftsaktivität dem verantwortlichen Akteur, d. h. dem Management der Geschäftsaktivität, zuzuordnen. Die Akteure sollen dabei lediglich für das verantwortlich sein, was sie selbst steuern oder kontrollieren können. Die praktische Umsetzung der sachlichen Entscheidungsverbundenheit ist jedoch mit Schwierigkeiten verbunden. Es ist problematisch, für die Kennzahldefinition die steuerbaren und die nicht steuerbaren Einflüsse zu trennen. In der Unternehmenspraxis wird von den Akteuren überdies erwartet, dass sie auch auf nicht steuerbare Einflüsse reagieren und Gegenmaßnahmen anstoßen.[167] So z. B. soll das Management einer Erhöhung des Ölpreises durch eine Verringerung des Ölverbrauchs oder durch Sicherungsgeschäfte gegen Preissteigerungen begegnen.

Aus diesen Gründen ist die sachliche Entscheidungsverbundenheit weiter, im Sinne des ***influenceability principle***, auszulegen. Dementsprechend sollen die Akteure für die Erfolge oder Misserfolge verantwortlich sein, die sie selbst direkt oder indirekt beeinflussen können. Da die auf diesem Prinzip basierenden Kennzahlen u. a. für die vergleichende Performance-Messung verwendet werden, geben sie dennoch Aufschluss über den Erfolg der Akteure, da sie von den gleichen Umweltbedingungen beeinflusst werden.[168]

---

165 Vgl. SFAS 141.B128.

166 Vgl. *Pfaff/Schultze* (2006) S. 134f., *Hitz/Kuhner* (2002) S. 284f., *Kahle* (2003) S. 778.

167 Vgl. *Merchant/Otley* (2007) S. 794, *Schäffer/Pelster* (2007) S. 430.

168 Vgl. *Antle/Demski* (1988), *Merchant/Otley* (2007) S. 793f., *Zimmerman* (2006) S. 209ff. Prägnant *Antle/Demski* (1988) S. 716: „*Whether the manager controls the variable in question is immaterial. Whether the manager controls (or influences) the variable in question, conditioned on whatever other information is present, is the key notion.*"

Im Kontext eines Unternehmenserwerbes bedeutet das *influenceability principle*, dass operative Manager möglicherweise nicht oder nur gering am Erwerbsprozess beteiligt waren, aber nach der Beherrschungserlangung für die Integration des Akquisitionsobjektes, die Erzielung der Synergiepotenziale und die resultierenden Erfolgswirkungen verantwortlich sind. Folglich ist ihnen unabhängig von der Akquisitionsverantwortung ein Goodwill-Impairment in der Performance-Messung zuzurechnen.[169] Unterbleibt dies, können die dezentralen Unternehmenseinheiten das Akquisitionsobjekt als eine tendenziell kostenlose Ressource ansehen. In diesem Fall erhöht sich die Nachfrage nach zentral durchgeführten Akquisitionen.[170]

In der Unternehmenspraxis wird Goodwill auf eine tendenziell geringe Anzahl von CGUs und relativ weit oben im Konzern alloziert.[171] So kann der Fall eintreten, dass Unternehmenseinheiten, die einer goodwill-tragenden CGU angehören, weder am Erwerbsprozess noch an der Synergieerzielung beteiligt sind. Gegen die Berücksichtigung von Goodwill-Impairments in der Performance-Messung kann argumentiert werden, dass diese Unternehmenseinheiten zwar an der Entwicklung des derivativen Goodwills gemessen werden, seine Höhe indes nicht direkt oder indirekt beeinflussen konnten. Hier wird jedoch die Auffassung vertreten, dass auch diese Unternehmenseinheiten indirekt auf den Goodwill einwirken können. Sie können durch Cashflow-Generierung den originären Goodwill erhöhen und somit die Wertminderung des bilanzierten Goodwills verhindern.

Die grundsätzliche Berücksichtigung des Goodwill-Impairments unterstützt in diesem Zusammenhang zudem die Wertorientierung des Unternehmens. Die Anteilseigener fordern nicht nur eine Verzinsung auf die Buchwerte, sondern auch auf ihr eingesetztes Kapital. Ihre Opportunitätskosten orientieren sich deshalb am Marktwert der Aktien, der auch den originären Goodwill des Unternehmens umfasst.[172]

---

[169] Vgl. *Weißenberger* (2007b) S. 328f., ähnlich das Praxisbeispiel in *Weismüller* (1997) S. 899: „Aufgrund der Entscheidungshoheit des Vorstandes der Mannesmann AG über die Investitionsmittelallokation ist für jede Akquisition dessen Zustimmung einzuholen. Die Konsequenzen aus dem Erwerb, insbesondere die wirtschaftlichen Auswirkungen sowie der zu tragende Goodwill, fallen immer in die Verantwortung der strategischen Geschäftseinheit beziehungsweise des Führungsunternehmens. Die Rolle der Holding ist somit nur als Unterstützungsfunktion zu verstehen."

[170] Vgl. allgemein *Pfaff* (1994b) zur Gemeinkostenallokation.

[171] Vgl. Abschnitt D.4.4.2.

[172] Vgl. *Bacidore/Boquist/Milbourn/Thakor* (1997) S. 11, *O'Hanlon/Peasnell* (1998) S. 428.

5.3 Modifikation der Performance-Messung gemäß der Impairment-Ursache

5.3.1 Mit der Planung korrespondierendes Impairment

Obwohl nach dem *influenceability principle* grundsätzlich jedes Goodwill-Impairment in die Performance-Messung des Managements einbezogen werden sollte, sind im Einzelfall Korrekturen vorzunehmen bzw. die Performance-Messung um weitere Kenngrößen zu erweitern. Hierfür werden in den folgenden Abschnitten die unterschiedlichen Ursachen eines Goodwill-Impairments betrachtet. In Analogie zu den Goodwill-Komponenten ist zwischen einer Goodwill-Abschreibung aufgrund der Realisierung der erworbenen Synergiepotenziale sowie infolge von Überzahlungen und Bewertungsfehlern zu unterscheiden. Überdies kann ein Impairment ausschließlich durch die Methodik des IAS 36 veranlasst werden.

Zunächst wird ein Goodwill-Impairment untersucht, das mit der Realisierung von geplanten Synergiepotenzialen aus dem Unternehmenserwerb korrespondiert, während die Wertminderung nicht durch originären Goodwill ausgeglichen werden kann. Es ist dabei zwischen der theoretischen Modellwelt und den praktischen Voraussetzungen der Performance-Messung zu unterscheiden.

Werden das Kongruenzprinzip eingehalten und Kapitalkosten berücksichtigt, so gilt aus **theoretischer Sicht** das ***Preinreich/Lücke*-Theorem**: Über die Totalperiode betrachtet entspricht der Kapitalwert eines Unternehmens auf Basis von Zahlungsströmen dem Kapitalwert auf Basis von Residualgewinnen. Wird weiterhin angenommen, dass das dezentrale Management den gleichen Zeithorizont und den gleichen Zinssatz wie die Zentrale anwendet, so kann gezeigt werden, dass der Residualgewinn anreizkompatibel wirkt. Die Performance-Messung auf Basis des Residualgewinns stellt folglich sicher, dass das dezentrale Management genau dann für seine Entscheidung eine Entlohnung enthält, wenn sie zur Zielerreichung des Unternehmens – der Maximierung des Unternehmenswertes – beiträgt. Die Anreizkompatibilität gilt unter den genannten Bedingungen für jedes Abschreibungsverfahren, so z. B. für die lineare oder degressive Abschreibung sowie für den Impairment-only-Approach. Darüber hinaus ist die Ausnutzung bilanzpolitischer Spielräume ebenfalls unschädlich.[173]

[173] Vgl. *Ewert/Wagenhofer* (2005) S. 545ff., *Ewert/Laux* (2004) S. 219f.

In der Praxis hat das dezentrale Management jedoch oft einen **kürzeren Zeithorizont** als die Zentrale und diskontiert die generierten Zahlungsströme nach eigenem Ermessen. Die Anreizkompatibilität des Residualgewinns bei unterschiedlichen Abschreibungsverfahren und bilanzpolitischen Maßnahmen ist in diesem Fall nicht mehr gewährleistet. So kann z. B. eine zentral vorgegebene Bilanzpolitik grundsätzlich über die Performance-Messung zu nicht ökonomischen Entscheidungen in den dezentralen Unternehmenseinheiten führen.[174]

Darüber hinaus sollte das Management im Sinne der **Wertorientierung** anstreben, den bilanzierten Goodwill so lange wie möglich in der Bilanz zu halten. Dadurch kann dem Kapitalmarkt signalisiert werden, dass jegliche Realisierung von erworbenen Synergiepotenzialen, die naturgemäß einer Wertminderung des derivativen Goodwills entspricht, durch die Generierung neuer zukünftiger ökonomischer Vorteile ausgeglichen werden kann.

Aus diesen Gründen muss die praktische Performance-Messung zusätzlich Kennzahlen enthalten, die einen **Anreiz geben, originären Goodwill zu generieren**. Die Effekte eines Goodwill-Impairments, die resultierenden Anreizwirkungen und mögliche zusätzliche Kennzahlen werden nachfolgend diskutiert.

Eine Goodwill-Abschreibung wirkt in zweierlei Hinsicht auf den Residualgewinn. Einerseits wird die aufwandsbasierte Erfolgsgröße um die Goodwill-Abschreibung (GA) gemindert. Andererseits vermindern sich von der Folgeperiode an die zukünftigen Kapitalkosten um die Verzinsung der Goodwill-Minderung.[175] Unter den Prämissen, dass jeweils der gleiche Diskontierungszinssatz WACC verwendet wird und der Zeithorizont unendlich ist, verändert sich der Kapitalwert der Residualgewinne wie folgt:

$$\text{(Gl. 41)}\qquad \Delta\sum_{t=1}^{T\to\infty}\frac{RI_t}{(1+WACC)^t}=-GA+\frac{GA*WACC}{WACC}*\frac{1}{1+WACC}=-\frac{GA*WACC}{1+WACC}$$

Zu einem Anreiz für die Investition in den originären Goodwill führt die Reduktion des Kapitalwertes der Residualgewinne jedoch nur, wenn im Vergleich dazu die Aufwendungen zur Niveauerhaltung des Nutzungswertes auf der Höhe des CGU-Buchwertes (NE_{NW}) absolut geringer sind.[176] Umgekehrt bedeutet dies, dass in jeder

[174] Vgl. *Weißenberger/Maier* (2006) S. 2082f.

[175] Vgl. *Arnsfeld/Schremper* (2005) S. 502.

[176] Vgl. zu einem einperiodigen Zahlenbeispiel *Weißenberger* (2005) S. 206.

Periode der Nachteil aus dem Impairment absolut größer als der Nachteil der Investition in den originären Goodwill sein muss:

$$\text{(Gl. 42)} \qquad \frac{GA * WACC}{1 + WACC} > NE_{NW}$$

In **kurzfristiger Sicht** besteht eher ein Anreiz, ein Goodwill-Impairment zu verhindern, da der Effekt der Kapitalkostenminderung nicht so stark zum Tragen kommt. Insbesondere im direkten Anschluss an den Unternehmenserwerb existiert zumeist originärer Goodwill, der temporär die Wertminderungen des derivativen Goodwills ausgleichen kann, ohne dass weitere Aufwendungen erforderlich sind.

In **mittel- und langfristiger Sicht** ist die Generierung originären Goodwills dagegen direkt zu beobachten. Hierfür wird in der wissenschaftlichen Literatur empfohlen, die Abschreibung des bilanzierten Goodwills mit der **Planung der Synergien und ihrer erwarteten Realisierung** zu vergleichen.[177] In den Fällen, in denen der Goodwill langsamer als erwartet an Wert verliert, sei die Differenz zwischen der erwarteten Abschreibung und der tatsächlichen Höhe als originärer Goodwill in der internen Rechnungslegung zu erfassen, positiv mit der Entlohnung der Akteure zu verknüpfen und fortzuschreiben.[178] Dieser Vorgehensweise stehen jedoch zahlreiche praktische Probleme entgegen, die bereits an anderer Stelle thematisiert wurden. So ist fraglich, ob in der internen Rechnungslegung eine Nutzungsdauer bzw. ein Abschreibungsplan für den Goodwill abgeleitet werden kann, ob die Planungsgüte der Ausgangsdaten sichergestellt ist, sowie wie mit Planaktualisierungen, Bewertungsfehlern und der Bilanzpolitik umzugehen ist.

Eine praktikablere, aber ebenso nicht unproblematische Möglichkeit, einen Anreiz zur Investition in den originären Goodwill zu schaffen, ist eine Performance-Messung, die zusätzlich zum aufwandsbasierten Residualgewinn die **Veränderung des originären Goodwills** approximiert.[179] Analog zum (residualen) ökonomischen Gewinn ist diese Kennzahl durch zahlreiche Manipulationsspielräume gekennzeichnet.[180] Die Ermittlung ist an die jährliche Erhöhung des Kapitalwertes der CGU ($UW_{t,FCF}$) unter Abzug der Bilanzsumme ($GK_{t,BW}$) anzulehnen. Da die Bilanzsumme i. d. R. nicht dem Substanzwert der CGU, d. h. der Summe der Fair Values

177 Vgl. *Biberacher* (2003) S. 378.

178 Vgl. *Schultze* (2005) S. 287, *Pfaff/Schultze* (2006) S. 136, *Alvarez/Biberacher* (2002) S. 352.

179 Siehe zu einem ähnlichen Vorschlag von *Ewert* (2006), Fair Values als zusätzliche Performance-Maße zu verwenden.

180 Vgl. Abschnitt E.4.3.

der einzelnen Vermögenswerte, entspricht, wird der originäre Goodwill i. w. S. bestimmt. Für eine ökonomischere Ableitung und zur Reduktion der Ermessensspielräume sollte nicht der gemäß IAS 36 abgeleitete Nutzungswert verwendet werden.[181] Es bieten sich jedoch die Informationen an, die in den Impairment-Test eingehen, d. h. die Planung der Free Cashflows und die intern für die CGUs verwendeten Kapitalkostensätze:

(Gl. 43) $$\Delta G_{t,\,originär\,i.w.S.} = \left(UW_{t,FCF} - GK_{t,BW}\right) - \left(UW_{t-1,FCF} - GK_{t-1,BW}\right)$$

Weiterhin können als zusätzliche „subjektive Indikatorerfolge"[182] **cashflow-orientierte Residualgewinne** für die CGU formuliert werden, die die Veränderung des originären Goodwills einbeziehen. Hierfür zu nennen ist zunächst das bereits kurz angesprochene Konzept des **Refined Economic Value Added** (REVA). Wie zuvor erläutert, beziehen sich die Opportunitätskosten der Investoren auf den Marktpreis der Aktie. Nach Meinung von *Bacidore/Boquist/Milbourn/Thakor* (1997) sollte das Management zur Unterstützung der Wertorientierung deshalb an einem Residualgewinn gemessen werden, der eine marktorientierte Verzinsung der Börsenkapitalisierung des Unternehmens enthält:[183]

(Gl. 44) $$REVA_t = NOPAT_t - i * MC_{t-1}$$

Unter Verwendung von Gleichung 35 wird die Verbindung zum originären Goodwill i. w. S. aus Investorensicht deutlich:

(Gl. 45) $$REVA_t = NOPAT_t - i * \left(G_{originär\,i.w.S.,MC} + EK_{t-1,BW}\right)$$

Mit der Verwendung des REVA in der Performance-Messung ist jedoch der bedeutsame Nachteil verbunden, dass das Kongruenzprinzip verletzt wird. Es erfolgt keine anreizkompatible Verteilung des Kapitalwertes einer Investition über einzelne Perioden, da der NOPAT nicht den gesamten generierten Unternehmenserfolg abbildet. Zudem berücksichtigen die IFRS und auch andere Rechnungslegungssysteme die Wertänderung der Börsenkapitalisierung nur unvollständig erfolgswirk-

---

[181] A. A. *Schultze/Hirsch* (2005) S. 137: „Im Rahmen des Impairment-Tests ist der gesamte Goodwill i. d. R. jährlich für Bilanzierungszwecke zu ermitteln. Die Informationen über die Veränderung des derivativen wie originären GW [Goodwills, d. V.] liegen also i. d. R. bereits vor und können für das Controlling genutzt werden." Wie bereits angeführt, dürfen indes weder die Unterschiede zwischen dem Ertragswert und dem Nutzungswert noch zwischen dem Substanzwert und der Bilanzsumme bzw. dem Buchwert der CGU nach IAS 36 vernachlässigt werden. Zur Vorbeugung von Fehlentscheidungen ist eine Übernahme der Informationen des Impairment-Tests für die Performance-Messung zu vermeiden.

[182] *Küpper* (1994) S. 997.

[183] Vgl. *Bacidore/Boquist/Milbourn/Thakor* (1997) S. 11 und S. 15.

sam.[184] Weiterhin kann für die einzelnen CGUs eines Unternehmens i. d. R. keine Börsenkapitalisierung abgelesen werden. Für eine grobe Schätzung kann jedoch wiederum der Unternehmenswert der CGU auf Basis der Free Cashflows und des WACC oder eines CGU-spezifischen Kapitalkostensatzes approximiert werden.[185]

Der **aufwandsbasierte residuale ökonomische Gewinn** ($RÖG_{t,aufwandsbasiert}$) bildet dagegen die Opportunitätskosten der Investoren ab und hält das Kongruenzprinzip ein.[186] Zur Ableitung wird der residuale ökonomische Gewinn im Equity-Ansatz formuliert und der Unternehmenswert durch die Börsenkapitalisierung des Unternehmens, d. h. durch den Buchwert des Eigenkapitals und den MVA aus Investorensicht, geschätzt:[187]

(Gl. 46) $$RÖG_{t,equity\,approach} = UW_{t,FTE} - UW_{t-1,FTE} + DIV_t - r_{EK} * UW_{t-1,FTE}$$

(Gl. 47) $$RÖG_{t,equity\,approach} = UW_{t,FTE} - (1 + r_{EK}) * UW_{t-1,FTE} + DIV_t$$

(Gl. 48) $$\begin{aligned} RÖG_{t,aufwandsbasiert} &= EK_{t,BW} + MVA_{t,MC} - (1 + r_{EK}) \\ &\quad * (EK_{t-1,BW} + MVA_{t-1,MC}) + DIV_t \end{aligned}$$

(Gl. 49) $$\begin{aligned} RÖG_{t,aufwandsbasiert} &= EK_{t,BW} - EK_{t-1,BW} + DIV_t - r_{EK} * EK_{t-1,BW} \\ &\quad + MVA_{t,MC} - (1 + r_{EK}) * MVA_{t-1,MC} \end{aligned}$$

Die Eigenkapitalveränderung zuzüglich der Dividende entspricht dem Jahresergebnis der Gewinn-und-Verlustrechnung. Unter Abzug der Verzinsung des Eigenkapitals ergibt sich der aufwandsbasierte Residualgewinn:

(Gl. 50) $$RÖG_{t,aufwandsbasiert} = RI_t + MVA_{t,MC} - (1 + r_{EK}) * MVA_{t-1,MC}$$

(Gl. 51) $$RÖG_{t,aufwandsbasiert} = RI_t + \Delta G_{t,\,originär\,i.w.S.,MC} - r_{EK} * G_{t-1,\,originär\,i.w.S.,MC}$$

---

[184] Vgl. mit einem Zahlenbeispiel *Bausch/Weißenberger/Blome* (2003) S. 11f., weiterhin *O'Hanlon/Peasnell* (1998) S. 428, *Ewert/Wagenhofer* (2000) S. 17f. Letztere Autoren sprechen darüber hinaus an, dass der WACC keine adäquate Verzinsung für die Börsenkapitalisierung bildet. Aus diesem Grund empfehlen *Bacidore/Boquist/Milbourn/Thakor* (1997) S. 11 eine Ableitung der Kapitalkosten aus dem Kapitalmarkt.

[185] Wird ein erworbener Geschäftsbetrieb auf Basis der Neubewertungsbilanz, inklusive dem derivativen Goodwill, zum EVA bewertet, so entspricht dies ebenfalls dem REVA der Periode; vgl. *Blome* (2006) S. 275.

[186] Vgl. *Ewert/Wagenhofer* (2000) S. 16, *O'Hanlon/Peasnell* (1998) S. 427, mit einem Zahlenbeispiel bezüglich der Goodwill-Bilanzierung nach US-GAAP und IFRS *Schultze/Hirsch* (2005) S. 135f., weiterhin *Richter/Honold* (2000) S. 271f.

[187] Vgl. die Gleichungen 24, 26 und 35.

Aufgrund der in Gleichung 51 ersichtlichen direkten Verbindung zum Residualgewinn, beispielsweise dem EVA, der Veränderung des originären Goodwills i. w. S. und der Berücksichtigung der Verzinsungsansprüche der Eigenkapitalgeber zeigt der aufwandsbasierte residuale ökonomische Gewinn ideale Eigenschaften als ein zusätzliches Performance-Maß.

Abschließend ist zu bemerken, dass nicht nur für den Aufbau von originärem Goodwill einer CGU, sondern auch für **übergeordnet entstehende Synergien** zwischen CGUs Anreize zu setzen sind. Deshalb sollten die empfohlenen Kennzahlen auch auf höheren Konzernebenen überwacht werden. Erfolgt keine Verknüpfung der Performance-Messung einzelner Unternehmenseinheiten mit den Erfolgskennzahlen auf höherer Ebene, so resultiert eine Unterinvestition in originären Goodwill. Die Akteure führen Investitionen in übergeordnete ökonomische Vorteile nur in eingeschränktem Umfang durch, sofern sie die Kosten vollständig tragen, ihnen der Erfolg aber nur anteilig zugerechnet wird.[188]

5.3.2 Impairment aufgrund von Überzahlungen oder Bewertungsfehlern

Weiterhin kann eine Goodwill-Abschreibung aufgrund von aus Eigeninteresse des Managements getätigten Überzahlungen oder Bewertungsfehlern auftreten.

Sofern im Einzelfall diese Ursachen direkt festgestellt und dem Top- oder Akquisitionsmanagement zugerechnet werden können, sollte unternehmensintern für die dezentralen Unternehmenseinheiten eine Korrektur in Höhe des Kaufpreisanteils vorgenommen werden, dem keine ökonomischen Vorteile gegenüberstehen.[189]

Im Regelfall, wenn die Überzahlungen oder Bewertungsfehler nicht erkannt und zugerechnet werden können oder nicht mit ausreichender Güte quantitativ ermittelbar sind, ist das Impairment unkorrigiert in der Performance-Messung zu belassen.

5.3.3 Impairment aufgrund methodischer Ursachen

Neben den beschriebenen Gründen kann eine Goodwill-Abschreibung auch lediglich infolge der Methodik des Impairment-Tests, d. h. ohne unmittelbaren ökono-

---

188 Vgl. allgemein *Hart* (1995) S. 34ff. Zu weiteren Möglichkeiten, Anreize für die Generierung von originärem Goodwill zu schaffen, wie z. B. durch die Gestaltung von Verrechnungspreisen oder durch Aktienoptionen als Entlohnungsbestandteil siehe *Zimmerman* (1997) S. 102ff.

189 Vgl. *Schultze* (2005) S. 292, *Pfaff/Schultze* (2006) S. 135.

mischen Aussagegehalt auftreten. Je nach der Ursache eines solchen technischen Impairments ist zu entscheiden, ob die Performance-Messung vom Grundsatz des *influenceability principle* abweichen sollte.

I. d. R. stellt der Nutzungswert den erzielbaren Betrag dar. Für den dem Akquisitionszeitpunkt folgenden Impairment-Test sollte jedoch geprüft werden, ob ggf. der Nettoveräußerungswert verwendbar ist und den standardkonform ermittelten Nutzungswert übersteigt. Hierfür ist unter Berücksichtigung von Veräußerungskosten auf den in der Transaktion gezahlten Kaufpreis Bezug zu nehmen.[190] Technische Impairments, die bei Verwendung des Nutzungswertes, so z. B. aufgrund der erforderlichen Eliminierung von zukünftigen Restrukturierungen, auftreten, bleiben bei Verwendung des Nettoveräußerungswertes ggf. aus.[191]

In den dem Unternehmenserwerb folgenden Perioden kann ein Goodwill-Impairment auftreten, da der Nutzungswert spezifische bewertungsrelevante Informationen explizit nicht enthalten darf. Der Nutzungswert der CGU ist i. d. R. geringer als der betriebswirtschaftlich ermittelte Unternehmens(teil)wert, da vor allem die folgenden **Bestandteile nicht im Zahlungsstrom** erfasst werden dürfen:

* Erweiterungsinvestitionen der Detailplanungsphase, die bisher zu keinen Auszahlungen geführt haben,
* zukünftige Restrukturierungen, zu denen sich das Unternehmen noch nicht verpflichtet hat,
* die Cashflows, die intern anhand einer ewigen Rente in der Extrapolationsphase abgebildet werden, jedoch gemäß IAS 36.49 nicht innerhalb oder zum Ende der Nutzungsdauer der CGU anfallen, und
* geplante Synergien, die externen Hinweisen widersprechen.

Darüber hinaus kann ein Goodwill-Impairment im Einzelfall auftreten, wenn ein Unternehmenserwerb in einer goodwill-tragenden CGU zukünftige ökonomische Nachteile verursacht, weil negative Nettosynergien bei der Goodwill-Zuordnung nicht berücksichtigt werden dürfen.[192]

Die genannten Anpassungen im Zahlungsstrom können die ökonomische Aussagekraft des Impairment-Tests wesenlich reduzieren. In diesem Fall sind die deshalb resultierenden Goodwill-Impairments in der Performance-Messung zu korrigieren.

---

190 Vgl. IAS 36.25f.

191 Vgl. IAS 36.BC68ff.

192 Vgl. ähnlich *Haaker* (2005b) S. 431f.

Da der **Diskontierungszinssatz** gemäß IAS 36 marktorientiert abzuleiten ist, kann gleichermaßen eine Veränderung der Parameter auf den Kapitalmärkten zu einem Goodwill-Impairment führen, das nur bedingt mit der Leistungsfähigkeit des Managements im Zusammenhang steht. Dies gilt z. B. für eine Änderung des risikolosen Zinssatzes, des Betafaktors,[193] der Marktrisikoprämie und der Marktwerte des Eigen- oder Fremdkapitals des Unternehmens.[194] Auf diese Parameteränderungen kann ein Akteur nur eingeschränkt direkten oder indirekten Einfluss nehmen, weshalb die resultierenden Impairments ebenfalls nicht in die Performance-Messung einfließen sollten.

Zudem besteht eine **Inkonsistenz innerhalb der Steuerberücksichtigung** zum Zeitpunkt der Kaufpreisallokation und den späteren Impairment-Tests. Ist der Unternehmenserwerb als Share Deal ausgestaltet, so sind zum Akquisitionszeitpunkt in Höhe der Bewertungsdifferenz zwischen der IFRS- und der Steuerbilanz passive latente Steuern zu bilden. Dies gilt, da allgemein angenommen werden kann, dass das erworbene Vermögen durch die Neubewertung ansteigt. Die passiven latenten Steuern führen zu einer Erhöhung des ausgewiesenen Goodwills. Die Ermittlung des Buchwertes und des Nutzungswertes für den Impairment-Test muss dagegen von Steuereffekten abstrahieren. Demzufolge kann eine technische Abschreibung aufgrund der unter dem Goodwill subsumierten Steuereffekte auftreten. Sie ist gleichermaßen in der Performance-Messung zu korrigieren.[195]

Weiterhin ist im Einzelfall eine technische Goodwill-Abschreibung erforderlich, wenn kurzzeitig der **Nutzungswert der CGU den Buchwert unterschreitet**. Dies kann auftreten, wenn der Buchwert durch Investitionen steigt, die erst in späteren Perioden zu Zahlungsüberschüssen führen. Unter Umständen können die Cashflows der Investitionsprojekte eine solche Struktur aufweisen, dass Projekte mit einem höheren Kapitalwert zu einem Goodwill-Impairment führen und Projekte mit einem niedrigeren Kapitalwert eine Beibehaltung des Goodwills gewährleisten.[196] Diese Situation zeigt anschaulich, dass zwischen dem in einer Periode auftretenden Goodwill-Impairment und dem langfristig erwarteten Erfolg des Managements kein unmittelbarer Zusammenhang herrscht.

---

193 Vgl. *Hitz/Kuhner* (2002) S. 284f.

194 Vgl. Abschnitt D.5.4.3, *Lienau/Zülch* (2006) S. 323.

195 Vgl. *Hoffmann* (2008a) Rz. 64.

196 Vgl. mit einem Zahlenbeispiel *Schultze* (2005) S. 287ff.

Schultze (2005) schlussfolgert daher, dass Projekte mit einem höheren Kapitalwert, die zu einer Goodwill-Abschreibung und Minderung des Residualgewinns führen können, gegenüber Projekten mit geringerem Kapitalwert, die kein Impairment zur Folge haben, im Unternehmen diskriminiert werden. Seiner Meinung nach sollte deshalb diese Goodwill-Abschreibung aus der Performance-Messung eliminiert werden.[197] Diesem Argument wird in der vorliegenden Arbeit nicht gefolgt, da unabhängig von der Performance-Messung Investitionsprojekte frühzeitig anhand ihres Kapitalwertes ausgewählt werden.[198] Zudem maximieren Akteure ihren Erfolg über ihren Zeithorizont und können langfristig nicht nur aufgrund des erhöhten Kapitalwertes eines vorteilhaften Projektes, sondern auch durch die Erweiterung der Performance-Messung durch cashflow-orientierte Residualgewinne profitieren.

Abbildung E-6 zeigt die unterschiedlichen Ursachen eines Goodwill-Impairments und die empfohlene Behandlung in der Performance-Messung im Überblick.

Grundsatz gemäß *influenceability principle*: unkorrigierte Berücksichtigung eines Goodwill-Impairments in der Performance-Messung

Impairment-Ursache	**Modifikation der Performance-Messung**
Erwartungsgemäße Abschreibung der Synergien	- keine Korrektur - zusätzlich Erweiterung um cashflow-orientierte Kennzahlen, die den originären Goodwill berücksichtigen: Δoriginärer Goodwill i.w.S., REVA oder aufwandsbasierter RÖG
Überzahlungen / Bewertungsfehler	- im Regelfall keine Korrektur - Korrektur, sofern abgrenzbar und Top- bzw. Akquisitionsmanagement zuordenbar
Methodik des IAS 36	- im Regelfall Korrektur

Abbildung E-6: Empfehlungen zur Behandlung von Goodwill-Impairments in der Performance-Messung

[197] Vgl. *Schultze* (2005) S. 291, *Pfaff/Schultze* (2006) S. 137.

[198] Vgl. zum Investitions-Controlling *AK-SG Finanzierung* (1994) S. 905.

6 Implikationen für die Planung und Kontrolle von Akquisitionen

Die Goodwill-Bilanzierung nach IFRS beeinflusst die Planung und Kontrolle von Akquisitionen. Diese beiden Implikationsfelder werden nachfolgend analysiert.

Wie in Kapitel D beschrieben, erfordern die Regelungen der Goodwill-Bilanzierung für die Kaufpreisallokation und den nachfolgenden Goodwill-Impairment-Test umfangreiche Informationen aus der **Akquisitionsplanung**, so z. B. zu den Synergiepotenzialen aus dem Unternehmenserwerb und zur erwarteten Cashflow-Generierung des Akquisitionsobjektes in einer Stand-alone-Betrachtung. Der große Umfang der erforderlichen Informationen und ihre Verwendung in der Finanzberichterstattung wirken auf die Akquisitionsplanung zurück. Das Management ist durch die Bilanzierungserfordernisse angehalten, für immaterielle Vermögenswerte und den derivativen Goodwill unternehmensintern einzelne Kaufpreiskomponenten zu differenzieren und zu quantifizieren. Im Detail sollte prognostiziert werden, wie viele Synergien erwartungsgemäß in den einzelnen Unternehmenseinheiten bzw. -funktionen erwirkt werden. Überzahlungen für das Akquisitionsobjekt und Bewertungsfehler können dadurch verhindert werden.[199] Die Analyse der Goodwill-Komponenten unterstützt zudem das Controlling der späteren Synergierealisierung.[200] Außerdem wird durch die regelmäßige Durchführung von Impairment-Tests für die Geschäftsaktivitäten die Ermittlung von Entscheidungswerten für ähnliche Akquisitionsobjekte erleichtert.[201] Somit ist zu schlussfolgern, dass sich durch die Anwendung der bilanziellen Regelungen die Qualität der Akquisitionsplanung verbessert.

Im Rahmen der Akquisitionsplanung müssen insbesondere die **bilanziellen Effekte** des Unternehmenserwerbes beachtet werden. So wirken sich der geschätzte Kaufpreis, die Höhe der Synergiepotenziale, ihre Aufteilung und die der Vermögenswerte und Schulden des Akquisitionsobjektes sowie nachfolgend geplante Maßnahmen, wie z. B. eine Restrukturierung, entscheidend auf die kurz- und langfristige Finanzberichterstattung des Konzerns aus. Nicht nur die Abbildung in der Bilanz und Gewinn-und-Verlustrechnung, sondern auch die Effekte auf freiwillig publizierte Erfolgskennzahlen für die Kapitalmarktkommunikation sind deshalb zu

---

[199] Vgl. *Alvarez/Biberacher* (2002) S. 353.

[200] Zum Synergie-Controlling bei Unternehmenserwerb siehe im Überblick *Hofmann* (2005a) S. 484, *Jansen* (2005) S. 532ff., ausführlich *Bark* (2002) S. 207ff., *Ebert* (1998) S. 47ff., *Paprottka* (1996) S. 73ff.

[201] Vgl. *Hense* (2006) S. 259.

analysieren. In Abhängigkeit von der Akquisitionsplanung sollte die bilanzielle Abbildung des Unternehmenserwerbes in Szenarien dargestellt und untersucht werden.[202] Die bilanzpolitischen Gestaltungsmöglichkeiten, die die Gefahr eines Goodwill-Impairments reduzieren können, sind in Wechselwirkung mit den internen Steuerungsanforderungen zu betrachten, so:

* die Anzahl der CGUs des neuen Unternehmensverbundes,
* das Volumen der zuzurechnenden Synergiepotenziale,
* der Umfang der identifizierbaren immateriellen Vermögenswerte
* sowie die örtliche und quantitative Zuordnung des Goodwills.

Die **Akquisitionskontrolle** überprüft als Pendant zur Akquisitionsplanung laufend die Maßnahmen und die Erfolgswirkungen in den Phasen der Kandidatenauswahl, der Akquisitionsdurchführung und der Integration des erworbenen Geschäftsbetriebes. Sie überwacht, ob die mit dem Unternehmenserwerb verbundenen Ziele und definierten Meilensteine erreicht werden.[203] Der Akquisitionserfolg hängt maßgeblich von der Integration des erworbenen Geschäftsbetriebes in den Konzern ab.[204] Die optimale Anpassung und Einbindung des Akquisitionsobjektes sowie die sachgemäße Akquisitionsplanung sind die bedeutsamsten erfolgskritischen Faktoren im Erwerbsprozess.[205]

In finanzieller Perspektive ist eine Akquisition erfolgreich, wenn sich der Unternehmenswert des Konzerns im Zeitpunkt der Beherrschungserlangung erhöht. Die Akquisition kann als eine mehrperiodige Investition interpretiert werden, die unter Berücksichtigung des Kaufpreises (zzgl. der Anschaffungsnebenkosten) einen **positiven Kapitalwert** aufweisen muss.[206] Der positive Kapitalwert kann als originärer Goodwill des Unternehmenserwerbes interpretiert werden.[207]

Der **Gesamtinvestitionserfolg** eines Unternehmenserwerbes entspricht der Differenz zwischen dem zum Ende der Integration realisierten Ertragswert und dem eingesetzten Kapital. Der Erfolg zum Zeitpunkt der Beherrschungserlangung wird dagegen durch die Differenz zwischen dem Entscheidungswert als einem subjektiven

---

[202] Vgl. *Pellens/Crasselt/Sellhorn* (2002) S. 148f.

[203] Vgl. *Weismüller* (2005) Rz. 1336.

[204] Zum Maßnahmen-Controlling für die Integration des Akquisitionsobjektes siehe *Bark* (2002), *Gerpott* (1993), *Weismüller* (2005) Rz. 1304ff.

[205] Vgl. *Ernst & Young* (2006b) S. 20.

[206] Vgl. *Trützschler/David/Strauch/Tomaszewski* (2005) S. 390.

[207] Vgl. *Brösel/Klassen* (2006) S. 450.

Ertragswert und dem Kaufpreis beschrieben.[208] Zur Abgrenzung der beiden Erfolgsgrößen kann letzterer als **Verhandlungserfolg** bezeichnet werden, der aufzeigt, inwieweit das für die Kaufverhandlungen verantwortliche Management den Preis beeinflussen konnte.[209]

Unternehmensintern kann der Investitionserfolg bezüglich des Kaufpreises im Zeitablauf durch eine **Projektstandsrechnung** beobachtet werden.[210] Hierzu werden die aus dem Akquisitionsobjekt erwarteten Free Cashflows, inklusive der erwarteten Synergiepotenziale, auf einem Projektkonto unter der Prämisse der Wiederanlage kumuliert berechnet. Ihnen wird auf einem zweiten Projektkonto der sachgerecht verzinste Kaufpreis als Alternativanlage gegenübergestellt. Durch den Vergleich mit dem Kaufpreis wird der derivative Goodwill in der Akquisitionskontrolle beachtet.[211] Die Differenz der Projektkonten weist den sog. Projektstand der Akquisition aus, der als investiertes Kapital interpretierbar ist.[212] Die Rechnung kann zunächst auf Basis von geplanten Daten und später zur Kontrolle daneben auf realisierten Werten beruhen.[213] Der Break-Even, d. h. eine Wertsteigerung von null, ist in der Periode erreicht, in der die generierten, zwischenzeitlich verzinsten Free Cashflows gerade den verzinsten Kaufpreis erreichen.[214] Die gesamte Wertsteigerung der Akquisition zu einem Zeitpunkt entspricht der Summe des Projektstandes und dem Ertragswert der zukünftig vom Erwerber erwarteten Cashflows.[215]

Die Projektstandsrechnung bildet die Entwicklung der Cashflow-Generierung anschaulich ab. Sie kann neben der Cashflow-Analyse des Akquisitionsobjektes auch für die Überwachung einzelner werthaltiger Komponenten des Goodwills, d. h. der Synergien aus dem Unternehmenserwerb, verwendet werden. Sofern der Projektstand zum Konto der Alternativanlage ins Verhältnis gesetzt wird, kann außerdem ein Zielerreichungsgrad in Bezug auf den gezahlten Kaufpreis ermittelt werden. Abbildung E-7 zeigt eine Projektstandsrechnung an einem Zahlenbeispiel auf.

---

208 Vgl. *Brösel/Klassen* (2006) S. 450, *Brösel/Müller* (2007) S. 40 sowie *Schultze/Hirsch* (2005) S. 123.

209 Vgl. *Baetge* (1997) S. 456ff.

210 Vgl. zum Konzept *Gebhardt* (1995), *Gebhardt* (1985), *Bergmann* (1996) S. 175ff.

211 Vgl. zu dieser Forderung *Pellens/Crasselt/Sellhorn* (2002) S. 143, *Pellens/Crasselt/Schremper* (2002) S. 128.

212 Vgl. *Gebhardt* (1995) S. 2228f., *Burger/Ulbrich* (2005) S. 595.

213 Vgl. *Gebhardt* (1995) S. 2229, *Pellens/Crasselt/Sellhorn* (2002) S. 145ff.

214 Vgl. *Gaber* (2005) S. 201f.

215 Vgl. *Gebhardt* (1995) S. 2230.

Periode	*0*	*1*	*2*	*3*	*4*	*5*	∞
Cashflows der Akquistion	-100.00	30.00	30.00	30.00	30.00	30.00	300.00
Konto Akquisitionsobjekt*		30.00	63.00	99.30	139.23	183.15	483.15
Konto Kaufpreis*	100.00	110.00	121.00	133.10	146.41	161.05	161.05
Projektstand	**-100.00**	**-80.00**	**-58.00**	**-33.80**	**-7.18**	**22.10**	**322.10**
Projektstandsgrad	0%	27%	52%	75%	95%	114%	300%

*Zinssatz: 10%

Abbildung E-7: Projektstandsrechnung für eine Akquisition (Beispiel)

Der realisierte Ertragswert des Akquisitionsobjektes ist ferner mit dem korrespondierenden Entscheidungswert zu vergleichen, um die erzielte Wertsteigerung dem ursprünglich erwarteten Potenzial gegenüberzustellen.[216] Dieser Vergleich spiegelt den **Integrationserfolg** des erwerbenden Unternehmens wider. Er bietet sich nicht nur nach dem Abschluss der Erzielung der wesentlichen Synergien, sondern auch mitlaufend zur Planung und Kontrolle der Integrationsanstrengungen an.[217] Ebenfalls kann ein Zielerreichungsgrad definiert werden, indem der bis zum Betrachtungszeitpunkt realisierte Anteil des Unternehmenswertes in Relation zum Entscheidungswert für das Akquisitionsobjekt gesetzt wird.

Die für diese mitlaufende Akquisitionskontrolle erforderlichen Eingangsdaten im Soll und Ist sind durch das Controlling zu beschaffen, zu analysieren und zu aktualisieren.[218] Die **Veränderung der Plandaten** über den Akquisitionsprozess hinweg stellt eine Herausforderung für die Überprüfung des Akquisitionserfolges dar. Diese Planabweichungen sind demzufolge explizit in der Analyse des Akquisitionserfolges zu beachten.

Zu diesem Zweck kann in Anlehnung an *Baetge* (1997) der Gesamtinvestitionserfolg in drei **Abweichungen** unterteilt werden. Neben dem Integrationserfolg in Bezug auf den aktualisierten Entscheidungswert werden der Verhandlungserfolg und eine Planüberholungsabweichung differenziert.[219] Abbildung E-8 zeigt die durch das Controlling zu Analysezwecken zu unterscheidenden Komponenten des Akquisitionserfolges im Überblick.

---

216 Vgl. *Weismüller* (2005) Rz. 1368ff.

217 Vgl. *Weismüller* (2005) Rz. 1340f.

218 Vgl. *Weismüller* (2005) Rz. 1349f.

219 Vgl. *Baetge* (1997) S. 454ff.

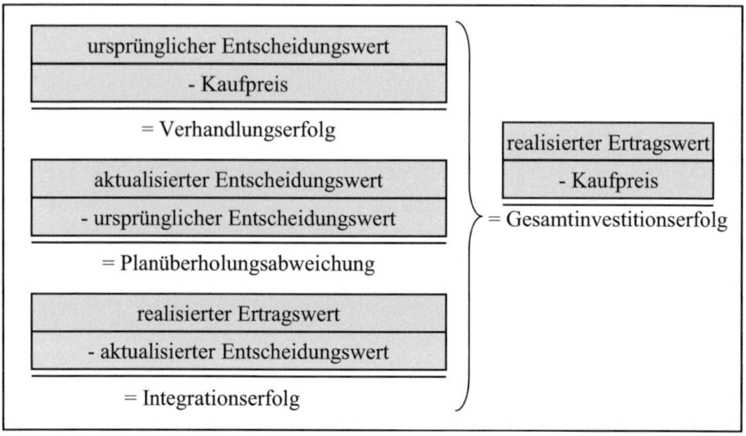

Abbildung E-8: Komponenten des Akquisitionserfolges

Von Dritten wird der Akquisitionserfolg oft anhand der **Kapitalmarktreaktion** gemessen, da öffentliche Informationen nur mittelbar durch das Management des erwerbenden Unternehmens beeinflusst werden können. Hierfür wird die Veränderung der Börsenkapitalisierung des erwerbenden Unternehmens und teilweise des Akquisitionsobjektes um den Zeitpunkt der Akquisitionsankündigung analysiert.[220]

Analog zur Performance-Messung kann der für die Akquisitionskontrolle ermittelte Unternehmenswert nach dem *Preinreich/Lücke*-Theorem auf Basis von Free Cashflows oder Residualgewinnen ermittelt werden. Eine gleichartige **Akquisitionsbewertung, Performance-Messung und Werthaltigkeitsprüfung** des Goodwills, wie es *Coenenberg/Schultze* (2002b) und *Schultze/Hirsch* (2005) vorschlagen, ist grundsätzlich aus Transparenz- und Konsistenzgründen zu befürworten. Die hierzu von den Autoren empfohlenen Erfolgsgrößen – der Residualgewinn bzw. der aufwandsbasierte residuale ökonomische Gewinn[221] – sind im Allgemeinen jedoch nicht für die Durchführung des Impairment-Tests nach IAS 36 zulässig.

Daneben zeigen diese Erfolgsgrößen Schwächen auf, die zwar für ihre Verwendung in der Performance-Messung von untergeordneter Bedeutung sind, nicht jedoch in der Verwendung für die Investitionssteuerung. Zu differenzieren ist demnach zwi-

[220] Vgl. *Glaum/Lindemann/Friedrich* (2006) S. 297ff. Zur Verbreitung dieser sog. Event Studies siehe auch *Bausch/Fritz* (2005) S. 13. Kritisch zur Aussagefähigkeit dieser Studien über die Kursentwicklung nach der Beherrschungserlangung *Rau/Vermaelen* (1998).

[221] Vgl. *Coenenberg/Schultze* (2002b) S. 616 bzw. *Schultze/Hirsch* (2005) S. 163f.

schen den Anforderungen an eine Kennzahl, die innerhalb der Fundierung fremder Entscheidungen für die Anreizsetzung und Entlohnung verwendet wird, und den Anforderungen an eine Kennzahl, die innerhalb der Fundierung eigener Entscheidungen eine Handlungsalternative möglichst objektiv und exakt bewerten soll.[222]

Die Verwendung der empfohlenen aufwandsbasierten Erfolgsgrößen in der Investitionsrechnung ist problematisch, da sie durch die Bilanzpolitik beeinflusst werden. Weiterhin ergeben sich Schwächen, da für den Residualgewinn die Kapitalgröße konzeptionsgemäß buchwertbasiert und nicht auf Basis des Unternehmenswertes ermittelt wird.[223] Folglich ist die Entscheidungsnützlichkeit reduziert. Diese genannten Problematiken sind in der Performance-Messung tolerierbar, da durch die Anknüpfung an die bilanziellen Größen innerhalb der integrierten Rechnungslegung die Anreizkompatibilität, die Kommunikationsfähigkeit und die Wirtschaftlichkeit der Kennzahlverwendung verbessert werden. Dagegen erfordert die Bewertung von Investitionen vorrangig eine möglichst objektive, exakte Ermittlung. Deshalb sollte die Investitionsrechnung auf Zahlungsströmen basieren.[224]

Für die Einschätzung, ob **Informationen aus der Goodwill-Bilanzierung für die Akquisitionskontrolle** sachgerecht verwendbar sind, sind mehrere Informationskategorien zu unterscheiden:

(1) die Daten für die Kaufpreisallokation, d. h. Fair-Value-Wertansätze,

(2) die Input-Daten für den Impairment-Test, d. h. Free Cashflows und WACC, sowie

(3) die Daten des Impairment-Tests, d. h. der standardkonform abgeleitete Cashflow und Diskontierungszinssatz für den Nutzungswert.

Die ersten beiden Informationskategorien können aufgrund ihrer ökonomischen Entscheidungsorientierung in die Ermittlung des Akquisitionserfolges eingehen. Die Erhebung und die Abgrenzung der Cashflows aus dem Unternehmenserwerb, d. h. aus dem Akquisitionsobjekt und aus Synergien, werden jedoch durch die Integration und Neugestaltung des Akquisitionsobjektes erschwert. Durch seine Ver-

---

[222] Vgl. Abschnitt B.3.3.2.3, ähnlich *Schmidbauer* (1999) S. 373 zur Anwendung wertorientierter Steuerungsgrößen im Konzern-Controlling.

[223] Vgl. *Schmidbauer* (1999) S. 372ff.

[224] Vgl. *Schmidbauer* (1999) S. 373. So empfehlen auch *Doerr/Fiedler/Hoke* (2003) S. 290 für die Implementierung einer EVA-basierten Investitionsrechnung eine parallele Investitionsrechnung auf Basis diskontierter Cashflows. Sie begründen dies allerdings nur kurz: „[...] die parallele Darstellung beider Verfahren [trägt, d. V.] dazu bei, die Berechnungsmethode transparent darzustellen.“

schmelzung mit bereits bestehenden Geschäftsprozessen können separate Informationen für die erworbenen Aktivitäten fehlen.[225]

Der Verwendung der Daten des Impairment-Tests sind dagegen, wie bereits angesprochen, weite Grenzen gesetzt. Die Ermittlung des Nutzungswertes entspricht nicht der investitionstheoretischen Bewertung. Die Daten unterliegen der Bilanzpolitik, so z. B. hinsichtlich der CGU-Aufteilung und Goodwill-Zuordnung. Sofern der Goodwill anderen CGUs als dem Akquisitionsobjekt zugewiesen wird, ist eine Akquisitionskontrolle anhand des Nutzungswertes des Akquisitionsobjektes nicht möglich, da die Synergien des Unternehmenserwerbes außer Betracht bleiben.[226] Eine CGU-übergreifende Analyse ist deshalb notwendig. Wird der aus dem Unternehmenserwerb resultierende Goodwill der CGU zugerechnet, die das ehemalige Akquisitionsobjekt darstellt, ist dennoch die Akquisitionskontrolle problembehaftet, da der Goodwill innerhalb des Impairment-Tests mit dem derivativen Goodwill der CGU aus vorhergehenden Unternehmenserwerben und dem implizit bilanzierten originären Goodwill zusammen berücksichtigt wird.[227]

Somit wird geschlussfolgert, dass die Erst- und Folgebilanzierung des Goodwills nach IFRS die Kontrolle des Akquisitionserfolges lediglich unterstützen kann. Das Erfordernis, für den Impairment-Test zunächst Free Cashflows abzuleiten, kann dagegen einer direkten Messung des Akquisitionserfolges dienen. Langfristig ermöglicht eine konsequente Akquisitionskontrolle zudem ein Lernen aus den getätigten Unternehmenserwerben. Dies führt zu einer generellen Verbesserung der Planung und Kontrolle von zukünftigen Unternehmenserwerben.[228]

7 Änderungen in den Implikationen ab 2009

Die Änderungen in den bilanziellen Regelungen zum Unternehmenserwerb führen in eingeschränktem Maße zu einer Änderung der zuvor dargestellten Planung und Kontrolle der Unternehmensaktivitäten. Hervorzuheben sind speziell die **Veränderungen einzelner unternehmensinterner Steuerungskennzahlen** und damit verbundene dysfunktionale Anreize.

---

225 Vgl. *Weismüller* (1997) S. 910, *AAA Financial Accounting Standards Committee* (2001) S. 169, *Pellens/Sellhorn* (2001b) S. 719.

226 Vgl. *Hachmeister* (2006) S. 431.

227 Vgl. *Hense* (2006) S. 257, *AAA Financial Accounting Standards Committee* (2001) S. 169.

228 Vgl. *Baetge* (1997) S. 451, *Weismüller* (2005) Rz. 1337.

In Anlehnung an die wesentlichen Änderungen in der Goodwill-Bilanzierung unter IFRS 3 (r) und IAS 27 (r) wird in diesem Abschnitt die Entwicklung des Goodwills, des operativen Ergebnisses, des Eigenkapitals, der Eigenkapitalrendite und des EVA analysiert. Die Eigenkapitalrendite wird dabei als das Verhältnis des operativen Ergebnisses zum Buchwert des Eigenkapitals zu Periodenbeginn definiert. Es wird angenommen, dass die bilanzielle Behandlung des Goodwills unkorrigiert in den NOPAT und das investierte Kapital des EVA eingeht.[229]

Da die **mit dem Anschaffungsvorgang verbundenen Kosten** im übertragenen Entgelt zukünftig nicht mehr berücksichtigt werden dürfen, vermindert sich der zu aktivierende Goodwill. Die Nebenkosten des Unternehmenserwerbes sind zum Zeitpunkt ihres Anfalls erfolgswirksam zu erfassen.[230] Da sie i. d. R. den sonstigen betrieblichen Aufwendungen zuzuordnen sind, reduzieren sie das operative Ergebnis und c. p. das Eigenkapital der Periode.[231] Aufgrund des geringeren operativen Ergebnisses sinkt die Eigenkapitalrendite. In den nachfolgenden Perioden wirkt der Effekt der Ergebnisminderung relativ stärker als der Effekt der Kapitalminderung, sodass die Eigenkapitalrendite weiterhin geringer ist. In analoger Weise wird der EVA der Periode beeinflusst. Sofern in der nachfolgenden Periode weiterhin Nebenkosten des Erwerbes anfallen, bleibt der EVA auf dem niedrigeren Niveau, da der reduzierte NOPAT die Ersparnis in den Kapitalkosten überkompensiert.

In mittelfristiger Sicht fallen keine Nebenkosten des Erwerbes mehr an, sodass die Eigenkapitalrendite und der EVA höher als unter der gegenwärtigen Bilanzierung sind. Der geringere Goodwill führt zu einer reduzierten Kapitalbasis.[232] Sofern ein Goodwill-Impairment auftritt, bewirken die bilanziellen Neuregelungen ebenfalls eine tendenzielle Verbesserung des EVA, da das potenziell abzuschreibende Goodwill-Volumen von vornherein kleiner ist.

Zukünftig sind in das übertragene Entgelt auch nicht wahrscheinliche **bedingte Kaufpreiszahlungen**, die verlässlich bewertbar sind, einzubeziehen.[233] Im Regelfall, in dem der Erwerber unter vorab festgelegten Voraussetzungen weitere Zahlungsmittel an den Verkäufer überträgt, erhöhen sie den zu aktivierenden Goodwill, folglich das Eigenkapital und das investierte Kapital der nachfolgenden Perioden.

---

229 Zur Entwicklung der Eigenkapitalquote und des dynamischen Verschuldungsgrades unter den Standardentwürfen für IFRS 3, IAS 27 und IAS 37 siehe *Erdmann/Wünsch/Meyer* (2006).

230 Vgl. IFRS 3.53 (r).

231 Vgl. *Erdmann/Wünsch/Meyer* (2006) S. 389.

232 Vgl. *Erdmann/Wünsch/Meyer* (2006) S. 389.

233 Vgl. IFRS 3.39 (r).

Verlässlich bewertbare Änderungen der bedingten Kaufpreiszahlungen, die innerhalb des Bewertungszeitraumes und auf Basis von neuen Informationen über die Bedingungen zum Akquisitionszeitpunkt vorgenommen werden, korrigieren direkt die Wertansätze der Kaufpreisallokation, d. h. den bilanzierten Goodwill.[234]

Spätere Anpassungen der bedingten Kaufpreiszahlungen werden, sofern sie als eine finanzielle Schuld oder im Einzelfall als ein finanzieller Vermögenswert zu klassifizieren sind, i. d. R. erfolgswirksam behandelt.[235] Im Regelfall erfasst der Erwerber bei der Erstbilanzierung des Unternehmenserwerbes eine finanzielle Verbindlichkeit in Höhe des Erwartungswertes der bedingten Zahlung. Über ihre Existenz ist die Verbindlichkeit allgemein erfolgswirksam zum Fair Value zu bewerten, sodass die Veränderung des Wertansatzes in den der Akquisition nachfolgenden Perioden in der Gewinn-und-Verlustrechnung zu verbuchen ist.[236] Wurde die bedingte Kaufpreiszahlung zuvor überbewertet, wird in der Folgebewertung die Verbindlichkeit vermindert und in gleicher Höhe ein Ertrag vereinnahmt.[237]

Aufgrund der veränderten Behandlung von bedingten Kaufpreiszahlungen schwanken zukünftig das Jahresergebnis und resultierend c. p. das Eigenkapital des Erwerbers.[238] Sofern die nachträgliche erfolgswirksame Bewertung der bedingten Kaufpreiszahlung innerhalb des operativen Ergebnisses berücksichtigt wird, entsteht ein Anreiz zur Überbewertung der Zahlungen zum Zeitpunkt der Erstbilanzierung des Unternehmenserwerbes. Das Controlling sollte deshalb insbesondere die nachträglichen ergebnissteigernden Korrekturen prüfen. Gegebenfalls sind die Kennzahlen, die für die interne Performance-Messung verwendet werden, um die Erfolgswirkung der Bewertung von bedingten Kaufpreiszahlungen zu adjustieren. Im Fall einer Überbewertung erhöht sich c. p. das Eigenkapital der Periode. Der Ergebniseffekt übersteigt jedoch auch in der folgenden Periode die Kapitalerhöhung, sodass die Eigenkapitalrendite und der EVA steigen. Das investierte Kapital bleibt über

---

[234] Vgl. IFRS 3.58 (r), ED-IFRS 3.26, *Beyhs/Wagner* (2008) S. 79. A. A. sind *Erdmann/Wünsch/Meyer* (2006) S. 390, die von der Möglichkeit abstrahieren, provisorische Wertansätze nach IFRS 3.45ff. (r) bzw. ED-IFRS 3.62ff. innerhalb eines Jahres nach dem Akquisitionszeitpunkt zu aktualisieren. Die Autoren folgern: „Dementsprechend wird es nach Umsetzung des neu geregelten IFRS 3 keine rückwirkende Anpassung der Anschaffungskosten der Beteiligung und der entsprechenden Folgekonsolidierungen mehr geben."

[235] Vgl. IFRS 3.58 (r) i. V. m. IAS 39.55(a).

[236] Vgl. *Beyhs/Wagner* (2008) S. 79, *Erdmann/Wünsch/Meyer* (2006) S. 390.

[237] Vgl. IFRS 3.BC358 (r).

[238] Vgl. *Beyhs/Wagner* (2008) S. 83.

die Zeit konstant, da sich c. p. die Verminderung der Verbindlichkeit mit der Erhöhung des Eigenkapitals ausgleicht.[239]

Bei Anwendung der **Full-Goodwill-Methode** wird der den Minderheiten zuzurechnende Goodwill zusätzlich aktiviert, weshalb das Gesamtvolumen des Goodwills steigt.[240] In gleichem Maße erhöht sich der den Minderheitsgesellschaftern zugehörige Anteil am Eigenkapital. Die Full-Goodwill-Methode bewirkt somit eine erfolgsneutrale Bilanzverlängerung. Die Erhöhung des Eigenkapitals reduziert c. p. die Eigenkapitalrendite der dem Unternehmenserwerb folgenden Periode.[241]

In Bezug auf den EVA des Konzerns berücksichtigt das investierte Kapital unter den gegenwärtigen Regelungen lediglich die Mehr- und Minderheitenanteile an den Vermögenswerten sowie den Mehrheits-Goodwill. Durch die zusätzliche Einberechnung des Minderheiten-Goodwills sinkt der EVA c. p. durch erhöhte Kapitalkosten. Zu beachten ist, dass durch die Berücksichtigung des Minderheiten-Goodwills zwar eine Verringerung im Wertbeitrag erfolgt, jedoch eine konzeptionelle Verzerrung zwischen dem betrachteten Erfolg und der korrespondierenden Kapitalbasis behoben wird. Unter den gegenwärtigen Regelungen umfasst das Konzernergebnis auch den den Minderheiten zuzuordnenden Erfolg. Das investierte Kapital vernachlässigt dagegen den den Minderheiten zuzuweisenden Goodwill. Eine weitere, vergleichsweise stärkere Verringerung des EVA wird durch ein Goodwill-Impairment hervorgerufen. Der NOPAT des Konzerns wird in diesem Fall nicht nur durch die Abschreibung des Mehrheits-Goodwills, sondern ebenfalls durch die Abschreibung des Minderheiten-Goodwills beeinträchtigt.[242]

Unter den gegenwärtigen Regelungen existiert ein Anreiz, für eine Maximierung des EVA lediglich eine Beteiligungshöhe zu erreichen, die zur Beherrschung des Akquisitionsobjektes führt. Dieser Anreiz wird durch die Full-Goodwill-Methode gehemmt, da der Minderheiten-Goodwill in die Kapitalbasis des Konzerns einbezogen wird.[243] Dieser bilanziellen Behandlung kann aus Controlling-Sicht entgegnet werden, dass es sich beim Minderheiten-Goodwill „[...] um eine Investition handelt, für die weder Zahlungen geflossen sind noch Anteile ausgegeben wurden."[244] Im Gegensatz zur Konzernrechnungslegung sollte im Rahmen der internen

---

239 Vgl. *Erdmann/Wünsch/Meyer* (2006) S. 390f.

240 Vgl. IFRS 3.BC217 (r).

241 Vgl. *Pellens/Sellhorn/Amshoff* (2005) S. 1754, *Erdmann/Wünsch/Meyer* (2006) S. 387.

242 Vgl. IFRS 3.BC217 (r), *Erdmann/Wünsch/Meyer* (2006) S. 387.

243 Vgl. *Pellens/Sellhorn/Amshoff* (2005) S. 1754, *Erdmann/Wünsch/Meyer* (2006) S. 387.

244 *Pellens/Sellhorn/Amshoff* (2005) S. 1754.

Performance-Messung demzufolge auf eine Berücksichtigung des Minderheiten-Goodwills verzichtet werden. *Pellens/Sellhorn/Amshoff* (2005) führen fort: „Selbst wenn das Bereichsmanagement in die Akquisitionsplanung und Kaufpreisentscheidung eingebunden war und diese Messlatte [den Full Goodwill, d. V.] damit zumindest zum Teil selbst aufgelegt hat, erscheint es doch fragwürdig, warum ein niemals vergüteter Minderheiten-Goodwill künftig einen Teil des (zu verzinsenden) investierten Vermögens bilden soll."[245] Dementsprechend wird in der vorliegenden Arbeit die Auffassung vertreten, dass die Ziele aus dem Unternehmenserwerb aus dem pagatorisch ermittelten Mehrheits-Goodwill abgeleitet werden sollten. Einer möglichen Demotivation aufgrund überhöhter Zielwerte wird damit entgegengewirkt. Die Fokussierung auf den Mehrheits-Goodwill verbessert durch die Anknüpfung an Zahlungsvorgänge die Kommunikationsfähigkeit und die Akzeptanz der Performance-Kennzahlen.

Die Neuregelungen zum Unternehmenserwerb erfordern nicht, dass bereits unter IAS 22 oder IFRS 3 entstandener Goodwill ebenfalls um den Minderheiten-Goodwill zu ergänzen ist. Der Mehrheits- und der Minderheiten-Goodwill werden durch das IASB begrifflich wie auch in der bilanziellen Abbildung nicht explizit unterschieden. Aufgrund der divergierenden Goodwill-Abbildung über die Zeit, diesbezüglich fehlender klärender Offenlegungspflichten und Begrifflichkeiten sind künftig bei Anwendung der Full-Goodwill-Methode die externe und die interne Analyse von bilanzorientierten Kennzahlen erschwert.[246]

Die Neuregelungen für den Ansatz von **immateriellen Vermögenswerten** verzichten auf die Anforderung einer verlässlichen Bewertung.[247] Deshalb werden zukünftig tendenziell mehr immaterielle Vermögenswerte separat vom Goodwill angesetzt. Im Vergleich zu den gegenwärtigen Regelungen sinkt deshalb das aktivierte Goodwill-Volumen. Unter der Prämisse, dass einige der zusätzlichen immateriellen Vermögenswerte eine begrenzte Nutzungsdauer aufweisen, erhöhen sich die planmäßigen Abschreibungen. Folglich verringern sich das operative Ergebnis und c. p. das Eigenkapital. Da die Ergebnisminderung in einer relativen Betrachtung die Kapitalminderung übersteigt, sinkt die Eigenkapitalrendite.[248]

---

245 *Pellens/Sellhorn/Amshoff* (2005) S. 1755.

246 Vgl. *Brücks/Richter* (2005) S. 412f., *Pellens/Sellhorn/Amshoff* (2005) S. 1755.

247 Vgl. IFRS 3.C12 (r) bzw. IAS 38.35 (r).

248 Vgl. *Erdmann/Wünsch/Meyer* (2006) S. 388.

Der EVA wird durch die Reduktion des operativen Ergebnisses ebenfalls reduziert. In den Folgejahren verringert sich die zu verzinsende Kapitalbasis, da c. p. der Buchwert der immateriellen Vermögenswerte sinkt. Die Ersparnis in den Kapitalkosten kompensiert jedoch zumeist nicht die Ergebnisbeeinträchtigung durch die Abschreibung. Sobald das operative Ergebnis nicht mehr durch Abschreibungen vermindert wird, stehen ihm c. p. aufgrund der reduzierten Kapitalbasis vergleichsweise geringere Kapitalkosten gegenüber. Es resultieren eine höhere Eigenkapitalrendite und ein höherer EVA.[249]

Erdmann/Wünsch/Meyer (2006) schlussfolgern, „[...] dass die vorhandenen Spielräume in der Kaufpreisallokation u. U. genutzt werden, um über den vermehrten Ausweis planmäßig abzuschreibender Vermögenswerte mittel- und langfristig positive Auswirkungen auf das EVA-Ergebnis zu erzielen"[250] und ergänzen in einer Fußnote „Derzeit könnte der gleiche Effekt nur über die Forcierung von außerplanmäßigen Abschreibungen (Impairments) erreicht werden"[251]. Diese Ergänzung ist inkorrekt, da bereits unter den gegenwärtigen Regelungen der Ansatz immaterieller Vermögenswerte erleichterten Ansatzvoraussetzungen und der allgemeinen Vermutung einer verlässlichen Bewertung unterliegt.[252]

Die Überlegungen der Autoren sind zudem zu präzisieren. Trotz des langfristig positiven Effektes auf den EVA durch eine verstärkte Aktivierung immaterieller Vermögenswerte mit begrenzter Nutzungsdauer wirkt primär der Anreiz in den Unternehmen, die immateriellen Vermögenswerte in den Goodwill eingehen zu lassen und die Ermessensspielräume in Bezug auf Goodwill-Impairments auszunutzen. Dies ist anzunehmen, da die Goodwill-Abschreibungen gegenüber dem Kapitalmarkt als außerplanmäßige, ggf. in den Erfolgskennzahlen zu korrigierende Sonderfälle kommuniziert werden können. Dieser Anreiz wird lediglich in den Fällen gehemmt, in denen der Goodwill aus der Sicht des Kapitalmarktes eine unangemessene Höhe bezüglich der erwarteten Synergiepotenziale aufweist oder eine eingeschränkte Aktivierung immaterieller Vermögenswerte in naher Zukunft ein Goodwill-Impairment auslösen würde.

Die neuen Regelungen des IAS 27 zur **Aufwärtskonsolidierung** erfordern die Durchführung einer Kaufpreisallokation und die Aktivierung des Goodwills zum

---

249 Vgl. *Erdmann/Wünsch/Meyer* (2006) S. 388f.
250 *Erdmann/Wünsch/Meyer* (2006) S. 389.
251 *Erdmann/Wünsch/Meyer* (2006) S. 389 Fn. 28.
252 Vgl. IFRS 3.37, IAS 38.35.

Zeitpunkt der Beherrschungserlangung. Die bereits gehaltenen Anteile am Akquisitionsobjekt sind erfolgswirksam zu bewerten. Nachfolgende **Aufstockungen**, d. h. Erhöhungen des Beteiligungsanteils unter Beherrschung, führen zu erfolgsneutralen Transaktionen zwischen den Anteilseignern.[253] Gemäß der für die IFRS aktuell angewendeten Regelung des SFAS 141 ist unabhängig vom Beherrschungsstatus für jede Transaktion eine eigene Kaufpreisallokation durchzuführen. In diesem Rahmen werden auch bereits die in zeitlich vorgelagerten Transaktionen erworbenen Vermögenswerte und Schulden nochmals neubewertet.[254]

Durch die Abschaffung der Notwendigkeit, für jede Transaktion eines sukzessiven Unternehmenserwerbes eine eigene Kaufpreisallokation vorzunehmen, wird zukünftig tendenziell weniger Goodwill ausgewiesen. Bei einer Aufstockung wird durch die Verschiebung zwischen den Buchwerten der Mehrheits- und Minderheitsgesellschafter im Gegensatz zu den gegenwärtigen Regelungen kein weiterer Goodwill aktiviert. Insgesamt bewirken die Aufwärtskonsolidierung und die Aufstockung demzufolge ein vergleichsweise geringeres Goodwill-Volumen.

Unter den Neuregelungen müssen Vermögenswerte, die ggf. bereits abgeschrieben wurden, nicht erneut zum Fair Value angesetzt und wiederum abgeschrieben werden.[255] Weiterhin resultiert i. d. R. ein Ertrag, wenn der Erwerber zum Akquisitionszeitpunkt die bereits gehaltenen Anteile erfolgswirksam bewertet. Folglich wird tendenziell ein höheres operatives Ergebnis gezeigt.[256]

Durch die geringere Anzahl von Kaufpreisallokationen verringert sich das Volumen der Neubewertungsrücklage und folglich das Eigenkapital. Zwar wirkt dieser Minderung das erhöhte operative Ergebnis entgegen. Darüber hinaus ist jedoch zu berücksichtigen, dass die Mehrheitsgesellschafter für den Kauf weiterer Minderheitenanteile i. d. R. eine den Buchwert übersteigende Flexibilitätsprämie bezahlen. Aus Controlling-Sicht sollte sie das investierte Kapital erhöhen und das operative Ergebnis schmälern. Allerdings bewirkt diese Prämie keine Beeinflussung des operativen Ergebnisses, sondern eine der ökonomischen Perspektive gegensätzliche Reduktion des investierten Kapitals. Durch diese erfolgsneutrale Behandlung wird

---

253 Vgl. IFRS 3.41f. (r), IAS 27.30 (r).

254 Vgl. SFAS 141.14. Im Folgenden wird auf die Betrachtung von Beteiligungsverminderungen unter Beherrschung und der Abwärtskonsolidierung verzichtet, da der Vergleich zu den gegenwärtigen Regelungen durch eine hohe Komplexität und uneindeutige Auswirkungen auf die analysierten Steuerungskennzahlen gekennzeichnet ist.

255 Vgl. *Busse von Colbe/Falkenhahn* (2005) S. 19.

256 Vgl. *Erdmann/Wünsch/Meyer* (2006) S. 392f., *Brücks/Richter* (2005) S. 410.

das Eigenkapital der Mehrheitsgesellschafter bzw. des Konzerns verringert. Für Planungs- und Kontrollzwecke ist demzufolge die Flexibilitätsprämie unternehmensintern dem investierten Kapital hinzuzurechnen und sachgerecht zu amortisieren. Aufgrund des vergleichsweise höheren operativen Ergebnisses und des geringeren Eigenkapitals steigt die Eigenkapitalrendite des Unternehmens. Analog wird der EVA positiv beeinflusst.[257]

Abbildung E-9 fasst die Auswirkungen der Neuregelungen des IFRS 3 (r) und des IAS 27 (r) für die analysierten Kennzahlen zusammen. Das Controlling sollte diese kurz- und mittelfristigen Kennzahlentwicklungen antizipieren und die dargestellten Anreizproblematiken in der Planung und Kontrolle berücksichtigen. Im Rahmen der integrierten Rechnungslegung sind hierfür Anpassungen in den verwendeten Erfolgs- bzw. Performance-Kennzahlen vorzunehmen.

Kurzfristige (bzw. langfristige) Kennzahlauswirkungen **Regelungen in IFRS 3 (r) / IAS 27 (r)**	**Goodwill**	**Operatives Ergebnis**	**Eigenkapital**	**Eigenkapital-Rendite**	**EVA**
Anschaffungskosten des Erwerbes	⇘	⇘	⇘	⇘ (⇗)	⇘ (⇗)
Bedingte Kaufpreiszahlungen	⇗	⇗	⇗	⇗	⇗
Wahl der Full-Goodwill-Methode	⇗	⇒ / ⇘	⇗	⇘	⇘
Immaterielle Vermögenswerte	⇘	⇘	⇘	⇘ (⇗)	⇘ (⇗)
Aufwärtskonsolidierung, Aufstockung	⇘	⇗	⇘	⇗	⇗

Abbildung E-9: Auswirkungen der Bilanzierungsänderungen ab 2009 auf ausgewählte Steuerungskennzahlen

[257] Vgl. *Brücks/Richter* (2005) S. 411f., *Erdmann/Wünsch/Meyer* (2006) S. 392f.

F Zusammenfassung und Ausblick

Die vorliegende Arbeit nimmt Bezug auf zwei neue Entwicklungen: die Integration der Rechnungslegung und die Goodwill-Bilanzierung nach IFRS. Seit Beginn der neunziger Jahre wird in der Unternehmenspraxis angestrebt, die **interne und die externe Rechnungslegung zu integrieren**. Dies bedeutet im Kern, dass die Ergebnisgrößen der bilanziellen Gewinn-und-Verlustrechnung mit geringen Modifikationen für die Unternehmenssteuerung verwendet werden. Seit dem Jahr 2005 müssen europäische kapitalmarktorientierte Unternehmen die Konzernberichterstattung gemäß IFRS aufstellen. Da in der IFRS-Bilanzierung die Unternehmensaktivitäten primär aus einer ökonomischen Perspektive abgebildet werden, wird der Trend zur Integration der Rechnungslegung verstärkt.

Der positive Unterschiedsbetrag zwischen den Anschaffungskosten und dem anteiligen neubewerteten Nettovermögen eines erworbenen Geschäftsbetriebes wird als Goodwill bezeichnet. Die **Bilanzierung für Goodwill nach IFRS** unterlag in den letzten Jahren wesentlichen Regelungsänderungen. Mit Verabschiedung des IFRS 3 in 2004 wich die planmäßige Abschreibung dem Impairment-only-Approach. Die Werthaltigkeit des Goodwills ist seither jährlich und bei Indizien unterjährig zu überprüfen. Bei einer Wertminderung ist der Goodwill außerplanmäßig abzuschreiben. Der Entwurf für eine Revision des IFRS 3 sah die sog. Full-Goodwill-Methode vor: Der Goodwill sollte um die bisher nicht berücksichtigten Minderheitenanteile ergänzt werden. Der überarbeitete, spätestens ab 1. Juli 2009 verpflichtend anzuwendende Standard IFRS 3 (r) bietet dagegen die Wahl zwischen der Bilanzierung des Full Goodwills oder – nahe der bisherigen Regelung – des Goodwills der Mehrheitsgesellschafter. Der überarbeitete Standard bezieht sich in der Goodwill-Ermittlung jedoch nicht mehr auf die Anschaffungskosten, sondern lediglich auf das übertragene Entgelt, da die Nebenkosten des Erwerbes erfolgswirksam zu verbuchen sind.

Es existieren sowohl zur Integration der Rechnungslegung als auch zur Goodwill-Bilanzierung nach internationalen Standards, d. h. nach US-GAAP und IFRS, wissenschaftliche Veröffentlichungen. Die Auswirkungen der Goodwill-Bilanzierung nach IFRS auf das Controlling werden in der Literatur jedoch nur in Ansätzen diskutiert. **Neu in der vorliegenden Arbeit** sind zunächst die umfassende Analyse und Fundierung der Integration der Rechnungslegung. So wird die Effizienz der partiell integrierten Rechnungslegung anhand eines organisationstheoretischen Modells begründet. Nachfolgend wird die Informationsbereitstellung des Controllings für die Goodwill-Bilanzierung strukturiert abgeleitet und diskutiert. Die existierenden Thesen zur Verwendung der Informationen aus der Goodwill-Bilanzierung für Planungs- und Kontrollzwecke werden kritisch untersucht und durch eigene Thesen erweitert. Diese Analyse wird durch eine neue Abgrenzung von Goodwill-Komponenten unterstützt.

Die Auseinandersetzung mit der wissenschaftlichen Literatur führte zu der Forschungsfrage eins: *Wie ist die Integration der Rechnungslegung zu charakterisieren und theoretisch zu fundieren?* Den Ausgangspunkt für die Beantwortung bilden die traditionell getrennten Unternehmensfunktionen Controlling und Bilanzierung. Das **Controlling** wird in der vorliegenden Arbeit als Messung güterwirtschaftlicher Sachverhalte zur Entscheidungsfundierung der Unternehmensführung definiert. Es ist mit der Planung und Kontrolle der Unternehmensaktivitäten sowie der Informationsversorgung des Managements betraut. Die Aufgaben des Controllings unterscheiden sich in Abhängigkeit von der Entscheidungsfundierung. In der sog. Fundierung eigener Entscheidungen wird von dysfunktionalem Verhalten der Handlungsträger abstrahiert. Die Fundierung fremder Entscheidungen berücksichtigt dagegen explizit Interessenkonflikte zwischen einer delegierenden Instanz und den ausführenden Akteuren. Die **Bilanzierung** strebt an, entscheidungsnützliche Informationen für Unternehmensexterne bereitzustellen. Im Vergleich zum Handelsrecht beinhalten die IFRS weitere Offenlegungspflichten und weniger explizite Wahlrechte. Sie basieren auf an ökonomischen Entscheidungskriterien ausgerichteten Grundprinzipien.

Die Integration der Rechnungslegung ist ein Trend aus der Unternehmenspraxis, der der klassischen Rechnungslegungstheorie widerspricht. Deshalb werden in der vorliegenden Arbeit die **Argumente, die zur Integration der Rechnungslegung führen**, vorrangig auf Basis empirischer Studien identifiziert. Durch die Integration können Kommunikationsschwierigkeiten im Unternehmen und die Komplexität in der Rechnungslegung reduziert werden. Ein mögliches Risiko der mit der Integration verbundenen bilanzorientierten Steuerung ist die geringere Erfüllung von Controlling-Anforderungen. Aus diesem Grund wird in der Unternehmenspraxis i. d. R. keine vollständige, d. h. sämtliche Konzernebenen überspannende, sondern lediglich eine partielle Integration implementiert.

Die Grenzen der Integration werden aus theoretischer Perspektive aufgezeigt. Hierfür werden die einzelnen **Integrationsdimensionen** – die Rechenwerke und -zwecke, die Rechengrößen, die Steuerungskennzahlen, die Datenbestände sowie die Abteilungsorganisation – detailliert untersucht. Es wird zu jeder Dimension dargelegt, warum nur eine partielle Integration den Anforderungen der Unternehmenssteuerung entspricht und praktisch umsetzbar ist.

Daneben wird die Effizienz der **partiellen Integration** im Vergleich zu zwei separaten Rechnungskreisen begründet. Hierzu wird das Konzept der Delegationseffizienz aus der Organisationstheorie entliehen und modifiziert. Es trennt die Kosten aus der Delegation im Unternehmen in Autonomie- und Koordinationskosten. Die Autonomiekosten umfassen dabei die Kosten, die durch Fehlentscheidungen entstehen können und die für die Motivation der Handlungsträger erforderlich sind. Ziel ist es, bei gegebener Delegationsstruktur und -qualität die Gesamtkosten zu minimieren. Es wird argumentativ u. a. gezeigt, dass eine Integration der Rechnungslegung auf den oberen Konzernebenen die Koordinationskosten wesentlich senken kann.

Zwischen der externen Rechnungslegung für Goodwill und der internen Rechnungslegung bestehen **wechselseitige Informationsbeziehungen**, auf die sich die Forschungsfragen zwei und drei beziehen: *Welche informationelle Unterstützung muss das Controlling für die Goodwill-Bilanzierung nach IFRS leisten? Und welche Implikationen erwachsen im Kontext einer integrierten Rechnungslegung aus der Goodwill-Bilanzierung für die Planung und die Kontrolle?*

Zu Forschungsfrage zwei: Die Goodwill-Bilanzierung verlangt aus dem Controlling umfangreiche **zukunftsorientierte Informationen und Bewertungs-Know-how**. Nach der Akquisition sind zunächst die erworbenen Vermögenswerte und Schulden zum beizulegenden Zeitwert (Fair Value) neu zu bewerten. Auf Basis der internen Berichtsstrukturen müssen unabhängige Unternehmenseinheiten, sog. Cash-generating Units (CGUs), abgegrenzt werden. Ihnen ist der aus der Erstbilanzierung resultierende Goodwill entsprechend den erwarteten Synergiepotenzialen aus dem Unternehmenserwerb zuzuordnen. Nachfolgend sind die in IAS 36 definierten unternehmensinternen und -externen Indikatoren für eine potenzielle Goodwill-Wertminderung zu beobachten. Jährlich und bei Indizien für eine Wertminderung wird der Buchwert i. d. R. mit dem Nutzungswert der CGU verglichen. Hierfür sind die mit der Wertgenerierung der CGU verbundenen Zahlungsströme standardkonform aus der Unternehmensplanung abzuleiten. Sofern der Nutzungswert den Buchwert unterschreitet, sind zunächst der Goodwill und nachfolgend die sonstigen Vermögenswerte der CGU abzuschreiben.

Die **Unternehmensplanung** bildet die maßgebliche Informationsgrundlage für den Impairment-Test. Sie kann aufgrund von zentralen Maßnahmen zur Verhaltenssteuerung und aufgrund von Manipulationen durch dezentrale Unternehmenseinheiten überhöht sein. Darüber hinaus führen Anstrengungen zur Entfeinerung der Planung bzw. Budgetierung dazu, dass sich der Genauigkeitsgrad der Daten verringert. Bei Indizien für ein Goodwill-Impairment ist deshalb die Unternehmensplanung nochmals zu überprüfen. Entsprechend der für den Impairment-Test verwendeten Daten ist sie final anzupassen. Durch dieses Vorgehen wird sichergestellt, dass keine Inkonsistenz zwischen der Unternehmensplanung, der Goodwill-Bilanzierung und der integrierten Rechnungslegung entstehen kann.

Da sich die bilanzielle Bewertung zum Fair Value bzw. zum Nutzungswert auf die internen Daten und Strukturen stützt, muss durch die **Prozessgestaltung im Controlling** gewährleistet sein, dass die benötigten Inhalte aktuell und sachgerecht geliefert werden. Für die Goodwill-Bilanzierung sind detaillierte Kenntnisse über die Geschäftsaktivitäten der Unternehmenseinheiten sowie Planungs- und Bewertungs-Knowhow aus dem Controlling unerlässlich. Im Kontext einer integrierten Rechnungslegung beeinflusst die Goodwill-Bilanzierung zudem das interne Steuerungsinstrumentarium. Aus diesen Gründen sollte das Controlling ebenfalls die Überwachung der Wertminderungsindikatoren und die standardkonforme Anpassung der internen Daten für den Impairment-Test übernehmen.

Da die der Bilanzierung zugeführten Informationen der **Prüfung** unterliegen, wird die Güte der Controlling-Informationen grundsätzlich erhöht. Auch das Controlling kann durch die intensive Begutachtung geplanter und realisierter Ergebnisdaten sowie Begleitung der Goodwill-Bilanzierung dazu beitragen, die bilanziellen Ermessensspielräume einzuschränken. Diese Rolle des Controllings ist bedeutsam, da die Ausnutzung der Ermessensspielräume zu einer Verzerrung der originären Daten führen kann, die die Führungsunterstützung des Controllings beeinträchtigt.

Zu Forschungsfrage drei: Zur Ableitung der Implikationen der Goodwill-Bilanzierung für die **Planung und Kontrolle** ist der Goodwill nicht nur aus bilanzieller, sondern überdies aus ökonomischer Perspektive zu charakterisieren. Der derivative, d. h. erworbene Goodwill kann in die folgenden **Komponenten** gegliedert werden: unternehmensinterne Synergien, Marktsynergien, Überzahlungen und Bewertungsfehler. Durch diese Differenzierung können Bezüge zu weiteren Wertmaßstäben, wie z. B. dem originären, d. h. selbst geschaffenen Goodwill, dem Ertragswert oder dem Fair Value des Akquisitionsobjektes im neoklassischen Marktgleichgewicht, hergestellt werden.

Neben der Identifizierung gegenwärtiger Wertminderungen des Goodwills sollte das Controlling laufend die **Gefahr zukünftiger Wertminderungen** abschätzen. Hierzu können die Informationen des Impairment-Tests anhand spezifischer Kennzahlen analysiert werden. Die Kennzahlausprägungen des vorangegangenen Impairment-Tests ermöglichen daneben zu beurteilen, ob aktuell auf eine Ermittlung des Buch- und des Nutzungswertes verzichtet werden kann. Für die Vermeidung zukünftiger Wertminderungen des Goodwills sollte das monatliche Berichtswesen insbesondere um durch das dezentrale Management zu erreichende Cashflow-Hürden ergänzt werden.

Eine pauschale **Verwendung der bilanziellen Wertansätze** in der Unternehmenssteuerung kann zu Fehlentscheidungen führen. Die Wertansätze aus der Neubewertung der erworbenen Vermögenswerte und Schulden sind deshalb über die bilanziellen Anforderungen hinaus in niedrigere Konzernebenen zu übernehmen. Dieses *internal push-down* unterstützt die Realisation der erworbenen Synergiepotenziale und die sachgerechte Kapitalverzinsung. Die unterschiedliche bilanzielle Abbildung von intern wachsenden versus von akquirierenden Unternehmenseinheiten erfordert eine interne Anpassung der Erfolgsmessung. Es ist hierzu möglich, von den Wertansätzen aus der Neubewertung zu abstrahieren oder für beide Unternehmenseinheiten den originären oder den residualen Goodwill offenzulegen. Letzterer bezeichnet die Differenz zwischen dem Nutzungswert und dem Buchwert der CGU. Die genannten Korrekturmöglichkeiten sind durch spezifische Vor- und Nachteile gekennzeichnet, die bei der Auswahl unternehmensspezifisch abzuwägen sind.

Zur **Performance-Messung** des Managements sollte ein Residualgewinn, d. h. das um kalkulatorische Zinsen auf das investierte Kapital verminderte Ergebnis, verwendet werden. Im Vergleich zu Cashflows weisen Residualgewinne Vorteile in der Fundierung eigener wie auch in der Fundierung fremder Entscheidungen auf. Entgegen der wissenschaftlichen Literatur wird in der vorliegenden Arbeit grundsätzlich empfohlen, ein Impairment unkorrigiert in der Performance-Messung zu belassen, wobei Ausnahmen zu beachten sind. In Erweiterung der sachlichen Entscheidungsverbundenheit soll ein Akteur nicht nur das verantworten, was er selbst steuern oder kontrollieren kann. Gemäß dem *influenceability principle* soll er die Konsequenzen aus direkt oder lediglich indirekt beeinflussbaren Geschäftsvorfällen tragen. Für die Berücksichtigung eines Impairments in der Performance-Messung ist somit die Verantwortung für die Akquisitionsentscheidung nicht relevant. In Abhängigkeit von der Ursache des Goodwill-Impairments sind jedoch einzelne Korrekturen und Erweiterungen der Performance-Messung angemessen. Im Wesentlichen sind Impairments aufgrund der Testmethodik gemäß IAS 36, d. h. Goodwill-Abschreibungen ohne ökonomischen Aussagegehalt, zu bereinigen. Weiterhin ist es für die langfristige Anreizsetzung zur Verhinderung von Impairments und für die Umsetzung der Wertorientierung vorteilhaft, zusätzlich cashflow-orientierte Kennzahlen mit Bezug zum originären Goodwill anzuwenden.

Die Vornahme der für die Goodwill-Bilanzierung erforderlichen anspruchsvollen Bewertungen kann die Qualität der **Akquisitionsplanung** verbessern. Der Nutzung des Impairment-Tests für die **Kontrolle von Akquisitionen** sind aufgrund der Unterschiede zur betriebswirtschaftlichen Unternehmensbewertung enge Grenzen gesetzt. Eine in der wissenschaftlichen Literatur vorgeschlagene gleichartige Rechnung für die Akquisitionsplanung und -kontrolle, den Impairment-Test und die Performance-Messung ist aufgrund der Anforderungen an die Entscheidungsfundierung und angesichts der bilanziellen Vorschriften abzulehnen.

Die **Neuregelungen zur Goodwill-Bilanzierung** steigern den Bedarf an Planungs- und Bewertungs-Knowhow. Wird die Full-Goodwill-Methode angewendet, erhöht sich der Arbeitsumfang in der Rechnungslegung. Das Gegenteil gilt für sukzessive Unternehmenserwerbe und Beteiligungsaufstockungen. Im Zuge der Anwendung des IFRS 3 (r) und des IAS 27 (r) verändern sich wichtige Steuerungskennzahlen, die dysfunktionale Anreize hervorrufen können. Die erfolgswirksame Behandlung von Nebenkosten des Unternehmenserwerbes und von nachträglichen Anpassungen bedingter Kaufpreiszahlungen bewirken darüber hinaus eine erhöhte Volatilität der Ergebnisgröße. Somit werden die zukünftige Informationsbereitstellung wie auch die Planung und Kontrolle bezüglich des Goodwills anspruchsvoller. In diesem Kontext sind eine aktive Zusammenarbeit und ein reger Wissensaustausch zwischen dem Controlling und der Bilanzierung weiterhin unentbehrlich.

Die Diskussion um den Goodwill und die Implikationen für das Controlling wird auch **zukünftig** fortgeführt werden. Die angekündigte erneute Revision der Regelungen zum Unternehmenserwerb, die Erarbeitung eines separaten Standards für die Fair-Value-Bewertung und die mögliche Revision des IAS 36 zum Impairment-Test werden weitere Veränderungen in der Rechnungslegung anstoßen. Da bisher jedoch keine fundamentalen Regelungsänderungen absehbar sind, ist zu erwarten, dass die aufgezeigten Controlling-Implikationen zukünftig nicht an Bedeutung verlieren werden.

Aufbauend auf dem Erkenntnisfortschritt der vorliegenden Arbeit kann zudem **weiterer Forschungsbedarf** identifiziert werden. Die Analyse der integrierten Rechnungslegung bedarf weiterer, insbesondere empirischer Untersuchungen in Anlehnung an die identifizierten Integrationsdimensionen und in Abhängigkeit von der Unternehmensebene. Insbesondere die aktiv durch das Management verwendeten Steuerungskennzahlen, ihre Ableitung aus der Finanzberichterstattung und ihr Einfluss auf die Delegationskosten des Unternehmens sind für die Frage der Integrationsausgestaltung interessant. Zur Erfolgs- und Performance-Messung unter der Goodwill-Bilanzierung liegen derzeit im Wesentlichen nur theoretische Konzepte vor. Zur Generierung weiteren Forschungsfortschrittes ist eine empirische Überprüfung der in der vorliegenden Arbeit präsentierten Thesen und der unterliegenden Prämissen erforderlich. Aufgrund des Schwierigkeits- und Neuigkeitsgrades der bilanziellen Regelungen, der engen Verbindung zwischen internen und externen Wertgrößen sowie aufgrund der Ausnutzung der Regelungslücken und -unschärfen der IFRS durch die Anwender ist hierfür zunächst ein interviewbasiertes qualitatives Vorgehen zu empfehlen.

Literaturverzeichnis

AAA Financial Accounting Standards Committee (2001): Equity Valuation Models and Measuring Goodwill Impairment, in: AH, 15. Jg., S. 161-170.

AAA Financial Accounting Standards Committee (2004): Commentary on the IASB's Exposure Draft on Business Combinations, in: AH, 18. Jg., S. 55-64.

Accenture (Hrsg.) (2002): Effiziente Planung - Die Unternehmensplanung auf dem Weg zur Financial und Technological Excellence - Executive Summary, München.

Accenture (Hrsg.) (2003): Reporting Excellence - Entscheidungsrelevante Steuerungsinformationen konsistent, zeitnah und effizient bereitstellen, München.

Adam, Dietrich (1996): Planung und Entscheidung - Modelle - Ziele - Methoden - Mit Fallstudien und Lösungen, 4. Auflage, Wiesbaden.

Aders, Christian / Hebertinger, Martin / Wiedemann, Florian (2003): Value Based Management (VBM): Lösungsansatze zur Schließung von Implementierungslücken, in: FB, 5. Jg., S. 356-372.

Aders, Christian / Hebertinger, Martin (2003): Shareholder-Value-Konzepte und ihre Umsetzung bei den DAX 100-Unternehmen, in: Ballwieser, Wolfgang / Wesner, Peter / KPMG, Financial Advisory Services (Hrsg.): Value Based Management, S. 2-49.

Adrian, Gerritt / Wehrheim, Michael (2004): Latente Steuern nach IAS 12, in: Brösel, Gerrit / Kasperzak, Rainer (Hrsg.): Internationale Rechnungslegung, Prüfung und Analyse - Aufgaben und Lösungen, München, S. 149-162.

Aggarwal, Rajesh K. / Samwick, Andrew A. (2003): Why Do Managers Diversify Their Firms?, Agency Reconsidered, in: JoF, 58. Jg., S. 71-118.

AICPA (Hrsg.) (2001): Assets acquired in a business combination to be used in research and development activities - a focus on software, electronic devices, and pharmaceutical industries, New York, NY.

AK-SG Externe und Interne Überwachung der Unternehmung (2003): Probleme der Prognoseprüfung, in: DB, 56. Jg., S. 105-111.

AK-SG Externe Unternehmensrechnung (2003): International Financial Reporting Standards im Einzel- und Konzernabschluss unter der Prämisse eines Einheitsabschlusses für unter Anderem steuerliche Zwecke - Empfehlungen des Arbeitskreises, in: DB, 56. Jg., S. 1585-1588.

AK-SG Finanzierung (1994): Investitions-Controlling - Zum Problem der Informationsverzerrung bei Investitionsentscheidungen in dezentralisierten Unternehmen, in: zfbf, 46. Jg., S. 899-925.

AK-SG Immaterielle Werte im Rechnungswesen (2005): Corporate Reporting on Intangibles - An Proposal from a German Background, in: Sbr, 57. Jg., Nr. 2 (Special Issue), S. 65-100.

AK-SG Internes Rechnungswesen (1999): Interne Unternehmensrechnung: aufwandsorientiert oder kalkulatorisch?, in: zfbf, 51. Jg., Nr. 42 (Sonderheft), S. V-153.

Albach, Horst / Albach, Renate (1989): Das Unternehmen als Institution - Rechtlicher und gesellschaftlicher Rahmen - Eine Einführung, Wiesbaden.

Alvarez, Manuel / Biberacher, Johannes (2002): Goodwill-Bilanzierung nach US-GAAP - Anforderungen an Unternehmenssteuerung und -berichterstattung, in: BB, 57. Jg., S. 346-353.

Alvarez, Manuel / Fink, Christian (2003): Qualität der Segmentberichterstattung in Deutschland - Eine empirische Analyse der Unternehmen des DAX100 und NEMAX50, in: KoR, 3. Jg., S. 275-288.

Amshoff, Bernhard (1993): Controlling in deutschen Unternehmungen - Realtypen, Kontext und Effizienz, Wiesbaden.

Anantharaman, Divya (2007): Has SFAS 142 Diminished the Reliability of Goodwill Write-Offs?, Forschungspapier, Columbia Business School.

Andrejewski, Kai C. / Fladung, Hans-Dieter / Kühn, Sigrid (2006): Abbildung von Unternehmenszusammenschlüssen nach ED IFRS 3, in: WPg, 59. Jg., S. 80-91.

Angermayer, Birgit / Oser, Peter (2005): Die Berücksichtigung von Synergieeffekten bei der Unternehmensbewertung, in: Peemöller, Volker H. (Hrsg.): Praxishandbuch der Unternehmensbewertung, 3. Auflage, Herne et al., S. 763-777.

Antle, Rick / Demski, Joel S. (1988): The Controllability Principle in Responsibility Accounting, in: AR, 63. Jg., S. 700-718.

Arnsfeld, Torsten / Schremper, Ralf (2005): Konsequenzen des Goodwill-Impairment nach IFRS 3 für die wertorientierte Unternehmenssteuerung, in: KoR, 5. Jg., S. 498-503.

Arrow, Kenneth J. / Debreu, Gérard (1954): Existence of an Equilibrium for a Competitive Economy, in: Econometrica, 22. Jg., S. 265-290.

Auster, Ellen R. / Sirower, Mark L. (2002): The Dynamics of Merger and Acquisition Waves - A Three-Stage Conceptual Framework With Implications for Practice, in: JABS, 38. Jg., S. 216-244.

Bacidore, Jeffrey M. / Boquist, John A. / Milbourn, Todd T. / Thakor, Anjan V. (1997): The Search of the Best Financial Performance Measure, in: FAJ, 53. Jg., Nr. 3, S. 11-20.

Baecker, Philipp N. / Gleißner, Werner / Hommel, Ulrich (2007): Unternehmensbewertung: Grundlage rationaler M&A-Entscheidungen? - Eine Auswahl zwölf wesentlicher Fehlerquellen aus praktischer Sicht, in: M&A (D), 17. Jg., S. 270-277.

Baetge, Jörg / Hayn, Sven / Ströher, Thomas (2002): IAS 27 Konzern- und separate Einzelabschlüsse (Consolidated and Separated Financial Statements), in: Baetge, Jörg / Wollmert, Peter / Kirsch, Hans-Jürgen / Oser, Peter / Bischof, Stefan (Hrsg.): Rechnungslegung nach IFRS - Kommentar auf der Grundlage des deutschen Bilanzrechts, 2. Auflage, Stuttgart, ohne Seitenangabe (5. Ergänzungslieferung 12/2007).

Baetge, Jörg / Kirsch, Hans-Jürgen / Wollmert, Peter / Brüggemann, Peter (2002): Kapitel III: Grundlagen der IFRS-Rechnungslegung, in: Baetge, Jörg / Wollmert, Peter / Kirsch, Hans-Jürgen / Oser, Peter / Bischof, Stefan (Hrsg.): Rechnungslegung nach IFRS - Kommentar auf der Grundlage des deutschen Bilanzrechts, 2. Auflage, Stuttgart, ohne Seitenangabe (5. Ergänzungslieferung 12/2007).

Baetge, Jörg / Krolak, Thomas / Thiele, Stefan (2002): IAS 36 Wertminderung von Vermögenswerten (Impairment of Assets), in: Baetge, Jörg / Wollmert, Peter / Kirsch, Hans-Jürgen / Oser, Peter / Bischof, Stefan (Hrsg.): Rechnungslegung nach IFRS - Kommentar auf der Grundlage des deutschen Bilanzrechts, 2. Auflage, Stuttgart, ohne Seitenangabe (5. Ergänzungslieferung 12/2007).

Baetge, Jörg / Niemeyer, Kai / Kümmel, Jens (2005): Darstellung der Discounted-Cashflow-Verfahren (DCF-Verfahren) mit Beispiel, in: Peemöller, Volker H. (Hrsg.): Praxishandbuch der Unternehmensbewertung, 3. Auflage, Herne et al., S. 265-362.

Baetge, Jörg / Zülch, Henning (2001): Fair Value-Accounting, in: BFuP, 53. Jg., S. 543-562.

Baetge, Jörg (1997): Akquisitionscontrolling: Wie ist der Erfolg einer Akquisition zu ermitteln?, in: Claussen, Carsten P. / Hahn, Oswald / Kraus, Willy (Hrsg.): Umbruch und Wandel: Herausforderungen zur Jahrhundertwende - Festschrift für Prof. Dr. Carl Zimmerer zum 70. Geburtstag, München, S. 448-468.

Baldenius, Tim / Fuhrmann, Gregor / Reichelstein, Stefan (1999): Zurück zu EVA, in: BFuP, 51. Jg., S. 53-65.

Ballwieser, Wolfgang / Küting, Karlheinz / Schildbach, Thomas (2004): Fair value - erstrebenswerter Wertansatz im Rahmen einer Reform der handelsrechtlichen Rechnungslegung?, in: BFuP, 56. Jg., S. 529-549.

Ballwieser, Wolfgang (2000): Wertorientierte Unternehmensführung: Grundlagen, in: zfbf, 52. Jg., S. 160-166.

Ballwieser, Wolfgang (2005): Bewertung von Unternehmen und Kaufpreisgestaltung, in: Ballwieser, Wolfgang / Beyer, Sven / Zelger, Hansjörg (Hrsg.): Unternehmenskauf nach IFRS und US-GAAP - Purchase Price Allocation, Goodwill und Impairment-Test, Stuttgart, S. 73-90.

Ballwieser, Wolfgang (2006): Unternehmensbewertung in der IFRS-Bilanzierung, in: Börsig, Clemens / Wagenhofer, Alfred (Hrsg.): IFRS in Rechnungswesen und Controlling - Kongress-Dokumentation, 59. Deutscher Betriebswirtschafter-Tag 2005, Stuttgart, S. 265-282.

Ballwieser, Wolfgang (2007): Unternehmensbewertung - Prozeß, Methoden und Probleme, 2. Auflage, Stuttgart.

Barckow, Andreas (2006): Stand und Ausblick der Arbeiten beim IASB, in: Accounting, 6. Jg., Nr. 2, S. 3-7.

Bark, Cyrus B. (2002): Integrationscontrolling bei Unternehmensakquisitionen - Ein Ansatz zur Einbindung der Post-Merger-Integration in die Planung, Steuerung und Kontrolle von Unternehmensakquisitionen, Frankfurt am Main et al.

Bartelheimer, Jörn / Kückelhaus, Markus / Wohlthat, Andreas (2004): Auswirkungen des Impairment of Assets auf die interne Steuerung, in: ZfCM, 48. Jg., Nr. 2 (Sonderheft), S. 22-30.

Bartels, Peter / Jonas, Martin (2006): § 27. Wertminderungen, in: Bohl, Werner / Riese, Joachim / Schlüter, Jörg (Hrsg.): Beck'sches IFRS-Handbuch - Kommentierung der IFRS/IAS, 2. Auflage, München et al., S. 739-774.

Bartels, Peter / Kanitz, Friedrich Graf von (2005): Purchase Price Allocation und Impairment-Test aus Sicht des Wirtschaftsprüfers, in: Ballwieser, Wolfgang / Beyer, Sven / Zelger, Hansjörg (Hrsg.): Unternehmenskauf nach IFRS und US-GAAP - Purchase Price Allocation, Goodwill und Impairment-Test, Stuttgart, S. 225-270.

Barth, Mary E. / Landsman, Wayne R. (1995): Fundamental Issues Related to Using Fair Value Accounting for Financial Reporting, in: AH, 9. Jg., Nr. 4, S. 97-107.

Barth, Thomas / Barth, Daniela (2004): IAS/IFRS-Rechnungslegung und Unternehmenssteuerung, in: WISU, 33. Jg., S. 74-79.

Baur, Heinz / Kuhnert, Marcus (2003): Ansätze zur Anpassung des betrieblichen Rechnungswesens bei Unternehmensbeteiligungen, in: Wurl, Hans-Jürgen (Hrsg.): Industrielles Beteiligungscontrolling, Stuttgart, S. 393-425.

Bausch, Andreas / Fritz, Thomas (2005): Financial Performance of Mergers and Acquisitions - A Meta-Analysis, Forschungspapier, International University of Bremen.

Bausch, Andreas / Weißenberger, Barbara E. / Blome, Marcus (2003): Is market value-based residual income a superior performance measure compared to book value-based residual income?, Forschungspapier, Justus-Liebig-Universität Gießen.

Bea, Franz Xaver (1993): Rechnungswesen, Grundbegriffe, in: Wittmann, Waldemar / Kern, Werner / Köhler, Richard / Küpper, Hans-Ulrich / Wysocki, Klaus von (Hrsg.): Handwörterbuch der Betriebswirtschaft, 5. Auflage, Stuttgart, Sp. 3697-3715.

Beatty, Anne / Weber, Joseph (2006): Accounting Discretion in Fair Value Estimates: An Examination of SFAS 142 Goodwill Impairments, in: JAR, 44. Jg., S. 257-288.

Beck, Carsten / Lingnau, Volker (2000): Marktwertorientierte Kennzahlen für das Beteiligungscontrolling - Ermittlung und Eignung, in: krp, 44. Jg., S. 7-14.

Beck, Markus (2005): Anwendung der IFRS im Rahmen der Zwischenberichterstattung nach § 40 BörsG verpflichtend?, in: DB, 58. Jg., S. 1477-1479.

Beck, Peter (1996): Unternehmensbewertung bei Akquisitionen: Methoden - Anwendungen - Probleme, Wiesbaden.

Becker, Fred G. / Fallgatter, Michael J. (2005): Strategische Unternehmensführung - Eine Einführung, 2. Auflage, Berlin.

Becker, Hans Paul (1984): Verwendung und Gestaltung der Kosten- und Leistungsrechnung in mittelgroßen Industrieunternehmen, Darmstadt.

Beer, Michaela / Deffner, Manuel / Fink, Christian (2007): Qualität der Segmentberichterstattung in der deutschen Publizitätspraxis, in: KoR, 7. Jg., S. 218-232.

Beiersdorf, Kati (2006): IFRS für kleine und mittelgroße Unternehmen: Veröffentlichung des Arbeitsentwurfs, in: BB, 61. Jg., S. 1898-1900.

Beißel, Jörg / Steinke, Karl-Heinz (2004): Integriertes Reporting unter IFRS bei der Lufthansa, in: ZfCM, 48. Jg., Nr. 2 (Sonderheft), S. 63-70.

Bendak, Jutta (1992): Controlling im Konzern, München.

Bender, Jürgen (1996): Grundsatzfragen der Ergebnisbereinigung nach DVFA/SG - Möglichkeiten und Grenzen der Ermittlung einer aktienanalytischen Erfolgsgröße, Stuttgart.

Benston, George J. / Bromwich, Michael / Litan, Robert E. / Wagenhofer, Alfred (2006): Worldwide Financial Reporting - The Development and Future of Accounting Standards, New York, NY.

Berens, Wolfgang / Hoffjan, Andreas / Strauch, Joachim (2002): Planung und Durchführung der Due Diligence, in: Berens, Wolfgang / Brauner, Hans U. / Strauch, Joachim (Hrsg.): Due Diligence bei Unternehmensakquisitionen, 3. Auflage, Stuttgart, S. 121-172.

Berens, Wolfgang / Mertes, Martin / Strauch, Joachim (2005): Unternehmensakquisitionen, in: Berens, Wolfgang / Brauner, Hans U. / Strauch, Joachim (Hrsg.): Due Diligence bei Unternehmensakquisitionen, 4. Auflage, Stuttgart, S. 25-74.

Berens, Wolfgang / Strauch, Joachim (2002): Due Diligence bei Unternehmensakquisitionen - Eine empirische Untersuchung, in: WPg, 55. Jg., S. 511-525.

Berens, Wolfgang / Strauch, Joachim (2005): Herkunft und Inhalt des Begriffes Due Diligence, in: Berens, Wolfgang / Brauner, Hans U. / Strauch, Joachim (Hrsg.): Due Diligence bei Unternehmensakquisitionen, 4. Auflage, Stuttgart, S. 3-23.

Berens, Wolfgang / Strauch, Joachim (2006): Financial Due Diligence - Die vergangene, gegenwärtige und zukünftige Vermögens-, Finanz- und Ertragslage, in: Wirtz, Bernd W. (Hrsg.): Handbuch Mergers & Acquisitions Management, Wiesbaden, S. 533-555.

Berger, Simon / Fink, Christian (2007): Der Werthaltigkeitstest im Rahmen des ED IFRS for SMEs, in: PiR, 3. Jg., S. 250-256.

Bergmann, Jörg (1996): Shareholder Value-orientierte Beurteilung von Teileinheiten im internationalen Konzern, Aachen.

Berner, Christian / Rojahn, Joachim / Kiel, Olaf / Dreimann, Michael (2005): Die Berücksichtigung des unternehmensindividuellen Risikos in der Unternehmensbewertung - Eine empirisch gestützte Untersuchung des Beta-Faktors, in: FB, 7. Jg., S. 711-718.

Beumer, Jochen / KPMG (2006): Kapitalkosten- und Impairment Test-Studie - Eine empirische Befragung der Prime Standard-Unternehmen, Düsseldorf.

Beyer, Sven / Mackenstedt, Andreas (2008): Grundsätze zur Bewertung immaterieller Vermögenswerte (IDW S 5), in: WPg, 61. Jg., S. 338-349.

Beyer, Sven (2005): Fair Value-Bewertung von Vermögenswerten und Schulden, in: Ballwieser, Wolfgang / Beyer, Sven / Zelger, Hansjörg (Hrsg.): Unternehmenskauf nach IFRS und US-GAAP - Purchase Price Allocation, Goodwill und Impairment-Test, Stuttgart, S. 141-189.

Beyhs, Oliver / Wagner, Bernadette (2008): Die neuen Vorschriften des IASB zur Abbildung von Unternehmenszusammenschlüssen, in: DB, 61. Jg., S. 73-83.

Beyhs, Oliver (2002): Impairment of Assets nach International Accounting Standards - Anwendungshinweise und Zweckmäßigkeitsanalyse, Frankfurt am Main et al.

Biberacher, Johannes (2003): Synergiemanagement und Synergiecontrolling, München.

Biberacher, Johannes (2006): Synergiecontrolling - Bindeglied zwischen Akquisitionszielen und Realisation, in: ZfCM, 50. Jg., S. 291-297.

Bieg, Hartmut / Heyd, Reinhard (Hrsg.) (2005): Fair Value - Bewertung in Rechnungswesen, Controlling und Finanzwirtschaft, München.

Bieker, Marcus (2007a): IFRS für kleine und mittlere Unternehmen - Überblick über die zentralen Inhalte des Standardentwurfs für die Rechnungslegung nicht kapitalmarktorientierter Unternehmen nach IFRS, in: DB, 60. Jg., S. 1206-1211.

Bieker, Marcus (2007b): Ende des Bilanzierungschaos in Sicht? - Stellungnahme zum IASB-Diskussionspapier „Fair Value Measurements“ (Teil I), in: PiR, 3. Jg., S. 91-97.

Bieker, Marcus (2007c): Ende des Bilanzierungschaos in Sicht? - Stellungnahme zum Diskussionspapier „Fair Value Measurements“ des IASB (Teil II), in: PiR, 3. Jg., S. 132-138.

Bischof, Stefan (1998): Anwendbarkeit der percentage of completion-Methode nach IAS und US-GAAP im internen Rechnungswesen, in: krp, 42. Jg., S. 8-15.

Biwer, Julia / Jansen, Dirk / Sahin, Ali / Rosenbaum, Yvonne / Häfner, Michael (2006): Planungsprozess- und Berichtswesenharmonisierung als zentrale Herausforderung für die Koordination in der Post-M&A-Phase, in: Keuper, Frank / Häfner, Michael / Glahn, Carsten von (Hrsg.): Der M&A-Prozess: Konzepte, Ansätze und Strategien für die Pre- und Post-Phase, Wiesbaden, S. 477-500.

Bleicher, Knut (1991): Organisation: Strategien - Strukturen - Kulturen, 2. Auflage, Wiesbaden.

Blome, Marcus (2006): Immaterielle Ressourcen in der wertorientierten Periodenerfolgsmessung, Norderstedt.

Böcking, Hans-Joachim / Nowak, Karsten (1999): Das Konzept des Economic Value Added, in: FB, 1. Jg., S. 281-288.

Bosse, Christian (2007): Wesentliche Neuregelungen ab 2007 aufgrund des Transparenzrichtlinie-Umsetzungsgesetzes für börsennotierte Unternehmen, in: DB, 60. Jg., S. 39-46.

Bramsemann, Urs / Heineke, Carsten / Kunz, Jennifer (2004): Verhaltensorientiertes Controlling - Konturierung und Entwicklungsstand einer Forschungsperspektive, in: DBW, 64. Jg., S. 550-570.

Brealey, Richard A. / Myers, Stewart C. / Allen, Franklin (2006): Corporate Finance, 8. Auflage, Boston, MA et al.

Brebeck, Frank / Bredy, Jörg (2005): Financial Due Diligence I: Vermögen, Ertrag und Cashflow, in: Berens, Wolfgang / Brauner, Hans U. / Strauch, Joachim (Hrsg.): Due Diligence bei Unternehmensakquisitionen, 4. Auflage, Stuttgart, S. 371-394.

Brinkmann, Ralph / Spieß, Alexander (2006): Abschlussprüfung nach International Standards on Auditing - Überblick über aktuelle Entwicklungen durch die 8. EU-Richtlinie und das Clarity-Project des IAASB sowie Auswirkungen auf die IDW-Prüfungsstandards (Teil I), in: KoR, 6. Jg., S. 395-409.

Brinkmann, Ralph (2006): Abschlussprüfung nach International Standards on Auditing - Überblick über aktuelle Entwicklungen durch die 8. EU-Richtlinie und das „Clarity-Project" des IAASB sowie Auswirkungen auf die IDW-Prüfungsstandards, Teil II (Fortsetzung von KoR 2006 S. 409), in: KoR, 6. Jg., S. 668-684.

Bromwich, Michael (2004): Aspects of the Future in Accounting: The Use of Market Prices and „Fair Values" in Financial Reports, in: Leuz, Christian / Pfaff, Dieter / Hopwood, Anthony (Hrsg.): The Economics and Politics of Accounting - International Perspectives on Research Trends, Policy, and Practice, Oxford et al., S. 32-57.

Brösel, Gerrit / Hauttmann, Richard (2007): Einsatz von Unternehmensbewertungsverfahren zur Bestimmung von Konzessionsgrenzen sowie in Verhandlungssituationen - eine empirische Analyse (Teil I), in: FB, 9. Jg., S. 223-238.

Brösel, Gerrit / Klassen, Thomas R. (2006): Zu möglichen Auswirkungen des IFRS 3 und des IAS 36 auf das M&A-Management, in: Keuper, Frank / Häfner, Michael / Glahn, Carsten von (Hrsg.): Der M&A-Prozess: Konzepte, Ansätze und Strategien für die Pre- und Post-Phase, Wiesbaden, S. 445-476.

Brösel, Gerrit / Müller, Sven (2007): Goodwillbilanzierung nach IFRS aus Sicht des Beteiligungscontrollings, in: KoR, 7. Jg., S. 34-42.

Brücks, Michael / Duhr, Andreas (2006): Bilanzierung von Contingent Assets und Contingent Liabilities: Beispielhafte Würdigung der aktuellen Überlegungen von IASB und FASB, in: KoR, 6. Jg., S. 243-251.

Brücks, Michael / Kerkhoff, Guido / Richter, Michael (2005): Impairmenttest für den Goodwill nach IFRS - Vergleich mit den Regelungen nach US-GAAP: Gemeinsamkeiten und Unterschiede, in: KoR, 5. Jg., S. 1-7.

Brücks, Michael / Richter, Michael (2005): Business Combinations (Phase II) - Kritische Würdigung ausgewählter Vorschläge des IASB aus Sicht eines Anwenders, in: KoR, 5. Jg., S. 407-415.

Brücks, Michael / Wiederhold, Philipp (2004): IFRS 3 Business Combinations - Darstellung der neuen Regelungen des IASB und Vergleich mit SFAS 141 und SFAS 142, in: KoR, 4. Jg., S. 177-185.

Bruns, Hans-Georg (1999): Harmonisierung des externen und internen Rechnungswesens auf Basis internationaler Bilanzierungsvorschriften, in: Küting, Karlheinz / Langenbucher, Günther (Hrsg.): Internationale Rechnungslegung: Festschrift für Professor Claus-Peter Weber zum 60. Geburtstag, Stuttgart, S. 585-603.

Bruns, Hans-Georg (2004): Auswirkung der IFRS auf das Controlling - Interview mit Prof. Dr. Hans-Georg Bruns, International Accounting Standards Board, London, in: Controlling, 16. Jg., S. 647-649.

Bucher, Markus / Schmidli, Marc / Schilling, Martin (2006): Praxiserfahrungen mit IFRS 3 Business Combinations - Auswirkungen auf den Akquisitionsprozess, in: ST, 80. Jg., S. 597-602.

Buchheim, Regine / Gröner, Susanne / Kühne, Mareike (2004): Übernahme von IAS/IFRS in Europa: Ablauf und Wirkung des Komitologieverfahrens auf die Rechnungslegung, in: BB, 59. Jg., S. 1783-1788.

Budde, Thomas (2005): Wertminderungstests nach IAS 36: komplexe Rechenwerke nicht nur für die Bewertung des Goodwill, in: BB, 60. Jg., S. 2567-2573.

Bugeja, Martin / Gallery, Natalie (2006): Is older goodwill value relevant?, in: A&F, 46. Jg., S. 519-535.

Bühner, Rolf (2002): Akquisitionsplanung, in: Küpper, Hans-Ulrich / Wagenhofer, Alfred (Hrsg.): Handwörterbuch Unternehmensrechnung und Controlling, 4. Auflage, Stuttgart, Sp. 40-48.

Burger, Anton / Fröhlich, Jürgen / Ulbrich, Philipp R. (2004): Die Auswirkungen der Umstellung von HGB auf IFRS auf wesentliche Kennzahlen der externen Unternehmensrechnung, in: KoR, 4. Jg., S. 353-366.

Burger, Anton / Ulbrich, Philipp R. (2005): Beteiligungscontrolling, München et al.

Busse von Colbe, Walther / Becker, Winfried / Berndt, Helmut / Geiger, Klaus M. / Haase, Heidrun / Schellmoser, Friedrich / Schmitt, Günter / Seeberg, Thomas / Wysocki, Klaus von (Hrsg.) (2000): Ergebnis je Aktie nach DVFA/SG - DVFA/SG Earnings per Share - Gemeinsame Empfehlung der DVFA und der Schmalenbach-Gesellschaft zur Ermittlung eines von Sondereinflüssen bereinigten Jahresergebnisses je Aktie (Joint recommendation), 3. Auflage, Stuttgart.

Busse von Colbe, Walther / Falkenhahn, Gunther (2005): Neuere Entwicklung der Methoden der Kapitalkonsolidierung, in: Jander, Heidrun / Krey, Antje (Hrsg.): Betriebliches Rechnungswesen und Controlling im Spannungsfeld von Theorie und Praxis - Festschrift für Prof. Dr. Jürgen Graßhoff zum 65. Geburtstag, Hamburg, S. 3-29.

Busse von Colbe, Walther / Ordelheide, Dieter / Gebhardt, Günther / Pellens, Bernhard (2003): Konzernabschlüsse - Rechnungslegung nach betriebswirtschaftlichen Grundsätzen sowie nach Vorschriften des HGB und der IAS/IFRS, 7. Auflage, Wiesbaden.

Busse von Colbe, Walther (1994): Berücksichtigung von Synergien versus Standalone-Prinzip bei der Unternehmensbewertung, in: ZGR, 23. Jg., S. 595-609.

Cairns, David (2006): The Use of Fair Value in IFRS, in: AinE, 3. Jg., S. 5-22.

Canadian Accounting Standards Board (2005): Discussion Paper - Measurement Bases for Financial Accounting - Measurement on Initial Recognition, London.

Castedello, Marc / Klingbeil, Christian / Schröder, Jacob (2006): IDW RS HFA 16: Bewertungen bei der Abbildung von Unternehmenserwerben und bei Werthaltigkeitsprüfungen nach IFRS, in: WPg, 59. Jg., S. 1028-1036.

Cebul, Andreas / Amann, Thomas / Leibfried, Peter (2003): Bildung von Rückstellungen für Umstellungskosten auf IAS/IFRS, in: BuW, 57. Jg., S. 313-317.

Chmielewicz, Klaus (1979): Forschungskonzeptionen der Wirtschaftswissenschaft, 2. Auflage, Stuttgart.

Chwolka, Anne (1996): Controlling als ökonomische Institution - Eine agency-theoretische Analyse, Heidelberg.

Coelen, Lutz / Schlecht, Michael (2004): Anforderungen an Prognoseprüfungen nach ISA 810 am Beispiel von Due Diligence-Prüfungen sowie Sanierungsprüfungen, in: KoR, 4. Jg., S. 60-66.

Coenenberg, Adolf G. / Sautter, Michael T. (1988): Strategische und finanzielle Bewertung von Unternehmensakquisitionen, in: DBW, 48. Jg., S. 691-710.

Coenenberg, Adolf G. / Schultze, Wolfgang / Biberacher, Johannes (2002): Akquisition und Unternehmensbewertung, in: Busse von Colbe, Walther / Coenenberg, Adolf G. / Kajüter, Peter / Linnhoff, Ulrich (Hrsg.): Betriebswirtschaft für Führungskräfte, 2. Auflage, Stuttgart, S. 175-215.

Coenenberg, Adolf G. / Schultze, Wolfgang (2002a): Das Multiplikator-Verfahren in der Unternehmensbewertung: Konzeption und Kritik, in: FB, 4. Jg., S. 697-703.

Coenenberg, Adolf G. / Schultze, Wolfgang (2002b): Unternehmensbewertung: Konzeptionen und Perspektiven, in: DBW, 62. Jg., S. 597-621.

Coenenberg, Adolf G. (1995): Einheitlichkeit und Differenzierung von internem und externem Rechnungswesen: Die Anforderungen der internen Steuerung, in: DB, 48. Jg., S. 2077-2083.

Coenenberg, Adolf G. (2003): Jahresabschluss und Jahresabschlussanalyse - Betriebswirtschaftliche, handelsrechtliche, steuerrechtliche und internationale Grundsätze - HGB, IAS/IFRS, US-GAAP, DRS, 19. Auflage, Stuttgart.

Coenenberg, Adolf G. (2005): Jahresabschluss und Jahresabschlussanalyse - Betriebswirtschaftliche, handelsrechtliche, steuerrechtliche und internationale Grundsätze - HGB, IFRS und US-GAAP, 20. Auflage, Stuttgart.

Copeland, Tom / Koller, Tim / Murrin, Jack (1996): Valuation - Measuring and Managing the Value of Companies, 2. Auflage, New York, NY et al.

Copeland, Tom / Koller, Tim / Murrin, Jack (2000): Valuation - Measuring and Managing the Value of Companies, 3. Auflage, New York, NY et al.

Cowan, Arnold R. / Dilla, William N. / Jeffrey, Cynthia (2006): Goodwill Testing and Earnings under SFAS 142, Forschungspapier, Iowa State University.

Crasselt, Nils / Schmidt, André (2007): Ökonomische Fundierung buchwertbasierter Performancekennzahlen, in: WiSt, 36. Jg., S. 222-227.

Crasselt, Nils / Schremper, Ralf (2000): Economic Value Added, in: DBW, 60. Jg., S. 813-816.

Dais, Martin / Watterott, Richard (2006): Umstellung des externen und internen Rechnungswesens der Bosch-Gruppe auf IFRS - Harmonisierung und deren Grenzen, in: Controlling, 18. Jg., S. 465-473.

d'Arcy, Anne (2004): Aktuelle Entwicklungen in der Rechnungslegung und Auswirkungen auf das Controlling, in: ZfCM, 48. Jg., Nr. 2 (Sonderheft), S. 119-128.

d'Arcy, Anne (2006): Zwischenberichterstattung nach dem Transparenzrichtlinie-Umsetzungsgesetz (TUG) - Mehr Transparenz oder Überregulierung?, in: Accounting, 6. Jg., Nr. 8, S. 3-5.

Daum, Jürgen H. (2004): Transparenzproblem Intangible Assets: Intellectual Capital Statements und der Neuentwurf eines Frameworks für Unternehmenssteuerung und externes Reporting, in: Horváth, Péter / Möller, Klaus (Hrsg.): Intangibles in der Unternehmenssteuerung - Strategien und Instrumente zur Wertsteigerung des immateriellen Kapitals, München, S. 45-81.

Davis, Michael (1992): Goodwill Accounting: Time of an Overhaul, in: JofA, 173. Jg., Nr. 6, S. 75-83.

Debreu, Gérard (1976): Werttheorie - Eine axiomatische Analyse des ökonomischen Gleichgewichts, Berlin et al.

Dellmann, Klaus (1993): Kapital- und Finanzflußrechnungen, in: Wittmann, Waldemar / Kern, Werner / Köhler, Richard / Küpper, Hans-Ulrich / Wysocki, Klaus von (Hrsg.): Handwörterbuch der Betriebswirtschaft, 5. Auflage, Stuttgart, Sp. 2075-2088.

Deloitte (Hrsg.) (2004a): IFRS 3: Unternehmenszusammenschlüsse sowie Änderungen der IAS 36 - Wertminderungen von Vermögenswerten und IAS 38 - Immaterielle Vermögenswerte, Düsseldorf.

Deloitte (Hrsg.) (2004b): Business combinations - A guide to IFRS 3, London.

Deloitte (Hrsg.) (2006): Blick nach vorn - Eine Standortbestimmung zur Planung in deutschen Unternehmen, Düsseldorf.

Diederichs, Marc / Form, Stephan / Reichmann, Thomas (2004): Standard zum Risikomanagement, in: Controlling, 16. Jg., S. 189-198.

Diedrich, Ralf (2002): Erfolgsgrößen und Erfolgsmaße, in: Küpper, Hans-Ulrich / Wagenhofer, Alfred (Hrsg.): Handwörterbuch Unternehmensrechnung und Controlling, 4. Auflage, Stuttgart, Sp. 402-441.

Dierkes, Stefan / Kloock, Josef (1999): Integration von Investitionsrechnung und kalkulatorischer Erfolgsrechnung, in: krp, 43. Jg., Nr. 3 (Sonderheft), S. 119-132.

Dietl, Helmut M. / Royer, Susanne (2002): Unternehmenszusammenschlüsse, in: Küpper, Hans-Ulrich / Wagenhofer, Alfred (Hrsg.): Handwörterbuch Unternehmensrechnung und Controlling, 4. Auflage, Stuttgart, Sp. 2054-2064.

Dirrigl, Hans (1998): Wertorientierung und Konvergenz in der Unternehmensrechnung, in: BFuP, 50. Jg., S. 540-579.

Dirrigl, Hans (2004): Entwicklungsperspektiven unternehmenswert-orientierter Steuerungssysteme, in: zfbf, 56. Jg., Nr. 51 (Sonderheft), S. 93-135.

Dirscherl, Gertraud / Castedello, Marc / Schröder, Jacob (2003): Purchase Price Allocation, in: Wiedmann, Klaus-Peter / Heckemüller, Carsten (Hrsg.): Ganzheitliches Corporate Finance Management: Konzept - Anwendungsfelder - Praxisbeispiele, Wiesbaden, S. 363-380.

Dobler, Michael (2005): Folgebewertung des Goodwill nach IFRS 3 und IAS 36, in: PiR, 1. Jg., S. 24-29.

Dobler, Michael (2006): Ertragsvereinnahmung bei Fertigungsaufträgen nach IAS 11 und den Vorschlägen des Projekts Revenue Recognition - Vergleich und kritische Würdigung, in: KoR, 6. Jg., S. 160-170.

Doerr, Hans-Henning / Fiedler, Ronald / Hoke, Michaela (2003): Erfahrungen bei der konzernweiten Einführung eines EVA-basierten Investitionsrechnungsmodells, in: Controlling, 15. Jg., S. 285-291.

Drukarczyk, Jochen / Schüler, Andreas (2007): Unternehmensbewertung, 5. Auflage, München.

Duangploy, Orapin / Shelton, Margaret / Omer, Khursheed (2005): The Value Relevance of Goodwill Impairment Loss, in: BAF, 19. Jg., Nr. 5, S. 23-28.

Duffie, Darrell / Sonnenschein, Hugo (1989): Arrow and General Equilibrium Theory, in: JEL, 27. Jg., S. 565-598.

Duhr, Andreas (2006): Grundsätze ordnungsmäßiger Geschäftswertbilanzierung - Objektivierungskonzeptionen des Geschäftswertes nach HGB, IFRS und U.S.GAAP, Düsseldorf.

Dusemond, Michael (1999): Die Konzernkostenrechnung als Instrument zur Unterstützung eines intern und extern ausgerichteten Konzernrechnungswesens, in: DB, 52. Jg., S. 2477-2481.

Dutta, Sunil / Reichelstein, Stefan (2002): Controlling Investment Decisions: Depreciation- and Capital Charges, in: RAS, 7. Jg., S. 253-281.

Ebeling, Ralf Michael / Gaßmann, Jeannette / Rothenstein, Mario (2005): Konsolidierungstechnik beim sukzessiven Unternehmenserwerb nach IFRS 3 und Business-Combinations-Projekt - Phase II, in: WPg, 58. Jg., S. 1027-1040.

Ebers, Mark (1992): Organisationstheorie, situative, in: Frese, Erich (Hrsg.): Handwörterbuch der Organisation, 3. Auflage, Stuttgart, Sp. 1817-1838.

Ebert, Mark (1998): Evaluation von Synergien bei Unternehmenszusammenschlüssen, Hamburg.

Eckhoff, Jana (2006): Synergiecontrolling im Rahmen von Mergers & Acquisitions, München.

Egger, Anton (2002): Planungsebenen, in: Küpper, Hans-Ulrich / Wagenhofer, Alfred (Hrsg.): Handwörterbuch Unternehmensrechnung und Controlling, 4. Auflage, Stuttgart, Sp. 1450-1457.

Ehrbar, Al (1998): EVA [Economic Value Added] - The Real Key to Creating Wealth, New York, NY et al.

Eidel, Ulrike (1999): Moderne Verfahren der Unternehmensbewertung und Performance-Messung - Kombinierte Analysemethoden auf der Basis von US-GAAP-, IAS- und HGB-Abschlüssen, Herne et al.

Ellis, Martin (2001): Goodwill Accounting: Everything Has Changed And Nothing Has Changed, in: JACF, 14. Jg., Nr. 3, S. 103-112.

Epstein, Rolf / Pellens, Bernhard / Ruhwedel, Peter / Deloitte (2005): Goodwill bilanzieren und steuern - Anwendung der neuen IFRS-Regeln in der Praxis, Düsseldorf.

Erdmann, Mark-Ken / Bourhis, Jean-Marie / Pascaud, Vincent (2005): Implementierung eines integrierten web-basierten Reportings im Bertelsmann Konzern, in: Controlling, 17. Jg., S. 735-743.

Erdmann, Mark-Ken / Wünsch, Martin / Meyer, Ulf (2006): Auswirkungen ausgewählter IFRS-Änderungen auf die Unternehmenssteuerung (Teil 2) - ED IFRS 3 (2007), ED IAS 27 (2007) und ED IAS 37 (2007), in: KoR, 6. Jg., S. 385-395.

Ernst & Young (Hrsg.) (2005): How fair is fair value?, London.

Ernst & Young (Hrsg.) (2006a): IFRS - Observations on the Implementation of IFRS, London.

Ernst & Young (Hrsg.) (2006b): Handeln wider besseres Wissen - Warum viele Transaktionen scheitern, ohne es zu müssen, Stuttgart.

Ernst, Edgar / Vater, Hendrik (2006): Anforderungen an die Finanzorganisation multinationaler Unternehmen, in: Wagenhofer, Alfred (Hrsg.): Controlling und IFRS-Rechnungslegung - Konzepte, Schnittstellen, Umsetzung, Berlin, S. 225-242.

Ernst, Edgar (2004): Finanz- und Controllingorganisation am Beispiel der Deutsche Post World Net, in: ZfCM, 48. Jg., S. 340-344.

Esser, Maik / Hackenberger, Jens (2005): Immaterielle Vermögenswerte des Anlagevermögens und Goodwill in der IFRS-Rechnungslegung - Ein Überblick über die Auswirkungen des Business Combinations-Projekts, in: DStR, 43. Jg., S. 708-713.

Ewert, Ralf / Laux, Volker (2004): Informationsökonomische Ansätze des Investitionscontrolling, in: Scherm, Ewald / Pietsch, Gotthard (Hrsg.): Controlling - Theorien und Konzeptionen, München, S. 215-240.

Ewert, Ralf / Wagenhofer, Alfred (2000): Rechnungslegung und Kennzahlen für das wertorientierte Management, in: Wagenhofer, Alfred / Hrebicek, Gerhard (Hrsg.): Wertorientiertes Management: Konzepte und Umsetzungen zur Unternehmenswertsteigerung, Stuttgart, S. 3-64.

Ewert, Ralf / Wagenhofer, Alfred (2005): Interne Unternehmensrechnung, 6. Auflage, Berlin et al.

Ewert, Ralf (1992): Controlling, Interessenkonflikte und asymmetrische Information, in: BFuP, 44. Jg., S. 277-303.

Ewert, Ralf (2002): Der informationsökonomische Ansatz des Controlling, in: Weber, Jürgen / Hirsch, Bernhard (Hrsg.): Controlling als akademische Disziplin - Eine Bestandsaufnahme, Wiesbaden, S. 21-37.

Ewert, Ralf (2006): Fair Values und deren Verwendung im Controlling, in: Wagenhofer, Alfred (Hrsg.): Controlling und IFRS-Rechnungslegung - Konzepte, Schnittstellen, Umsetzung, Berlin, S. 21-47.

Falk, Haim / Gordon, Lawrence A. (1997): Imperfect Markets and the Nature of Goodwill, in: JBFA, 4. Jg., S. 443-462.

Fama, Eugene F. / French, Kenneth R. (2006): The Value Premium and the CAPM, in: JoF, 61. Jg., S. 2163-2185.

Feldkämper, Ulrich (2003): Empirische Untersuchung der Segmentberichterstattung am deutschen Kapitalmarkt, in: DB, 56. Jg., S. 1453-1457.

Ferrara, William L. (1967): Responsibility Reporting vs. Direct Costing - Is There a Conflict?, in: Management Accounting (US), 46. Jg., Nr. 6, S. 43-54.

Fink, Christian / Ulbrich, Philipp R. (2006): Segmentberichterstattung nach ED 8 - Operating Segments, in: KoR, 6. Jg., S. 233-243.

Fink, Christian / Ulbrich, Philipp R. (2007): Verabschiedung des IFRS 8 - Neuregelung der Segmentberichterstattung nach dem Vorbild der US-GAAP, in: KoR, 7. Jg., S. 1-6.

Fink, Christian (2008): Bilanzierung von Unternehmenszusammenschlüssen nach der Überarbeitung von IFRS 3, in: PiR, 4. Jg., S. 114-119.

Fischer, Thomas M. / Klöpfer, Elisabeth (2006): Bilanzpolitik nach IFRS: Sind die IFRS objektiver als das HGB?, in: KoR, 6. Jg., S. 709-719.

Fleischer, Werner (2005): Rolle des Controllings im Spannungsfeld internes und externes Reporting, in: Horváth, Péter (Hrsg.): Organisationsstrukturen und Geschäftsprozesse wirkungsvoll steuern, Stuttgart, S. 189-200.

Florissen, Andreas (2004): Die Prognosefalle - Fallstudie zur Unsicherheitsproblematik bei Akquisitionsentscheidungen, in: ZfCM, 48. Jg., Nr. 1 (Sonderheft), S. 105-120.

Focken, Elke / Schaefer, Wiebke (2004): Umstellung der Bilanzierung des Sachanlagevermögens auf IAS/IFRS - ein Praxisbeispiel, in: BB, 59. Jg., Nr. 2343-2349.

Franz, Klaus-Peter / Winkler, Carsten (2006): Unternehmenssteuerung und IFRS - Grundlagen und Praxisbeispiele, München.

Franz, Klaus-Peter (1999): Möglichkeiten und Grenzen eines Abbaus der Unterschiede zwischen externem und internem Rechnungswesen - Wandel der Sichtweise durch die Anwendung internationaler Rechnungslegungsvorschriften?, in: Horváth, Péter (Hrsg.): Controlling & Finance - Aufgaben, Kompetenzen und Tools effektiv koordinieren, Stuttgart, S. 207-214.

Franz, Klaus-Peter (2003): Kostenrechnung im international vernetzten Konzern - Vergleich der Praxisbeispiele, in: zfbf, 55. Jg., Nr. 49 (Sonderheft), S. 147-148.

Franz, Klaus-Peter (2004): Die Ergebniszielorientierung des Controlling als Unterstützungsfunktion, in: Scherm, Ewald / Pietsch, Gotthard (Hrsg.): Controlling - Theorien und Konzeptionen, München, S. 271-288.

Freiberg, Jens / Lüdenbach, Norbert (2005): Ermittlung des Diskontierungssatzes nach IAS 36, in: KoR, 5. Jg., S. 479-487.

Frese, Erich / Werder, Axel von (1993): Zentralbereiche - Organisatorische Formen und Effizienzbeurteilung, in: Frese, Erich / Werder, Axel von / Maly, Werner (Hrsg.): Zentralbereiche - Theoretische Grundlagen und praktische Erfahrungen, Stuttgart, S. 1-50.

Frese, Erich (2000): Grundlagen der Organisation: Konzept - Prinzipien - Strukturen, 8. Auflage, Wiesbaden.

Frese, Erich (2005): Grundlagen der Organisation: Entscheidungsorientiertes Konzept der Organisationsgestaltung, 9. Auflage, Wiesbaden.

Fröhlich, Christoph (2004): Währungsumrechnung des Firmenwerts: IAS 21 (revised 2004) sieht ab 2005 Push-Down-Accounting vor, in: RWZ, 14. Jg., S. 240-244.

Frost, Arno / Meyer, Peter (1981): Ausgestaltungsformen der Kostenrechnungssysteme in deutschen Großunternehmen - eine Empirische Untersuchung, Kiel.

Frowein, Nils / Lüdenbach, Norbert (2003a): Der Goodwill-Impairment-Test aus Sicht der Bewertungspraxis, in: FB, 5. Jg., S. 65-72.

Frowein, Nils / Lüdenbach, Norbert (2003b): Das Sum-of-the-parts-Problem beim Goodwill Impairment-Test - Marktbewertung als Programm oder Ideologie?, in: KoR, 3. Jg., S. 261-266.

Fuchs, Andreas (2003): ECLR - Tracking Stock - Spartenaktien als Finanzierungsinstrument für deutsche Aktiengesellschaften, in: ZGR, 32. Jg., S. 167-217.

Fülbier, Rolf Uwe / Hirsch, Bernhard / Meyer, Matthias (2006): Wirtschaftsprüfung und Controlling - Verstärkte Zusammenarbeit zwischen zwei zentralen Institutionen des Rechnungswesens, in: ZfCM, 50. Jg., S. 234-241.

Fülbier, Rolf Uwe / Pferdehirt, Henrik (2005): Überlegungen des IASB zur künftigen Leasingbilanzierung: Abschied vom off balance sheet approach, in: KoR, 5. Jg., S. 275-285.

Gaber, Christian (2004): Bilanzpolitik, Motivation und Agency-Kosten, in: ZfB, 74. Jg., S. 339-358.

Gaber, Christian (2005): Gewinnermittlung und Investitionssteuerung, Wiesbaden.

Gebhardt, Günther / Daske, Holger (2003): Zur Notwendigkeit zahlungsorientierter Kapitalflussrechnungen, in: WISU, 32. Jg., S. 1219-1228.

Gebhardt, Günther / Daske, Holger (2005): Kapitalmarktorientierte Bestimmung von risikofreien Zinssätzen für die Unternehmensbewertung, in: WPg, 58. Jg., S. 649-655.

Gebhardt, Günther / Heilmann, Aaron A. (2004): DRS 4 in der Bilanzierungspraxis - ein Beispiel für die Missachtung Deutscher Rechnungslegungsstandards, in: Der Konzern, 2. Jg., S. 109-118.

Gebhardt, Günther (1985): Finanzwirtschaftliche Beurteilung von Investitionsprojekten im internationalen Konzern, in: Macharzina, Klaus (Hrsg.): Finanz- und bankwirtschaftliche Probleme bei internationaler Unternehmenstätigkeit, Stuttgart, S. 195-232.

Gebhardt, Günther (1995): Marktwertorientiertes Beteiligungscontrolling im internationalen Konzern, in: DB, 48. Jg., S. 2225-2231.

Gelhausen, Hans-Friedrich / Pape, Jochen / Schruff, Wienand / Stolberg, Klaus (2005): Adler/Düring/Schmaltz - Rechnungslegung nach Internationalen Standards - Kommentar (6. Teillieferung 12/2007), Stuttgart.

Gerpott, Torsten J. / Hoyningen-Huene, Joachim v. (2004): Erwerberziele, strukturelle Rahmenbedingungen und Integrationsmaßnahmen bei Unternehmensakquisitionen - Eine empirische Untersuchung, in: ZP, 15. Jg., S. 1-28.

Gerpott, Torsten J. / Thomas, Sandra E. (2004): Bilanzierung von Marken nach HGB, DRS, IFRS und US-GAAP, in: DB, 57. Jg., S. 2485-2494.

Gerpott, Torsten J. (1993): Integrationsgestaltung und Erfolg von Unternehmensakquisitionen, Stuttgart.

Glaum, Martin / Hommel, Ulrich / Thomaschewski, Dieter (2003): Wachstumsstrategien internationaler Unternehmungen: 10 Thesen, in: zfbf, 55. Jg., S. 823-846.

Glaum, Martin / Lindemann, Jens / Friedrich, Nico (2006): Erfolg von Mergers & Acquisitions - Ergebnisse empirischer Forschung, in: Wirtz, Bernd W. (Hrsg.): Handbuch Mergers & Acquisitions Management, Wiesbaden, S. 287-314.

Glaum, Martin / Mandler, Udo (1996): Global Accounting Harmonization from a German Perspective: Bridging the GAAP, in: JIFMA, 7. Jg., S. 215-242.

Glaum, Martin / Street, Donna L. / Vogel, Silvia / PwC (2007): Making Acquisitions Transparent - An Evaluation of M&A-Related IFRS Disclosures by European Companies in 2005, Frankfurt am Main.

Glaum, Martin / Thomaschewski, Dieter / Weber, Silke (2006): Die Vorschriften zur Einrichtung und Dokumentation eines internen Kontrollsystems nach

Section 404 Sarbanes-Oxley Act: Umsetzung durch deutsche Unternehmen, in: KoR, 6. Jg., S. 206-219.

Glaum, Martin / Vogel, Silvia (2004): Bilanzierung von Unternehmenszusammenschlüssen nach IFRS 3, in: ZfCM, 48. Jg., Nr. 2 (Sonderheft), S. 43-53.

Götz, Jan / Spanheimer, Jürgen (2005): Nutzungsrechte im Anwendungsbereich von IAS 17 - Inhalt und Auswirkungen von IFRIC 4 zur Identifizierung von Leasingverhältnissen, in: BB, 60. Jg., S. 259-265.

Graham, John R. / Harvey, Campbell R. / Rajgopal, Shiva (2005): The Economic Implications of Corporate Financial Reporting, Forschungspapier, Duke University, University of Washington.

Greinert, Markus (2003): Verbesserung des Markencontrolling durch neuere Rechnungslegungsnormen, in: ZfCM, 47. Jg., S. 123-128.

Grochla, Erwin (1976): Praxeologische Organisationstheorie durch sachliche und methodische Integration - Eine pragmatische Konzeption, in: zfbf, 28. Jg., S. 617-637.

Gros, Stefan E. (2005): Die Aktie als Akquisitionswährung nach IFRS 3, in: KoR, 7. Jg., S. 779-783.

Groß, Paul J. / Amen, Matthias (2003): Rechtspflicht zur Unternehmensplanung? - Ein Diskussionsvorschlag zur Konkretisierung der Planungspflicht und von Mindestanforderungen an eine ordnungsgemäße Unternehmensplanung, in: WPg, 56. Jg., S. 1161-1180.

Guler, Lale (2007): Goodwill Impairment Charges under SFAS 142: Role of Executives' Incentives and Corporate Governance, Forschungspapier, Texas A&M University.

Gümbel, Rudolf (1993): Zurechnung, in: Wittmann, Waldemar / Kern, Werner / Köhler, Richard / Küpper, Hans-Ulrich / Wysocki, Klaus von (Hrsg.): Handwörterbuch der Betriebswirtschaft, 5. Auflage, Stuttgart, Sp. 4806-4818.

Gutenberg, Erich (1983): Grundlagen der Betriebswirtschaftslehre - Erster Band: Die Produktion, 24. Auflage, Berlin et al.

Haaker, Andreas / Paarz, Michael (2005): Die Segmentberichterstattung als Informationsinstrument - Gewährleisten die Regelungen des IAS 14 eine zweckadäquate Segmentabgrenzung?, in: KoR, 5. Jg., S. 194-199.

Haaker, Andreas (2005a): IFRS und wertorientiertes Controlling - Geprüfte bereichsbezogene Unternehmenswerte als „Service“ der IFRS für die wertorientierte Unternehmenssteuerung, in: KoR, 5. Jg., S. 351-357.

Haaker, Andreas (2005b): Die Zuordnung des Goodwill auf Cash Generating Units zum Zweck des Impairment-Tests nach IFRS - Zur Notwendigkeit der Berücksichtigung eines „negativen Goodwill“ auf Ebene der Cash Generating Unit, in: KoR, S. 426-434.

Haaker, Andreas (2006a): Der Value in Use einer Cash Generating Unit als adäquate Basis einer wertorientierten Bereichssteuerung - Replik zur Erwiderung von Michael Olbrich, KoR 2006 S. 43, in: KoR, 6. Jg., S. 44-47.

Haaker, Andreas (2006b): Da capo: Zur Eignung des value in use einer cash generating unit gemäß IAS 36 als Basis einer wertorientierten Bereichssteuerung - Replik zum Beitrag von Klingelhöfer, KoR 2006 S. 590, in: KoR, 6. Jg., S. 687-695.

Haaker, Andreas (2007): Wertorientierte Kontrolle und Abweichungsanalyse auf Basis des Goodwill-Impairment-Tests nach IFRS, in: ZP, 18. Jg., S. 83-108.

Haaker, Andreas (2008): Potential der Goodwill-Bilanzierung nach IFRS für eine Konvergenz im wertorientierten Rechnungswesen - Eine messtheoretische Analyse, Wiesbaden.

Hachmeister, Dirk / Kunath, Oliver (2005): Die Bilanzierung des Geschäfts- und Firmenwerts im Übergang auf IFRS 3, in: KoR, 5. Jg., S. 62-75.

Hachmeister, Dirk (2002): Performancemaße, erfolgsorientierte, in: Küpper, Hans-Ulrich / Wagenhofer, Alfred (Hrsg.): Handwörterbuch Unternehmensrechnung und Controlling, 4. Auflage, Stuttgart, Sp. 1385-1395.

Hachmeister, Dirk (2003): Das Controlling als Objekt der handelsrechtlichen Abschlussprüfung, in: ZP, 14. Jg., S. 437-456.

Hachmeister, Dirk (2005): Impairment-Test nach IFRS und US-GAAP, in: Ballwieser, Wolfgang / Beyer, Sven / Zelger, Hansjörg (Hrsg.): Unternehmenskauf nach IFRS und US-GAAP - Purchase Price Allocation, Goodwill und Impairment-Test, Stuttgart, S. 191-223.

Hachmeister, Dirk (2006): Auswirkungen der Goodwill-Bilanzierung auf das Controlling, in: Controlling, 18. Jg., S. 425-432.

Hachmeister, Dirk (2008): Neuregelung der Bilanzierung von Unternehmenszusammenschlüssen nach IFRS 3 (2008), in: IRZ, 3. Jg., S. 115-122.

Haeger, Bernd (2006): Harmonisierung von Rechnungswesen und Controlling bei E.ON, in: Wagenhofer, Alfred (Hrsg.): Controlling und IFRS-Rechnungslegung - Konzepte, Schnittstellen, Umsetzung, Berlin, S. 243-266.

Haeseler, Herbert R. / Hörmann, Franz (2006): Wertorientierte Steuerung von Unternehmen und Konzernen mittels Kennzahlen - Beliebte Praktikerkonzepte auf dem wissenschaftlichen Prüfstand, in: Seicht, Gerhard (Hrsg.): Jahrbuch für Controlling und Rechnungswesen 2006 - Unternehmensbewertung und Risiko, Internes Rechnungswesen, Bilanzierung, Bilanzreformen und Abschlussprüfung, Corporate Governance und Reporting, Controllingfragen, Varia, Wien, S. 115-130.

Hager, Simon / Hitz, Jörg-Markus (2007): Immaterielle Vermögenswerte in der Bilanzierung und Berichterstattung - eine empirische Bestandsaufnahme für die Geschäftsberichte deutscher IFRS-Bilanzierer 2005, in: KoR, 7. Jg., S. 205-218.

Hahn, Dietger / Hungenberg, Harald (2001): PuK: Planung und Kontrolle, Planungs- und Kontrollsysteme, Planungs- und Kontrollrechnung, Wertorientierte Controllingkonzepte, 6. Auflage, Wiesbaden.

Hahn, Dietger (1993): Planung in der Unternehmenspraxis, in: Hauschildt, Jürgen / Grün, Oskar (Hrsg.): Ergebnisse empirischer betriebswirtschaftlicher Forschung - Zu einer Realtheorie der Unternehmung, Festschrift für Eberhard Witte, Stuttgart, S. 773-796.

Hahn, Klaus (1999): Beteiligungscontrolling auf Basis von US-GAAP und IAS, in: krp, 43. Jg., Nr. 3 (Sonderheft), S. 79-86.

Haller, Axel (1997a): Herausforderungen an das Controlling durch die Internationalisierung der externen Rechnungslegung, in: Horváth, Péter (Hrsg.): Das neue Steuerungssystem des Controllers: von Balanced Scorecard bis US-GAAP, Stuttgart, S. 113-131.

Haller, Axel (1997b): Zur Eignung der US-GAAP für Zwecke des internen Rechnungswesens, in: Controlling, 9. Jg., S. 270-276.

Hammond, John S. / Keeney, Ralph L. / Raiffa, Howard (2006): The Hidden Traps in Decision Making, in: HBR, 84. Jg., Nr. 1, S. 118-126.

Haring, Nikolai / Prantner, Renate (2005): Konvergenz des Rechnungswesens - State-of-the-Art in Deutschland und Österreich, in: Controlling, 17. Jg., S. 147-154.

Hart, Oliver (1995): Firms, Contracts, and Financial Structure, Oxford.

Hasselmeyer, Albert / Reichertz, Ruth / Dohrn, Matthias (2005): Anforderungen an die Konzernrechnungslegung multinationaler Unternehmen am Beispiel der BASF, in: BFuP, 57. Jg., S. 440-454.

Hauer, Georg (1994): Hierarchische kennzahlenorientierte Entscheidungsrechnung, München.

Hax, Herbert (1989): Investitionsrechnung und Periodenerfolgsmessung, in: Delfmann, Werner (Hrsg.): Der Integrationsgedanke in der Betriebswirtschaftslehre - Helmut Koch zum 70. Geburtstag, Wiesbaden, S. 153-170.

Hax, Herbert (2002): Integration externer und interner Unternehmensrechnung, in: Küpper, Hans-Ulrich / Wagenhofer, Alfred (Hrsg.): Handwörterbuch Unternehmensrechnung und Controlling, 4. Auflage, Stuttgart, Sp. 758-767.

Hayn, Marc / Ehsen, Thomas (2003): Impairment Test im HGB - Beteiligungsbewertung gemäß IDW ERS HFA 10, in: FB, 5. Jg., S. 205-213.

Hayn, Marc (2006): Bilanzierung auf dem Weg zur Bewertung, in: Küting, Karlheinz / Pfitzer, Norbert / Weber, Claus-Peter (Hrsg.): Internationale Rechnungslegung: Standortbestimmung und Zukunftsperspektiven - Kapitalmarktorientierte Rechnungslegung und integrierte Unternehmenssteuerung, Stuttgart, S. 225-244.

Hayn, Sven (2005): Entwicklungstendenzen im Rahmen der Anwendung von IFRS in der Konzernrechnungslegung, in: BFuP, 57. Jg., S. 424-439.

Hebeler, Christian (2003): Harmonisierung des internen und externen Rechnungswesens - US-amerikanische Accounting-Systeme als konzeptionelle Grundlage für deutsche Unternehmen?, Wiesbaden.

Hebeler, Christian (2006): Harmonisierung des internen und externen Rechnungswesens bei Henkel, in: Horváth, Péter (Hrsg.): Controlling und Finance Excellence - Herausforderungen und Best-Practice-Lösungsansätze, Stuttgart, S. 111-127.

Hebertinger, Martin (2002): Wertsteigerungsmaße - Eine kritische Analyse, Frankfurt am Main et al.

Heidemann, Christian (2005): Die Kaufpreisallokation bei einem Unternehmenszusammenschluss nach IFRS 3, Düsseldorf.

Heinen, Edmund (1983): Betriebswirtschaftliche Kostenlehre - Kostentheorie und Kostenentscheidungen, 6. Auflage, Wiesbaden.

Heintges, Sebastian / Herre, Uwe / PwC (2007): Werthaltigkeit des Goodwills und anderer Vermögenswerte - Organisatorische Herausforderung der Bilanzierung nach internationalen Rechnungslegungsstandards, Frankfurt am Main.

Heintges, Sebastian (2003): Best Practice bei der Umstellung auf internationale Rechnungslegung, in: DB, 56. Jg., S. 621-627.

Heintges, Sebastian (2006): Entwicklung der Rechnungslegung nach internationalen Vorschriften - Konsequenzen für deutsche Unternehmen, in: DB, 59. Jg., S. 1569-1576.

Hendler, Matthias / Zülch, Henning (2005): Anteile anderer Gesellschafter im IFRS-Konzernabschluss, in: WPg, 58. Jg., S. 1155-1166.

Hendler, Matthias (2002): Abbildung des Erwerbs und der Veräußerung von Anteilen an Tochterunternehmen nach der Interessentheorie und der Einheitstheorie, Lohmar et al.

Henning, Steven L. / Lewis, Barry L. / Shaw, Wayne H. (2000): Valuation of the Components of Purchased Goodwill, in: JAR, 38. Jg., S. 375-386.

Henning, Steven L. / Shaw, Wayne H. (2003): Is the Selection of the Amortization Period for Goodwill a Strategic Choice?, in: RQFA, 20. Jg., S. 315-333.

Hense, Heinz / Kleinbielen, Hermann-Otto / Witthaus, Christian (2005): Die Bewertung des Goodwills nach US-GAAP und IAS/IFRS, in: Peemöller, Volker H. (Hrsg.): Praxishandbuch der Unternehmensbewertung, 3. Auflage, Herne et al., S. 618-639.

Hense, Heinz (2006): Goodwill und Unternehmenssteuerung, in: Börsig, Clemens / Wagenhofer, Alfred (Hrsg.): IFRS in Rechnungswesen und Controlling - Kongress-Dokumentation, 59. Deutscher Betriebswirtschafter-Tag 2005, Stuttgart, S. 249-263.

Henselmann, Klaus / Weiler, Axel (2007): Empirische Erkenntnisse zu Restwertverläufen in der Unternehmensbewertung, in: FB, 9. Jg., S. 354-362.

Henselmann, Klaus (2002): Organisation des Controlling, in: Küpper, Hans-Ulrich / Wagenhofer, Alfred (Hrsg.): Handwörterbuch Unternehmensrechnung und Controlling, 4. Auflage, Stuttgart, Sp. 1357-1365.

Henselmann, Klaus (2006): Die Prüfung von bilanziellen Firmenwerten, in: Seicht, Gerhard (Hrsg.): Jahrbuch für Controlling und Rechnungswesen 2006 - Unternehmensbewertung und Risiko, Internes Rechnungswesen, Bilanzierung,

Bilanzreformen und Abschlussprüfung, Corporate Governance und Reporting, Controllingfragen, Varia, Wien, S. 327-343.

Hentze, Joachim / Brose, Peter / Kammel, Andreas (1993): Unternehmensplanung - Eine Einführung, 2. Auflage, Bern et al.

Hering, Thomas / Vincenti, Aurelio J.F. (2004): Investitions- und finanzierungstheoretische Grundlagen des wertorientierten Controllings, in: Scherm, Ewald / Pietsch, Gotthard (Hrsg.): Controlling - Theorien und Konzeptionen, München, S. 341-363.

Herrmann, Hans-Joachim (1992): Modellgestützte Planung in Unternehmen - Entwicklung eines Rahmenkonzepts, Wiesbaden.

Herzig, Norbert / Hausen, Guido (2004): Steuerliche Gewinnermittlung durch modifizierte Einnahmenüberschussrechnung - Konzeption nach Aufgabe des Maßgeblichkeitsprinzips, in: DB, 57. Jg., S. 1-10.

Herzig, Norbert (2004): IAS/IFRS und steuerliche Gewinnermittlung - Eigenständige Steuerbilanz und modifizierte Überschussrechnung - Gutachten für das Bundesfinanzministerium, Düsseldorf.

Heuser, Paul J. / Theile, Carsten (2007): IFRS-Handbuch - Einzel- und Konzernabschluss, 3. Auflage, Köln.

Himmel, Holger (2004): Konvergenz von interner und externer Unternehmensrechnung am Beispiel der Segmentberichterstattung, Aachen.

Hinterhuber, Andreas / Hinterhuber, Hans H. (2003): Die Analyse der strategischen Anforderungen an Unternehmensakquisitionen, in: Wurl, Hans-Jürgen (Hrsg.): Industrielles Beteiligungscontrolling, Stuttgart, S. 15-34.

Hirsch, Bernhard / Hufschlag, Klaus / Pieroth, Guido (2005): Die Mittelfristplanung als verknüpfendes Element zwischen Strategieformulierung und operativer Umsetzung von Zielen, in: ZP, 16. Jg., S. 249-266.

Hirsch, Bernhard / Sorg, Mascha (2006): Controller und Investor Relations: Konzeptionelle und empirische Untersuchung der Schnittstellen, in: FB, 8. Jg., S. 428-434.

Hirsch, Bernhard (2003): Zur Lehre im Fach Controlling - Eine empirische Bestandsaufnahme an deutschsprachigen Universitäten, in: Weber, Jürgen / Hirsch, Bernhard (Hrsg.): Zur Zukunft der Controllingforschung - Empirie, Schnittstellen und Umsetzung in der Lehre, Wiesbaden, S. 249-266.

Hirschberger, Wolfgang / Karl, Daniel (2002a): Projektorganisation und -controlling bei der Umstellung der Rechnungslegung auf IAS/IFRS im Mittelstand (Teil I), in: DStR, 40. Jg., S. 2188-2192.

Hirschberger, Wolfgang / Karl, Daniel (2002b): Projektorganisation und -controlling bei der Umstellung der Rechnungslegung auf IAS/IFRS im Mittelstand (Teil II), in: DStR, 40. Jg., S. 2236-2240.

Hitz, Jörg-Markus / Kuhner, Christoph (2000): Erweiterung des US-amerikanischen conceptual framework um Grundsätze der Barwertermittlung - Inhalt und Bedeutung des Statement of Financial Accounting Concepts No. 7, in: WPg, 53. Jg., S. 889-902.

Hitz, Jörg-Markus / Kuhner, Christoph (2002): Die Neuregelung zur Bilanzierung des derivativen Goodwill nach SFAS 141 und 142 auf dem Prüfstand, in: WPg, 55. Jg., S. 273-287.

Hitz, Jörg-Markus (2005a): Fair value in der IFRS-Rechnungslegung - Konzeption, Inhalt und Zweckmäßigkeit, in: WPg, 58. Jg., S. 1013-1027.

Hitz, Jörg-Markus (2005b): Rechnungslegung zum fair value - Konzeption und Entscheidungsnützlichkeit, Frankfurt am Main et al.

Hitz, Jörg-Markus (2006): SFAS 15X, Fair Value Measurements - Zur Fortentwicklung der Fair Value-Konzeption in der kapitalmarktorientierten Rechnungslegung, in: KoR, 6. Jg., S. 357-369.

Hoffmann, Friedrich (1993): Der Konzern als Gegenstand betriebswirtschaftlicher Forschung, in: Hoffmann, Friedrich (Hrsg.): Konzernhandbuch - Recht - Steuern - Rechnungslegung - Führung - Organisation - Praxisfälle, Wiesbaden, S. 1-80.

Hoffmann, Wolf-Dieter / Lüdenbach, Norbert (2003): Praxisprobleme der Neubewertungskonzeption nach IAS, in: DStR, 41. Jg., S. 565-570.

Hoffmann, Wolf-Dieter / Lüdenbach, Norbert (2004a): Abschreibung von Sachanlagen nach dem Komponentenansatz von IAS 16, in: BB, 59. Jg., S. 375-377.

Hoffmann, Wolf-Dieter / Lüdenbach, Norbert (2004b): IFRS 5 - Bilanzierung bei beabsichtigter Veräußerung von Anlagen und Einstellung von Geschäftsfeldern, in: BB, 59. Jg., S. 2006-2008.

Hoffmann, Wolf-Dieter (2008a): § 11 Außerplanmäßige Abschreibungen, Wertaufholung, in: Lüdenbach, Norbert / Hoffmann, Wolf-Dieter (Hrsg.): Haufe IFRS-Kommentar, 6. Auflage, Freiburg i. Br., S. 447-526.

Hoffmann, Wolf-Dieter (2008b): § 13 Immaterielle Vermögenswerte des Anlagevermögens, in: Lüdenbach, Norbert / Hoffmann, Wolf-Dieter (Hrsg.): Haufe IFRS-Kommentar, 6. Auflage, Freiburg i. Br., S. 555-617.

Hofmann, Christian / Pfeiffer, Thomas (2003): Kongruenz und Divergenz von Erfolgsrechnungen für Planungs- und Steuerungszwecke, in: WiSt, 32. Jg., S. 389-393.

Hofmann, Christian (2004): Bilanzielle Darstellungsspielräume und langfristige Anreize, in: zfbf, 56. Jg., Nr. 51 (Sonderheft), S. 137-171.

Hofmann, Christian (2005b): Gestaltung von Erfolgsrechnungen zur Steuerung langfristiger Projekte, in: zfbf, 57. Jg., S. 689-716.

Hofmann, Erik (2005a): Realisation von Synergien und Vermeidung von Dyssynergien - Eine zentrale Herausforderung für das Pre und Post Merger Control ling, in: Controlling, 17. Jg., S. 483-488.

Hoitsch, Hans-Jörg / Winter, Peter / Baumann, Nik (2006): Risikocontrolling bei deutschen Kapitalgesellschaften - Ergebnisse einer empirischen Untersuchung, in: Controlling, 18. Jg., S. 69-77.

Hoke, Michaela (2001): Konzernsteuerung auf Basis eines intern und extern vereinheitlichten Rechnungswesens - Empirische Befunde vor dem Hintergrund der Internationalisierung der Rechnungslegung, Bamberg.

Hommel, Michael / Benkel, Muriel / Wich, Stefan (2004): IFRS 3 Business Combinations: Neue Unwägbarkeiten im Jahresabschluss, in: BB, 59. Jg., S. 1267-1273.

Hommel, Michael / Franke, Florian / Rößler, Bettina (2008): Die bilanzielle Behandlung des Minderheitengoodwill gemäß Bilanzrechtsmodernisierungsgesetz, IAS 27 und IFRS 3, in: Der Konzern, 6. Jg., S. 157-166.

Hommel, Michael / Wich, Stefan (2007): Neues zur Entwicklung der Rückstellungsbilanzierung nach IFRS, in: WPg, 70. Jg., S. 509-516.

Hommel, Michael (2001): Neue Goodwillbilanzierung - das FASB auf dem Weg zur entobjektivierten Bilanz?, in: BB, 56. Jg., S. 1943-1949.

Horváth, Péter / Arnaout, Ali (1997): Internationale Rechnungslegung und Einheit des Rechnungswesens - State-of-the-Art und Implementierung in der deutschen Praxis, in: Controlling, 9. Jg., S. 254-269.

Horváth, Péter (2002): Der koordinationsorientierte Ansatz, in: Weber, Jürgen / Hirsch, Bernhard (Hrsg.): Controlling als akademische Disziplin - Eine Bestandsaufnahme, Wiesbaden, S. 53-65.

Horváth, Péter (2006): Controlling, 10. Auflage, München.

Hostettler, Stephan (1997): Economic Value Added (EVA) - Darstellung und Anwendung auf Schweizer Aktiengesellschaften, 2. Auflage, Bern et al.

Hungenberg, Harald / Wulf, Torsten (2006): Führungswechsel und Strategiewandel - Eine empirische Untersuchung bei deutschen Grossunternehmen, in: DU, 60. Jg., S. 141-155.

Hütten, Christoph / Lorson, Peter (2002): Überlegungen zur neuen Goodwillbilanzierung nach SFAS 142 aus Controlling-Perspektive - Eine Ergänzung zu Küting/Weber/Wirth: Die neue Goodwillbilanzierung nach SFAS 142, in: KoR, 2. Jg., S. 25-33.

Hütten, Christoph / Ohlgart, Christiane (2005): Goodwillbilanzierung nach SFAS 141 und 142 in der Unternehmenspraxis - das Beispiel SAP, in: Ballwieser, Wolfgang / Beyer, Sven / Zelger, Hansjörg (Hrsg.): Unternehmenskauf nach IFRS und US-GAAP - Purchase Price Allocation, Goodwill und Impairment-Test, Stuttgart, S. 271-296.

IBM Business Consulting Services (Hrsg.) (2005): The agile CFO - Acting on business insight, Somers, NY.

IFAC (2007): Handbook of International Auditing, Assurance, and Ethics Pronouncements, New York, NY.

International Group of Controlling (Hrsg.) (2006): Controller und IFRS - Konsequenzen für die Controlleraufgaben durch die Finanzberichterstattung nach IFRS, Freiburg et al.

IVSC (Hrsg.) (2007): Discussion Paper: Determination of Fair Value of Intangible Assets for IFRS Reporting Purposes, London.

Jacobi, Arne (2003): Analyse bilanztheoretischer Grundlagen der International Accounting Standards als Basis für deren Interpretation und Weiterentwicklung, Aachen.

Jäger, Rainer / Himmel, Holger (2003): Die Fair Value-Bewertung immaterieller Vermögenswerte vor dem Hintergrund der Umsetzung internationaler Rechnungslegungsstandards, in: BFuP, 55. Jg., S. 417-440.

Jansen, Stephan A. (2004): Empirische und modelltheoretische Überlegungen zur Bestimmung von Integrations- und Synergieerzielungskosten für die Unternehmensbewertung bei Zusammenschlüssen, in: Richter, Frank / Timmreck, Christian (Hrsg.): Unternehmensbewertung - Moderne Instrumente und Lösungsansätze, Stuttgart, S. 263-282.

Jansen, Stephan A. (2005): Trends, Tools, Thesen und empirische Tests zum Integrationsmanagement bei Unternehmenszusammenschlüssen, in: Picot, Gerhard (Hrsg.): Handbuch Mergers & Acquisitions - Planung, Durchführung, Integration, 3. Auflage, Stuttgart, S. 525-559.

Jennings, Ross / Robinson, John / Thompson, Robert B. III / Duvall, Linda (1996): The Relation between Accounting Goodwill Numbers and Equity Values, in: JBFA, 23. Jg., S. 513-533.

Jensen, Michael C. (1986): The Agency Costs of Free Cashflow, Corporate Finance, and Takeovers, in: AER, 76. Jg., S. 323-329.

Johnson, Todd L. / Petrone, Kimberley R. (1998): Is Goodwill an Asset?, in: AH, 12. Jg., S. 293-303.

Jonen, Andreas / Lingnau, Volker (2004): Konvergenz von internem und externem Rechnungswesen - Betriebswirtschaftliche Überlegungen und Umsetzung in der Praxis, Forschungspapier, Technische Universität Kaiserslautern.

Jost, Peter-Jürgen (1999): Strategisches Konfliktmanagement in Organisationen - Eine spieltheoretische Einführung, 2. Auflage, Wiesbaden.

Jost, Peter-Jürgen (2000): Ökonomische Organisationstheorie - Eine Einführung in die Grundlagen, Wiesbaden.

Kahle, Holger (2003): Unternehmenssteuerung auf Basis internationaler Rechnungslegungsstandards?, in: zfbf, 55. Jg., S. 773-789.

Kajüter, Peter / Barth, Daniela (2007): Segmentberichterstattung nach IFRS 8 - Übernahme des Management Approach, in: BB, 62. Jg., S. 428-434.

Kaplan, Robert S. / Norton, David P. (1996): The Balanced Scorecard - Translating strategy into action, Boston, MA.

Karl, Stefan (2006): Optimierte Integration des externen und internen Rechnungswesens mit mySAP ERP, in: Controlling, 18. Jg., S. 455-463.

Kasperzak, Rainer / Nestler, Anke (2007): Zur Berücksichtigung des Tax Amortisation Benefit bei der Fair Value-Ermittlung immaterieller Vermögenswerte nach IFRS 3, in: DB, 60. Jg., S. 473-478.

Kauffmann, Herbert (2005): Wertorientiertes Controlling bei DaimlerChrysler, in: Controlling, 17. Jg., S. 603-611.

Keitz, Isabel von (2005): Praxis der IASB-Rechnungslegung - Best practice von 100 IFRS-Anwendern, 2. Auflage, Stuttgart.

Kenter, Michael E. (1985): Die Steuerung ausländischer Tochtergesellschaften - Instrumente und Effizienz, Frankfurt am Main et al.

Kerkhoff, Guido (2006): Die Umstellung auf IFRS - Auswirkungen auf strategische Finanzkennzahlen der Deutschen Telekom, in: Küting, Karlheinz / Pfitzer, Norbert / Weber, Claus-Peter (Hrsg.): Internationale Rechnungslegung: Standortbestimmung und Zukunftsperspektiven - Kapitalmarktorientierte Rechnungslegung und integrierte Unternehmenssteuerung, Stuttgart, S. 113-130.

Kieser, Alfred (1993): Organisation, in: Wittmann, Waldemar / Kern, Werner / Köhler, Richard / Küpper, Hans-Ulrich / Wysocki, Klaus von (Hrsg.): Handwörterbuch der Betriebswirtschaft, 5. Auflage, Stuttgart, Sp. 2988-3006.

Kind, Helmut (1986): Das Interne Rechnungswesen mittelständischer Industrieunternehmen - Ergebnisse einer empirischen Untersuchung, 2. Auflage, Speyer.

Kirchner, Christian (2006): Probleme von Ermessensspielräumen in der fair value-Bewertung nach Internationalen Rechnungslegungsstandards, in: zfbf, 58. Jg., Nr. 55 (Sonderheft), S. 61-78.

Kirsch, Hanno (2004): Berichterstattung nach IAS 1 (revised 2003) über Ermessensspielräume beim Asset Impairment für operative Vermögenswerte und zahlungsmittelgenerierende Einheiten - Verbesserung der Informationsqualität des IFRS-Jahresabschlusses?, in: KoR, 4. Jg., S. 136-141.

Kirsch, Hans-Jürgen / Koelen, Peter / Tinz, Oliver (2008a): Die Berichterstattung der DAX-30-Unternehmen in Bezug auf die Neuregelung des impairment only approach des IASB (Teil 2), in: KoR, 8. Jg., S. 188-193.

Kirsch, Hans-Jürgen / Koelen, Peter / Tinz, Oliver (2008b): Die Berichterstattung der DAX-30-Unternehmen in Bezug auf die Neuregelung des impairment only approach des IASB (Teil 1), in: KoR, 8. Jg., S. 88-97.

Kleekämper, Heinz / Kuhlewind, Andreas-Markus / Alvarez, Manuel (2002): Kapitel I: Ziele, Organisation, Entwicklung und Bedeutung des IASB, in: Baetge, Jörg / Wollmert, Peter / Kirsch, Hans-Jürgen / Oser, Peter / Bischof, Stefan (Hrsg.): Rechnungslegung nach IFRS - Kommentar auf der Grundlage des deutschen Bilanzrechts, 2. Auflage, Stuttgart, ohne Seitenangabe (5. Ergänzungslieferung 12/2007).

Klein, Georg A. (1999a): Unternehmenssteuerung auf Basis der International Accounting Standards - Ein Beitrag zur Konvergenz von internem und externem Rechnungswesen, München.

Klein, Georg A. (1999b): Konvergenz von internem und externem Rechnungswesen auf Basis der International Accounting Standards (IAS), in: krp, 43. Jg., Nr. 3 (Sonderheft), S. 67-77.

Klein, Klaus-Günter / Jonas, Martin (2005): Due Diligence und Unternehmensbewertung, in: Berens, Wolfgang / Brauner, Hans U. / Strauch, Joachim (Hrsg.): Due Diligence bei Unternehmensakquisitionen, 4. Auflage, Stuttgart, S. 173-195.

Kley, Karl-Ludwig (2001): Die Fair Value-Bilanzierung in der Rechnungslegung nach den International Accounting Standards (IAS), in: DB, 54. Jg., S. 2257-2262.

Kley, Karl-Ludwig (2002): IAS und wertorientiertes Controlling, in: krp, 46. Jg., S. 277-281.

Klingelhöfer, Heinz Eckart (2006): Wertorientiertes Controlling auf der Grundlage von Werten nach IAS 36? - Das Konzept zahlungsmittelgenerierender Einheiten und ihrer Nutzungswerte nach IAS 36 aus Sicht des wertorientierten Controllings, in: KoR, 6. Jg., S. 590-597.

Kloock, Josef (1981): Mehrperiodige Investitionsrechnungen auf der Basis kalkulatorischer und handelsrechtlicher Erfolgsrechnungen, in: zfbf, 33. Jg., S. 873-890.

Kloock, Josef (1993): Dynamische Bilanz, in: Chmielewicz, Klaus / Schweitzer, Marcell (Hrsg.): Handwörterbuch des Rechnungswesens, 3. Auflage, Stuttgart, Sp. 384-399.

Knirsch, Deborah (2006): Reform der steuerlichen Gewinnermittlung durch Übergang zur Einnahmen-Überschuss-Rechnung - Wer gewinnt, wer verliert?, in: ZfB, 76. Jg., S. 231-251.

Koch, Helmut (1999): Zur Frage der Vereinheitlichung der Entscheidungsrechnungen: Kalkulatorische Planerfolgsrechnung oder Zahlungsrechnung, in: ZfB, 69. Jg., S. 195-209.

Köhler, Annette G. / Marten, Kai-Uwe / Schlereth, Dieter (2003): Praxisbefragung: Erfahrungen von Unternehmen bei der Umstellung der Rechnungslegung von HGB auf IAS/IFRS oder US-GAAP, in: BB, 58. Jg., S. 2615-2621.

Köhler, Annette G. / Marten, Kai-Uwe / Schlereth, Dieter (2006): Reformansätze zum HGB - Studie zur Einschätzung der Vorschläge des Deutschen Standardisierungsrates (DSR), in: DB, 59. Jg., S. 2301-2306.

Kopatschek, Martin (2006): IFRIC 10 - Zwischenberichterstattung und Impairment, in: WPg, 59. Jg., S. 1504-1507.

Köppen, Jens (2004): Synergieermittlung im Vorfeld von Unternehmenszusammenschlüssen - Beurteilung der Vorgehensweise anhand eines Referenzmodells, Wiesbaden.

KPMG (Hrsg.) (2002): Fast Close-Studie 2002, Berlin.

KPMG (Hrsg.) (2004): IFRS aktuell - Neuregelungen 2004: IFRS 1 bis 5, Improvements Project, Amendments IAS 32 und 39, Stuttgart.

Krämling, Markus (1998): Der Goodwill aus der Kapitalkonsolidierung: Bestandsaufnahme der Bilanzierungspraxis und deren Relevanz für die Aktienbewertung, Frankfurt am Main et al.

Kratz, Norbert / Wangler, Clemens (2005): Unternehmensbewertung bei nicht kapitalmarktorientierten Unternehmen: Das Problem der Ermittlung entscheidungsrelevanter Kapitalkosten, in: FB, 7. Jg., S. 169-176.

Kreikebaum, Hartmut (2002): Organisationsmanagement internationaler Unternehmen - Grundlagen und moderne Netzwerkstrukturen, 2. Auflage, Wiesbaden.

Krystek, Ulrich / Herzhoff, Marc (2006): Szenario-Technik und Frühaufklärung: Anwendungsstand und Integrationspotenzial, in: ZfCM, 50. Jg., S. 305-310.

Krystek, Ulrich (2003): Bedeutung der Früherkennung für Unternehmensplanung und Kontrolle, in: Horváth, Péter / Gleich, Ronald (Hrsg.): Neugestaltung der Unternehmensplanung - Innovative Konzepte und erfolgreiche Praxislösungen, Stuttgart, S. 121-148.

Kuhn, Alfred (1990): Unternehmensführung, 2. Auflage, München.

Kuhn, Steffen (2005): Finanzinstrumente: Fair Value-Option in IAS 39 überarbeitet, in: DB, 58. Jg., S. 1341-1348.

Kühnberger, Manfred (2005): Firmenwerte in Bilanz, GuV und Kapitalflussrechnung nach HGB, IFRS und US-GAAP - Abbildung und Aussagekraft, in: DB, 58. Jg., S. 677-683.

Kühne, Mareike / Nerlich, Christoph (2005): Vorschläge für eine geänderte Rückstellungsbilanzierung nach IAS 37: Darstellung und kritische Würdigung, in: BB, 60. Jg., S. 1839-1844.

Kühne, Mareike / Schwedler, Kristina (2005): Geplante Änderungen der Bilanzierung von Unternehmenszusammenschlüssen - ED of Proposed Amendments to IFRS 3 und ED of Proposed Amendments to IAS 27, in: KoR, 5. Jg., S. 329-338.

Kuhner, Christoph (2005): Die Zielsetzungen von IFRS, US-GAAP und HGB und deren Konsequenzen für die Abbildung von Unternehmenskäufen, in: Ballwieser, Wolfgang / Beyer, Sven / Zelger, Hansjörg (Hrsg.): Unternehmenskauf nach IFRS und US-GAAP - Purchase Price Allocation, Goodwill und Impairment-Test, Stuttgart, S. 1-30.

Kuhner, Christoph (2006): Prognosen in der Betriebswirtschaftslehre, in: AG, 51. Jg., S. 713-720.

Kümmel, Gerhard / Watterott, Richard (2005): Neue Entwicklungen im internationalen Konzerncontrolling am Beispiel Bosch - Durchgängige Konzernsteuerung, in: Horváth, Péter (Hrsg.): Organisationsstrukturen und Geschäftsprozesse wirkungsvoll steuern, Stuttgart, S. 11-32.

Kümmel, Jens (2002): Grundsätze für die Fair Value-Ermittlung mit Barwertkalkülen - Eine Untersuchung auf der Grundlage des Statement of Financial Accounting Concepts No. 7, Düsseldorf.

Kümpel, Thomas (2002): Integration von internem und externem Rechnungswesen bei der Bewertung erfolgversprechender langfristiger Fertigungsaufträge, in: DB, 55. Jg., S. 905-910.

Kunath, Oliver (2005): Kaufpreisallokation: Bilanzierung erworbener immaterieller Vermögenswerte nach IFRS 3 (2004) / IAS 38 (rev. 2004) und ED IFRS 3 (amend. 2005), in: ZfCM, 49. Jg., Nr. 3 (Sonderheft), S. 107-120.

Küpper, Hans-Ulrich (1993): Internes Rechnungswesen, in: Hauschildt, Jürgen / Grün, Oskar (Hrsg.): Ergebnisse empirischer betriebswirtschaftlicher Forschung - Zu einer Realtheorie der Unternehmung, Festschrift für Eberhard Witte, Stuttgart, S. 601-631.

Küpper, Hans-Ulrich (1994): Interne Unternehmensrechnung auf kapitaltheoretischer Basis, in: Ballwieser, Wolfgang / Böcking, Hans-Joachim / Drukarczyk, Jochen (Hrsg.): Bilanzrecht und Kapitalmarkt: Festschrift zum 65. Geburtstag von Professor Dr. Dr. h.c. Dr. h.c. Adolf Moxter, Düsseldorf, S. 969-1002.

Küpper, Hans-Ulrich (1995): Unternehmensplanung und -steuerung mit pagatorischen oder kalkulatorischen Erfolgsrechnungen?, in: zfbf, 47. Jg., Nr. 34 (Sonderheft), S. 19-50.

Küpper, Hans-Ulrich (1998): Marktwertorientierung - neue und realisierbare Ausrichtung für die interne Unternehmensrechnung?, in: BFuP, 50. Jg., S. 517-539.

Küpper, Hans-Ulrich (1999): Zweckmäßigkeit, Grenzen und Ansatzpunkte einer Integration der Unternehmensrechnung, in: krp, 43. Jg., Nr. 3 (Sonderheft), S. 5-11.

Küpper, Hans-Ulrich (2005): Controlling: Konzeption, Aufgaben und Instrumente, 4. Auflage, Stuttgart.

Küting, Karlheinz / Bender, Jürgen (1998): Ergebnis nach DVFA/SG, in: Küting, Karlheinz / Weber, Claus-Peter (Hrsg.): Handbuch der Konzernrechnungslegung - Kommentar zur Bilanzierung und Prüfung - Band II, 2. Auflage, Stuttgart, S. 276-286.

Küting, Karlheinz / Dawo, Sascha / Wirth, Johannes (2003): Konzeption der außerplanmäßigen Abschreibung im Reformprojekt des IASB, in: KoR, 3. Jg., S. 177-190.

Küting, Karlheinz / Dawo, Sascha (2003): Anwendungsfälle der fair value-Bewertung bei nicht finanziellen Vermögenswerten im Rahmen der International Financial Reporting Standards (IFRS), in: KoR, 3. Jg., S. 228-241.

Küting, Karlheinz / Eidel, Ulrike (1999): Marktwertansatz contra Ertragswert- und Discounted Cash Flow-Verfahren, in: FB, 1. Jg., S. 225-231.

Küting, Karlheinz / Elprana, Kai / Wirth, Johannes (2003): Sukzessive Anteilserwerbe in der Konzernrechnungslegung nach IAS 22/ED 3 und dem Business Combinations Project (Phase II), in: KoR, 3. Jg., S. 477-490.

Küting, Karlheinz / Lorson, Peter (1998a): Grundsätze eines Konzernsteuerungskonzepts auf „externer“ Basis (Teil I) - Ein Beitrag zur Konvergenz von internem und externem Rechnungswesen, in: BB, 53. Jg., S. 2251-2258.

Küting, Karlheinz / Lorson, Peter (1998b): Grundsätze eines Konzernsteuerungskonzepts auf „externer" Basis (Teil II) - Ein Beitrag zur Konvergenz von internem und externem Rechnungswesen, in: BB, 53. Jg., S. 2303-2309.

Küting, Karlheinz / Lorson, Peter (1998c): Konvergenz von internem und externem Rechnungswesen: Anmerkungen zu Strategien und Konfliktfeldern, in: WPg, 51. Jg., S. 483-493.

Küting, Karlheinz / Lorson, Peter (1999a): Konzernrechnungslegung: Ein neues Aufgabengebiet des Controllers? - Zukunft der deutschen Rechnungslegung und Auswirkungen auf das Controlling, in: Controlling, 11. Jg., S. 215-222.

Küting, Karlheinz / Lorson, Peter (1999b): Harmonisierung des Rechnungswesens aus Sicht der externen Rechnungslegung, in: krp, 43. Jg., Nr. 3 (Sonderheft), S. 47-57.

Küting, Karlheinz / Weber, Claus-Weber / Wirth, Johannes (2001): Die neue Goodwillbilanzierung nach SFAS 142 - Ist der Weg frei für eine neue Akquisitionswelle?, in: KoR, 1. Jg., S. 185-198.

Küting, Karlheinz / Weber, Claus-Peter / Wirth, Johannes (2008): Die Goodwillbilanzierung im finalisierten Business Combinations Project Phase II, in: KoR, 8. Jg., S. 139-152.

Küting, Karlheinz / Weber, Claus-Peter (2006): Der Konzernabschluss - Praxis der Konzernrechnungslegung nach HGB und IFRS, 10. Auflage, Stuttgart.

Küting, Karlheinz / Wirth, Johannes (2004): Bilanzierung von Unternehmenszusammenschlüssen nach IFRS 3, in: KoR, 4. Jg., S. 167-177.

Küting, Karlheinz / Wirth, Johannes (2005a): Firmenwertbilanzierung nach IAS 36 (rev. 2004) unter Berücksichtigung von Minderheitenanteilen an erworbenen Tochterunternehmen, in: KoR, 5. Jg., S. 199-206.

Küting, Karlheinz / Wirth, Johannes (2005b): Implikationen von IAS 36 (rev. 2004) auf die Firmenwertberücksichtigung bei einer teilweisen Endkonsolidierung ohne Wechsel der Konsolidierungsmethode, in: KoR, 5. Jg., S. 415-426.

Küting, Karlheinz / Wirth, Johannes (2007): Goodwillbilanzierung im neuen Near Final Draft zu Business Combinations Phase II, in: KoR, 7. Jg., S. 460-469.

Küting, Karlheinz / Zwirner, Christian / Reuter, Michael (2007): Zur Bedeutung der Fair Value-Bewertung in der deutschen Bilanzierungspraxis - Empirische Analyse von IFRS-Konzernabschlüssen, in: DStR, 45. Jg., S. 500-506.

Küting, Karlheinz (2004): Saarbrücker Thesen zur Fortentwicklung des deutschen Bilanzrechts, in: BB, 59. Jg., Nr. 30, S. I.

Küting, Karlheinz (2006a): Auf der Suche nach dem richtigen Gewinn - Die Gewinnkonzeption von HGB und IFRS im Vergleich, in: DB, 59. Jg., S. 1441-1450.

Küting, Karlheinz (2006b): Der Geschäfts- und Firmenwert als Schlüsselgröße der Analyse von Bilanzen deutscher Konzerne - eine empirische Analyse, in: Küting, Karlheinz / Pfitzer, Norbert / Weber, Claus-Peter (Hrsg.): Internationale Rechnungslegung: Standortbestimmung und Zukunftsperspektiven - Kapitalmarktorientierte Rechnungslegung und integrierte Unternehmenssteuerung, Stuttgart, S. 159-182.

Küting, Karlheinz (2007): Der Geschäfts- oder Firmenwert in der deutschen Konsolidierungspraxis - Ein Beitrag zur empirischen Rechnungslegungsforschung, in: DStR, 45. Jg., S. 2025-2031.

Lachnit, Laurenz / Müller, Stefan (2003): Bilanzanalytische Behandlung von Geschäfts- oder Firmenwerten, in: KoR, 3. Jg., S. 540-550.

Lange, Jan-Ulrich / Schauer, Bernd Dieter (1996): Stand und Rechenzwecke mittelständischer Kostenrechnung - Eine empirische Untersuchung, Forschungspapier, Universität Konstanz.

Langguth, Heike / Engelmann, Andreas (2005): Empirische Untersuchung zur Segmentberichterstattung am deutschen Kapitalmarkt, in: DB, 58. Jg., S. 621-628.

Lauk, Kurt J. (1994): Kunde oder Aktionär - ein Dilemma für das Controlling?, in: Horváth, Péter (Hrsg.): Kunden und Prozesse im Fokus - Controlling und Reengineering, Stuttgart, S. 27-45.

Laux, Helmut / Liermann, Felix (2005): Grundlagen der Organisation - Die Steuerung von Entscheidungen als Grundproblem der Betriebswirtschaftslehre, 6. Auflage, Berlin et al.

Laux, Helmut (1999): Unternehmensrechnung, Anreiz und Kontrolle - Die Messung, Zurechnung und Steuerung des Erfolges als Grundprobleme der Betriebswirtschaftslehre, 2. Auflage, Berlin et al.

Laux, Helmut (2003): Entscheidungstheorie, 5. Auflage, Berlin et al.

Lawrence, Paul R. / Lorsch, Jay W. (1969): Organization and Environment - Managing Differentiation and Integration, Homewood, IL et al.

Lechner, Hubert / Meyer, Arnt (2003): Quantifizierung von Synergiepotenzialen bei Unternehmenszusammenschlüssen, in: M&A (D), 13. Jg., S. 311-316.

Lewis, Thomas G. (1995): Steigerung des Unternehmenswertes - Total Value Management, 2. Auflage, Landsberg am Lech.

Leßweng, Hans-Peter (2004): Einsatz von Business Intelligence Tools (BIT) im betrieblichen Berichtswesen, in: Controlling, 16. Jg., S. 41-49.

Li, Kevin / Meeks, Geoff (2006): The impairment of purchased goodwill: effects on market value, Forschungspapier, University of Cambridge.

Li, Zining / Shroff, Pervin K. / Venkataraman, Ramgopal (2005): Goodwill Impairment Loss: Causes and Consequences, Forschungspapier, University of Minnesota.

Lienau, Achim / Zülch, Henning (2006): Die Ermittlung des value in use nach IFRS - Eine Betrachtung der Einflussfaktoren des value in use vor dem Hintergrund der Vermittlung entscheidungsnützlicher Abschlussinformationen, in: KoR, 6. Jg., S. 319-329.

Linder, Stefan (2004): Wie (un)zuverlässig sind Investitionsplanungen? - Ein Überblick über den Stand der empirischen Forschung zur Verbreitung von Fehlern und Verzerrungen in Investitionsplanungen, in: ZfCM, 48. Jg., Nr. 1 (Sonderheft), S. 47-57.

Löcke, Jürgen (1999): Der Materiality-Grundsatz bei Jahres- und Konzernabschlüssen nach International Accounting Standards, in: BB, 54. Jg., S. 307-312.

Lorson, Peter (1996): Erfolgsrechnung und -überwachung in globalen Konzernen - Grundsätzliche Anmerkungen aus Sicht des Konzern-Controlling, in: DB, 49. Jg., S. 2505-2511.

Lorson, Peter (2004): Auswirkungen von Shareholder-Value-Konzepten auf die Bewertung und Steuerung ganzer Unternehmen, Herne et al.

Loughran, Tim (1997): Book-to-Market across Firm Size, Exchange, and Seasonality: Is There an Effect?, in: JFQA, 32. Jg., S. 249-268.

Löw, Edgar / Blaschke, Silke (2005): Verabschiedung des Amendment zu IAS 39 Financial Instruments: Recognition and Measurement - The Fair Value Option, in: BB, 60. Jg., S. 1727-1736.

Lücke, Wolfgang (1955): Investitionsrechnung auf der Basis von Ausgaben oder Kosten?, in: ZfhF, n.F., 7. Jg., S. 310-324.

Lüdenbach, Norbert / Freiberg, Jens (2006): Zweifelhafter Objektivierungsbeitrag des Fair Value Measurement-Projekts für die IFRS-Bilanz, in: KoR, 6. Jg., S. 437-445.

Lüdenbach, Norbert / Frowein, Nils (2003): Der Goodwill-Impairment-Test aus Sicht der Rechnungslegungspraxis, in: DB, 56. Jg., S. 217-223.

Lüdenbach, Norbert / Hoffmann, Wolf-Dieter (2003): Imparitätische Wahrscheinlichkeit - Zukunftswerte im IAS-Regelwerk, in: KoR, 3. Jg., S. 5-14.

Lüdenbach, Norbert / Hoffmann, Wolf-Dieter (2004): Verbindliches Mindestgliederungsschema für die IFRS-Bilanz, in: KoR, 4. Jg., S. 89-94.

Lüdenbach, Norbert / Hoffmann, Wolf-Dieter (2005): Übergangskonsolidierung und Auf- oder Abstockung von Mehrheitsbeteiligungen nach ED IAS 27 und ED IFRS 3, in: DB, 58. Jg., S. 1805-1811.

Lüdenbach, Norbert / Hoffmann, Wolf-Dieter (2008): § 1 Rahmenkonzept (Framework), in: Lüdenbach, Norbert / Hoffmann, Wolf-Dieter (Hrsg.): Haufe IFRS-Kommentar, 6. Auflage, Freiburg i. Br., S. 27-85.

Lüdenbach, Norbert / Prusaczyk, Peter (2004a): Bilanzierung von Kundenbeziehungen in der Abgrenzung zu Marken und Goodwill, in: KoR, 4. Jg., S. 204-214.

Lüdenbach, Norbert / Prusaczyk, Peter (2004b): Bilanzierung von „In-Process Research and Development" beim Unternehmenserwerb nach IFRS und US-GAAP, in: KoR, 4. Jg., S. 415-422.

Lüdenbach, Norbert (2005): IFRS - Der Ratgeber zur erfolgreichen Umstellung von HGB auf IFRS, 4. Auflage, Freiburg et al.

Lüdenbach, Norbert (2008): § 31 Unternehmenszusammenschlüsse, in: Lüdenbach, Norbert / Hoffmann, Wolf-Dieter (Hrsg.): Haufe IFRS-Kommentar, 6. Auflage, Freiburg i. Br., S. 1749-1918.

Lüßmann, Lars-Gerrit (2004): Unternehmenskontrolle, Kapitalmärkte und Fair Value Accounting, Sternenfels.

Mackenstedt, Andreas / Fladung, Hans-Dieter / Himmel, Holger (2006): Ausgewählte Aspekte bei der Bestimmung beizulegender Zeitwerte nach IFRS 3 - Anmerkungen zu IDW RS HFA 16, in: WPg, 59. Jg., S. 1037-1048.

Mag, Wolfgang (1995): Unternehmungsplanung, München.

Mandl, Gerwald (2005): Zur Berücksichtigung des Risikos bei Ermittlung des Nutzungswertes gemäß IAS 36: Darstellung und Kritik, in: Schneider, Dieter /

Rückle, Dieter / Küpper, Hans-Ulrich / Wagner, Franz W. (Hrsg.): Kritisches zu Rechnungslegung und Unternehmensbesteuerung - Festschrift zur Vollendung des 65. Lebensjahres von Theodor Siegel, Berlin, S. 139-159.

Männel, Wolfgang / Distler, Helmut (1997): Substanzerhaltung durch kalkulatorische Abschreibungen und kalkulatorische Gewinnbestandteile, in: krp, 41. Jg., Nr. 1 (Sonderheft), S. 43-54.

Männel, Wolfgang (1999a): Integration des Rechnungswesens für ein durchgängiges Ergebniscontrolling, in: krp, 43. Jg., S. 11-21.

Männel, Wolfgang (1999b): Harmonisierung des Rechnungswesens für ein integriertes Ergebniscontrolling, in: krp, 43. Jg., Nr. 3 (Sonderheft), S. 13-29.

Marten, Kai-Uwe / Quick, Reiner / Ruhnke, Klaus (2007): Wirtschaftsprüfung - Grundlagen des betriebswirtschaftlichen Prüfungswesens nach nationalen und internationalen Normen, 3. Auflage, Stuttgart.

Martin, Roger D. / Rich, Jay S. / Wilks, T. Jeffrey (2006): Auditing Fair Value Measurements: A Synthesis of Relevant Research, in: AH, 20. Jg., S. 287-303.

Matschke, Manfred Jürgen / Kolf, J. (1980): Historische Entwicklung, Begriff und organisatorische Probleme des Controlling, in: DB, 33. Jg., S. 601-607.

Meinhövel, Harald (2004): Grundlagen der Principal-Agent-Theorie, in: WiSt, 33. Jg., S. 470-475.

Melcher, Winfried (2002): Konvergenz von internem und externem Rechnungswesen - Umstellung des traditionellen Rechnungswesens und Einführung eines abgestimmten vertikalen und horizontalen Erfolgsspaltungskonzepts, Hamburg.

Melching, Hans-Georg (1997): Internationales Rechnungswesen und Ergebniskontrolle bei der VOLKSWAGEN AG, in: Controlling, 9. Jg., S. 246-252.

Mellewigt, Thomas (1995): Konzernorganisation und Konzernführung - Eine empirische Untersuchung börsennotierter Konzerne, Frankfurt am Main et al.

Menn, Bernd-Joachim (1995): Die spartenorientierte Kapitalergebnisrechnung im Bayer-Konzern, in: Küting, Karlheinz / Weber, Claus-Peter (Hrsg.): Das Rechnungswesen im Konzern - Intern - Extern, Stuttgart, S. 217-234.

Menn, Bernd-Joachim (1999): Auswirkungen der internationalen Bilanzierungspraxis auf Unternehmensrechnung und Controlling, in: Küting, Karlheinz /

Langenbucher, Günther (Hrsg.): Internationale Rechnungslegung: Festschrift für Professor Claus-Peter Weber zum 60. Geburtstag, Stuttgart, S. 631-647.

Merchant, Kenneth A. / Otley, David T. (2007): A Review of the Literature on Control and Accountability, in: Chapman, Christopher S. / Hopwood, Anthony G. / Shields, Michael D. (Hrsg.): Handbook of Management Accounting Research: Volume 2, Amsterdam et al., S. 785-802.

Merchant, Kenneth A. (1987): How and Why Firms Disregard the Controllability Principle, in: Bruns, William J., Jr. / Kaplan, Robert S. (Hrsg.): Accounting & Management - Field Study Perspectives, Boston, MA, S. 316-338.

Mertens, Uwe (1995): Earnings per Share - Internationaler Vergleich, Informationsgehalt, Alternativen, Bamberg.

Mitter, Christine / Feldbauer-Durstmüller, Birgit (2005): Neuere Budgetierungsansätze - Lösungskonzepte für die Planungsprobleme in österreichischen und deutschen Unternehmen?, in: Seicht, Gerhard (Hrsg.): Jahrbuch für Controlling und Rechnungswesen 2005 - Unternehmensbewertung, Rating und Bonitätsbeurteilung, Budgetierung und Finanzcontrolling, Insolvenz und Abschlussprüfung, Rechnungslegung, Planung und Controlling, Performance-Messung, Varia, Wien, S. 113-139.

Modigliani, Franco / Miller, Merton H. (1958): The cost of capital, corporation finance and the theory of investment, in: AER, 48. Jg., S. 261-297.

Monhof, Winfried (2004): Segmentergebnisrechnung - Grundlage für wertorientiertes Controlling, Vortag auf der Management-Circle-Konferenz „IAS/ IFRS im Controlling“, 23.11.2004, München.

Müller, Armin (1966): Grundzüge eines ganzheitlichen Controllings, München et al.

Müller, Heinrich (2000): Anforderungen an das interne Rechnungswesen für die operative Unternehmenssteuerung global agierender Unternehmen und Konzerne, in: Altenburger, Otto A. / Janschek, Otto / Müller, Heinrich (Hrsg.): Fortschritte im Rechnungswesen - Vorschläge für Weiterentwicklungen im Dienste der Unternehmens- und Konzernsteuerung durch Unternehmensorgane und Eigentümer, Wiesbaden, S. 383-421.

Müller, Martin (2006): Harmonisierung des externen und internen Rechnungswesens - Eine empirische Untersuchung, Wiesbaden.

Müller, Stefan / Ordemann, Tammo / Pampel, Jochen R. (2005): Handlungsempfehlungen für die Anwendung der IFRS im Controlling mittelständischer Unternehmen, in: BB, 60. Jg., S. 2119-2125.

Mujkanovic, Robin (2002): Fair Value im Financial Statement nach International Accounting Standards, Stuttgart.

Nadvornik, Wolfgang / Greinig, Anja (2005): Unternehmenscontrolling als Grundlage finanzwirtschaftlicher Bewertung, in: Feldbauer-Durstmüller, Birgit / Schwarz, Reinhard / Wimmer, Bernhard (Hrsg.): Handbuch Controlling und Consulting - Festschrift für Harald Stiegler zum 65. Geburtstag, Wien, S. 491-513.

Neus, Werner (2007): Einführung in die Betriebswirtschaftslehre aus institutionenökonomischer Sicht, 5. Auflage, Tübingen.

Niehus, Rudolf J. (2005): Die IFRS auf Deutsch - Fehler und Unzulänglichkeiten der Übersetzung, in: DB, 58. Jg., S. 2477-2483.

Nuppeney, Werner (2002): Konzernkalkulation - Managementreporting und Konzernkonsolidierung auf der Basis konsolidierter Herstellkosten am Beispiel eines internationalen Pharmakonzerns, in: krp, 46. Jg., S. 305-309.

O'Hanlon, John / Peasnell, Ken (1998): Wall Street's contribution to management accounting: the Stern Stewart EVA financial management system, in: MAR, 9. Jg., S. 421-444.

Oehler, Carsten / Simon, Christian (2003): Neuorientierung des Reporting in der Energiewirtschaft - Erfahrungen aus der Modernisierung des externen und internen Reporting in einem international tätigen Energiekonzern, in: Controlling, 15. Jg., S. 251-255.

Oehler, Karsten (2004): IAS/IFRS und Controlling - Umsetzung mit SAP, in: Accounting, 4. Jg., Nr. 1, S. 6-8.

Ohlms, Dirk / Tomaszewski, Claude / Trützschler, Klaus (2002): Entwicklungstendenzen der Rechnungslegung aus Sicht des Familienunternehmens Haniel, in: zfbf, 54. Jg., S. 191-203.

Olbrich, Michael (2006a): Wertorientiertes Controlling auf Basis des IAS 36? - Erwiderung zum Beitrag von Andreas Haaker, KoR 2005 S. 351 und kritische Würdigung der Standards in der neuen Fassung, in: KoR, 6. Jg., S. 43-44.

Olbrich, Michael (2006b): Nochmals: Zur Fragwürdigkeit eines wertorientierten Controllings auf Basis des IAS 36 - Stellungnahme zu den Beiträgen von Andreas Haaker, KoR 2006 S. 44-47 und Heinz Eckart Klingelhöfer, KoR 2006 S. 590-597, in: KoR, 6. Jg., S. 685-687.

Ordelheide, Dieter / Stubenrath, Michael (2000): Segmentberichterstattung: US-GAAP im Vergleich mit HGB/DRS, in: Ballwieser, Wolfgang (Hrsg.): US-amerikanische Rechnungslegung - Grundlagen und Vergleiche mit dem deutschen Recht, 4. Auflage, Stuttgart, S. 379-405.

Ordelheide, Dieter (2000): Wertpotential und Objektivierung der IAS im Vergleich zu den Bilanzierungsvorschriften des dHGB und des öHGB - Konsequenzen für die externe und interne Unternehmenssteuerung, in: Altenburger, Otto A. / Janschek, Otto / Müller, Heinrich (Hrsg.): Fortschritte im Rechnungswesen - Vorschläge für Weiterentwicklungen im Dienste der Unternehmens- und Konzernsteuerung durch Unternehmensorgane und Eigentümer, Wiesbaden, S. 507-532.

Ossadnik, Wolfgang (1998): Controlling, 2. Auflage, München et al.

Paetzmann, Karsten (2005): Enterprise Risk Management: Zum Einfluss der Governance-Reformen auf das Controlling und die Überwachung, in: ZP, 16. Jg., S. 267-288.

Paprottka, Stephan (1996): Unternehmenszusammenschlüsse: Synergiepotentiale und ihre Umsetzungsmöglichkeiten durch Integration, Wiesbaden.

Pausenberger, Ehrenfried / Glaum, Martin (1993): Informations- und Kommunikationsprobleme in internationalen Konzernen, in: BFuP, 45. Jg., S. 602-627.

Pausenberger, Ehrenfried (1996): Controlling internationaler Unternehmungen, in: Engelhard, Johann (Hrsg.): Strategische Führung internationaler Unternehmen: Paradoxien, Strategien und Erfahrungen, Wiesbaden, S. 179-198.

Pawelzik, Udo (2004): Die Konsolidierung von Minderheiten nach IAS/IFRS der Phase II („business combinations"), in: WPg, 57. Jg., S. 677-694.

Pellens, Bernhard / Basche, Kerstin / Sellhorn, Thorsten (2003): Full Goodwill Method - Renaissance der reinen Einheitstheorie in der Konzernbilanzierung?, in: KoR, 3. Jg., S. 1-4.

Pellens, Bernhard / Crasselt, Nils / Schremper, Ralf (2002): Berücksichtigung von Geschäftsbereichs-Goodwills bei der wertorientierten Unternehmensführung, in: Böhler, Heymo (Hrsg.): Marketing-Management und Unternehmensführung - Festschrift für Professor Dr. Richard Köhler zum 65. Geburtstag, Stuttgart, S. 121-135.

Pellens, Bernhard / Crasselt, Nils / Sellhorn, Thorsten (2002): Bedeutung der neuen Goodwill-Bilanzierung nach US-GAAP für die wertorientierte Unternehmensführung, in: Horváth, Péter (Hrsg.): Performance Controlling - Strategie, Leistung und Anreizsystem effektiv verbinden, Stuttgart, S. 131-152.

Pellens, Bernhard / Crasselt, Nils (2004): Bilanzierung von Aktienoptionsplänen und ähnlichen Entgeltformen nach IFRS 2 „Share-based Payment", in: KoR, 4. Jg., S. 113-118.

Pellens, Bernhard / Fülbier, Rolf Uwe / Gassen, Joachim / Sellhorn, Thorsten (2008): Internationale Rechnungslegung - IFRS 1 bis 8, IAS 1 bis 41, IFRIC-Interpretationen, Standardentwürfe - Mit Beispielen, Aufgaben und Fallstudie, 7. Auflage, Stuttgart.

Pellens, Bernhard / Fülbier, Rolf Uwe / Gassen, Joachim (2006): Internationale Rechnungslegung - IFRS 1 bis 7, IAS 1 bis 41, IFRIC-Interpretationen, Standardentwürfe - Mit Beispielen, Aufgaben und Fallstudie, 6. Auflage, Stuttgart.

Pellens, Bernhard / Fülbier, Rolf Uwe (2000): Immaterielle Vermögensgegenstände in der internen und externen Unternehmensrechnung, in: Küting, Karlheinz / Weber, Claus-Peter (Hrsg.): Wertorientierte Konzernführung - Kapitalmarktorientierte Rechnungslegung und integrierte Unternehmenssteuerung, Stuttgart, S. 119-155.

Pellens, Bernhard / Sellhorn, Thorsten / Amshoff, Holger (2005): Reform der Konzernbilanzierung - Neufassung von IFRS 3 „Business Combinations", in: DB, 58. Jg., S. 1749-1755.

Pellens, Bernhard / Sellhorn, Thorsten (1999): Kapitalkonsolidierung nach der Fresh-Start-Methode, in: BB, 54. Jg., S. 2125-2132.

Pellens, Bernhard / Sellhorn, Thorsten (2001a): Goodwill-Bilanzierung nach SFAS 141 und 142 für deutsche Unternehmen, in: DB, 54. Jg., S. 1681-1689.

Pellens, Bernhard / Sellhorn, Thorsten (2001b): Neue Goodwill-Bilanzierung nach US-GAAP - Der Impairment-Only Approach des FASB, in: DB, 54. Jg., S. 713-720.

Pellens, Bernhard / Sellhorn, Thorsten (2003): Minderheitenproblematik beim Goodwill Impairment Test nach geplanten IFRS und geltenden US-GAAP, in: DB, 56. Jg., S. 401-408.

Pellens, Bernhard / Tomaszewski, Claude / Weber, Nicolas (2000): Wertorientierte Unternehmensführung in Deutschland - Eine empirische Untersuchung der DAX 100-Unternehmen, in: DB, 53. Jg., S. 1825-1833.

Perdzioch, Christian / Stadtmann, Georg (2003): Kurzfristorientierung und Informationseffizienz von Finanzmärkten, in: WiSt, 32. Jg., S. 407-409.

Pfaff, Dieter / Bärtl, Oliver (1999): Wertorientierte Unternehmenssteuerung - Ein kritischer Vergleich ausgewählter Konzepte, in: zfbf, 51. Jg., Nr. 41 (Sonderheft), S. 85-115.

Pfaff, Dieter / Kukule, Wilfried (2006): Wie fair ist der fair value?, in: KoR, 6. Jg., S. 542-549.

Pfaff, Dieter / Schultze, Wolfgang (2006): Beteiligungscontrolling, in: Wagenhofer, Alfred (Hrsg.): Controlling und IFRS-Rechnungslegung - Konzepte, Schnittstellen, Umsetzung, Berlin, S. 123-142.

Pfaff, Dieter / Weber, Jürgen (1998): Zweck der Kostenrechnung? - Eine neue Sicht auf ein altes Problem, in: DBW, 58. Jg., S. 151-166.

Pfaff, Dieter (1994a): Zur Notwendigkeit einer eigenständigen Kostenrechnung - Anmerkungen zur Neuorientierung des internen Rechnungswesens im Hause Siemens, in: zfbf, 46. Jg., S. 1065-1084.

Pfaff, Dieter (1994b): On the allocation of overhead costs, in: EAR, 3. Jg., S. 49-70.

Pfaff, Dieter (1995): Der Wert von Kosteninformationen für die Verhaltenssteuerung in Unternehmen, in: zfbf, 47. Jg., Nr. 34 (Sonderheft), S. 119-156.

Pfaff, Dieter (1996): Kostenrechnung als Instrument der Entscheidungssteuerung - Chancen und Probleme, in: krp, 40. Jg., S. 151-156.

Pfaff, Dieter (2004): Value-Based Management and Performance Measures: Cash Flow versus Accrual Accounting, in: Leuz, Christian / Pfaff, Dieter / Hopwood, Anthony (Hrsg.): The Economics and Politics of Accounting - International Perspectives on Research Trends, Policy, and Practice, Oxford et al., S. 81-102.

Pfeiffer, Thomas (2003): Anreizkompatible Unternehmenssteuerung, Performancemaße und Erfolgsrechnung - Zur Vorteilhaftigkeit von Ergebnisgrößen bei unbekannten Zeitpräferenzen des Managers, in: DBW, 63. Jg., S. 43-59.

Pfeil, Oliver P. / Vater, Hendrik J. (2002a): SFAS No. 142: „Schlaraffenland" bilanzpolitischer Möglichkeiten? - Eine Analyse aus der Sicht eines Finanzanalysten, in: M&A (D), 12. Jg., S. 261-265.

Pfeil, Oliver P. / Vater, Hendrik J. (2002b): „Die kleine Unternehmensbewertung" oder die neuen Vorschriften zur Goodwill- und Intangible-Bilanzierung nach SFAS No. 141 und SFAS No. 142 - Eine Analyse unter bilanziellen und finanzwirtschaftlichen Gesichtspunkten, in: KoR, 2. Jg., S. 66-81.

Pietsch, Gotthard / Scherm, Ewald (2002): Gemeinsamkeiten und Forschungsperspektiven in der konzeptionell orientierten Controllingforschung - Acht Thesen, in: Weber, Jürgen / Hirsch, Bernhard (Hrsg.): Controlling als akademische Disziplin - Eine Bestandsaufnahme, Wiesbaden, S. 191-204.

Pindyck, Robert S. / Rubinfeld, Daniel L. (2001): Microeconomics, 5. Auflage, London et al.

Porter, Michael E. (2000): Wettbewerbsvorteile: Spitzenleistungen erreichen und behaupten, 6. Auflage, Frankfurt am Main et al.

Pottgießer, Gaby / Velte, Patrick / Weber, Stefan (2005a): Die langfristige Auftragsfertigung nach IAS 11 - Ausgewählte bilanzpolitische Gestaltungsspielräume, Auswirkungen auf den Grundsatz der Verlässlichkeit nach IAS/IFRS und Berücksichtigung des aktuellen Arbeitsprojekts des IASB/FASB zur Ertragsrealisation, in: KoR, 5. Jg., S. 310-318.

Pottgießer, Gaby / Velte, Patrick / Weber, Stefan (2005b): Ermessensspielräume im Rahmen des Impairment-Only-Approach - Eine kritische Analyse zur Folgebewertung des derivativen Geschäfts- oder Firmenwertes (Goodwill) nach IFRS 3 und IAS 36 (rev. 2004), in: DStR, 43. Jg., S. 1748-1752.

Preinreich, Gabriel A. D. (1938): Annual Survey of Economic Theory: The Theory of Depreciation, in: Econometrica, 6. Jg., S. 219-241.

Protzek, Heribert (2003): Der Impairment Only-Ansatz - Wider der Vernunft, in: KoR, 3. Jg., S. 495-502.

PwC (Hrsg.) (2004): The Use of Spreadsheets: Considerations for Section 404 of the Sarbanes-Oxley Act, Delaware, DE.

Ramin, Kurt P. / Kesselmeyer, Bodo / Ott, Stefan (2006): XBRL im Internal Financial Reporting von Unternehmensgruppen - Neue Möglichkeiten für die Standardisierung und Integration von Finanzprozessen und IT-Systemen, in: KoR, 6. Jg., S. 179-191.

Raps, Andreas (2004): Erfolgsfaktoren der Strategieimplementierung - Konzeption und Instrumente, 2. Auflage, Wiesbaden.

Raschke, Jens / Vogel, Johannes (2002): Fast Close - Verkürzung der Abschlusszeiten, in: KoR, 2. Jg., S. 277-288.

Rau, P. Raghavendra / Vermaelen, Theo (1998): Glamour, value and the post-acquisition performance of acquiring firms, in: JoFE, 49. Jg., S. 223-253.

Reichelstein, Stefan (1997): Investment Decisions and Managerial Performance Evaluation, in: RAS, 2. Jg., S. 157-180.

Richter, Frank / Honold, Dirk (2000): Das Schöne, das Unattraktive und das Hässliche an EVA & Co., in: FB, 2. Jg., S. 265-274.

Richter, Frank (2002): Unternehmensbewertung, in: Picot, Gerhard (Hrsg.): Handbuch Mergers & Acquisitions - Planung, Durchführung, Integration, 2. Auflage, Stuttgart, S. 301-333.

Richter, Michael (2004): Die Bewertung des Goodwill nach SFAS No. 141 und SFAS No. 142 - Eine kritische Würdigung des impairment only-Ansatzes, Düsseldorf.

Richter, Rudolf / Furubotn, Eirik G. (2003): Neue Institutionenökonomik: Eine Einführung und kritische Würdigung, 3. Auflage, Tübingen.

Rockholtz, Carsten (2005): Due Diligence-Konzeption zum synergieorientierten Akquisitionsmanagement, in: Berens, Wolfgang / Brauner, Hans U. / Strauch, Joachim (Hrsg.): Due Diligence bei Unternehmensakquisitionen, 4. Auflage, Stuttgart, S. 197-219.

Rogerson, William P. (1997): Intertemporal Cost Allocation and Managerial Investment Incentives: A Theory Explaining the Use of Economic Value Added as a Performance Measure, in: JPE, 105. Jg., S. 770-795.

Roll, Richard (1986): The Hubris Hypothesis of Corporate Takeovers, in: JB, 59. Jg., S. 197-216.

Romeike, Frank (2005): Frühaufklärungssysteme als wesentliche Komponente eines proaktiven Risikomanagements, in: Controlling, 17. Jg., S. 271-279.

Römgens, Thorsten (2005): Behandlung des auf Minderheiten entfallenden Goodwill im mehrstufigen Konzernabschluss nach IFRS 3, in: BB, 60. Jg., Nr. 39 (BB-Special 10), S. 19-22.

Ruhnke, Klaus / Schmidt, Martin (2005): Fair Value und Wirtschaftsprüfung, in: Bieg, Hartmut / Heyd, Reinhard (Hrsg.): Fair Value - Bewertung in Rechnungswesen, Controlling und Finanzwirtschaft, München, S. 575-597.

Ruhnke, Klaus (2008): Kapitalkostensatzermittlung für die Zwecke der Nutzungswertbestimmung gem. IAS 36, in: BB, 63. Jg., S. 43-47.

Rüth, Dieter (1989): Planungssysteme der Industrie - Einflußgrößen und Gestaltungsparameter, Wiesbaden.

Saelzle, Rainer / Kronner, Markus (2004): Die Informationsfunktion des Jahresabschlusses - dargestellt am sog. „impairment-only-Ansatz", in: WPg, 57. Jg., S. S154-S165 (Sonderheft).

Sahl, Niels / Schmidt, Rudolf (1991): Funktionen des Controllers und deren Einflußfaktoren, in: krp, 35. Jg., S. 29-37.

Samtleben, Michael / Stadlbauer, Florian / Hess, Thomas (2006): Anwendungssystemintegration im Controlling: aktueller Stand und wichtige Trends, in: ZfCM, 50. Jg., S. 86-93.

Santos, Ana Isabel / Lourenco, Isabel Costa (2007): Does the market see non-controlling interests as equity or liabilities? Evidence from listed Australian firms, Forschungspapier, Polytechnic Institute of Guarda, ISCTE Business School.

Schäffer, Utz / Pelster, Clemens (2007): Zur Relevanz des Controllability-Prinzips für die Unternehmenspraxis, in: ZfCM, 51. Jg., S. 422-436.

Schäffer, Utz / Steiners, Daniel (2005): Controllinginformationen für das Top-Management deutscher Industrieunternehmen - Angebot und Nutzung im Spiegel einer empirischen Erhebung, in: ZfCM, 49. Jg., S. 209-224.

Schäffer, Utz / Weber, Jürgen / Willauer, Bianca (2003): Mit Loyalität und Vertrauen besser planen - Ergebnisse einer empirischen Erhebung, in: ZfCM, 47. Jg., S. 42-49.

Schäffer, Utz (2001): Kontrolle als Lernprozess, Wiesbaden.

Scheffler, Eberhard (1987): Zur Problematik der Konzernleitung, in: Havermann, Hans (Hrsg.): Bilanz- und Konzernrecht - Festschrift zum 65. Geburtstag von Dr. Dr. h. c. Reinhard Goerdeler, Düsseldorf, S. 469-485.

Scheffler, Eberhard (2005): Konzernmanagement - Betriebswirtschaftliche und rechtliche Grundlagen der Konzernführungspraxis, 2. Auflage, München.

Scherrer, Gerhard (1993): Gewinn und Verlust, in: Chmielewicz, Klaus / Schweitzer, Marcell (Hrsg.): Handwörterbuch des Rechnungswesens, 3. Auflage, Stuttgart, Sp. 738-747.

Schildbach, Thomas (1987): Anmerkungen zu den neuen Konzernrechnungslegungsvorschriften, in: DBW, 47. Jg., S. 391-400.

Schildbach, Thomas (1995): Entwicklungslinien in der Kosten- und internen Unternehmensrechnung, in: zfbf, 47. Jg., Nr. 34 (Sonderheft), S. 1-18.

Schildbach, Thomas (1998): Zeitwertbilanzierung in USA und nach IAS, in: BFuP, 50. Jg., S. 580-592.

Schildbach, Thomas (2006): Fair Value - Wunsch und Wirklichkeit, in: Küting, Karlheinz / Pfitzer, Norbert / Weber, Claus-Peter (Hrsg.): Internationale Rechnungslegung: Standortbestimmung und Zukunftsperspektiven - Kapitalmarktorientierte Rechnungslegung und integrierte Unternehmenssteuerung, Stuttgart, S. 7-32.

Schmalenbach, Eugen (1963): Kostenrechnung und Preispolitik, 8. Auflage, Köln et al.

Schmid, Helmut (1990): Der Konzernbegriff in Aktiengesetz und Handelsgesetzbuch, in: WISU, 19. Jg., S. 476-478.

Schmidbauer, Rainer (1999): Vergleich der wertorientierten Steuerungskonzepte im Hinblick auf die Anwendbarkeit im Konzern-Controlling, in: FB, 1. Jg., S. 365-377.

Schmidt, Andreas (1986): Das Controlling als Instrument zur Koordination der Unternehmungsführung - Eine Analyse der Koordinationsfunktion des Controlling unter entscheidungsorientierten Gesichtspunkten, Frankfurt am Main et al.

Schmidt, Berndt Thomas (1993a): Grundkonzept der Konzernführung, in: Hoffmann, Friedrich (Hrsg.): Konzernhandbuch - Recht - Steuern - Rechnungslegung - Führung - Organisation - Praxisfälle, Wiesbaden, S. 83-161.

Schmidt, Berndt Thomas (1993b): Integrierte Konzernführung - Konzept und empirische Untersuchung von 75 großen und mittelständischen Konzernen, Aachen.

Schmidt, Martin / Seidel, Thorsten (2006): Planmäßige Abschreibungen im Rahmen der Neubewertung des Sachanlagevermögens gemäß IAS 16: fehlende Systematik und Verstoß gegen das Kongruenzprinzip, in: BB, 61. Jg., S. 596-601.

Schmidt, Martin (2006): Der Bewertungsmaßstab bei erstmaliger Erfassung - Das IASB-Diskussionspapier, in: KoR, 6. Jg., S. 65-75.

Schmidt, Reinhard H. (1993c): Finanzierung und unsichere Erwartungen, in: Wittmann, Waldemar / Kern, Werner / Köhler, Richard / Küpper, Hans-Ulrich / Wysocki, Klaus von (Hrsg.): Handwörterbuch der Betriebswirtschaft, 5. Auflage, Stuttgart, Sp. 1038-1050.

Schmidt, Rudolf (1995): Grundfunktionen des Controlling - Eine Analyse der betriebswirtschaftlichen Literatur zum Stand der aufgabenorientierten Controlling-Diskussion, Frankfurt am Main et al.

Schmitz, Frank (2006): Optimierung und Harmonisierung des internen und externen Berichtswesens im IFRS-Umfeld, in: Accounting, 6. Jg., Nr. 8, S. 11-15.

Schmusch, Matthias / Laas, Tim (2006): Werthaltigkeitsprüfungen nach IAS 36 in der Interpretation von IDW RS HFA 16, in: WPg, 59. Jg., S. 1048-1060.

Schneider, Dieter (1963): Bilanzgewinn und ökonomische Theorie, in: ZfhF, n.F., 15. Jg., S. 457-474.

Schneider, Dieter (1991): Versagen des Controlling durch eine überholte Kostenrechnung - Zugleich ein Beitrag zur innerbetrieblichen Verrechnung von Dienstleistungen, in: DB, 44. Jg., S. 765-772.

Schneider, Dieter (1997): Betriebswirtschaftslehre - Band 2: Rechnungswesen, 2. Auflage, München et al.

Schneider, Dieter (2001): Oh, EVA, EVA, schlimmes Weib: Zur Fragwürdigkeit einer Zielvorgabe-Kennzahl nach Steuern im Konzerncontrolling, in: DB, 54. Jg., S. 2509-2514.

Schneider, Dieter (2003): Konzernrechnungslegung nach IAS als Besteuerungsgrundlage?, in: BB, 58. Jg., S. 299-304.

Schoberth, Joerg / Servatius, Hans-Gerd / Thees, Alexander (2006): Anforderungen an die Gestaltung von Internen Kontrollsystemen, in: BB, 61. Jg., S. 2571-2577.

Schremper, Ralf (2002): Informationseffizienz des Kapitalmarkts, in: WiSt, 31. Jg., S. 687-692.

Schruff, Wienand (1993): Konzern, in: Wittmann, Waldemar / Kern, Werner / Köhler, Richard / Küpper, Hans-Ulrich / Wysocki, Klaus von (Hrsg.): Handwörterbuch der Betriebswirtschaft, 5. Auflage, Stuttgart, Sp. 2274-2287.

Schüler, Andreas / Krotter, Simon (2004): Konzeption wertorientierter Steuerungsgrößen: Performance-Messung mit Discounted Cash-flows und Residualgewinnen ex ante und ex post, in: FB, 6. Jg., S. 430-437.

Schüler, Andreas / Lampenius, Niklas (2007): Wachstumsannahmen in der Bewertungspraxis: eine empirische Untersuchung ihrer Implikationen, in: BFuP, 59. Jg., S. 232-248.

Schultze, Wolfgang / Hirsch, Cathrin (2005): Unternehmenswertsteigerung durch wertorientiertes Controlling - Goodwill-Bilanzierung in der Unternehmenssteuerung, München.

Schultze, Wolfgang (2005): The Information Content of Goodwill-Impairments under FAS 142: Implications for External Analysis and Internal Control, in: Sbr, 57. Jg., S. 276-297.

Schwedler, Kristina (2006): IASB-Projekt „Business Combinations": Überblick und aktuelle Bestandsaufnahme, in: KoR, 6. Jg., S. 410-415.

Schween, Carsten (2007): Bewertung von Rückstellungen und sonstigen nichtfinanziellen Verpflichtungen: Änderungsvorschläge in ED IAS 37amend, in: WPg, 60. Jg., S. 686-696.

Schweitzer, Marcell / Küpper, Hans-Ulrich (2003): Systeme der Kosten- und Erlösrechnung, 8. Auflage, München.

Schweitzer, Marcell (2001): Die Kosten- und Erlösrechnung zwischen theoretischen Anforderungen und Rechnungswirklichkeit - Offene Fragen der internen Erfolgsrechnung, in: Seicht, Gerhard (Hrsg.): Jahrbuch für Controlling und Rechnungswesen 2001 - Unternehmensbewertung, Kostenrechnung, internationale Rechnungslegung, Controlling, Steuern, Wien, S. 159-200.

Schweitzer, Marcell (2003): Leitungsebenendifferenzierte Kennzahlen als Instrumente des Controllings, in: Jahnke, Hermann / Brüggemann, Wolfgang (Hrsg.): Betriebswirtschaftslehre und betriebliche Praxis - Festschrift für Horst Seelbach zum 65. Geburtstag, Wiesbaden, S. 429-454.

Schweitzer, Marcus (2006): Zurechnungsprobleme und Kontrollansätze in dynamischen Lebenszyklusrechnungen, in: Seicht, Gerhard (Hrsg.): Jahrbuch für Controlling und Rechnungswesen 2006 - Unternehmensbewertung und Risiko, Internes Rechnungswesen, Bilanzierung, Bilanzreformen und Abschlussprüfung, Corporate Governance und Reporting, Controllingfragen, Varia, Wien, S. 69-89.

Seetharaman, A. / Sreenivasan, Jayashree / Sudha, Raju / Yee, Tey Ya (2005): Managing impairment of goodwill, in: JIC, 7. Jg., S. 338-353.

Sellhorn, Thorsten (2000): Ansätze zur bilanziellen Behandlung des Goodwill im Rahmen einer kapitalmarktorientierten Rechnungslegung, in: DB, 53. Jg., S. 885-892.

Senger, Thomas / Brune, Jens Wilfried (2006): § 37. Aktuelle Entwicklungen, in: Bohl, Werner / Riese, Joachim / Schlüter, Jörg (Hrsg.): Beck'sches IFRS-Handbuch - Kommentierung der IFRS/IAS, 2. Auflage, München et al., S. 1015-1033.

Sevin, Suzanne / Schroeder, Richard (2005): Earnings management: evidence from SFAS No. 142 reporting, in: MAJ, 20. Jg., S. 47-54.

Sieben, Günter (1963): Der Substanzwert der Unternehmung, Wiesbaden.

Siefke, Michael (1999): Externes Rechnungswesen als Datenbasis der Unternehmenssteuerung - Vergleich mit der Kostenrechnung und Shareholder-Value-Ansätzen, Wiesbaden.

Siegel, Theodor (2002): Bilanztheorie, in: Küpper, Hans-Ulrich / Wagenhofer, Alfred (Hrsg.): Handwörterbuch Unternehmensrechnung und Controlling, 4. Auflage, Stuttgart, Sp. 195-207.

Simons, Dirk / Weißenberger, Barbara E. (2008): Die Konvergenz von externem und internem Rechnungswesen - Kritische Faktoren für die Entwicklung einer partiell integrierten Rechnungslegung aus theoretischer Sicht, in: BFuP, 60. Jg., Nr. 2, S. 137-160.

Solomons, David (1965): Divisional Performance - measurement and control, Homewood, IL.

Sonnenschein, Olaf (2005): DV-gestützte Früherkennung, in: Controlling, 17. Jg., S. 281-288.

Stahl, Anne B. (2004): Wechsel von HGB zu IAS-IFRS oder US-GAAP: empirische Untersuchung der Umstellung von deutschen auf internationale Rechnungslegungsgrundsätze, Wiesbaden.

Stahl, Hans-Werner (1999): Unternehmensergebnisse im geschlossenen Rechenkreis, in: krp, 43. Jg., Nr. 3 (Sonderheft), S. 31-37.

Statistisches Bundesamt (Hrsg.) (2004): Datenreport 2004 - Zahlen und Fakten über die Bundesrepublik Deutschland, 2. Auflage, Bonn.

Steinke, Karl-Heinz (2005): Rolle und Rollenwandel des Controllers am Beispiel der Lufthansa, in: Horváth, Péter (Hrsg.): Organisationsstrukturen und Geschäftsprozesse wirkungsvoll steuern, Stuttgart, S. 201-211.

Stern, Joel M. / Shiely, John S. / Ross, Irwin (2002): Wertorientierte Unternehmensführung mit E(conomic) V(alue) A(dded) - Strategie, Umsetzung, Praxisbeispiele, München.

Stern, Joel M. / Stewart, Bennett G. III (moderators) (1994): Stern Stewart - EVA Roundtable, in: JACF, 7. Jg., Nr. 2, S. 46-70.

Stern, Joel M. (1994): No incentive for bad management, in: cf, o. Jg., Nr. 112, S. 43-44.

Stewart, Bennett G. III (1994): EVA: Fact and Fantasy, in: JACF, 7. Jg., Nr. 2, S. 71-84.

Stewart, Bennett G. III (1999): The Quest For Value - A Guide for Senior Managers, New York, NY.

Streim, Hannes / Bieker, Marcus / Esser, Maik (2003): Vermittlung entscheidungsnützlicher Informationen durch Fair Values - Sackgasse oder Licht am Horizont?, in: BFuP, 55. Jg., S. 457-479.

Teitler, Evelyn (2006): Offenlegungspflichten über die Hauptquellen von Schätzungsunsicherheiten nach IAS 1, in: IRZ, 1. Jg., S. 179-185.

Telkamp, Heinz-Jürgen / Bruns, Carsten (2000): Wertminderungen von Vermögenswerten nach IAS 36: Erfahrungen aus der Praxis, in: FB, 2. Jg., Nr. 1 (KoR-Beilage), S. 24-31.

Theisen, Manuel René (2000): Der Konzern - Betriebswirtschaftliche und rechtliche Grundlagen der Konzernunternehmung, 2. Auflage, Stuttgart.

Thomas, Paula B. / Hagler, J. Larry (1988): Push Down Accounting: A Descriptive Assessment, in: AH, 2. Jg., Nr. 3, S. 26-31.

tom Dieck, Karsten / Swart, Christoph (2003): Fallstudie: Prüfung eines Internen Kontrollsystems in einer SAP R/3-Umgebung, in: WPg, 56. Jg., S. S230-S232 (Sonderheft).

Troßmann, Ernst / Baumeister, Alexander (2005): Harmonisierung von internem und externem Rechnungswesen durch die Fair Value-Bewertung?, in: Bieg,

Hartmut / Heyd, Reinhard (Hrsg.): Fair Value - Bewertung in Rechnungswesen, Controlling und Finanzwirtschaft, München, S. 629-648.

Trützschler, Klaus / David, Ulrich / Strauch, Joachim / Tomaszewski, Claude (2005): Unternehmensbewertung und Rechnungslegung von Akquisitionen: Die Vorschriften nach IFRS und HGB vs. betriebswirtschaftliche Rationalität, in: ZP, 16. Jg., S. 383-406.

Vahs, Dietmar (2005): Organisation - Einführung in die Organisationstheorie und -praxis, 5. Auflage, Stuttgart.

Veil, Rüdiger (2006): Prognosen im Kapitalmarktrecht, in: AG, 51. Jg., S. 690-698.

Wagenhofer, Alfred (1995): Verursachungsgerechte Kostenschlüsselung und die Steuerung dezentraler Preisentscheidungen, in: zfbf, 47. Jg., Nr. 34 (Sonderheft), S. 81-118.

Wagenhofer, Alfred (2005): Internationale Rechnungslegungsstandards - IAS/IFRS - Grundkonzepte, Bilanzierung, Bewertung, Angaben, Umstellung und Analyse, 5. Auflage, Frankfurt am Main.

Wagenhofer, Alfred (2006): Zusammenwirken von Controlling und Rechnungslegung nach IFRS, in: Wagenhofer, Alfred (Hrsg.): Controlling und IFRS-Rechnungslegung - Konzepte, Schnittstellen, Umsetzung, Berlin, S. 1-20.

Wagenhofer, Alfred (2008): Konvergenz von intern und extern berichteten Ergebnisgrößen am Beispiel von Segmentergebnissen, in: BFuP, 60. Jg., Nr. 2, S. 161-176.

Währisch, Michael (1998): Kostenrechnungspraxis in der deutschen Industrie - Eine empirische Studie, Wiesbaden.

Währisch, Michael (2000): Der Ansatz kalkulatorischer Kostenarten in der industriellen Praxis, in: zfbf, 52. Jg., S. 678-694.

Wall, Friederike (1999): Planungs- und Kontrollsysteme - Informationstechnische Perspektiven für das Controlling - Grundlagen - Instrumente - Konzepte, Wiesbaden.

Wall, Friederike (2004): Modifikationen der Koordinationsfunktion des Controlling, in: Scherm, Ewald / Pietsch, Gotthard (Hrsg.): Controlling - Theorien und Konzeptionen, München, S. 387-407.

Weber, Claus-Peter (2002): Intangibles und Steuerung, in: Küting, Karlheinz / Weber, Claus-Peter (Hrsg.): Vom Financial Accounting zum Business Reporting: Kapitalmarktorientierte Rechnungslegung und integrierte Unternehmenssteuerung, Stuttgart, S. 319-339.

Weber, Eberhard (1991): Berücksichtigung von Synergieeffekten bei der Unternehmensbewertung, in: Baetge, Jörg (Hrsg.): Akquisition und Unternehmensbewertung, Düsseldorf, S. 97-115.

Weber, Jürgen / Bramsemann, Urs / Heineke, Carsten / Hirsch, Bernhard (2004): Wertorientierte Unternehmenssteuerung: Konzepte - Implementierung - Praxisstatements, Wiesbaden.

Weber, Jürgen / Hirsch, Bernhard / Rambusch, René / Schlüter, Hendrik / Sill, Frauke / Spatz, Almuth (2006): Controlling 2006 - Stand und Perspektiven, Vallendar.

Weber, Jürgen / Hirsch, Bernhard (Hrsg.) (2002): Controlling als akademische Disziplin - Eine Bestandsaufnahme, Wiesbaden.

Weber, Jürgen / Hufschlag, Klaus / Pieroth, Guido (2003): Mittelfristplanung heute - Ergebnisse einer Benchmarking-Studie, Vallendar.

Weber, Jürgen / Kosmider, Andreas (1991): Controlling-Entwicklung in der Bundesrepublik Deutschland im Spiegel von Stellenanzeigen, in: ZfB, 61. Jg., Nr. 3 (Ergänzungsheft), S. 17-35.

Weber, Jürgen / Schäffer, Utz / Langenbach, Wilm (2001): Gedanken zur Rationalitätskonzeption des Controlling, in: Weber, Jürgen / Schäffer, Utz (Hrsg.): Rationalitätssicherung der Führung - Beiträge zu einer Theorie des Controlling, Wiesbaden, S. 46-76.

Weber, Jürgen / Schäffer, Utz (1998): Controlling-Entwicklung im Spiegel von Stellenanzeigen 1990-1994, in: krp, 42. Jg., S. 227-233.

Weber, Jürgen / Schäffer, Utz (1999): Sicherstellung der Rationalität von Führung als Aufgabe des Controlling?, in: DBW, 59. Jg., S. 731-747.

Weber, Jürgen / Schäffer, Utz (2000): Controlling als Koordinationsfunktion - 10 Jahre Küpper/Weber/Zünd, in: krp, 44. Jg., S. 109-118.

Weber, Jürgen / Schäffer, Utz (2006): Einführung in das Controlling, 11. Auflage, Stuttgart.

Weber, Jürgen / Weißenberger, Barbara / Haas, Cornelia A. J. (2006): IFRS revisited: Quo vadis Unternehmensrechnung?, 2. Auflage, Weinheim.

Weber, Jürgen / Weißenberger, Barbara E. (2001): Finanzorientierung - die neue Herausforderung für das Controlling im internationalen Unternehmen, in:

Krystek, Ulrich / Zur, Eberhard (Hrsg.): Handbuch Internationalisierung - Globalisierung - eine Herausforderung für die Unternehmensführung, 2. Auflage, Berlin et al., S. 541-569.

Weber, Jürgen / Weißenberger, Barbara E. (2006): Einführung in das Rechnungswesen - Bilanzierung und Kostenrechnung, 7. Auflage, Stuttgart.

Weber, Jürgen (1993a): Kostenrechnung im System der Unternehmensführung - Stand und Perspektiven der Kostenrechnung in den 90er Jahren, in: Weber, Jürgen (Hrsg.): Zur Neuausrichtung der Kostenrechnung - Entwicklungsperspektiven für die 90er Jahre, Stuttgart, S. 1-77.

Weber, Jürgen (1993b): Stand der Kostenrechnung in deutschen Großunternehmen - Ergebnisse einer empirischen Erhebung, in: Weber, Jürgen (Hrsg.): Zur Neuausrichtung der Kostenrechnung - Entwicklungsperspektiven für die 90er Jahre, Stuttgart, S. 257-278.

Wehrheim, Michael / Schmitz, Thorsten (2001): Wertorientierte Kennzahlen - Ein zusammenfassender Überblick, in: WiSt, 30. Jg., S. 495-498.

Weismüller, Albert (1997): Akquisitionscontrolling bei Mannesmann, in: zfbf, 49. Jg., S. 892-911.

Weismüller, Albert (2005): Akquisitionscontrolling: Integration und Nachrechnung, in: Peemöller, Volker H. (Hrsg.): Praxishandbuch der Unternehmensbewertung, 3. Auflage, Herne et al., S. 671-698.

Weißenberger, Barbara / Angelkort, Hendrik / Österreichisches Controller-Institut, (2007): Controller Excellence unter IFRS in Österreich - eine Studie der Justus-Liebig-Universität Gießen mit Unterstützung des Österreichischen Controller-Instituts, Wien.

Weißenberger, Barbara E. / Haas, Cornelia A. J. / Wolf, Sebastian (2007): Goodwill-Controlling unter IAS 36, in: PiR, 3. Jg., S. 149-156.

Weißenberger, Barbara E. / Haas, Cornelia A. J. (2004): Neuausrichtung der Interpretationsfunktion des Controllings, in: ZfCM, 48. Jg., Nr. 2 (Sonderheft), S. 54-62.

Weißenberger, Barbara E. / Löhr, Benjamin W. / Grzyb, Adrian (2008): Integration of risk controlling into controllership in Germany - Conceptual framework and empirical findings from 2003 to 2007, Forschungspapier, Justus-Liebig-Universität Gießen.

Weißenberger, Barbara E. / Maier, Michael (2006): Der Management Approach in der IFRS-Rechnungslegung: Fundierung der Finanzberichterstattung durch Informationen aus dem Controlling, in: DB, 59. Jg., S. 2077-2083.

Weißenberger, Barbara E. / Weber, Jürgen / Löbig, Michael / Haas, Cornelia A. J. (2003): IAS/IFRS: Quo vadis Unternehmensrechnung? - Konsequenzen für die Unternehmensrechnung in deutschen Unternehmen, Vallendar.

Weißenberger, Barbara E. (1997): Die Informationsbeziehung zwischen Management und Rechnungswesen: Analyse institutionaler Koordination, Wiesbaden.

Weißenberger, Barbara E. (2002): Controlling als Teilgebiet der Betriebswirtschaftslehre: Konzeptionelle Einordnung und Konsequenzen für Forschung und Lehre, in: Weber, Jürgen / Hirsch, Bernhard (Hrsg.): Controlling als akademische Disziplin - Eine Bestandsaufnahme, Wiesbaden, S. 389-408.

Weißenberger, Barbara E. (2003): Anreizkompatible Erfolgsrechnung im Konzern - Grundmuster und Gestaltungsalternativen, Wiesbaden.

Weißenberger, Barbara E. (2004a): Theoretische Grundlagen der Erfolgsmessung im Controlling, in: Scherm, Ewald / Pietsch, Gotthard (Hrsg.): Controlling - Theorien und Konzeptionen, München, S. 289-314.

Weißenberger, Barbara E. (2004b): Integrierte Rechnungslegung und Unternehmenssteuerung: Bedarf an kalkulatorischen Erfolgsgrößen auch unter IFRS?, in: ZfCM, 48. Jg., Nr. 2 (Sonderheft), S. 72-77.

Weißenberger, Barbara E. (2005): Controlling unter IFRS - Möglichkeiten und Grenzen einer integrierten Erfolgsrechnung, in: Weber, Jürgen / Meyer, Matthias (Hrsg.): Internationalisierung des Controllings - Standortbestimmung und Optionen, Wiesbaden, S. 185-212.

Weißenberger, Barbara E. (2006): Ergebnisrechnung nach IFRS und interne Performancemessung, in: Wagenhofer, Alfred (Hrsg.): Controlling und IFRS-Rechnungslegung - Konzepte, Schnittstellen, Umsetzung, Berlin, S. 49-79.

Weißenberger, Barbara E. (2007a): Zum grundsätzlichen Verhältnis von Controlling und externer Finanzberichterstattung unter IFRS, in: Der Konzern, 5. Jg., S. 321-331.

Weißenberger, Barbara E. (2007b): IFRS für Controller - Alles, was Controller über IFRS wissen müssen, Planegg/München.

Welge, Martin K. (1982): Das Konzept der globalen Rationalisierung, in: Lück, Wolfgang / Trommsdorff, Volker (Hrsg.): Internationalisierung der Unternehmung als Problem der Betriebswirtschaftslehre - Wissenschaftliche Tagung des Verbandes der Hochschulllehrer für Betriebswirtschaft, Berlin, S. 171-189.

Wild, Jürgen (Hrsg.) (1975): Unternehmensplanung, Reinbek/Hamburg.

Wildemann, Horst (2003): Programm zur Realisierung von Synergien nach Mergers & Acquisitions, Teil 1, in: WiSt, 32. Jg., S. 596-602.

Wirth, Johannes (2005): Firmenwertbilanzierung nach IFRS - Unternehmenszusammenschlüsse, Werthaltigkeitstest, Endkonsolidierung, Stuttgart.

Witte, Eberhard (1968): Phasen-Theorem und Organisation komplexer Entscheidungsverläufe, in: zfbf, 20. Jg., S. 625-647.

Wittmann, Waldemar (1959): Unternehmung und unvollkommene Information - Unternehmerische Voraussicht - Ungewißheit und Planung, Köln et al.

Wöginger, Helmut (2004a): Bewertung von Synergien bei Mergers & Acquisitions - Das Synergy-Value-Konzept, in: Richter, Frank / Timmreck, Christian (Hrsg.): Unternehmensbewertung - Moderne Instrumente und Lösungsansätze, Stuttgart, S. 235-262.

Wöginger, Helmut (2004b): Das Synergy-Value-Konzept - Synergien bei Mergers & Acquisitions, Wiesbaden.

Wöhe, Günter (1980): Zur Bilanzierung und Bewertung des Firmenwertes, in: StuW, 57. Jg., S. 89-108.

Wolz, Matthias (2004): Die Festlegung von Wesentlichkeitsgrenzen in der deutschen Wirtschaftsprüfungspraxis, in: zfbf, 56. Jg., S. 122-145.

Wullenkord, Axel (1995): Kosten- und Erfolgs-Controlling im Konzern, München.

Wurm, Fritz (2005): IT-gestützte Konzernergebnisplanung und -steuerung, in: Controlling, 17. Jg., S. 359-366.

Wussow, Sabine (2004): Harmonisierung des internen und externen Rechnungswesens mittels IAS / IFRS - unter Berücksichtigung der wertorientierten Unternehmenssteuerung, München.

Wüstemann, Jens / Duhr, Andreas (2003): Geschäftswertbilanzierung nach dem Exposure Draft ED 3 des IASB - Entobjektivierung auf den Spuren des FASB?, in: BB, 58. Jg., S. 247-253.

Wüstemann, Jens / Kierzek, Sonja (2005a): Ertragsvereinnahmung im neuen Referenzrahmen von IASB und FASB - Update zu BB 2005, 427ff., in: BB, 60. Jg., S. 2799-2802.

Wüstemann, Jens / Kierzek, Sonja (2005b): Ertragsvereinnahmung im neuen Referenzrahmen von IASB und FASB - internationaler Abschied vom Realisationsprinzip?, in: BB, 60. Jg., S. 427-434.

Wysocki, Klaus von (1998): Grundlagen, nationale und internationale Stellungnahmen zur Kapitalflußrechnung, in: Wysocki, Klaus von (Hrsg.): Kapitalflußrechnung, Stuttgart, S. 1-33.

Young, S. David / O'Byrne, Stephen F. (2001): EVA and Value-Based Management - A Practical Guide to Implementation, New York, NY et al.

Zangemeister, Christof (1971): Nutzwertanalyse in der Systemtechnik - Eine Methodik zur multidimensionalen Bewertung und Auswahl von Projektalternativen, 2. Auflage, Berlin.

Zayer, Eric / Hirsch, Bernhard (2006): Fehlentscheidungen bei Investitionsprojekten - Fehlerquellen und Gegenmaßnahmen, in: Controlling, 18. Jg., S. 647-657.

Zehetner, Karl (2001): Integration des Rechnungswesens zur Verbindung von Periodenrechnungen und EVA-Steuerung, in: krp, 45. Jg., Nr. 3 (Sonderheft), S. 19-21.

Zelger, Hansjörg (2005): Purchase Price Allocation nach IFRS und US-GAAP, in: Ballwieser, Wolfgang / Beyer, Sven / Zelger, Hansjörg (Hrsg.): Unternehmenskauf nach IFRS und US-GAAP - Purchase Price Allocation, Goodwill und Impairment-Test, Stuttgart, S. 91-140.

Ziegler, Hasso (1994): Neuorientierung des internen Rechnungswesens für das Unternehmens-Controlling im Hause Siemens, in: zfbf, 46. Jg., S. 175-188.

Zimmerman, Jerold L. (1997): EVA and Divisional Performance Measurement: Capturing Synergies and Other Issues, in: JACF, 10. Jg., Nr. 2, S. 98-109.

Zimmerman, Jerold L. (2006): Accounting for decision making and control, 5. Auflage, Boston, MA et al.

Zimmermann, Jochen (2002a): Objektivierte originäre Geschäftswerte als Informationsträger in der Konzernbilanz - Anmerkungen zum Beitrag von Siegel, DB 2002 S. 749, in: DB, 55. Jg., S. 751-753.

Zimmermann, Jochen (2002b): Widersprüchliche Signale des DSR zur Goodwillbilanzierung?, in: DB, 55. Jg., S. 385-390.

Zülch, Henning / Gebhardt, Ronny (2007): SFAS 157 und IASB Discussion Paper: aktuelle Entwicklungen auf dem Gebiet der Fair-Value-Bewertung, in: BB, 62. Jg., S. 147-152.

Zülch, Henning / Lienau, Achim (2004): Bilanzierung zum Verkauf stehender langfristiger Vermögenswerte sowie aufgegebener Geschäftsbereiche nach IFRS 5, in: KoR, 4. Jg., S. 442-451.

Zülch, Henning (2004): Die Bilanzierung von Unternehmenszusammenschlüssen nach IFRS 3 und ihre Implikationen für die Bewertungspraxis, in: UM, 2. Jg., S. 331-339.

Zülch, Henning (2005): Die Rechnungslegungsnormen des IASB - Hierarchie, Lücken und Inkonsistenzen, in: PiR, 1. Jg., S. 1-7.

Stichwortverzeichnis

K

L

M

EINZELSCHRIFTEN

Carsten Märkisch
IT-Integration bei M&A-Projekten – Der prozessorientierte Ansatz
Lohmar – Köln 2008 • 284 S. • € 58,- (D) • ISBN 978-3-89936-757-7

Martin F. Brunner
Neue Plattformen für Publikumszeitschriftenmarken
Lohmar – Köln 2008 • 364 S. • € 64,- (D) • ISBN 978-3-89936-760-7

Jan Marco Leimeister und Helmut Krcmar (Hrsg.)
Gedruckte Polymer-RFID-Transponder – Erste Erfahrungen und Erkenntnisse aus dem Forschungsprojekt PRISMA
Lohmar – Köln 2009 • 132 S. • € 43,- (D) • ISBN 978-3-89936-762-1

Eric Zöller
Kommunale Doppik – Auswirkungen der Eröffnungsbilanz auf die Haushaltssystematik am Beispiel von Rheinland-Pfalz
Lohmar – Köln 2009 • 340 S. • € 63,- (D) • ISBN 978-3-89936-777-5

Thomas Holtfort
Einfluss von Saisonalität auf den Momentumeffekt – Eine empirische Untersuchung des deutschen Aktienmarktes
Lohmar – Köln 2009 • 232 S. • € 56,- (D) • ISBN 978-3-89936-780-5

Torsten Dennin
Besicherte Rohstoffterminkontrakte im Asset Management – Die Möglichkeiten einer dynamischen vs. statischen Allokation auf der Grundlage von Mean Reversion Preiseigenschaften
Lohmar – Köln 2009 • 276 S. • € 58,- (D) • ISBN 978-3-89936-781-2

Martin M. Bieri
Revolutorische Wettbewerbsvorteile durch endogene Regelbrüche – Dargestellt am Beispiel des Non-Food-Aktionsgeschäftes
Lohmar – Köln 2009 • 84 S. • € 42,- (D) • ISBN 978-3-89936-783-6

Cornelia A. J. Haas
Goodwill-Bilanzierung nach IFRS und Implikationen für das Controlling
Lohmar – Köln 2009 • 456 S. • € 66,- (D) • ISBN 978-3-89936-785-0